Chirurgische Notfall- und Intensivmedizin

Das Buch ist in interdisziplinärer Kooperation
der Chirurgischen Universitätsklinik Aachen
(Direktor Prof. Dr. med. Dr. h. c. V. Schumpelick)
einschließlich des Lehr- und Forschungsgebietes Unfallchirurgie
(Leiter Univ.-Prof. Dr. med. O. Paar)
mit anderen Kliniken der RWTH Aachen entstanden.

Christian Töns und Volker Schumpelick (Hrsg.)

Chirurgische Notfall- und Intensivmedizin

167 teils farbige Einzelabbildungen, 53 Tabellen

Zeichnungen von Matthias Rau

Ferdinand Enke Verlag Stuttgart 1997

Dr. med. Christian Töns
Chirurgische Universitäts- und Poliklinik
der RWTH Aachen
Pauwelsstraße, D-52057 Aachen

Prof. Dr. med. Dr. h. c. Volker Schumpelick
Direktor der Chirurgischen Universitäts- und Poliklinik
der RWTH Aachen
Pauwelsstraße, D-52057 Aachen

Die Deutsche Bibliothek – CIP-Einheitsaufnahme

Chirurgische Notfall- und Intensivmedizin / Christian Töns
und Volker Schumpelick (Hrsg.). – Stuttgart : Enke, 1997
ISBN 3-432-27331-2
NE: Töns, Christian [Hrsg.]

53 Zeichnungen: Dr. med. Matthias Rau, D-52057 Aachen
Umschlaggestaltung: Schlotterer & Partner, D-80469 München

Wichtiger Hinweis:

Wie jede Wissenschaft ist die Medizin ständigen Entwicklungen unterworfen. Forschung und klinische Erfahrung erweitern unsere Erkenntnisse, insbesondere was Behandlung und medikamentöse Therapie anbelangt. Soweit in diesem Werk eine Dosierung oder eine Applikation erwähnt wird, darf der Leser zwar darauf vertrauen, daß Autoren, Herausgeber und Verlag große Sorgfalt darauf verwandt haben, daß diese Angabe dem ***Wissensstand bei Fertigstellung des Werkes*** *entspricht.*

Für Angaben über Dosierungsanweisungen und Applikationsformen kann vom Verlag jedoch keine Gewähr übernommen werden. ***Jeder Benutzer ist angehalten,*** *durch sorgfältige Prüfung der Beipackzettel der verwendeten Präparate und gegebenenfalls durch Konsultation eines Spezialisten festzustellen, ob die dort gegebene Empfehlung für Dosierungen oder die Beachtung von Kontraindikationen gegenüber der Angabe in diesem Buch abweicht. Eine solche Prüfung ist besonders wichtig bei selten verwendeten Präparaten oder solchen, die neu auf den Markt gebracht worden sind.* ***Jede Dosierung oder Applikation erfolgt auf eigene Gefahr des Benutzers.*** *Autoren und Verlag appellieren an jeden Benutzer, ihm etwa auffallende Ungenauigkeiten dem Verlag mitzuteilen.*

Geschützte Warennamen (Warenzeichen®) werden *nicht* immmer besonders kenntlich gemacht. Aus dem Fehlen eines solchen Hinweises kann also nicht geschlossen werden, daß es sich um einen freien Warennamen handele.

Satz und Druck: Druckhaus Götz GmbH, D-71636 Ludwigsburg
Filmsatz 10/11 Times, CCS-Textline (Linotronic 630)

5 4 3 2 1

Vorwort

Der chirurgische Erfolg hat viele Väter. Unter ihnen kommt der Notfall- und Intensivmedizin eine hervorragende Bedeutung zu. Chirurgischer Fortschritt ist an die Möglichkeiten moderner Notfall- und Intensivmedizin gebunden. Nur wer sich zu ihr bekennt, wird erfolgreich sein. Dennoch steht gerade die Intensivmedizin nicht selten im Abseits chirurgischer Zuwendung. Die Beschäftigung mit ihr gilt manchem als unchirurgisch und wird gern anderen überlassen. Gerade die Kenntnis der Möglichkeiten und Grenzen, die Beherrschung der Indikationsstellung und Anwendung sowie die sachkundig konstruktive Mitbehandlung oder besser noch die durch den Chirurgen selbst durchgeführte Intensivmedizin sind essentielle Voraussetzungen moderner Chirurgie.

Dieses Buch basiert auf langjähriger Erfahrung in der selbstständigen Durchführung chirurgischer Intensivmedizin. Es entstand aus einem Skript mit Handlungsanweisungen für den Diensthabenden der chirurgischen Intensivstation, das über Jahre erprobt, komplettiert und permanent aktualisiert wurde. Freundschaftlicher Austausch mit der Klinik für Anaesthesie, interdisziplinärer Dialog mit anderen Kliniken, praktische Erfahrungen sowie Anregungen und kontroverse Aspekte aus wissenschaftlichen Mitteilungen haben zu einem klinisch praktikablen, auch für den Alltag standardisierbaren Konzept geführt. Damit Wichtiges deutlicher wird, haben wir pathophysiologische Zusammenhänge bewußt auf ein für das Verständnis wesentliches Maß reduziert. Die gesamte Intensivmedizin für die klinische Anwendung übersichtlich und zugleich vollständig zu beschreiben, ist nicht möglich. Entsprechend unterlagen alternative Therapieregime einer Auswahl nach klinischer Relevanz und Praktikabilität. Praxisnahe Übersichtlichkeit wurde durch stringente Gliederung, Hervorhebung wichtiger Zusammenhänge in vereinfachenden Merksätzen, Darstellung von häufig auftretenden Fehlern und Gefahren sowie Tips und Tricks angestrebt.

Wir hoffen, daß dieses "Kochbuch" den an der chirurgischen Intensivmedizin interessierten Chirurgen hinreichend informiert. Der engagierte Chirurg soll ebenso eine klinisch relevante Handlungsempfehlung vorfinden wie der Anästhesist einer interdisziplinären Intensivstation, der sich informieren möchte, wie spezielle Probleme chirurgischer Intensivmedizin therapiert werden sollten.

Unser Dank gilt all denen, die an der Entstehung dieses Buches beteiligt waren: Frau Dr. M. Kuhlmann, Herrn Dr. F. Kraemer und Herrn D. Kosmidis vom Enke Verlag, Herrn Dr. med. M. Surmann (Klinik für Anästhesiologie) für die freundschaftlich konstruktive Beratung bei der Konzeptentwicklung, Herrn Dr. med. H. M. Rau für die sorgfältigen Zeichnungen, Herrn G. Wilms und Herrn U. Buhl für die fotographische Unterstützung, Frau B. Rothe-Fuchs, Frau B. Vits und Frau F. Grützner für die stets engagierte Kooperation bei der Umsetzung neuer Konzeptideen in die Praxis sowie sorgsames Korrekturlesen. Ganz besonders danken wir Herrn Dr. med. J. Höer für akribische Durchsicht und Korrektur der Manuskripte.

Im März 1997 — Christian Töns, Volker Schumpelick

Autorenverzeichnis

ARLT, G., PD Dr. med., Chirurgische Universitätsklinik und Poliklinik der RWTH Aachen

BEHRENDT, W., Prof. Dr. med., Universitätsklinik für Anaesthesiologie der RWTH Aachen

BERTALANFFY, H., PD Dr. med., Neurochirurgische Universitätsklinik der RWTH Aachen

BERTRAM, P., Dr. med., Chirurgische Universitätsklinik und Poliklinik der RWTH Aachen

BRAUN, J.C., Prof. Dr. med. Chefarzt, Chirurgische Klinik Rot Kreuz Krankenhaus Bremen

CONZE, J., Dr. med., Chirurgische Universitätsklinik und Poliklinik der RWTH Aachen

DE JAGER, Johanna, Dr. med., Chirurgische Universitätsklinik und Poliklinik der RWTH Aachen

DREUW, B., Dr. med., Chirurgische Universitätsklinik und Poliklinik der RWTH Aachen

ERCKMANN, F., Dr. med., Chirurgische Universitätsklinik und Poliklinik der RWTH Aachen

ERLI, H. J., Dr. med., Lehr- und Forschungsgebiet Unfallchirurgie der Chirurgischen Universitätsklinik der RWTH Aachen

FASS, J., PD Dr. med., Chirurgische Universitätsklinik und Poliklinik der RWTH Aachen

HÖER, J., Dr. med., Chirurgische Universitätsklinik und Poliklinik der RWTH Aachen

HÖFER, M., Dr. med., Chirurgische Universitätsklinik und Poliklinik der RWTH Aachen

JANSEN, M., Dr. med., Chirurgische Universitätsklinik und Poliklinik der RWTH Aachen

JANSSENS, U., Dr. med., Medizinische Universitätsklinik I der RWTH Aachen

KAISER, Th., Dr. med., Chirurgische Universitätsklinik und Poliklinik der RWTH Aachen

KASPERK, R., PD Dr. med., Chirurgische Universitätsklinik und Poliklinik der RWTH Aachen

KLEINSCHMIDT, L., Dr. med, Chirurgische Universitätsklinik und Poliklinik der RWTH Aachen

KLEVER, P., Dr. med., Chirurgische Universitätsklinik und Poliklinik der RWTH Aachen

KLINGE, U., Dr. med., Chirurgische Universitätsklinik und Poliklinik der RWTH Aachen

KLOSTERHALFEN, B., Dr. med., Institut für Pathologie des Universitätsklinikums der RWTH Aachen

MUCK-TÖNS, Annette, Dr. med., Schossenter Str. 3, B-4730 Raeren

MÜLLER, St., Dr. med., Chirurgische Universitätsklinik und Poliklinik der RWTH Aachen

OCHS, J.-G., Dr. med., Medizinische Universitätsklinik I der RWTH Aachen

OPHOFF, Kerstin, Dr. med., Chirurgische Universitätsklinik und Poliklinik der RWTH Aachen

PAAR, O., Univ.-Prof. Dr. med., Lehr- und Forschungsgebiet Unfallchirurgie der Chirurgischen Universitätsklinik der RWTH Aachen

PEIPER, Ch., Dr. med., Chirurgische Universitätsklinik und Poliklinik der RWTH Aachen

RAU, H. M., Dr. med., Chirurgische Universitätsklinik und Poliklinik der RWTH Aachen

RIESENER, K.-P., Dr. med., Chirurgische Universitätsklinik und Poliklinik der RWTH Aachen

SCHADDE, S., Dr. med., Chirurgische Klinik Rot Kreuz Krankenhaus Bremen

SCHIPPERS, E., PD Dr. med., Chirurgische Universitätsklinik und Poliklinik der RWTH Aachen

SCHUMPELICK, V., Univ.-Prof. Dr. med. Dr. h. c., Chirurgische Universitätsklinik und Poliklinik der RWTH Aachen

SCHWARZ, M., Prof. Dr. med., Neurologische Universitätsklinik und Poliklinik der RWTH Aachen

SIMON, B., Dr. med., Universitätsklinik für Anaesthesiologie der RWTH Aachen

SOHN, M., PD Dr. med., Chefarzt, Urologische Klinik St. Markus Krankenhaus Frankfurt

STEINAU, G., Dr. med., Chirurgische Universitätsklinik und Poliklinik der RWTH Aachen

TITTEL, A., Dr. med., Chirurgische Universitätsklinik und Poliklinik der RWTH Aachen

TÖNS, Ch., Dr. med., Chirurgische Universitätsklinik und Poliklinik der RWTH Aachen

TREUTNER, K.-H., Dr. med., Chirurgische Universitätsklinik und Poliklinik der RWTH Aachen

TRUONG, S., PD Dr. med., Chirurgische Universitätsklinik und Poliklinik der RWTH Aachen

UHLIG, H., Dr. med., Chirurgische Universitätsklinik und Poliklinik der RWTH Aachen

VON SALDERN, S., Dr. med., Universitätsklinik für Plastische-, Verbrennungs- und Wiederherstellungschirurgie der RWTH Aachen

WEIN, B., PD Dr. med., Universitätsklinik für Radiologische Diagnostik der RWTH Aachen

WINKELTAU, G. J., Prof. Dr. med., Chirurgische Universitätsklinik und Poliklinik der RWTH Aachen

WOLF, H., Dr. med. Chefarzt, Chirurgische Abteilung St. Antonius Krankenhaus Wegberg

Inhalt

Abkürzungen

Aal	Arterio alveolärer Index
ACLS	Advanced Cardiac Life Support
ACT	Activated clotting time
AF	Atemfrequenz
AHA	American Heart Association
AMV	Atemminutenvolumen
ANV	Akutes Nierenversagen
ARDS	Acute [adult] respiratory distress syndrome
AS	Aminosäure
ATIII	Antithrombin III
AVK	Arterielle Verschlußkrankheit
AZV	Atemzugvolumen
BAL	Broncho-Alveoläre Lavage
BCLS	Basic Cardiac Life Support
BGA	Blutgasanalyse
BIPAP	Biphasic Positive Airway Pressure
BSA	Body surface area = Körperoberfläche
CAVH	Kontinuierliche arterio-venöse Spontanfiltration
CAVHD	Kontinuierliche arterio-venöse Hämodialyse
CCP	Critical care polyneuropathy
CFI	Cardiac function index
CH	Charrière
CI	Cardiac Index
CO	Cardiac output = HZV
COLD	**C**ardiac/**C**irculation-**O**xygenation-**L**ung/**L**iver-**D**iagnosis
COPD	Chronic Obstructive Pulmonary Disease [früher COLD abgekürzt]
CPAP	continuous positive air pressure
CPP	Cerebraler Perfusionsdruck
CPR	Cardio-Pulmonale Reanimation
CT	Computertomographie
CVVH(F)	Kontinuierliche veno-venöse Hämofiltration
CVVHD(F)	Kontinuierliche veno-venöse Hämodiafiltration
CVVHD	Kontinuierliche veno-venöse Hämodialyse
DO_2I	Sauerstoff-Transportindex
DIC	Dissiminated intravascular coagulation
DK	Dauerkatheter
DKB	Druckkontrollierte Beatmung
DRVK	Druckregulierte volumenkontrollierte Beatmung = PRVC
DU	Druckunterstützte maschinelle Atmung
$ECCO_2$ R	Extrakorporale CO_2-Eliminierung
ECMO	Extrakorporale Membranoxygenierung
EK	Erythrozyten Konzentrat
EPT	Endoskopische Papillotomie
ERCP	Endoskopisch retrograde Choledocho-Pankreaticographie
EVLWI	Extravasculärer Lungenwasserindex
F	French
FDV	Forcierte Diffusionsventilation
FFP	Fresh frozen plasma
FiO_2	Inspiratorischer Sauerstoffgehalt
FRC	Funktionelle Residual-Kapazität
GCS	Glasgow Coma Scale
GEDV	Globales enddiastolisches Volumen
GFR	Glomeruläre Filtrationsrate
GOT	Glutamat-Oxalacetat-Transferase
GPT	Glutamat-Pyruvat-Transferase
HD	Hämodialyse
HF	Hämofiltration
HFJO	Hochfrequenz-Jet-Oszillation
HFJV	High-Frequency-Jet-Ventilation
HFO	Hochfrequenz-Oszillationsventilation
HFP	Hochfrequenzpulsation
HFPPV	High-Frequency-Positive-Pressure-Ventilation
HIT	Heparin [induzierte] assoziierte Thrombozytopenie

Hkt	Hämatokrit
HMV	Herzminutenvolumen
HRS	Hepatorenales Syndrom
HWZ	Halbwertzeit
HZV	Herzzeitvolumen
I:E	Inspiration zu Exspiration [Atemzeitverhältnis]
ICG	Indozyaningrün
ICP	intracranieller Druck
IDN	Inspiratorisches Druckniveau
IL	Interleukin
IRV	Inversed ratio ventilation [I:E 2:1]
ITBVI	Intrathorakaler Blutvolumenindex
ITGV	Intrathorakales Gasvolumen
ITN	Intubationsnarkose
LAP	left atrial pressure [Linker Vorhofdruck]
LDH	Lactat-Dehydrogenase
LE	Lungenembolie
LSB	Linksschenkelblock
LVSWI	Linksventrikulärer Schlagarbeitsindex
MAP	Mittlerer arterieller Druck
MODS	Multiorgan-Dysfunktionssyndrom
MOV	Multiorganversagen
MPI	Mannheimer Peritonitis Index
MRSA	Methicillin-resistenter-Staphylococcus-aureus
NMH	Niedermolekulares Heparin
NSAID	Nichtsteroidale Antirheumatika
NYHA	New York Heart Association
p.o.	per os
p.op.	postoperativ
PAP	Pulmonal arterial pressure
PBVI	Pulmonaler Blutvolumenindex
PCWP	Pulmonal capillary wedge pressure
PD Rig	Plasma deviation rate Indozyaningrün
PEEP	Positiv endexspiratorischer Druck
PEG	Perkutane endoskopische Gastrostomie
PGE	Prostaglandin
PPI	Pulmonaler Permeabilitätsindex
PRVC	Druckreguliert-volumenkontrollierte Beatmung = DRVK
PSB	Protected specimen brush
PTS	Polytrauma Score
PTCD	Percutane transhepatische Gallenwegdrainage
PVRI	Pulmonal vascular resistence index
Q_s/Q_t	Intrapulmonaler rechts-links Shunt
RIS	Rapid infusion system
RSB	Rechtsschenkelblock
RVSWI	Rechtsventrikulärer Schlagarbeitsindex
SaO_2	Arterielle Sauerstoffsättigung [aus BGA]
ScO_2	Zentralvenöse Sauerstoffsättigung [BGA aus V. cava]
SDD	Selektive Darmdekontamination
ShO_2	Lebervenöse Sauerstoffsättigung [BGA aus V. hepatica]
SHT	Schädel-Hirn-Trauma
SIMV	Synchronised intermittend mandatory ventilation
SIRS	Systemic inflammatory response Syndrom
SpO_2	Perkutane Sauerstoffsättigung
SvO_2	Gemischtvenöse Sauerstoffsättigung [BGA aus A. pulmonalis]
SVI	Schlag-Volumen Index
SVRI	Systemic vascular resistance index
TBB	Transbronchiale Biopsie
TBVI	Gesamtzirkulierender Blutvolumenindex
TEE	Transösophageale Echokardiographie
TIPS	Transjugulärer portosystemischer Shunt
TK	Thrombozytenkonzentrat
TNF	Tumornekrosefaktor
tPA	tissue type plasminogen activator
TPE	Totale parenterale Ernährung
TTE	Transthorakale Echokardiographie
VO_2I	Sauerstoff-Verbrauchsindex
VK	Volumenkontrollierte Beatmung
VU	Volumenunterstützte maschinelle Atmung
ZVK	Zentraler Venenkatheter

I Chirurgische Notfalltherapie

Polytrauma

Primärversorgung im Schockraum

I-1 Sicherung der Vitalfunktionen

Die *Erstversorgung* am Unfallort muß die *Transportfähigkeit sicherstellen.* Handelt es sich entsprechend der Definition von TSCHERNE tatsächlich um polytraumatisierte Patienten mit einer durch das Akutereignis herbeigeführten Lebensgefahr, so ist bei Übernahme in den Schockraum in der Regel ein bereits intubierter Patient mit mindestens einem venösen Zugang zu erwarten.

Die *Schockraumversorgung* muß durch weitere Stabilisierung, eine ggf. erforderliche Diagnostik und anschließende *kausale Therapie ermöglichen.*

Übernahme im Schockraum

➤ ***Personelle Voraussetzungen***

Unabhängig von der Voranmeldung sollte das Polytrauma von einem möglichst erfahrenen Standardteam im Schockraum erwartet werden:

- Chirurg / Unfallchirurg
- Anästhesist
- 3 schockraumerfahrene Pflegekräfte [davon eine Anästhesie-Fachpflegekraft]

Abhängig von der Voranmeldung oder nach orientierender Befundeinschätzung sind häufig bereits primär zuzuziehen bzw. nachzufordern:

- Neurochirurg bzw. Neurologe
- Zahn-, Mund-, Kiefer- und Gesichtschirurg
- Urologe
- Ophthalmologe
- ggf. weitere Fachabteilungen

➤ ***Primärinformationen***

Vom begleitenden Notarzt und den Rettungssanitätern ist zu erfragen:

- **Unfallereignis**
  - Unfallzeitpunkt
  - Mechanismus – von wo, wie einwirkende Kräfte [Pseudoforensische Spekulationen kosten unnötig Zeit!]
- **Patienten-Status** = wie vorgefunden?
  - Wach – bewußtlos?
  - Verwertbare Patientenangaben?
  - Eingeklemmt?
  - Reanimiert? Intervall bis Reanimationsbeginn?

- **Erstversorgung**
  - Intubation [problematisch (im PKW/im Graben), frühelektiv?]
  - Venöse Zugänge
  - Medikamentöse Therapie [Analgetika, Sedativa, Katecholamine?]
  - Volumenersatz – was, wieviel?

Merke:

> **Polytrauma Informationsfluß:**
> **Dokumentation und Koordination obliegt dem Chirurgen!**

➤ ***Orientierende Erstuntersuchung***

Die primäre orientierende Untersuchung sollte interdisziplinär und noch im Beisein des begleitenden Notarztes erfolgen.

Merke:

> **Polytrauma Untersuchung:**
> **Vollständige Entfernung der Kleidung obligat!**

Die erste orientierende Untersuchung im Schockraum muß zur Einschätzung der Verletzungsschwere führen und die notärztlichen Informationen und Maßnahmen überprüfen:

- Pupillenstatus?
- Sichtbare äußere Verletzungen?
- Prellmarken?
- Seitengleiche Thoraxexkursionen?
- Erkennbare Extremitätenfehlstellungen?
- **Kontrolle:** **Tubus** – Auskultation der Lunge, probatorisches Absaugen!
  Zugänge – laufen?
  Blutdruck (konventionell)
  Puls Qualität und Frequenz
  O_2-Sättigung (perkutan) oder **BGA**
- Neurologischer Status
- Kompressionsstabilität – Thorax/Becken?
- Abdomen weich?

Merke:

> **Polytrauma:**
> **→ Keine Relaxierung vor neurologischer Untersuchung!**
> **→ Oberkörperhochlagerung bei V.a. SHT!**

Oxygenierung

Bei jedem Mehrfachverletzten ist speziell nach oder während Schockzuständen eine hochnormale Sauerstoffversorgung zur Unterstützung der gefährdeten peripheren Mikrozirkulation anzustreben.

Die obligat oro-tracheale Intubation und Beatmung mit erhöhtem Sauerstoffgehalt in der Inspirationsluft erfolgt in aller Regel bereits bei der Erstversorgung durch den Notarzt am Unfallort.

Merke:

Polytrauma mit SHT oder Gesichtsverletzungen:
Wegen Gefahr der via falsa keine Sonden nasal!
Tubus und Magensonde obligat oral!

➤ ***Indikationen zur Intubation***

- Reanimation
- Bewußtlosigkeit
- Schockzustände (v. a. bestehende oder zu erwartende Volumen-Mangelzustände)
- Schweres Thoraxtrauma
- Schwere Hals- und Gesichtsverletzungen
- Erforderliche Analgosedierung (schmerz- oder medikamentenbedingte Hyperkapnie)
- SHT mit Hyperventilationspflicht

Merke:

Mehrfachverletzter mit Thoraxtrauma:
➤ **Bülaudrainage vor kontrollierter Beatmung!**
***Cave:* Spannungspneumothorax**

Venöse Zugänge

Während der Übernahme in den Schockraum werden zunächst die bei der Erstversorgung am Unfallort plazierten peripheren Zugänge genutzt.

➤ ***Minimalversorgung***
Mindestens 3 großlumige periphere Verweilkanülen [2], der Größe G16 [grau] oder besser noch G14 [orange]

➤ ***Empfohlene Kombination***
Neben den peripheren Zugängen empfiehlt sich die zusätzliche Plazierung von mehrlumigen Kathetern in große Venen. Vorteilhaft sind Katheter mit 2 großlumigen Volumenschenkeln [Flußrate je > 320 ml/min] sowie mindestens einem dünnlumigen Katecholaminschenkel wie sie z. T. für die Dialysebehandlung eingesetzt werden [z.B. Arrow®]. Diese Katheter ermöglichen auch bei kritischen Verhältnissen gleichzeitig eine suffiziente Volumentherapie, ggf. ein ZVD-Monitoring wie auch eine medikamentöse Therapie ohne das Risiko ungewollter Bolusapplikationen von herzwirksamen Medikamenten oder Inkompatibilitätsreaktionen verschiedener Substanzen.

Ein Punktionsversuch der aufgrund des Volumenmangels meist kollabierten V. jugularis interna bedeutet unnötigen Zeitverlust. Zugang der Wahl für zentralvenöse Katheter ist die stets offengehaltene V. subclavia.

Merke:

Notfall-Zugang im Schockraum:
Groß- und mehrlumiger Katheter [z.B. Arrow®] via V. subclavia!

Lassen kollare oder thorakale Verletzungen eine Punktion der V. subclavia nicht zu, so können derartige Katheter auch unproblematisch über die V. femoralis plaziert werden.

Sofern es der Zustand des Patienten erlaubt, empfiehlt sich ergänzend ein arterieller Zugang zur weiteren Blutentnahme und arteriellen Blutdrucküberwachung.

Alle im Rahmen der Notfallversorgung nicht sicher steril gelegten Katheter sind während der späteren intensivmedizinischen Stabilisierungsphase frühelektiv auszutauschen.

Volumentherapie

Beckenfrakturen, stammnahe Frakturen und vor allem Thorax- und Abdominaltraumen bedingen massive Volumenverluste, die schnell zu Störungen der Mikro- und Makrozirkulation führen.

Beim Polytrauma ist die möglichst früh und suffizient eingesetzte Volumentherapie das entscheidende Element der Kreislauftherapie zur Prognoseverbesserung. Ziel der Volumentherapie ist der Ausgleich der initialen Hypovolämie, die Aufrechterhaltung der Mikrozirkulation und ein frühzeitiger Ausgleich einer Anämie (Blutverluste).

Merke:

Substitutionstherapie akuter Volumenverluste:

≤ 25 %:	**Substitution mit 1000 ml Ringer / 500 ml HAES im Wechsel**
25 % bis 50 %:	**Erythrozytenkonzentrate und Kristalloide/Kolloide im Verhältnis 1 : 1**
> 50 %:	**Erythrozytenkonzentrate und FFP im Verhältnis 2 : 1 bis 1 : 1**

Die Wahl der Volumenersatzmittel speziell zwischen Kristalloiden und Kolloiden wird weiterhin kontrovers diskutiert [3].

Kristalloide

* Die Volumenwirksamkeit ist mit 0,5 bis 0,8 gering, d. h. es verbleiben lediglich 50–80 % der infundierten Menge tatsächlich zur Kreislaufstützung intravasal.
* Interstitielle Oedeme werden begünstigt.
* Die Hämodilution verstärkt die Anämie und hat negative Auswirkungen auf die Gerinnungssituation.
* Die Kreislaufverweildauer ist gering.
* Demgegenüber sind Kristalloide aber bei reaktiver Volumenüberlastung nach späterer Erythrozytentransfusion wieder leichter eliminierbar.

Kolloide

* Der Volumeneffekt liegt zwischen 0,8 und 1,3. Durch den osmotischen Druckgradienten wird interstitielle Flüssigkeit zusätzlich mobilisiert, sodaß die Volumenwirksamkeit deutlich über dem applizierten Volumen liegt.
* Die Kreislaufverweildauer beträgt – wie auch der Volumeneffekt – mehrere Stunden.
* Die Anämie wird durch die längere und intensivere Hämodilution deutlich verstärkt.
* Neben möglichen Gerinnungsstörungen durch die Hämodilution können Kolloide bei Applikation von mehr als 1000 ml die Thrombozytenfunktion erheblich alterieren.

"Small volume resuscitation"
Dieses aktuell diskutierte Konzept basiert auf der frühzeitigen Gabe hochosmolarer Lösungen mit extremem Volumeneffekt zur Verbesserung der Mikrozirkulation. In der amerikanischen Literatur werden gute Ergebnisse bei Einsatz beispielsweise von 10%iger NaCl-Lösung sowie 15 und 20%igem HAES mitgeteilt. Eigene Erfahrungen mit diesem Konzept liegen nicht vor.

➤ ***Blutersatz***
Die Anämie durch akute Blutverluste sowie sekundäre Hämodilution im Rahmen der Volumentherapie muß baldmöglichst durch Gabe von Erythrozytenkonzentraten ausgeglichen werden.

Gerinnungsstörungen bis zur Verbrauchskoagulopathie drohen nach massiven Blutverlusten und sollten mit Fresh Frozen Plasma (präventiv) therapiert werden.

Soweit realisierbar sollten blutgruppenidentische Blutersatzstoffe transfundiert werden. Läßt der Zustand des Patienten keine Zeit zur Blutgruppen- und Kreuzprobenaustestung oder sind gruppengleiche Präparate nicht verfügbar, so ist bei vitaler Indikation der Erythrozytenersatz mit Erythrozytenkonzentraten der Blutgruppe 0 rh negativ durchzuführen. Entsprechend ist ein Volumenersatz mit Substitution von gerinnungsaktiven Substanzen durch FFP der Blutgruppe AB universal möglich.

Merke:

Blutersatz im Notfall:
Erythrozyten: → O rh negativ
Frischplasma: → AB

Medikamentöse Kreislauftherapie

Als befristete Kreislaufunterstützung können Akrinor® oder Adrenalin – zumindest bis die gleichzeitig durchgeführte Volumentherapie zur Kreislaufstützung greift – indiziert sein.

Akrinor® wird mit NaCl 0,9% im Verhältnis 1:4 verdünnt [2 ml Ampulle Akrinor® auf 10 ml aufgezogen]. Je nach Kreislaufsituation werden ggf. wiederholt Boli von 2 ml injiziert. Das weitaus wirkungsvollere **Adrenalin** wird in Boli von 50 µg bis 100 µg injiziert [1 Ampulle Suprarenin® = 1000 µg auf 10 ml NaCl verdünnen, dann 1 ml = 100 µg!].

Die vasokonstriktive Therapie bedingt zwangsläufig eine kurzfristige Abnahme der Mikrozirkulation.

Bei protrahiertem Schockgeschehen trotz ausreichender Volumentherapie ist eine kombinierte Katecholamintherapie indiziert. Neben Adrenalin werden hierzu Dopamin und Dobutamin [Dobutrex®] in einer kontinuierlichen Dosierung bis zu 2000 µg/min eingesetzt.

Analgosedierung

Sofern realisierbar sollte vor Beginn einer relevanten Analgosedierung ein neurologischer Status möglichst nach dem Glasgow-Coma-Scale erhoben sein [4].

➤ *Analgesie*

Neben der schmerzbedingten subjektiven Belastung löst Schmerz auch einen eigenständigen Pathomechanismus aus. Schmerz kann einen Schockzustand verstärken und zur Steigerung des Hirndrucks führen. Zudem weisen Untersuchungen darauf hin, daß die Ausschüttung von β-Endorphinen über eine Immunsuppression das spätere Entstehen eines Multi-Organ-Versagens begünstigt. Eine adäquate Schmerztherapie ist obligater Bestandteil im Behandlungskonzept polytraumatisierter Patienten.

Da polytraumatisierte Patienten regelhaft intubiert und beatmet werden, kann die atemdepressive Wirkung der Morphinderivate vernachlässigt werden.

Aufgrund der guten Steuerbarkeit (schnelle suffiziente Wirkung bis zu einer Stunde) empfiehlt sich Fentanyl®. Allerdings führt die Bolusgabe bei hypovolämen Patienten zu Blutdruckabfällen.

Fentanyl®

- Dosierung 0,1–0,2 mg
- Wirkbeginn nach 1–2 min
- Wirkmaximum nach 5 min
- Wirkdauer 20–40 min
- Bei Normovolämie keine relevante Kreislaufdepression
- Ausgeprägte Atemdepression
- Keine Hirndrucksteigerung
- Leichte Sedierung

Eine weitere Substanz, die vorzugsweise im Rettungsdienst als Analgetikum eingesetzt wird, ist Ketamin. Ketamin [Ketanest®] kann in narkotischen Dosen den Hirndruck steigern (relative Kontraindikation bei SHT), für analgetisch wirksame Dosen ist diese Wirkung nicht nachgewiesen. Die positive Inotropie von Ketanest® führt zu einem überproportional hohen myokardialen Sauerstoffbedarf, so daß bei Patienten mit Koronarinsuffizienz oder Zustand nach Infarkt ebenfalls eine Kontraindikation besteht.

Ketanest®

- Analgetische Dosierung 0,25–0,5 mg /kg KG
- Wirkbeginn nach 2–3 min
- Wirkmaximum nach 5 min
- Wirkdauer 15 min
- Erhaltene Schutzreflexe
- Keine Atemdepression
- Sympathomimetische Effekte
- Psychomimetische Effekte
- Hirndrucksteigerung möglich

➤ *Sedierung*

Zu empfehlen ist die begleitende Gabe eines kurzwirksamen Benzodiazepins wie **Dormicum**®. Länger wirksame Benzodiazepine wie Rohypnol® oder Valium® eignen sich aufgrund ihrer schlechteren Steuerbarkeit weniger, da intermittierende neurologische Verlaufskontrollen erschwert sind.

Vermeintlich moderne Sedativa wie z.B. Propofol [Disoprivan®] eignen sich zur Sedierung Polytraumatisierter in der Akutphase nicht, da sie über eine Gefäßdilatation in erheblichem Maße zu blutdrucksenkenden Volumenverschiebungen führen.

Literatur

– siehe Gesamt-Literaturverzeichnis im Anhang –

I-2 Sonographie

Die Sonographie ist zum wichtigsten Untersuchungsverfahren im Schockraum beim stumpfen Bauchtrauma geworden und hat die Peritoneallavage fast vollständig abgelöst. Im Gegensatz zur invasiven Lavage kann die Indikationsstellung zur Sonographie großzügig erfolgen und die Untersuchung beliebig häufig wiederholt werden. Somit werden auch Patienten unmittelbar erfaßt, die auf Grund der vermuteten Verletzungsschwere primär keiner Lavage zugeführt worden wären.

Untersuchungsablauf und Befunde

Voraussetzungen

- Real-time-Ultraschallgerät
- Schallkopf 3,5 – 5 Mhz (Linearscanner, Sektorscanner)
- Erfahrener Untersucher

Untersuchungsziel

Die Suche nach freier intraabdomineller Flüssigkeit stellt die Hauptaufgabe bei der ersten orientierenden Untersuchung dar. Hierzu wird der übliche Untersuchungsgang abgekürzt, um auf schnellstem Wege die Möglichkeit einer intraabdominellen Massenblutung ausschließen oder nachweisen zu können. Die sonographische Darstellung von Läsionen parenchymatöser Organe ist zeitraubend und unsicher, auch bei subtiler Diagnostik werden initial nur etwa 30 – 40 % derartiger Läsionen richtig erkannt.

Sonographische Untersuchungsziele:

- Ausschluß freier intraabdomineller Flüssigkeit
- Ausschluß intrapleuraler/intraperikardialer Flüssigkeit
- Nachweis von Läsionen parenchymatöser Organe
- Nachweis retroperitonealer Flüssigkeiten/Hämatome

Merke:

Prädilektionsstellen freier Flüssigkeit:
Recessus hepatorenalis (Morrison-Pouch)
Perisplenischer Raum (Koller-Pouch)
Excavatio rectovesicalis
Excavatio rectouterina
Bursa omentalis
parakolische Rinne
Pleurahöhle, Perikard

Untersuchungstechnik

Bei üblicher Lagerung des Patienten in Rückenlage erfolgt die Positionierung des Schallkopfes möglichst weit dorsal in den Flanken, um die tiefsten Punkte der Abdominal- und Thoraxhöhle abzubilden. Zur Beurteilung des Douglasraumes ist der Unterbauchlängs- bzw. Querschnitt geeignet, wobei eine ausreichende Blasenfüllung (300–500 ml) obligate Voraussetzung zur sicheren Beurteilung ist (s. u.). Die Pleurahöhle läßt sich rasch durch Flankenschnitte beidseits mituntersuchen (Ausschluß eines Hämatothorax), ein nach kranial gerichteter epigastrischer Querschnitt ermöglicht eine ausreichende Darstellung des Herzens zum Ausschluß eines hämodynamisch wirksamen Perikardergusses (→ Abb. II-11-7, S. 242). Erst nach Ausschluß einer Massenblutung erfolgt bei stabilen Kreislaufverhältnissen die weitergehende sonographische Abdominaldiagnostik.

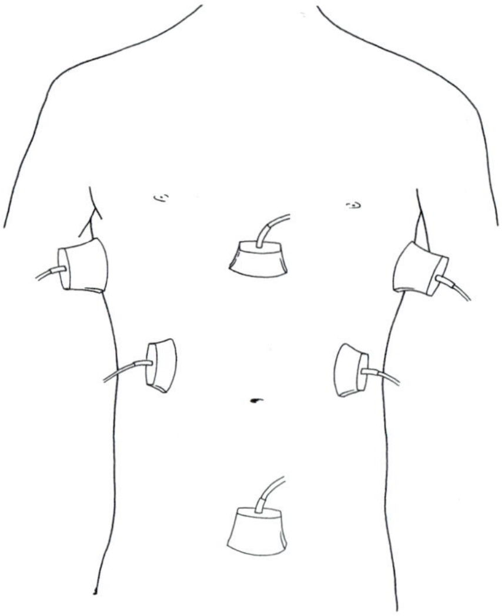

Abb. I-2-1 Obligate sonographische Untersuchungspunkte.
- Recessus hepatorenalis
- Perisplenischer Raum
- Excavatio rectouterina/rectovesicalis
- Oberbauchmitte
- Genaue Organdiagnostik

Merke:

Sonographischer Untersuchungsgang:

1. **Orientierende Untersuchung der Prädilektionsstellen freier intraabdomineller Flüssigkeit (2–3 min)**
2. **Subtile Organdiagnostik (5–10 min) entsprechend der Routine-Ultraschalluntersuchung**

Untersuchungsbefunde

Freie Flüssigkeit stellt sich als echofreie Formation dar, die den zur Verfügung stehenden Raum ausfüllt und sich an den tiefsten Punkten des Abdomens sammelt. Die gefundene Lokalisation der freien Flüssigkeit ist unabhängig vom Ort der Läsion und gibt eher die Lagerung des Patienten während des Transports wieder. Eine Unterscheidung verschiedener Flüssigkeitsqualitäten (Blut/Ascites etc.) ist mit der Sonographie allein nicht möglich.

Sonographische Differentialdiagnose freier Flüssigkeit:

Blut, Galle, Lymphe, Darminhalt, Urin, Ascites	Spitze Winkel! Beim Trauma in 90 % der Fälle Blut! Bei entsprechendem Verdacht zur Unterscheidung gezielte Punktion erforderlich
Magenblase, Darmschlingen, Harnblase, zystische Tumoren	glatte, runde Strukturen!

a 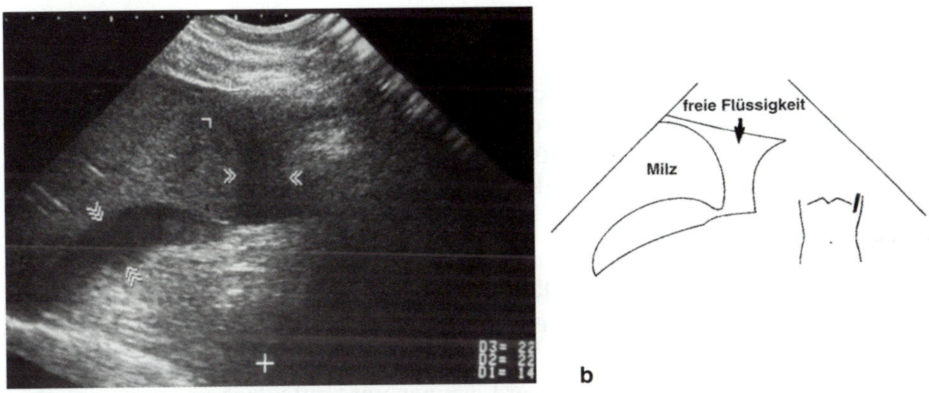 b

Abb. I-2-2 a, b Freie Flüssigkeit [Blut] in der Milzloge.

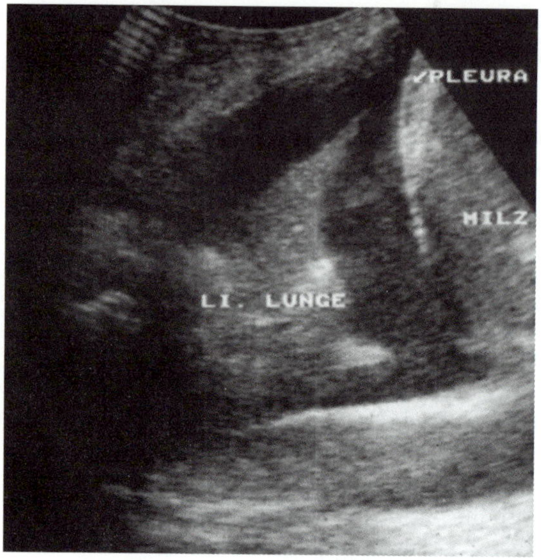

a

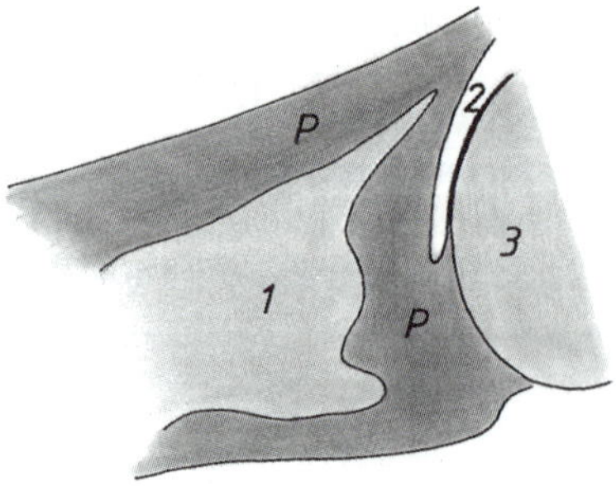

b

Abb. I-2-3 a, b Hämatothorax: Sonographisch teils echoreiche Flüssigkeit im Pleuraspalt (P), atelektatische linke Lunge (1), Pleura (2), Milz (3).

Die ***exakte Schätzung von Flüssigkeitsmengen im Abdomen*** ist problematisch, eine grobe Abstufung jedoch möglich.

Befund	geschätzte Flüssigkeitsmenge
Flüssigkeitssaum 0,5 – 1 cm Breite	≈ 500 ml
Nachweis von Flüssigkeit in 3 Abdominalquadranten	> 500 ml

Auch diskrete Befunde im Ultraschall müssen ernstgenommen und engmaschig kontrolliert werden, da sie einerseits schon Ausdruck größerer, auf Grund der Darmluft unsichtbarer Flüssigkeitsmengen sein können, andererseits aber auch einem Extraintestinat entsprechen können (gezielte Punktion!).

Merke:

Freie Flüssigkeit bei sonographischer Erstuntersuchung:
→ Keine Korrelation zur Schwere der intraabdominellen Verletzung!

Die Darstellung intraparenchymatöser Läsionen wird mit zunehmendem zeitlichen Abstand zum Unfall besser möglich. Einblutungen zeigen zunächst keine Änderung im Reflexmuster des Organs, im weiteren Verlauf stellen sie sich als unscharf begrenzte echoarme Raumforderungen dar (Kontrolluntersuchungen!). Subkapsuläre Hämatome in Leber oder Milz zeigen sich als begrenzter echofreier Saum um das betreffende Organ und weisen keine Befundänderung bei Lagewechsel des Patienten (Doppelkontur der Organgrenze) auf.

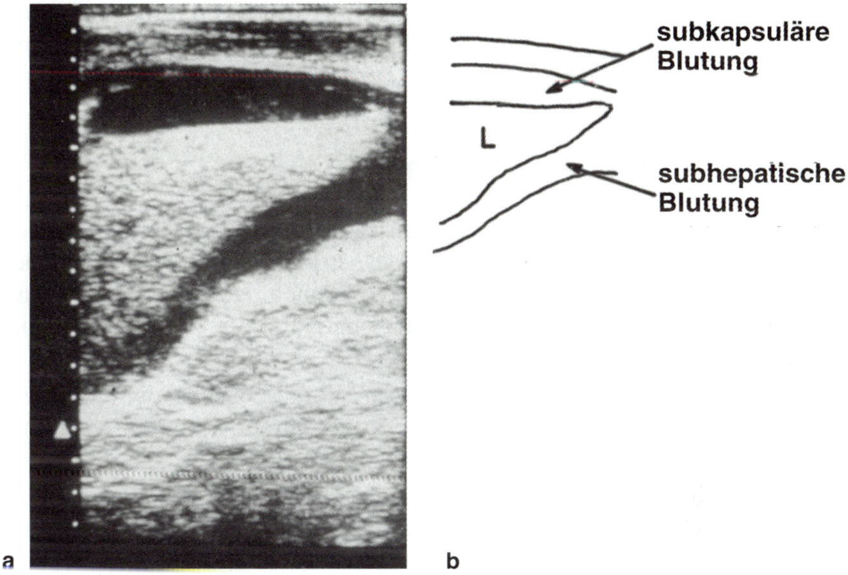

Abb. I-2-4 a, b Subkapsuläres Leberhämatom Segment II/III mit freier Flüssigkeit [Blut] subhepatisch.

Grenzen der Sonographie

Blutungen geringer Intensität können der initialen sonographischen Darstellung entgehen und erfordern engmaschige Kontrollen. Gleiches gilt, wenn aufgrund anderweitiger Blutverluste mit resultierender Schocksituation intraabdominell zunächst keine erkennbaren Blutvolumina vorliegen.

Merke:

Sonographische Nachweisgrenzen freier Flüssigkeit:
Abdomen: 200 ml
Thorax: 50 ml

Besondere diagnostische Schwierigkeiten können isolierte Pankreasrupturen und Verletzungen des Gastrointestinaltraktes bieten. Aufgrund der nur geringen Flüssigkeitsvolumina entgehen diese häufig der sonographischen Darstellung (Sensitivität bei isolierten Verletzungen 50–60%). Bei entsprechendem klinischen Verdacht empfiehlt sich die frühzeitige weitergehende Diagnostik (ERCP, Gastrografin®-MDP, Laparoskopie).

Merke:

Schwachstelle sonographischer Akutdiagnostik:
Verletzungen des Gastrointestinaltraktes!

Extreme Adipositas und Darmgasüberlagerung erschweren die Beurteilung. Bei Vorliegen eines ausgeprägten Hautemphysems kann die Untersuchung unmöglich werden. In derartigen Fällen muß auf die Peritoneallavage zurückgegriffen werden.

Diagnostisches Management

Ziel der Untersuchung im Schockraum ist es, in kürzester Zeit alle wesentlichen Informationen über das Verletzungsausmaß des Patienten zu erhalten, um lebensbedrohliche Unfallfolgen sofort behandeln zu können. Hierzu gehört wesentlich die Weichenstellung zwischen Notfalloperation und weiterer spezieller Diagnostik (Röntgen, CT, Angiographie etc.) [5].

Aufgrund der möglichen vitalen Bedrohung durch ein in seinem Verletzungsumfang nicht richtig eingeschätztes stumpfes Bauchtrauma kommt der Sonographie zentrale Bedeutung für das weitere Management zu.

Unser Konzept sieht eine dreifache sonographische Untersuchung in der Initialphase der Polytraumabehandlung vor, wobei jedes Mal eine etwas andere Zielsetzung verfolgt wird und die Entscheidung über eine Unterbrechung der Diagnostik zur Notfalloperation durch den Chirurgen zu treffen ist.

Tabelle I-2-1 Untersuchungsablauf im Schockraum.

Vorgehensschritt	Zeit (min) (ab Eintreffen)	
Kontrolle der Vitalparameter; klinische Untersuchung	0	
1. Sonographie (Orientierung)	5	→
Primärmaßnahmen (Bülaudrainage, Blasenkatheter, stabilisierende Verbände/Schienen, Konsiliaruntersuchungen)		Falls Sono positiv ➠ OP!
2. Sonographie (incl. Organdiagnostik)	30	→
Röntgendiagnostik, CT, Angiographie		
3. Sonographie (Kontrolle)	60	→
falls Sonographien negativ: Intensivtherapie mit Sonographiekontrollen	alle 4 Stunden	

Indikationsstellung zur Operation

Patienten, die bei der Erstuntersuchung nach dem Trauma bereits freie Flüssigkeit deutlich über der Nachweisgrenze aufweisen, bedürfen in der Regel der sofortigen Laparotomie (Ausnahme: Ascites!).

Bei zufälliger Koinzidenz von Trauma und Aszites bzw. einer rupturierten Ovarialzyste erhebt man mit der Sonographie unvermeidlich einen falsch positiven Befund.

Bei Patienten mit stabilen Kreislaufverhältnissen ist die Punktion zur Differenzierung der Flüssigkeit empfehlenswert (s. u.). Bei Zunahme initial geringer Flüssigkeitsmengen ist auch bei stabilen Kreislaufverhältnissen die Laparotomie indiziert. Nur in Ausnahmefällen (z. B. Kinder, da Nachweisgrenze für Flüssigkeit geringer!) kann bei stabilen Verhältnissen und Flüssigkeitsmengen im Bereich der Nachweisgrenze unter engmaschigen Kontrollen (Intensivstation!, Kreislauf, Labor, Sonographie) konservativ behandelt werden.

Tips und Tricks

Harnblase nicht gefüllt	Blasenfüllung über DK (300–500 ml Ringer/NaCl mittels Infusionssystem luftfrei (!) retrograd)
Flüssigkeitsmenge unter Nachweisgrenze, Schocksituation	rechtzeitiger Nachweis durch engmaschige Kontrollen unter Volumensubstitution
Große Flüssigkeitsmenge bei stabilem Kreislauf	Gezielte Punktion! (Sonographische Darstellung einer geeigneten Punktionsstelle in 2 Ebenen, sterile Punktion mit 1er Nadel)
Kleine Flüssigkeitsmenge, Verdacht auf intestinale Verletzung	Lageänderung, z. B. Schräglage, dann Darstellung in 2 Ebenen und Punktionsversuch am tiefsten Punkt (Flanke)
Offene Verletzungen im Untersuchungsgebiet	Abdecken mit steriler Opsite®-Folie oder Verwendung von Hautdesinfektionslösung (z. B. Cutasept®) zur Schallankopplung
DD retroperitoneales Hämatom	– keine spitzen Winkel – keine Konfigurationsänderung bei Lagewechsel – Lagebeziehung zu Niere/Psoasloge – meist schon initial Binnenechos vorhanden

Ergebnisse

Die Sonographie ist in der Hand des Erfahrenen ein sicheres diagnostisches Verfahren zur Beurteilung des stumpfen Bauchtraumas. Voraussetzung für ihren sinnvollen Einsatz ist die Durchführung engmaschiger Kontrolluntersuchungen auch bei initial negativem Befund. Die in kontrollierten Studien nachgewiesenen Vorteile der Lavage beruhen darauf, daß im Studienprotokoll auf sonographische Kontrolluntersuchungen zugunsten der Lavage verzichtet wurde. Die Sensitivität der Darstellung freier Flüssigkeit reicht vollständig aus, diese bei regelmäßigen Kontrollen vor Eintreten einer Gefährdung des Patienten sicher und zuverlässig zu erkennen und die Indikation zur operativen Intervention rechtzeitig zu stellen.

Tabelle I-2-2 Sensitivität von Lavage und Sonographie zum Nachweis freier Flüssigkeit im Bauchraum.

Autor	n	Sensitivität	
		Lavage	Sonographie
Sonographie vs. Lavage			
GRÜSSNER 1989 [6]	71	100	84
RUF 1990 [7]	55	100	81
WAYDHAS 1991 [8]	106	91	74
Sonographie allein			
HOFFMANN 1992 [9]	291		89
RÖTHLIN 1993 [10]	312		98
ROZYCKI 1993 [11]	476		79
AACHEN 1995 [12]	977		98
Lavage allein			
SCHELLE 1981	830	97	
RUF 1985	290	99	

Literatur

– siehe Gesamt-Literaturverzeichnis im Anhang –

I-3 Entscheidungsstrategien

*"Die Versorgung Schwer- und Mehrfachverletzter erfordert
ein Höchstmaß an Organisation,
eine gut ausgebaute Logistik
und einen hohen Ausbildungsstand der behandelnden Ärzte."* TSCHERNE 1987

Verletzungsschwere

Die Beurteilung der Verletzungsschwere orientiert an Puls, Blutdruck, Schockindex oder ZVD ist *nicht* sinnvoll, da diese Parameter wegen der extrem kurzen Rettungszeiten anfangs im Normbereich bleiben.

Die Beurteilung der Verletzungsschwere erfolgt besser mit standardisierten Score-Systemen:

- Abbreviated Injury Score (AIS)
- Injury Severity Score (ISS)
- Trauma Score, ISS und Alter (TRISS)
- Skelett, Abdomen, Thorax, SHT und Schock (SAT)
- Hannoveraner Polytraumaschlüssel (PTS)

Die Einteilung des Mehrfachverletzten in die Score-Schemata ermöglicht:

- Kontrolle über den Therapieerfolg
- Beurteilung der Versorgungsqualität
- Prognostische Aussagemöglichkeit

Folgende Forderungen müssen an jedes Score-System gestellt werden:

Ein aussagefähiger Score muß praktikabel, prognostisch aussagekräftig und prospektiv anwendbar sein.

Hannoveraner Polytrauma Score

Der Hannoveraner Verletzungsschlüssel PTS beinhaltet:
PTSS (Schädel) Einteilung nach Glascow Coma Scale (GCS)
PTSA (Abdomen)
PTSE (Extremitäten)
PTST (Thorax)
PTSB (Becken)
Alterseinfluß

Tabelle I-3-1 Hannoveraner Verletzungsschlüssel PTS.

PTSS (Schädel) Einteilung nach Glasgow Coma Scale (GCS)	
SHT 1° = 13–15 (Punkte GCS)	4 Punkte
SHT 2° = 8–12 (Punkte GCS)	8
SHT 3° = 3– 7 (Punkte GCS)	12
Mittelgesichtsfraktur	2
Schwere Mittelgesichtsfraktur	4
PTSA (Abdomen)	
Milzruptur	9
Milz- und Leberruptur	13
Leberruptur (ausgedehnt)	13
Darm, Mesenterium, Niere, Pankreas	9
PTSE (Extremitäten)	
Zentraler Hüftverrenkungsbruch	12
Oberschenkelfraktur einfach	8
Oberschenkelstück-, Trümmerfraktur	12
Unterschenkelfraktur	4
Knieband, Patella, Unterarm, Ellenbogen, Sprunggelenk	2
Oberarm, Schulter	4
Gefäßverletzung oberhalb Ellenbogen bzw. Kniegelenk	8
Gefäßverletzung unterhalb Ellenbogen bzw. Kniegelenk	4
Oberschenkel-, Oberarmamputation	12
Unterarm-, Unterschenkelamputation	8
Je offene 2°- und 3° Fraktur	4
Große Weichteilquetschung	2
PTST (Thorax)	
Sternum, Rippenfrakturen (1–3)	2
Rippenserienfrakturen	5
Rippenserienfrakturen beidseitig	10
Hämato-, Pneumothorax	2
Lungenkontusion	7
Lungenkontusion beidseitig	9
Instabiler Thorax zusätzlich	3
Aortenruptur	7
PTSB (Becken)	
Einfache Beckenfraktur	3
Komb. Beckenfraktur	9
Becken- und Urogenitalverletzung	12
Wirbelbruch	3
Wirbelbruch/Querschnitt	3
Beckenquetschung	15
Alterseinfluß	
Alter (Jahre)	
0–39	0
40–49	1
50–54	2
55–59	3
60–64	5
65–69	8
70–74	3
75–	21

nach Tscherne et al. 1987 [13]

Vier Gruppen mit prognostisch relevanter Schweregraddifferenzierung sind nach dem Hannoveraner PTS validiert:

Gruppe	I:	– 11 Punkte	Letalität	< 10 %
	II:	12 – 30		< 25 %
	III:	31 – 49		< 50 %
	IV:	50 –		< 75 %

Chirurgische Entscheidungen im Schockraum

Alle Entscheidungen betreffend
- Indikation zur Operation (evtl. Schockraum, Op-Saal)
- Indikation zur weiterführenden Diagnostik
- Verlegung auf die Intensivstation
- Hinzuziehung weiterer Fachabteilungen

werden vom Chirurgen getroffen [14].

Merke:

Transportvoraussetzungen bei Polytraumen:
Suffiziente Beatmung, ausreichende Kreislaufverhältnisse
➤ Ärztliche Begleitung immer erforderlich!

Folgende Fachabteilungen sollten bereitstehen bzw. rufbereit sein:
- Anästhesie
- Augenheilkunde
- Hals-Nasen-Ohrenheilkunde
- Neurochirurgie
- Urologie
- Zahn-Mund- und Kieferheilkunde

Management

Die Einteilung in vier Behandlungsphasen, die den Heilungsverlauf des Polytraumatisierten und eine abgestufte Dringlichkeit der notwendigen operativen Versorgung beinhalten, hat sich bewährt [15].

Die Übergänge der einzelnen Phasen *sind fließend.*

Phase I

Akut- oder Reanimationsphase (1.–3. Stunde)

Nach Eintreffen des Mehrfachverletzten im Schockraum wird mittels der körperlichen Untersuchung und der orientierenden Abdomen- und Thoraxsonographie die Verletzungsschwere ermittelt. Zugleich ist die Schockbehandlung einzuleiten.

Zeigt die Sonographie das Vorliegen einer intraabdominellen Blutung, ist die *sofortige Operation* indiziert. Die weiterführende Diagnostik ist zurückzustellen. Blutungen des Thoraxraumes oder Blutungen der Extremitäten können in der Regel passager durch konservative Maßnahmen beherrscht werden.

In Extremfällen ist die Notfalloperation im Schockraum sogar unter Reanimationsbedingungen durchzuführen, wenn massive Blutungen oder eine Herzbeuteltamponade vorliegen [16].

Unverzichtbar bei Eintreffen des Verletzten ist die *neurologische Untersuchung*. Ergibt sich der Verdacht auf eine Beteiligung intracerebraler Strukturen, ist *nach der Akutoperation* die weitere Diagnostik (CT) einzuleiten [17].

Phase II

Primärphase (3. – 72. Stunde)

Nach Feststellung der Verletzungsschwere und Versorgung akut lebensbedrohender Verletzungen ist jetzt die weiterführende Diagnostik und Stabilisierung durchzuführen. Dies kann zunächst die Verlegung auf die Intensivstation beinhalten oder direkt den Transport in die Röntgenabteilung.

Polytrauma – Röntgen:
- **Schädel 2 E, evtl. 3 E**
- **HWS, BWS, LWS jeweils 2 E**
- **Becken**
- **Rö-Thorax**

Weiterführende Untersuchungen je nach *klinischem Befund:*
- CT-Untersuchung des Schädels
- Kontrollsonographie des Abdomens
- Ausschluß Gefäßverletzung (evtl. Angiographie)
- Ausschluß von Blasen- oder Harnröhrenverletzung (evtl. i. v.-Pyelographie)

Operationsindikationen in der Primärphase:
- geschlossene und offene Gehirnverletzungen
- Hohlorganverletzungen in Thorax, Abdomen, Retroperitoneum
- Rückenmarkskompression, besonders bei neurologischer Progredienz
- Augen- und Gesichtsverletzungen
- **Periphere Verletzungen**
  - Verletzungen großer Gefäße
  - Compartment-Syndrom
  - Offene Frakturen
  - Offene Gelenkverletzungen
  - Geschlossene Femurschaftfrakturen
  - Beckenfrakturen und -luxationen
  - Unterschenkelschaftfrakturen
  - andere periphere Verletzungen [13]

Merke:

Simultanoperationen beim Polytrauma:
Beschleunigen die Stabilisierung und können durch Zeitgewinn lebensrettend sein [19]!

Phase III

Sekundär- oder Regenerationsphase (3. – 10. Tag)

Im Vordergrund steht die *hämodynamische und respiratorische Stabilisierung* des Verletzten.

Operationsindikationen in der Sekundär- und Regenerationsphase:
- sekundärer Wundverschluß bei offenen Frakturen
- frontobasale Frakturen
- Mittelgesichts- und Kieferfrakturen
- Gelenkrekonstruktionen bei Frakturen und Kapselbandverletzungen [13]

Hauptmerkmal dieser Phase ist die definitive Frakturversorgung sowie die Beseitigung von septischen Herden, die Deckung von großen Weichteildefekten und die Ausräumung von großen Hämatomen.

Phase IV

Tertiärphase (ab dem 8. Tag)

Entwöhnung vom Beatmungsgerät, zunehmende Mobilisation und weitere Stabilisierung des Polytraumatisierten sind Schwerpunkte dieser Phase [18].

Operationsindikationen der Phase IV:
- Spongiosaanlagerung
- aufwendige Weichteilrekonstruktionen
- Stumpfplastiken nach Amputationen
- alle aufgeschobenen Operationen der Sekundärphase [13]

Beachte:

Bei 4000 geretteten Patienten erfolgt eine Steigerung des Bruttosozialprodukts um 550 Millionen DM und eine Steigerung der Steuereinnahmen um 140 Millionen DM bei Wiederaufnahme der beruflichen Tätigkeit [20].

Literatur

– siehe Gesamt-Literaturverzeichnis im Anhang –

Thorax-, Abdominal und Gefäßtrauma

I-4 Thoraxtrauma

Thoraxverletzungen treten zumeist im Rahmen eines Polytraumas in Erscheinung. Sie werden unterteilt in:
- penetrierend-offene und
- stumpf-geschlossene Verletzungen.

Sie stehen in der Häufigkeitsskala an dritter Stelle der verletzten Organsysteme:

• Skelettverletzungen	84–86 %
• Schädel-Hirn-Trauma	70–85 %
• Thoraxverletzungen	60–65 %
• Abdominalverletzungen	30–40 %

Stumpfes Thoraxtrauma

Merke:

Stumpfe Thoraxverletzungen:
Meist keine primäre operative Versorgung – außer Thoraxdrainage – erforderlich!

➤ Verletzungsarten beim stumpfen Thoraxtrauma

Intrathorakale Organverletzungen

– Hämato-/Pneumothorax	66 %
– Lungenkontusion	21 %
– Herzkontusion	16 %
– Zwerchfellruptur	4 %
– Aortenruptur	2 %
– Verletzung der großen Gefäße	0,9 %
– Bronchusruptur	0,6 %
– Perikardruptur	0,3 %
– Chylothorax	0,15 %
– Ösophagusruptur	< 0,1 %

Verletzungen des Thoraxskeletts:

– Rippenfrakturen (inkl. einseitiger Serienfraktur)	63 %
– beidseitige Rippenserienfrakturen	9 %
– Klavikulafraktur	21 %
– Skapulafraktur	9 %
– Sternumfraktur	2 %
– ACG-Sprengung	2 %

Wegen der relativen Seltenheit primär operationspflichtiger Befunde beim stumpfen Thoraxtrauma ist die ***Primärversorgung mit Thoraxdrainagen*** [Technik s.u.] die vordringlichste Aufgabe des erstversorgenden Arztes.

Merke:

Thoraxtrauma:
→ Thoraxdrainage am Unfallort!

Viele Patienten ohne initialen Hämato-/Pneumothorax am Unfallort entwickeln eine Symptomatik erst während des Transportes! Immerhin bei 66 % der Thoraxverletzten muß sofort nach Aufnahme in die Klinik (und damit schon zu spät!) eine Drainage gelegt werden. Nur 14 % der Patienten erhalten die (prognoseverbessernde) Drainage am Unfallort, und zwar 10 % von Ärzten des Hubschraubertransportes und nur 4 % von Notärzten vor dem RTW-Transport.

Penetrierendes Thoraxtrauma

➤ ***Ursachen:***
- Schußverletzungen
- Stichverletzungen
- Unfälle
- Sonstige

➤ ***Sofortmaßnahmen:***
- ***Penetrierenden Fremdkörper belassen (erst im OP entfernen!!!)***
- Kreislauf überwachen bzw. stabilisieren
- Thoraxdrainage plazieren
- Diagnostik einleiten

Merke:

Penetrierendes Thoraxtrauma:
Messer etc. erst bei OP-Bereitschaft entfernen!

➤ ***Indikationen zur Sofort-Operation:***
- Posttraumatischer Kreislaufkollaps
- Perikardtamponade
- Gefäßverletzungen
- Traumatischer Thoraxwanddefekt

- Massive Luftfistel
- Nachgewiesene Verletzung des Tracheobronchialsystems
- Nachgewiesene Ösophagusverletzung
- Jede quere Mediastinalverletzung
- Anhaltender Hämatothorax (> 1500 ml Blut initial oder > 200 ml/h)
- Geschoßembolie
- Luftembolie

➤ ***Letalität:***

- Schußverletzungen:
  - ohne Mediastinalbeteiligung: 5–10%
  - mit Mediastinalbeteiligung: 50–83%
- Stichverletzungen: 5–39%

Die Prognose hängt von der Schwere der Verletzung ab:
Globale Letalität bei noch meßbarem Blutdruck: 39%
Letalität der Notfallthorakotomie beim Kreislaufversagen: 90–100%

Diagnostik

Nach möglichst primärer Versorgung mit einer Bülau-Drainage erfolgt der Ausschluß von schwerwiegenden, operationspflichtigen Thoraxbefunden in der Klinik:

Die *klinische Untersuchung* liefert rasch einen Überblick über akut behandlungsbedürftige Komplikationen:

- Zyanose?
- Gestaute Halsvenen?
- Paradoxe Atmung?
- Prellmarken?
- Thorax stabil?
- Venenfüllungszustand?
- Massives Hautemphysem?
- Schneeballknistern?
- Krepitation?
- Luftfistel?

Die ***Sonographie*** und die ***Röntgenaufnahme des Thorax*** (in zwei Ebenen) liefern wesentliche Informationen über Hämato-/Pneumothorax, Perikarderguß, Mediastinalverbreiterung (V.a. Aortenruptur), Mediastinalemphysem (V.a. Bronchuseinriß), Zwerchfellruptur, Lage evtl. Fremdkörper, etc.

– ***Zusatzuntersuchungen*** können dann gezielt den Verdacht abklären (Angiographie: Aortenruptur; CT: Aortenruptur, Kontusionen, Zwerchfellruptur, etc.).

– Intrabronchiale Befunde (Blutungen, etc.) können bestmöglich mit einer ***Bronchoskopie*** untersucht werden (Als Nebenbefund sichert diese Untersuchung freie Atemwege ohne Verlegung durch Fremdkörper, etc.).

– Mittels ***UKG (Echokardiogramm)*** kann rasch der Verdacht (durch EKG, Röntgen, regulären Ultraschall, etc. erhoben) auf eine Perikardtamponade abgeklärt werden.

Pneumothorax

Definition

Der Pneumothorax ist definiert als kompletter oder teilweiser Kollaps der Lunge durch Beeinträchtigung der physiologischen Druckdifferenz infolge eines funktionell wirksamen Defektes der Pleura.

Formen

- symptomatischer Pneumothorax
  = durch eine Grundkrankheit ausgelöster Pneumothorax
  (Trauma, bullöses Emphysem, Tuberkulose, Asthma bronchiale, Abszeß, "Honigwabenlunge", Karzinome, Lungenfibrosen, etc.)
- idiopathischer Spontanpneumothorax
  = Spontanpneumothorax ohne offensichtliche Grundkrankheit

Therapie: Sofortige Plazierung einer Thoraxdrainage!

➤ Spannungspneumothorax

Ursache ist ein Riß in der viszeralen Pleura. Dieser erlaubt den Luftaustritt in den Pleuraspalt während der Inspiration, jedoch keinen Rückstrom bei der Exspiration [*Ventilmechanismus*] [→Abb. II-12-17, S. 260].

Die dadurch entstehende Druckerhöhung pflanzt sich auf das Mediastinum fort und verdrängt es zur Gegenseite. Die Folge ist eine Kompression der gesunden Lunge, eine Verminderung des venösen Rückstromes zum Herzen und eine Reduktion der Herzauswurfleistung und damit des Herzzeitvolumens ("cardiac output").

Das ***klinische Bild*** ist im perakuten Fall dramatisch. Eine Progredienz der Dyspnoe ist mit zunehmender akuter Verschlechterung der Herzauswurfleistung durch kompressionsbedingt fast sistierenden venösen Rückstrom zum Herzen (Tachykardie, Blutdruckabfall, Blässe, Kaltschweißigkeit, gestaute Halsvenen) kombiniert und zeigt die vitale Bedrohung des Patienten an.

Die ***Therapie*** besteht in der umgehenden notfallmäßigen Überführung des Spannungspneumothorax in einen unkomplizierten offenen Pneumothorax. Diese Therapie muß von jedem Arzt, insbesondere von jedem Intensivmediziner durchgeführt werden können! (In diesem Fall mit einer Bülaudrainage auf einen [Thorax-] Chirurgen zu warten, kann für den Patienten tödlich sein!). Kanülenpunktion im Notfall bzw. Thoraxdrainage siehe oben.

➤ Entlastung durch Kanüle

Sofern initial eine Thoraxdrainage nicht verfügbar ist, bleibt die Plazierung einer nicht zu dünnen Kanüle (z. B. Pleurapunktionskanüle) Notfallverfahren der Wahl. Die Einstichstelle liegt im dritten bis vierten Interkostalraum, mindestens 4 cm vom Sternalrand entfernt (cave: A. thoracica interna!) bzw. im 2. Interkostalraum in der Medioklavikularlinie. Der berühmte Fingerling mit der eingeschnittenen Kuppe ist meist entbehrlich (und selten zur Hand). Die Kanüle kann belassen werden, bis die definitive Bülaudrainage gelegt ist. Eine zu frühzeitige Entfernung kann zum Rezidiv führen.

➤ Lokalisation Thoraxdrainage: Bülau oder Monaldi?

Monaldi-Drainage: unkomplizierter "reiner" Pneumothorax: 2. ICR, Medioclavikularlinie, seltener aus kosmetischen Gründen axillär oder dorsal.

Bülau-Drainage: Bei allen Pneumothoraces, die mit zu drainierenden Flüssigkeiten (Erguß oder Blut) kombiniert sind oder vermutlich sein werden: 5.–7. ICR, vordere Axillarlinie, möglichst unter sonographischer Kontrolle!

➤ Technik der Plazierung einer Bülau-Drainage in der Klinik

1. Desinfektion und sterile Abdeckung
2. Lokalanästhesie
3. Kleiner, querer Hautschnitt am Oberrand der Rippe
   (Am Unterrand verlaufen die Interkostalgefäße!)
4. Präparation mit einer Schere
   (Mit der Spitze zum Oberrand der Rippe gehen – direkt oberhalb davon die Interkostalmuskulatur aufspreizen – Präparation bis zur Pleura (Verletzungen der Pleura sind nicht relevant)
5. Einführen der Bülaudrainage mit Mandrin *ohne Gewalt*!
6. Herausziehen des Mandrins
7. Anschluß ans Wasserschloß
8. Annaht mit Steg
9. Steriler Verband ohne Abknicken der Drainage

Merke:

"Spielen" der Thoraxdrainage ist obligat.
= atemsynchrone Schwankungen im Steigrohr des Wasserschlosses.
"Spielt" die Drainage nicht, so ist sie: abgeknickt, fehlplaziert oder durch Pleura abgeklebt ... und dadurch ineffektiv!

➤ Thoraxdrainage mit Sog?

Während im Regelfall die Bülaudrainage mit einem passiven Wasserschloßsystem verbunden wird, muß sie unter folgenden Bedingungen unter ***Dauersog*** gesetzt werden:

- Spannungspneumothorax
- Anhaltende klinische Symptomatik
- Keine komplette Entfaltung ohne Sog (innerhalb 72 Stunden)
- Rezidiv nach primärer Entfaltung

Je früher der Dauersog angelegt wird, desto besser sind die Ergebnisse!

Es sollte ein Sog von mindestens –10 cm Wassersäule angelegt sein (zur Sicherheit kann man den Wert für die klinische Routine auf –15 bis –20 cm erhöhen); entfaltet sich die Lunge darunter nicht innerhalb von 24 Stunden – was beim älteren Pneumothorax der Fall ist – kann der Sog bis auf –50 cm Wassersäule erhöht werden (allerdings nur unter engmaschiger klinischer Kontrolle).

Zudem ist in diesen Fällen eine *Bronchoskopie sinnvoll*, um nicht einen Bronchusverschluß z. B. durch einen Schleimpropf oder ein Blutkoagel (Obturationsatelektase) zu übersehen!

Unter Sog sollten tägliche Röntgen- bzw. Sonographiekontrollen erfolgen, da die gesteigerte Gefahr einer Exsudatbildung besteht. Ist die Lunge schließlich entfaltet, sollte der Dauersog auf –15 bis –20 cm Wassersäule reduziert werden.

Anschließend kann abgeklemmt werden (evtl. stundenweise, meist jedoch sofort für 24 Stunden).

➤ Routine-Procedere mit Thoraxdrainagen

Die Bülaudrainage sollte 4–5 Tage belassen werden (regelmäßige Röntgenkontrollen!).

Merke:

Thoraxdrainagen:
→ *nie* über Patienten-Niveau heben!
→ unter kontrollierter Beatmung *nie* abklemmen!
→ bei Fistelung *nie* abklemmen!

Bei konstant ausgedehnter Lunge wird die Drainage probatorisch für 24 Stunden abgeklemmt und nach der radiologischen Kontrolle der entfalteten Lunge die Drainage (vormittags!) gezogen.

Die Bülaudrainage wird nach Exspiration des Patienten unter einem Valsalva-Manöver gezogen, da in maximaler Inspiration die Lunge zwar anliegt, aber durch den höheren Unterdruck Luft angesaugt werden kann. Sinnvoll ist es, die Wunde mit einem Salbenverband abzudichten (obwohl diese Art Rezidive äußerst selten sind).

Nach dem Ziehen der Drainage ist nach > 6 Stunden eine erneute Röntgenkontrolle erforderlich.

■ Zwerchfell-Ruptur

Das Problem der Zwerchfellruptur ist die schwierige Diagnose. Die mangelnde Spezifität ihrer Symptomatik gegenüber der Symptomdominanz der Begleitverletzungen der zumeist polytraumatisierten Patienten führt dazu, daß die Zwerchfellruptur in 60–70 % der Fälle übersehen oder erst intraoperativ als Zufallsbefund diagnostiziert wird.

➤ Definition

Erworbene (traumatische) Durchtrennung des Diaphragmas inklusive Peritoneum und parietaler Pleura.

Es handelt sich also nicht um eine "traumatische Zwerchfellhernie", da ein Bruchsack (Peritoneum) fehlt!

➤ Inzidenz und Lokalisation

1–7% aller polytraumatisierten Patienten

Links	80–90%
Rechts	10–15%
Beidseits	1–5%
Zentral	0–0,5%

In 5% der Fälle finden sich Mehrfacheinrisse. Hauptbefund ist der radiäre Einriß (80%) im Centrum tendineum bzw. am Übergang zur Pars muscularis. Seltener (maximal 10%) ist die konzentrische Randablösung am Rippenansatz.

➤ Klinik

Die Klinik der Zwerchfellruptur ist unspezifisch.

Rechtsseitig ist die Ruptur zumeist mit einer Leberverletzung kombiniert, so daß hier die Blutung (intraabdominelle Blutung *und* Hämatothorax) zum Leitsymptom wird.

Linksseitig wird die Klinik durch Ausmaß und Geschwindigkeit des Organprolapses in die Thoraxhöhle bestimmt.

Bei zentralen Rupturen mit Beteiligung des Perikards kann eine Herzluxation auftreten, die klinisch mit Bradyarrhythmie, oberer Einflußstauung und verminderter Auswurfleistung einhergeht.

➤ Diagnostik

Die Diagnose einer Zwerchfellruptur ist oft schwierig. So wird sie oft erst im Rahmen einer explorativen Thorakotomie bzw. Laparotomie diagnostiziert.

- ***Körperliche Untersuchung:***
  evtl.: Darmperistaltik bei der Auskultation der Thoraxhöhle
- ***Konventionelle Röntgendiagnostik:***
  - Thoraxverschattung *ohne* Ellis-Damoiseausche Linie (d. h. ohne flüssigkeitsspezifischen lateralen Anstieg)
  - scharf begrenzte, luftgefüllte Aufhellungszonen ("Pseudoabszeß")
  - scheinbarer "Zwerchfellhochstand"
- ***Sonographie:***
  evtl. Nachweis der Ruptur oder des Organprolapses
- ***Computertomographie:***
  evtl. Nachweis der Ruptur oder des Organprolapses
- ***Provokationstest:***
  - Luftinsufflation in die Abdominalhöhle → Luft entweicht über die Thoraxdrainage
  - Lavage → Spülflüssigkeit fließt über die Thoraxdrainage ab
  - Instillation eines wasserlöslichen Kontrastmittels in die Bauchhöhle → radiologischer Nachweis in der Thoraxhöhle

➤ Therapie

Die Operation ist bei gesicherter Diagnose indiziert.

Begründung:
- Organverletzungen (Begleiterkrankungen)
- Einschränkung der kardiorespiratorischen Funktion
- Inkarzerationsgefahr
- Behinderung der gastrointestinalen Passage

Zugang:
Der Standardzugang ist die *Laparotomie*, weil:
- Begleitverletzungen zu 80% eine Laparotomie erzwingen
- die Reposition und Beurteilung der Eingeweide besser ist
- Thoraxverletzungen nur selten eine Notthorakotomie erfordern

Obwohl die Thorakotomie wegen einer Zwerchfellruptur zunächst logisch erscheint, sollte primär darauf verzichtet werden. Linksseitig muß die Operation wegen der Organreposition, -beurteilung und evtl. -resektion immer von abdominal erfolgen. Rechtsseitig ist die Versorgung der Zwerchfellruptur von abdominal schwierig, muß jedoch wegen der begleitenden Leberverletzung trotzdem primär von abdominal erfolgen (Ausnahme: alte Rupturen).

Alternative:
Verlängerung der Schnittführung zur thorakoabdominalen Inzision. Dabei wird der Oberbauchmedianschnitt winkelförmig interkostal verlängert. Ohne das Zwerchfell zu durchtrennen, kann nun von thorakal her der Defekt genäht werden.

Technik:
Verschluß der Zwerchfellruptur durch kräftige, nicht resorbierbare U-Nähte oder Flaschenzug-Einzelnähte nach Goligher (Material: Seide, Polypropylen, etc.).

Notfallmaßnahmen beim Thoraxtrauma

➤ Am Unfallort:

Frühzeitige Intubation, Beatmung und Thoraxdrainagen bei jedem Thoraxtrauma!

In der Klinik

Steht nicht sofort eine Spezialeinrichtung (Schwerpunktkrankenhaus, Herz-/Thoraxchirurgie, etc.) zur Verfügung, müssen im Notfall lebensrettende Operationen auch in einem Krankenhaus der Regelversorgung durchgeführt werden.

Erste Orientierung hinsichtlich erforderlicher weiterer Maßnahmen liefert die gelegte ***Bülaudrainage***. Fördert sie mehr als 1500 ml Blut, muß thorakotomiert werden, da von einer Verletzung größerer Gefäße ausgegangen werden muß.

Persistierende Blutungen von mehr als 200 ml/h stellen ebenfalls eine Indikation zur Operation dar, wobei hier Zeit bleibt, die Ursache exakt abzuklären. Sonographische Kontrollen klären, ob das intrathorakale Blut komplett abfließt.

Merke:

> **➤ Dringliche Operationsindikation beim Thoraxtrauma:**
> **initial > 1500 ml Blut**
> **oder im Verlauf > 200 ml / Stunde**

- ➤ ***Zwerchfellruptur:*** Primäre Naht (s. o.), links immer über einen abdominellen Zugang (intraabdominelle Begleitverletzungen), rechts evtl. abdomino-thorakal (im Zweifel: Zweihöhleneingriff!).
- ➤ ***Perikardtamponade:*** Perikarddrainage vom Larreyschen Punkt aus, als ultima ratio Maßnahme: Perikardfensterung nach Sauerbruch (Inzision unter dem Xiphoid, weitere Präparation kranial des Diaphragmas Richtung Herz). Bei massiver Blutung nach Fensterung des Perikards besteht der Verdacht auf eine Herzwandruptur: Sofortige Naht ohne Bypass, da nur noch 5–6 Minuten Zeit (Hirnischämiezeit) zur Verfügung stehen!
- ➤ ***Aortenruptur:*** Nur 5 % der Verletzten mit einer Aortenruptur erreichen die Klinik, weil bei ihnen durch eine intakte Pleura mediastinalis die Ruptur tamponiert ist. Da die Therapie meist in der einfachen Übernähung der Ruptur besteht, kann die Operation auch ohne Herz-Lungenmaschine unter einfacher Abklemmung (Zeit: 30 Minuten) erfolgen.
- ➤ ***Bronchusabrisse:*** Thorakotomie und Übernähung wenn möglich, im Ausnahmefall: Resektion bzw. bronchoplastische Operationen.
- ➤ ***Blutungen aus dem Bronchialsystem*** können bronchoskopisch gestillt werden (Unterspritzung, Argon-Beamer); diffuse Blutungen ohne Ruptur: Spülung mit Otriven®-Lösung.

Merke:

> **Operative Intervention beim Thoraxtrauma**
> **nur in 8–10 % der Fälle erforderlich!**

Prognose

Trotz der geringen Häufigkeit akut operationspflichtiger Befunde bestimmt das Thoraxtrauma neben dem Schädel-Hirn-Trauma wesentlich die Prognose des Polytraumas. Die durch primäre Kontusion und oft konsekutiv auftretendes ARDS nachhaltig gestörte Sauerstoffversorgung stellt grundsätzlich eine vitale Bedrohung dar. Die Letalität des Thoraxtraumas im Rahmen eines Polytraumas liegt immer noch zwischen 30 % und 50 %, woran die Sterblichkeit am ARDS mit 61–68 % einen wesentlichen Anteil hat.

I-5 Stumpfes Bauchtrauma

Allgemeines

Die Bedeutung des Abdominaltraumas für die klinisch chirurgische Routine geht aus der Tatsache hervor, daß ein Abdominaltrauma bei 5 % aller Traumen vorliegt. Es ist zu 90 % ein stumpfes Trauma und in 52 % der Fälle die führende Verletzung bei tödlichem Verlauf nach einem Unfallereignis. Am häufigsten betroffen sind die parenchymatösen Organe des Oberbauches (Milz ca. 40 %, Leber ca. 30 %), mit knapp 10 % Häufigkeit folgen das Mesenterium, Niere und ableitende Harnwege, Pankreas, Dünndarm und Dickdarm. In weniger als 5 % der Fälle sind Duodenum, große intraabdominelle Gefäße, Magen und Gallenblase betroffen [21].

Die Kraftübertragung erfolgt beim stumpfen Abdominaltrauma zum einen direkt bei unmittelbar über Milz oder Leber einwirkenden Kräften. Wesentlich bedeutsamer ist allerdings die indirekte Kraftübertragung. Insbesondere Dezelerationstraumen führen an typischen Stellen zu Verletzungen (Übergang von retroperitoneal fixierten Organbereichen zu frei intraabdominell liegenden Organbereichen). An den Hohlorganen kann es durch Kompression zu hydraulischen Effekten mit Berstungen kommen.

Von eminenter Bedeutung ist die Beachtung der weitgehenden Überlappung von Thorax und Abdominalraum. Alle thorakalen Verletzungen, die unterhalb eines Niveaus der 4. Rippe auftreten, sind potentiell geeignet, auch intraabdominelle Organe zu verletzen. Bei pelvinen Verletzungen ist an eine Mitbeteiligung insbesondere retroperitoneal fixierter Strukturen im Bereich des unteren Adomens zu denken.

Spezielle Diagnostik

Die Ultraschall-Untersuchung hat in der Akutdiagnostik die Peritoneallavage weitgehend verdrängt. Die Sonographie weist selbst beim unerfahrenen Untersucher hinsichtlich des Parameters "freie Flüssigkeit" eine im Vergleich zum erfahrenen Untersucher kaum geminderte Sensitivität und Spezifität auf.

Dennoch besteht nach wie vor gelegentlich die Indikation zur Durchführung einer Peritoneallavage: Dies ist bei negativer Sonographie und gleichzeitig vorliegender hämodynamischer Instabilität oder auch bei zweifelhaften Sonographiebefunden angezeigt. Zusätzlich bietet eine Peritoneallavage die Möglichkeit einer kontinuierlichen Überwachung der abdominellen Situation. Dies ist z. B. während unmittelbar notwendiger neurochirurgischer Eingriffe von Bedeutung. Schließlich besteht durch die Bestimmung der Amylase (> 20 IU/L) und der alkalischen Phosphatase (> 3 IU/L) in der Lavageflüssigkeit die Möglichkeit, einen Anhalt für eine evtl. vorliegende Dünndarmverletzung zu gewinnen.

Die Computertomographie hat keinen Platz in der Akutdiagnostik, da sie mit einem beträchtlichen Zeitverlust einhergeht und außerdem ein beachtliches Potential für Fehlinformationen beinhaltet. Sie sollte daher nur bei hämodynamisch stabilen Patienten vorgenommen werden. Diagnostische Vorteile besitzt sie für den Bereich des Retroperitoneums, des Beckens und der Leber.

Die diagnostische Laparoskopie besitzt keinerlei Vorteile gegenüber der Peritoneallavage oder der Sonographie [22]. Insbesondere ist die Lokalisation einer Blutungsquelle, die Abschätzung des Schweregrades einer Milzläsion und die Beurteilung von Dünndarmverletzungen problematisch. Diagnostisch vorteilhaft einzusetzen ist die Laparoskopie allerdings in der Evaluation fraglich penetrierender abdomineller Verletzungen.

Spezielle chirurgische Maßnahmen

Retrospektive Untersuchungen an größeren Kollektiven haben gezeigt, daß bei Laparotomie nach stumpfem Abdominaltrauma in 8 % keine Verletzung vorlag und in 12 % der Fälle keine Reparation notwendig war. Auch nach penetrierendem Abdominaltrauma waren in verschiedenen Untersuchungen in 10 – 25 % keine Reparationen notwendig. Dadurch begründet sich der in den letzten Jahren zunehmende Trend eines eher abwartenden Vorgehens. Wesentlich sind eine intensive klinische Überwachung sowie frequente Sonographiekontrollen. In ca. 25 % der Fälle ist mit einer Zunahme der freien Flüssigkeit nach initial stabilem Zustand zu rechnen, in ca. 20 % der Fälle muß im weiteren Verlauf doch laparotomiert werden [25].

Merke:

Laparotomie bei stumpfem Bauchtrauma:

obligate Revisionsstationen

- **Leber / Leberhilus**
- **Milz**
- **Zwerchfell**
- **Nieren**
- **Blase**
- **Mesenterium beidseits**
- **Dünndarmkontinuität**
- **Dickdarmkontinuität**
- **Bursa omentalis**
- **Pankreas**

Empfehlung zum Ablauf der abdominellen Revision bei Laparotomie nach stumpfem Trauma:

1. Die mediane Laparotomie erlaubt den schnellst- und bestmöglichen Zugang zu allen intraabdominellen Organen.
2. Die intraabdominellen Organe sollen systematisch in der Reihenfolge ihrer Verletzungswahrscheinlichkeit revidiert werden (d.h. zunächst Leber und Milz).
3. Präoperative klinische Hinweise müssen berücksichtigt werden: Kontusionsmarken, Vorliegen von Rippen- oder Beckenfrakturen.
4. Nach Versorgung von dramatischen Hauptverletzungen ist nach weniger offensichtlichen Zweit- und Drittläsionen zu fahnden: Besonders leicht werden Mesenterialeinrisse, Zwerchfellrupturen, Pankreas- und Duodenalrupturen übersehen.
5. Die digitale Kompression der Hilusstrukturen vermag bei massiven Blutungen aus Leber und Milz die Situation zumindest vorübergehend übersichtlicher zu gestalten.

Milztrauma

Ein isoliertes Milztrauma findet sich fast nur bei Kindern. Eine zweizeitige Milzruptur ist mit ca. 2% der Fälle relativ selten. Es sollte eine Milzerhaltungsrate von ca. 50% bei erwachsenen Patienten und von ca. 80% bei Kindern angestrebt werden.

Voraussetzungen für ein nichtoperatives Management bei Milzverletzung sind [24]:

- Intensivüberwachung
- Patient hämodynamisch stabil: Möglichst kein Bedarf an Erythrozytenkonzentraten
- Engmaschige sonographische Kontrollen: Geringe Menge freier intraabdomineller Flüssigkeit ohne wesentliche Zunahme im Verlauf
- Kein Anhalt für weitere intraabdominelle Verletzungen
- Normale Blutgerinnung

Bei Kindern ist ein Blutvolumenverlust bis zu 40% tolerabel.

➤ Chirurgisches Vorgehen bei Milzverletzungen

Generelle Voraussetzung sind Mobilisation und ggf. die manuelle Kompression der Hilusgefäße. Grad I-Verletzungen (minimale, nicht blutende Kapselläsion) bedürfen keiner spezifischen chirurgischen Therapie. Grad II-Verletzungen (geringe Parenchymläsion) werden mittels Tamponade, Auflegen von Hämostyptika und Koagulation behandelt. Grad III-Verletzungen (erhebliche Parenchymläsion) können genäht werden oder bedürfen der Splenorrhaphie mittels resorbierbarem Netzmaterial. Grad IV-Verletzungen (umschriebene Quetschung oder Fragmentation) können mittels Teilresektion angegangen werden. Grad V-Verletzungen (diffuse Fragmentation, Hilusläsion) erfordern die Splenektomie.

Neben der Grad-V-Verletzung ist die Splenektomie allerdings auch indiziert bei instabilen Patienten, Vorliegen weiterer schwerer Verletzungen, hämorrhagischer Diathese sowie bei Vorliegen einer portalen Hypertension oder einer Splenomegalie.

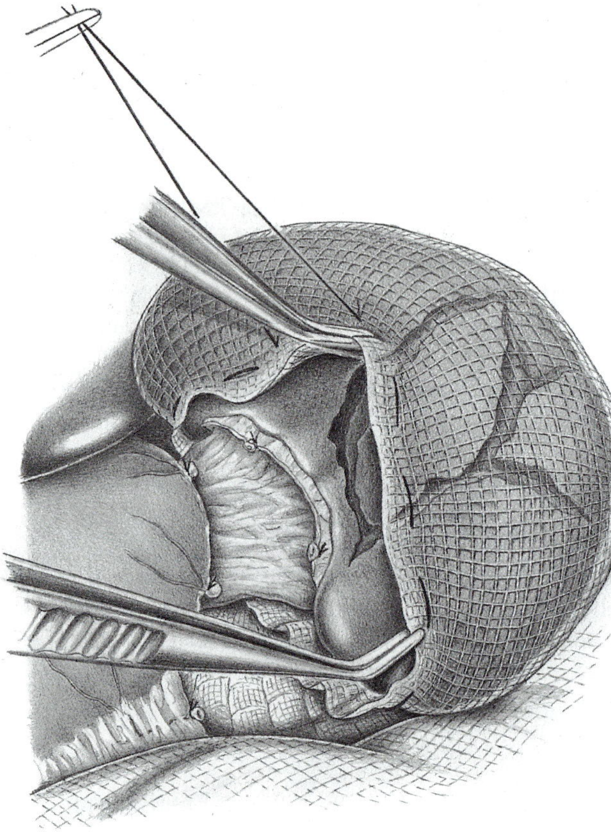

Abb. I-5-1 Technik der Milzerhaltung durch Splenorrhaphie.

Leberverletzung

Voraussetzungen für ein konservatives Management eines Lebertraumas sind:

- Intensivüberwachung des Patienten (ständige Verfügbarkeit von Anästhesie, Operationsteam und Blutbank)
- Patient muß hämodynamisch stabil sein: Der Substitutionsbedarf sollte maximal zwei Erythrozytenkonzentrate pro Tag betragen
- Das Hämoperitoneum sollte gering ausgeprägt sein
- Ggf. wiederholte computertomographische Untersuchungen liefern wertvolle Zusatzinformationen

Subkapsuläre Leberhämatome nach stumpfen Abdominaltraumen können meist konservativ unter engmaschiger sonographischer oder CT-Kontrolle behandelt werden. Prophylaktisch sollten Antibiotika verabreicht werden.

Im Kindesalter gelten nach stumpfen Abdominaltraumen eine Erhöhung der GOT/AST auf über 450 IU/L und der GPT/ALT auf über 250 IU/L als ein sehr sensibler und spezifischer Indikator für das Vorliegen von Leberverletzungen.

80–90% aller Leberverletzungen gehören dem Schweregrad I-III an, d. h. sie sind durch ein Pringle-Manöver [Abklemmen des Lig. hepatoduodenale → Abb. I-5-2]

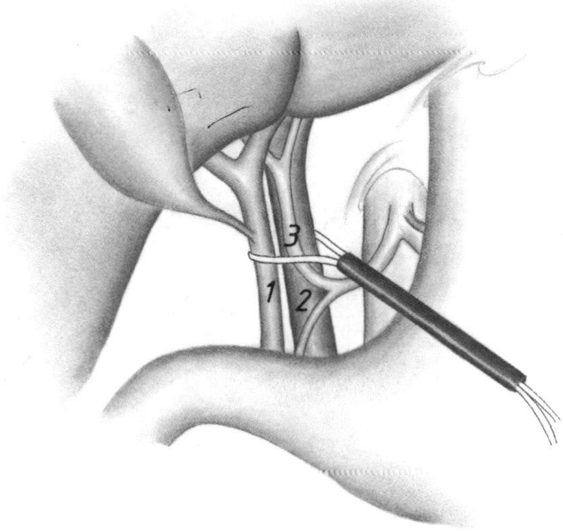

Abb. I-5-2 Technik des Pringle-Manövers: Anschlingen des Ligamentum hepatoduodenale durch die Pars flaccida des Omentum minus und befristete [max. 60münitige] Tourniquet-Abklemmung von Ductus choledochus (1), Vena porta (2) und Arteria hepatica propria (3). Sämtliche arteriellen und portalen Blutungen sistieren während des Pringle-Manövers, Blutungen aus den Lebervenen hingegen nicht (ggf. obere und untere Cavaausklemmung erforderlich).

kontrollierbar. Kennzeichen von Grad IV/V-Läsionen ist die Unkontrollierbarkeit der Blutung durch das Pringle-Manöver. Diese Verletzungen treten überwiegend nach stumpfen Traumen auf. Hierbei kommt es zur Blutung aus Lebervenen oder der retrohepatischen Vena cava. Im Rahmen von Dezelerationstraumen ist meist die rechte Lebervene oder deren erster Ast eingerissen.

➤ Operative Therapie

Grad I-Leberverletzungen bedürfen keiner speziellen chirurgischen Therapie. Grad II-Verletzungen sind mittels Kompression, Koagulation (Kauter, Infrarot, Argon) und ggfs. mittels einiger Parenchymnähte zu kontrollieren.

Ausgedehntere Verletzungen der Grade III bis V bedürfen in jedem Fall der vollständigen Mobilisation der Leber. Hierzu sollte der erste Assistent die Leber zwischen den Händen komprimieren, um die Blutung vorübergehend zu stillen. An die Mobilisation schließt sich eine sogenannte "Traktotomie" an, d. h. unter vorsichtigem Debridement werden die Rupturen in der Tiefe inspiziert und mittels gezielter Naht blutende Gefäße umstochen. Ist dies aufgrund der weiterbestehenden Blutung unmöglich, sollte zunächst ein Pringle-Manöver vorgenommen werden und anschließend erneut versucht werden, die Blutung gezielt anzugehen. Steht die Blutung darunter nicht, ist zunächst eine Kompression der Leber mittels eingebrachter Bauchtücher notwendig. Soweit verfügbar sollte ein Auotransfusionsgerät eingesetzt werden. Gelingt es, den Patienten zu stabilisieren, kann die vaskuläre Isolierung der Leber durch Unterbrechung der Vena cava supra- und infrahepatisch komplettiert werden. Ist der Patient im Operationssaal weiterhin instabil, muß das Pringle-Manöver beendet werden, die Leber ist erneut zu packen, das Abdomen provisorisch zu verschließen und der Patient auf die Intensivstation zu verlegen. Dort ist dann zu versuchen, die Kreislauf- und Gerinnungssituation soweit zu stabilisieren, daß eine erneute operative Intervention möglich wird. Die Letalität in diesem Stadium liegt bei 80 – 90% [28].

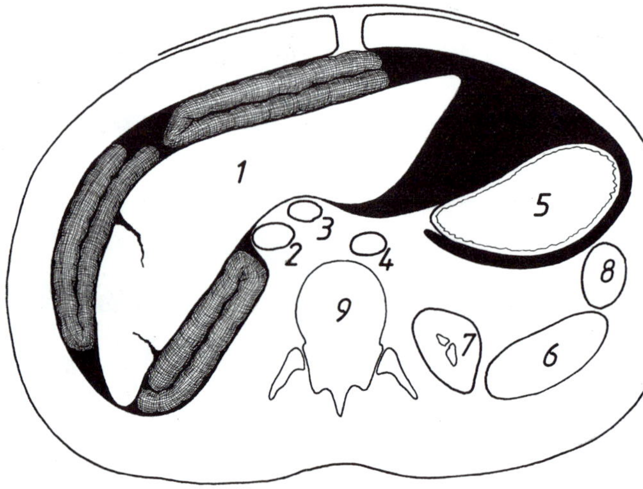

Abb. I-5-3 Querschnittansicht des Packings der Leber: Nach vollständiger Mobilisation der Leber (1) saggitale Kompression zwischen ventral und dorsal plazierten Bauchtüchern. Eine Kunststoffolie zwischen Parenchym und Tüchern kann das spätere atraumatische Entfernen der Tücher nach 24 bis 48 Stunden erleichtern. Gefahr des Leber-"Packings" ist neben dem Infektionsrisiko die Kompression der Vena cava (2) und der Vena porta (3) mit konsekutivem Nierenversagen bzw. intestinalen Perfusionsstörungen. Aorta (4), Magen (5), linke Niere (7), linke Kolonflexur (8) und Wirbelkörper TH 2 (9).

➤ "Packing der Leber"

Die Kompressionstamponade der gesamten Leber wird "Packing" [→ Abb. I-5-3] genannt und stellt eine ultima ratio Maßnahme im Rahmen massiver Parenchymzerreißungen dar. Ziel ist es, auf das Leberparenchym einen die diffuse Blutung stoppenden Druck auszuüben, ohne den venösen Rückfluß zum Herz oder die arterielle Perfusion der Leber zu beeinträchtigen. Grundvoraussetzung ist die vollständige Mobilisation der Leber, d. h. die Durchtrennung aller ligamentären Aufhängestrukturen des Organs.

Das perihepatische Packing muß systematisch sowohl von der diaphragmalen wie auch der abdominellen Seite her erfolgen. Es ist unsinnig, die Leber nur von ventral mit Tüchern zu bepacken. Eine zwischen Leber und Bauchtüchern plazierte dünne Kunststoffolie erleichtert das spätere atraumatische Entfernen der Tücher, ist aber nicht obligat. Ein passagerer Bauchdeckenverschluß – bevorzugt im Sinne eines Laparostomas mit resorbierbaren Netzen – ist erforderlich, um ein ausreichend stabiles Widerlager zu schaffen.

Das Packing sollte nach spätestens 48 Stunden beendet und die definitive Versorgung vorgenommen werden.

Merke:

Komplikation des "Packings" der Leber:
→ Kompression der V. cava inferior oder der V. porta

Retroperitoneales Hämatom

Eine retroperitoneales Hämtom liegt bei 3 % aller stumpfen Traumen und 13 % aller stumpfen Abdominaltraumen vor. 45 % der Patienten haben Beckenfrakturen. Für die Schwere des zugrundeliegenden Traumas spricht eine Letalität von 39 % der Patienten. Die Lokalisation des retroperitonealen Hämatomes entscheidet über die chirurgische Vorgehensweise. Hämatome im lateral-perirenalen Bereich ohne gleichzeitigen Anhalt für eine unmittelbar therapiebedürftige Nierenverletzung sowie pelvine Hämatome und retrohepatische Hämatome ohne aktive Blutungszeichen sollten belassen werden. Dagegen sollten nach Erreichen proximaler Gefäßkontrolle mediane Hämatome, latero-paraduodenale sowie lateral-parakolische (ohne gleichzeitige Beckenfraktur) und portale Hämatome stets eröffnet werden [23].

Merke:

Retroperitoneale Hämatome:

- **Zu großzügige Eröffnung: Gefahr der unstillbaren Blutung**
- **Alternative retroperitoneale Blutstillung: supraselektive angiographische Embolisation**

Zwerchfellverletzungen

Zwerchfellrupturen nach stumpfen Traumen finden sich zu 80 % links, zu 16 % rechts und in 4 % der Fälle beidseits. Die Letalität dieses Patientenkollektivs beträgt 20 %. Diagnostisch führend ist nach wie vor die einfache Übersichtsaufnahme des Thorax, wobei auf uncharakteristische Befunde wie z. B. einen "Zwerchfellhochstand" unbedingt zu achten ist [27]. Ergänzend sind Sonographie und Computertomographie wertvoll [→ Kap. I-4].

Bei jeder Laparotomie nach stumpfem Abdominaltrauma sind die Zwerchfelle rechts und links unbedingt zu explorieren.

Dünndarmverletzungen

Ein stumpfes Intestinaltrauma findet sich bei Erwachsenen zu 80 % nach Kfz-Unfällen, wobei in 70 % der Fälle ein Sicherheitsgurt getragen wurde. In 70 % der Fälle handelt es sich zudem um die alleinige intraabdominelle Verletzung. Im Kindesalter kommt es in über 80 % der Fälle durch ein Lenkertrauma zu intestinalen Verletzungen. Duodenalverletzungen sind meist Folge penetrierender Abdominaltraumen [26].

Therapeutisch ist meist eine einfache Naht ausreichend. Nur sehr selten sind kurzstreckige Segmentresektionen und im Falle einer Duodenalverletzung eine partielle Duodenopankreatektomie notwendig.

Hinsichtlich der Diagnose einer Dünndarmverletzung sind das "daran denken" und die engmaschige klinische Überwachung von besonderer Bedeutung.

Posttraumatischer Verlauf

Die zahlenmäßig bei weitem führende Indikation für eine Reoperation nach abdominellem Eingriff wegen Traumas ist der intraabdominelle Abszeß. Das Risiko für die Ausbildung eines postoperativen Abszesses ist insbesondere nach Splenektomie, nach Nieren- oder Pankreasverletzungen, bei hohem Transfusionsbedarf und bei multiplen extraabdominellen Verletzungen erhöht. Die posttraumatischen intraabdominellen Abszesse sind meist in den oberen Quadranten lokalisiert, sie sind in 46% multipel und haben ein Rezidivrisiko von 80%.

Literatur

– siehe Gesamt-Literaturverzeichnis im Anhang –

I-6 Perforierendes Bauchtrauma

Definition

Von außen mit Hilfe scharfer Gegenstände erfolgende Verletzung der Bauchorgane.

Besonderheiten

Die Besonderheit beim perforierenden Bauchtrauma besteht in der Tatsache, daß die Größe der äußerlichen Läsion keinen Rückschluß auf das Ausmaß der inneren Verletzungen zuläßt ("Aufpilzen" von Geschossen, Kippbewegungen von Messern bei Fixation in der Bauchdecke).

Merke:

Perforierendes Trauma:
- **25 % kombinierte abdominothorakale Verletzungen**
- **Zwerchfell-Läsionen häufig, Ausmaß oft unterschätzt**

Diagnostik

- Kreislaufparameter
- Klinische Untersuchung (Peritonismus, Pneumothorax, Ein- und Austrittspforte?)
- Notfallsonographie, evtl. mit Probepunktion (freie Flüssigkeit, Parenchymläsionen, Pleuraerguß, Fremdkörper?)
- Peritoneallavage (schlechtere Alternative)
- Sondieren des Stich- bzw. Schußkanales (Lokalanästhesie!)
- Labordiagnostik (Blutbild, Elektrolyte, Gerinnung, Kreuzprobe)
- Röntgendiagnostik (nur bei stabilem Patienten): Rö-Thorax, Abdomen in Linksseitenlage, ggf. Untersuchungen mit wäßrigem Kontrastmittel (Magen, Kolon)
- Urinkatheter (je nach Lokalisation)

Therapie

Beim instabilen Patienten (positiver Schockindex, septischer Schock bei Organperforation und protrahiertem Verlauf) muß die symptomatische Notfalltherapie (Bülau-Drainage, Volumensubstitution, Vasopressoren) parallel zur schnellen und effektiven Diagnostik verlaufen.

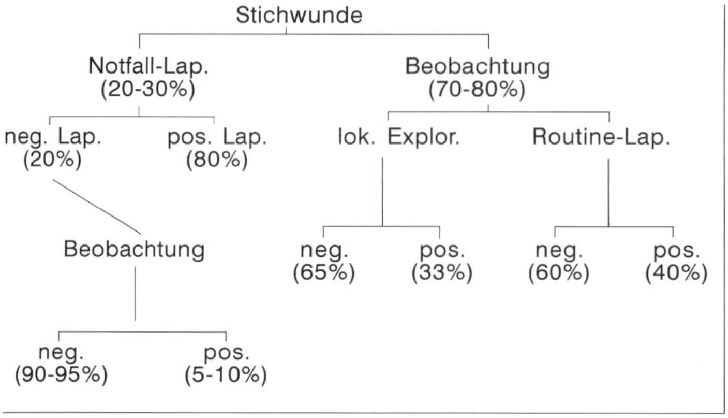

Abb. I-6-1 Algorithmus zur Notfall-Laparotomie beim perforierenden Bauchtrauma.

Indikation zur Notfall-Laparotomie:

- Schock
- Peritonitis
- Gastrointestinale Blutung
- Freie Luft
- Eviszeration
- Hämaturie
- Sonographie + Punktion: Blut, Intestinat

Merke:

Stichverletzungen mit unauffälliger Diagnostik:
Notfall-Laparotomie bei 70 % verzichtbar [Abb. I-6-1]!

Verbliebene Fremdkörper (Projektile, Schrapnell) sollten bei vertretbarem Risiko in jedem Falle auch schon aus forensischen Gründen entfernt werden.

➤ Spezielle Therapie

Verletzungen von Organen mit niedriger Kontaminationstendenz (Magen, Dünndarm, Blase) werden in der Regel innerhalb der ersten 12 Stunden nach dem Trauma primär verschlossen und soweit möglich über Sonden entlastet.

Kolon-Verletzungen sind am häufigsten im Colon transversum und im Colon sigmoideum lokalisiert.

Merke:

Perforierende Colonverletzung:
Keine primäre Versorgung ohne Deviationsstoma!

Ausgedehnte Verletzungen
Resektion des betroffenen Darmabschnittes und Diskontinuitätsresektion.
Alternative: Intraoperative Spülung über ein zökal eingeführtes Spülsystem und Anastomosierung mit vorgeschaltetem Deviationskolo- oder -ileostoma.

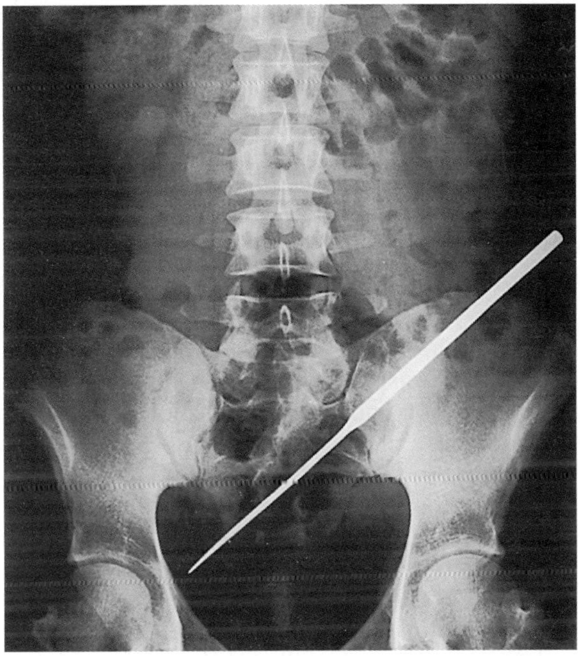

Abb. I-6-2 In suizidaler Absicht vollständig intraabdominell plaziertes Messer ohne jegliche intraabdominelle Verletzung.

Abb. I-6-3 Häufigkeit von Verletzungen beim perforierenden Bauchtrauma in Abhängigkeit von der Lokalisation.

Leber	37 %
Dünndarm	↓
Magen	
Kolon	
Gefäße	
Mesenterium	
Milz	
Zwerchfell	
Niere	
Pankreas	
Duodenum	
Gallengangsystem	1 %

Lokal begrenzte Verletzungen
Intraoperative Spülung und Übernähung des Defektes, protektives Kolo- oder Ileostoma.

Pfählungsverletzungen
Die Versorgung ist aufgrund von häufig komplexen Verletzungen des Beckenbodens in Kombination mit Verletzungen des Rektums oder den Organen des Urogenitaltraktes schwierig. Bei ausgedehnten Pfählungsverletzungen ist die Laparotomie zusätzlich zur perinealen Revision obligat!

Einzeitiges Konzept: Intraoperative Spülung, Rekonstruktion der verletzten Organe und der Beckenbodenmuskulatur, protektives Kolostoma, suprapubischer oder transurethraler Blasenkatheter.

Zweizeitiges Konzept (Ausgedehnte, stark kontaminierte, ältere Verletzungen): Intraoperative Spülung und Versorgung der Hohlorgane mit protektiver Kolostomie und Harnableitung. Spätere Rekonstruktion des Beckenbodens nach Säuberung der Wundverhältnisse.

Parenchymverletzungen

Siehe stumpfes Bauchtrauma [→ Kap. I-5]

Technik der explorativen Laparotomie

Zugang über mediane Laparotomie.

Sie erlaubt am besten eine globale Exploration und gute Möglichkeit der Erweiterung.

- Bakteriologischer Abstrich
- Initiales Freispülen der gesamten Bauchhöhle
- Lokalisation und Zuordnung von Hämatomen oder Blutungen
- Durchmustern aller Hohlorgane
- Mobilisation von Milz und Leber
- Mobilisation des Duodenums nach Kocher
- Eröffnung der Bursa omentalis durch das Ligamentum gastrocolicum (obligat!)
- Palpation beider Zwerchfelle
- Palpation der Nieren, Freilegung nur bei Hämaturie
- Retroperitoneale Hämatome nur bei Kreislaufinstabilität und Verdacht auf Verletzung größerer Gefäße freilegen!
- Bei diffusen Blutungen und Gerinnungsstörungen: Packen, stabilisieren und nach 48 Stunden reexplorieren

I-7 Gefäßtrauma

Bei einem Gefäßtrauma kann es sich um eine arterielle, eine venöse Verletzung oder ein kombiniertes Trauma handeln.

Die Häufigkeit arterieller Verletzungen wird bei Extremitätenverletzungen mit 0,3 bis 4% viel höher angegeben als die der venösen Läsionen, obwohl aufgrund der hohen Anzahl von Venen und deren zarter Wandbeschaffenheit ein anderes Verteilungsmuster zu erwarten wäre. Diese bessere statistische Erfassung arterieller Verletzungen ist auf die weitaus ernsteren Folgen einer arteriellen Läsion zurückzuführen. Insbesondere bei isolierter venöser Läsion ist die Versorgung oft einfach und bleibt ohne Spätfolgen.

Bei polytraumatisierten Patienten finden sich in 3% der behandelten Fälle begleitende Gefäßverletzungen. Dabei ist aber zu bemerken, daß ein schwerwiegendes Gefäßtrauma, insbesondere der großen Körperstammgefäße meist bereits am Unfallort oder während des Transports zum Tode des Verletzten führt und damit in diesen Statistiken nicht berücksichtigt worden ist.

Bei $^{2}/_{3}$ der diagnostizierten arteriellen Verletzungen findet sich auch eine venöse Begleitverletzung.

Bei primär als isoliert venös eingeschätzten Läsionen größerer Gefäße wird in $^{3}/_{4}$ der Fälle zusätzlich eine arterielle Läsion vorgefunden.

Einteilung der Gefäßverletzungen

Nach Verletzungsart

Direktes Trauma:	*scharf*	– Schnitt – Stich – Schuß	*stumpf*	– Kontusion – Kompression – Konstriktion
Indirektes Trauma:		– arterieller Spasmus (Existenz fragwürdig) – Überdehnung – Dezeleration		

Schweregrad

Unfallart	Traumafolgen am Gefäß	äußere Blutung	periphere Ischämie
scharfes Trauma			
Schweregrad I	Adventitia- und Medialäsion	nein	nein
Schweregrad II	Läsion aller Wandschichten	ja	möglich
Schweregrad III	(in)komplette Gefäßdurchtrennung	ja	ja
stumpfes Trauma			
Schweregrad I	reine Intimaläsion	nein	nein
Schweregrad II	Intima- und Medialäsion	nein	möglich
Schweregrad III	Läsion aller Wandschichten	möglich	ja

Die Symptome der Gefäßverletzung sind die Blutung und die peripher der Läsion gelegene Durchblutungsstörung, sei es Ischämie oder Abflußstörung.

Merke:

Gefäßverletzung:
Primär klinische Diagnose

Symptome

- Blutung pulsierend / nicht pulsierend
- Hämatom pulsierend / nicht pulsierend
- Ischämiezeichen
- Venöse Abflußstörung
- Fehlender oder abgeschwächter peripherer Puls [Palpation oder Doppler]

Bei Verdacht auf eine Gefäßläsion sollte die Diagnose mittels Angiographie, Phlebographie oder ggf. durch Exploration erhärtet oder ausgeschlossen werden.

Die Therapie hat die Blutstillung und die Sicherstellung der Durchblutung zum Ziel.

Die einfachste Art der Blutstillung ist natürlich die Gefäßligatur. Bei Venen ist dieses meist unbedenklich vorzunehmen, wenn auch bei großen Venen mit einer Folgemorbidität zu rechnen ist.

Arterielle Verletzungen

Bei Arterienligatur ist je nach Lokalisation der Arterie in folgendem Prozentsatz mit ischämischem Schaden zu rechnen (Tab. I-7-1).

Der Erfolg einer durchzuführenden Gefäßrekonstruktion ist stark von der Dauer der Ischämie sowie bereits manifesten Ischämieschäden zum Revisionszeitpunkt abhängig:

Tabelle I-7-1 Häufigkeit eines ischämischen Schadens bei der Ligatur einzelner Arterien.

Tr. brachiocephalicus (ZNS)	5%	A. subclavia	29%
A. carotis communis	15–25%	A. axillaris	43%
A. carotis interna	40%	A. brachialis cran.	56%
A. vertebralis	5%	A. brachialis caud.	36%
Tr. coeliacus	0%	A. radialis	5%
A. hepatica communis	10%	A. ulnaris	1,5%
A. hepatica propria	12%	A. radialis et ulnaris	39%
A. hepatica sinistra	36%	A. iliaca comm.	54%
A. hepatica dextra	10%	A. iliaca interna	0%
A. mesenterica superior	100%	A. iliaca externa	47%
A. mesenterica inferior	1,5%	A. femoralis comm.	81%
A. renalis	100%	A. femoralis prof.	0%
		A. femoralis sup.	55%
		A. poplitea	73%
		A. tibialis ant.	8,5%
		A. tibilais post.	13,5%
		A. fibularis	14,3%
		A. tibialis ant. et post.	69%
		A. tibialis post. et fibularis	40%

Klinische Ischämiezeichen und ihre Wertung hinsichtlich der Erhaltbarkeit einer Extremität:

Symptom	**Erhaltbarkeit der Extremität**
Hypästhesie	sehr wahrscheinlich
Petechien	möglich
Anästhesie	möglich
Parese	möglich, mit Funktionsverlust
Ischämiezeit > 6 Stunden	
Muskelschwellung	unwahrscheinlich
Blasenbildung	sehr unwahrscheinlich

Die Wahrscheinlichkeit des Organ- oder Extremitätenerhalts sollte in Abwägung der technischen Möglichkeiten und des Allgemeinzustandes des Patienten das therapeutische Vorgehen bestimmen.

Merke:

Gefäßverletzungen:
life before limb!

Wird die Rekonstruktion angestrebt, kommt die Gesamtskala der gefäßchirurgischen Möglichkeiten in Betracht:

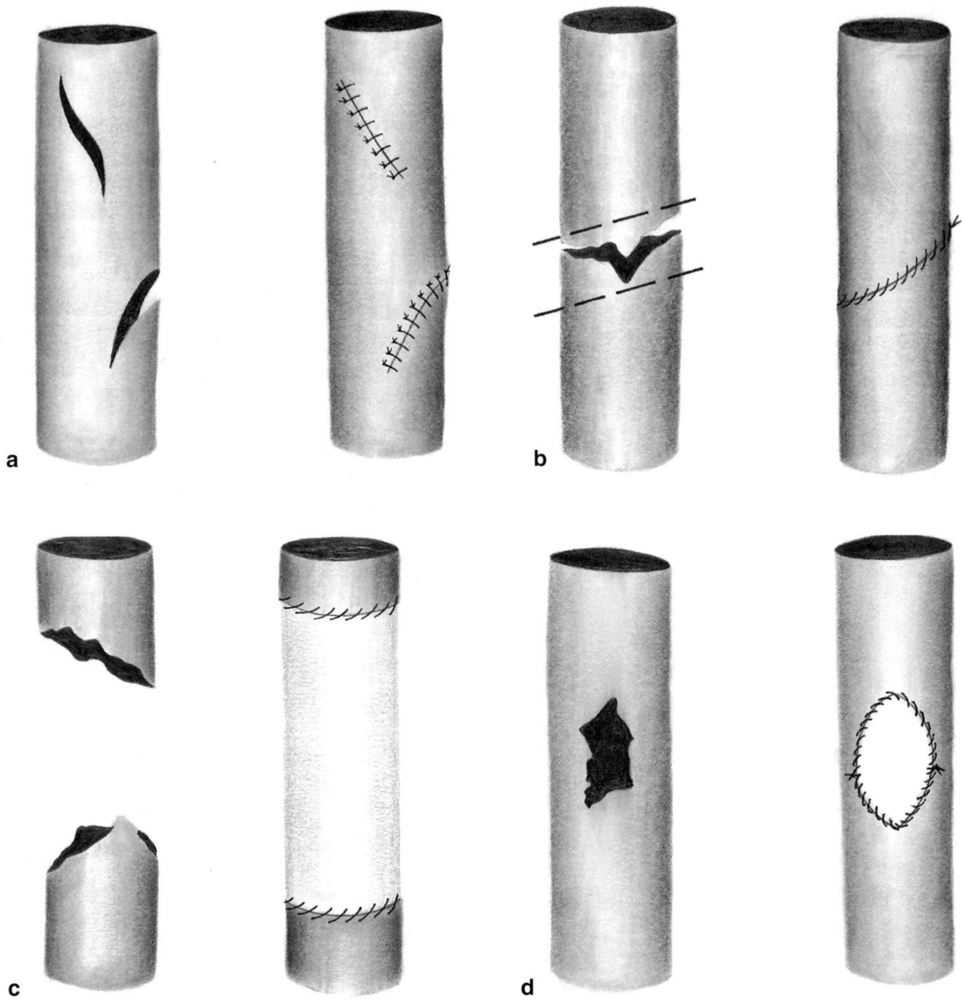

Abb. I-7-1 a–d Techniken der Versorgung traumatischer Gefäßläsionen:
a Einfache Stich- oder Schnittverletzung: Direkte Einzelknopfnaht.
b Kurzstreckige Resektion bei Gefäßeinriß oder Intimaverletzung: Direkte Naht, bei kleineren Gefäßen etwas angeschrägt, fortlaufend, evtl. Einzelknopfnaht.
c Langstreckige Resektion wegen Gefäßeinriß oder Intimaläsionen: Interponat oder Bypass (Vene oder Kunststoff), fortlaufende Naht, ggf. Nahterweiterung mit Patch.
d Teilwanddefekt (z. B. Seitenastausriß): Patchverschluß (Vene oder Kunststoff).

Die direkte Gefäßnaht (auch nach sparsamer Resektion), der Patch (Vene oder Kunststoff), bei Defekten das Interponat oder der Bypass (Vene oder Kunststoff).

Beim Vorliegen einer Fraktur muß diese erst stabilisiert werden, bevor man zur Rekonstruktion des Gefäßes übergeht. Um die Ischämiezeit dann so kurz wie möglich zu halten, kann vorübergehend ein intravasaler Shunt gelegt werden. Dies ist natürlich nur notwendig, falls durch die vorliegende Läsion ein Organschaden oder die Amputation droht.

Venöse Verletzungen

Die rekonstruktiven Möglichkeiten sind bei Venenverletzungen im Prinzip die gleichen wie bei arteriellen Läsionen. Es gibt aber doch einige Unterschiede. Die Freilegung der Vene soll nur so weit stattfinden wie absolut notwendig, da die Verankerung im umgebenden Gewebe sehr wichtig ist. Dabei ist zu bedenken, daß außer der Abklemmung, die eine ausgedehnte Präparation voraussetzt, auch die digitale Kompression oder die Ballonkatheterblockade zur Unterbrechung des Blutstroms in Betracht kommen. Ausgerissene Seitenäste sollten nicht reimplantiert werden. Es empfiehlt sich die Ligatur des Seitenastes und die Versorgung der Läsion des Stammgefäßes durch Naht oder Patchplastik [→ Abb. I-7-2].

Bei perforierenden Venenverletzungen kann die Inspektion und Versorgung der verletzten Hinterwand durch die Verletzungsstelle der Vorderwand erfolgen. Eine zirkuläre Freilegung der Vene ist verzichtbar.

Da eine übersehene Gefäßverletzung für einen Patienten schwerwiegende Folgen mit sich bringen kann (Verblutung, Organ- oder Extremitätenverlust), ist durch genaue Anamnese und klinische Untersuchung bzw. entsprechende apparative Untersuchungen – insbesondere die Angiographie – die Sicherung bzw. der Ausschluß einer Gefäßverletzung in der Notfallversorgung absolut vordringlich.

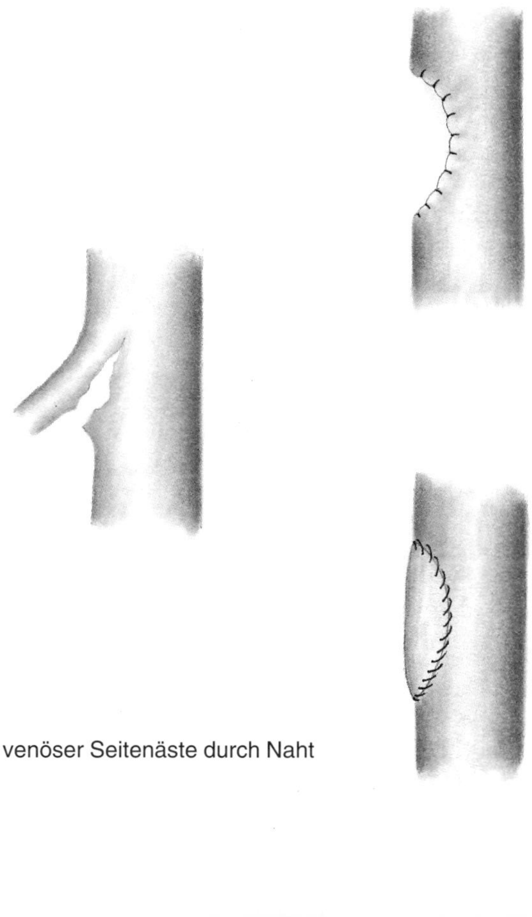

Abb. I-7-2 Versorgung ausgerissener venöser Seitenäste durch Naht bzw. Patch.

I-8 Verletzungen des Stütz- und Bewegungsapparates

Die primäre Versorgung des polytraumatisierten Patienten ist in mehrfacher Hinsicht bestimmend für den weiteren Heilungsverlauf. Dies gilt nicht nur für die Akutphase und die ersten Tage nach Aufnahme auf die Intensivstation, sondern auch für die Lebensqualität des Verletzten im späteren Leben. Während die erfolgreich versorgte Leberruptur die spätere Lebensqualität in der Regel nicht beeinträchtigt, kann eine inadäquat behandelte und schlecht verheilte Extremitätenfraktur zu einer lebenslangen Behinderung führen. Das Spätergebnis der Polytraumabehandlung wird im Schockraum, also in der frühen Behandlungsphase vorbestimmt.

Während die Pathomechanismen des Polytraumas nur teilweise geklärt sind, haben die Grundsätze der Polytraumabehandlung, wie sie von TSCHERNE [41] und SCHWEIBERER [38] als Stufenpläne definiert wurden, ihre Gültigkeit und bilden die Basis neuerer Konzepte [33].

Um eine optimale Versorgung Schwerverletzter zu gewährleisten sind organisatorische Voraussetzungen wie die institutionelle, apparative und personelle Ausstattung eines Trauma-Zentrums erforderlich. Andererseits müssen die Abläufe von Diagnostik und Therapie des Polytraumatisierten standardisiert sein, um die erforderlichen diagnostischen sowie therapeutischen Entscheidungen und Maßnahmen verschiedener medizinischer Fachdisziplinen in der verfügbaren Zeit zu bewältigen. Nur eine genaue Aufgabenzuteilung und ein abgestimmter Behandlungsplan sichern in der akuten Phase ein Vorgehen, das der Verletzungsschwere gerecht wird. Die Aufgabe des Unfallchirurgen in der Polytraumaversorgung ist das Polytrauma-Management und die Versorgung der Verletzungen auf unfallchirurgischem Gebiet. Dabei nehmen die Verletzungen des Stütz- und Bewegungsapparates mit einer Häufigkeit von über 90% bei polytraumatisierten Patienten eine zentrale Stellung ein.

Verletzungsmuster polytraumatisierter Patienten

nach REGEL et al.: n = 3406 [37]

Extremitäten	86%
Schädel-Hirn-Trauma	69%
Thorax	62%
Abdomen	36%
Becken	27%
Wirbelsäule	14%

Schockraum-Untersuchung des Polytraumatisierten

In der präklinischen Phase dominieren Monitoring und Sicherung der Vitalfunktionen. Gleichzeitig werden durch eine orientierende körperliche Untersuchung und neurologische Beurteilung die Verletzungsschwere und das Verletzungsmuster festgestellt [30].

Nach Klinikeinlieferung wird parallel zur Kontrolle der Vitalparameter ein neurologischer Status erhoben und eine vollständige körperliche Untersuchung durchgeführt. An apparativen Untersuchungen sind eine Röntgenuntersuchung des Thorax und die Sonographie des Abdomens sowie des Beckens erste orientierende Maßnahmen.

Notwendige weiterführende Untersuchungen wie die Röntgendiagnostik des Stütz- und Bewegungsapparates, computertomographische oder angiographische Darstellungen werden soweit möglich noch im Schockraum parallel zur Kreislaufstabilisierung durchgeführt. Sofern dies nicht möglich ist, erfolgen diese Untersuchungen im Anschluß an die Schockraumversorgung.

Klinische Untersuchung

➤ ***orientierender Neurostatus***

Bewußtseinslage
Pupillen
Sensibilität/aktives Bewegen der Extremitäten

➤ ***Ganzkörper-Check, Inspektion – Palpation***

- Schädelkalotte?
- Mittelgesicht/Kiefer/Zähne?
- Thoraxstabilität, Seitenvergleich der Atmung, Auskultation
- Abdomenpalpation
- Beckenstabilität
- Periphere Verletzungen?
- Extremitäten frei beweglich, abnorme Beweglichkeit?
- Pulsstatus
- evtl. Dornfortsatzreihe?

Apparative Untersuchungen

➤ ***Sonographie***

- Abdomen
- Thorax

➤ ***Dopplersonographie***

- bei nicht palpablen Pulsen

➤ ***Röntgendiagnostik***

- Schädel 2 Ebenen
- Thorax
- Wirbelsäule 2 Ebenen
- Beckenübersicht

– Extremitäten mit Frakturverdacht (nur bei stabiler Kreislaufsituation)
– evtl. CT-Schädel

Behandlungsmaßnahmen beim Polytraumatisierten

Die Versorgung des Polytraumatisierten ist nach einem Stufenplan mit mehreren Phasen strukturiert [→ Kap. I-3], der den diagnostischen und therapeutischen Prioritäten Rechnung trägt. Die Maßnahmen der Fraktur- und Weichteilversorgung sind in diesen Stufenplan integriert [31].

Präklinische Phase 1.–3. Stunde

- Rettung
- Reanimation
- Triage

Maßnahmen am Bewegungsapparat:
Sterile Wundabdeckung
Bei Blutungen:
  Kompressionsverbände
  selten: Tourniquet
Reposition von Frakturen und Luxationen
Schienung
Lagerung auf der Vakuummatratze

Klinische Versorgung

➤ ***Phase I 2.–4. Stunde***
- Kreislaufstabilisierung
- lebensrettende Sofortoperationen

Maßnahmen am Bewegungsapparat:
Chirurgische Blutstillung
Beckenzwinge

Merke:

Polytrauma Phase I (2.–4. Stunde):
NUR lebensrettende Sofortoperationen!

➤ ***Phase II 3.–72. Stunde***
- Operationen mit Notfallindikation
- Stabilisierung auf der Intensivstation

Maßnahmen am Bewegungsapparat:
Weichteildebridement
Kompartmentspaltung
Versorgung von Gefäßverletzungen
Rückenmarksdekompression
Frakturstabilisierung

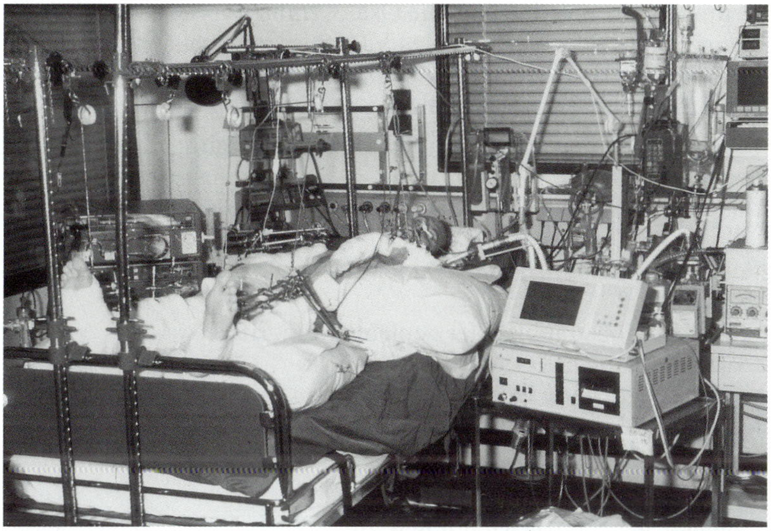

Abb. I-8-1 Polytraumatisierter Patient mit 4-Extremitäten-Frakturen in der Phase II: Intensivmedizinische Stabilisierung nach Versorgung der Frakturen mit Fixateurmontagen.

➤ ***Phase III 3.–14. Tag***

- Elektivoperationen

Maßnahmen am Bewegungsapparat:
Weichteildefektdeckungen
Gelenkrekonstruktionen
Geplante Osteosyntheseverfahrenswechsel

➤ ***Phase IV ab 14. Tag***

- Wiederherstellende Operationen
- Rehabilitation

Merke:

Stabilisierung der Extremitätenverletzungen beim Polytrauma:

Frühzeitig erforderlich [32], um

- **Blutstillung zu erreichen**
- **Mediatorausschüttung zu verringern**
- **Pflege des Patienten auf der Intensivstation zu erleichtern**

Frakturversorgung beim Polytrauma

Die operative Versorgung der Verletzungen im Bereich des Stütz- und Bewegungsapparates beim polytraumatisierten Patienten erfordert in den ersten beiden Versorgungsphasen besondere Beachtung. Nach dem Grundsatz "Life before Limb" wird nicht nur über Erhalt oder Amputation einer Gliedmaße entschieden, auch der Versorgungszeitpunkt einer Verletzung, die Osteosyntheseverfahren und die Entscheidung über einzeitiges oder mehrzeitiges Vorgehen müssen sich diesem Grundsatz unterordnen. Bei der operativen Frakturstabilisierung werden schnelle Verfahren mit wenig sekundärer Weichteilschädigung angewandt [40].

Die Verfahrenswahl der Phase I und II – Versorgung muß die folgenden Punkte berücksichtigen:

- Verletzungsschwere des Polytraumatisierten (unter Berücksichtigung des Alters)?
- Dringlichkeit des Eingriffs im Rahmen des traumatischen Schocks – Schockrelevante Fraktur?
- Gesamt – Operationstrauma aller geplanten Eingriffe?
- Zeitbedarf aller geplanten Eingriffe?
- Zeitbedarf des geplanten Operationsverfahrens?
- Sekundärtrauma des Eingriffs – einschließlich Blutverlust?
- Droht Extremitätenverlust oder Funktionseinbuße durch aufgeschobene Versorgung?

Die nachfolgend gegebenen Richtlinien zur Versorgung einzelner Verletzungen bei Polytraumatisierten müssen dem Verletzungsmuster und der Versorgungssituation individuell angepaßt werden und unterliegen dadurch einer großen Schwankungsbreite [35].

Nicht eigens erwähnt wird, daß ein offener oder geschlossener Weichteilschaden bei jeder Fraktur die Versorgung in Phase II mit definitiver Osteosynthese oder präliminarer Ruhigstellung im Fixateur externe erforderlich macht.

Beckenfrakturen

Die instabile Beckenfraktur mit vorderer und hinterer Sprengung des Beckenrings zählt mit einem Blutverlust von 3–5 l zu den schockrelevanten Frakturen. Massenblutungen treten insbesondere bei Zerreißung des präsakralen Venenplexus oder bei arteriellen Verletzungen im kleinen Becken auf.

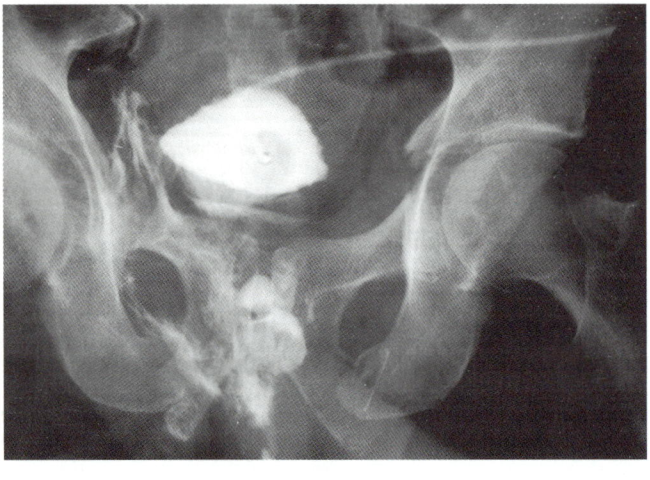

Abb. I-8-2 Instabile Beckenringfraktur mit Nachweis eines Harnröhrenabriß bei Kontrastmitteldarstellung. Bei Kreislaufinstabilität Indikation zur Anlage der Beckenzwinge in Phase I.

➤ ***Versorgungszeitpunkt***

Instabile Beckenringfraktur mit hämodynamisch wirksamer Blutung: Phase I

Bei Kreislaufstabilität: Phase II und III (mehrzeitiges Vorgehen).

➤ ***Operative Technik***

Phase I: Beckenzwinge (im Schockraum), bei persistierender Blutung offene Revision und Tamponade des sakralen Venenplexus

Phase II: Fixateur externe

Phase III: Verfahrenswechsel auf eine interne Osteosynthese

➤ ***Alternativ-Verfahren***

- Bei reiner Symphysensprengung:
  Verschluß der Symphyse durch eine überbrückende Plattenosteosynthese
- Bei mäßiger Verletzungsschwere (PTS < 30 [→ Kap. I-3]):
  Definitivversorgung durch interne Osteosynthese
- Bei guter Reposition und bei kindlichen Frakturen:
  Ausbehandeln der Fraktur im Fixateur externe
- Unverschobene und "stabile" Frakturen werden konservativ behandelt

Merke:

Schweres Polytrauma (PTS > 30) mit Beckenfraktur:
Phase II: Fixateur externe Stabilisierung!
Keine Definitivversorgung in Phase II,
da traumatisch hämorrhagischer Schock verstärkt wird [43]!

Acetabulumfrakturen

Die Versorgung dieser Verletzungen stellt höchste technische Anforderungen an den Operateur. Bei der Indikationsstellung müssen Zeitbedarf und möglicher Blutverlust berücksichtigt werden. Bei zusätzlichen Hüftkopffrakturen, die nicht notfallmäßig versorgt werden können und nicht reponierten Luxationsfrakturen steigt das Risiko der Hüftkopfnekrose auf über 50%.

➤ ***Versorgungszeitpunkt***

Reposition des Gelenkes: Phase I

Definitivversorgung: Phase III

➤ ***Operative Technik***

Phase II: Tibiakopfextension

Phase III: Interne Osteosynthese über verschiedene Zugangswege, abhängig vom Frakturtyp

➤ ***Alternativ-Verfahren***

Bei unverschobener Fraktur:
Funktionelle Behandlung

Bei Polytraumen mäßigen Schweregrades (PTS < 30) mit begleitender Hüftkopffraktur:
offene Reposition und Definitivversorgung (Funktionserhalt)

Bei nicht ausreichender Retention in Phase II:
Gelenküberbrückender Fixateur externe

➤ ***Nicht zu empfehlen***
Keine Definitivversorgung in Phase II bei Polytraumatisierten höherer Schweregrade (PTS – Schweregrade III und IV), um Sekundärtraumatisierung und Blutverlust nicht durch die Operation zu erhöhen [43].

Wirbelsäulenverletzungen

Die Versorgung dieser Verletzungen bleibt gerade beim Polytrauma dem erfahrenen Wirbelsäulenchirurgen vorbehalten. Inadäquate Repositionsmanöver können durch Verlagerung von knöchernen Fragmenten und Bandscheibensequestern zum Auftreten neurologischer Symptome oder zur Verschlechterung bereits bestehender Ausfälle führen. Die operativen Eingriffe können insbesondere bei erforderlicher Laminektomie mit erheblichen Blutverlusten verbunden sein.

➤ ***Versorgungszeitpunkt***
Bei zunehmendem neurologischen Defizit oder nachgewiesener Spinalkompression über 50% oder bei Luxationen: Phase II

in allen anderen Fällen: Phase III

➤ ***Operative Technik***

Phase I:	Stiff-neck Kragen, falls nicht schon angelegt
Phase II:	Fixateur interne, evtl. Hemilaminektomie oder Laminektomie, Rekalibrieren des Spinalkanals bei Frakturen der BWS und LWS Ventrale Plattensysteme, Rekalibrieren des Spinalkanals und Fusion an der HWS Halofixateur bei instabilen Frakturen der HWS bis zur definitiven Versorgung
Phase III:	Ventrale Fusion über zweiten Zugang, falls in Phase II nicht erfolgt. Elektive Stabilisierungen: Vorgehen wie in Phase II, jedoch ventrale Fusion in gleicher Sitzung

➤ ***Alternativ-Verfahren***
Ausschließlich ventrale Stabilisierung bei Frakturen der Brustwirbelsäule (erfordert geeignetes Implantat)
Ausbehandlung von Frakturen der oberen HWS im Halofixateur
Konservative oder funktionelle Behandlung von stabilen Frakturen

Merke:

Wirbelsäulenverletzungen beim Polytrauma:
Keine längere Behandlung von beatmeten Patienten im stiff-neck oder Gipsbett
Cave: Druck-Ulzera

Gelenknahe Frakturen und Luxationen großer Gelenke

Versorgungsgrundsatz ist die frühestmögliche Beseitigung der Luxation und die zweizeitige operative Versorgung insbesondere bei komplexen Gelenkverletzungen und gelenknahen Trümmerfrakturen. Ausnahmen sind die Humeruskopfluxationsfraktur und die Hüftkopffraktur, da hier nur eine frühe Osteosynthese die Kopfnekrose verhindern kann.

➤ ***Versorgungszeitpunkt***
Reposition und Schienung: Phase I
Humeruskopfluxationsfraktur und Hüftkopffraktur: Phase II
alle anderen Frakturen zweizeitig Phase II und III

➤ ***Operative Technik***
Phase II: gelenküberbrückender Fixateur externe,
Schraubenosteosynthese der Humeruskopfluxationsfraktur und Hüftkopffraktur
Phase III: Verfahrenswechsel auf ein internes Verfahren,
Primäre endoprothetische Versorgung

➤ ***Alternativ-Verfahren***
Primäre Gelenkrekonstruktion bei mäßigem Schweregrad der Polytraumatisierung

Femurfrakturen

Femurschaftfrakturen gehören mit einem möglichen Blutverlust von 1,5 – 2 l zu den schockrelevanten Frakturen. Ihre Stabilisierung ist im Rahmen der Bekämpfung des traumatisch hämorrhagischen Schocks dringend erforderlich.

➤ ***Versorgungszeitpunkt***
Reposition und Schienung: Phase I
Stabilisierung: Phase II (hohe Priorität)
Erforderliche Verfahrenswechsel: Phase III

➤ ***Operative Technik***
Phase II: Fixateur externe, Plattenosteosynthese
Phase III: Verfahrenswechsel zur internen Osteosynthese, i.d. R. Verriegelungsnagel

➤ ***Alternativ-Verfahren***
Ungebohrter Marknagel
Schraubenosteosynthese, dynamische Schraubensysteme und Winkelplatten bei hüftnahen und kondylären Frakturen

➤ ***Nicht zu empfehlen***
Keine gebohrte Marknagelung wegen der erheblichen Mediatorausschüttung beim Bohrvorgang, die sich negativ auf das Schockgeschehen auswirkt [34].

Keine aufwendige Gelenkrekonstruktionen in Phase II bei Polytraumatisierten höherer Schweregrade.

Merke:

Femurfrakturen beim Polytrauma:
Keine Extensionsbehandlung!

Die Extensionsbehandlung erreicht keine ausreichende Frakturstabilisierung und begünstigt die vermehrte Freisetzung von Mediatoren [29,40].

Unterschenkelfrakturen

Unterschenkelfrakturen sind beim Polytraumatisierten häufig von offenen oder geschlossenen Weichteilschäden begleitet, die bei der Primärversorgung im Vordergrund stehen. Die Entwicklung eines Kompartmentsyndroms darf nicht übersehen werden.

➤ ***Versorgungszeitpunkt***
Reposition und Schienung: Phase I
Stabilisierung: Phase II
Erforderliche Verfahrenswechsel: Phase III

➤ ***Operative Technik***
Phase II: Fixateur externe oder ungebohrter Verriegelungsnagel, Weichteilsanierung, Kompartmentspaltung
Phase III: evtl. Verfahrenswechsel zum gebohrten Verriegelungsnagel

➤ ***Alternativ-Verfahren***
Ausbehandlung im Fixateur externe, z. B. Pilon-Frakturen
Plattenosteosynthese in Phase III, z. B. bei Tibiakopffrakturen

➤ ***Nicht zu empfehlen***
Keine Plattenosteosynthese oder gebohrte Marknagelung in Phase II

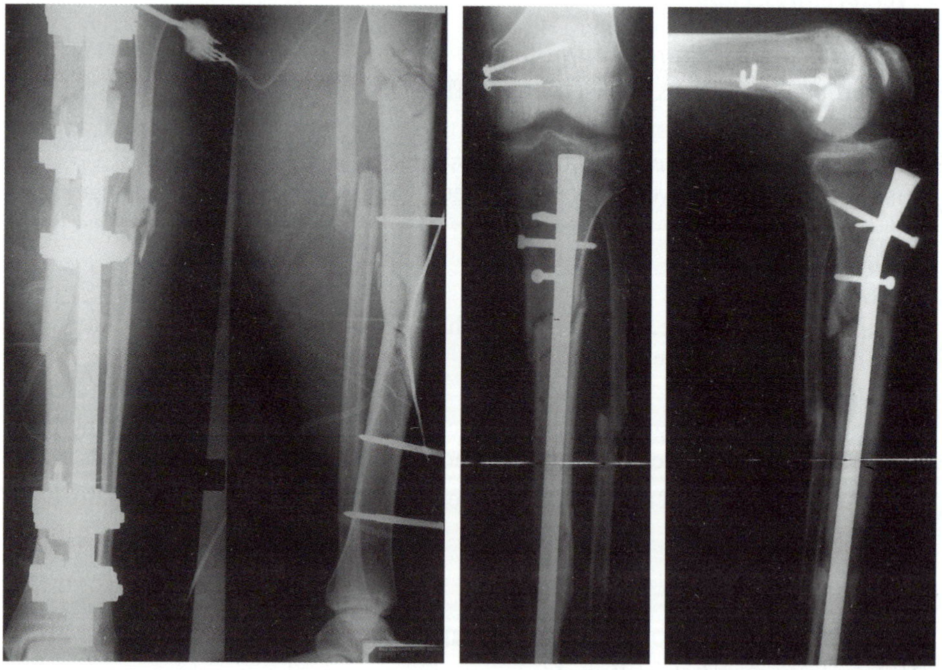

a b c

Abb. I-8-3 a–c Unterschenkeletagenfraktur mit primär manifestem Kompartmentsyndrom. Kompartmentspaltung und Ruhigstellung der Fraktur (Phase II) durch unilaterale Fixateur externe Montage (**a**). In der Phase III Verfahrenswechsel auf einen Verriegelungsnagel (**b, c**).

Frakturen des Fußskeletts

Die Versorgung dieser Frakturen spielt in der Frühphase der Therapie eine untergeordnete Rolle, kann aber bei Ausheilung in Fehlstellung zu einer erheblichen Minderung der Lebensqualität führen. Die Abklärung und angemessene Behandlung dieser Verletzungen muß daher bei klinischem Frakturverdacht auch in späteren Behandlungsphasen erfolgen.

➤ ***Versorgungszeitpunkt***
Reposition und Schienung in Phase I
Talushalsfraktur: Phase II (Talusnekrose!)
sonst:
Bei Instabilität und Weichteilschaden: Phase II
Definitivversorgung: Phase III

➤ ***Operative Technik***

Phase II:	Schraubenosteosynthese des Talus Kirschnerdrahtspickung Fixateur externe bei schwerem Weichteilschaden
Phase III:	Interne Osteosynthese, Kirschnerdrahtspickung evtl. mit Spongiosaplastik

➤ ***Alternativ-Verfahren***
Primäre Arthrodese bei Fußwurzeltrümmerfrakturen
konservative Behandlung bei unverschobenen Frakturen

➤ **Cave**
Die Entwicklung eines Fußkompartmentsyndroms nicht übersehen

Frakturen des Schultergürtels

Diese Frakturen sind in der Frühphase der Versorgung von untergeordneter Bedeutung. Indikation zur operativen Versorgung besteht beim Polytraumatisierten bei der instabilen Schulter (Skapulafraktur mit Klavikulafraktur), der Skapulahalsfraktur sowie – zur besseren Mobilisation – auch bei der isolierten Klavikulafraktur.

➤ ***Versorgungszeitpunkt***
Phase III

➤ ***Operative Technik***
Phase III: interne Osteosynthese mit Rekonstruktionsplatten

Merke:

> **Konservative Behandlung von Frakturen des Skapulakörpers sowie nicht dislozierter Skapulafrakturen**

Humerusfrakturen

Humeruskopf- und schaftfrakturen stellen auch ohne Begleitverletzung beim Polytraumatisierten eine Indikation zur Osteosynthese dar. Die Verfahrenswahl richtet sich neben der Bruchform auch nach den Begleitverletzungen.

➤ ***Versorgungszeitpunkt***
Reposition und Schienung: Phase I
Osteosynthese: Phase II (und III)

➤ ***Operative Technik***

Phase II:	Bündelnagelung/Marknagelung (ungebohrt) von Schaftfrakturen Fixateur externe bei Kontraindikation zur internen Osteosynthese und bei kondylären Trümmerfrakturen
Phase III:	Verfahrenswechsel zur Plattenosteosynthese bei Gelenkfrakturen

➤ ***Alternativ-Verfahren***

Phase II:	Plattenosteosynthese mit offener Nervenrevision bei N. radialis Schaden
Phase III:	Kirschnerdrahtosteosynthese und Cerclage bei Humeruskopffrakturen Humeruskopfprothese bei Trümmerfrakturen des Humeruskopfes

➤ ***Nicht zu empfehlen***
Desault- oder Gilchristverband
Olekranon-Draht-Extension

Unterarmfrakturen

Unterarmfrakturen können bei der Primärversorgung z.B. wegen Zeitmangels zunächst im Oberarmgips ruhiggestellt werden, sofern kein begleitender Weichteilschaden vorliegt.

➤ ***Versorgungszeitpunkt***
Reposition und Schienung: Phase I
Definitive Versorgung: Phase II oder III

➤ ***Operative Technik***

Phase II (III):	Plattenosteosynthese Fixateur externe bei schwerem Weichteilschaden, instabiler Gelenkfraktur oder Zeitmangel
Phase III:	Verfahrenswechsel zur Plattenosteosynthese

➤ ***Alternativ-Verfahren***
Kirschnerdrahtosteosynthese des distalen Radius
Olekranonzuggurtung

Frakturen des Handskeletts

Diese Frakturen spielen in der Primärversorgung eine untergeordnete Rolle. Die Abklärung und Behandlung der Verletzungen erfolgt häufig in den späteren Behandlungsphasen. Verletzungen mit einem offenen oder geschlossenen Weichteilschaden werden in der Phase II versorgt.

➤ ***Versorgungszeitpunkt***
Reposition und Schienung: Phase I
Definitive Versorgung: Phase III

➤ ***Operative Technik***
Kirschnerdraht- und Mini-Osteosynthesen

➤ ***Alternativ-Verfahren***
Mini-Fixateur externe
Konservative Behandlung bei unverschobenen Frakturen

Merke:

Frakturen des Handskeletts:
Kompartmentsyndrom der Hand möglich und oft übersehen!

Weichteilschaden

Die adäquate Versorgung des Weichteilschadens mit und ohne knöcherne Verletzung ist eine wesentliche Aufgabe der operativen Polytraumaversorgung. Die Wiederherstellung zerstörter Leitungsbahnen ist eine Voraussetzung für den Funktionserhalt der Extremität. Eine gute Vaskularisierung und die Beseitigung von Nekrosen reduzieren die Belastung des Organismus mit toxischen Substanzen.

Der Weichteilschaden, der eine Fraktur begleitet, wird in einen offenen und geschlossenen Weichteilschaden untergliedert, wobei der geschlossene Weichteilschaden häufig unterschätzt und inadäquat behandelt wird.

Klassifikation der Weichteilschäden (nach Tscherne [42])

➤ ***Geschlossener Weichteilschaden***

Grad I: Oberflächliche Schürfung
Kontusion durch Fragmentdruck von innen

Grad II: Tiefe Schürfung
Lokalisierte Haut- Muskelkontusion
Drohendes Kompartmentsyndrom

Grad III: Ausgedehnte Hautkontusion, Hautquetschung
Zerstörung von Muskulatur
Manifestes Kompartmentsyndrom
Stammgefäßverletzung

➤ ***Offener Weichteilschaden***

Grad I: Durchspießung der Haut von innen
(durch ein Knochenfragment)
Geringe Kontamination

Grad II: Durchtrennung der Haut
Umschriebene Weichteilkontusion
Mittelschwere Kontamination

Grad III: Hautdurchtrennung mit ausgedehnter Weichteildestruktion
Gefäß- Nervenverletzung
Starke Kontamination

Grad IV: Totale und subtotale Amputation

Offene Weichteilverletzungen werden debridiert und Weichteildefekte durch Kunsthaut vorübergehend gedeckt. Droht schwellungsbedingt ein Kompartmentsyndrom z. B. am Unterschenkel, müssen alle Muskellogen im gefährdeten Bereich gespalten werden. Bewährt hat sich die kontinuierliche Kompartmentdruckmessung, wobei anhaltend erhöhte Drucke über 30 mm Hg auf ein drohendes Kompartmentsyndrom hinweisen. Die prophylaktisch durchgeführte Kompartmentspaltung verhindert die oftmals invalidisierenden Restzustände nach zu später Intervention.

Therapie des Weichteilschadens (ohne Verletzung von Leitungsbahnen)

Während für den offenen Weichteilschaden I. Grades die Versorgungsregeln der geschlossenen Verletzung gelten, sind Weichteilsanierung und Etappendebridement die Prinzipien der Behandlung beim Weichteilschaden II. und III. Grades.

➤ ***Versorgungszeitpunkt***
Wundverband: Phase I
mehrzeitige operative Versorgung: Phase II – IV

➤ ***Operative Technik***

Phase II:	Radikales Debridement mit Abtragen aller Nekrosen, Blutstillung Frakturstabilisierung im Fixateur externe, Kunsthautdeckung Bei Decollementverletzungen: Entfettung, Skarifizierung und Replantation der Haut
Phase III u. IV:	Etappendebridement (2-Tages-Rhythmus) Weichteilrekonstruktion durch freie Hautverpflanzung, regionale oder mikrovaskulär gestielte Lappenplastiken

➤ ***Alternativ-Verfahren***
Bei zerstörter Extremität: primäre Amputation

➤ ***Nicht zu empfehlen***
Keine primäre plastische Weichteildeckung, da das Ausmaß der Nekrosen noch nicht abgrenzbar ist.

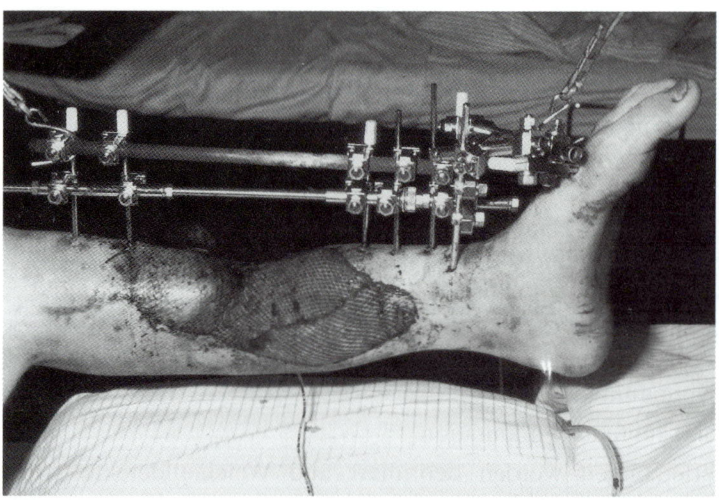

Abb. I-8-4 Unterschenkeldefektfraktur mit ausgedehnter Weichteilzerstörung. Behandlung durch Kallusdistraktion und mikrovaskuläre Latissimus-Lappenplastik.

Kompartmentsyndrom

Es wird ein drohendes und ein manifestes Kompartmentsyndrom unterschieden. Die Diagnose des manifesten Kompartmentsyndroms wird klinisch nach folgenden Kriterien gestellt:

- prallelastische "harte" Schwellung
- Schmerz
- Sensibilitäts- und Motilitätsstörung
- Erhaltener Puls

Beim beatmeten Patienten ist die kontinuierliche Kompartmentdruckmessung angezeigt.

Vorgehen je nach gemessenen Druckwerten [39]:

< 20 mmHg	keine Therapie
> 30 mmHg	Verlaufskontrolle evtl. prophylaktische Kompartmentspaltung beim hypovolämischen Patienten
> 40 mmHg	Kompartmentspaltung

➤ ***Versorgungszeitpunkt***

Phase II

➤ ***Operative Technik***

Phase II:	Spaltung aller Muskellogen der betroffenen Region kein Wundverschluß, Kunsthautdeckung
Phase III:	Sekundärnaht, Wundverschluß durch dynamische Wundnaht oder Meshgraft

Merke:

Die subkutane Kompartmentspaltung ist obsolet!

Verletzung von Leitungsbahnen

Bei Durchtrennung von Stammarterien [→ Kap. I-7], schwerer Gewebszerstörung und hohem Grad der Polytraumatisierung muß die Indikation zur Amputation geprüft werden.

➤ ***Versorgungszeitpunkt***

Arterienverletzung: Phase II
Nervenverletzung: Phase II – III

➤ ***Operative Technik***

Phase II:	Gefäßnaht, evtl. Veneninterponat Nervennaht in Mikrotechnik
Phase III:	Nerveninterponate

➤ ***Alternativ-Verfahren***

Bei Zeitmangel in Phase II: sekundäre Nervenversorgung, meist nur als Nerveninterposition möglich

➤ ***Nicht zu empfehlen***
Primäre Nerveninterponate sind nicht zu empfehlen, da bei Defektverletzungen die Ausdehnung des Schadens i.d.R. bei der Erstversorgung nicht abgeschätzt werden kann.

Schlußfolgerung

Zur erfolgreichen Behandlung eines polytraumatisierten Patienten müssen zahlreiche Maßnahmen ineinandergreifen. Haben in der Frühphase der Behandlung die lebensrettenden Sofortoperationen absolute Priorität, erfolgt bereits in den ersten Behandlungstagen durch funktionserhaltende Eingriffe die Weichenstellung für die spätere soziale und berufliche Reintegration des Patienten [36].

Literatur

– siehe Gesamt-Literaturverzeichnis im Anhang –

I-9 Verletzungen des Urogenitaltraktes

Epidemiologie der Verletzungen des Urogenitaltraktes

3–10%	aller gemeldeten Verletzungen		
75%	aller urogenitalen Verletzungen sind bei Polytraumatisierten zu finden		
Aber:	Erhebliche lokalgeographische Unterschiede [44]		
	z. B.:	*Innsbruck:*	> 50% aller Nierenverletzungen bei Wintersport
		Hamburg:	> 60% aller Nierenverletzungen bei Autounfällen
	z. B.:	*Mitteleuropa:*	4% offene Verletzungen
		USA Großstädte:	22% offene Verletzungen (Schuß-, Stichverletzungen)
Cave:	*Stumpfes Bauchtrauma* [48]		
	Erwachsene	30%	Nierenbeteiligung
	Kinder	50%	Nierenbeteiligung

Pathomechanismus

- offene Verletzungen (< 20%)
- geschlossene Verletzungen (> 80%)

Geschlossene Verletzungen:
Berstungsruptur (z. B. Quetschung durch Lenksäule)
Dezelerationstrauma (z. B. Aufprall nach Fenstersturz)
Sekundärtrauma (z. B. Verletzungen durch Knochensplitter)

Verletzungen der einzelnen urogenitalen Organsysteme

Nierenverletzungen

Häufigkeitsverteilung (s. Tab. 1):

➤ ***Pathomechanismen***
- offene penetrierende Verletzungen (z. B. Schuß, Stich) ca. 20%

Tabelle I-9-1 Gesamthäufigkeitsverteilung urogenitaler Verletzungen.

	Gesamthäufigkeit	Verteilung Solitärtrauma	Polytrauma
Niere	65%	19,4%	80%
Blase	13%	2,4%	97,6%
Urethra	10%	36,7%	63,6%
Genitale	13%	57,5%	42,5%

- geschlossene Verletzungen oder Sekundärtraumen (z. B. Anstiche durch frakturierte Rippen) ca. 80%

➤ ***Symptomatik*** [45]
- ***Hämaturie!*** Bei 90% aller Nierentraumen Mikro- oder Makrohämaturie
- Flankenschmerzen
- Hämatomschwellung Flanke
- Generalisierte Zeichen des Blutverlustes (RR-Abfall, Tachykardie)

Merke:

Nierenstielverletzungen (z. B. Abriß arteria renalis):
Hämaturie fehlt meist!

➤ Staging des Nierentraumas

Bisher keine einheitliche internationale Klassifikation!

Aktuelle amerikanische Klassifikation des Nierentraumas

Grad I	Kontusion mit oder ohne subcapsulärem Hämatom
Grad II	Perirenales Hämatom ohne Expansion oder corticale Parenchymläsionen < 1 cm Tiefe
Grad III	Parenchymverletzung > 1 cm ohne Urinextravasation
Grad IV	Parenchymverletzung mit Verletzung des Hohlsystems
IVa	Gefäßverletzung (Nierenarterie und/oder Nierenvene)
Grad V	Parenchymzertrümmerung, Nierenzerreißung
Va	Vollständiger Nierenstielabriß

Stadieneinteilung des Nierentraumas
[American Association for the Surgery of Trauma, J. Trauma 1989; 29:1664]
Differenzierte Klassifikation modifiziert nach HODGES (in Deutschland häufig verwendet)

Leicht	Ia	Kontusion
(60–80%)	Ib	Parenchymblutung
Schwer	IIa	Inkomplette Ruptur ohne perirenales Extravasat
(10–30%)	IIb	Inkomplette Ruptur mit perirenalem Extravasat
	IIc	Komplette Nierenruptur mit perirenalem Extravasat
Kritisch	III	Multiple Rupturen, Zertrümmerung, Nierenstielverletzung
(<5%)		

➤ ***Diagnostik des Nierentraumas***

Beachte: Abhängigkeit vom Ausmaß und Schweregrad der Begleitverletzungen!

In der Notaufnahme

1) Anamnese (Unfallhergang, Zeitpunkt, bisherige Untersuchungen und Versorgung)
2) Klinische Untersuchung (Flankenschmerzen, Prellmarken, Hämatom, Blutdruck, Puls, Blutbild, Urin, Blutgruppenbestimmung, Retentionswerte)
3) Sonographie

➤ *Wenn* Hämaturie (Mikro oder Makro) und klinischer V. a. Nierenbeteiligung

↓

Ausscheidungsurogramm
Vorläufige Klassifikation möglich
Beachtung Funktion der Gegenniere

Bei Patienten im Schock oder bei vital bedrohlichen Begleitverletzungen mit Notwendigkeit weiterer CT-Diagnostik ist zunächst auf das i. v. Urogramm zu verzichten [46].

➤ Bei Stadium IIb – III und V.a. abdominelle Begleitverletzungen

↓

Computertomographie mit Kontrastmittel
Exakte Klassifikation, Aussagen über die Funktion der Gegenniere
Gleichzeitige Mitbeurteilung anderer abdomineller, thorakaler oder zerebraler Begleitverletzungen

---

➤ Bei stabiler Kreislaufsituation und geplanter operativer Sanierung im Stadium IIb – III oder bei V.a. Nierenstielabriß

↓

Angiographie

➤ Bei V.a. Harnleiterabriß oder Harnleiterverletzung (selten)

↓

Retrograde Pyelographie

- Die Angiographie hat seit Verfeinerung der CT-Technik an Bedeutung verloren.
- Ein Ausscheidungsurogramm ist in der Akutsituation nur bei stabilen Kreislaufparametern sinnvoll, da sonst keine Kontrastmittelausscheidung erfolgen kann.
- Der diagnostische Aufwand wird durch Ausmaß der Begleitverletzungen bestimmt!
- Grundsätzlich sind Informationen über die Gegenniere einzuholen, da bei einer Insuffizienz der Gegenniere nach Nephrektomie der verletzten Niere eine dialysepflichtige Niereninsuffizienz droht [47]!

➤ ***Therapie der Nierenverletzungen***

Stadium I und IIa:	Bettruhe, Antibiotika, keine operative Freilegung *Überwachung:* RR, Puls, Temperatur, Harnbefund, Sonographie
Stadium IIb:	Kontroverse über Notwendigkeit einer operativen Revision *Im Einzelfall:* Entscheidung anhand der Begleitverletzungen
Stadium IIc-III:	Sofortige operative Nierenfreilegung, ggf. Nephrektomie Entscheidung über organerhaltende operative Maßnahmen bei gesunder Gegenniere abhängig von der vitalen Bedrohung durch Begleitverletzungen

Bei abwartendem Verhalten im Stadium IIb engmaschige Überwachung.

Falls im CT Progression des Extravasats oder anhaltender Blutverlust
→ operative Freilegung.

Dauer der stationären Überwachung:
Bei Grad II mindestens 14 Tage Bettruhe und Antibiose. Kontroll-CT erforderlich.

Kinder: Exspektatives Verhalten (CT-Kontrollen) im Stadium IIb oft erfolgreich [50]. Strenge Indikationsstellung zur operativen Freilegung, insbesondere zur Nephrektomie

➤ ***Komplikationen bei exspektativem Verhalten:***

Früh:	Blutungsschock paralytischer Ileus
Verzögert:	Abszeß oder infiziertes Urinom
Spät:	Renaler Hypertonus! Schrumpfniere Nephrolithiasis Persistierende Harnwegsinfekte

Harnleiterverletzungen

Häufigkeit: Unter allen urogenitalen Organen am seltensten betroffen

➤ ***Pathomechanismen***
- Offen penetrierende Verletzung (Schuß, Stich) in ca. 90%
- Geschlossene Verletzung (meist Akzelerations- oder Dezelerationstraumen)

➤ ***Symptomatik***
- Mikrohämaturie in ca. 90% (kann fehlen)
- Meist erst nach 5–7 Tagen durch retroperitoneales Urinom:
  Flankenschmerzen, Fieber, Abszedierung bei infiziertem Urin
  Regelmäßig mit schweren Begleitverletzungen kombiniert

➤ ***Diagnostik***
- Ausscheidungsurogramm mit Darstellung der Harnleiter (Luft im Retroperitoneum oder Kontrastmittelaustritt) [49]
- Retrograde Pyelographie
- Falls CT wegen Begleitverletzungen: CT-Schichten bis ins kleine Becken ausdehnen

➤ ***Therapie***

– *Bei frischen Verletzungen:*
  Kontinuitätswiederherstellung
  Urinableitung temporär über Nephrostomien oder Harnleiterschienen
– *Bei Spätdiagnose:*
  Urinableitung (z. B. Nephrostomie)
  Urinomdrainage
  Verzögerte Reanastomosierung
– *Reanastomosierung bei Verletzung des intraperitonealen Harnleiters:*
  Harnleiterneueinpflanzung und Psoas-Hitch-Plastik der Blase

Merke:

> **Harnleiterverletzung:**
> **Diagnosezeitpunkt bestimmt Prognose!**
> **Nephrektomieraten: Bei Frühdiagnose: 4,5 %**
> **Bei Spätdiagnose: 32 %**

Blasenruptur

Häufigkeit: 12–15 % aller Patienten mit Beckenfrakturen
In 90 % aller Blasenverletzungen: Vorliegen von abdominellen oder knöchernen Begleitverletzungen

➤ ***Pathomechanismen***

– Extraperitoneale Blasenruptur (ca. 70 %)
  fast immer im Zusammenhang mit knöcherner Beckenfraktur:
    Kompression, Ausreißen der umgebenden Bandsysteme,
    Anspießen durch knöcherne Fragmente
– Intraperitoneale Blasenruptur (25–30 %)
  fast immer durch Kompression bei gefüllter Blase
  (Lenksäule auf Abdomen bei Frontalzusammenstoß)
– Offen penetrierende Verletzung (z. B. Schuß, Stich) meist extraperitoneal
– Kombiniert extra- und intraperitoneale Ruptur in ca. 5–12 %

➤ ***Symptomatik***

– Unterbauchschmerz
– Hämaturie (häufig nur Mikrohämaturie!)
– Imperativer Harndrang mit Dysurie oder "blutige Anurie"
– Peritonitische Symptome nur bei intraperitonealer Ruptur

Merke:

> **Blasenruptur beim Polytrauma:**
> **Diagnosestellung oft erst bei Peritonitis!**

➤ ***Diagnostik***
- Inspektion
- Palpation
- Sonographie ("unklarer Aszites")
- Retrograde Urethrozystoskopie:
  Gleichzeitige Beurteilung der Harnröhre.
  Wichtig: Röntgenaufnahme nach Entleerung des Kontrastmittels aus der Blase!

➤ ***Therapie***
- Intraperitoneale Ruptur: Sofortige Laparotomie und Überwachung, suprapubische Dauerableitung (14 Tage)
- Bei isolierten kleinen extraperitonealen Rupturen u. U. nur Dauerableitung über Blasenkatheter

Merke:

Blasenruptur:
Frühe Diagnose entscheidend
Begleitverletzungen bestimmen die Prognose

Harnröhrenverletzungen

Häufigkeit:
- 5–15% aller Patienten mit Beckenfrakturen (supradiaphragmale Ruptur)
- 10–20% aller Patienten mit Beckenfraktur und Harnröhrenruptur haben auch Blasenrupturen

➤ ***Pathomechanismen***
- *Hintere Harnröhrenruptur (supradiaphragmale)*
  Abriß vom Beckenboden distal der Prostata durch Scherkräfte (kräftige puboprostatische Bänder!)
- *vordere Harnröhrenruptur (infradiaphragmale)*
  "Straddle"-Trauma, Quetschung und Abscherung der Harnröhre gegen die knöchernen Umgebungsstrukturen (z. B. Sturz auf Fahrradstange)

➤ ***Symptomatik***
- *Blutung aus der Harnröhre!*
- Imperativer Harndrang bei Dysurie und/oder Harnverhalt (hochstehende volle Blase)
- Schmerzen im Dammbereich
- Hämatomausbreitung:
  Infradiaphragmale Harnröhrenverletzung: "Schmetterlings"-Hämatom perineal und skrotal
  Supradiaphragmale Harnröhrenverletzung: Intrapelvines Hämatom! Typischerweise kein äußeres Hämatom

➤ ***Diagnostik***
- Anamnese (Unfallhergang)
- Inspektion (Prellmarken, Hämatom!, Blut am Meatus)
- Abdominelle Palpation (volle Blase!)
- *Rektale Palpation:* Bei kompletter supradiaphragmaler Harnröhrenruptur
  - "Tanzende" hochstehende Prostata
  - Blut im Douglas (Hämatom)

➤ Bei V.a. Harnröhren- und/oder Blasenruptur

↓

Retrograde Urethrozystographie *vor* Katheterisierung der Harnblase!
Sonst: Überführung der inkompletten in eine komplette Harnröhrenruptur, Infektion des Hämatoms durch via falsa und Blockung des Katheters in der Rupturstelle

---

➤ Bei liegendem Dauerkatheter und fehlender Urinausscheidung:

↓

Cystogramm über liegenden Katheter
[Ausschluß Blasenruptur]

➤ ***Therapie***

Supradiaphragmale Ruptur:
Bei noch erhaltender Kontinuität der Harnröhre oder fehlender Dehiszenz

↓

Suprapubische perkutane Zystostomie für 14 Tage, dann Miktionszystogramm

Sofern die Stabilisierung einer begleitenden Beckenfraktur erforderlich ist:
- gleichzeitig Schienung der Harnröhre über operativ eingelegten Dauerkatheter, Hämatomausräumung, Blutstillung
- Keine primäre Reanastomosierung mit Nähten (Gefahr der Verletzung der Nervi cavernosi)

Infradiaphragmale Ruptur:
Operative Freilegung von perineal mit Hämatomausräumung, End-zu-End-Anastomose und suprapubische Zystostomie

Bei allen Formen der Harnröhrenruptur ist eine antibiotische Abschirmung sinnvoll!

➤ ***Komplikationen***

Früh: Urinphlegmone
Spät: Streßinkontinenz: 5–20%

Erektile Impotenz: 10–40%
Harnröhrenstriktur: 25–50%

Bedenke:
MdE bei rezidivierenden Harnröhrenstrikturen: 30–50%
MdE bei erektiler Impotenz: 20%

Genitalverletzungen

➤ ***Pathomechanismen***

Penis: Penisfraktur (Riß der Schwellkörper-Tunica) *nur* bei Erektion möglich.

Avulsionstraumata meist durch stumpfes Trauma. Schwellkörper durch Verschiebeschicht zwischen Colle'scher und Buck'scher Faszie gut geschützt. Oft ausgedehnter Hautverlust.

Penisverlust (Amputation) durch Maschinentraumata, Schußwunden (Schrot), oder gezielt als Penisamputation.

Im Rahmen von Verbrennung oder Stromschlag (Schwellkörper meist intakt).

Skrotum: Stumpfe Traumen ("Straddle" Trauma bei Motorradunfällen, Sportverletzungen)

Avulsionstraumata meist durch stumpfes Trauma oder Maschinentraumata. Hoden durch Retraktionsfähigkeit (M. cremaster) innerhalb der Verschiebeschichten des Skrotums geschützt

Zertrümmerung bei Schußwunden (Schrot) oder gezielte scharfe Amputation

Im Rahmen von Verbrennung oder Stromschlag (Hoden meist intakt)

➤ ***Diagnostik***

- Anamnese
- Inspektion
- Palpation
- Hoden-Sonographie
- Doppler-Sonographie (Durchblutung)
- Cavernosographie (bei V.a. Schwellkörperruptur)

Merke:

> **Verletzungen des äußeren Genitales:**
> **Bei geringen Traumen bereits massive Hämatombildung [Aufgrund der Faszienverschiebeschichten und des lockeren Spannungszustandes der Haut]**

➤ ***Therapie***

- Bei leichten Traumen ohne Verletzung der Schwellkörper, Harnröhre oder Hoden:
  → Hodenhochlagerung, Kühlung
- Bei ausgedehntem Hämatom: Hämatomausräumung und Wunddebridement
- Bei Organbeteiligung: Sofortige operative Freilegung
- *Avulsionstrauma:* Vorübergehende Deckung von Penis und/oder Hoden unter Bauchhaut oder Skrotum. Später Verschiebelappenplastiken oder Spalthauttransplantation

Merke:

Mikrochirurgische Replantation von Hoden oder Penis erfolgreich möglich

Literatur

– siehe Gesamt-Literaturverzeichnis im Anhang -

I-10 Neurotrauma

Definition

Durch äußere Gewalteinwirkung auftretende Schädigung des zentralen oder peripheren Nervensystems.

- Schädel-Hirn-Trauma
- Wirbelsäulentrauma
- Akute Nervenverletzung

Schädel-Hirn-Trauma [SHT]

Die genaue Anamneseerhebung zum Unfallhergang ist von zentraler Bedeutung, um den Mechanismus und das Ausmaß der Schädigung besser einzuschätzen und sofort adäquate diagnostische und therapeutische Schritte einzuleiten (z. B.: Sturz, Schlag, Stich- oder Schußverletzung, Motorrad- oder Autounfall, usw.) [51].

Leitsymptome

Es gelten folgende Hauptkriterien:
1. Bewußtseinslage
2. Pupillen
3. Halbseitensymptome

➤ ***1. Bewußtseinslage*** *(Reaktion auf Ansprache oder Schmerzreiz)*
Achtung: Begriffe wie "Stupor" oder "Sopor" sollten möglichst vermieden werden, da sie keine präzise Auskunft über Ansprechbarkeit und Orientiertheit des Verletzten geben. Eine genaue Beschreibung dieser Qualitäten ist sinnvoller!

Sehr gut bewährt hat sich auch die international anerkannte Bewertungsskala **Glasgow Coma Scale (GCS)**, die Werte zwischen 3 (schlechteste Antwort) und 15 (bestmögliche Antwort) annehmen kann. Bewertet wird immer die beste Reaktion.

Achtung: Wiederholte posttraumatische Kontrolluntersuchungen, da sich die Bewußtseinslage im Laufe der ersten Stunden sehr schnell verändern kann!

Bewußtlos (komatös) ist ein Patient dann, wenn er auf Schmerzreiz nicht mehr die Augen öffnet, keine Aufforderungen befolgt und keine verständlichen Worte spricht. *Dauer* und *Tiefe* einer posttraumatischen Bewußtlosigkeit korrelieren mit der Art und Schwere des SHT.

Komastadien – nach Empfehlung der Internationalen Gesellschaft für Neurochirurgie (die Dauer der Bewußtlosigkeit ist hierbei nicht berücksichtigt).

Koma Grad 1: Bewußtlosigkeit ohne sonstige neurologische Störung
Koma Grad 2: Bewußtlosigkeit mit neurologischen Störungen wie Lähmung, Anfälle, Anisokorie u./o. Augenbewegungsstörungen
Koma Grad 3: Bewußtlosigkeit mit zusätzlichem Auftreten von Streckphänomenen, spontan oder auf Schmerzreiz (im klinischen Sprachgebrauch: *Mittelhirnsyndrom*)
Koma Grad 4: Bewußtlosigkeit verbunden mit Tonusverlust der Extremitäten und vor allem beidseits lichtstarren weiten Pupillen, aber noch erhaltener Spontanatmung (*Bulbärhirnsyndrom)*

Tabelle I-10-1 Glasgow Coma Scale.

Zu bewertende Reaktion	Beobachtete Reaktion	Punktzahl
Augen öffnen	Spontan	4
	Auf Aufforderung	3
	Auf Schmerzreiz	2
	Keine Reaktion	1
Beste verbale Reaktion	Voll orientiert	5
	Verwirrt, desorientiert	4
	Verworren (unzusammenhängende Worte)	3
	Unverständliche Laute	2
	Keine verbale Reaktion	1
Beste motorische Reaktion	Adäquat – befolgt Befehle	6
	Lokalisiert Schmerz und gezielte Schmerzabwehr	5
	Unvollständige Abwehr, normale Flexion (Rückzug)	4
	Abnorme Flexion, Beugesynergismen	3
	Strecksynergismen	2
	Keine Reaktion	1

➤ ***2. Pupillen***
Für die Beurteilung der Pupillenreaktion müssen eventuelle Begleitverletzungen der Augen mitberücksichtigt werden (Achtung bei Glasauge!)
z. B.: Seitengleich eng, mittelweit, weit. Anisokorie (einseitige Pupillenerweiterung), Lichtreaktion direkt und konsensuell – genaue Beschreibung ist wichtig.

➤ ***3. Halbseitensymptome***
Eine kurze, orientierende Überprüfung (ggf. Schmerzreiz) vor Sedierung läßt z. B. eine Halbseitenlähmung schnell erkennen.

Einteilung SHT

man unterscheidet eine **primäre** von einer **sekundären traumatischen Schädigung**.

Primäre Schädigung: Läsionen der Kopfschwarte, des knöchernen Schädels, des Hirnparenchyms, der Hirnnerven oder des Hypophysenstiels.

Achtung: Wegen der starken Durchblutung der Kopfschwarte kann bei ihrer Verletzung ein Blutverlust bis zum hämorrhagischen Schock auftreten!

Sekundäre traumatische Schädigungen können die initiale Situation erheblich verschlechtern: Hirnschwellung, Hirnblutung, Hypoxie, ischämische Insulte (alle mit nachfolgendem intrakraniellen Druckanstieg und evtl. Massenverlagerung), Infektion, Epilepsie, Liquorfistel, Hydrozephalus.

Merke:

> **Einseitige Pupillenerweiterung und/oder Halbseitenlähmung:**
> **Höchste Dringlichkeitsstufe wegen intrakranieller Drucksteigerung!**
> **Cave Flüssigkeitszufuhr wegen möglicher Zunahme des Hirnödems!**
> **CT-Untersuchung so schnell wie möglich!**

Nach dem **Schweregrad der Schädigung** unterscheidet man 3 Typen:
a) leichtes SHT (GCS: 13–15) – ca. 80% der Verletzten
b) mittelgradiges SHT (GCS 9–12) – ca. 10%
c) schweres SHT (Koma bei GCS von 8 oder weniger) – ca. 10%

Nach der **Morphologie** unterscheidet man 2 Typen, die sich weiter unterteilen lassen:

a) Frakturen →
- Kalottenbrüche → linear oder sternförmig, mit oder ohne Impression
- Schädelbasisbrüche → mit oder ohne Liquorrhoe, mit oder ohne Fazialisparese

b) Intrakranielle Läsion →
- Fokal → Epidurales Hämatom, Subdurales Hämatom, Intrazerebrales Hämatom
- Diffus → (diffuse axonale Schädigung)

Diagnostik

➤ ***a) Klinische Diagnostik***
gründliche *Erstuntersuchung* **vor** Gabe von Sedativa!
Feststellung von Begleitverletzungen
Kurzer Neurostatus, wobei unbedingt zu erfassen sind:
- Alkohol-, Medikamenten- oder Drogeneinfluß
- Genaue Bewußtseinslage
- Tiefe der Bewußtlosigkeit
- Weite und Reaktion der Pupillen
- Überprüfung von Korneal- und Hustenreflex
- Feststellung von neurologischen Halbseitenzeichen

➤ ***b) Radiologische Diagnostik***
Hierbei tritt das Problem *Sicherheit / Kosteneffektivität* besonders bei Bagatellunfällen auf.
Die Nativdiagnostik liefert oft nur orientierende Informationen. Für die Beurteilung des Schädels und Gehirns ist das **Computertomogramm (CT)** die wichtigste Untersuchung!

Achtung: Radiologische Diagnostik erst **nach** klinischer Diagnostik und Stabilisierung der Atem- und Kreislaufsituation!

Therapie

Eine Therapie der Primärschädigung ist nicht möglich. Die spezielle neurochirurgische Therapie besteht grundsätzlich aus Maßnahmen zur Beseitigung der Druckwirkung und zur Erzeugung eines optimalen Milieus für das geschädigte Gehirn.

➤ ***1. Erstversorgung am Unfallort***
Vordringlichste Maßnahmen: Sicherung von Kreislauf und Atmung.
Großzügige Indikation zur (oralen) Intubation.
Verwendung von kurzwirksamen Injektionsnarkotika (Etomidat, Thiopental) und Diazepam wegen der hirndrucksenkenden bzw. antikonvulsiven Wirkung.
Offene Verletzungen mit Hirnaustritt nicht weiter inspizieren, sondern mit sterilem Druckverband abdecken.
Sicheren venösen Zugang für den Transport zur Klinik anlegen.
Während des Transports: Oberkörperhochlagerung
(Verletzungen der HWS dabei beachten).

➤ ***2. Versorgung in der Notaufnahme***
a) bei **leichtem SHT**
Nativdiagnostik in Abhängigkeit vom Unfallmechanismus.
Achtung: Bei allen Patienten mit einer posttraumatischen Bewußtlosigkeit oder Amnesie muß ein CT angefertigt werden!
Wache, adaequat reagierende Patienten werden 12 – 24 Stunden beobachtet.
Achtung: ca. 3% dieser Patienten verschlechtern sich unerwartet! Bei diesen CT-Kontrolle und evtl. spezifische neurochirurgische Behandlung.

b) bei **mittelgradigem SHT** (Patienten befolgen in der Regel einfache Aufforderungen, sind aber somnolent und desorientiert)
Bei allen Verletzten muß ein CT angefertigt werden. Danach entscheiden, ob Beobachtung auf Normal- oder Intensivstation. Neurochirurgische Behandlung bei Bedarf.
Bei Besserung (ca. 90% dieser Patienten): Entlassung nach Stabilisierung.
Bei Verschlechterung (ca. 10% dieser Patienten): CT Kontrolluntersuchung, dann wie schweres SHT behandeln.

c) bei **schwerem SHT**
→ Kap. II-39, S. 492 (Intensivtherapie Schädel-Hirn-Verletzter)

Achtung:

Die frühere Einteilung in "Commotio, Contusio und Compressio cerebri" sollte endgültig verlassen werden, da diese Begriffe nicht mit den exakten pathologisch-anatomischen Gegebenheiten korrelieren und viel zu ungenau definiert sind. Nur durch eine **exakte Diagnosestellung** kann sofort eine adäquate Therapie eingeleitet werden, die für die spätere Prognose entscheidend ist!

Schädelbrüche

Achtung:

Schädelbrüche ohne begleitende Hirnverletzung sind selten, aber Hirnverletzungen ohne Schädelfraktur kommen häufig vor!
Beim Schädelbruch ist meistens nicht die knöcherne, sondern vielmehr die gleichzeitig erfolgte Hirnverletzung für den Betroffenen bedrohlich [52]!

Wie in der allgemeinen Frakturlehre unterscheidet man **offene** (wenn Haut bzw. Weichteile über dem Frakturbereich eröffnet sind) von **gedeckten** Schädelbrüchen.

Die **Mitverletzung der Dura mater** spielt eine entscheidend wichtige Rolle wegen der möglichen Komplikationen und der Therapie. Daher ist der **offene Schädelbruch** (ohne Duraverletzung) vom **offenen Schädel-Hirn-Trauma** zu unterscheiden.

Achtung:

Fronto-basale und latero-basale Verletzungen mit Rhino- und Otoliquorrhoe imponieren äußerlich meistens als geschlossenes Trauma, müssen aber wegen der Infektionsgefahr im chirurgischen Sinne als **offenes Trauma** betrachtet werden. Zu erkennen sind solche Verletzungen in den meisten Fällen an kleinen intraduralen Lufteinschlüssen im CT.

Kalottenfrakturen

Es kommen vor: Linear-, Trümmer-, Impressions- und Perforationsfrakturen. Eine neurochirurgische Versorgung ist nicht immer erforderlich, z. B. bei nicht dislozierten Linear- oder gar Trümmerfrakturen.

Impressionsfrakturen von Kalottenbreite oder mehr müssen operativ korrigiert werden. Eine Ausnahme bildet die sogenannte **Pingpongball-Fraktur** bei Säuglingen, die lediglich eine Eindellung des noch weichen Knochens ohne Fraktur darstellt und in der Regel ohne Therapie rückbildungsfähig ist.

Frakturen mit Eröffnung der großen venösen Blutleiter (Sinus sagittalis superior oder Sinus transversus/sigmoideus) stellen ein hohes Risiko für den Verletzten dar und müssen immer neurochirurgisch versorgt werden. Kommt es zur profusen venösen Blutung, muß der Oberkörper so weit hochgelagert werden, bis der venöse Sinusdruck nachläßt. Zu starke Hochlagerung kann aber zur **Luftembolie** führen! Ein inadaequates Komprimieren dagegen kann einen **Verschluß des Sinus** bewirken, was z. B. nur im vorderen (frontalen) Drittel des Sinus sagittalis superior problemlos toleriert wird, im hinteren Drittel dagegen lebensgefährlich ist, weil es zur hämorrhagischen Infarzierung der Hemisphären führen kann.

Merke:

Perforierende Schädelfrakturen:
Ggf. Fremdkörper belassen, erst im Operationssaal entfernen!

Größere Defekte der Schädelkalotte (wegen starker Zertrümmerung) können primär oder (bei offenen Frakturen wegen der Infektionsgefahr) sekundär gedeckt werden. Man verwendet z. B. Knochenzement (Palacos).

Frontobasale Frakturen

Brüche im Bereich der Stirnhöhlenrückwand, des Siebbeins und des Keilbeins gehören zu den Schädelbasisfrakturen und stellen eine Besonderheit dar, weil sie meistens mit einer Duraverletzung kombiniert sind und dadurch eine Verbindung zwischen Liquorraum und perinasalem Sinus entsteht. Die aufsteigende **Infektionsgefahr** (Meningitis, Hirnabszess) sowie die Gefahr des **Pneumatozephalus** durch Liquorverlust sind groß, so daß fast immer eine neurochirurgische Versorgung der Duradefekte indiziert ist (z. B. mit einem gestielten Periostlappen). Es ist sinnvoll, diese Eingriffe zusammen mit den Kollegen aus der HNO oder ZMK durchzuführen. Bei schwerem SHT mit gleichzeitiger frontobasaler Fraktur erfolgt die operative Versorgung in der Regel erst sekundär, nach Abklingen der Hirnschwellung (etwa nach 7 – 12 Tagen).

Bei Frakturen des Keilbeins können eine traumatische Karotis-Sinus-cavernosus-Fistel oder ein traumatisches Aneurysma der Art. carotis entstehen, die ggf. endovaskulär (durch die Neuroradiologie) versorgt werden können.

Felsenbeinfrakturen

Die Variationsbreite der Frakturen und der benachbarten Weichteilverletzungen (Dura mater, Hirnnerven, besonders des N. fazialis, Innenohrorgane, Blutgefäße) ist sehr groß. Als Faustregel gilt, daß in den meisten Fällen eine operative Versorgung nicht erforderlich ist; Liquorfisteln im Felsenbeinbereich haben z. B. eine hohe spontane Rückbildungstendenz. Zu den Spätkomplikationen zählt das traumatische Cholesteatom.

Intrakranielle Blutungen

Diese sind in den meisten Fällen **raumfordernd** (Epi- und Subduralhämatome, intrazerebrale Hämatome). **Nicht raumfordernd** sind kleinere **Kontusionen** (kleine perivaskuläre Blutungen und Hirnnekrosen) sowie die **traumatische Subarachnoidalblutung (SAB)**.

Akutes subdurales Hämatom

Begleitkomplikation von ca. 10 % aller schweren SHT.
Entsteht meistens durch Zerreißungen von Venen an der Hirnoberfläche (was ein schweres Trauma voraussetzt).

Trotz Behandlung ist die Mortalität hoch (ca. 60 %). Die Blutansammlung im Subduralraum komprimiert die zugehörige Großhirnhälfte und verursacht oft eine erhebliche Massenverlagerung.

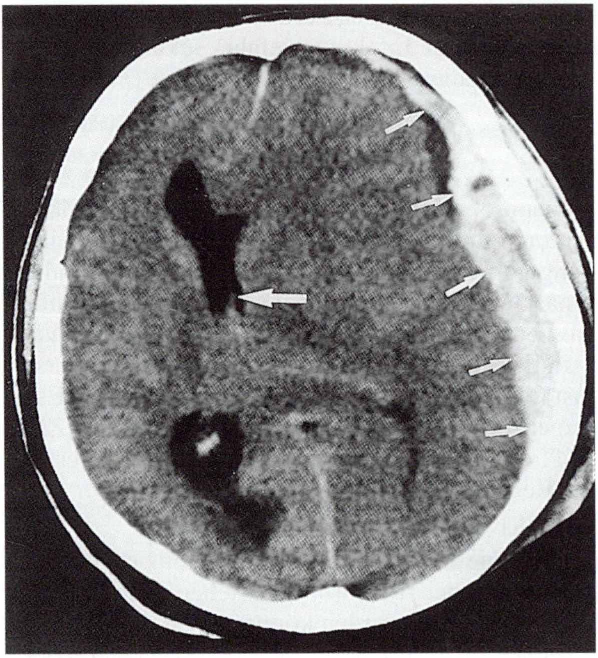

Abb. I-10-1 Computertomographie bei akutem subduralem Hämatom. Das Hämatom (kleine Pfeile) dehnt sich von links frontal bis parieto-okzipital aus und verursacht eine erhebliche Verlagerung der Mittellinie zur Gegenseite (großer Pfeil).

Klinisch tritt meist eine Halbseitenlähmung und einseitige Pupillenerweiterung durch die Einklemmung des Nervus occulomotorius an der Tentoriumfalte auf.

Therapie: Sofortige osteoplastische Trepanation und Entlastung mit Einlage von subduralen Drainageschläuchen für 2–3 Tage.

Subakutes und chronisches subdurales Hämatom

Sie entstehen nach leichten oder mittelgradigen SHT, bei älteren Leuten nicht selten auch nach einem Bagatelltrauma.

Die Entwicklungszeit ist viel länger (mehrere Tage bis Wochen nach dem Trauma), sie können auch beidseits entstehen. Wegen der raumfordernden Wirkung ist in den allermeisten Fällen eine operative Entlastung erforderlich. Bewährt hat sich die Bohrlochtrepanation und langsame, ggf. wiederholte externe Entleerung des Hämatoms.

Akutes epidurales Hämatom

Raumfordernde epidurale Hämatome kommen bei etwa 1% aller SHT vor und erfordern immer eine schnellstmögliche Entlastung.

Die Prognose ist wesentlich günstiger als beim akuten subduralen Hämatom. Bei nicht komatösen Verletzten beträgt die Mortalität 0%, bei bewußtseinsgetrübten Patienten ca. 9% und bei komatösen Patienten ca. 20%.

Das akute epidurale Hämatom entsteht durch Einrisse der Arteria meningea media oder ihrer Äste bei Schädelfrakturen (daher bei ca. 70% in der Temporalregion). Es

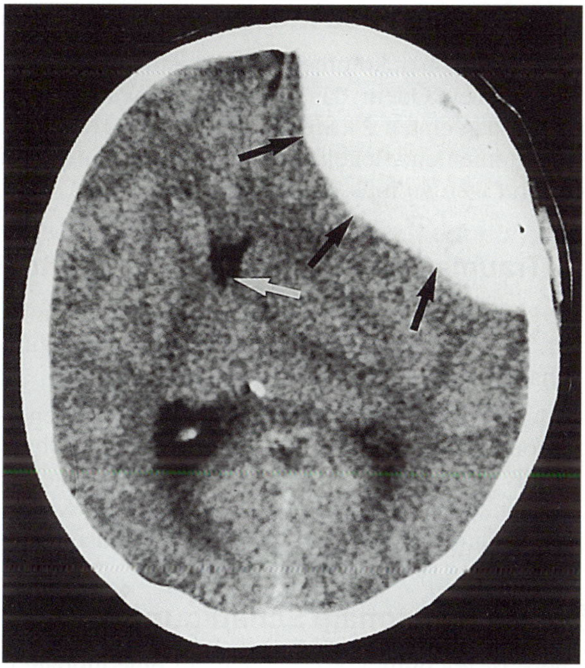

Abb. I-10-2 Computertomographie bei akutem epiduralem Hämatom links frontal (schwarze Pfeile) mit erheblicher raumfordernder Wirkung und Verlagerung der Mittellinie zur Gegenseite (weißer Pfeil).

entwickelt sich meistens erst Stunden nach dem Trauma und breitet sich zwischen knöchernem Schädel und Dura mater aus. Dadurch kann ein erheblicher Kompressionseffekt auftreten, der unbehandelt durch Einklemmung des Hirnstamms rasch zum Tode führen kann.

Merke:

Epidurales Hämatom:
Zeitliches Intervall zwischen Trauma und sekundärer Bewußtseinstrübung!
[Symptome: 80% innerhalb von 6 Stunden, aber 20% noch später nach dem Trauma]

➤ ***Klinik:***
sekundäre Eintrübung,
neurologische Halbseitensymptomatik (kann aber fehlen!) und
einseitige Pupillenerweiterung (Mydriasis)!

➤ ***Therapie:***
dringliche neurochirurgische Versorgung mit osteoplastischer Trepanation,
Evakuierung des Hämatoms,
Versorgung der Blutungsquelle und
engmaschigen Durahochnähten zur Vermeidung einer Nachblutung.

Traumatisches intrazerebrales Hämatom

Hirnkontusionen kommen verhältnismäßig häufig vor. Perifokal entwickelt sich in der Regel ein Ödem, das raumfordernd wirken kann. Kleinere Kontusionen können sich in den ersten 24 Stunden nach dem Trauma zu ausgedehnten intrazerebralen Hämatomen entwickeln, die falls die Raumforderung zunimmt sekundär operativ entfernt werden müssen.

Traumatische Subarachnoidalblutung (SAB)

Sie kommt häufig als Begleiterscheinung von mittelschweren und schweren SHT vor. Es handelt sich um eine Blutbeimengung zum Liquor, die alleine meist nicht behandlungsbedürftig ist.

Patienten, die nur eine traumatische SAB erlitten haben, sollten aber mehrere Tage stationär beobachtet werden. Intrakranielle Blutflußgeschwindigkeitsmessungen mittels transkranieller Doppler-Sonographie geben Aufschluß über eventuell aufgetretene Gefäßspasmen. In solchen Fällen wird mit einem Kalziumantagonisten behandelt (Nimotop i. v. 2 mg/h über Perfusor).

Diffuse axonale Schädigung

Diese Bezeichnung bezieht sich auf eine globale parenchymale Läsion mit einem längeranhaltenden posttraumatischen Koma, das aber nicht durch eine raumfordernde Blutung oder einen ischämischen Insult bedingt ist. Die Dauer der Bewußtlosigkeit überschreitet dabei 6 Stunden. Häufig kombiniert mit Hypertonie, Hyperhidrosis und hohem Fieber.

Wirbelsäulentrauma

Häufigkeit

(bezogen auf den Wirbelsäulenabschnitt):	zervikal	60 %
	thorakal	8 %
	thorakolumbal	20 %
	lumbal	10 %
	sakral	2 %

Etwa 10–15 % sind mit schweren neurologischen Störungen behaftet, ca. 5 % der Verletzten sterben an den Komplikationen der Rückenmarksverletzung.

Atlanto-occipitale Dislokationen sind selten und fast immer mit neurologischer Morbidität oder gar Mortalität behaftet.

Bei Patienten mit schwerem SHT oder Polytrauma, die entweder komatös oder bereits sediert und dadurch neurologisch nicht ausreichend beurteilbar sind, sollte bis zum radiologischen und klinischen Beweis des Gegenteils immer ein Halswirbelsäulentrauma angenommen werden und alle unnötigen Kopf- und Halsbewegungen vermieden werden.

Merke:

Schweres SHT oder Polytrauma:
Unnötige Kopf- und Halsbewegungen vermeiden, bis Fraktur radiologisch ausgeschlossen ist.

Diagnostik

Beginn immer mit Nativ-Übersichtsaufnahmen, danach gezielte Fortführung der Diagnostik mit CT und ggf. Tomographie. Bei Verdacht auf epi- oder intradurale spinale Blutung sollte unverzüglich ein Kernspintomogramm angefertigt werden, weil nur so eine sichere Indikation zur Operation zu stellen ist.

Klassifikation

Je nach Kriterium sind verschiedene Einteilungen möglich: Nach dem Schädigungsmechanismus (axiale Kompression, Flexions-, Extensions- oder Rotationstrauma und verschiedene Kombinationen dieser Mechanismen); nach der Morphologie der Schädigung (knöchern, disco-ligamentär oder kombiniert); nach dem klinischen Befund (mit und ohne begleitende neurologische Symptome) und nach der Stabilität.

Merke:

Wirbelsäulen-Instabilität:
Physiologische Belastung führt bereits zu abnormen Bewegungen bzw. Dislokation!
→ Risiko der Schädigung neuraler Strukturen (Rückenmark, spinale Nervenwurzeln)

In der Praxis kann der Begriff *Instabilität* manchmal jedoch irreführend sein, da er die Notwendigkeit einer sofortigen stabilisierenden Behandlung impliziert. Tatsächlich sagt dieser Begriff alleine aber weder etwas über die Dringlichkeit der stabilisierenden Maßnahme noch etwas über die optimale Stabilisierungsmethode in jedem Einzelfall (z. B. operativ oder nicht operativ) aus. Ein Wirbelsäulentrauma mit spinaler Instabilität darf bei polytraumatisierten Patienten nicht als eigenständiges Krankheitsbild betrachtet werden, weil in solchen Fällen die Prioritäten anders gesetzt und die speziellen therapeutischen Überlegungen in das Gesamtkonzept der Behandlung eingegliedert werden müssen.

Therapie

Atlasfrakturen (am häufigsten Jefferson-Fraktur) werden mit einem Halo-Fixateur (für ca. 12 Wochen) behandelt.

Dens-Frakturen Typ II und III nach Anderson werden üblicherweise mittels ventraler Densverschraubung behandelt.

Bei einer HWS-Luxation kann initial eine Traktion mittels Crutchfield-Klemme erforderlich werden. Instabile Wirbelfrakturen werden üblicherweise operativ versorgt. Im HWS-Bereich z. B. findet die ventrale Fusion mit autologem Knochentransplantat aus dem Beckenkamm und Fixierung mit einer Osteosyntheseplatte am häufigsten Anwendung. Thorakale und lumbale Frakturen werden üblicherweise von dorsal stabilisiert. Der Zeitpunkt der operativen Versorgung hängt im Einzelfall von der gesamten Befundkonstellation ab. Grundsätzlich ist eine frühzeitige Stabilisierung anzustreben, sofern nicht ein schweres SHT dagegen spricht. Bei einer Myelonkompression durch ein epidurales Hämatom, einen traumatischen Bandscheibenvorfall oder durch dislozierte Knochenfragmente ist ebenfalls eine sofortige Operation angezeigt, sofern der klinische Zustand des Patienten dies erlaubt.

➤ ***Medikamentöse Therapie***

1. Adäquater Volumenersatz
2. Katecholamintherapie wegen der spinalen Hypotension zur Aufrechterhaltung der spinalen Durchblutung (Dosierung individuell)
3. Kortikosteroide (mit dem Ziel der Reduktion der im traumatisierten Rückenmark einsetzenden Sekundärschädigung):
   Nach der NASCIS-2-Studie (The National Acute Spinal Cord Injury Study) empfiehlt sich eine Therapie mit **Methylprednisolon** (*Urbason*) innerhalb der ersten 8 Stunden nach dem spinalen Trauma in folgender Dosierung: 30 mg/kg KG als Bolus (Infusionsdauer 30 min), danach für die nächsten 23 Stunden 5,4 mg/kg KG/Stunde.

Akute Nervenverletzungen

Am häufigsten treten Druck-, Quetsch-, Riß- und Schnittverletzungen der peripheren Nerven auf. Inspektion und eingehende neurologische Untersuchung sind die wichtigsten initialen diagnostischen Maßnahmen. Vor Festlegung des weiteren therapeutischen Vorgehens muß immer erst das Ausmaß der Nervenschädigung sorgfältig beurteilt werden.

Die Beurteilung eines geschädigten Nerven nach einem stumpfen Trauma ist schwierig, wenn eine sichtbare Kontinuitätsunterbrechung des Nervenstranges nicht vorliegt. Bei noch erhaltenem Epineurium können die Nervenfaszikel erhalten oder in ihrer Kontinuität unterbrochen, später auch fibrotisch oder neuromatös verändert sein.

Aufbau eines peripheren Nerven

Ein peripherer Nerv besteht aus Nervenfasern, die vom Endoneurium umgeben sind. Eine Vielzahl solcher Nervenfasern ist zu einem *Faszikel* angeordnet, die ihrerseits die kleinste mikrochirurgische Einheit bilden. Einzelne Faszikel oder Faszikelgruppen sind in manchen Nerven durch interfaszikuläres Bindegewebe voneinander getrennt. Eine oder mehrere Gruppen von Faszikeln bilden – umgeben vom Epineurium – den Gesamtnerven.

Klassifikation

Tabelle I-10-2 Klassifikation der Nervenverletzungen (nach Sunderland).

Grad I:	Verlust der axonalen Leitfunktion Klinisch: leichtes motorisches oder sensibles Defizit Therapie: nur konservativ Prognose: Rückbildung schon nach Stunden bis mehreren Wochen
Grad II:	Verlust der axonalen Kontinuität Klinisch: ausgeprägtes motorisches oder sensibles Defizit Therapie: evtl. operativ, nur zur externen Neurolyse Prognose: sehr gute Regeneration der Axone (1 mm/die)
Grad III:	Verlust der axonalen und endoneuralen Kontinuität Klinisch: ausgeprägtes neurologisches Defizit Therapie: zunächst konservativ, falls keine Regeneration → Nerventransplantat Prognose: Regeneration in 60–80%
Grad IV:	Verlust der perineuralen Kontinuität mit faszikulärer Unterbrechung Klinisch: schwere neurologische Ausfälle, EMG: keine Überleitung auch nach mehreren Monaten Therapie: zunächst konservativ, falls keine Regeneration → Nerventransplantat Prognose: abhängig von Lokalisation und Ausmaß der Schädigung
Grad V:	Kontinuitätsunterbrechung des gesamten Nerven Klinisch: schwere neurologische Ausfälle Therapie: Nerventransplantat Prognose: abhängig von Lokalisation und Ausmaß der Schädigung

Operationsindikation

Liegt eine Nervenläsion mit Kontinuitätsunterbrechung vor, müssen folgende zwei Punkte geklärt werden:

1. *Operationszeitpunkt* (primäre oder spätere, sekundäre Versorgung);
2. *Operatives Prozedere* (End-zu-End-Vereinigung der Nervenstümpfe oder Defektüberbrückung durch Nerventransplantation).

Bei glatter Schnittverletzung des Nerven und sauberen Wundverhältnissen wird eine *primäre Nervenversorgung* vorgenommen. Begleitende Gefäß- und Sehnenverletzungen werden ebenfalls mitversorgt.

Bei ausgedehnter Weichteilverletzung ist die primäre Nervenversorgung wegen Narbenbildung und möglicher Wundheilungsstörungen kontraindiziert. In solchen Fällen wird eine *frühe sekundäre Nervenversorgung* (nach ca. 6 Wochen) angestrebt.

Operationstechnik

Die besten Ergebnisse werden nur mit einer möglichst exakten und spannungsfreien Adaptation der Nervenstümpfe in mikrochirurgischer Technik erzielt. Ist eine spannungsfreie Adaptation nicht möglich, muß ein Transplantat verwendet werden [53, 54].

➤ ***Primäre Nervennaht***

Der Eingriff beginnt mit der Präparation der Nervenstümpfe. Eventuell vorhandenes Narbengewebe wird reseziert (Neurolyse). Nach Entfernen des Epineuriums werden die Nervenstümpfe scharf durchtrennt. Herausquellende Faszikel werden danach am Rand des Perineuriums nochmals scharf abgetragen. Einzelne Faszikel oder Faszikelgruppen werden schrittweise mit Nähten aneinander adaptiert. Die Nähte (10×0 Nylonfäden) werden entweder *perineural* (die Naht geht nur durch das Perineurium der Faszikel) oder *interfaszikulär* (die Naht geht durch das interfaszikuläre Bindegewebe) gelegt.

➤ ***Technik der Nerventransplantation***

Häufigster Spendernerv ist der N. suralis des Unterschenkels, der ggf. auch beidseitig entnommen werden kann. Die Entnahme beginnt mit einer kurzen Hautinzision zwischen Außenknöchel und Achillessehne. Der Nerv liegt neben der Vena saphena parva. Über mehrere querverlaufende Hautinzisionen entlang des Nerven kann dieser bis zur Kniekehle verfolgt und an beiden freigelegten Enden durchtrennt werden. Danach wird er von einer Hautinzision zur anderen herausgezogen.

Die zu überbrückenden Nervenstümpfe werden wie oben beschrieben präpariert. Mehrere nebeneinander liegende Teile des N. suralis werden zur Überbrückung der Faszikelgruppen verwendet. Die Nahttechnik des Transplantates entspricht der der primären Nervennaht.

Literatur

– siehe Gesamt-Literaturverzeichnis im Anhang –

I-11 Hautdefekte und Verbrennungen

Formen:
- Traumatische Amputationen
- Verbrennungen
- Weichteilverletzungen

Amputationen

➤ ***Definition:***
Amputation: Komplette Abtrennung einer Gliedmaße ohne Erhalt jeglicher Kontinuität; bedarf der *Replantation*
Subtotale Amputation: Weitgehende Abtrennung unter Erhalt einer Gewebebrücke aber bei aufgehobener Durchblutung; bedarf der *Revaskularisation* .

Die frühzeitige Replantation ergibt die besten ästhetischen und funktionellen Ergebnisse

aber

"life before limb!":

Zeitaufwendige Replantationen sind bei vital gefährdeten Patienten nicht indiziert, lebensbedrohliche Verletzungen stehen im Vordergrund.

Das Amputat muß *replantationswürdig* und *replantationsfähig* sein.

Replantationswürdig

- Sensibilität muß wiederherstellbar sein
- Zu erwartende Funktion muß langen Eingriff und aufwendige Rehabilitation rechtfertigen: Gelenke und Sehnen sind unzerstört bzw. rekonstruierbar
- Funktionseinbußen (Kälteempfindlichkeit, trophische Störungen, Bewegungs- und Sensibilitätsminderung, etc.) dürfen Funktionsgewinne nicht übersteigen

Replantationsfähig

- Gefäße nicht langstreckig gequetscht, Intima nicht geschädigt (z. B. durch falschen Transport)
- *Ischämiezeit* nicht überschritten
- Arterie *und* Vene anastomosierbar

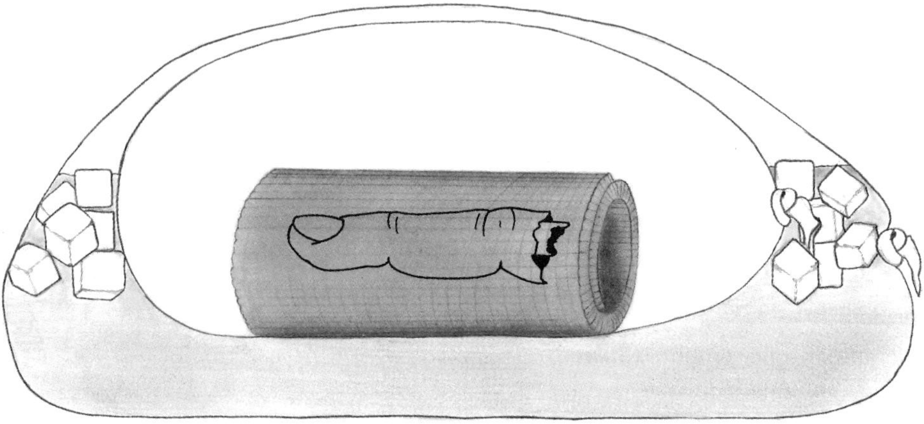

Abb. I-11-1 Korrekter Transport des Amputates durch "Beutel im Beutel"-Technik.

Tolerable Ischämiezeiten:

Haut: 8 h, wenn gekühlt evtl. mehr

Muskel: 6 h, ungekühlt max. 3 h

Amputatkühlung und -transport

Zwei-Beutel-Methode: Amputat in eine *leicht angefeuchtete* sterile Kompresse wickeln, diese in einen wasserdicht abgeschlossenen Beutel. Diesen komplett in einen mit Eiswasser gefüllten Beutel geben (→ Abb. I-11-1).

Indikation: Sollte im Zweifelsfall bei entsprechendem Allgemeinzustand des Patienten durch den Replanteur gestellt werden [55].

Gute Indikation:

- Daumen, proximal des Endgelenkes
- Mehrere Langfinger
- Mittelhand, Hand und Amputation im distalen Unterarm

Relative Indikation:

- Proximaler Unterarm, Oberarm
- Daumen im Endgelenk
- Einzelne Langfinger
- Beidseitige Amputation an der unteren Extremität (wenigstens Replantation einer Seite

Schlechte Indikation:

- Finger bei zerstörten Grundgelenken
- Obere Extremität mit Plexusabriß
- Einseitige untere Extremität

Ziel einer Replantation an der *oberen Extremität* ist die Wiederherstellung eines **Grob-** und eines **Spitzgriffes.** Dies kann unter Umständen nur durch heterotope Replantation des besten Amputates auf den besten Stumpf erreicht werden. An der *unteren Extremität* muß bei entsprechender Indikation wenigstens eine **sensible Stelze** rekonstruiert werden.

Technik

- Kürzung des Knochens
- Osteosynthese: Am Finger schräger Kirschner-Draht und intraossäre Drahtnaht, sonst Kirschner-Drähte und Fixateur externe
- Naht der Sehnen
- Naht der Gefäße
- Naht der Nerven

Von diesem Schema kann je nach Zugänglichkeit abgewichen werden [58]

Nachbehandlung
- Hochlagerung der Extremität
- Kontinuierliche Heparin-Gabe (20 000 IE/24 h)
- 500 ml/24 h einer rheologisch wirksamen kolloidalen Lösung (z. B. HAES oder Rheomacrodex)
- Vorsichtige passive Bewegungsübungen ab dem 1. Tag, Ruhigstellung aber mindestens 3 Wochen.

Verbrennungen

Definition: Thermische Schäden der Haut, welche zur Denaturierung der Proteine der Haut führen. Hinzugezählt werden auch chemische Verätzungen durch Säuren und Laugen und Verletzungen durch elektrischen Strom.

Pathophysiologie: Die Tiefe der Verbrennung wird einerseits durch die Temperatur, anderseits durch die Einwirkzeit verursacht. Schon ab 40 Grad Celsius kann bei entsprechend langer Einwirkung eine komplette Hautnekrose enstehen. Die Verbrennungswunde ist durch eine zentrale Nekrose charakterisiert, umgeben von einer Zone der Stase, welche wiederum durch eine Zone der Hyperämie und des Ödems umgeben ist (→Abb I-11-2).

Ferner ist die Verbrennung wegen der hohen Ausschüttung vasoaktiver Substanzen und entzündlicher Mediatoren von einer generalisierten Erhöhung der Kapillarpermeabilität (**Verbrennungskrankheit**) begleitet.

Je nach der **Tiefe** der dreidimensionalen Ausbreitung unterscheidet man:

Klinik

Verbrennung I°: Rötung der Haut ohne Substanzdefekt. Abheilung spontan ohne Residuen.

Verbrennung IIa°: Blasenbildung subepidermal. Der Wundgrund ist gerötet und glänzend. Histologisch ist die Basalzellschicht erhalten. Eine spontane Epithelialisierung auf ganzer Fläche ist binnen 8 – 14 Tagen zu erwarten. Keine Narbenbildung aber manchmal Pigmentverschiebungen.

Verbrennung IIb°: Blasenbildung, der Wundgrund ist eher weißlich, die Konsistenz vermehrt, die Sensibilität gemindert. Histologisch ist das Corium teilweise nekrotisch (→Abb I-11-3).

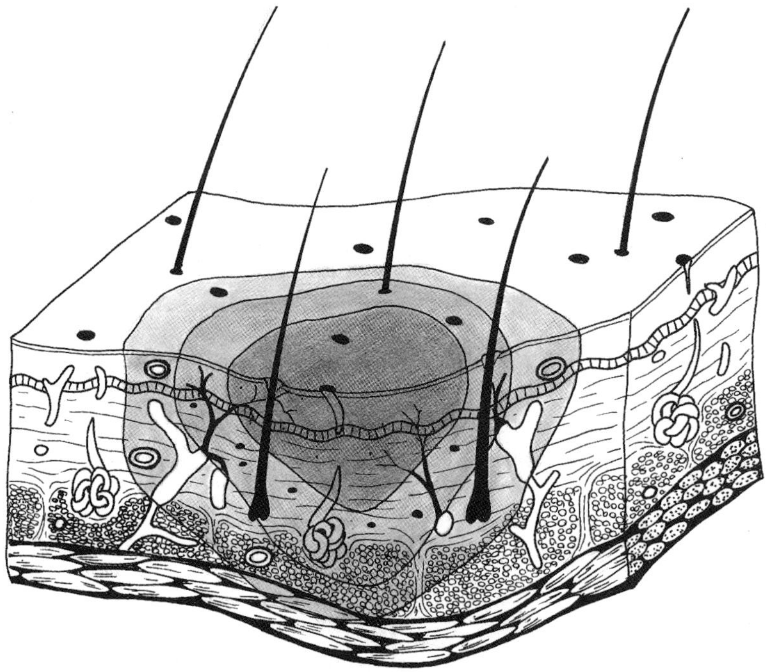

Abb. I-11-2 Einteilung der Verbrennungen in drei Zonen.

Die Epithelialisierung muß aus den Hautanhangsgebilden heraus erfolgen, was je nach Dichte der noch intakten Krypten bis zu 3 Wochen benötigen kann. Relative Op-Indikation, da Neigung zu verstärkter Narbenbildung.

Verbrennung III°: Blasenbildung fehlt meist, die Haut ist weißlich bis hin zur Verkohlung und derb. Die Sensibilität ist aufgehoben. Absolute Op-Indikation, da die Epithel-Neubildung erst nach Abstoßung der Nekrose und Bildung von Granulationsgewebe vom Rand her erfolgen kann und somit stärkste Narbenbildung zu erwarten ist.

Abschätzung der Verbrennungsfläche: Eine Handfläche des Patienten entspricht ca. 1 % der Körperoberfläche. Ansonsten gilt die **Neuner-Regel**: (→Abb. I-11-4).

Begleitverletzungen: Häufig besteht ein **Inhalationstrauma** durch Einatmen von Hitze, toxischen Gasen oder Druckerhöhung bei Explosionen (Barotrauma), charakterisiert durch einen Epithelschaden der oberen Luftwege bis hin zu den Alveolen. Besonders nach Reizgasinhalation gesellt sich ein interstitielles Ödem hinzu. Im schwersten Fall besteht eine Diffusionsstörung.

Beachte: Rußauflagerungen in den großen Bronchien beweisen kein Inhalationstrauma, in Kombination mit kritischen Befunden in der Blutgasanalyse ist die Diagnose aber hochwahrscheinlich.

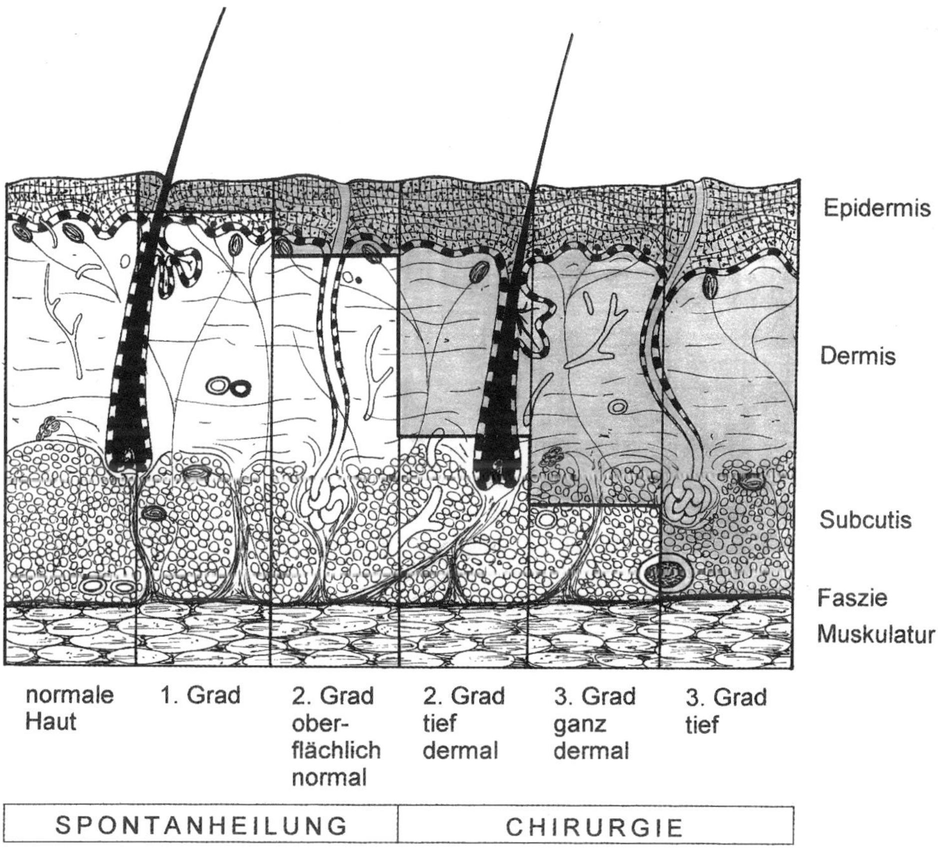

Abb. I-11-3 Tiefe der Verbrennung.

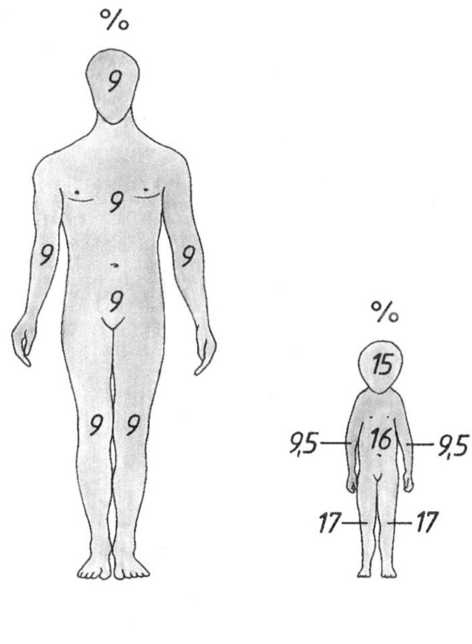

Abb. I-11-4 Die "Neuner-Regel" zur Abschätzung der Verbrennungsfläche bei Erwachsenen (zum Vergleich Oberflächenverhältnisse bei Kindern).

Diagnostik

- Klinische Einschätzung der Verbrennungstiefe und -fläche (am besten an Hand von Tabellen)
- Wiegen
- Große Labordiagnostik, evtl. einschließlich Toxikologie
- Stündliche Messung der Urinmenge (Blasenkatheter)
- Bronchoskopie
- Ausschluß weiterer Verletzungen

Therapie

Im Vordergrund stehen der Ausgleich der Volumenverluste und die Erhaltung der Vitalfunktionen. Operative Eingriffe sind in der Akutphase selten gefordert. Ausnahmen bilden tiefe zirkuläre Verbrennungen an den Extremitäten und am Thorax, welche die Gewebeperfusion bzw. die Atemexkursionen behindern. Hier muß eine **Escharotomie** (= Spaltung des Wundschorfes) erfolgen: Durchtrennung der Haut und des Subcutangewebes bis zur Faszie, die nicht gespalten werden muß. *Ausnahme:* **Starkstrom-Verbrennungen:** Die Nekrosen sind wegen der besseren Leitfähigkeit der Gefäß-Nerven-Straßen in der Muskulatur meist stärker ausgeprägt als an der Oberfläche. Hier müssen die Faszienkompartimente gespalten werden.

Die Schnittführung bei der Escharotomie darf Beuge- oder Streckseiten von Gelenken **nie** senkrecht überqueren und muß die Greifflächen der Finger (ulnarer Daumen, radialer Zeigefinger, ulnarer Kleinfinger und alle palmaren Flächen) aussparen [59].

Laugenverätzungen müssen lange und exzessiv gewässert werden, da sonst die Verätzungstiefe fortschreitet.

Flußsäureverätzungen (Acidum hydrofluoricum) verursachen nach einer Latenz von bis zu mehreren Stunden stärkste Schmerzen durch Mobilisation von Ca^{++}-Ionen aus dem Gewebe und dem Knochen. Fluorid-Ionen müssen durch die lokale Injektion von Calciumglukonat 5% bis zur Schmerzfreiheit neutralisiert werden.

➤ ***Volumensubstitution***

Erste 24 Stunden: ***Nur*** kristalloide Lösungen (Ringerlactat): Kolloide wandern wegen des Kapillarschadens in das Interstitium und verstärken das Ödem. Die Infusionsmenge wird berechnet nach dem Baxter-Schema.

Merke:

Volumentherapie in den ersten 24 Stunden nach Verbrennungen [Baxter-Schema]:
4 ml Ringerlactat × kg Körpergewicht × % der verbrannten Körperoberfläche

- Von der errechneten Menge die erste Hälfte binnen 8 Stunden, die übrige Hälfte binnen der nächsten 16 Stunden verabreichen. Angestrebt wird eine stündliche Urinausscheidung um 50 ml. Gegebenenfalls muß die Infusionsmenge gesteigert werden.

- Katecholamine lediglich in "Nierendosierung" (Dopamin 1 – 3 μg/kg/min).
- Keine prophylaktische Antibiotikagabe.
- Glukokorticoide wenn überhaupt als Aerosol bei V.a. Reizgasinhalation.

Zweiter Tag: Reduktion der Infusionsmenge und Ausgleich des Serumproteins: Angestrebt ist ein Gesamteiweiß über 60 g/l, als Faustformel gilt 400 ml Humanalbumin 20 % pro m^2 verbrannte Körperoberfläche. Die Diurese sollte 100 ml/h übersteigen, da schon jetzt versucht werden sollte, die Ödeme auszuschwemmen.

Merke: Eine sichere Flüssigkeitsbilanz ist nur durch tägliche Gewichtskontrolle möglich!
ggf. Erweiterung des Volumenmonitorings durch COLD-System.

Dritter Tag: iso- bis hochkalorische Ernährung.

Lokale Behandlung

Am Unfallort: **Kühlung und sterile Abdeckung!** Achtung: Kühlung lediglich der Wunden mit Leitungswasser oder jeder anderen bakteriologisch einwandfreien Flüssigkeit von ca. 10 – 15 Grad C für 15 – 20 min bis zur Schmerzlinderung. Ansonsten möglichst Wärmeverluste vermeiden – cave Unterkühlung des Patienten.

In der Klinik: Ausgiebige Säuberung, Debridement aller eröffneten Blasen und Desinfektion z. B. mit Polyvidon-Jod (PVPJ), Seife (z. B. Betaisodonna®), wenn nötig in Narkose. Anschließend haben sich in den meisten Zentren Salbenverbände mit Silber-sulfo-Diazine (Flammazine®) durchgesetzt. Alternativ PVPJ-Salbe. Tägliche Verbandswechsel.

Bei Kindern und bei sicher zweitgradigen Verbrennungen ergibt weiterhin die Gerbung nach Grob (PVPJ-Lösung, Tannin 5 %, $AgNO_3$ 10 %) gute Ergebnisse. Unter dem harten Schorf kann die Wunde epithelialisieren, der Schorf wird abgehoben. Innerhalb von 14 Tagen sollte die Heilung abgeschlossen sein, sonst ist die Operation zu erwägen.

Operative Behandlung

Tief zweitgradige und drittgradige Verbrennungen werden spätestens am 5. Tag tangential excidiert und mit Spalthaut gedeckt. An Händen und Gesicht sollte schon am 3. Tag excidiert werden. Hier wird mit gestichelter Spalthaut gedeckt, am übrigen Körper kann 1 : 1,5 und 1 : 3 Mesh-graft benutzt werden.

Bei entsprechendem Allgemeinzustand ist durch frühzeitige Nekrosektomie und temporäre Wundabdeckung schon am Unfalltag eine günstigere Prognose hinsichtlich der Vermeidung einer Sepsis zu erreichen.

Nachbehandlung

Frische Transplantate bei fehlenden Infektionszeichen möglichst 3 Tage nicht verbinden. Nach Anheilen der Transplantate werden nach Maß Kompressionsbandagen nach Jobst angefertigt und nach einer Eingewöhnungszeit 24 Stunden täglich bis zum Abblassen der Narben, d. h. meist 1/2 – 1 Jahr getragen. Auch primär geheilte Areale mit Neigung zu hypertropher Narbenbildung werden mit Kompression behandelt. Regelmäßiges Eincremen mit einer rückfettenden Salbe. Vermeidung von direkter Sonneneinstrahlung bis zum Ausreifen der Narben.

Weichteilverletzungen

Rumpf

Traumatische Weichteildefekte am Rumpf, welche ausgedehnte rekonstruktive Maßnahmen erfordern, sind selten.

Erstbehandlung
Radikales Debridement von allem nekrotischen Gewebe. Bei unsicherer Vitalität Deckung durch synthetischen Hautersatz oder glycerinkonservierte Fremdhaut. Gegebenenfalls erneutes Debridement.

Definitive Behandlung
In den allermeisten Fällen wird eine Deckung durch Spalthaut ausreichen. Bei kleineren Defekten evtl. lokale Verschiebelappen-Plastiken.

Bei einer **Eröffnung des Thorax**, welche primär nicht verschlossen werden kann, muß eine Muskellappenplastik mit dem **M. latissimus dorsi** oder dem **M. pectoralis major** durchgeführt werden. Die Muskellappen werden mit Spalthaut gedeckt. Partielle Verluste von bis zu drei Rippen können toleriert werden, darüber muß die Thoraxwand durch synthetisches Material (z. B. Marlex^{R}) stabilisiert werden.

Zur Versorgung nicht verschließbarer **Defekte der Bauchwand** dienen **der M. latissimus dorsi**, der **M. obliquus externus**, **der M. rectus femoris** oder **der M. tensor fasciae latae** mit großem Faszienanteil [57].

Extremitäten

Weichteildefekte der Extremitäten sind häufig. Ein primärer Verschluß unter Spannung muß unterlassen werden.

Erstbehandlung: Wie oben erwähnt radikales Debridement, bei unsicheren Verhältnissen mehrzeitig innerhalb von 24–48 Stunden. Die Freilegung funktionell wichtiger Strukturen (Sehnen, Gefäße, Nerven, Knochen) erfordert eine *frühzeitige* Deckung binnen 48 Stunden.

Definitive Behandlung: Auch hier reicht in den allermeisten Fällen die Deckung mit Spalthaut, wenn als Untergrund gut durchbluteter Muskel freiliegt. Bei Freilegung funktioneller Strukturen *keine* freien Hauttransplantate, sondern Deckung möglichst durch **ortsständige faszio-cutane** Lappen. Stehen solche nicht zur Verfügung:

Obere Extremität: u. a. gestielter **A. radialis-Umkehrlappen**, **A. interossea dorsalis-**Lappen oder **lateraler Oberarm-**Lappen.

Nicht zu vergessen und *technisch einfach und schnell* durchführbar sind der **Bauchhautlappen** oder der **gestielte Leistenlappen** zur Deckung von Defekten an der Hand.

Am Oberarm kommt der **M. latissimus dorsi** unter Umständen als funktioneller Ersatz in Frage.

Untere Extremität: Problemzone ist der Unterschenkel. Für das proximale 1/3 kann der **mediale** oder **laterale** Kopf des **M. gastrocnemius** verwandt werden. Das mittlere 1/3 kann meist mit dem **M. soleus** gedeckt werden. Für das distale 1/3 kommen fast ausschließlich **freie mikrovaskuläre Transplantate** zur Anwendung. Ausgedehnte Defekte, besonders bei freiliegender Tibia, werden frühzeitig mit einem **freien M. latissimus dorsi** oder **Scapula-Lappen** gedeckt [57].

Gesicht

Auf Grund der hervorragenden Gesichtsdurchblutung und bei seiner ästhetischen Bedeutung ist das Debridement im Gesicht sparsamer und auf sicher avitales Gewebe beschränkt. Bei ausgedehnten Gewebsverlusten an die *Möglichkeit der Replantation* denken und das Amputat (z. B. Skalp) wie oben beschrieben behandeln!

Die Rekonstruktion erfolgt von innen nach außen, d. h. vom Knochen zur Haut. Daher ist eine enge Zusammenarbeit mit dem Kieferchirurgen sinnvoll.

Wichtige **funktionelle Strukturen** wie der **Tränengang**, **Äste des N. facialis**, **N. trigeminus Hauptstämme**, (m. E. **Ductus parotideus**) müssen primär rekonstruiert werden. Häufig übersehen wird der Ausriß des **medialen Lidbändchens**, welches primär refixiert werden muß, um schwer zu korrigierende Verziehungen der Lidspalte zu vermeiden.

Wichtig ist die exakte Readaptation ästhetischer Grenzen wie der **Lippenrotlinie** oder von **Haut/Haar-Grenzen**.

Zur Naht wird Material der Stärken 5/0 und 6/0 verwandt.

Die Spaltlinien senkrecht kreuzende Wunden können bei sicheren Durchblutungsverhältnissen schon primär durch Z-Plastiken in einen günstigeren Verlauf gebracht werden [57].

Literatur

– siehe Gesamt-Literaturverzeichnis im Anhang –

Chirurgischer Notfall

Blutung

I-12 Unklare Blutung: Diagnostik und Primärmaßnahmen

Primärmaßnahmen bei hypovolämer Kreislaufsituation

Die Primärversorgung eines Patienten mit hypovolämischer Kreislaufsituation bzw. im hypovolämen Kreislaufschock sollte standardisiert erfolgen. An erster Stelle steht die Sicherstellung zweier großlumiger peripherer Zugänge. Diese sollten mindestens einen Durchfluß von 60 ml pro Minute ermöglichen (zu empfehlen: G16 [grau] oder besser G14 [orange]). Ist die Punktion einer peripheren Vene wegen der Kreislaufzentralisation erschwert, bietet sich die Vena subclavia auch im Schockzustand als Notfallzugang an. Hier reicht das Minutenvolumen eines einfachen zentralen Venenkatheters zur Volumensubstitution größerer Mengen nicht aus. Ratsam ist die Plazierung eines groß- und mehrlumigen Dialyse-Katheters mittels Seldinger-Technik.

Spätestens bei der Plazierung des Zuganges ist Blut zur Laboranalyse abzunehmen: Blutbild, Elektrolyte, Gerinnungsstatus, Blutgruppe und Kreuzblut.

Nach Sicherstellung der venösen Zugänge sollte der Patient je nach Kreislaufsituation (Schockindex) frühelektiv intubiert werden.

Es sei daran erinnert, daß bei akuten Blutungen das "Hb" nur wenig Orientierung über die Blutungsintensität zuläßt; bei massiver Blutung ist ein Verbluten bei normwertigem Hb-Wert möglich! Die Bestimmung der Gerinnung dient zur frühzeitigen Erkennung von Gerinnungsstörungen, die entweder als Ursache der Blutung in Frage kommen oder aber sekundär als Folge von ausgedehnter Volumensubstitution ohne ausreichenden Ersatz von Gerinnungsfaktoren auftreten. Die Bestimmung der Blutgruppe und die Anforderung von Blutkonserven (Kreuzblut) sollte simultan erfolgen.

Ein ausreichender Volumenersatz kann durch Gabe von kolloidalem Volumenersatzmittel (HAES), Erythrozytenkonzentraten (0 rh neg.) und Frischplasmen erreicht werden. Kolloidale Volumenersatzmittel sollten im Verhälnis 1 : 1 mit kristalloiden Lösungen verabreicht werden. Die Menge kolloidaler Lösungen sollte praeoperativ allerdings wegen möglicher Induktion von Thrombozytenfunktionsstörungen auf 500 ml begrenzt bleiben. Bei drohenden oder manifesten Gerinnungsstörungen hat sich die Gabe von Erythrozytenkonzentraten und Frischplasmen im Verhältnis 1 : 1 bewährt.

Erst nach Sicherung der Kreislaufverhältnisse und Installierung eines Basismonitorings (EKG- und Blutdrucküberwachung, perkutane Sättigungsmessung, Blasenkatheter) erfolgt die Diagnostik der Blutung.

Merke:

Volumensubstitution bei Massenblutung:
EK [0 rh neg] + FFP [AB] im Verhältnis 1 : 1 bis die Blutgruppe bekannt ist!

➤ ***Handlungsreihenfolge***

1. Adäquate Venenzugänge
2. Frühelektiv: Intubation und Beatmung
   Arterielle Blutdruck- und BGA-Überwachung
3. Blutentnahme mit Blutgruppe und Kreuzblut
4. Volumenersatz
   – kolloide Volumenersatzmittel (z. B. HAES maximal 500 ml)
   – Blut und FFP im Verhältnis 1 : 1
5. Diagnostik
   mit primärer Kategorisierung in:
   ➤ Extremitäten- bzw. Thorax-Blutung
   ➤ Freie intraabdominelle Blutung
   ➤ Gastrointestinale Blutung
   ➤ Postoperative Blutung

Speziell die gastrointestinale Blutung primär unklarer Provenienz ist ein häufiges Problem, so daß nachfolgend ein klinisch probates Konzept zur Diagnostik und Therapie dargestellt ist.

Gastrointestinale [GI] Blutung

Lokalisation der GI-Blutung

90 % aller gastrointestinalen Blutungen sind im oberen Gastrointestinaltrakt zu finden, d. h. oberhalb des Treitzschen Bandes. Nur 10 % sind im unteren Gastrointestinaltrakt lokalisiert. Diese wiederum verteilen sich mit 10 % auf den Dünndarm und 90 % auf den Dickdarm. Der untere GI-Trakt ist demzufolge trotz seiner großen epithelialen Oberfläche deutlich unterrepräsentiert.

Merke:

90 % obere GI-Blutung
9 % untere GI-Blutung
1 % Dünndarm-Blutungen

Ursachen der GI-Blutung

➤ ***Obere GI-Blutung***

Die obere gastrointestinale Blutung wird zu 50 % von Ulcera des Magens und des Duodenums zu gleichen Teilen ausgelöst. Weitere häufige Blutungsquellen sind Erosionen im oberen GI-Trakt sowie Varizen des Ösophagus. Eher seltene Ursachen sind Anastomosenulzera, Mallory-Weiss-Syndrom und Tumoren.

Ursachenspektrum:

Ulcera ventriculi et duodeni	46 %
Erosionen des oberen GI-Trakts	35 %
Ösophagusvarizen	10 %
Seltene Ursachen	9 %

➤ ***Untere GI-Blutung***

Neben Hämorrhoiden und Affektionen im Analbereich gehören Divertikel, Adenome, Angiodysplasien und Karzinome zu den häufigsten Blutungsursachen der unteren GI-Blutung. Chronisch entzündliche Darmerkrankungen sowie ischämische Kolitiden sind eher seltene Auslöser. Bei einem nicht unerheblichen Anteil unterer GI-Blutungen bleibt die Ursache der Blutung unerkannt.

Ursachenspektrum:

Divertikel	28 %
Adenome	21 %
Angiodysplasien	18 %
Karzinome	14 %
Seltene Ursachen	10 %
Unbekannte Ursachen	9 %

Diagnostik

Orientierende klinische Untersuchung bei unklarer GI-Blutung

Magensonde
(Galle?, Blut?)
▼
Rektal-digitale Untersuchung
(altes Blut?, frisches Blut?, Teerstuhl?)
▼
Sonographie
(freie Flüssigkeit?, Füllung der Darmschlingen?)

Invasive Diagnostik

Die invasive Diagnostik beginnt obligat mit der Gastroskopie. Läßt sich eine Blutungsquelle finden, wird diese endoskopisch klassifiziert und möglichst präliminar durch Unterspritzen gestillt. Die Entscheidung über die definitive weitere Therapie wird in Abhängigkeit von der anhand der Forresteinteilung beurteilten Blutungsintensität gefällt. Wichtig ist bei der Endoskopie die vollständige Entfernung vorhandener Blutkoagel von der Läsion, um sicher eine Klassifikation vornehmen zu können. Patienten mit Blutungen der Klasse Ia – IIa nach Forrest werden nach endoskopischer Blutstillung bzw. Unterspritzung und Stabilisierung der Kreislaufverhälnisse mit Auftransfusion einer frühelektiven Operation innerhalb der nächsten

6–12 Stunden zugeführt. Eine konservative Therapie der oben genannten Forrest-Stadien ist wegen des erheblichen Risikos der Rezidivblutung und der hohen Letalität der dann erforderlichen Notfalloperation wenig sinnvoll. Lediglich die Stadien IIb–III nach Forrest werden unter regelmäßiger endoskopischer Kontrolle konservativ therapiert.

Tabelle I-12-1 Forrest-Einteilung der Ulkusblutung.

Typ	Kriterien	Therapie
Ia	arteriell spritzende Blutung	endoskopische Blutstillung frühelektive Operation
Ib	Sickerblutung	endoskopische Blutstillung frühelektive Operation
IIa	Hämatin bzw. Koagel auf der Läsion mit sichtbarem Gefäßstumpf	endoskopische Unterspritzung frühelektive Operation
IIb	Hämatin bzw. Koagel auf der Läsion ohne sichtbaren Gefäßstumpf	konservative Therapie
III	Läsion ohne o. a. Kriterien	konservative Therapie

Läßt sich keine Blutung im oberen GI-Trakt finden, wird der untere GI-Trakt von aboral beginnend nach einer Blutungsquelle abgesucht.

Merke:

Gastrointestinale Blutung:
Obligate Primärmaßnahmen sind Proktoskopie und Rektoskopie!

Eine vorhandene Blutungsquelle wird peranal gestillt und je nach Befund operiert. Ist keine Blutungsquelle nachweisbar, wird der Patient mittels Hebe-Senk-Einlauf vorbereitet und anschließend eine Sigmoidoskopie durchgeführt. Wichtig ist, daß bei Vorhandensein einer Blutung und operationsbedürftigem Befund die Blutungsstelle zur besseren Orientierung des Operateurs markiert werden sollte (Methylenblau, Clips, Kohlesuspension). Bleibt auch die Sigmoidoskopie erfolglos, wird der Darmtrakt des Patienten orthograd gespült. Bei klarer bzw. fleischfarbener Spülflüssigkeit schließt sich eine Koloskopie mit Versuch der Blutstillung bzw. Markierung an. Bleibt die Spülflüssigkeit blutig, erfolgt eine Angiographie zur Lokalisation der Blutungquelle [→Abb. I-12-1]

Merke:

Voraussetzung für angiographischen Blutungsnachweis:
Aktive Blutung mit mindestens 5 ml pro Minute!

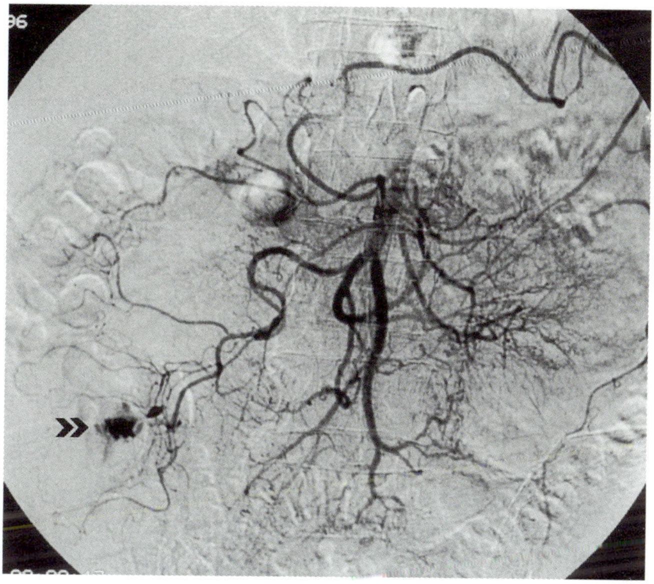

Abb. I-12-1 Angiographische Lokalisation [Kontrastmittelaustritt – Pfeil] einer akut blutenden Angiodysplasie im Zökum.

Diagnostikschema bei Verdacht auf obere GI-Blutung

1. Gastroskopie → endoskopische Blutstillung/OP

▼

∅ Blutungsquelle

▼

2. Proktoskopie/Rektoskopie → peranale Blutstillung/OP

▼

∅ Blutungsquelle
Hebe-Senk-Einlauf

▼

3. Sigmoidoskopie → Markierung der Blutungsquelle/OP

▼

∅ Blutungsquelle

▼

4. Orthograde Spülung

▼

Spülung klar	**Spülung blutig**
▼	▼
Koloskopie	**Angiographie**

I-13 Gastrointestinale Blutung: Operative Therapie

Die operative Therapie der gastrointestinalen Blutung ist eingebunden in ein multimodales Konzept von endoskopischer, radiologischer und ggf. nuklearmedizinischer Diagnostik sowie endoskopischer Therapie. Indikation und Verfahrenswahl werden durch Blutungsursache, Lokalisation sowie durch Blutungsintensität und Aktivität bestimmt. Der Erfolg der operativen Therapie hängt wesentlich von der synchronen Verknüpfung diagnostischer und therapeutischer Maßnahmen in der Frühphase der Blutung ab.

Obere gastrointestinale Blutung

Ösophagusvarizenblutung

Therapeutische Maßnahme der ersten Wahl ist die endoskopische Blutstillung (→ Kap. II-38). Mißlingt die endoskopische Hämostase, so kann mit Hilfe von Ballonsonden (Senkstaken-Sonde, Linton-Nachlas-Sonde [→Kap. II-2]) in 95 % ein passagerer Blutungsstillstand erreicht werden. Nach Erreichen einer Hämostase bieten sich drei Verfahren für das weitere Vorgehen an:

- Notfall-TIPS (Transjugulärer portosystemischer Shunt)
- Sperroperation, Ösophagus-Magendekongestion mit Splenektomie
- Not-Shunt-Operation

➤ ***TIPS***

TIPS ist ein interventionell-radiologisches Verfahren, bei dem über einen transjugulären Zugang ein Stent zwischen Vena cava und Vena porta plaziert wird. Es resultiert eine akute Reduktion des portalen Hochdrucks.

Vorteile:
Keine Laparotomie notwendig
Radiologische Reintervention bei Stentthrombose möglich

Nachteile:
Erfahrener Radiologe / Internist notwendig
z. Z. nur an wenigen Zentren eingeführt

➤ ***Sperroperation***

Die Sperroperation des ösophagogastralen Übergangs ist heute mit Hilfe zirkulärer Kammernahtgeräte technisch einfach durchführbar. Über eine Gastrotomie an der Magenvorderwand wird der Stapler (vorzugsweise mit 25 mm Kopf) in den abdominellen Ösophagus vorgeschoben und eine zirkuläre Kammernaht dicht oberhalb der Kardia ausgeführt.

Die **Ösophagus-Magendekongestion mit Splenektomie** nach HASSAB ist präparatorisch aufwendiger. Hierbei werden abdomineller Ösophagus und Magenfundus komplett skelettiert und die Milz in typischer Weise entfernt.

Vorteile:
Unmittelbare Blutstillung
Limitierte Eingriffe ohne Gefäßanastomose
Aufrechterhaltung der portalen Leberperfusion

Nachteile:
Keine Reduktion der portalen Hypertension
In ca. 50–70% Rezidivblutungen im Langzeitverlauf

➤ ***Notfallmäßige Shuntoperation***

Hier stehen die gleichen operativen Verfahren wie bei der elektiven Shuntchirurgie zur Verfügung:

End-zu-Seit portocavale Anastomose

Implantation der leberwärts unterbundenen Vena porta oberhalb des Konfluenz in die Vena cava.

Vorteile:
Technisch vergleichsweise einfach (nur eine Gefäßanastomose)
Niedrige Thromboserate (1–2%)

Nachteile:
Totale Unterbrechung der portalen Leberperfusion (hepatische Enzephalopathie häufig)

Mesenteriko-kavale Anastomose

Seit-zu-Seit Anastomose zwischen Vena mesenterica superior und Vena cava unterhalb der Nierenvenen mit Interposition einer Gefäßprothese.

Vorteile:
Einfacher Zugang zur Vena mesenterica superior
Unproblematische Auflösung der Anastomose bei späterer Lebertransplantation

Nachteile:
Hämodynamisch gleicher Effekt wie End-zu-Seit Anastomose
Zweifache Gefäßanastomose
Hohe Thromboserate (15–30%)

Splenorenaler Shunt nach Warren

End-zu-Seit Implantation der Milzvene in die linke Nierenvene. Unterbindung der Vena coronaria ventriculi an der Einmündung zur Vena porta.

Vorteile:
Partielle Aufrechterhaltung der mesenteriko-portalen Leberperfusion

Nachteile:
Präparation der venösen Zuflüsse aus dem Pankreas notwendig, daher technisch schwierig und zeitaufwendig

Ulkusblutung

Die operative Therapie im Rahmen einer Ulkusblutung orientiert sich an den folgenden Indikationen:

Notfalloperation

- Erfolglose endoskopische Blutstillung

Frühelektive Operation (nach 6 h)

- Zustand nach endoskopischer Therapie einer persistierenden arteriellen Blutung (Forrest Ia)
- Zustand nach endoskopischer Therapie einer stattgehabten arteriellen Blutung (Forrest IIa) mit zusätzlichen Risikofaktoren wie:
  - Duodenales Hinterwandulkus
  - Hochsitzendes Ulkus ventriculi kleinkurvaturseitig
  - Initialer Schock und Transfusionsbedarf von mehr als 6 EK's zur Stabilisierung
  - Riesenulkus

Ziel der chirurgischen Intervention ist die definitive Blutstillung. Die generelle zusätzliche Behandlung einer Ulkuskrankheit ist angesichts der konservativen Therapieerfolge durch die Helicobacter-Eradikation nicht mehr gerechtfertigt. Inwieweit eine Prophylaxe der zunehmenden Zahl medikamenten-assoziierter Blutungen (ca. 50 % der blutenden Ulcera sind assoziiert mit der Einnahme nichtsteroidaler Antirheumatika [NSAID]) durch die klassischen Ulkusoperationen (Vagotomie, distale Resektion) möglich ist, läßt sich zum gegenwärtigen Zeitpunkt nicht entscheiden.

➤ *Ulcus duodeni*

Die chirurgische Therapie des blutenden Ulkus duodeni besteht in der extraluminären Ligatur der Arteria gastroduodenalis, der Arteria gastroepiploica dextra und der Arteria pancreaticoduodenalis (Ramus anterior) [→ Abb. I-13-1]. Anschließend wird eine intraluminäre Vier-Quadrantenumstechung des Ulkus über eine Pyloroduodenotomie durchgeführt. Gelegentlich erlaubt die Mobilisierung der Schleimhaut mit direkter Naht eine Ausschaltung des Ulkusgrundes aus der Passage. Der Verschluß der Pyloroduodenotomie wird vorzugsweise im Sinne einer Heinicke-Mikulicz-Pyloroplastik vorgenommen.

➤ *Ulcus ventriculi*

Beim Ulcus ventriculi erreicht man die sichere Blutstillung durch eine lokale, meist keilförmige Magenwandexzision unter Mitnahme des Geschwürs. Bei pylorusnahen Ulzerationen sollte der Verschluß des Defektes mit einer Pyloroplastik kombiniert werden, um Störungen der antro-duodenalen Motilität zu kompensieren. Im Falle großer penetrierender Befunde wird der Ulkusgrund nicht exzidiert und vorzugsweise eine distale Resektion nach Billroth I vorgenommen. Läßt sich die Blutungsquelle im Magen präoperativ endoskopisch nicht identifizieren, empfiehlt sich zunächst die Gastrotomie am Fundus-Corpus Übergang. Über diesen Zugang können die häufig arteriell blutenden Ulzera im Versorgungsgebiet der Arteria gastrica sinistra aufgesucht werden.

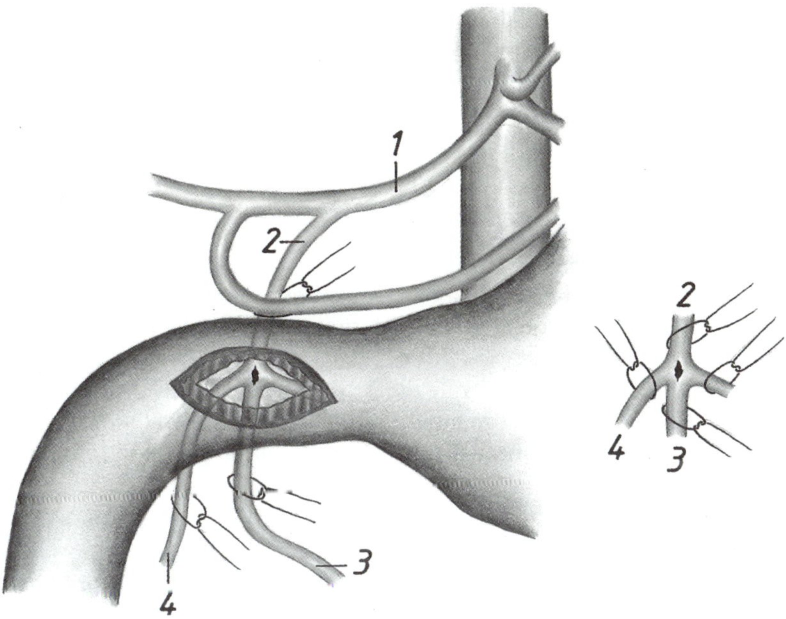

Abb. I-13-1 Ulkus-Duodeni-Blutung: intra- und extraluminäre Ligatur der Gefäße: (1) Art. hepatica communis, (2) Art. gastroduodenalis, (3) Art. gastroepiploica dextra, (4) Art. pancreaticoduodenalis.

Untere gastrointestinale Blutung

Die Indikation zur operativen Therapie der akut symptomatischen unteren gastrointestinalen Blutung wird in erster Linie durch die Blutungsursache bestimmt.

Mit einer initialen Operation bzw. Resektion werden in erster Linie behandelt:

- Divertikelblutung (meist arterielle Blutung)
- Meckel'sches Divertikel
- Hämorrhoiden
- Blutung bei Tumorzerfall, Arrosion
- Große Polypen
- Ausgedehnte Angiodysplasien, Hämangiome
- Ischämische Kolitis
- Endometriose

Nach erfolgloser primär konservativer / endoskopischer Therapie werden sekundär operiert:

- Kleine Angiodysplasien
- Colitis ulcerosa
- Morbus Crohn
- Polypen
- Anastomosenblutungen

Im Vergleich zur oberen GI-Blutung ist die Lokalisationsdiagnostik bei den distal des Treitz'schen Ligaments liegenden Blutungsquellen deutlich schwieriger. Somit ergibt sich häufiger die Notwendigkeit, die chirurgische Intervention auch unter diagnostischen Gesichtspunkten einzusetzen. Haben Endoskopie und Angiographie bei der kreislaufwirksamen Blutung bzw. nuklearmedizinische Verfahren bei der subakuten rezidivierenden Blutung keine Blutungsquelle identifizieren können, muß die Indikation zur explorativen Laparotomie gestellt werden.

Intraoperative Diagnostik

Methoden der ersten Wahl:

- Segmentales Ausklemmen: Suspekte Darmteile werden mit weichen Darmklemmen isoliert. Bei persistierender Blutung füllt sich der betreffende Darmabschnitt.
- Intraoperative Endoskopie: Transorale Panenteroskopie mit einem langen Instrument (Coloskop) unter manueller Führung des Operateurs.
  Panenteroskopie mit Einführen des Instruments durch gesonderte Enterotomien.

Ausweichverfahren:

- Intraoperative Mesentericographie: Selektive Punktion der mesenterialen Arterien unter Durchleuchtungskontrolle.
- Methylenblau-Injektion: Selektives Anspritzen von Mesenterialarterien und intraoperative Endoskopie (insbesondere zum Nachweis von Angiodysplasien).
- Diskriminations-Stomata: Bei stattgehabter Blutung und erfolgloser Suche nach der Blutungsquelle erlaubt die Anlage eines doppelläufigen Transversostomas im weiteren Verlauf die Unterscheidung zwischen Rechts- und Linkscolonblutung. Das Loop-Ileostoma trennt Dünndarm- und Colonblutung.

Verfahrenswahl

Die Wahl des operativen Verfahrens hängt ebenfalls von der Blutungsursache ab. Bei allen benignen Läsionen wird sich der Eingriff auf die Resektion des betroffenen Darmabschnitts beschränken. Bei Blutungen aus Kolondivertikeln empfiehlt sich hingegen die rechts- oder linksseitige Hemicolektomie bzw. die Sigmaresektion. Bei unklarer Blutungsquelle im Kolon zeigt die subtotale Kolektomie gegenüber der Linkshemicolektomie im Verlauf bessere Ergebnisse.

Arrosionsblutungen bei malignen Tumoren werden unter den üblichen Kautelen der Karzinomchirurgie therapiert.

I-14 Nachblutung: Diagnostik und Therapie

Die postoperative Blutung ist eine gefürchtete Komplikation, die bei nicht rechtzeitiger Erkennung eine hohe Morbidität und Mortalität zur Folge hat.

Häufigkeit

Die Inzidenz relevanter Blutungen beträgt in einem allgemeinchirurgischen Krankengut zwischen 3,5 % (3) und 4,3 % (4). Mindestens 10 % aller schweren postoperativen Blutungen sind iatrogener Natur (1).

➤ ***Eingriffsbedingte Spezifizierung***

Magenresektion	1 bis 3 %
Pankreaserkrankungen (elektiv)	0,5 %
Lebererkrankungen	bis 10 %
Appendektomie	0,1 bis 0,5 %
Darmeingriffe	0,5 bis 1 %
Laparoskopische Cholezystektomie	bis 1,6 %
Operation wegen nekrotisierender Pankreatitis	bis 12 %

Gefahren

1. Die Befangenheit des Operateurs,
   der geneigt ist, die Gerinnungsstörung als Folge einer persistierenden Blutung mit ihrer Ursache zu verwechseln.
2. Die falsche Sicherheit von Drainagen,
   die in bis zu 14 % der Fälle das Ausmaß einer postoperativen Blutung nicht anzeigen.

Zeitpunkt

Etwa 80 % der chirurgischen Nachblutungen treten innerhalb der ersten 24 Stunden, gut 90 % innerhalb der ersten 48 Stunden in Erscheinung.

Symptomatik

Das klinische Erscheinungsbild ist uneinheitlich und variiert von der dramatischen Massenblutung bis zur okkulten intermittierenden Blutungsneigung, abhängig von der Blutungsmenge und -intensität sowie ihrer Lokalisation.

Merke:

Nachblutung:
Wer auf den Schock wartet, nimmt das Organversagen in Kauf!

Tachykardie, *Hypotension* und positiver *Schockindex* mit späterer konsekutiver *Oligurie* sind theoretisch die physiologischen und richtungsweisenden Befunde bei postoperativer Blutung. Die Praxis der postoperativen Beurteilung und Entscheidungsfindung ist aber speziell bei älteren Patienten nach ausgedehnten abdominalchirurgischen Eingriffen erheblich problematischer.

In den ersten Stunden nach einem größeren abdominellen Eingriff ist die klinische Symptomatik einer intraperitonealen Blutung verwaschen und unsicher. Unter dem Einfluß der Narkose und der postoperativen Schmerzen, bedingt durch die Inzision und Irritation des Peritoneums und der intraabdominellen Organe, sind die physiologischen Reaktionen auf Hypovolämie und Hypoxie erheblich gestört. Unter diesen Umständen kann sich eine lebensbedrohliche Situation entwickeln, ohne daß der behandelnde Arzt die Schwere der Komplikation augenblicklich erkennt.

Häufig bestehende kardiopulmonale Begleiterkrankungen können diese physiologischen Reaktionen zusätzlich verschleiern. Labordiagnostik und radiologische bzw. sonographische Untersuchungen sind initial oft wenig hilfreich oder sogar irreführend, da sie den Chirurgen in falscher Sicherheit wägen.

Ein ermüdeter und in der Entscheidung befangener Operateur sowie die bekannte Neigung zur Verdrängung der Möglichkeit einer ursächlich unzureichenden Hämostase bedingen die Gefahr einer falschen Einschätzung der postoperativen Situation.

Aufmerksamkeit für die Vielzahl der Befunde sowie kritische Objektivität und Sachlichkeit des Chirurgen sind im Entscheidungsprozeß zur operativen Reintervention von zentraler Bedeutung.

Merke:

Nachblutung:
Indikation zur Reintervention durch unbefangenen Chirurgen!

In die Beurteilung der Blutungsintensität müssen einbezogen werden:

- Qualität und Quantität von Drainagen und Sonden
- Sonographische Verlaufsbeurteilung
- Das Ausmaß des primären operativen Eingriffs
- Ein Volumenmangel
- Die Anzahl intraoperativer Transfusionen
- Hämodynamische Kompensationsmechanismen
- Der Gerinnungsstatus

Weitere unspezifische klinische Anzeichen können Unruhe, Angst und Schmerzen sein, die bei ursächlicher Nachblutung jedoch nicht mehr der Frühphase zuzuordnen sind.

Merke:

Nachblutung:
Hypovolämer Schock mit Hypotonie und Oligurie sind vermeidbare Spätzeichen!

Auch experimentelle Untersuchungen zeigen, daß die oft als richtungsweisend eingestufte Kreislaufreaktion erheblich zu spät eine Nachblutung anzeigt.

So zeigt eine Studie von Skillman und Chritchlow [64], daß ein akuter Blutverlust von 15 % des Blutgesamtvolumens während einer Beobachtungszeit von 15–90 Minuten nur diskrete hämodynamische Auswirkungen hat, die im Routinebetrieb einer Intensivstation leicht fehlinterpretiert werden. Erst bei einem Blutverlust von über 20 % werden Hypotension und Herzfrequenzanstieg als Zeichen der Hypovolämie deutlich. Hieraus ergibt sich, daß hämodynamische Meßwerte zur Früherkennung einer Blutung unzuverlässig und zu spät manifest werden.

Gerinnung

54 % aller Blutungen sind mit vorausgegangener Antikoagulantien- oder thrombolytischer Therapie assoziiert [63]. Postoperative Blutungen sind bei Patienten unter Antikoagulation in 6 % zu erwarten, in einer Kontrollgruppe ohne präoperative Antikoagulantien nur in 0,3 %. Dennoch sind die meisten Blutungen nicht medikamentös induziert.

Die Gerinnungssituation wird bei fast jedem Verdacht auf postoperative Blutung diskutiert. Die Überlegungen reduzieren sich auf eine Kernfrage: Sind die Blutungszeichen durch eine unzureichende Gerinnungssituation bedingt oder hat sich die Gerinnung aufgrund der postoperativen Blutung bereits im Sinne einer Verbrauchskoagulopathie (DIC →Kap. II-22) sekundär verschlechtert?

Merke:

Nachblutung:
➤ **Gerinnung: Opfer oder Täter?**

Als möglicherweise ursächlich für passagere Koagulopathien sind unzureichend kompensierte Schockzustände mit Azidose und Hypothermie, schwere Transfusionsreaktionen, Massentransfusionen, Dilutions- und Verbrauchskoagulopathien (DIC) sowie Thrombozytopenien zu bedenken.

Eine relevante Verdünnung von Gerinnungsfaktoren und Blutplättchen durch Massentransfusion speziell bei 2 : 1 bzw. 1 : 1-EK:FFP-Transfusionsregimen ist selten. Allerdings kann bei vorbestehendem Leberparenchymschaden der Verlust von Faktor V und VII klinisch symptomatisch werden. Weitaus bedeutender ist der regelhaft nachweisbare Thrombozytensturz auf 40 – 75 G/l.

Eine differentialdiagnostische Hilfe kann die gezielte Suche nach zusätzlichen synchronen Blutungsquellen als Indiz für Gerinnungsstörungen sein. Sekundäre Makrohämaturie durch einen zuvor gelegten Blasenkatheter oder pharyngeale bzw.

tracheale Blutungen durch den Endotrachealtubus können Hinweis auf eine primäre Gerinnungsstörung sein.

Neben der Laboruntersuchung des üblichen Gerinnungsstatus ergibt die bettseitige Sofortbestimmung der **A**ctivated **C**lotting **T**ime (ACT) eine erste klinisch relevante Orientierung über den aktuellen Gerinnungsstatus. Bei ACT-Zeiten < 140 sec ist eine für die postoperative Blutung ursächliche Gerinnungsstörung sehr unwahrscheinlich.

➤ ***Maßnahmen bei stützungspflichtiger Gerinnungssituation:***
- Volumenkorrektur
- Normothermie anstreben [Patienten-Wärmesystem, angewärmte Infusionen]
- Azidose-Korrektur
- Calzium-Substitution
- AT III – Substitution
- Fresh Frozen Plasma Initialbolus gefolgt von kontinuierlicher Gabe [30–60 ml/h]

Merke:

Postoperative Gerinnungsstörung:
Isolierte Faktorengabe [z.B. PPSB] kann eine DIC verstärken!
Besser: → ausgewogene Gerinnungsfaktoren = FFP!

Transfusionsindikation

Allgemein verbindliche Richtlinien zur Transfusion von Blutbestandteilen gibt es nicht.

Grundsätzlich gilt für die Transfusion jeglicher Fremdblutbestandteile: Je jünger die Patienten sind, desto strenger ist die Indikation zu prüfen.

➤ ***Erythrozyten***
Die Entscheidung zur Transfusion ist individuell zu bestimmen, d.h. patientenspezifisch und abhängig von klinischen Variablen. Speziell ältere Patienten mit kardiovasculären und pulmonalen Begleiterkrankungen tolerieren akute Blutverluste schlecht. Als allgemeine Regel kann gelten, daß nach vorausgegangenem akutem Blutverlust bei älteren Patienten mit koronarer Herzerkrankung bzw. pulmonalen Vorschädigungen (COPD) der Hämatokrit über 30% gehalten werden sollte.

Bei jungen, gesunden Patienten mit gesicherter Hämostase (z.B. nach Splenektomie wegen Milzruptur) können Hämatokritwerte von 20 – 25% toleriert werden. Voraussetzung ist das individuelle Vermögen, das Herzzeitvolumen bei Bedarf adäquat steigern zu können (Cave: Herzinsuffizienz, Hypovolämie).

➤ ***Frischplasma***
Eine Indikation zur präventiven Gabe von Fresh Frozen Plasma [FFP] besteht lediglich nach Massentransfusion mit beginnender Verbrauchskoagulopathie sowie bei protrahierter Sepsis mit bereits manifesten Gerinnungsstörungen [plasmatische Gerinnung PTT und Quick deutlich alteriert].

Allein die Größe eines operativen Eingriffs kann eine präventive FFP-Gabe nicht begründen.

Dissiminierte Blutungszeichen nichtchirurgischer Ursache und objektivierte Einschränkungen der plasmatischen Gerinnung [PTT und Quick] führen zur Indikation für die FFP-Gabe. Klinisch probat ist die initiale Bolusgabe von zwei FFP-Einheiten gefolgt von einer befristeten kontinuierlichen Gabe über Infusomat mit 30–60 ml/h.

Bei möglicherweise gerinnungsbedingter postoperativer Blutungssituation ist die Gabe von isolierten Faktorenkonzentraten wie PPSB® fast nie indiziert, da durch Verstärkung des Ungleichgewichts der Faktoren eine DIC begünstigt wird.

➤ ***Thrombozyten***
Die Transfusion von Thrombozyten ist eine teuere und nur befristet wirksame symptomatische Maßnahme. Die Abnahme der Thrombozytenzahl allein [auch unter 10 G/l] ohne klinische Symptomatik [=thrombozytopeniebedingte Blutung] rechtfertigt keine Transfusion. Dies gilt speziell für die septische Thrombozytopenie, da hierbei die Gabe von Fremdthrombozyten zu einer immunologischen Boosterung mit konsekutiv weiter verstärktem Thrombozytenabbau führt.

Die Indikation zur Thrombozytentransfusion besteht bei disseminierten Blutungen, die ursächlich auf die Thrombozytopenie zurückgehen. Bei postoperativen Blutungen darf ein Abfall der Thrombozyten die bereits indizierte Revisionsoperation nicht verzögern. In dieser Situation ist es sinnvoller, nach chirurgischer Blutstillung – falls tatsächlich erforderlich – die Thrombozyten zu transfundieren, da präoperativ gegebene Thrombozyten bis zur tatsächlichen Blutstillung weiter verlorengehen.

Merke:

Nachblutung:
➤ **Thrombozytengabe nach chirurgischer Blutstillung!**

Diagnostik

Neben der obligaten klinischen Beurteilung ergeben sich eindeutige Verdachtsmomente der postoperativen Blutung bei sichtbaren Blutungen aus Drainagen und Sonden. Es empfiehlt sich in Intervallen die Sekretbeutel auszuwechseln, mit Uhrzeit zu beschriften und die vorherigen Beutel als ggf. erforderliche "Argumentationshilfen" am Bett aufzubewahren.

"Trockene Drainagen" schließen eine postoperative Blutung nicht aus. Sonographische Kontrollen ggf. mit Probepunktionen sind wie auch der Laborstatus mit Blutbild, Gerinnung und ATIII engmaschig zu empfehlen.

Handlungsschema

Vom Nachblutungsverdacht bis zur Reintervention:
- Verdacht zeitgerecht entwickeln
- Volumenzugänge plazieren (z. B. 2 großlumige periphere Kanülen)
- Erythrozytenkonzentrate und Fresh Frozen Plasma bereitstellen lassen
- Informationsweitergabe an Intensiv-Ärzte, Operateur, Schwester

- Daten und Trend objektivieren:
  - Kontrollschema Vitalparameter, ACT, Labor, Sonographie engmaschig festlegen
  - Drainagebeutel auswechseln, mit Uhrzeit beschriften und am Bett aufbewahren
- Dopamin Nierendosis [200–400 μg/min über ZVK-Katecholaminschenkel]
- Oxygenierung optimieren: 4 l O_2/min über Sonde
ggf. frühelektive Entscheidung zur Reintubation
- Gerinnung stützen:
  - Frischplasma: 400 ml FFP als Startbolus, danach 30–60 ml FFP/h
  - Calzium großzügig [= ampullenweise] substituieren
  - ATIII hochnormal halten
  - keine isolierte Faktorengabe wie PPSB [kann DIC begünstigen]
- **Zeitgerechte gemeinsame Entscheidung zur Reintervention**
  durch Operateur und Intensiv-Arzt [Befangenheit des Operateurs berücksichtigen]
  Substitutionsbedarf > 4 EK's über 12 Stunden meist gleichbedeutend mit erforderlicher Reintervention

Operative Aspekte

Heftige postoperative Blutungen machen 5–10% aller Nachblutungen aus. 90–95% der Blutungen zeigen jedoch einen langsam progredienten Verlauf.

Frühpostoperative gastrointestinale Blutungen sind fast immer mit Anastomosenblutungen (speziell nach linearen oder zirkulären Klammernaht-Anastomosen) in Verbindung zu bringen. In vielen Fällen sind diese Blutungen unbedeutend und sistieren nach ein bis zwei Stunden. Bei harmlosen Sickerblutungen hat sich eine Instillationsspülung mit Otriven®-Lösung (→ Anhang Medikamentenliste) bewährt. Bei anhaltender Blutung muß die Blutungsquelle sofern möglich endoskopisch verifiziert werden. Arterielle Blutungen aus mesenterialnahen Gefäßen lassen sich nicht immer suffizient unterspritzen und müssen daher schnellstmöglich nach frustranen endoskopischen Blutstillungsversuchen operativ revidiert werden.

Bei intraabdominellen postoperativen Blutungen liegt die Blutungsquelle zu 36% im Bereich der kleinen Arterien, 27% sind diffuse Blutungen aus dem Operationsgebiet, 11% aus Anastomosenbereichen und 7% der postoperativen Blutungen sind venösen Ursprungs. Die akzidentelle Milzverletzung im Rahmen einer Operation wird mit einem Prozentsatz von 1 – 3% [60] angegeben. Insbesondere bei linksseitigen Dickdarmresektionen mit einer Mobilisierung der linken Flexur muß frühzeitig an diese Blutungsquelle gedacht werden.

Bei der operativen Revision sind alle Koagel aus dem Thorax oder der Bauchhöhle zu entfernen. Blutungen sind gezielt zu ligieren oder zu umstechen. Ein häufiger Ort abdomineller Blutungen ist das Milzbett nach Splenektomie, vor allem in Verbindung mit Hypersplenismus. Sekundäre Blutungen aus der Milz nach iatrogenen Verletzungen können fast immer durch passagere Tamponade und mit handelsüblichen Hämostyptika gestillt werden. Zentrale Verletzungen im Milzhilus sind durch konservative Maßnahmen fast niemals zu stillen, so daß eine Splenektomie durchgeführt werden muß. Organerhaltung wo eben möglich, aber auf keinen Fall sollte unangemessener Blutverlust durch langwierige Blutstillungsversuche in Kauf genommen werden.

Neben der akzidentellen Milzverletzung bei der Mobilisation des linken Kolons ist die Blutung aus praesakralen Venen bei der Rektummobilisation eine der zu Recht gefürchteten Komplikationen [63]. Pelvine Blutungen treten nach Verletzungen des präsakralen Plexus auf. Dieses Gefäßsystem ist durch die präsakrale Faszie geschützt, die allerdings bei organüberschreitenden Tumoren des Rektums eröffnet oder reseziert werden muß, so daß auch schon intraoperativ große Blutungen auftreten können. Sorgfältige Umstechung größerer Venen und Koagulation kleinerer Venen können diese Blutungen unter Kontrolle bringen. Dies ist vor allem sinnvoll, wenn durch Kompressionen benachbarter Venen die Blutungsquelle zum Stehen kommt. Primär chirurgisch unstillbare Blutungen können durch Packen mit Bauchtüchern kontrolliert werden. Diese werden in der Regel nach Stabilisierung der Gerinnung und Anstieg der Thrombozyten nach 3–5 Tagen wieder entfernt. Kommt auch durch pelvines Packen keine adäquate Blutstillung zustande, sind kommunizierende Gefäße aus dem basivertebralen venösen Plexus verantwortlich. Bei Verletzung ziehen sich diese Gefäße in die Foramina sacralia zurück. Eine direkte Blutstillung durch Umstechungen ist unter diesen Umständen nicht mehr möglich. Keinesfalls sollen die inneren Iliakalvenen ligiert werden, da durch diese Maßnahme der Venendruck weiter ansteigt. Die Austrittsstelle dieses Gefäßes ist durch die kleine Delle der Foramina sacralia im os sacrum identifizierbar. Um diese Blutungen zu stillen, wurden u. a. Titan-Reißnägel entwickelt [61].

Retroperitoneale Blutungen – speziell nach Beckenfrakturen – können lebensgefährlich sein. Eine große Anzahl verschiedener Maßnahmen sind beschrieben worden, ohne daß bis heute eine befriedigende Lösung gefunden wurde. Am besten hat sich hier der Fixateur externe bewährt. Die Reposition und Stabilisierung sind für eine Hämostase von größter Bedeutung. Zunehmend häufig wird über die supraselektive Angiographie mit Embolisation als erfolgversprechende Maßnahme bei retroperitonealen Blutungen berichtet [65]. Ultima ratio Verfahren sind die isolierte Unterbindung von größeren pelvinen Gefäßen.

Werden großflächige Wunden nach Abszeßdrainagen oder retroperitonealen Dissektionen hinterlassen, sind postoperative Blutungen in einem gewissen Grade unvermeidbar. Daher ist die Beurteilung durch den Operateur selbst bei der Entscheidung zur Reintervention von äußerster Wichtigkeit. Wesentlich schwieriger ist die klinische Situation bei verdeckten Blutungen, die selbst erfahrene Chirurgen unter Umständen falsch einschätzen. Bei Überlegungen zur Reintervention wegen möglicher Nachblutung muß der Operateur sich allerdings stets der eigenen Befangenheit bei der Beurteilung bewußt sein.

Eine mögliche postoperative Blutung muß frühzeitig erkannt und durch ein engmaschiges Diagnostikraster zeitgerecht objektiviert oder ausgeschlossen werden. Auch wenn in einigen Fällen unerwartet tatsächlich Gerinnungsstörungen ursächlich zugrunde liegen, ist in den meisten Fällen eine chirurgische Ursache zu vermuten, die dann einer frühzeitigen Reintervention bedarf, bevor hämodynamische Kompensationsmechanismen sekundäre Komplikationen einleiten.

Klare Indikationsrichtlinien zur Reintervention sind nicht zu formulieren. Aus eigener Erfahrung ist die Indikation zur frühelektiven Reintervention nach einem

Substitutionsbedarf von mehr als 4 Erythrozytenkonzentraten innerhalb von 12 Stunden gegeben. Bei der massiveren, kreislaufwirksamen Blutung mit einem Bedarf von mehr als 2 Konserven pro Stunde muß die Operation umgehend und mit absoluter Dringlichkeit erfolgen (ca. 5 – 10 % aller operationsbedürftigen Nachblutungen).

Auch bei der Reintervention gilt: Wer nachsieht hat Recht!

Ist die Entscheidung zur Reintervention gefallen, sollten grenzwertige Gerinnungsparameter und Thrombozytopenie den Zeitpunkt der Reoperation nicht beeinflussen.

Wir haben selten bedauert, eine abdominelle Reintervention unter diesen Bedingungen durchgeführt zu haben. Selbst wenn keine definierte Blutungsquelle gefunden wurde, so ist die Hämatomausräumung für den Patienten hilfreich. Die Entfernung von intraabdominellen Koageln reduziert die Bilirubinanflut, senkt das Infektrisiko und trägt zur Leberprotektion bei.

Merke:

Nachblutung:
Wer aufmacht hat immer Recht!

Literatur

– siehe Gesamt-Literaturverzeichnis im Anhang –

Akutes Abdomen

I-15 Präoperative Vorbereitung

Nach der Diagnosestellung Peritonitis oder mechanischer Ileus ist eine absolute und dringende OP-Indikation gegeben.

Maßnahmen bei der Primäruntersuchung von Ileus und Peritonitis [66]:

- Komplettes Labor mit:
  Blutbild mit Hb, Leukozyten, Thrombozyten
  Gerinnung mit PTT, PTZ (Quick) und AT III
  Elektrolyte mit Kalium, Natrium, Calzium
  Harnstoff, Kreatinin,
  Amylase, Lipase
  Blutgruppe + Kreuzblut
- i. v. Zugang
  Volumensubstitution großzügig primär beginnen
  Elektrolytausgleich
- Magensonde
- Blasenkatheter möglichst mit Temperatursonde
- Logistik planen
  OP-Team
  Anaesthesie
  Intensivstation
  ➤ erforderliche weitere Diagnostik
  ➤ Wartezeiten verkürzen
  ➤ unvermeidliche Wartezeiten effektiv nutzen

Nach Stellung der OP-Indikation muß die Operation wegen der progredienten pathophysiologischen Auswirkungen der Peritonitis bzw. des Ileus möglichst bald erfolgen. Die Operation ist nur so lange aufzuschieben, bis eine adäquate Vorbereitung erfolgt ist, die die Operabilität ermöglicht bzw. verbessert. Hierzu wird bei kurzer Anamnese im allgemeinen nur wenig Zeit benötigt, ggf. länger bei schon längerbestehendem Ileus oder Peritonitis mit Auswirkungen auf den Wasser- und Elektrolythaushalt sowie die Hämodynamik.

Wichtigstes Ziel aller praeoperativen Maßnahmen ist der Ausgleich der Flüssigkeits-, Elektrolyt- und Eiweißverluste sowie die Beseitigumg der Hypovolämie und Stabilisierung der Herz-Kreislauffunktion.

In der Praxis ist unverzüglich das sog. Drei-Katheter-Monitoring durchzuführen. Hierunter versteht man das Legen erstens eines intravenösen Verweilkatheters, zweitens einer Magensonde und drittens eines Blasendauerkatheters [67].

Merke:

Ileus und Peritonitis:
Frühzeitige OP hat Vorrang
Systembedingte Wartezeiten optimal nutzen

Venöse Katheter

Schon bei der Blutentnahme in der Notfallambulanz sollte dem Patienten eine Venenverweilkanüle gelegt werden. Diese muß ein ausreichendes Lumen besitzen. Bei Patienten im Schock müssen mindestens zwei großlumige venöse Zugänge gelegt werden. Bleibt präoperativ noch Zeit, so sollte dem Patienten fakultativ ein zentraler Venenkatheter gelegt werden. Geeignet sind die Zugänge via Vena jugularis rechts [geringste Komplikationsrate] und Vena subclavia [v.a. bei Hypovolämie].

Magensonde

Insbesondere bei Ileus-Patienten sollte initial eine Magensonde gelegt werden.

Aus der Sekretmenge und -qualität können erste diagnostische Rückschlüsse gezogen werden. Vor allem aber führt die nasogastrale Sonde zu einer Dekompression im oberen Gastrointestinaltrakt, die besonders beim Dünndarmileus dringend erforderlich ist. Sie reduziert auch das den Patienten belastende Erbrechen und ist gleichzeitig Aspirationsschutz.

Harnblasenkatheter

Als dritter Katheter wird transurethral ein Harnblasenkatheter gelegt. Primär zur Ausscheidungskontrolle und prä-, intra- und postoperativen Bilanzierung, aber auch um diagnostisch einen Harnverhalt auszuschließen (manch "akutes Abdomen" war eine volle Blase!) und um die intraoperative Verletzungsgefahr der Blase zu reduzieren.

Infusionstherapie

Neben den bisher genannten Maßnahmen ist eine Infusionstherapie durchzuführen. Die Volumengabe sollte mit Vollelektrolytlösung, z. B. Ringer-Lösung durchgeführt werden, wobei die Flüssigkeits- und Elektrolytkorrektur gemäß klinischem Bild, Herz-Kreislauf-Parametern, ZVD, Labor und Ausscheidung (anzustrebender Wert für die Diurese: 1 ml/kg KG/h) durchgeführt wird. In Praxis heißt dies, daß nicht nur "eine Ringer" angehängt und langsam infundiert werden darf, sondern eventuell eine forcierte Infusionstherapie mit mehreren Litern notwendig sein kann. Als Beispiel sei der schwere Volumenmangelschock bei einer ausgeprägten

Peritonitis angeführt. Dieser liegt in dem peritonealen Ödem begründet. Da die Gesamtoberfläche des Peritonealsacks etwa der Körperoberfläche entspricht (ca. 1,8 qm), führt schon ein Ödem von nur 2 mm zu einem Einstrom von 3,6 l intravasaler Flüssigkeit ins Bauchfell. Dies entspricht bis zu 80% des intravasalen Volumens. Bei der ausgeprägten Peritonitis kann es also zu einem Volumendefizit von 3–6 Litern kommen. Ähnliches gilt für den Ileus, auch hier kommt es zu großen Flüssigkeitsverlusten durch massive Sequestration ins Darmlumen sowie durch Erbrechen.

Wichtig ist die präoperative Kaliumsubstitution, da regelhaft große Verluste zu verzeichnen sind. Wegen der Gefahr von Herzrhythmusstörungen sowie einer progredienten Darmparalyse sollte eine Hypokaliämie ausgeglichen werden. Der anzustrebende Serumspiegel liegt über 4 mval/l. Höchstdosis über einen peripheren Zugang ist 5 mval/h, über eine zentralen Zugang 20 bis 40 mval/h unter intensivmedizinischem Monitoring.

Dies bedeutet für einen normalgewichtigen, nierengesunden Patienten mit einem Kalium von 3 mval/l, daß er ca. 80 mval Kalium benötigt, die über einen zentralvenösen Katheter in ca. (2–)4 Stunden substituiert werden können, wobei hiermit schon möglichst früh präoperativ begonnen werden sollte. Eine Narkoseeinleitung bei einem Kaliumwert unter 3 mval/l wird jeder Anästhesist ablehnen [68].

Ein präoperativer Ausgleich eines Eiweißmangels mit Humanalbumin ist ebenso selten erforderlich wie eine Korrektur mit Pufferlösungen bei metabolischer Azidose oder Alkalose.

Antibiose

Bei einer Operation wegen Peritonitis sollte präoperativ *keine* Antibiose gegeben werden, sondern erst intraoperativ nach Entnahme des Abstrichs, um sich die Möglichkeit der gezielten Antibiose nach Erreger- und Resistenzbestimmung offenzuhalten [69].

Bei einer Ileusoperation sollte eine Antibiotikaprophylaxe unmittelbar präoperativ als "single shot" gegeben werden. Intraoperativ fällt dann die Entscheidung über eine evtl. Weiterführung der Antibiose.

In jedem Fall sollten Antibiotikakombinationen gegeben werden, die gramnegative Keime und Anaerobier in das Wirkungsspektrum einbeziehen, da diese Keime Hauptverursacher der Peritonitis sind. Hier bestehen für die Kombination eines Cephalosporins der zweiten Generation mit Metronidazol (Clont®) gute Erfahrungen [70].

Obligate Routinemaßnahmen

Neben den spezifischen präoperativen Maßnahmen muß auch an die Routine gedacht werden:

- Immer Blutgruppenbestimmung und Abnahme von Kreuzblut mit dem Aufnahmelabor
- Zeitgerechte Bestellung von Blutkonserven
- EKG und Rö-Thorax sollten schon im Rahmen der Diagnostik durchgeführt werden

- ausführliche Patientenaufklärung, besonders über mögliche Stoma-Anlage, ggf. erforderliche weitere Operationen [Etappenlavage] sowie möglichen längeren Intensivstationsaufenthalt
- Logistik planen (OP-Team, Anästhesie, Intensivstation)

Literatur

– siehe Gesamt-Literaturverzeichnis im Anhang –

I-16 Ileus

Definition

Unter der Bezeichnung Ileus werden alle Störungen der Darmpassage (Darmmotilität) ungeachtet ihrer Genese zusammengefaßt.

Klinisches Bild

Das klinische Bild des "Darmverschlusses" kann ätiologisch global in einen ***mechanischen Ileus (mechanische Obstruktion)*** und einen ***paralytischen Ileus (funktionelle Obstruktion)*** unterteilt werden.

Der ***mechanische Ileus*** beeinträchtigt die normale Passage durch partielle oder komplette mechanische Obstruktion.

Ist nur das Darmlumen verschlossen, sprechen wir von einer einfachen *Obstruktion.*

Ist zusätzlich die venöse oder arterielle Durchblutung beeinträchtigt, besteht eine *Strangulation.*

Die Ursachen hierfür können extramural (Kompression), intramural (Okklusion) oder intraluminär (Obturation) liegen.

Beispiele für eine extramurale Obstruktion sind: Adhäsionen, Briden, Hernien oder Tumorkompressionen von außen.

Beispiele für eine intramurale Obstruktion (Okklusion) sind: Entzündliche Darmerkrankungen, wie z.B. Morbus Crohn, Colitis ulcerosa und Divertikulitis.

Beispiele für eine Obturation sind: Intraluminäre Tumoren, Fremdkörper, Gallensteine, Mekonium, Bezoare oder Nahrungsmittel ["Körner-Ileus"].

Ein mechanischer Ileus kann je nach Sitz des Verschlusses in einen mechanischen Dünndarmileus und einen mechanischen Dickdarmileus unterteilt werden. Wegen der klinischen Relevanz wird beim Dünndarmileus noch eine hohe von einer tiefen Form unterschieden.

Der ***paralytische Ileus*** stellt per definitionem eine primäre Motilitätsstörung dar. Je nachdem, ob die Ursache am Darm selbst zu finden ist oder eine systemische Ursache zugrunde liegt, wird er in einen primären und einen sekundären paralytischen Ileus unterteilt.

Primäre Formen bestehen bei Neuropathien oder Myopathien des Darmes selbst und bei den sog. "Pseudoobstruktionen", wie z.B. dem Ogilvie-Syndrom (Akute Pseudoobstruktion des Dickdarmes).

Tabelle I-16-1 Ursachen des Ileus.

I. Mechanischer Ileus	
[Ohne Zirkulationsstörung] A. Obstruktion	[Mit Zirkulationsstörung] B. Strangulation
1. Extramurale Ursachen (Kompression): Adhäsionen Briden Kompression	Inkarzeration Torsion Volvolus
2. Intramural (Okklusion): Stenose Striktur M. Hirschsprung	
3. Intraluminär (Obturation): Fremdkörper Gallenstein Tumor Nahrungsmittel Membranen Bezoar Mekonium	Invagination
II. Paralytischer Ileus	
A. Primär	B. Sekundär
Myopathien Neuropathien Pseudoobstruktion	Toxisch Medikamentös Metabolisch Reflektorisch Entzündlich

Sekundäre Formen des paralytischen Ileus sind deutlich häufiger. Hier können toxische (Gifte), medikamentöse (Nebenwirkung vieler Tranquilizer und psychiatrischer Medikamente), metabolische (Hypokaliämie, Urämie, Elektrolytstörungen, Myxödem, Hypoparathyreoidismus, etc.) entzündliche (Sepsis, Pneumonie, Tetanus, Peritonitis, etc.) und reflektorische Formen (postoperativ, Rückenmarksverletzung, retroperitoneale Irritation) unterschieden werden.

Grundsätzlich kann jeder Ileus akut, subakut, chronisch oder chronisch rezidivierend verlaufen.

Pathophysiologie

Obstruktionsileus

Die Darmdistension proximal des Verschlusses wird durch die aufgestauten Darmgase verursacht. Um einer erhöhten Wandspannung entgegenzuwirken, versucht der Darm durch eine rezeptive Relaxation der glatten Muskulatur die Vorspannung zu verringern und so den intraluminären Druck abzufangen, damit die Durchblutung aufrechterhalten wird. Tatsächlich nimmt jedoch durch die Vergrößerung des

Radius die Wandspannung nach dem Laplaceschen Gesetz zu und es kann trotz erhaltener Blutversorgung zu Durchblutungsstörungen einzelner Schichten der Darmwand kommen!

Als weitere Folge des Druckanstieges kommt es proximal des Verschlusses zu einer massiven Ansammlung von Flüssigkeit und Elektrolyten ("third space translocation"). Ursache ist die Kombination einer massiven Sekretion ins Darmlumen und einer verminderten Rückresorption.

Ursachen sind:
1. die regionalen Veränderungen der Blutversorgung und die daraus resultierende Entzündung und
2. der passive Abstrom von Flüssigkeit infolge erhöhter intraluminärer Osmolarität.

Solange die mechanische Ursache nicht beseitigt ist, wird eine rasche intravenöse Infusion von Flüssigkeiten diese Sekretion ins Darmlumen verstärken. Trotzdem muß schon vor der Operation dieses Abdriften isotoner Flüssigkeit von intravasal ins Darmlumen so optimal wie möglich ausgeglichen werden. Die Gabe von Plasmaexpandern erhöht zwar aktuell den onkotischen Druck und das Volumen, im weiteren Verlauf driften diese Substanzen jedoch auch in die Darmwand ab und erschweren dann die Rückresorption des Ödems.

3. kommt es bei der Obstruktion zu Veränderungen der Darmmotilität.

Zunächst erhöht sich die kontraktile Aktivität des Darmes proximal der Stenose, da der Darm versucht, den Widerstand zu überwinden ("Widerstandsperistaltik", Pendelperistaltik). In der Spätphase der Obstruktion kommt es zum Erlahmen der Peristaltik und damit zur Paralyse.

Letztendlich wird der Darm proximal des Verschlusses bakteriell überwuchert. So entsteht im Dünndarm ein eigentlich für den Dickdarm typisches Milieu mit hohen Konzentrationen an gramnegativen und anaeroben Organismen (E. coli, Bacteroides sp., etc.).

Strangulationsileus

Die zusätzliche Störung der Blutversorgung im Rahmen einer Obstruktion hat schwerwiegende Konsequenzen für den Organismus. Die mechanische Beeinträchtigung des Blutflusses wirkt wie ein Tourniquet. Zunächst werden die (wandschwachen) Venen komprimiert und es kommt zur Stase des Blutabflusses und zur Thrombosierung. Bei noch erhaltenem arteriellen Einstrom ist das Blut im Kapillarnetz gefangen (***"Hämorrhagische Infarzierung"***).

Lokale Hypoxie, Azidose und Mediatorenfreisetzung (Histamin, Prostaglandine, etc.) sind die pathophysiologischen Folgen. Am empfindlichsten reagiert die Schleimhaut auf die eingetretene Minderung der Duchblutung und die kapilläre Blutfülle. Mikrorupturen verletzen die mechanische Integrität und intraluminäre Bakterien durchwandern die Darmwand ("Bakterielle Translokation" in mesenteriale Lymphknoten, die Abdominalhöhle und die Gefäße). Pylephlebitis und systemische Sepsis folgen aus der Einwanderung von Bakterien in Pfortader und Lymphbahnen und der zusätzlichen Endotoxinämie beim Zerfall gramnegativer Bakterien.

Damit entsteht wie bei der Peritonitis aus der zunächst lokalen Durchblutungsstörung sehr rasch eine systemische Infektion und Intoxikation des Gesamtorganismus (septischer Schock).

Durch die Kombination von Distension, Durchblutungsstörung und bakterieller Überwucherung kommt es zusätzlich zu einer Anhäufung toxischer Substanzen, die rasch eine systemische Mediatorenkatastrophe auslösen (Endotoxin, Sauerstoffradikale, Stickoxyd, etc.).

Klinik und Diagnostik

Häufigkeit

Etwa 4 % aller Laparotomien einer chirurgischen Klinik werden wegen einer Ileuskrankheit durchgeführt. 70 % der Verschlüsse betreffen den Dünndarm, 30 % den Dickdarm.

Alter

Obwohl alle Altersgruppen vertreten sind, liegt der Median dieser Patientengruppe zwsichen dem 55. und 60. Lebensjahr.

Ursachen

Das Ursachenspektrum führen Briden und Adhäsionen an, gefolgt von Tumoren, inkarzierten Hernien und entzündlichen Stenosen.

Klinik

Die Leitsymptome der Ileuskrankheit sind: Übelkeit und Erbrechen, krampfartige Bauchschmerzen, Meteorismus sowie Stuhl- und Windverhalt.

Sie sind je nach Höhe des Verschlusses unterschiedlich ausgeprägt.

➤ ***Hoher Dünndarmileus***
Beim hohen Dünndarmileus führen Schmerzen und voluminöses Erbrechen (Gesamtmengen von 1 – 3 Litern) das klinische Bild an. Ein Stuhl- und Windverhalt gehört nicht zu den Leitsymptomen, da der gesamte restliche Darm weiter entleert werden kann.

Merke:

Hoher Dünndarmileus:
Spiegel, Stuhl- und Windverhalt fehlen meist!

Laborchemisch führt eine hypochlorämische (hypokaliämische) Alkalose (Erbrechen!). Klassisch ist ein fast unauffälliger Abdominalbefund, auch die Abdomenleeraufnahme ist wenig ergiebig. Radiologisch findet sich ein sog. "leerer Bauch", da der distale Dünndarm und der Dickdarm nicht überbläht sind. In späteren Stadien kann eine hochgestellte Dünndarmschlinge im linken Oberbauch wegweisend sein.

Klärung bringt die orale Magen-Darm-Passage mit einem wasserlöslichen Kontrastmittel, z. B. Gastrografin® (Barium ist im Ileus kontraindiziert!). Sonographisch findet sich eine lebhafte Pendelperistaltik im Real-time Bild bei mäßiger Dilatation. Im Zweifel klärt die operative Exploration als letzte Stufe der Diagnostik die Situation.

➤ ***Tiefer Dünndarmileus***

Beim tiefen Dünndarmileus führen kolikartige Bauchschmerzen das Symptombild an. Anamnestisch sind bei den häufigsten Formen (Briden- und Adhäsionsileus) zumeist Voroperationen nachweisbar.

Die klinische Untersuchung zeigt ein meteoristisch geblähtes Abdomen, auskultatorisch sind hochgestellte, klingende oder sogar spritzende Darmgeräusche nachweisbar.

Die Abdomenleeraufnahme belegt Spiegelbildungen im Mittelbauch.

Sonographisch finden sich die klassischen Zeichen des mechanischen Ileus mit Pendelperistaltik und normalen Darmschlingen distal der Stenose ("Hungerdarm"). Eine Gastrografin®-Passage kann klären, ob es sich um einen komletten Stop handelt.

Merke:

Mechanischer Dünndarmileus:
Bei richtungsweisendem klinischen und sonographischen Befund mit Hungerdarmnachweis ist eine radiologische Passage verzichtbar!

➤ ***Dickdarmileus***

Beim Dickdarmileus stehen Stuhl- und Windverhalt im Vordergrund der Beschwerdesymptomatik.

In der Abdomenleeraufnahme finden sich Dünn- und Dickdarmspiegel bzw. nur Dickdarmspiegel, je nachdem ob die Bauhin'sche Klappe suffizient ist oder nicht. Radiologisch kann in diesen Fällen ein Kolonkontrasteinlauf mit wasserlöslichem Kontrastmittel (Gastrografin®) den genauen Ort des Verschlusses lokalisieren und die Differentialdiagnose zu einer funktionellen Obstruktion (Ogilvie-Syndrom) klären.

➤ ***Differenzierung Obstruktion oder Strangulation***

Die klinische Unterscheidung zwischen einfacher Obstruktion und Strangulation ist nicht ohne weiteres möglich. Zwar weisen Patienten mit einer Strangulation schon primär ein schwereres Krankheitsbild mit Fieber, Leukozytose, Tachykardie und Zeichen der Hämokonzentration auf. Trotzdem beträgt die Richtigkeit der klinischen Differenzierung durch den Chirurgen zwischen diesen Krankheitsbildern nur 50 %! Deshalb kann im Zweifel nur die frühzeitige operative Intervention die Situation klären und die Gesamtprognose verbessern.

➤ ***Paralytischer Ileus***

Beim ***paralytischen Ileus*** führen Meteorismus, Stuhl- und Windverhalt sowie Übelkeit und Erbrechen.

Auskultatorisch ist "Grabesstille" im Abdomen nachweisbar.

Sonographisch sind keine Peristaltik, sondern lediglich wandverdickte dilatierte Schlingen nachweisbar.

In der Abdomenleeraufnahme finden sich Dünn- und Dickdarmspiegel.

Bei der Magen-Darm-Passage mit wasserlöslichem Kontrastmittel findet sich ein langsamer Transport des Kontrastmittels. Im Gegensatz zum kompletten mechanischen Ileus jedoch ist das Kontrastmittel nach spätestens fünf Stunden im Dickdarm nachweisbar. Hier muß die Diagnostik weitergeführt werden, um die Ursachen des zumeist sekundären Ileus zu finden, die es ursächlich auszuschalten gilt (Entzündungen, Elektrolytstörungen, Medikamente, etc.).

Therapie

Die Behandlungsprinzipien für Patienten mit einem mechanischen Ileus ergeben sich aus den pathophysiologischen Veränderungen, die es zu korrigieren gilt. Sie lauten:

1. Substitution von Flüssigkeit und Elektrolyten
2. Systemische Antibiotikatherapie
3. Frühzeitige operative Intervention (Ursachenbeseitigung und Darmdekompression)

Jeder Patient mit einem Ileus muß sofort umfassend versorgt werden, um einer sich entwickelnden Ileuskrankheit von vornherein begegnen zu können.

Eine gute präoperative Versorgung ist wesentlich [→ Kap. I-15].

Bezüglich der Elektrolytbilanz sind drei Hauptmechanismen zu beachten:

1. Isotoner Volumenverlust mit Hämokonzentration, prärenaler Azotämie und peripherer Vasokonstriktion;
2. Metabolische Azidose durch anaeroben Metabolismus bei der Strangulation und
3. Kaliumverluste.

Antibiotikaprophylaxe. Eine Antibiotikaprophylaxe ist wegen der Gefahr einer Sepsis [Durchwanderung bei der Strangulation] grundsätzlich indiziert.

Insbesondere E.coli, Bacteroides und Clostridien müssen durch eine entsprechende Kombination abgedeckt sein. Sind die intraoperativ gewonnenen Kulturen positiv, wird 7–10 Tage behandelt.

Im anderen Fall kann die Therapie nach 48 Stunden beendet werden.

Operation

Klinik, Laborwerte und behandelnder Arzt sind nicht in der Lage, die Vitalität des obstruierten Darmes zuverlässig zu beurteilen. Deshalb ist nur die frühzeitige operative Intervention in der Lage, die Gefahr einer intestinalen Gangrän und damit die Entwicklung einer bakteriellen Peritonitis zu verringern. Intraoperativ gilt es, die Ursache umgehend zu beheben und den gestauten Darm zu dekomprimieren.

➤ ***Dekompression***

Leider existieren zur Zeit keine sicheren objektiven Kriterien, um die Vitalität des Darmes nach einer Strangulation abzuschätzen. Farbe, Peristaltik und mesenteriale Durchblutung sind auch nach einer Erholungszeit keine verläßlichen Kriterien. Deshalb muß im Zweifel der betroffene Abschnitt reseziert werden, um eine Durchwanderungsperitonitis sicher zu verhindern.

Die Darmdekompression muß kritisch beurteilt werden.

Nachteile sind: Anhaltendes Ödem durch intraoperative Manipulationen, anhaltende Sekretion und mögliche Kontamination (massive Translokation durch die Manipulationen).

Vorteile sind: Die mit der intraluminären Drucksenkung verbundene Verbesserung der Durchblutung, die Drucksenkung im Abdomen und die Vereinfachung des Wundverschlusses.

Aus diesem Grund ist die intraoperative Dekompression allgemein akzeptiert. In jedem Fall sollte zur Dekompression eine Intestinalsonde verwendet werden. Das Ausstreifen des Darmes, digital oder mit Klemmen, weist hohe Komplikationsraten (Darmverletzungen, Fistelbildungen, etc.) auf. Ein weiterer Vorteil der Intestinalsonde (z.B. Dennis®-Sonde) ist, daß sie als innere Schienung postoperativ der Rezidivprophylaxe dient.

Ursachenbehebung

Briden und Adhäsionen werden operativ durchtrennt. Oberstes Gebot ist in diesem Fall, den Darm unter keinen Umständen zu verletzen, da das Risiko einer Leckage einer Übernähungsstelle im Ileus hoch ist. Der vorsichtige und sorgfältige Operateur nützt auch hier dem Patienten mehr als ein schneller, aber grober!

Bei zweifelhaften Durchblutungssituationen betroffener Darmabschnitte muß reseziert werden, wie auch bei anderen Ursachen einer Obstruktion (Tumoren, Entzündungen, etc.).

Obturationen werden operativ behandelt, indem die lumenverlegende Ileusursache nach Eröffnung des Darmes entfernt wird. Oberster Grundsatz einer solchen Darmeröffnung ist, den Darm fern von der Obturation in einem nicht durchblutungsgestörten Abschnitt zu eröffnen.

Nur in Ausnahmefällen einer eindeutig nachgewiesenen einfachen Obstruktion (z.B. beim metastasierenden Tumorleiden) darf ein zweizeitiges Vorgehen eingeschlagen werden:

Nach Entlastung mittels einer endoskopisch gelegten Intestinalsonde wird der Patient nach Stabilisierung und Aufhebung der Distension einige Tage später elektiv operiert. In der Regel kann dann reseziert und primär reanastomosiert oder eine Umgehung angelegt werden. Zu dieser Gruppe gehört auch der chronisch rezidivierende Ileus beim Verwachsungsbauch (selten Strangulationen, meist Obturationen bei vorbestehender Abknickung) und der Ileus beim Morbus Crohn (nur bei 5% dieser Fälle muß akut interveniert werden – empfehlenswert ist eine konservative Primärtherapie, um nach Abklingen des akuten Schubes persistierende Stenosen zu resezieren).

➤ ***Paralytischer Ileus***

Beim paralytischen Ileus steht chirurgisch die Sanierung der primären Ursache im Vordergrund. Diese muß rasch gefunden werden, da der manifeste sekundäre paralytische Ileus mit einer Letalität von etwa 1 %/Stunde einhergeht. Nach chirurgischer Ursachensanierung wird die Paralyse unterstützend durch Dekompression, Flüssigkeits- und Elektrolytbilanzierung und evtl. Gabe von Parasympathikomimetika (bzw. Sympatholyse mittels Periduralkatheter) therapiert. Bei der Sonderform der Pseudoobstruktion des Kolons (Ogilvie-Syndrom) ist die umgehende koloskopische Dekompression angezeigt. Nur wenn diese fehlschlägt oder der Verdacht auf Durchwanderung, Ischämie oder Perforation besteht, muß chirurgisch interveniert werden (zökale Stomaanlage), um der drohenden Perforation zu begegnen.

I-17 Peritonitis

Systematik

I. Primäre Peritonitis

- hämatogene Peritonitis (im Kindesalter)
- spontane Peritonitis des Erwachsenen
  - Zirrhoseperitonitis
  - Peritonitis unter Immunsuppression (AIDS, Z.n. Transplantation, etc.)
  - Peritonitis bei nephrotischem Syndrom
  - "Spezifische" Peritonitis (Tbc, Gonorrhoe, Chlamydien, etc.)

II. Sekundäre Peritonitis

- Perforationsperitonitis
- Durchwanderungsperitonitis
- Aszendierende Peritonitis
- Iatrogene Peritonitis
  - Postoperativ
  - Diagnostisch-akzidentell
  - Postinterventionell
  - CAPD-Peritonitis

Differentialdiagnose

- Pseudoperitonitis bei:
  - Diabetes mellitus
  - Porphyrie
  - Urämie
  - C1-Esterase-Mangel (Angioneurotisches Ödem)

Sekundäre Peritonitis

Definition der sekundären Peritonitis

= eine zwar lokal in der Bauchhöhle entstehende, jedoch rasch systemisierte, vom aktiven Gefäß-Bindegewebe getragene und von Überträgersubstanzen (Mediatoren) vermittelte immunologische Reaktion des Organismus, die den Zweck besitzt, den Entzündungsreiz zu beseitigen.

Sie stellt ein septisch-dynamisches Geschehen dar, das je nach Progredienz in unterschiedliche Schweregrade unterteilt werden kann [71].

Ursachen

Das Ursachenspektrum differiert je nach Größe der Klinik. Globale, organbezogene Ursachen:

Perforierte Appendizitis	20–30%
Dünndarm	20%
Dickdarm	30%
Magen/Duodenum	20%
Sonstige	10%

Mikrobiologie

Erreger (Mehrfachnennung möglich, da in unterschiedlichen Kombinationen auftretend):

Aerobe Haupterreger:

– E. coli	50%
– Enterokokken	17%
– Proteus	16%
– Klebsiellen	14%
– Streptokokken	12%

Anaerobe Haupterreger:

– Bacteroides species	72%
– Clostridien	23%
– Peptostreptokokken	13%

Schweregrade

Die Einteilung in Schweregrade empfiehlt sich, da ein differenziertes chirurgisches Verfahrensspektrum zur Verfügung steht, das schweregradorientiert eingesetzt werden sollte.

Basis hierfür ist der **Mannheimer Peritonitisindex (MPI)** (Tab. I-17-1).

Der MPI basiert auf der retrospektiven Auswertung von Prognosefaktoren, die unter Anwendung eines Standardverfahrens erarbeitet wurden.

➤ ***Vorteile***
- jedem Indexwert kann ein prognostisches Letalitätsrisiko zugeordnet werden
- neue Verfahren können am MPI gemessen werden (Basis war das Standardverfahren)
- mit dem MPI kann im OP prospektiv die Therapie festgelegt werden

➤ ***Nachteile***
- relativ undifferenziert, weil wenig Werte
- international nicht anerkannt

Tabelle I-17-1 Mannheimer Peritonitisindex.

Risikofaktor	Punkte	vorhanden ja	vorhanden nein
Alter über 50 Jahre	5	( )	( )
Geschlecht weiblich	5	( )	( )
Organversagen	7	( )	( )
Malignom	4	( )	( )
Präop. Dauer > 24 Std.	4	( )	( )
Ausgangspunkt nicht Dickdarm	4	( )	( )
Ausbreitung diffus	6	( )	( )
Exsudat (nur eine Antwort)			
– klar	0	( )	( )
– trüb-eitrig	6	( )	( )
– kotig-jauchig	12	( )	( )
Summe der "ja"-Antworten: x = (Maximale Punktzahl: 47)			

Tabelle I-17-2 Bewertung des Mannheimer Peritonitisindex.

Schweregrad	Letalitätsrisiko	MPI-Wertebereich
Schweregrad I	0%–10%	0–20
Schweregrad II	10%–30%	21–29
Schweregrad III	30%–80%	>29

Basierend auf diesem Index können drei Schweregrade von prognostischer Relevanz unterschieden werden (Tab. I-17-2).

Diagnose

Der klinische Verdacht auf das Vorliegen einer diffusen Peritonitis impliziert die Indikation zur Operation mit absoluter Dringlichkeit (Notfalloperation!). Diagnostische Hilfsmittel (Röntgen, Sonographie, etc.) können Indizien liefern, sollten aber nicht zu einem Zeitverzug in der Einleitung der Therapie führen. Eine verlängerte Verzögerungszeit (= Zeit vom ersten Auftreten subjektiver Beschwerden bis zur Therapie) verschlechtert die Prognose dieser immer systemischen Erkrankung (Peritonitiskrankheit).

Auch im Zweifelsfall ist die Indikation zur Operation gegeben, da der diagnostische Aspekt der explorativen Laparotomie nicht unterschätzt werden darf. Neuerdings wird in diesen Fällen zunächst die diagnostische Laparoskopie propagiert, die jedoch wegen des regelhaft vorhandenen paralytischen Ileus nicht unproblematisch ist.

Therapie

Standardverfahren

Die Elemente des Standardverfahrens sind folgendermaßen standardisiert:
1. Abstrichentnahme (aerob und anaerob)
2. Grobreinigung und komplette Exploration
3. Sanierung der Infektquelle
4. Intraoperative Spülung
5. Dekompression des Darmes
6. Drainage
7. Primärer Verschluß der Bauchhöhle

➤ ***Abstrichentnahme***

Eine präoperative Antibiotikatherapie sollte nicht erfolgen. Nach Abstrichentnahme (aerob/anaerob) muß jedoch sofort mit einer zunächst ungezielten Antibiotikatherapie begonnen werden. Hierbei muß das Spektrum der häufigsten Erreger abgedeckt sein (s. o.). Denkbar ist ein differenzierter Einsatz entsprechend dem Schweregrad. Leichte Formen können mit einem modernen Penicillin oder einem Cephalosporin der 2. Generation in Verbindung mit Metronidazol therapiert werden (z. B. Piperacillin/Metronidazol; Cefoxitin/Metronidazol; Cefotiam/Metronidazol). Schwere Formen erfordern primär ein Cephalosporin der dritten Generation in Kombination mit Metronidazol (z. B. Cefotaxim/Metronidazol oder Ceftriaxon/Metronidazol); zusätzlich kann der Einsatz von Aminoglykosiden erwogen werden. Alternativ kann Imipenem/Cilastin eingesetzt werden. Nach Eintreffen des Antibiogramms muß eventuell umgestellt werden.

➤ ***Grobreinigung und komplette Exploration***

Grobreinigung und komplette Exploration (auch bei vorbestehenden Verwachsungen!) liefern ein genaues Bild über Ursache und Ausmaß der Erkrankung. Wird unvollständig exploriert, übersieht man bei jedem 8. Patienten einen wesentlichen Zweitbefund bzw. eine intraabdominelle Komplikation.

➤ ***Sanierung der Infektquelle***

Bei der Sanierung des Krankheitsherdes gilt immer noch der Grundsatz, das "dünnste Brett zu bohren", d. h. mit der einfachsten und sichersten Maßnahme die Ursache zu beherrschen. Voraussetzung ist allerdings, daß der Krankheitsherd entfernt wird. Die einfache Drainage eines septischen Herdes, z. B. bei der Divertikulitis beläßt den Entzündungsherd und verzichtet auf die Chance, den Kreislauf zwischen Bakteriennachschub und Mediatorenkatastrophe zu unterbrechen. Diese Befunde sollten grundsätzlich reseziert werden. Leicht- und mittelschwere Peritonitiden lassen es zu, eine primäre Reanastomosierung (unter dem Schutz eines protektiven Stomas) durchzuführen. Bei einer schweren Verlaufsform ist die Diskontinuitätsresektion nach Hartmann der sicherste Weg zur definitiven Sanierung.

➤ ***Intraoperative Spülung***

Die intraoperative Spülung gehört zum etablierten Standard der Peritonitisbehandlung und muß nicht mehr diskutiert werden. Anders sind die Verhältnisse bezüglich der Wahl der Spülflüssigkeit. Da der rein mechanische Säuberungsakt im Vordergrund steht, ist der Einsatz einer einfachen Kochsalz- oder besser Ringerlösung als "goldener Standard" anzusehen. Antiseptische Zusätze oder Lösungen sind grundsätzlich kritisch zu bewerten. PVP-Jodlösung bietet wissenschaftlich keinen Vorteil, kann jedoch das RES (insbesondere im Bereich der Leber) blockieren und die Immunantwort stören, sowie zu Schilddrüsenfunktionsstörungen führen. Taurolidin besitzt ebenfalls eine antiseptische Wirkung. Kontrollierte, randomisierte Studien unter Einbeziehung der Schweregrade fehlen jedoch auch für diese Substanz, so daß über die Wirksamkeit bei der Peritonitis keine fundierte Aussage gemacht werden kann.

➤ ***Dekompression des Darmes***

Auch die Dekompression des obligaten paralytischen Ileus (Sympathikuswirkung) ist nicht unumstritten. Jede Manipulation führt zu einer Mobilisierung des Erregerreservoirs im Darm und zur Translokation von Bakterien in mesenteriale Lymphbahnen und das Pfortadersystem. Dadurch kann ein erneuter septischer Schub ausgelöst werden, wie Untersuchungen im Rahmen der Etappenlavage eindrucksvoll belegen.

Andererseits ist nur die Dekompression in der Lage, den circulus vitiosus zwischen Darmdistension, Durchblutungsstörung und Durchwanderung rasch und effektiv zu unterbrechen. Damit wird die ileusbedingte Bakterientranslokation auf längere Sicht nachhaltig reduziert. Die zusätzliche Verbesserung der Darmdurchblutung, die Reduktion der "third-space-sequestration" hoher Volumina und die motilitätsfördernden Eigenschaften der Dekompression stellen weitere Vorteile dar. Im Fall einer schweren Peritonitis dient die intraluminäre Entlastung auch der Senkung des intraabdominellen Druckes und damit der Prophylaxe des intraabdominellen Kompartmentsyndroms [→ Kap. I-20].

Unter Gewichtung von Vor- und Nachteilen scheint die intestinale Dekompression gerechtfertigt. Technisch sollte der Dekompression mittels einer Dünndarmsonde der Vorzug vor dem manuellen Ausstreifen des Darmes gegeben werden, um Verletzungen oder Fistelbildungen zu minimieren und den Dekompressionseffekt zu optimieren.

➤ ***Drainage***

"Drainage is a confession of imperfect surgery: the more imperfect the technique of a surgeon, the greater the necessity for drainage"

"Es ist besser, eine Drainage zu haben und sie nicht zu brauchen, als sie zu brauchen und nicht zu haben".

Diese beiden Zitate spiegeln den Streit der Drainagebefürworter und -gegner im Extrem wider. Dieser Streit ist bis heute nicht entschieden.

Nachteile einer Drainage sind lokale Komplikationen durch Arrosionen, sie stellen Infektionswege dar und können dem Chirurgen eine falsche Sicherheit vermitteln.

Vorteile sind die anhaltende Ableitung von infektiösem Material und Sekret, die diagnostische Möglichkeit der Erkennung einer Blutung, die therapeutische Drainage einer lokalisierten Insuffizienz und die therapeutische Zugangsmöglichkeit zur Abdominalhöhle.

Für die Mehrzahl der Chirurgen überwiegen bei der Peritonitis die Vorteile, so daß sie Drainagen plazieren. Wird drainiert, müssen die Prädilektionsorte für Sekretansammlungen erreicht werden. Dieses sind der Douglasraum, die beidseits parakolische Region und das Subphrenium (Sogwirkung des Zwerchfells) [72].

➤ ***Effektivität***

Das Standardverfahren ist in der Lage, die leichteren Verlaufsformen der diffusen Peritonitis (MPI-Werte 0–20) und damit 50–60% der Peritonitiden effektiv zu behandeln. Schwerere Peritonitiden bedürfen grundsätzlich alternativer Behandlungsmethoden.

Kontinuierliche postoperative Lavage (KPL)

➤ ***Methodik***

Standardverfahren (Punkte 1–7) + postoperative Dauerspülung über 72 Stunden

Die KPL dehnt die Vorteile der intraoperativen Spülung auch auf die postoperative Phase aus. Unter den Voraussetzungen einer effektiven Zugangsmöglichkeit (jeweils zwei Zulauf- und Ablaufdrainagen) und einer ausreichend großen Spülmenge von 24–48 Litern/24 Stunden, kann die Abdominalhöhle nachweislich komplett und effektiv über 72 Stunden gespült werden. Die Gefahr der Entwicklung von Spülstraßen ist um so geringer, je eher die Spülung beginnt und je größer die Spülmenge ist [74].

➤ ***Vorteile***

- effektives Herauswaschen von Sekret
- Möglichkeit der Peritonealdialyse
- Zufuhr von Elektrolyten

➤ ***Nachteile***

- Retention der Spülflüssigkeit
- Protein- und Elektrolytverluste
- erhöhte Fistelinzidenz

➤ ***Effektivität***

Obwohl fast alle Chirurgen, die diese Methode einsetzten, subjektiv das Verfahren favorisieren, bleiben die Ergebnisse der statistischen Auswertungen weniger deutlich. Nicht alle prospektiv randomisierten Studien konnten den subjektiven Eindruck wissenschaftlich untermauern. Trotzdem bleibt dieses Verfahren wegen der theoretischen Vorteile und der geringen Komplikationsrate im Vergeich zu den offenen Behandlungsmethoden eine Alternative in der Therapie der schwergradigen Peritonitis.

Etappenlavage

➤ ***Methodik***

- Standardverfahren (Punkte 1–5)
- aber: – keine Drainagen
- temporärer Bauchdeckenverschluß
- tägliche Reexplorationen
- tägliche Spülungen
- definitiver Bauchdeckenverschluß nach Kontrolle des Infekts

➤ ***Vorteile***
- Die "Infekthöhle Abdomen" wird über das Laparostoma komplett drainiert
- Tägliche Re-Explorationen decken Komplikationen frühzeitig auf
- Sekretansammlungen oder Abszesse können therapiert werden
- Die Vitalität von Organen und Anastomosen wird kontrolliert
- Subjektiv bedingte Therapieverzögerungen werden ausgeschlossen
- Senkung des intraabdominellen Druckes
- ein Kompartmentsyndrom wird effektiv behandelt
- das Laparostoma kann im Bedarfsfall sekundär heilen

➤ ***Nachteile***
- erhöhte Fistelrate in exponierten Darmschlingen
- Flüssigkeits- und Elektrolytverlust
- Eviszerationen
- längere Beatmungszeiten
- mögliche Kontamination

Die Nachteile können durch eine entsprechende Technik kompensiert werden. Die Wahl des Materials zum temporären Bauchdeckenersatz beeinflusst die Rate von Fistelbildungen und das Ausmaß des Flüssigkeits- und Elektrolytverlustes. Biodegradable Netze z. B. weisen signifikant weniger Fistelkomplikationen auf als nicht degradable Kunststoffnetze. Der Einsatz einer durchsichtigen Folie erlaubt die Beurteilung des Darmes, ohne zu einem massiven Flüssigkeitsverlust über das Laparostoma zu führen [75].

➤ ***Effektivität***

Die Etappenlavage ist statistisch signifikant in der Lage, die Letalität der schweren Peritonitis zu reduzieren. Wegen ihrer höheren methodenspezifischen Komplikationsrate ist sie jedoch kein Verfahren für leichtgradige Formen.

Unklarheiten bestehen noch bezüglich der Kriterien für die Beendigung der Etappenlavage. Bisher gilt die allgemeine Aussage, daß das Verfahren abgeschlossen werden kann, wenn der Infekt kontrolliert ist.

Differenziertes Konzept

Unter diesen Voraussetzungen beschrieben wir erstmals ein Konzept einer differenzierten schweregrad-orientierten chirurgischen Therapie der diffusen sekundären Peritonitis [73].

Bei der Primäroperation wird der Schweregrad mittels des Mannheimer Peritonitisindexes bestimmt. Der Schweregrad I (MPI-Wert 0–20) wird dem Standardverfahren zugeführt, der Schweregrad II der KPL und der Schweregrad III der Etappenlavage.

➤ ***Algorithmus zur differenzierten Therapie der diffusen Peritonitis***

Primäroperation

↓

Diagnose einer diffusen, sekundären Peritonitis

↓

Bestimmung des Schweregrades
(Mannheimer Peritonitisindex)

↓

Prospektive Festlegung des Therapieverfahrens

↓

Schweregrad I (MPI 0–20)	**Schweregrad II (MPI 21–29)**	**Schweregrad III (MPI > 29)**
↓	↓	↓
Standardverfahren	**KPL**	**Etappenlavage**

Die prospektive Überprüfung dieses Therapiekonzeptes in der eigenen Klinik führte zu einer deutlichen Senkung der Gesamtletalität der Peritonitis.

Bezogen auf den APACHE-II-Score hätte die bei bisher 39 Patienten unter alleiniger Anwendung des Standardverfahrens zu erwartende Letalität 51 % betragen müssen. Tatsächlich wurde unter Anwendung des differenzierten Konzeptes eine Gesamtletalität von 18 % erzielt [76, 77].

Literatur

– siehe Gesamt-Literaturverzeichnis im Anhang –

I-18 Akute Pankreatitis

Pathomechanismen

Die akute Pankreatitis stellt einen Autodigestionsprozeß dar, der durch eine vorzeitige Aktivierung von Zymogenen zu aktiven proteolytischen Enzymen schon in der Bauchspeicheldrüse verursacht wird.

Hypothesen der Pathogenese

1. *Obstruktion – Sekretion:* Vermutet wird eine relative Abflußbehinderung für das Pankreassekret. Sie kann darin bestehen, daß ein Abflußhindernis (Stenose, Stein, etc.) oder eine exzessive Produktion von Sekret mit einer relativen (funktionellen) Abflußbehinderung an der Papille vorliegt.

2. *Reflux von Duodenalinhalt:* Experimentell kann so eine akute Pankreatitis ausgelöst werden. Beim Menschen in der Mehrzahl der Fälle nicht die Ursache.

3. *Gallereflux:* Die "common-channel-Hypothese" trifft auf die akute, biliäre Pankreatitis zu ("Opie-Mechanismus"). Möglicherweise ist aber nicht die zurückfließende Galle, sondern die passagere oder permanente Obstruktion des Ductus Wirsungianus durch eine Steinpassage oder einen eingeklemmten Stein die Ursache.

4. *Veränderte Permeabilität des Gangsystems:* Normalerweise ist das Gangsystem für Substanzen mit einem Molekulargewicht > 3000 Dalton nicht durchlässig. Eine erhöhte Permeabilität kann durch Äthanol, Acetylsalicylsäure, Histamin, Prostaglandin E_2, Kalzium und Gallensalze erzielt werden. Dadurch können Phospholipase A, Trypsin und Elastase in das interstitielle pankreatische Gewebe einwandern. Dies verursacht experimentell eine Pankreatitis.

5. *Vorzeitige Zymogenaktivierung:* Die Pankreasproteine (digestive Zymogene und Enzyme) werden in der Azinuszelle produziert, in Zymogengranula verpackt und kondensiert. Diese entleeren sich per Exozytose ins Azinuslumen. Die Zelle selbst schützt sich vor einer vorzeitigen Aktivierung durch einen intrinsischen pankreatischen Trypsin-Inhibitor. Fehler in diesem Ablauf können zu einer vorzeitigen Trypsinaktivierung führen. Dies führt im Tierexperiment zu einer akuten Pankreatitis.

Pathophysiologie

Lokale Wirkung

Die Aktivierung der pankreatischen Enzyme ist der zentrale Schritt in der Pathogenese der akuten Pankreatitis.

Experimentell können die aktivierten Enzyme Trypsin und Chymotrypsin allein keine massive nekrotisierende Pankreatitis auslösen. Sie können jedoch unter bestimmten Voraussetzungen der Katalysator für die Aktivierung der Autodigestionskaskade der akuten Pankreatitis sein. Dabei kann die aktivierte Phospholipase A_2 in Anwesenheit von geringen Gallensäurenkonzentrationen zu einer schweren Nekrose von Pankreasparenchym und Fettgewebe führen. Hauptangriffspunkt sind die Phospholipide der Zellmembran. Unter Einwirkung der Phospholipase werden hier hochpotente Mediatoren der Entzündung (SIRS – systemic inflammatory response syndrome) freigesetzt. Unter Einwirkung der Phospholipase entsteht aus den Phospholipiden Arachidonsäure, die durch die Cyclooxygenase bzw. Lipooxygenase zu den Eicosanoiden (Prostaglandine, Leukotriene, Lipoxine, Thromboxane) umgewandelt wird. Dadurch wird eine Mediatorenkaskade ausgelöst, die ihrerseits wiederum zu weiteren lokalen und systemischen Wirkungen führen.

Durch eine partielle Hydrolyse der Zellmembranphospholipide entstehen z. B. Lysolecithin und Lysokephalin, deren zytotoxische Eigenschaften die Wirkung der Phospholipase potenzieren. Die biologischen Wirkungen dieser Substanzen verstärken Schwere und Ausmaß der Entzündung.

Die Elastase, ebenfalls durch Trypsin aktiviert, zerstört hauptsächlich die elastischen Fasern der Blutgefäße und führt so zu Gefäßarrosionen und Blutungen.

Systemische Wirkungen

Neben der Freisetzung dieser zellulären Mediatoren werden durch die Pankreatitis gleichzeitig die humoralen Mediatorsysteme aktiviert. Dazu gehören das Komplementsystem, die Gerinnungskaskade, das Kallikrein-Kinin-System und das Renin-Angiotensin-System.

Merke:

Akut entzündete Bauchspeicheldrüse:
Sowohl Quelle, als auch Erfolgsorgan von Mediatoren!

Klinische Folgen

Die Alteration der Gerinnungskaskade kann zu einer disseminierten intravasalen Gerinnung mit der Ausbildung hyaliner Thromben führen.

Die überschießende Aktivierung des Kallikrein-Kinin-System führt über ihr breites biologisches Spektrum (u. a. Vasodilatation und Erhöhung der Gefäßpermeabilität) in Verbindung mit Histamin und den Prostaglandinen zur Entwicklung eines Schocks. Die Mediatoren bewirken eine ausgeprägte Vasodilatation mit Zusammenbruch des peripheren Widerstandes. Als Folge für den Gesamtorganismus kommt es zu Blutdruckabfall und infolge eines reduzierten venösen Rückstromes zu einer Verminderung des Herzzeitvolumens.

Der Organismus reagiert auf diese Situation mit der Ausschüttung von Adrenalin und Vasopressin (***sog. sympatho-adrenerge Reaktion***), um das erniedrigte Herzzeitvolumen zu kompensieren und durch eine Vasokonstriktion im Kapillarbereich die Schockfolgen zu begrenzen. Die Folge ist eine Tachykardie aber auch eine weitere Abnahme des peripheren Widerstandes, da die Vasokonstriktion als Kompensationsmechanismus nur eine begrenzte Zeit aufrechterhalten werden kann.

Schon bald tritt eine irreversible Dilatation im präkapillären Arteriolenbett auf. Gewebsödem, Hypoxie und weitere Hämokonzentration sind die Folge. Parallel dazu verstärken die Mediatoren der Entzündung die generalisierte Permeabilitätserhöhung im Bereich der peripheren Endstrombahn und damit natürlich auch in der Bauchspeicheldrüse.

Das Ödem im Bereich der kapillaren Endstrombahn tritt bevorzugt als interstitielles Ödem auf, das sich z. B. an der Lunge durch Verlängerung der Gasaustauschstrecke in einer gestörten Oxygenierung des Blutes manifestiert. Weitere Folge der Hämokonzentration ist die Entwicklung einer nachhaltigen Hypovolämie.

In der Folge tritt das Schockgeschehen beschleunigt in die zweite, irreversible Phase ein. Vermindertes Herzzeitvolumen, Zusammenbruch des peripheren Widerstandes, Hypovolämie mit Hämokonzentration und überschießende Freisetzung von Mediatoren bewirken über eine irreversible Dilatation der Gefäße eine Stase der Blutsäule, in deren Folge Hypoxie und Azidose auftreten.

Diese Milieuänderung hat existentielle Folgen für die zelluläre Integrität. Es kommt zu einer vakuoligen Degeneration der Zelle mit Versagen der Natrium-/Kaliumpumpe. Anfallende Sauerstoffradikale führen z. B. über eine Lipidperoxydation zu Membranzerstörungen und der Freisetzung kardial und insbesondere renal hochtoxischer Zerfallsprodukte. Dazu gehören Lipidkohlenstoffradikale, Lipidperoxyradikale, Alkoxyradikale, Endoperoxide, Aldehyde u. a. m. Lysosomenmembranen werden durch den Sauerstoffmangel durchlässig, so daß es zur Freisetzung proteolytischer Fermente kommt, die im Sinne eines *"**Autokannibalismus**"* ebenfalls toxische Fragmente freisetzen. Die Stoffwechselsituation der Gewebe ist geprägt durch eine verminderte periphere Sauerstoffutilisation, den Zusammenbruch mitochondrialer Prozesse, Hypoxie und Azidose.

Die Auswirkungen der Mediatorenexplosion auf das Gerinnungssystem und die Thrombozyten bestehen in der Aktivierung der Gerinnung und Thrombozytenaggregation. Die dadurch freiwerdenden Substanzen ADP, vasoaktive Amine, Histamin, Serotonin, Plättchenfaktor III, Thromboplastin und der aktivierte Faktor XII des intrinsischen Systems führen unter weiterer Thrombozytenaggregation rasch zum frühzeitigen Auftreten einer disseminierten intravasalen Gerinnung (DIC) mit der globalen Bildung von hyalinen Mikrothromben. Diese lassen sich pathologisch-anatomisch in Lunge, Niere und Leber, also den klinisch relevanten Schockorganen nachweisen. Sie führen prompt über eine Verlegung der peripheren Strombahn zu einer weiteren Verschlechterung der Organfunktion. Am Beispiel der Lunge führt das Auftreten von Mikrothromben zu einer deutlichen Zunahme der pulmonalen Kurzschlußblutmenge (Shuntvolumen), die bis zu 67 % des Herzzeitvolumens ausmachen kann. Klinische Folge ist eine respiratorische Insuffizienz, die wegen der beschriebenen zusätzlichen Diffusionsstörung infolge des interstitiellen Lungenödems nicht kompensiert werden kann. Die Patienten werden innerhalb kurzer Zeit beatmungspflichtig.

Im Bereich des Hypothalamus führen Mediatoren zu einer zentralen Temperatursteigerung. Weitere biologisch-toxische Wirkungen betreffen die Leber (Freisetzung von Transaminasen und LDH), die Niere (akutes Nierenversagen) und die Nebenniere (Ausschüttung von Streßhormonen bis zur "Erschöpfungsinsuffizienz"). Insgesamt betrachtet, bedeutet die Ausschüttung der Mediatoren eine Verschlechterung der Schocksymptomatik auf fast allen Ebenen des Organismus.

Formen

1. Akute, ödematöse Pankreatitis (milde Verlaufsform)
2. Akute, hämorrhagisch-nekrotisierende Pankreatitis (schwere Verlaufsform)
   - mit umschriebenen (partiellen) Nekrosen
   - mit ausgedehnten (diffusen) Nekrosen

Ätiologie

Cholelithiasis und Alkoholismus sind die häufigsten Ursachen der akuten Pankreatitis. Hierbei zeigt die äthylische Pankreatitis eine zunehmende Tendenz.

Tabelle I-18-1 Ursachen der akuten Peritonitis.

Ursache		Unterschied 1980/1885
alkoholisch	34%	+ 20%
biliär	32%	− 34%
unbekannt	22%	+ 10%
andere	12%	+ 4%

Inzidenz

50–100/1 Million Einwohner/Jahr

Geschlechts- und Altersverteilung:
Äthylische Genese: 36 ± 2 Jahre; biliär: 63 ± 5 Jahre.
Bei den alkoholischen Pankreatitiden führen die Männer, bei den biliären die Frauen.

Verlauf

- ca. 80–90% milde Verlaufsform
- ca. 10–20% schwere Verlaufsform

Die Differenzierung der Verlaufsformen kann klinisch durch Objektivierung der systemischen Auswirkungen, radiologisch durch Bestimmung des Nekroseausmaßes und mittels Punktion und bakteriologischer Untersuchung (infizierte und nicht-infizierte Nekrosen) grob getroffen werden. Besser erscheint ein Score-

Tabelle I-18-2 Prognosekriterien nach Ranson.

0 Stunden:	Alter > 55 Jahre Leukozyten > 16000 / µl Glucose > 11 mmol/l (> 200 mg/100 ml) LDH > 350 U/l GOT > 150 U/l
48 Stunden:	Hämatokritabfall > 10% Harnstoffstickstoffanstieg im Serum > 5 mg/100 ml [Entspricht Harnstoff-Anstieg um 1,8 mmol/l bzw 10,8 mg/100 ml] Kalzium < 2 mmol/l (< 8 mg/100 ml) PO_2 < 60 mmHg unter Raumlauft Basendefizit > 4 mÄq/l Flüssigkeitssequestration (geschätzt) > 6000 ml

Anzahl der Prognosepunkte	Letalität
0– 2	2%
3– 3	18%
5– 6	40%
7–11	100%

System, das bestimmte Verlaufsformen mit definierten Letalitätsraten korreliert (Tab. I-18-2).

Klinik

(Gürtelförmiger) Schmerz	95%
Rückenschmerz	50%
Übelkeit/Erbrechen	80%
"Gummibauch"	50%
Fieber	70%

Cullen – Zeichen: Ekchymosen periumbilikal
Grey-Turner Zeichen: Ekchymosen der Flanke

Diagnose

Für die Diagnose der akuten Pankreatitis sind Anamnese und klinischer Befund nur wenig aussagefähig. Typische Anamnesekonstellationen sind oft erst nach Suggestivfragen retrospektiv zu erheben. Enzymerhöhungen von Amylase und Lipase im Serum sind zunächst diagnostisch richtungsweisend.

Die Sicherung der Diagnose erfolgt über die bildgebenden Verfahren. Dabei ist die Aussagekraft der Sonographie wegen des häufig bestehenden Meteorismus und der Darmparalyse nicht selten eingeschränkt. Regelmäßige Ultraschallkontrollen sind vor allem zur Verlaufsbeurteilung und zur Erfassung von Komplikationen und Spätfolgen geeignet. Die Sensitivität der Sonographie bei der akuten Pankreatitis liegt zwischen 70 und 85%.

Gold Standard in der Diagnostik der akuten Pankreatitis ist die Computertomographie [CT], die speziell als Angio-CT differenzierte diagnostische Aussagen [Unterscheidung ödematöser und nekrotisierender Verlaufsformen] erlaubt.

Legt die primäre Diagnostik den Verdacht auf eine biliäre Genese der Pankreatitis nahe, so empfiehlt sich die frühzeitige diagnostische ERC [endoskopisch retrograde Cholangiographie] zur Objektivierung möglicher Gallengangskonkremente ggf. mit Erweiterung um eine endoskopische Papillotomie [EPT] als therapeutische Maßnahme.

Therapie

Entsprechend der unterschiedlichen Verlaufsformen präsentiert die akute Pankreatitis ein buntes Bild unterschiedlicher klinischer Manifestationen, die von milden, transitorischen Krankheitsverläufen bis zum Tod in der Sepsis reichen können.

Da keine spezifische Therapie zur Verfügung steht, den zentralen Prozeß der Autodigestion zu unterbrechen, bleibt die Therapie grundsätzlich symptomatisch, bzw. reagiert auf pankreatitisbedingte Komplikationen.

Die symptomatische Therapie der ödematösen Pankreatitis entspricht bei kritischer Betrachtung dem einfachen Abwarten des therapeutisch unbeeinflußten Spontanverlaufes. Alle durchgeführten Maßnahmen sind nach wissenschaftlichen Kriterien nicht in der Lage, den Verlauf signifikant zu beeinflußen (Tab. I-18-3).

Damit wird deutlich, wie gering der medizinische Einfluß auf den Verlauf der Erkrankung ist.

Tabelle I-18-3 Wertigkeit der therapeutischen Maßnahmen bei der akuten, ödematösen Pankreatitis.

Behandlungsmaßnahme	Klin. Argument	Wiss. Signifikanz
Magensonde	Reduktion der Gastrinsekretion	n.s
H_2-Rezeptorenblocker	Streßulkusprophylaxe	n.s.
Anticholinergika	Reduktion der Sekretion	n.s.
Aprotinin	Kallikreininhibitor	n.s.
Glucagon	Sekretionshemmung M+P	n.s.
Calcitonin	Vagusblockade	n.s.
Antibiotika	Prophylaxe d. Superinfektion	n.s.
Indomethacin	Prostaglandin-Antagonist	weniger Schmerzen
$CaNa_2$-EDTA	Proteasen-Inhibitor	n.s.
Gabexat-Mesilat	Phopholipase-Inhibitor	n.s.
Peritoneallavage	Toxinausschwemmung	n.s.
Parenterale Ernährung	Sekretionsreduktion	n.s.
Somatostatin	Sekretionshemmer	n.s
Frischplasmen		n.s.

n.s. = nicht signifikant

Rationale klinisch-therapeutische Maßnahmen sind:

- Volumensubstitution
- Magensonde nur zur subjektiven Erleichterung (Erbrechen, ausgeprägte Übelkeit, manifester paralytischer Ileus)
- Schmerzbekämpfung: Klinisch sehr gut wirksam ist hier das Lokalanästhetikum Procainhydrochlorid [Novocain® i. v. verabreicht, 1–2 g/24 h; es erfordert allerdings eine Monitorüberwachung wegen der kardialen NW, [**Achtung:** Keine Morphinderivate – Papillenspasmus!]
- Wiederholte klinische und sonographische Kontrollen zum Ausschluß von Komplikationen
- Orale Nahrungskarenz zur Ruhigstellung des Pankreas (das durch die Entzündung ja eigentlich schon ruhiggestellt ist) bringt subjektive Erleichterung
- Kostaufbau nach Schmerzfreiheit ohne Medikamente bzw. Normalisierung der Enzyme (ca. 10–20% erleiden ein subjektives oder laborchemisches Rezidiv [Schmerzen, Enzymanstieg])

Merke:

Akute ödematöse Pankreatitis:
Chirurgische Maßnahmen nur bei Komplikationen oder bei biliärer Genese!

Biliäre Pankreatitis

Bei einer permanenten Obstruktion durch einen in der Papille eingeklemmten Stein ist eine frühzeitige EPT durchzuführen. Flottierende Choledochuskonkremente müssen nicht notfallmäßig, sollten jedoch bald im Verlauf entfernt werden (EPT).

Eine Cholezystolithiasis sollte bei der biliären Pankreatitis nach Abklingen des akuten Schubes, jedoch während desselben stationären Aufenthaltes operiert werden. Optimaler Zeitpunkt ist, die Operation innerhalb einer Woche nach Normalisierung der Amylase/Lipase-Werte durchzuführen.

Die Gesamtletalität von ca. 10% wird im wesentlichen von den schweren nekrotisierenden Verlaufsformen der Pankreatitis bestimmt. Doch auch hier muß heute weiter differenziert werden.

Akute nekrotisierende Pankreatitis

Hauptprognosekriterium ist die Infektion von Nekrosen (Tab. I-18-4). Etwa 40% der nekrotisierenden Pankreatitiden weisen im Verlauf infizierte Nekrosen bis zur Abszedierung auf. Ohne Superinfektion liegt die Letalität bei ca. 10%, bei kontaminierten Nekrosen steigt sie jedoch bis auf 30% an.

Standardtherapie

der akuten nekrotisierenden Pankreatitis ist zunächst die konservative Therapie unter intensivmedizinischen Bedingungen:

- Totale parenterale Ernährung [TPE] zur Energiebereitstellung und zur Senkung der endogenen und exogenen Sekretionsstimulation; evtl. H2-Rezeptorenblok-

Tabelle I-18-4 Komplikationen Infizierter im Vergleich zu sterilen Nekrosen bei akuter nekrotisierender Pankreatitis.

Komplikationen	Infizierte Nekrosen	Sterile Nekrosen
Kardiovaskulär (Schock)	31%	7%
Respiratorische Insuffizienz	40%	14%
Niereninsuffizienz	42%	22%
Sepsis	36%	9%
Gastrointestinale Blutung	18%	6%

ker, Effekt statistisch nicht abgesichert. Ziel der TPE ist die hyperkalorische Ernährung mit einer positiven Stickstoffbilanz (incl. Fett nach 24–48 Stunden)
- Systematische Organprotektion zur MOV-Prophylaxe [→ Kap.II-42 Organprotektion in der Sepsis]
- Volumensubstitution (incl. ZVD, Blasenkatheter, invasives Monitoring, PA-Katheter oder COLD-System); die Urinproduktion soll mindestens dem Körpergewicht in ml pro Stunde entsprechen (bei 70 kgKG = 70 ml/h), ideal sind ca. 100 ml/h
- Kreislaufüberwachung (Monitor, invasives Monitoring) und frühzeitige Gabe von Katecholaminen zur Kreislaufstabilisierung [→ Kap. II-42, S. 533 ff]; sie reduzieren die Flüssigkeitssubstitution und mindern die Gefahr der Überwässerung (Arterenol® zur primären Vasotonisierung, Suprarenin® bei erforderlicher Inotropieunterstützung, Dopamin® 200–400 µg/min zur Nephroprotektion, Dobutrex® 200–400 µg/min im Rahmen der ARDS-Prophylaxe)
- Magensonde zur Dekompression (bei paralytischem Ileus, beatmeten Patienten, Übelkeit und Erbrechen)
- Analgesie (Procain-HCl)
- Kontrolle der Blutgase (Basenhaushalt, Sauerstoffsättigung) und der Respirationsparameter; ARDS-Gefahr! (bis 40%); Prophylaxe: Ödemprophylaxe (Flüssigkeitsbilanzierung, HAES, Dextran 40, etc.), frühzeitige Intubation und Beatmung, obligater moderater PEEP 4–8 cm H_2O
- Kontrolle der Retentionswerte und frühzeitige CVVH bei Niereninsuffizienz
- Eine antibiotische Therapie kann als Prophylaxe die Infektion von Nekrosen nicht verhindern;
  therapeutisch (auch nach Nekrosektomie und Bursalavage) erscheint sie sinnvoll.
  Sinnvolle Kombinationen: Ciprofloxacin und Clindamycin oder Cefotiam/Cefotaxim und Metronidazol.

Merke:

Akute nekrotisierende Pankreatitis:
Die ersten Behandlungstage gehören der Intensivtherapie!

Damit ist gemeint, daß frühe chirurgische Interventionen keinen Vorteil für den Patienten ergeben. Die Nekrosen sind so fest, daß eine Nekrosektomie ohne Morbiditát nicht möglich ist. Die prophylaktische Bursalavage ist zu diesem Zeitpunkt wenig effektiv. Sie kann keine Nekrosen wegspülen und eine Infektion der Nekrosen oder eine Abszeßentwicklung nicht verhindern.

➤ ***Operationsindikationen in der Frühphase***

Begründet durch die vorgenannten Ausführungen ist die Operation in der Frühphase der nekrotisierenden Pankreatitis die *Ausnahme. Indikationen* zu einer frühen chirurgischen Intervention ergeben sich lediglich aufgrund chirurgisch behandlungsbedürftiger Komplikationen:

- Arrosionsblutungen
- Gefäßkompressionen
- Segmentale oder ausgedehnte Darmnekrosen
- Darmperforationen
- Gastrointestinale Blutungen
- Hohlorganokklusionen
- Eingeklemmter Papillenstein, der endoskopisch nicht zu entfernen ist
- Differentialdiagnostische Probleme, wenn eine andere Erkrankung vermutet wird, die zwingend die Operation vorschreibt

Indikationen zur operativen Intervention in der Spätphase

- der Pankreasabszeß
- die infizierte Nekrose.

Früher obligatorische Indikationen, wie

- Nekroseausmaß von > 50% (Zeitpunkt: ab dem 12. Krankheitstag)
- Anhaltende Pankreatitis trotz maximaler intensivmedizinischer Therapie (Versagen der konservativen Therapie) oder
- Verschlechterung des Patienten mit Versagen eines oder mehrerer Organsysteme

gelten heute allenfalls noch als relative Indikationen und sind wissenschaftlich umstritten.

Bezüglich des Nekroseausmaßes hat sich in kontrollierten Studien diese Operationsindikation nur dann als sinnvoll herausgestellt, wenn die Nekrosen infiziert waren. Sterile Nekrosen können auch unter Weiterführung der konservativen Therapie organisiert werden und der Patient würde nur den Nebenwirkungen der Operation ausgesetzt, ohne davon zu profitieren.

Das "Versagen der konservativen Therapie" bzw. das progrediente Organversagen haben oft Ursachen, die durch eine Operation nicht zu beheben sind (respiratorische Insuffizienz durch Überwässerung, Niereninsuffizienz durch falsche Bilanzierung, etc.). Natürlich kann die Folge einer schlechten Intensivtherapie nicht durch eine Operation kompensiert werden.

Das zweite Argument gegen diese relativen Indikationen ist die Tatsache, daß die Mediatorenexplosion der Pankreatitis nicht wesentlich durch eine Entfernung der Nekrosen zu beeinflussen ist. Demzufolge darf der Effekt einer solchen Therapie nicht überschätzt werden.

Operationsverfahren

Bei entsprechender Indikation ist die Nekrosektomie mit anschließender Bursalavage das Verfahren der Wahl der chirurgischen Therapie der akuten nekrotisierenden Pankreatitis.

Resektionen opfern zuviel gesundes Gewebe, da intraoperativ zwischen Nekrosen und potentiell reversiblen Entzündungen nicht unterschieden werden kann. Histologisch finden sich in Resektionpräparaten, die der Chirurg als 100% avital bezeichnete in bis zu 50% funktionsfähige Zellen.

➤ ***Technik***

Oberbauchquerschnitt, Eröffnung der Bursa, vorsichtige Nekrosektomie, möglichst digitoklastisch. Nach komplettem Debridement auch der parakolischen und pararenalen Nekrosen erfolgt die Blutstillung und die Spülung. Danach werden weiche Drainagen in die Bursa plaziert, über die die postoperative Bursalavage erfolgen kann. Die Bursa wird verschlossen, die Bauchhöhle ebenfalls.

➤ *Kriterien der Bursalavage* (nach Beger et al.)

Dauer	25 Tage (5–90)
Spülmenge	7 Liter (4–20)
Intensivtherapie	7 Tage (0–42)
Krankenhausdauer	60 Tage (16–150)
Reoperationen	23%
Letalität	8%

In schweren Fällen kann die Bursa offengelassen und die Bauchdecke als Laparostoma temporär verschlossen werden. Dann kann z. B. im Rahmen einer Etappenlavage [→Kap. I-17 und I-20] oder einer kontinuierlichen offenen Spülung die Effektivität der Bursalavage erhöht werden.

I-19 Akute Cholezystitis

Definition

Die akute Cholezystitis ist eine primär chemische, sekundär bakterielle akute Entzündung der Gallenblasenwand infolge einer absoluten (mechanischen) oder relativen (funktionellen) Obstruktion am Gallenblasenausgang (Infundibulum resp. Ductus cysticus). Sie stellt eine Komplikation des Gallensteinleidens dar.

Einteilung

I. Akute Cholezystitis mit mechanischer Obstruktion (ca. 95%)

(Synonyme: Steinbedingte akute Cholezystitis, kalkulöse akute Cholezystitis)

II. Akute Cholezystitis mit funktioneller Obstruktion (ca. 5%)

(Synonyme: steinfreie akute Cholezystitis, akalkulöse akute Cholezystitis, Streßcholezystitis)

Merke:

Akute Galle in der Intensivmedizin:
Fast immer durch funktionelle Obstruktion!

Formen

Pathologisch-anatomisch durchläuft die akute Cholezystitis alle Formen von der einfachen serösen Cholezystitis über phlegmonöse Formen bis zur nekrotisierenden bzw. gangränösen Cholezystitis. Sie stellt also entsprechend ihrer Pathogenese eine progredient-dynamische Entzündung dar, die sich von einer unkomplizierten und primär abakteriellen Entzündung unter dem Auftreten von Durchblutungsstörungen und bakterieller Superinfektion zu einer komplizierten, schwergradigen und lebensbedrohlichen Infektion entwickeln kann. Der Aspekt zum Zeitpunkt der Operation stellt nur eine Momentaufnahme in diesem dynamischen Geschehen dar.

Komplikationen

Emphysematöse Cholezystitis

= akute, durch Klostridien oder andere gasbildende Bakterien (z. B. anaerobe Streptokokken) superinfizierte Cholezystitis. Pathognomonisch ist der radiologische Nachweis von Luft in Gallenblasenwand, Gallenblasenlumen, im extrahepatischen Gallengangssystem oder in der Umgebung der Gallenblase.

Die emphysematöse Cholezystitis tritt bevorzugt bei einer akuten Cholezystitis mit funktioneller Obstruktion ("Streßcholezystitis") in Erscheinung.

Klinisches Bild: Zeichen der komplizierten akuten Cholezystitis mit progredienten Zeichen der Sepsis

Geschlechtsverhältnis: Männer: Frauen = 3 : 1

Diagnose: Radiologisch (Abdomenleeraufnahme, CT) bzw. von einem erfahrenen Untersucher auch sonographisch.

Gallenblasenempyem

= Eiteransammlung in der Gallenblase

Empyema necessitatis

= Penetration eines Gallenblasenempyems in die Bauchdecke

Perforation/Penetration

mit: ***Gedeckter Perforation***
Freier Perforation
Intestinaler Penetration (Cholezysto-enterische Fistel)

Die Perforation der Gallenblase erfolgt zu 95 % auf dem Boden einer akuten Cholezystitis. Absolut gesehen ist bei 2 % aller Patienten mit einer symptomatischen und bei 10 % mit einer akuten Cholezystitis mit einer Perforation zu rechnen.

➤ ***Gedeckte Perforation***
Das pathomorphologische Korrelat der gedeckten Perforation ist der pericholezystitische Abszeß, der subhepatisch, subphrenisch oder intrahepatisch (Segmente IVB und V) lokalisiert ist.

Diagnose: Sonographie; Computertomographie und explorative Laparotomie

➤ ***Freie Perforation***
Das pathomorphologische Korrelat der freien Perforation ist die gallige respektive eitrige diffuse Peritonitis (1 – 2 % aller Patienten mit einer akuten Cholezystitis).

Risikofaktoren: höheres Lebensalter, männliches Geschlecht, Diabetes mellitus (evtl. Tumoren der Gallenblase oder Gallenwege).

Klinisches Bild: Die primär chemische gallige Peritonitis (Cholaskos) entwickelt sich schleichend, mit einem langsam zunehmendem Bauchbefund, der Entwicklung eines paralytischen Ileus, den progredienten Zeichen der Sepsis und im klassischen Fall einer sogenannten "paradoxen Bradykardie".

Diagnose: 1. Klinik (10 %); 2. Sonographie mit Punktion (60–70 %); 3. Explorative Laparoskopie resp. Laparotomie (100 %)

➤ ***Intestinale Penetration***
Das pathomorphologische Korrelat ist die Cholezysto-enterische Fistel zumeist zum Duodenum (60 %), seltener zur rechten Kolonflexur (20 %).

Klinisches Bild: Spontane Besserung des klinischen Bildes nach Druckentlastung durch die "spontane biliodigestive Fistel".

➤ ***Gallensteinileus***
Der Gallensteinileus ist die "Komplikation der Komplikation". Voraussetzung ist die Steinpenetration aus der Gallenblase in den Dünndarm mit Ausbildung einer cholezysto-enterischen Fistel, wobei diese spontane biliodigestive Fistel regelhaft zum Duodenum verläuft.

Ab einem Steindurchmesser von 2,5 cm besteht die Gefahr, daß der Gallenstein zu einem Obturationsileus des Dünndarms führen kann.

Klassische Klinik: Weibliche Patientin, älter als 70 Jahre mit den klinischen Zeichen eines mechanischen Dünndarmileus.

Diagnose: Pathognomonisch ist die Abdomenleeraufnahme, die den tiefen Dünndarmileus und eine Aerobilie belegt.

I. Akute Cholezystitis mit mechanischer Obstruktion (ca. 95 %)

Häufigkeit

ca. 20 % aller Patienten mit einem symptomatischen Gallensteinleiden

Ursachen

Mechanische Obstruktion im Bereich des Infundibulums bzw. des Ductus cysticus durch Gallensteine (95–98 %) oder andere mechanische Ursachen wie Narben, Polypen, etc. (2–5 %).

Pathogenese

Die Blockade am Gallenblasenausgang führt über eine anhaltende Sekretion zu einem Druckanstieg in der Gallenblase, der zunächst durch eine Distension kompensiert werden kann. Schließlich wird jedoch die Durchblutung der Gallenblase beeinträchtigt. Die konsekutive mukosale Ischämie verursacht eine primär mediatorgesteuerte sterile Entzündung.

Im Zentrum steht dabei die Verstoffwechslung der aus Phospholipiden abgeleiteten Arachidonsäure zu den Eicosanoiden (Thromboxane, Prostaglandine, Leukotriene und Lipoxine). Insbesondere die unter Einwirkung der Cyclooxygenase entstehenden Prostaglandine scheinen eine wesentliche Rolle in der mediatorgesteuerten Entzündungsantwort zu spielen. Tatsächlich sind Hemmstoffe der Cyclooxygenase, wie z. B. die nicht-steroidalen Antirheumatika Indomethacin, Ibuprofen und

Diclofenac auch in prospektiven Studien in der Lage, die progrediente Dynamik der akuten Cholezystitis zu verbessern ("Deshalb verläuft eine akute Cholezystitis in einer Rheumaklinik blander als in einer Uniklinik!").

Spontanverlauf

Global sprechen 55–60 % der Patienten auf eine konservative Therapie beim Erstereignis an, 30 % zeigen keine Besserung und 10–15 % entwickeln Komplikationen.

Von den 60 % primär gebesserten Patienten erleidet jedoch innerhalb der nächsten 6–8 Wochen – wenn sie nicht primär operiert werden – jeweils ein Drittel ein Rezidiv oder steinbedingte Komplikationen.

Daraus leitet sich die grundsätzliche Indikation zur operativen Therapie ab.

Klinik

Das klassische Schmerzereignis der akuten Cholezystitis ist der wandernde Dauerschmerz im rechten Oberbauch. Zunächst tritt ein schlecht lokalisierbarer, periumbilikaler viszeraler Schmerz (Zystikusobstruktion) in Erscheinung, der schließlich unter Entwicklung eines parietalen Schmerzes ("Fundusirritation") in den rechten Oberbauch wandert.

Weitere wesentliche Befunde sind Fieber (50 %) und Leukozytose (70–80 %). Ein stärker ausgeprägter Ikterus gehört nicht zum typischen Krankheitsbild.

Diagnose

Bei der körperlichen Untersuchung findet sich ein deutlicher Druckschmerz im rechten Oberbauch, der in fortgeschrittenen Fällen bis zu Peritonismus und Peritonitis reichen kann.

Klassisch ist das Innehalten der Inspiration durch den Patienten, wenn die tiefer tretende Gallenblase die palpierende Hand des Untersuchers erreicht ("Murphy-Zeichen").

Die Diagnose wird klinisch gestellt und sonographisch untermauert. Spezifität und Sensitivität der Sonographie liegen zwischen 50 und 95 %. Die hohe Spannweite wird durch die Art der Untersuchung verursacht.

Die klassischen sonographischen Kriterien (→ Abb. II-11-4, S. 239)
- Vergrößerung und Abrundung der Gallenblase mit unscharfer Randkontur
- Wandverdickung von mehr als 3–4 mm
- echoarmer Randsaum als Ausdruck eines perifokalen Ödems

führen nur in ca. 50 % der Fälle zur richtigen sonographischen Diagnose.

Erst die Einbeziehung der Klinik (sonographisch ausgelöstes Murphy-Zeichen) und die Anwendung dynamischer Sonographieverfahren (CCK-Test, Morphin-Test, Caerulein-Test) führt zu Sensitivitäts- und Spezifitätsraten von 92–95 %.

Im Zweifel bleibt die diagnostische Laparoskopie bzw. Laparotomie das Verfahren der Wahl zur definitiven Diagnoseklärung.

Therapie

Die definitive Therapie der akuten Cholezystitis ist die Cholezystektomie.

Im unkomplizierten Fall bestehen immer noch Kontroversen über den Operationszeitpunkt. Mittlerweile ist jedoch eindeutig belegt, daß die früh-elektive Cholezystektomie das Verfahren der Wahl ist und die Intervallcholezystektomie primär verschleppten (älter als 72 Stunden) Cholezystitiden oder besonderen Risikosituationen beim Patienten vorbehalten bleiben sollte.

Im Vergleich zur Intervallcholezystektomie (ca. 4–6 Wochen nach dem Erstereignis) stellt die früh-elektive Operation das effektivere und risikoärmere Verfahren dar:

Geringere Letalitätsraten (0–3% versus 5–8%), geringere Morbiditätsziffern (6% versus 18%), kürzere Operationszeiten, kürzere Krankenhausverweilzeiten (12 versus 21 Tage) und die Verhinderung von Notfalloperationen während der Wartezeit (0% versus 20%) sind eindeutige Argumente, die früh-elektive Cholzystektomie der Intervallcholezystektomie vorzuziehen.

Die *früh-elektive Cholezystektomie* wird innerhalb von 24–48 Stunden nach Symptombeginn durchgeführt. Regelhaft wird der Patient in die Klinik aufgenommen und die Verdachtsdiagnose gesichert. Anschließend beginnt man mit der konservativen Therapie. Nahrungskarenz und die Verabfolgung eines Antibiotikums stehen hierbei im Zentrum der Maßnahmen. Geeignete Antibiotika sind, da als Haupterreger E. coli, Klebsiellen und Enterokokken evtl. in Kombination mit Anaerobiern vorkommen, im unkomplizierten Fall Acylaminopenicilline (Mezlocillin, Piperacillin, etc.) und bei schweren oder komplizierten Infekten Cephalosporine (z.B. Cefotaxim, Ceftriaxon, etc.). Eine Eisblase auf dem rechten Oberbauch lindert umgehend die Beschwerden. Eine Magensonde muß nur plaziert werden, wenn Erbrechen als Zeichen einer Paralyse besteht (zumeist bei komplizierten akuten Cholezystitiden).

Die Operation wird am nächsten Tag im Routineprogramm durchgeführt. Erfahrungsgemäß ist ein solches Vorgehen bis maximal 72 Stunden nach Symptombeginn problemlos durchzuführen.

Verfahrenswahl

Während bis vor kurzer Zeit die konventionelle Cholezystektomie das Verfahren der Wahl darstellte, wird heute zunehmend die laparoskopische Cholezystektomie eingesetzt. Es gilt der Grundsatz, daß der laparoskopisch Erfahrene (und Selbstkritische) unter Beachtung der Kontraindikationen (Empyem, Voroperationen im Oberbauch, etc.) den Eingriff laparoskopisch durchführen darf. Wird eine konventionelle Cholezystektomie durchgeführt, ist es ratsam, die Gallenblase anterograd zu präparieren, um die Komplikationsraten so niedrig wie möglich zu halten.

Therapie der Komplikationen

Das ***Gallenblasenempyem*** muß der Notfalloperation zugeführt werden. Verfahren der Wahl ist die konventionelle Cholezystektomie mit anterograder Präparation.

Beim ***Empyema necessitatis*** hat sich das zweizeitige Vorgehen bewährt. In der ersten Sitzung wird der Bauchdeckenabszeß notfallmäßig gespalten. Nach Konsolidierung der Wundverhältnisse und Rückgang der entzündlichen Veränderungen muß in einer zweiten Sitzung die Cholezystektomie in der konventionellen Technik erfolgen, um die Ursache der entzündlichen Komplikation und die obligate cholezysto-cutane Fistel zu beseitigen.

Freie Perforationen müssen als Notfalloperation mit absoluter Dringlichkeit erfolgen. Das Vorgehen enspricht den allgemeinen Regeln der Peritonitistherapie (→ Kap. I-17), d. h. das therapeutische Spektrum muß dem jeweiligen Schweregrad der Peritonitis angepaßt sein.

– *Leichtgradige Peritonitiden* (Schweregrad I, Mannheimer-Peritonitis-Index 0–20), werden dem sogenannten Standardverfahren zugeführt. Nach Eröffnung der Bauchhöhle und Abstrichentnahme erfolgt die Cholezystektomie zur Sanierung der Infektquelle. Anschließend die intraoperative Spülung mit 9 bis 12 l einer angewärmten Ringerlösung. Ein paralytischer Ileus wird durch Plazierung einer Dennis®-Sonde dekomprimiert. Die Plazierung von Vierquadrantendrainagen beendet den Eingriff.
– *Mittelschwere Peritonitiden* (Schweregrad II, Mannheimer-Peritonitis-Index 21 bis 29) werden der kontinuierlich postoperativen Lavage zugeführt. Das technische Vorgehen der Erstoperation entspricht im Wesentlichen dem Standardverfahren. Statt der Vierquadrantendrainage werden jedoch zwei Zulaufdrainagen in den Oberbauch und zwei Ablaufdrainagen in den Unterbauch plaziert. Umgehend erfolgt danach die Spülung der Abdominalhöhle mit 24 bis 48 l Ringerlösung/24 Stunden auf der Intensivstation. Die Gesamtdauer dieser Spülbehandlung beträgt 72 Stunden.
– *Schwerstgradige Peritonitiden* (Schweregrad III, Mannheimer-Peritonitis-Index > 29) sollten der Etappenlavage zugeführt werden. Nach Sanierung der Infektquelle und intraoperativer Spülung wird die Bauchhöhle als Laparostoma offengelassen und temporär mit einem Vicryl-Netz verschlossen. Tägliche Revisionen und Spülungen werden so lange durchgeführt, bis die Abdominalhöhle komplett sauber und der Infekt beherrscht ist. Erst dann kann sekundär die Abdominalhöhle verschlossen werden.

Gedeckte Perforationen mit pericholezystitischen Abszessen (Ausbreitung per continuitatem) bedürfen grundsätzlich der operativen Therapie, die ebenfalls absolut und zeitlich dringend indiziert ist.

Nur operativ können sowohl der Abszeß als auch die Ursache, nämlich die vorbestehende akute Cholezystitis gemeinsam behoben werden. Perkutane Drainagen des Abszesses (und eventuell der Gallenblase) sind nur im Ausnahmefall als rein palliative Maßnahmen bei Patienten mit einem unvertretbar hohen Operationsrisiko zulässig. Selbstverständlich müssen trotz eines schlechten Allgemeinzustandes die Patienten in jedem Fall operiert werden, bei denen Cholezystitis und pericholezystitischer Abszeß die Ursache für den schlechten Allgemeinzustand sind.

Penetrationen in benachbarte Intestinalorgane mit der Ausbildung cholezystointestinaler Fisteln werden elektiv operativ behandelt.

Hierbei erfolgt die Cholezystektomie zur Sanierung des Fistelursprungs und der Grundkrankheit sowie die Übernähung der Fistelmündung (nach sparsamer Exzision) in den entsprechenden Darmteil.

Die Indikation zur operativen Sanierung cholezysto-intestinaler Fisteln ergibt sich aus dem Spektrum möglicher Komplikationen. Fast die Hälfte der Patienten leidet im weiteren Verlauf an biliären Koliken, rezidivierenden biliären Infektionen, Blutungen aus der intestinalen Fistelöffnung oder einem Gallesäureverlustsyndrom, zum Beispiel bei einer cholezysto-kolischen Fistel.

Der ***Gallensteinileus*** gehört selbstverständlich zu den chirurgisch zu behandelnden Notfalloperationen mit absoluter Dringlichkeit.

Die Obturation wird behoben, indem der zumeist vor der Bauhin'schen Klappe festsitzende Gallenstein fern von der Einklemmung über eine Enterotomie geborgen wird. Enterotomien über dem eingeklemmten Stein sind wegen ausgeprägter Durchblutungsstörungen mit einer sehr hohen Insuffizienzrate belastet. Eine intestinale Sonde dekomprimiert den Dünndarm und dient postoperativ der Adhäsionsprophylaxe.

Lange Zeit wurde diskutiert, ob während der Notfalloperation die Ursache, nämlich die cholezysto-intestinale Fistel einzeitig therapiert oder ein zweizeitiges Vorgehen eingeschlagen werden soll. Auch wenn hier die Studienergebnisse in der Literatur unterschiedlich sind, bleibt als sinnvolle Maßnahme zu empfehlen, bei älteren Patienten in der Notfallsituation ein zweitzeitiges Vorgehen einzuschlagen. Nach Behebung der Ileussituation und Erholung des Patienten kann in einer zweiten Operation elektiv die Fistel beseitigt werden. Die Behebung der biliodigestiven Fistel in der Zweitoperation ist jedoch grundsätzlich erforderlich, da auch ältere Patienten beim Verzicht auf die Ursachenbeseitigung in der Folge gehäuft Komplikationen erleiden (Ileusrezidiv bis 17 %, biliäre Infektionen bis 15 %, biliäre Koliken bis 20 %). Jüngere Patienten dürfen auch im Gallensteinileus komplett behandelt werden, ohne daß sie signifikant erhöhte Morbiditätsraten aufweisen.

II. Akute Cholezystitis mit funktioneller Obstruktion

Die nicht steinbedingte Cholezystitis stellt eine Sonderform dar, die insbesondere postoperativ bzw. posttraumatisch als sogenannte *"Streßcholezystitis"* bei Patienten mit einer erhöhten Komorbidität in Erscheinung tritt und einen Gesamtanteil von etwa 5 % besitzt.

Pathogenese

Durch Nahrungskarenz in Verbindung mit einer Oberbauchatonie kann die eingedickte Galle nicht abfließen (fehlender CCK-Stimulus). Es kommt zur Tonuserhöhung und Distension der Gallenblase und damit zu einer funktionellen Obstruktion.

Zusätzliche Minderdurchblutungen des Organs als Folge intensivmedizinischer oder krankheitsbedingter Zirkulationsstörungen (Schock, längere Hypotension, hochdosierte Gabe von Katecholaminen, zusätzlich bestehendes Sepsissyndrom, etc.), verstärken die Gewebshypoxie. Da der Energiebedarf des Gallenblasenepi-

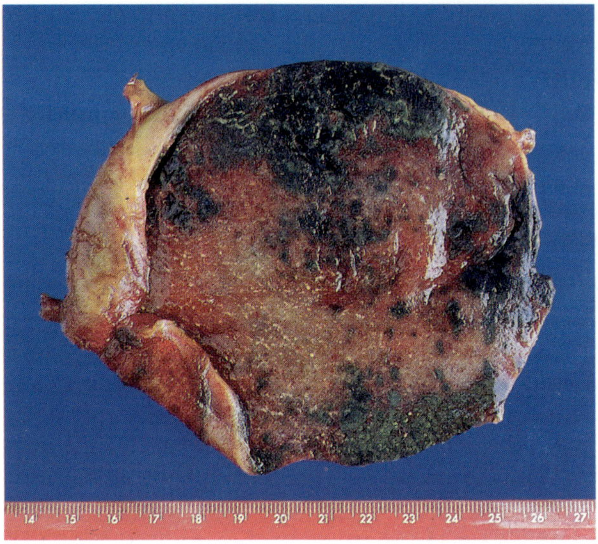

Abb. I-19-1 Akut nekrotisierende Cholezystitis 19 Tage nach Polytrauma: Wandödem und fokal hämorrhagische Schleimhautulzerationen [über 48 Stunden "unklare Sepsis" bei vorbestehender Katecholaminpflichtigkeit].

thels wegen der ausgeprägten Absorptionsleistung hoch ist, führt eine Minderdurchblutung in diesem Endstromgebiet schon früh zu einer Zellschädigung. Im weiteren Verlauf tritt wie bei der steinbedingten Cholezystitis zunächst eine mediatorenbedingte sterile Entzündung auf, die schließlich in einer zweiten Phase durch die bakterielle Superinfektion kompliziert wird. Haupterreger sind auch hier E. coli, Klebsiellen und Anaerobier.

Klinik

Die Klinik der akuten Cholezystitis bei funktioneller Obstruktion differiert von der steinbedingten Gallenblasenentzündung. Oberbauchschmerz, Fieber und Leukozytose können im klassischen Fall bestehen, in der Mehrzahl der Fälle ist jedoch die Klinik wegen der bestehenden Komorbidität bei den Patienten auf einer Intensivstation maskiert. Die Gallenblase ist infolge der längerdauernden Nahrungskarenz grundsätzlich vergrößert und die Galle eingedickt.

Der maskierte klinische Verlauf und die erschwerte Diagnose werden zum führenden Grund für die enormen Verzögerungszeiten dieses Krankheitsbildes. Zum Zeitpunkt der definitiven Operation weist die Hälfte der Patienten bereits Komplikationen in Form einer Gangrän oder einer gedeckten bzw. freien Perforation auf.

Diagnose

Die Sonographie ist die diagnostische Technik der Wahl. Sie dokumentiert im klassischen Fall die typischen Zeichen der akuten Cholezystitis (s. o.).

Unter Einbeziehung der Klinik liegt die Sensitivität bei Werten zwischen 67 und 92 %, die Spezifität bei 90 %.

Die Computertomographie weist Sensitivitäts- und Spezifitätsraten bis zu 95 % auf, birgt jedoch neben den Kosten den Nachteil des Patiententransports in sich.

Im Zweifel können die diagnostische Laparoskopie bzw. die diagnostische Laparotomie die Verdachtsdiagnose sichern.

Merke:

Akute Galle des Intensivpatienten:
Oft übersehene Komplikation!

Therapie

Der fulminante und oft verschleierte Krankheitsverlauf erfordert eine frühstmögliche therapeutische Intervention. Verfahren der Wahl ist die Cholezystektomie. Bei extrem instabilen Patienten kann eine perkutane transhepatische Kathetercholezystostomie als Alternativverfahren diskutiert werden. Da kein Steinleiden die Ursache der Erkrankung ist, wird sie bei etwa der Hälfte der Patienten sogar als definitive Maßnahme durchgeführt. Trotzdem liegt die Letalität der akuten Cholezystitis mit funktioneller Obstruktion zwischen 10 und 50 %. Der verschleierte Verlauf, die fulminante Entwicklung von Komplikationen und die Komorbidität der betroffenen Patienten sind die wesentlichen Gründe dafür.

I-20 Kompartment-Syndrom des Abdomens

Sepsis und Multiorganversagen werden von normal klinisch tätigen Chirurgen häufig als ein den "Laborspezialisten" zu überlassender Bereich verstanden. Das bewußte Therapieren bzw. Vermeiden eines im chirurgischen Alltag häufig auftretenden oder iatrogen herbeigeführten abdominellen Kompartmentsyndroms ist ein wesentlicher chirurgischer Beitrag zur Prophylaxe des Multiorganversagens [MOV].

Definition

Kompartmentsyndrom des Abdomens:

Progrediente Drucksteigerung in der geschlossenen Bauchhöhle

durch Darmwandödem, Darmdistension, Aszites und retroperitoneale Hämatome

mit fokalen Perfusionsstörungen und multilokulären systemischen Auswirkungen

bis zur Begünstigung eines Multiorganversagens [MOV]

Pathogenese

Die zu einem abdominellen Kompartmentsyndrom praedisponierenden Erkrankungen sind

- Ileus
- Peritonitis
- akute Pankreatitis
- und Polytrauma

Im Rahmen der praedisponierenden Erkrankungen kommt es durch Darmwandödem, Darmdistension, Aszites und ggf. retroperitoneale Hämatome zu einer intraabdominellen Volumenzunahme. Da die Bauchhöhle ein geschlossenes System ist, resultiert zwangsläufig eine intraabdominelle Drucksteigerung. Erhöhter abdomineller Druck kann nur durch die Elastizität der Bauchdecken und des Zwerchfells ausgeglichen werden. Wird die Compliance von Bauchdecken und Zwerchfell in diesem dynamischen System überschritten oder wird die Compliance iatrogen durch Sedativa, Muskelrelaxantien oder chirurgische Inzisionen gesenkt, so steigt der intraabdominelle Druck von Normalwerten um 0 mmHg auf Werte über dem venösen Druck bzw. über dem Kapillarperfusionsdruck bis auf über 30 mmHg an [82].

Der relevanteste Risikofaktor für die Entstehung eines abdominellen Kompartmentsyndroms ist der Chirurg. Speziell bei Ileus und Peritonitis führt das oft extreme Darmwandödem mit der dadurch bedingten intraabdominellen Volumenzunahme zu Problemen beim Bauchdeckenverschluß.

Ein überwiegend mechanistisches Denken und der latente Wille des Chirurgen, die Unversehrtheit möglichst gut wiederherzustellen, verleitet auch heute noch häufig dazu, den Bauch mit Stahlnähten und Gegendruckplatten zuzuzwingen, da herkömmliches Nahtmaterial bzw. die Bauchdecken dem extremen Druck nicht standhalten können. Das Nahtmaterial reißt, bzw. die Fäden reißen aus der Bauchdecke heraus.

Symptomatik

Die systemischen Auswirkungen eines abdominellen Kompartmentsyndroms sind speziell bei Krankheitsbildern, die eo ipso zu Sepsis und Multiorganversagen praedisponieren, dramatisch.

Beim **Herz-Kreislaufsystem** kommt es durch Kompression der V. cava inferior zu einer Abnahme des venösen Rückstromes, damit zu einem Absinken der cardialen Vorlast und entsprechend zu einer Reduzierung des Herzminutenvolumens [79]. Die reflektorische Folge sind Tachykardie und zentral die vermehrte Ausschüttung von antidiuretischem Hormon [80].

An der **Niere** lassen sich die unmittelbaren Auswirkungen des abdominellen Kompartmentsyndroms aufzeigen: Durch zunehmende Abflußstörung der Nierenvene kommt es zu einem Absinken der glomerulären Filtrationsrate [78]. Experimentell ist bei einem Anheben des intraabdominellen Drucks auf Werte um 40 mmHg eine sofortige Reduktion der glomerulären Filtrationsrate auf Werte von 7 % des Normalen [81] zu verzeichnen. Die dramatische Abnahme der glomerulären Filtrationsrate kombiniert mit dem additiven Effekt der durch die reflektorische Kreislaufreaktion ausgelösten vermehrten Ausschüttung von antidiuretischem Hormon bedingen die drohende Gefahr eines akuten Nierenversagens.

An der **Lunge** sind mittelbare Auswirkungen des abdominellen Kompartmentsyndromes zu verzeichnen. Durch das Höhertreten des Zwerchfells treten vermehrt basale Kompressionsatelektasen auf, der Beatmungsdruck steigt signifikant und

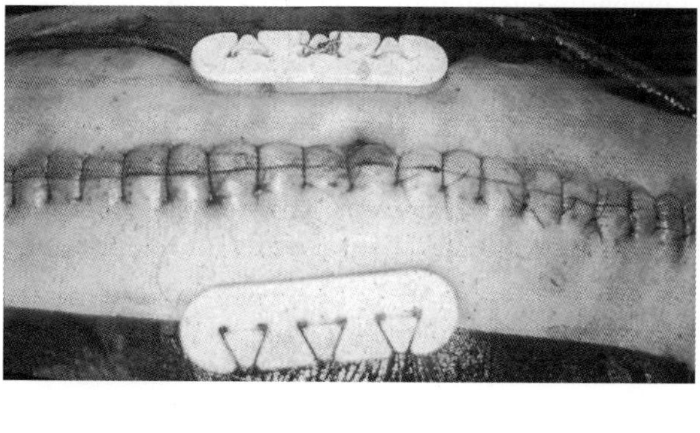

Abb. I-20-1 Mit Stahldrähten und Gegendruckplatten erzwungener Bauchdeckenverschluß mit konsekutivem abdominellen Kompartmentsyndrom.

die Pneumonieinzidenz nimmt zu. Speziell durch die Kompressionsatelektasen und den erhöhten Beatmungsdruck erhöht sich die ARDS-Gefahr.

Am **Intestinaltrakt** stellen sich durch die Druckerhöhung in der V.porta venöse Zirkulationsstörungen ein, die allein schon hohen systemischen Krankheitswert haben. Im Rahmen des abdominellen Kompartmentsyndroms kommt es durch die venöse Stauung zu einer Alteration der Mukosabarriere mit hoher Translokationsgefahr, zudem zu einer exzessiven Mediatoraktivierung. Darüber hinaus wird eine bereits bestehende Paralyse mit ihrem eigenen Krankheitswert noch erheblich verstärkt.

Zusätzlich kommt es durch Stau der kurzen **Lebervenen** schnell zu einer relevanten Einschränkung der Leberfunktion.

Faßt man die direkten Folgen eines durch erzwungenen Bauchdeckenverschluß protrahierten abdominellen Kompartmentsyndromes auf die einzelnen Organsysteme zusammen, so finden sich mit Herz-Kreislaufsystem, Niere, Leber, Lunge und Intestinaltrakt alle an einem späteren Multiorganversagen beteiligten Organsysteme wieder.

Therapie

Symptomatische Maßnahmen können die Auswirkungen des abdominellen Kompartmentsyndroms nicht aufheben. So kann eine Volumensubstitution zwar die Reduktion des Herzminutenvolumens vermindern, der Einfluß auf die glomeruläre Filtrationsrate hingegen bleibt minimal [78].

Dagegen ist es auch klinisch beeindruckend, wie akut sich Patienten mit einem abdominellen Kompartmentsyndrom nach operativer Druckentlastung erholen. So ist es keine Einzelbeobachtung, daß Patienten mit einem vermeintlichen akuten Nierenversagen bei abdominellem Kompartmentsyndrom innerhalb weniger Stunden nach operativer abdomineller Druckentlastung wieder eine erheblich erhöhte glomeruläre Filtrationsrate und massive Diurese aufweisen. Entsprechend positive Effekte der abdominellen Dekompression lassen sich auch an den Beatmungsparametern und einer postoperativ signifikant ansteigenden exkretorischen Leberfunktion – meßbar beim COLD-Monitoring [Kap. II-15] mit der Plasmaeliminationsrate von Indozyaningrün – nachweisen.

Die Wertung der dramatischen systemischen Auswirkungen eines abdominellen Kompartmentsyndroms legt nahe, alle zu diesem Syndrom prädisponierenden Mechanismen gezielt zu vermeiden.

Merke:

Prophylaxe des abdominellen Kompartmentsyndroms:
Verzicht auf forcierten Verschluß der Bauchhöhle in der Akutphase bei Polytrauma, Ileus, Pankreatitis und Peritonitis!

Alternativ empfiehlt sich für die Akutsituation die spannungsfreie Anlage eines druckentlastenden passageren Laparostomas [→ Kap. I-17] mit inerten Biomate-

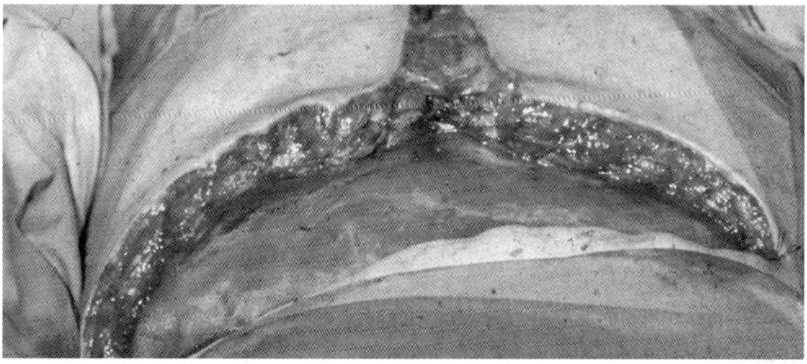

Abb. I-20-2 Passagerer druckentlastender Bauchdeckenverschluß mit resorbierbarem Netz zur Vermeidung eines abdominellen Kompartmentsyndroms [Akutphase Polytrauma, Ileus, Pankreatitis, Peritonitis].

rialien. Nach bewältigter Akutphase kann dann frühelektiv das plazierte Netz wieder entfernt und ein auch kosmetisch zufriedenstellender definitiver Bauchdeckenverschluß durchgeführt werden. Die Berücksichtigung eines solchen Konzeptes zur Vermeidung eines oft fatalen abdominellen Kompartmentsyndroms ist ein relevanter Beitrag zur Vermeidung schicksalhafter Verläufe bis zum Multiorganversagen.

Literatur

– siehe Gesamt-Literaturverzeichnis im Anhang –

I-21 Intraabdominelle Abszesse

Ätiologie

– Appendizitis	28 %
– postoperativ	14 %
– Pankreatitis	13 %
– Divertikulitis	10 %
– Gallenwege	9 %
– freie Perforationen	5 %
– posttraumatisch	3 %
– entzündliche Darmerkrankungen	2 %
– Sonstige	16 %

Lokalisation

– Retroperitoneum	32 % (Pankreas, Psoas)
– rechts parakolisch	23 % (perityphlitisch)
– rechter Oberbauch	24 % (Leber, Galle,subphrenisch, subhepatisch)
– links parakolisch	8 % (Divertikulitis)
– Douglas	9 %
– Interenterisch	4 %

Pathogenese

Intraabdominelle Flüssigkeit sammelt sich an Prädilektionsorten: Douglasraum (im Stehen, Liegen und Sitzen der tiefste Punkt der Abdominalhöhle); interenterisch (durch Darmschlingen gefangen); beidseits parakolisch (Zirkulationsweg der Flüssigkeit); beidseits subphrenisch (Sogwirkung des Zwerchfells).

Intraabdominelle Bakterien können normalerweise über die sogenannten Stomata auf der Unterseite des Zwerchfells lymphatisch abtransportiert und in das venöse System befördert werden. Andererseits werden sie in der Bauchhöhle oft durch eine erhöhte Fibrinbildung gefangen (entzündungsbedingte Fibrinbildung + Hemmung der Fibrinolyse); mit der der Organismus einen möglichen Infekt zu begrenzen sucht.

Begünstigende Faktoren

- Hämatom
- Nekrose
- Fremdkörper

Erregerbedingte Voraussetzungen

- Keimzahl
- Virulenz
- Abwehrlage des Organismus

Die Virulenz der Erreger, die zu einem intraabdominellen Abszeß führen, wird durch den Synergismus von aeroben und anaeroben Bakterien gesteigert (klassisch: Die Kombination von E. coli mit Bacteroides fragilis). Experimentell sind Monokulturen mit rein aeroben oder rein anaeroben Bakterien nicht in der Lage, Abszesse auszulösen; nur durch die Kombination der Keime entstehen Abszesse.

Klinik

Fieber (insbesondere wellenförmiger Temperaturverlauf mit Spitzen bis 40 °C), Leukozytose.
Maximalform: Das Vollbild des septischen Schocks.

Zusätzlich je nach Lokalisation des Abszesses: Entwicklung einer unspezifischen Abdominalsymptomatik (Appetitlosigkeit, Übelkeit, Erbrechen, Völlegefühl, uncharakteristische Bauchschmerzen, zumeist als viszerales Schmerzereignis).

Diagnostik

Die Diagnostik muß folgende Punkte klären:
1. Morphologie
2. Lagebeziehung und
3. Ätiologie eines intraabdominellen Abszesses

Tabelle I-21-1 Einfache und komplexe intraabdominelle Abszesse.

einfache Abszesse	komplexe Abszesse
– umschrieben	– schlecht abgrenzbar
– nicht septiert	– septiert
– singulär	– multipel
– dünnflüssiges Sekret	– organisiert/hochvikös
– kollapsfähige Membran	– Wandstarre
– unkomplizierter Zugang	– gefährlicher Zugang
– keine oder kleine Fistel	– große Fistel

Die erhobenen Befunde ermöglichen die Unterscheidung in:
- Einfacher Abszeß [→Tab. I-21-1]
- Komplexer Abszeß

Sonographie

Sensitivität: 75 % bis 82 %
Spezifität: 91 %

Die Sonographie ist das Diagnostikum der ersten Wahl.

Schwächen der Sonographie: interenterische Empyeme (Luftüberlagerung durch den Darm), Bursaabszesse (Luftüberlagerung durch Magen und Querkolon), links suphrenisch gelegene Abszesse (Luftüberlagerung von Magen und Kolon).

Die Sensitivität der Diagnose interenterischer Empyeme beträgt nur 50 %, diejenige der links subphrenischen Abszesse nur 63 %.

Weitere Störfaktoren für die Sonographie sind: Stomata, offene Wunden, breite Narben und ausgedehnte Verbände.

Computertomographie

Sensitivität, Spezifität und Treffsicherheit liegen zwischen 88 und 100 %.

Nachteile der Computertomographie: Hohe Kosten, Strahlenbelastung, Patiententransport

Tabelle I-21-2 Allgemeine Kriterien von Sonographie und CT bei intraabdominellen Abszessen.

Sonographie	CT
– nicht ionisierende Schallenergie, keine bekannten biologischen Nebenwirkungen	– ionisierende Strahlen mit kumulativem biologischem Risiko
– abhängig vom Untersucher	– abhängig von der Beurteilungsqualität
– transportabel	– stationär
– erlaubt dynamische Untersuchungen	– nur Momentaufnahmen, keine Dynamik
– limitiert durch: Luft, Knochen	– limitiert durch: Barium, Adipositas, Bauchdeckenprozesse, Metall, Kontrastmittelallergie, Zustand des Patienten
– differenziert solide von liquiden Strukturen	– differenziert unterschiedliche solide und liquide Strukturen

Therapie

Indikation

Grundsatz: "Ubi pus, ibi evacua"
Jeder nachgewiesene intraabdominelle Abszeß impliziert die absolute Indikation zur Therapie! Ein Patient kann nicht zu krank für die Behandlung eines intraabdo-

minellen Abszesses sein, insbesondere, wenn der Abszeß die Ursache für den schlechten Zustand des Patienten ist.

Medikamentöse Therapie

Die antibiotische Therapie stellt nur eine adjuvante Maßnahme dar. Wenn ein Abszeß in Folge einer lokalen Durchblutungsstörung entsteht (die körpereigene Abwehr kann die Bakterien nicht vernichten), kann auch das gegebene Antibiotikum nicht in den Abszeßbereich gelangen und die Bakterien dort vernichten.

Interventionelle Therapie

➤ *Perkutane Abszeßdrainage*

Indikation

Behandlung einfacher Abszesse. Das heißt:
- der Abszeß muß perkutan gut erreichbar sein,
- der Abszeßinhalt muß dünnflüssig sein, d. h. über den gelegten Katheter abfließen können,
- der Abszeß soll singulär sein,
- die Abszeßmembran muß kollapsfähig sein.
- kleine intestinale Fisteln (tägliches Fistelvolumen < 200 ml) können bei der Behandlung toleriert werden. Bei größerem Fistelvolumen: Operative Therapie.

Merke:

Perkutane Abszeßdrainage:
Voraussetzung: Primär suffiziente Therapie der Abszeßursache!

Technik der sonographisch gesteuerten Abszeßdrainage

Identifizierung und Lokalisation des Abszesses, Setzen der Lokalanästhesie, Feinnadelpunktion mit Aspiration (Asservierung für die mikrobiologische Untersuchung). Anschließend Plazierung des Katheters (Pigtail, Sonnenberg, etc.) in der jeweils entsprechenden Technik (Seldinger, Trokartechnik) [→ Kap. II-38].

Kriterien für den Erfolg

Innerhalb von 48 Stunden sollte sich das klinische Bild deutlich gebessert haben (kein Fieber, keine Leukozytose!). Die sonographische Kontrolle dokumentiert das Kleinerwerden der Abszeßhöhle. Der Katheter darf unter folgenden Voraussetzungen entfernt werden:

1. ***kein Fieber,***
2. ***keine Leukozytose,***
3. ***keine Sekretion und***
4. ***keine Resthöhle nachweisbar***

Ergebnisse der perkutanen Abszeßdrainage

Die globale Erfolgsrate liegt bei vernünftiger Indikation zwischen 80% und 90%. Werden die Indikationen für die perkutane Abszeßdrainage jedoch auf sogenannte komplexe Abszesse erweitert, sinkt die Erfolgsrate auf Werte zwischen 40 und 50%. Daraus resultiert:

Je strenger die Indikation gestellt wird, desto geringer ist die Versagerquote.

Komplikationsraten der perkutanen Drainage
Zwischen 5 und 10% (meist leichtere Komplikationen wie spontan sistierende Blutungen, Katheterinfekte, etc.)

Operative Abszeßdrainage

Die lokale operative Abszeßdrainage
Bei der lokalen operativen Abszeßdrainage wird der diagnostizierte Abszeß mit einem begrenzten Zugang auf dem kürzesten Weg angegangen, ohne die Bauchhöhle zu explorieren.
Hauptargument: Vermeidung der Kontamination der Abdominalhöhle.

Die operative Abszeßdrainage mit kompletter Exploration
Die operative Drainage mit kompletter Exploration stellt die bestmögliche Therapie dar. Die gesamte Abdominalhöhle wird über einen großzügigen Zugang exploriert.

Vorteil: Bei bis zu 30% finden sich noch zusätzliche kleine Abszesse, die nur durch die Exploration erkannt werden. Mögliche Abszeßkomplikationen wie Blutung, Arrosion und Fistelbildung etc. können mitbehandelt und die auslösende Ursache kann gleichzeitig behoben werden.

Mögliche *Nachteile* dieser Methode: Kontamination (es existieren jedoch keine Studien, ob unter der intraoperativen Spülung und der Antibiotikagabe tatsächlich eine Abszeßverschleppung entsteht).

➤ ***Technik der operativen Abszeßdrainage mit Exploration***

1. großzügige Medianlaparotomie
2. sorgfältige Exploration
3. Identifizierung der Ursache
4. Suche nach Folgen bzw. Komplikationen
5. Debridement
6. intraoperative Spülung
7. effektive externe Drainage
8. Abdominalverschluß

Ergebnisse der operativen Abszeßdrainage
Da die operative Abszeßdrainage schwerkranke Patienten mit komplexen Abszessen und zumeist einer septischen Grundkrankheit behandeln muß, sind die Gesamtergebnisse natürlich schlechter als die der perkutanen Drainage (das heißt nicht, daß die Methode schlecht ist).

Die Erfolgsrate liegt zwischen 80 und 95%, die Komplikationsrate zwischen 3 und 30%. Die Letalitätsraten sollten heute unter 10% liegen. Allerdings werden Komplikations- und Letalitätsrate natürlich von der Grundkrankheit (z. B. schwerstgradige Peritonitis) bestimmt und können deswegen global nicht auf alle Patienten umgerechnet werden.

Reanimation auf Normalstation

I-22 Notfallausrüstung der Normalstation

Definition

Die Notfallausrüstung einer Normalstation umfaßt alle Geräte, Instrumente und Medikamente, die erforderlich sind, um eine kardiopulmonale Reanimation erfolgreich durchzuführen und einen sicheren Transport auf die Intensivstation zu gewährleisten.

Wesentliche *Geräte* einer sinnvollen Notfallausrüstung, die auf jeder Station vorhanden sein sollten:

1. Standard-Notfallkoffer
2. funktionstüchtige Absaugvorrichtung
3. transportables Sauerstoffgerät
4. EKG-Gerät und/oder Monitor
5. Zentral sollte ein transportabler Defibrillator für alle Stationen der Abteilung verfügbar sein.

Ein an einer gut zugänglichen Stelle gelagerter Standard-Notfallkoffer besitzt den Vorteil, daß alle notwendigen Instrumente und Medikamente einschließlich der erforderlichen Kleinteile (Blockerspritze für den Tubuscuff, Leukoplast zum Fixieren von Venenverweilkanülen und Endotrachealtubus) in gleicher Ordnung und Auswahl auf jeder Station vorhanden sind. Dadurch geht auch unter dem Streß einer Notfallsituation keine wertvolle Zeit mit unnötigem Suchen verloren und man muß sich nicht auf eine individuell unterschiedliche Ausrüstung je nach Station einstellen.

Folgende *Instrumente* gehören essentiell zu einer rationalen und funktionsfähigen Notfallausrüstung, falls ein kompletter Notfallkoffer nicht zur Verfügung steht:

- Ambubeutel mit unterschiedlich großen Gesichtsmasken
- aufgeladenes Laryngoskop mit verschiedenen Laryngoskopspateln
- Endotrachealtuben verschiedener Größe mit Führungsstab
- Blockerspritze für Tubuscuff (20 ml Spritze)
- Venenverweilkanülen
- Blutdruckmeßgerät
- Stethoskop
- Guedeltubus / Mundkeil

Außerdem müssen nachfolgende *Medikamente* auf Station verfügbar sein:

- Suprarenin®
- Atropin
- Xylocain® 2%
- Isoptin®
- Glucose 40%
- Hypnomidate® 100 mg
- Valium® 10 mg
- Nitrospray
- Berotec® Spray
- 250 ml Natriumbikarbonat
- 500 ml Haes 10%
- 100 ml Humanalbumin 20%

Folgender Inhalt eines Standard-Notfallkoffers hat sich bewährt (Tab. I-22-1).

Tabelle I-22-1 Standard-Material Notfallkoffer.

2 Dreiwegehähne	1 Mundkeil
2 Venenverweilkanülen 18 G (z. B. Abbocath, Braunüle)	3 Güdeltuben (Größe 3,4,5)
1 Spritze 20 ml (Blockerspritze für Endotrachealtuben)	1 Ambubeutel
3 Spritzen 10 ml	2 Ambumasken (Größe 3 und 4)
4 Spritzen 5 ml	4 Trachealtuben (Größe 7, 7.5, 8, 8.5)
3 Spritzen 2 ml	1 vorgebogener Führungsstab
5 Kanülen Größe 1 (20 G 1 1/2)	1 Stethoskop
1 wasserfester Markierstift	1 Blutdruckgerät
1 aufgeladener Laryngoskopgriff	1 Stauschlauch
1 kleiner Laryngoskopspatel (Gr. 2)	3 Ampullensägen
1 mittlerer Laryngoskopspatel (Gr. 3)	2 Minispikes
1 großer Laryngoskopspatel (Gr. 4)	2 Infusionssysteme
1 Magillzange	1 Rolle Leukoplast
	1 Flasche Desinfektionsspray
	3 Klebeelektroden
Medikamente:	**Infusionslösungen:**
Ultracorten H® 1000 mg	250 ml Natriumbikarbonat
4 Ampullen NaCl 0,9% à 10ml	100 ml Humanalbumin 20%
3 Ampullen Atropin	250 ml PPL
2 Ampullen Alupent®	500 ml Haes 10%
3 Ampullen Suprarenin®	100 ml Glucose 5%
2 Ampullen Isoptin®	
1 Ampulle Valium® 10	
2 Ampullen Nepresol®	
2 Ampullen Catapressan®	
2 Ampullen Dormicum® 15 mg	
2 Ampullen Akrinor®	
1 Ampulle Rivotril®	
2 Ampullen Hypnomidate®	
1 Ampulle Narcanti®	
2 Ampullen Xylocain® 2%	
8 Kapseln Adalat®	
1 Ampulle Disoprivan®	
1 Nitrospray®	
1 Berotec® Spray	

Es ist nicht unbedingt erforderlich, verschiedene Medikamente gegen Bradykardie und Hypotonie (Suprarenin®, Akrinor®, Atropin®, Alupent®) zur Auswahl zu haben. Im Notfall ist die sofortige Verfügbarkeit von Atropin® und Suprarenin® ausreichend.

Als *Absaugvorrichtung* für den Notfall ist eine elektrisch betriebene Saugpumpe mit steril verschweißten, verschieden dicken Absaugkathetern sinnvoll. Saugpumpen mit Vakuum- oder Druckluftanschluß erfordern eine entprechende Wandvorrichtung, die möglicherweise am Notfallort nicht vorhanden ist.

Ein *transportables Sauerstoffgerät* sollte mit einem Anzeigeinstrument für den Füllungszustand der Sauerstoffflasche und einem in Litern einstellbaren Entnahmeregler ausgestattet sein. Außerdem sollte es mit einer entsprechenden Haltevorrichtung versehen sein, die eine sichere Fixierung am Krankenbett für den Transport erlaubt.

Für die Differenzierung des Kreislaufversagens in die hyperdyname oder hypodyname Form und die Erfolgskontrolle der kardialen Wiederbelebung ist ein *EKG-Gerät* oder ein *EKG-Monitor* erforderlich. Ein Transport ist zwar auch unter der Bedingung einer fortgesetzten kardiopulmonalen Reanimation möglich, es sollte aber immer angestrebt werden, den Patienten am Notfallort zu stabilisieren. Sollte eine Kardioversion bei Kammerflimmern erforderlich sein, ist es durch eine externe Herzmassage immer möglich, ein ausreichendes Herzminutenvolumen aufrecht zu erhalten, bis ein zentral gelagerter Defibrillator eintrifft.

Schließlich ist für eine erfolgreiche Anwendung der Notfallausrüstung auf einer Normalstation eine ***gute Organisation*** Voraussetzung. Dazu gehört:

- ➤ Ein zentrales Rufsystem für Notfälle, durch das ein erfahrener Arzt rund um die Uhr sofort erreichbar ist.
- ➤ ½jährliche Kontrollen der jeweils vorhandenen Notfallausrüstung auf
  - Funktion
  - Vollständigkeit
  - Verfallsdatum durch eine verantwortliche Person
- ➤ Verplombung des Koffers, um zweckfremden Gebrauch zu verhindern
- ➤ Regelmäßige Notfallschulungen für das Stationspersonal

Merke:

Notfallausrüstung:

Die beste Ausrüstung bleibt wertlos,
wenn sie im Notfall nicht erreichbar ist
oder von keinem anwendbar ist.

I-23 Reanimation: Durchführung und Transport zur Intensivstation

Reanimation

Die Pulslosigkeit der großen Arterien stellt die Indikation zur kardiopulmonalen Reanimation unabhängig von der Ursache des Kreislaufstillstands dar. Hierbei ist der wichtigste Faktor die Zeit, da bei Raumtemperatur etwa 4 Minuten zwischen einem Herz-Kreislauf-Stillstand und dem Beginn irreversibler Hirnschäden liegen [86]. Auch nach Wiedereinsetzen einer suffizienten Zirkulation kommt es im Rahmen der Reperfusion durch Elektrolytverschiebungen zu einer prolongierten cerebralen Schädigung.

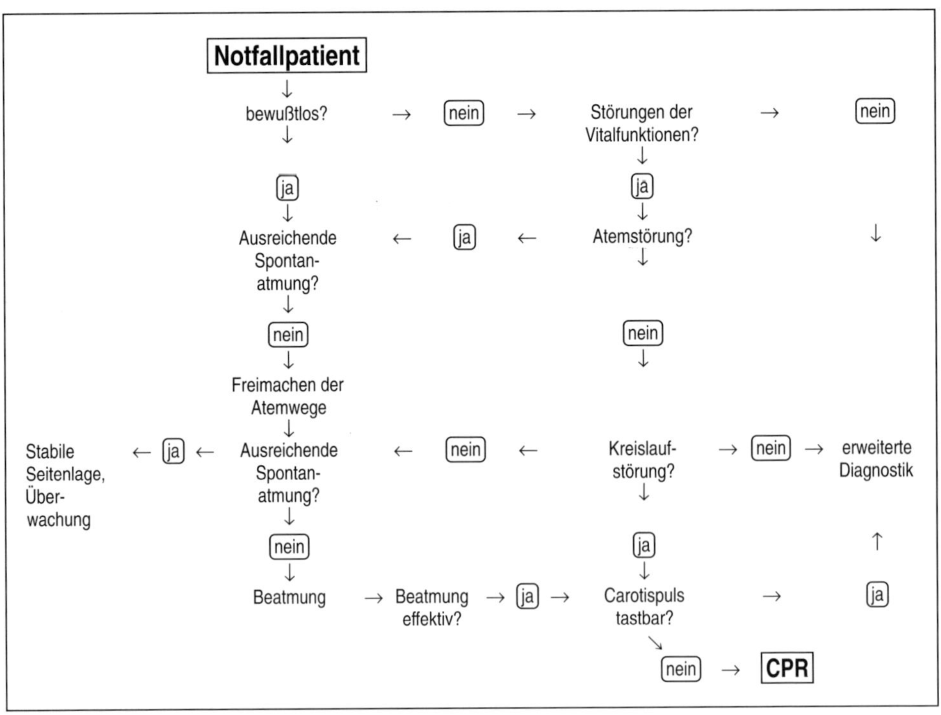

Abb. I-23-1 Vorgehen bei Notfall-Patienten nach [88].

Inzidenz und Ursachen

Bei einer Analyse von 35 621 Patienten der Normalstationen der Chirurgischen Klinik der RWTH Aachen fand sich mit 93 Reanimationsfällen eine Inzidenz von 0,26 %.

Ursachen für Reanimation auf Normalstation:

Lungenembolie 33,3 %
Respiratorische Insuffizienz 24,7 %
Septischer Schock 21,5 %
Kardiale Ursachen 10,8 %
Unbekannt 9,7 %

Praktikables Handlungsschema auf Normalstation

- **Patient aus dem Bett auf den Boden**
- **Informationsweitergabe veranlassen**
- **Atemwege freimachen = Fingerexploration**
- **Guedeltubus mit 180° Drehung einsetzen**
- **Kopf überstrecken, Unterkiefer nach vorn**
- **Maskenbeatmung mit O_2**
- **Herzmassage 5 : 1**
- **Intubation [oral-endotracheal]**
- **Adrenalin [= Suprarenin] 1 Amp. auf 10 ml = 1000 µg via Tubus**
- **i. v. Zugang – V. subclavia**
- **EKG-Diagnostik**
- **ggf. Defibrillation bzw. Medikamente**
- **Transportlogistik planen**

Offizielle Richtlinien

Die Durchführung der cardiopulmonalen Reanimation (CPR) orientiert sich an den "Standards and Guidelines" der American Heart Association (AHA) aus dem Jahre 1986 [88] und den Empfehlungen des deutschen Beirats für Erste-Hilfe und Wiederbelebung aus dem Jahre 1991.

- **BCLS Basic Cardiac Life Support**
  (auch von nicht-ärztlichem Personal durchführbar)
  - **A**temwege freimachen und freihalten
  - **B**eatmen
  - **C**irculation
- **ACLS Advanced Cardiac Life Support**
  (im wesentlichen ärztliche Maßnahmen)
  - endotracheale Intubation
  - Medikamente
  - venöser Zugang
  - EKG-Diagnostik
  - Defibrillation

Basismaßnahmen

➤ Atemwege freimachen

- absaugen
- digital ausräumen
- Heimlich-Handgriff (umstrittene ruckartige Kompression des Epigastriums)

➤ Atemwege freihalten

- Esmarch-Handgriff (Kopf überstrecken und Unterkiefer nach vorne ziehen)
- Guedel- oder Wendeltubus

➤ Beatmen

Setzt keine suffiziente Spontanatmung ein, muß beatmet werden.

- **Mund-zu-Mund:** Zur Vermeidung einer Kontamination kann ein Taschentuch zwischen Patient und Arzt gelegt werden.
- **Mund-zu-Nase:** Durch niedrigere Spitzendrucke ist die Gefahr der Magenüberblähung geringer.
- **Maskenbeatmung** mit dem Ambu-Beutel
- **endotracheale Intubation:** Nur so ist eine Aspiration sicher zu vermeiden und eine suffiziente Beatmung unter Reanimationsbedingungen gewährleistet.
- **Koniotomie:** Ist wegen eines Glottisödems die Intubation nicht möglich, muß die Notfallkoniotomie erfolgen.

➤ Zirkulation

Bei jedem Herzstillstand sollte sofort mit Herzdruckmassage begonnen werden. Der präkordiale Faustschlag wird kontrovers diskutiert und ist sicher nur direkt nach Einsetzen eines Kammerflimmerns erfolgreich. Es sind zu beachten:

- Lagerung auf harter Unterlage
- Druckpunkt: unteres Sternumdrittel
- nicht lateral des Sternums komprimieren! (Rippenfrakturen!)
- Massagefrequenz ca. 80/min
- Zielparameter: RR 80–90 mmHg bei tastbaren Leistenpulsen

Formen der Synchronisation:

- **CON-CPR** (Konventionelle CPR): Die Beatmung wird in die sternale Kompression im Verhältnis 5 : 1 interponiert.
- **ASY-CPR** (CPR mit asynchroner Beatmung): Vorgehen wie bei konventioneller CPR, die Atemzüge werden jedoch nicht interponiert.
- **SVC-CPR** (CPR mit simultaner Beatmung, Thorax- und abdomineller Kompression): Bei gleichzeitiger sternaler Kompression und Beatmung ("New CPR") wird mittels pneumatischer Manschette auch das Abdomen komprimiert.
- **OC-CPR** (CPR mit offener Herzmassage): Über eine linksseitige Thorakotomie erfolgt die manuelle Herzmassage bei unveränderter maschineller Beatmung.

Tierexperimentelle Untersuchungen haben gezeigt, daß die offene Herzmassage die mit Abstand besten hämodynamischen Ergebnisse bringt, während die geschlossenen Verfahren alle etwa gleich schlecht abschneiden [87].

Erweiterte Maßnahmen

➤ Endobronchiale Medikamentenapplikation [84]

- Verdünnen auf 10 ml
- ca. dreifache Dosis wie bei i. v.-Gabe
- Applikation über Absaugkatheter tief endobronchial
- dann vergleichbar schneller Wirkungseintritt wie bei i. v.-Injektion
- Wirkungsdauer 2–5fach länger als nach i. v.-Gabe
- **Cave**: Kein Natriumbicarbonat wegen Gewebsnekrosen!

➤ Venöser Zugang

- **ZVK über V. subclavia**
  - Zugang der Wahl
  - auch im Schock möglich
  - technisch einfach
- *periphere Kanüle*
  - Volumengabe rasch durchführbar
  - Punktion im Schock nicht immer möglich
  - hohes Dislokationsrisiko unter Reanimationsbedingungen
- *ZVK über V. basilica*
  - auch dem Ungeübten möglich
  - bei kollabierten Venen schwierig
  - Lumenverlegung bei abgewinkeltem Arm
- *ZVK über V. jugularis int.*
  - Kopftieflage unter Reanimationsbedingungen nicht möglich
  - schwierig bei kollabierten Venen

➤ EKG-Diagnostik

- 54 % Kammerflimmern
- 29 % Asystolie
- 9 % elektromechanische Entkopplung
- 8 % andere Rhythmusstörungen

➤ Befundadaptierte Therapie

Kammerflimmern (ca. 400/min)
- frühestmögliche Defibrillation (200 J)
- bei Erfolglosigkeit Wiederholung (300 J)
- Lidocain 75 mg alle 15 min wiederholen
- Defibrillieren (360 J)

- KCl 5 mmol (= 5 ml) als Bolus
- Adrenalin 1 mg 1 : 10 verdünnt fraktioniert (2–4–6 ml)
- Beta-Blocker (z. B. Pindolol = Visken) 1/2 Amp
- Defibrillieren (360 J)

Asystolie (wellenförmiges EKG)
- Adrenalin 1 mg 1 : 10 verdünnt in 2 Fraktionen
- bei Erfolglosigkeit Wiederholung
- beim Auftreten von Kammerflimmern Defibrillieren
- Atropin 1 mg
- ggf. Schrittmacher transösophageal

Elektromechanische Entkopplung (Regelrechtes EKG, kein Puls, kein Herzspitzenstoß)
- Adrenalin 1 mg 1 : 10 verdünnt in 2 Fraktionen
- ggf. Calcium 10% 5–10 ml
- Herzbeuteltamponade oder Spannungspneumothorax als Ursache?!

Zusätzliche Maßnahmen

➤ Pufferung

Keine Blindpufferung!

In der ersten Phase der CPR gleichen die klassischen therapeutischen Maßnahmen (Ventilation, Circulation, ggf. Defibrillation), wenn sie rasch und korrekt durchgeführt werden, etwaige Störungen im Säure-Basen-Haushalt aus. Eine Pharmakotherapie mit Puffern sollte erst gezielt nach Vorliegen einer Blutgasanalyse durchgeführt werden. Eine falsche Blindpufferung mit konsekutiver überschießender Alkalose kann einen therapierefraktären Herzstillstand auslösen [85].

➤ Thrombolyse

Bei gesichertem Myokardinfarkt stellt die Thrombolyse innerhalb der ersten 1–3 Stunden einen etablierten Therapieansatz dar. Bei fulminanter Lungenembolie kann eine Bolusinjektion von Streptokinase als ultima ratio ebenfalls indiziert sein. Zu den Standardverfahren unter Reanimation ist die Thrombolyse jedoch nicht zu zählen [89].

➤ Dopamin, Dobutamin

sind die Pharmaka der Wahl in der Stabilisierungsphase *nach* erfolgreicher Reanimation. Durch ihren niedrig dosierten Einsatz kann sowohl die positive Inotropie als auch die spezifische renale Wirkung genutzt werden.

Ende der Reanimation

Persistieren unter suffizienter Reanimation die Zeichen des zerebralen Kreislaufstillstands oder des kardialen Todes über 30 Minuten, ist die Wiederbelebung als erfolglos anzusehen und abzubrechen.

Zerebraler Kreislaufstillstand > 30 min
- kein Cornealreflex
- Pupillen weit und lichtstarr
- Bewußtlosigkeit

Zeichen des Herztodes > 30 min
- keine mechanische Aktivität
- keine elektrische Aktivität

➤ Ausnahmen

- Unterkühlung
- Intoxikation
- Hyperkaliämie

Ethische Bemerkungen

Die Indikation zur CPR muß bei Patienten sorgsam abgewogen werden, bei denen ein fortgeschrittenes Malignom und/oder eine nicht kurativ durchgeführte Operation bekannt sind.

Die Indikation zur Reanimation kann dann kritisch überdacht werden, wenn folgende Voraussetzungen erfüllt sind:
- Der Patient und seine genaue Krankengeschichte sind dem reanimierenden Arzt persönlich bekannt.
- Der Patient ist durch die Erkrankung in seiner Lebensqualität erheblich beeinträchtigt.

Auch beim Zutreffen dieser Faktoren ist die jeweilige Entscheidung individuell auf den Patienten und die Situation abzustimmen und unterliegt der alleinigen Verantwortung des reanimierenden Arztes.

Das vorzeitige Einstellen der Bemühungen kann ebenfalls diskutiert werden, wenn sich unter der Reanimation eines primär unbekannten Patienten herausstellt, daß dieser an einem inkurablem Malignom leidet.

Transport zur Intensivstation

Der Transport zur Intensivstation ist erst möglich, wenn der Patient mit den oben beschriebenen Maßnahmen stabilisiert wurde. Ein Transport unter Reanimationsbedingungen ist nur in Ausnahmefällen indiziert.

➤ ***Maßnahmen vor und während des Transportes***

– Information: Vor Verlassen der Normalstation muß die Intensivstation über die Verlegung informiert werden, um den notwendigen Bettplatz vorzubereiten. Außerdem müssen Informationen über vermutete Diagnose und aktuelle Therapie weitergegeben werden.

Obligat am Bett:

– Notfallkoffer
– Defibrillator
– EKG: Auch wenn der Transport nur wenige Minuten in Anspruch nimmt, sollte der Patient während dieser Zeit überwacht werden.
– Absauggerät
– Beatmung mit 100% O_2
– Dopamin: Eine zwischenzeitlich begonnene Katecholamintherapie sollte für den Transport nicht unterbrochen werden.
– Narkose: Analgesie und Sedierung mit Fentanyl und Diazepam dämpfen Schmerzimpulse bei komatösen Patienten und wirken so zerebroprotektiv.

Literatur

– siehe Gesamt-Literaturverzeichnis im Anhang –

II Chirurgische Intensivmedizin

Standards

Routinemaßnahmen

II-1 Venöse und arterielle Katheter

Grundsätze und Indikationen

Grundsätzlich ist jeder Patient auf einer Intensivstation mit mindestens einem venösen Katheter (peripherer oder zentraler Venenkatheter) versorgt.

Indikationen für venöse Katheter

- Volumensubstitution
- Medikamentenapplikation

Dieses Ziel läßt sich mit den üblichen peripheren Kanülen suffizient erreichen.

Indikationen für zentralvenöse Katheter

- hochosmolare Lösungen, parenterale Ernährung
- Monitoring (ZVD)
- Katecholamintherapie

Da die im Rahmen einer Reanimation eingesetzten Medikamente (Suprarenin®, Atropin®, Xylocain®) ebenfalls endotracheal eingesetzt werden können, gehört das Legen eines zentralen Zugangs nicht zu den Primärmaßnahmen. In der weiteren Behandlung von Schock- bzw. Reanimationssituationen ist dann aber der ZVK via V. subclavia die Maßnahme der Wahl.

Die herkömmlichen zentralen Katheter sind aufgrund ihrer geringen Flow-Rate nicht zur raschen Flüssigkeitssubstitution geeignet. Ideale Volumenzugänge sind Dialyse-Katheter bzw. großlumige periphere Kanülen (Flußraten von fast 200 ml/min) (Tab. II-1-1).

Merke:

Forcierte Volumentherapie:
Großlumige periphere Kanülen!
Nicht über dünnlumige ZVK!

Totraum und Flußraten von Venenkathetern

Tabelle II-1-1 Eigenschaften verschiedener Venenkatheter.

Katheter-Typ	Innendurchmesser (mm)	Länge (cm)	Totraum (ml)	Flow (ml/min)
Shaldon			1,45	>320
Arrow (dreilumig)	2,85	20	2*1,7 1* 0,8	
Trio-ZVK		45	0,35 0,25 0,24	35 13 12
ZVK, V. jugularis	1,1*1,7 (16 G)	45	0,8	36
ZVK, V. subclavia		45	1,3	81
PVK	1,2*1,7 (16 G)	70	1,3	23
DUO V. jugularis	2,1 (14 G)	45	1,2 0,4	27 22
Abbocath 18 G	1,2	4,5	0,05	97
Abbocath 16 G	1,7	5	0,11	194
Abbocath 14 G	1,8*2,35	5	0,16	

Grundsätze

- Jeder Katheter bedarf der Indikation und ist im Prinzip aufklärungspflichtig. Das Legen zentraler Venenkatheter kann zum Tode des Patienten führen, das Legen eines arteriellen Katheters zur Amputation.
- Standardmäßig haben unsere Intensivpatienten einen meist mehrlumigen zentralen Venenkatheter in der V. jugularis rechts, um Katecholamine, Medikamente und Bolusvolumina getrennt applizieren zu können (Tab. II-1-2).
- Bei sehr großem Volumenbedarf oder zur Durchführung von Nierenersatztherapien verwenden wir mehrlumige Dialysekatheter, z. B. Arrow® in Seldinger-Technik. Aufgrund möglicher katheterbedingter sekundärer Perforation der V. cava superior ist das Einbringen über die linke V. subclavia möglichst zu vermeiden.
- Nachteile der Basilica-Katheter:
  - Unzuverlässige ZVD-Werte
  - Intermittierende Abknickung
  - Hohe Rate an Thrombophlebitiden
  - Erhöhte Dislokationsgefahr bei problematischer Fixierbarkeit
- Bei Patienten im Volumenmangel oder bei bekannten hochgradigen Karotisstenosen ist die primäre Punktion der V. subclavia zu bevorzugen.

Merke:

ZVK-Bestückung:
Patientennah stets mindestens ein Dreiwegehahn frei!
[Applikation von Notfallmedikamenten!]

Tabelle II-1-2 Bedarfsplanung arterieller und venöser Katheter.

Patienten-Beschreibung:	empfohlene Katheter-Kombinationen:
➤ Überwachungspatient	zuverlässige periphere Kanüle
➤ Voll parenterale Ernährung und rez. hochosmolare Lösungen (z. B.Kalium)	ZVK – einlumig
➤ Risiko-Patient zur Überwachung	ZVK – zweilumig Arterie [blutige RR-Messung/BGA-Überwachung]
➤ Kritisch kranker Patient ggf. mit Organversagen	ZVK – dreilumig [Medikamente] + Dialysekatheter 3-lumig als ZVK [Volumen/ CVVH] + Arterie + COLD bzw. PA-Katheter

Arterielle Katheter

Indikation

- engmaschige Kreislaufüberwachung, arterielle Druckmessung
- häufige Kontrolle der BGA

Als Punktionsstellen bevorzugt sind die Aa. radiales und in letzter Zeit besonders auch im Rahmen der COLD-Meßmethode die Femoralgefäße. Trotz Durchführung des Allen-Tests vor Punktion der A.radialis werden thromboembolische Komplikationen angegeben: Bei Verwendung von 18 G-Kanülen 38 %, bei 20 G-Kanülen 16,5 – 19,3 %. Alternativ kommt die Punktion der A. dorsalis pedis in Frage.

Zentralvenöse Katheter

Plazierungstechnik zentralvenöser Katheter

- Grundsätzlich steril mit Desinfektion, Lochtuch, sterilen Handschuhen, Hilfsperson zum Anreichen
- Trendelenburg-Lagerung von ca. 20 – 30 Grad
- Lokalanästhesie, für die V. jugularis interna mit Probepunktion des Gefäßes
- Punktion des Gefäßes unter leichter Aspiration
  - **V. jugularis interna:** Drehung des Patientenkopfes zur entgegengesetzten Seite, Eingehen am Vorderrand des M. sternocleidomastoideus kurz unterhalb der Überkreuzung der V. jug. externa, Stichrichtung Richtung Mamille bzw.

medial hiervon. In ca. 2 cm Tiefe verläuft die V. jugularis. Bei großen Schwierigkeiten sie aufzufinden, läßt die Vene sich problemlos mittels Sonographie oder Taschen-Doppler orten. Da großlumige Katheter in der Regel in Seldinger-Technik eingebracht werden, ist das Punktieren oft leichter als z. B. mit den großlumigen Kanülen der Duo-ZVK.

– **V. subclavia:** Hier ist ein Vorpunktieren in der Regel nicht möglich. Einstich am Übergang vom mittleren zum lateralen Drittel ca. 1–2 cm unterhalb der Clavicula. Stichrichtung hart unter der Clavicula (eine Hilfsperson zieht den Arm nach distal) Richtung Jugulum. Oft läßt sich Blut erst beim Zurückziehen aspirieren. Den Katheter bereits bei der ersten Punktion einzulegen, ist bei ca. 60% der Fälle möglich (siehe Tab. II-1-3).

Merke:

Basilika-Katheter [in operativer Intensivmedizin] unerwünscht weil

- **Intermittierendes Abknicken bei wachen Patienten mit Bolusgefahr!**
- **Hohe Thrombophlebitisrate!**

Die Rate der Fehllagen variiert erheblich mit dem Punktionsort und ist bei Punktion der V. jugularis links mit ca. 25% am höchsten (siehe Tab. II-1-3), bei Verwendung der V. jugularis rechtsseitig naturgemäß am niedrigsten.

Tabelle II-1-3 Fehllagen zentraler Venenkatheter (n. Jantsch, n = 1289 in Steinbereithner).

Fehllagen	V. jug. re	V. jug. li	V. subcl. re	V. subcl. li
Fehllagen	3,2%	25,4%	11,1%	15,7%
Anzahl	30/949	31/122	8/72	23/146

– ***Kontrolle auf Rückläufigkeit*** (Alternativen sind die direkte Kontrolle unter dem Bildwandler oder mittels intrakardialer EKG-Ableitung über J-Guide)

Merke:

Obligate ZVK-Funktionskontrolle über einfache Infusion:

- **Tropft leicht ein**
- **Rückläufig ins Schlauchsystem bei alleinigem Tiefhalten unter Körperniveau [Spritzenaspiration ist nicht zuverlässig genug]**

– Fixierung mit Naht
– Obligatorische Röntgenkontrolle.

Richtlinien für ZVK nach Lawin:

- Klare und strenge Indikation
- Venenwandverträgliches Kathetermaterial
- Wahl des Punktionsortes mit der geringsten Infektionsgefahr

Tabelle II-1-4 Komplikationen zentraler Katheter (%) (n. BURRI)

Komplikationen	V. subclavia	V. jugularis
Malposition	5,3	0,75
Pleuraverletzung	1	0,07
arterielle Punktion	1,4	0,61
Mortalität	0,1	0,2%

- Entfetten, Enthaaren, Desinfektion
- Steriles Abdecken
- Sterile Handschuhe (Mundschutz, Haube, Kittel?)
- Atraumatische Punktion, Blutaspiration, Röntgenkontrolle
- Fixation
- Tägliche Kontrolle der Katheteraustrittsstelle
- Häufig Wechsel des Infusionsbestecks
- Möglichst wenig Manipulationen, keine Blutentnahmen, wenn dann nur über Verlängerungsstuck
- Keine lokalen Antibiotika
- Frühzeitige Entfernung des Katheters

Tabelle II-1-5 Übersicht über mögliche Komplikationen beim Legen zentraler Katheter.

Pneumothorax (0–12%)
Arterienpunktion (0–18,9%)
Fehllage (5,7–15%)
Katheterokklusion (2,7%)
Thrombose (0,3–17,2%)
Hydrothorax (0,8–1,1%)
Nervenverletzung (0–0,6%)
Katheter-Sepsis (0,5–23,8%)
Hämatothorax
Hämomediastinum
subkutanes Emphysem
Arterienverletzung
Verletzung des Ductus thoracicus bzw. Ductus lymphaticus dexter
Trachealverletzung
Luftembolie
Arrhythmie
Myokardperforation
Vena cava-Perforation
Vena cava-Thrombose
Cuff-Beschädigung

Katheterpflege

Alle Katheter werden täglich trocken ohne desinfizierende Salbe verbunden, die Infusionsbestecke 1–2tägig gewechselt. Ein routinemäßiger Katheterwechsel erfolgt nur, wenn diese im Rahmen einer Notfallbehandlung und damit meist "semi-"steril gelegt wurden. Gleiches gilt bei Übernahmen aus anderen Krankenhäusern, wenn die Sterilitätskautelen und die bisherige Verweildauer nicht absolut zuverlässig bekannt sind. In diesem Fall werden alle Katheter gewechselt.

Bei jeder septischen Erscheinung handelt es sich bis zum Beweis des Gegenteils um eine Kathetersepsis. Die venösen Katheter werden daher, sofern nicht frisch gelegt, großzügig entfernt. Ein wünschenswertes Intervall bis zum Legen eines neuen Katheters ist meist nicht realisierbar. Die Katheterspitze wird bei Therapierelevanz mikrobiologisch analysiert.

Spezielle Probleme

1. Die Benutzung intravasaler Katheter zum Monitoring setzt eine kritische Distanz voraus. Patienten wurden schon mit Katecholaminen behandelt, weil die arterielle Druckmessung nicht stimmte. Hier empfiehlt es sich, bei jeder nicht plausiblen Veränderungen eine klinische (Hand am Leistenpuls) und konventionelle Blutdruckkontrolle vorzunehmen. Entsprechende Einschränkungen gelten für den ZVD, den Pulmonalisdruck sowie für das COLD-Monitoring.

2. Speziell bei der Katecholamintherapie ist das Totraumvolumen der Katheter zu berücksichtigen. Dieses kann einerseits zu einer erheblichen Latenzzeit bis zum Wirkungseintritt, anderseits aber auch zu einer erheblichen Bolusfreisetzung führen.

Hieraus leitet sich grundsätzlich ab, daß Katecholamine niemals alleine über großlumige Katheter appliziert werden dürfen. Es können bei Dialysekathetern Latenzzeiten von über 20 Minuten bzw. Bolusgaben von mehreren Tausend μg entstehen. Katecholamine sollten daher über einen eigenen dünnlumigen, vorgefüllten Katheter bei konsequentem Verzicht auf Applikation weiterer Volumina über diesen Zugang gegeben werden [eindeutige Kennzeichnung des Katecholaminschenkels!]. Dies setzt eine strenge Disziplin und in der Regel das Vorhandensein zumindest eines doppelläufigen zentralen Venenkatheters voraus. Alternativ können niedrigdosierte Katecholamine in Kombination mit ausschließlich infusomatgesteuerten Flüssigkeiten appliziert werden, damit Therapieänderungen sofort wirksam werden.

➤ ***Katecholamine und ZVK's***

optimal: Eigener Katecholaminschenkel eines mehrlumigen ZVK
– eindeutig gekennzeichnet!
oder: Über Schenkel mit *konstanter* Begleitinfusion
– auch als Katecholaminschenkel kennzeichnen!

Katecholamine über ZVK:

NIE: über großes Lumen [Bolusgefahr bis zum Exitus]
NIE: ZVD-Messung am Katecholaminschenkel!

IMMER: Katecholaminwechsel durch komplettes zweites vorgefülltes System mit zweitem Perfusor!

3. Über 90% der Katheter sind im weiteren Verlauf trotz vielfältiger Komplikationsmöglichkeiten (Tab. II-1-5) völlig problemlos.

Klinisch erheblich unterschätzt ist die katheterinduzierte Thrombose. 1992 veröffentlichte SCHÜRMANN et al. eine Analyse ihrer Patienten mit Lungenembolie. Bei 104 von 198 Fällen zeigte sich ausschließlich oder zusätzlich eine Thrombose der oberen Körpervenen, in 46 Fällen war der Zusammenhang der Thrombose mit einem zentralen Venenkathter wahrscheinlich.

4. Die Infektion als häufigste Komplikation stellt eine permanente Bedrohung dar, die zu berücksichtigen ist, solange der Katheter liegt. Man muß damit rechnen, daß ca. jeder 15. Katheter zur Sepsis führt, entsprechend ca. 0,8 Komplikationen auf 1 Katheter-Jahr. Die Variationsbreite schwankt allerdings erheblich von 0,5 bis über 20%.

Hauptkeim ist Staphylococcus aureus, gefolgt von Staphylococcus epidermidis, Enterobacter cloacae, Pseudomonas aeruginosa und Klebsiella pneumoniae. Eine Blutkultur ist allerdings nur in knapp 15% positiv.

Für immunsupprimierte Patienten werden neuerdings als Prophylaxe antibiotikumbeschichtete Kathetermaterialien angeboten. Eigene Erfahrungen mit diesen Systemen liegen nicht vor.

Definition der Katheter-Sepsis:

Trias aus: Sepsis-Verdacht
Entfieberung innerhalb von 24 Stunden nach Katheter-Entfernung
Keimnachweis an der Katheter-Spitze

Prädisponierend für eine Infektion sind unsterile Manipulationen sowie eine Verweildauer des Katheters über mehr als 48 Stunden. Dabei verbleiben 3/4 der Katheter 6–20 Tage und ca. 15% länger als drei Wochen in situ. In einer großen Studie über 3151 zentrale Venenkatheter fand Lehr et al. 1988 unter den Kathetertypen die höchsten Infektionsraten beim Shaldon-Katheter (20,7 gegen 12,3% für Cavafix®-Katheter). Die Infektionsrate war erstaunlicherweise bei Verwendung der V. jugularis höher (Bartwuchs spielt keine Rolle) als bei der V. subclavia oder der V. cubitalis.

II-2 Katheter, Sonden und Drainagen

Im postoperativen Einsatz finden vor allem folgende Sonden, Drainagen und Katheter ihre Anwendung:

- Tubus (oral/nasal) [→ Kap. II-4]
- Magensonde/Ernährungssonde
- Zentralvenöse Katheter [→ Kap. II-1]
- Arterielle Verweilkanülen →Kap. II-1]
- Blasenkatheter
- Intraabdominelle Drainagen
- Subcutane Drainagen
- Thoraxdrainagen [→ Kap. I-4]
- Dünndarmsonden [Dennis-Sonde]
- van Sonnenberg-Katheter bzw. Otto-Katheter nach interventionellem CT oder Sonographie
- PTCD (perkutane transhepatische Gallengangsdrainage)
- Kompressionssonden (Sengstaken-Blakemore, Linton-Nachlas)

Thoraxdrainage

Lokalisation der Thoraxdrainage: Bülau oder Monaldi?

Monaldi-Drainage: Unkomplizierter "reiner" Pneumothorax: 2. ICR in der Medioclavikularlinie, seltener aus kosmetischen Gründen axillär oder dorsal.

Bülau-Drainage: Bei allen Pneumothoraces, die mit zu drainierenden Flüssigkeiten (Erguß oder Blut) kombiniert sind oder vermutlich sein werden: 5.–7. ICR in der vorderen Axillarlinie, möglichst unter sonographischer Kontrolle!

Technik der Plazierung einer Bülau-Drainage in der Klinik

1. Desinfektion und sterile Abdeckung
2. Lokalanästhesie
3. Kleiner, querer Hautschnitt am Oberrand der Rippe (Am Unterrand verlaufen die Interkostalgefäße!)
4. Präparation mit einer Schere (Mit der Spitze zum Oberrand der Rippe gehen – direkt oberhalb davon die Interkostalmuskulatur aufspreizen – Präparation bis zur Pleura (Verletzungen der Pleura sind nicht relevant)
5. Einführen der Bülaudrainage mit Mandrin *ohne Gewalt*!

6. Herausziehen des Mandrins
7. Anschluß ans Wasserschloß
8. Annaht mit Steg
9. Steriler Verband ohne Abknicken der Drainage

Merke:

"Spielen" der Thoraxdrainage ist obligat
= atemsynchrone Schwankungen im Steigrohr des Wasserschlosses
"Spielt" die Drainage nicht, so ist sie abgeknickt, fehlplaziert oder durch Pleura abgeklebt ... und dadurch ineffektiv!

Thoraxdrainage mit Sog?

Während im Regelfall die Bülaudrainage mit einem passiven Wasserschloßsystem verbunden wird, muß sie bei folgenden Bedingungen unter ***Dauersog*** gesetzt werden:

- Spannungspneumothorax
- Anhaltende klinische Symptomatik
- Keine komplette Entfaltung ohne Sog (innerhalb 72 Stunden)
- Rezidiv nach primärer Entfaltung

Je früher der Dauersog angelegt wird, desto besser sind die Ergebnisse!

Es sollte ein Sog von mindestens –10 cm Wassersäule angelegt sein (zur Sicherheit kann man den Wert auf –15 bis –20 cm für die klinische Routine erhöhen); entfaltet sich die Lunge darunter nicht innerhalb von 24 Stunden – was beim älteren Pneumothorax der Fall ist – kann der Sog bis auf –50 cm Wassersäule erhöht werden (allerdings nur unter engmaschiger klinischer Kontrolle).

Zudem ist in diesen Fällen eine *Bronchoskopie sinnvoll*, um nicht einen Bronchusverschluß z. B. durch einen Schleimpfropf oder ein Blutkoagel (Obturationsatelektase) zu übersehen!

Unter Sog sollten tägliche Röntgen- bzw. Sonographiekontrollen erfolgen, da die gesteigerte Gefahr einer Exsudatbildung besteht. Ist die Lunge schließlich entfaltet, sollte der Dauersog auf –15 bis –20 cm Wassersäule reduziert werden.

Anschließend kann abgeklemmt werden (evtl. stundenweise, meist jedoch sofort für 24 Stunden).

Merke:

Inkomplette Entfaltung der Lunge trotz Bülau-Drainage:
Fixierte Obturationsatelektase [durch primäre Kompression begünstigt]

Routine-Prozedere mit Thoraxdrainagen

Die Bülaudrainage sollte 4–5 Tage belassen werden (regelmäßige Röntgenkontrollen!).

Merke:

> **Thoraxdrainagen:**
> ➤ ***nie* über Patienten-Niveau heben!**
> ➤ **unter kontrollierter Beatmung *nie* abklemmen!**
> ➤ **bei Fistelung *nie* abklemmen!**

Bei konstant ausgedehnter Lunge wird die Drainage probatorisch für 24 Stunden abgeklemmt und nach der radiologischen Kontrolle der entfalteten Lunge die Drainage (vormittags!) gezogen.

Die Bülaudrainage wird nach Exspiration des Patienten unter einem Valsalva-Manöver gezogen, da in maximaler Inspiration die Lunge zwar anliegt, aber durch den höheren Unterdruck Luft angesaugt werden kann. Sinnvoll ist es, die Wunde mit einem Salbenverband abzudichten (obwohl diese Art Rezidive äußerst selten sind).

Nach dem Ziehen der Drainage ist nach > 6 Stunden eine erneute Röntgenkontrolle erforderlich.

Harnblasenkatheter

Der postoperative Dauerkatheter (DK) kann sowohl transurethral als auch perkutan (suprapubisch) eingebracht werden.

Speziell für Langzeitpatienten der Intensivstation sind DK mit einer integrierten Temperatursonde eine sinnvolle Neuerung.

Merke:

> **Harnblasenkatheter:**
> **Strengste Asepsis**

Indikation

1. Akute Harnverhaltung (z. B. Prostataadenom)
2. Bilanzierung der Ausscheidung intra- und postoperativ bei gefährdeten Patienten und Kontrolle einer Diuretikatherapie
3. Diagnostik (Sediment, Urinkultur, Zystogramm)
4. Pflegerische Gesichtspunkte (Inkontinenz)

Transurethraler Katheter

Kathetertypen: Nelaton, Tiemann, Mercier, meist als Ballonverweilkatheter oder als Einmalkatheter. Material: Gummi oder Kunststoff, weich bis halbstarr. Maßeinheit: Charriere (1 CH. = 1/3 mm). Länge: Frauen 8 – 25 cm, Männer 40 cm

Komplikationen: Aszendierende Infektionen, Verletzung der Urethra (via falsa), Druckulzera.
→ Transurethrale Katheter: *So kurzfristig wie möglich*

Der wöchentliche Wechsel des transurethralen DK (bei Silikonkathetern 14tägig) stellt neben einem geschlossenen Ableitungssystem und den üblichen täglichen Hygienemaßnahmen den wirksamsten Schutz gegen aszendierende Infektionen dar. Prophylaktische Antibiotikagaben sind ebensowenig indiziert wie die Anwendung lokal antiseptisch wirkender Substanzen.

Suprapubischer Katheter

Länger liegende Katheter sollten suprapubisch plaziert werden.

Vorteile: Bessere subjektive Toleranz, geringeres Infektionsrisiko durch die größere Weichteilbedeckung.

Magensonde

Indikation

- Gastrointestinale-Blutung: Doppellumige Sonde zur Diagnostik und Spülung
- Sekretionsanalyse
- Entlastung von Luft und Flüssigkeit

Klinisch häufige Indikationen sind:

1. Mechanischer Ileus
2. Paralytischer Ileus (z.B. Peritonitis)
3. Magendilatation (z.B. Magenausgangsstenose)
4. Postoperative Magen-Darm-Atonie
5. Aspirationsprophylaxe bei bewußtseinsgestörten und beatmeten Patienten

Zugang: Transnasal, in Ausnahmefällen oral

Komplikationen

Druckulzera der Schleimhäute (möglichst weiche Silikon-Sonden verwenden), stille Aspiration (Magensonde als Leitschiene: Schon die Aspiration von wenigen ml Magensaft kann aufgrund des niedrigen pH-Wertes zu ausgedehnten pneumonischen Veränderungen führen. Daher – wenn medizinisch vertretbar – möglichst kleinlumige Sonden verwenden).

Via falsa (vor allem bei nasal eingebrachten Sonden) [→ Abb. II-12–21, S. 262].

Ernährungssonden

Indikation

1. Enterale Ernährung bei gestörtem Schluckakt
2. Hyperalimentation bei postoperativ enteraler Ernährung (jejunal feeding)

Zugänge: Transnasal oder transoral
Gastro- oder Jejunostoma
perkutane endoskopische Gastrostomie (PEG)

Einlage unter endoskopischer oder radiologischer Kontrolle.

Frühzeitige postoperative enterale Ernährung möglich (voll bilanzierte Sondennahrung resorptionsfähig ohne Enzymaufschlüsselung).

Komplikationen

Dislokation, Druckulzera, Perforation.

Die osmotische Diarrhoe ist keine Komplikation der gelegten Sonde sondern einer falsch gewählten Sondenkost bzw. einer zu schnellen Steigerung des Kostaufbaus.

Dünndarmsonden (Dennis-Sonde)

Indikation

1. Entlastung des Dünndarmes bei akutem oder chronischem Ileus bzw. Subileus
2. Intraoperative Dünndarmschienung (Druckentlastung des Darmes, Verhinderung eines mechanischen Ileus durch "innere Schienung")

Material: Dreilumige Sonde aus Kunststoff mit einer Gesamtlänge von 2,5 m

1. Lumen: [groß zum Absaugen von Darminhalt]
2. Lumen: zum Anspülen des Darmes und zur Entlüftung der Sonde [Festsaugen verhindern]
3. Lumen: zum Aufblasen des an der Spitze befindlichen Ballons

Endoskopische Plazierung

Voraussetzung: residuale Peristaltik, die den Ballon weitertransportieren kann.

Transnasales Einbringen der Sonde, Fassen der Sondenspitze mit Gastroskop-Faßzange und endoskopisches Vorschieben der Sonde, wenn möglich bis hinter das Treitz'sche-Band, auf jeden Fall bis postpylorisch (danach Weitertransport über Stunden bis Tage durch Darmperistaltik aufgrund des gefüllten Ballons).

Merke: Sonde muß wandern können – keine Fixierung an der Nase, sondern mit viel "Wander-Spiel" [=Schlaufe] an der Stirn.

Operative Plazierung

Bei Laparotomie durch manuelles Vorschieben des mäßig inflatierten Ballons. Oft ein schwieriges Manöver, die Mobilisation des Duodenums nach Kocher kann hilfreich sein. Bei problematischer operativer Plazierung ist ein kombiniertes Vorgehen mit Hilfe der intraoperativen Endoskopie sinnvoll: Der Operateur führt das Endoskop durch das Duodenum und übernimmt hinter Treitz den Ballon der Sonde in die weitere manuelle Führung.

Ideale Position der Sondenspitze: Colon ascendens. Ballon für 24 Stunden voll geblockt [Schutz vor Zurückrutschen ins Ileum] belassen, anschließend komplett entblocken.

Merke:

> **Dennis-Sonde:**
> **Vergessenes Entblocken der Dennis-Sonde = iatrogener Obturationsileus!**

Ableitung: mit Heber-Sog, besser *intermittierende* Saugpumpe mit 10–20 cm H_2O-Sog.
Liegezeit: 10–12 Tage als innere Schienung zur Adhäsionsprophylaxe

Merke:

> **Dünndarmsonden:**
> **Keine Entlastung des Magens!**
> **= Immer zusätzliche Magensonde**

Komplikationen

- Druckulzera
- Perforationen
- Arrosionsblutung
- Intraluminäre Fixierung [bei Therapieende nicht herausziehbar – selten Reoperation erforderlich]

Kompressionssonden

Indikation

Blutung aus:
- Ösophagusvarizen
- Mallory-Weiss-Syndrom
- Ösophagitis
- Fundusvarizen

Formen:
Doppelballonsonde nach Sengstaken-Blakemore
Einballonsonde nach Linton-Nachlas

Technik

Nach nasalem Plazieren der zweilumigen ***Sengstaken-Blakemore-Sonde*** Blocken des distalen Magenballons, anschließend Füllen des ösophagealen Ballons bis auf 30–40 mmHg (Druck > venöser Druck < arterieller/kapillärer Druck).

Bei ***Linton-Nachlas-Sonde*** ausreichende Kompression durch den birnenförmigen Ballon.

Bei beiden Sonden Anlegen einer Zugkraft von ca. 150–300 g.

Maximale Verweildauer 24–48 (72) Stunden.

Entfernung der Sonden: Abbau des Zuges, Entblocken der Sonde, Patient schluckweise trinken lassen (Lösung von Verklebungen zwischen Ballon- und Ösophaguswand).

Kontrolle des Mageninhaltes auf Rezidivblutung über 6 Stunden unter Belassen der entblockten Sonde – erst bei gesicherter Blutstillung sollte die Sonde entfernt werden.

Komplikationen

- Druckulzera
- Wandnekrose
- Dislokation nach kranial mit Erstickung

PTCD (Percutane transhepatische Gallengangsdrainage)

Indikation

Distaler Verschluß der ableitenden Gallenwege unterschiedlicher Genese.

Die Anlage dünner Kunststoffkatheter in Seldinger-Punktionstechnik setzt dilatierte Gallengänge voraus und erfolgt obligat unter sonographischer oder radiologischer Kontrolle.

Komplikationen

- Infektionen [septische Cholangitis]
- Blutung
- Dislokation

Merke:

PTCD täglich steril anspülen, um Obstruktion zu vermeiden!

Intraabdominelle Drainagen

- Robinson-Drainage
- Jackson-Pratt-Drainage
- Easy-Flow
- Aachener-Drainage

Bei den intraabdominellen Drainagen handelt es sich heutzutage in erster Linie um Silikondrainagen (wegen der guten Biostabilität und der guten Bioverträglichkeit). Entsprechend der vorausgegangenen Operation werden Drainagen mit Rechteck- oder Kreisquerschnitt eingelegt.

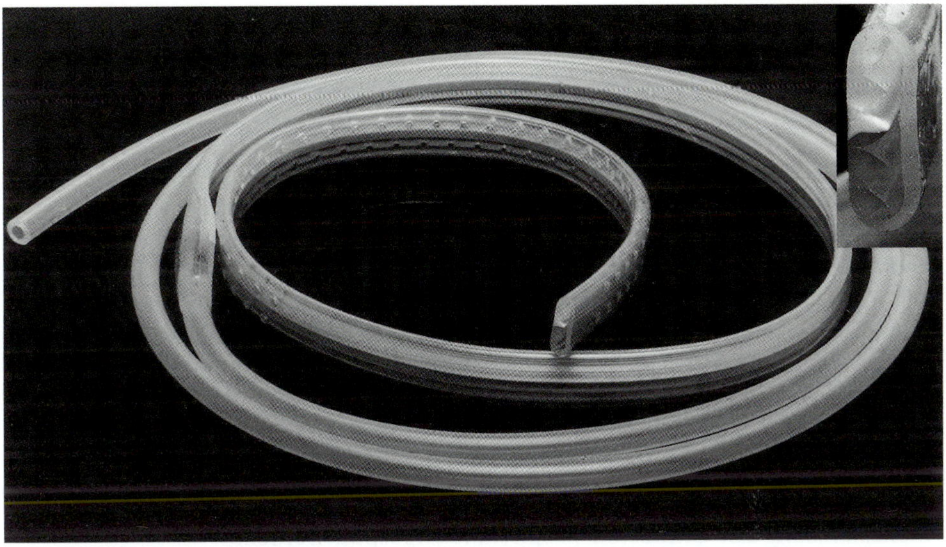

Abb. II-2-1 Aachener Drainage: Unter strömungstechnischen Aspekten entwickelte Silikondrainage zum zweistufigen Gebrauch: Initial als Saugdrainage intraabdominell einsetzbar, nach Kürzen im Rechteckbereich als Ablaufdrainage mit Kapillareffekt wirksam [Fa. Vygon].

Je nach ihrer Plazierung dienen die Drainagen als Blutungs- oder Ziel (Insuffizienz)-Drainagen.

Blutungsdrainagen

Drainagen zum kurzfristigen Einsatz (1 bis 2 Tage) als Indikator für eine Nachblutung.

Merke:

Gefahr durch Drainage:

Okklusion durch Koagel: → Drainage "trocken"
→ Falsche Sicherheit!

Zieldrainagen

Ein ehrlicherer aber unangenehmerer Name wäre "Insuffizienz-Drainage".

Postoperative Drainage zur Sekretableitung mit oder ohne Sog. Indikator z. B. für Anastomoseninsuffizienz. Liegezeit ca. 7 Tage.

Auch hier gilt: Occludierte Drainagen fördern nicht – falsche Sicherheit!

Im Falle nicht primär revisionspflichtiger Komplikationen können die Drainagen therapeutisch als Fistelableitung eingesetzt werden, bis ein stabiler Fistelkanal etabliert ist.

Interventionell plazierte Drainagen

Meist postoperativ vornehmlich unter Sonographie- oder auch CT-Kontrolle perkutan plazierte Drainagesysteme zur Entlastung z. B. von Abszessen [→ Kap. I-21] oder Biliomen.

Häufig eingesetzte Drainagesysteme sind der Sonnenberg- bzw. der Otto-Katheter.

Der Sonnenberg-Katheter ist ein gerader zweilumiger Katheter, der mittels Trokar plaziert wird. Übliche Indikationsbereiche sind intraabdominelle Verhalte mit zähem Sekret. Über den Sonnenberg-Katheter ist durch das zweite Lumen eine Spülbehandlung möglich.

Der Otto-Katheter ist dünner, einlumig und distal als "pig tail" konfiguriert. Er eignet sich zur Drainage eher geringviskösen Sekrets in schlecht zugänglichen und dislokationsgefährdeten Positionen. Der Otto-Katheter wird am Behandlungsende trotz "pig tail"-Konfiguration einfach herausgezogen. Ein Strecken durch Trokar ist nicht erforderlich.

Beide Kathetersysteme sollten mindestens zweimal täglich mit je 5 ml steriler Kochsalzlösung zur Okklusionsprophylaxe angespült werden.

Komplikationen

- Falsche Sicherheit bei Okklusion
- Infektion
- Dislokation
- Arrosionen

Merke:

Sekret neben der Drainage:
Hinweis für insuffiziente Förderleistung (→ Okklusion)!

Subcutane Drainage (Redon-Drainage)

Drainage zur Ableitung subcutanen Sekretes. Üblicherweise Entfernung am zweiten postoperativen Tag. In der Regel Kreisquerschnittdrainage aus Kunststoff mit unter Sog stehender Drainageflasche (geschlossenes System).

Redonentfernung meist unter Sog.

Ausnahme: Sog – Entlastung vor Ziehen der Drainage bei Position in der Nähe von Gefäßnähten sowie nach Schilddrüsenoperationen (cave N. recurrens)

II-3 Bronchoskopie

Indikation

- Lumenverlegung eines Bronchus mit peripherer Minderbelüftung
- Ausgedehnte Sekretansammlungen, auch bei nicht intubierten Patienten
- Lagekontrolle des Tubus
- Kontrolle und Therapie einer intrabronchialen Blutung
- Pneumoniediagnostik
- posttraumatisch
- nach Aspiration
- Intubationshilfe

Voraussetzungen

- Kurzfristig einsatzbereit: In einer Notfallsituation darf keine Zeit mit langwierigen Vorbereitungen verloren gehen
- Zügige Endoskopie: Pulmonal instabile Patienten besitzen eine geringe Toleranz für invasive Maßnahmen
- Erfahrener Untersucher: Zeitverlust durch intrabronchiale Orientierungsprobleme gefährdet den Patienten

Physiologie

Atemwegswiderstand [92]

- beim nicht intubierten Patienten ändert sich der Atemwegswiderstand kaum, da das ausreichend weite Tracheallumen einen nahezu ungehinderten Luftstrom neben dem Endoskop gewährleistet
- beim intubierten Patienten (z. B. Tubusinnendurchmesser 8 mm, Endoskop-Außendurchmesser 5,7 mm) resultiert ein wesentlich geringeres Restlumen und dadurch eine Erhöhung des Atemwegswiderstandes
- Spontanatmung: erhebliche intrabronchiale Druckschwankungen Bronchoskopie oft durch Kollabieren der großen Bronchien erschwert

- Beatmung:
  - Beatmungsdruck steigt durch inkomplette Exspiration (intrabronchiales Restvolumen mit positivem endexspiratorischem Druck [PEEP])

Bronchoskopie – Tubusgröße
Innendurchmesser des Tubus ≥ 8 mm
ggf. PEEP halbieren, besser passager PEEP = 2 cm H_2O
AMV um ca. 30 % anheben

Gasaustausch [93]

- passagerer Abfall der O_2-Sättigung
  - beim Gesunden für wenige Minuten
  - beim pulmonal Instabilen über mehrere Stunden

Bronchoskopie – Präoxygenierung
Ausreichend lange (mind. 3 – 4 Minuten)
Überwachung der O_2-Sättigung
[auch nach Beendigung der Bronchoskopie]

Hämodynamische Veränderungen

- Tachykardien
- bradykarde Rhythmusstörungen bis zum Herzstillstand durch Vagusreiz

Bronchoskopie – Monitoring:
Kontinuierliche EKG-Ableitung
Akustische R-Signal Kontrolle

Praktische Durchführung

Merke:

Gute intensivmedizinische Bronchoskopie:
Wenn schnell, effektiv und läsionsarm!
[Nicht immer ist ein guter diagnostischer Bronchoskopiker auch ein guter intensivmedizinischer Bronchoskopiker!]

Wacher, nicht intubierter Patient

➤ ***Vorbereitung***
- vor Elektivbronchoskopie Aufklärung und Einverständnis
- Präoxygenierung (3 – 4 Minuten)
- Pulsoxymetrie

- EKG-Monitor mit lautem R-Signal
- Vorbereitung etwaiger therapeutischer Maßnahmen
- Sedierung, z. B. mit Diazepam 5 – 10 mg
- Oberflächenanästhesie von Nasen- und Rachenschleimhaut
- Reanimationsbereitschaft

➤ ***Endoskopie***
- zu zweit!
- transnasales Eingehen bis vor den Kehlkopf
- Oberflächenanästhesie der Stimmritze mit Xylocain® über den Arbeitskanal
- Patient husten lassen, unter Sicht bei offenen Stimmritzen dann zügige Passage
  Kein gewaltsamer Entrierungsversuch!
- nach Larynxpassage Oberflächenanästhesie von Tracheal- und Bronchialepithel mit Xylocain®

Merke:

Orientierung bei Bronchoskopie:
Die Fläche mit "weißen längs nach distal ziehenden Streifen" ist die Pars membranacea = dorsal
[so orientiert, ist die Zuordnung linker und rechter Hauptbronchus einfach!]

➤ ***Überwachung***
- bis zum Abklingen der Sedierung
- Pulsoxymetrie auch nach Abschluß der Endoskopie

Beatmeter Patient [94]

➤ ***Vorbereitung***
- Präoxygenierung ($FiO_2 = 1,0$; 3 – 4 Minuten)
- Pulsoxymetrie
- EKG-Monitor mit lautem R-Signal
- Vorbereitung etwaiger therapeutischer Maßnahmen
- zusätzliche Sedierung, z. B. mit Hypnomidate 50 mg
- ausreichender Tubusinnendurchmesser (8 mm)
- Beißschutz
- Atemminutenvolumen [AMV] um + 30% anheben
- PEEP halbieren, besser passager nur 2 cm H_2O
- Bronchoskop mit Silikonspray gleitfähig machen
- Spüllösung bereithalten

➤ ***Endoskopie***
- zu zweit!
- gute Fixierung des Tubus
- rasche Endoskopie
- Zeitgewinn geht vor "Pseudo-Subtil-Diagnostik"

➤ ***Überwachung***
- Pulsoxymetrie auch nach Abschluß der Endoskopie
- AMV, FiO_2 und PEEP bei stabilen Kreislauf- und Sättigungsverhältnissen wieder auf die Ausgangseinstellung
- abschließende Blutgasanalyse

Indikationsabhängige Besonderheiten

Atelektase

Indikation zur Bronchoskopie bei:
- Radiologischem Verdacht auf zentrale Lumenverlegung
- Steigenden Spitzendrücken und schlechten Gasen nach klinischem Ausschluß eines Pneumothorax
- Unklaren Verschattungen nach sonographischem Ausschluß eines Pleuraergusses

➤ ***Therapie***
- Schleimpfropf kann lokalisiert und abgesaugt bzw. herausgespült werden [Abb. II-3-1].
- ggf. anschließend selektive Überdruckbeatmung durch den Instrumentierkanal des Endoskops oder durch einen unter Sicht eingeführten, geblockten Katheter [96].

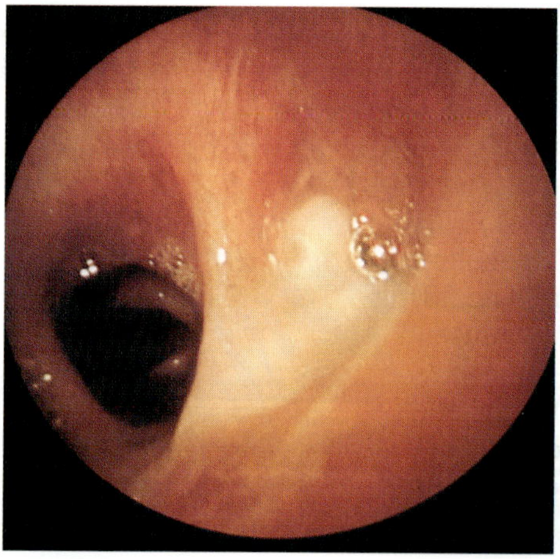

Abb. II-3-1

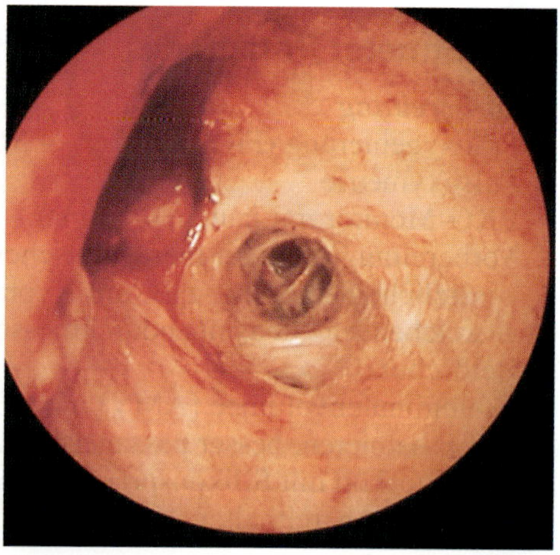

Abb. II-3-2

Abb. II-3-1 Mittellappenatelektase bei Bronchusobstruktion durch Schleimpfropf. Sofortige gezielte Lavage mit Absaugen des Schleims ist erforderlich (aus: Peter Stradling (Hrsg.): Atlas der Bronchoskopie. 2. Aufl. Thieme, Stuttgart 1994).

Abb. II-3-2 Blutung aus Oberlappenbronchus links (aus: Peter Stradling (Hrsg.): Atlas der Bronchoskopie. 2. Aufl. Thieme, Stuttgart 1994).

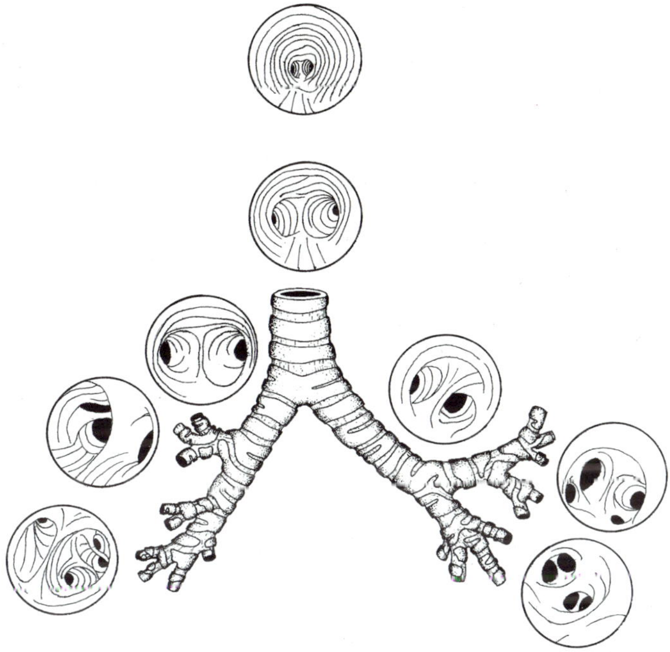

Abb. II-3-3 Blick ins Trachealsystem durch das Bronchoskop.

Lagekontrolle des Tubus

- Bronchoskopie bei unsicherem Auskultationsbefund
- Bronchoskopie schneller als Radiologie bei gleicher Treffsicherheit [95]

Merke:

> **Orientierungsfehler bei Bronchoskopie:**
> **Verwechslung der Carina mit der Aufzweigung von rechtem Oberlappen- und Intermediärbronchus**

Kontrolle einer intrabronchialen Blutung

- Lokalisation der Blutungsquelle
- Blutstillung durch
  - Eiswasser-Lavage
  - Unterspritzung mit Suprarenin
  - Laser-Koagulation bzw. Argon-Beamer
  - Tamponade mit Fogarty- oder Swan-Ganz-Katheter
  - bei multiplen Läsionen beim Langzeitbeatmeten: Bronchialtoilette ggf. nur bronchoskopisch, bei Bedarf lokale Applikation von Otriven®-Lsg.

Achtung:

> ➤ **Routinemäßige Bronchoskopie zur Bronchialtoilette speziell bei Langzeitbeatmeten mit diffuser Blutungsneigung bedarf dringlich eines erfahrenen Intensiv-Bronchoskopikers. Wesentlich ist das Wissen um den optischen Vergrößerungseffekt und die Erfahrung, welche Ostien tatsächlich noch verletzungsfrei mit dem jeweiligen Gerät entrierbar sind!**
> ➤ **sonst: Mehr Schaden als Nutzen!**

Vorsicht: Bei Unterspritzung mit Fibrinkleber kann es zur Lumenobturation durch Verklebungen kommen!

Pneumoniediagnostik

Bronchoskopische Sekretgewinnung bei negativer Sputum- und Blutkultur [97]

➤ ***Bronchoalveoläre Lavage (BAL)***
- unter Sicht
- seitengetrennt
- 4–5 Einzelportionen von je 20 ml sterilem NaCl 0,9 %
- Vorteil: hohe Sekretmenge

Vorsicht: "Modell" der inkompletten Aspiration! Regelhaft Abfall der O_2-Sättigung.
Erhöhte Kontaminationsgefahr durch das Endoskop!

➤ ***Protected specimen brush (PSB)***
Sterile Bürste wird erst vor Ort aus ihrer Umhüllung geschoben
Vorteil: keine Kontamination
Nachteil: geringe Sekretmenge

Vorsicht: Erhöhtes Perforationsrisiko!

➤ ***Transbronchiale Biopsie (TBB)***
Vorteil: keine Kontamination

Merke:

> **Transbronchiale Biopsie:**
> **Erhöhtes Risiko für Perforation mit konsekutivem Pneumothorax v. a. bei beatmeten Patienten!**

Empfohlenes Vorgehen: BAL Methode der Wahl,
PSB und TBB Ausweichverfahren bei negativer BAL [90, 91].

Posttraumatisch

- zur Lokalisation und Kontrolle einer traumatischen Blutung
- zum Ausschluß einer Bronchusruptur
- nach Polytrauma bei nicht sicher auszuschließender primärer Aspiration

Nach Aspiration

- Lokalisation und Extraktion von Fremdkörpern
- Absaugen von aspirierter Flüssigkeit

Merke:

Bronchoskopie bei Aspiration [Mendelson-Syndrom]:

➤ **Lavage wegen der Gefahr der sekundären Schädigung peripherer Atemwege kontraindiziert!**

Intubationshilfe

In seltenen Fällen ist eine Intubation anders nicht möglich (M. Bechterew, instabile HWK-Fraktur). Hier kann der Tubus über das Bronchoskop geschoben und dann nach primärer endoskopischer Intubation unter Sicht plaziert werden.

Literatur

– siehe Gesamt-Literaturverzeichnis im Anhang –

II-4 Intubation, Umintubation, Indikation zur Tracheotomie

Ziel der Intubation

- Sicherung der oberen Luftwege
- Sicherung des Gasaustausches ggf. mit erhöhtem O_2-Anteil
- Durchführung einer assistierten Atmung oder kontrollierten Beatmung
- Verhinderung der Aspiration
- Ermöglichen einer regelmäßigen Bronchialtoilette

Indikation

Tabelle II-4-1 Indikation zur Beatmung.

Parameter	Beatmung indiziert [103]	Normgrenze
Atemfrequenz (Züge/min)	> 35	12– 20
Vitalkapazität (ml/kg KG)	< 15	65– 75
Sekundenkapazität ml/kg KG)	< 10	50– 60
Inspirationskraft (cm H_2O)	< 25	75–100
P_{aO_2} (mmHg) Raumluft	< 55	75–100
P_{aO_2} (mmHg) unter $FiO_2 = 1{,}0$	<200	500–640
P_{aCO_2} (mmHg)	> 55	35– 45

Beachte:
Die genannten Werte sind keine absoluten Grenzen. Ein junger Mann ohne pulmonale Vorerkrankungen ist mit einem PaO_2 von 60 mmHg stark hypoxiegefährdet, während ein Patient mit einer COPD sich eventuell im Rahmen seiner Krankheitsgeschichte an einen niedrigen PaO_2 adaptiert haben kann.

➤ *Hilfreich ist eine präoperative BGA.*

➤ ***Indikation zur therapeutischen Beatmung [100]***
- Hypoventilation/Apnoe
  Anästhesie, Medikamentenüberdosierung, Funktionsstörung des ZNS, peripher neurologische Erkrankungen, Z.n. Reanimation
- Hypoxämie
  Lungenödem, Pneumonie, Lungenembolie, Atelektase, Organinsuffizienz
- Stabilitätsverlust des Thorax
  instabiler Thorax, Zwerchfellruptur

➤ ***Prophylaktische Beatmung [100]***
- Nach mehrstündigen Operationen in Kopf-Tief-Lage
- Lungenkontusion
- Prolongierter Schock
- Zeitweilige Reduktion von Atemarbeit und O_2-Verbrauch
  Operation am offenen Herz, Kältezittern, Kachexie, allgemeine Schwäche
- Nach Aspiration [sehr umstritten, u.E. eher nicht indiziert!]

Endotracheale Intubation

Routine-Intubation [99]

➤ ***1. Vorbereitung des Patienten***
Nach Entfernung von Zahnprothesen sowie Absaugen des Mageninhalts via Magensonde [sofern vorhanden]:
- *Lagerung:* Ziel ist es, eine gerade Achse von der oberen Zahnreihe zur Epiglottis durch eine Anteflexion in der unteren HWS und durch eine Extension im atlantookzipitalen Gelenk herzustellen. Hilfreich ist beim Erwachsenen oft eine mäßige Unterpolsterung des Hinterkopfes.
- *Präoxygenierung:* Ohne adäquate Präoxygenierung kann die Sauerstoffsättigung im Rahmen der Intubation innerhalb einer Minute auf 75% absinken. Die Präoxygenierung erfolgt mittels einer Maskenbeatmung mit reinem Sauerstoff.
- *on-line Kontrolle:* Perkutane Sauerstoffsättigung,
  akustische Überwachung der Herzfrequenz und
  Blutdrucküberwachung.

➤ ***2. Bereitstellung von Personal***
Eine erfahrene Schwester ist bei der Intubation eine unerläßliche Hilfe. Voraussetzungen sind ein routinierter Überblick über erforderliche Medikamente, weitere Hilfsmittel und ein perfekter Umgang mit ggf. benötigten weiteren Geräten (z. B. Defibrillator o. ä.).

➤ ***3. Bereitstellung von Medikamenten***

Analgetika,	z. B.: Fentanyl	0,1–0,2 mg (75 kg)
Sedativa,	z. B.: Midazolam (Dormicum®)	7,5–15 mg (75 kg)
Hypnotika,	z. B.: Etomidate (Etomidat®)	14 mg (75 kg)
Relaxantien,	z. B.: Vecuroniumbromid (Norcuron®)	4–8 mg (75 kg)
	z. B.: (Suxamethoniumchlorid 5%)	50–100 mg (75 kg)

➤ ***4. Bereitstellung von Material***
Routinemäßig sind vor der Intubation verschiedene Tubusgrößen – jeweils auf Dichtigkeit des Cuffs geprüft – bereitzulegen. Zu bevorzugen sind für den Einsatz auf Intensivstationen Tuben mit low-pressure-cuff, wie der Lanz-Tubus, da dieser laut Literatur nur ein Zehntel der trachealen Komplikationen gegenüber anderen Cuff-Systemen verursacht.

Darüber hinaus: Verschiedene Spatel für das Laryngoskop auf Helligkeit und Funktion geprüft, ein vorgebogener Führungsstab, der nie über die Tubusspitze herausragen darf, eine Magillzange zum Vorschieben des Tubus im Rachenraum nach nasaler Intubation, ein aktivierter Absauger mit Absaugkatheter (CH 16–18),

Ambubeutel, Maske, Blockerspritze, Pflaster zur Fixierung sowie ein geprüftes Beatmungsgerät.

➤ ***5. Sedierung, Analgesie, ggf. Relaxation***
In der Regel reicht eine Dosis von Hypnomidate® (= Etomidat® 0,15–0,3 mg/kg KG) für die Intubation aus. Auf eine Relaxierung kann man meist verzichten. Falls nötig, sollte man sich vorher davon überzeugt haben, daß der Patient suffizient mit der Maske beatmet werden kann. Weiterhin müssen Notfallmedikamente wie Adrenalin und Atropin bereitstehen, sollte intubationsbedingt eine Kreislaufreaktion auftreten. Eine routinemäßige Atropingabe ist heute nicht mehr als obligat anzusehen.

➤ ***6. Einstellen der Epiglottis und der Stimmbänder***
Nach erfolgter Lagerung wie oben beschrieben, wird der Laryngoskopspatel vorsichtig im rechten Mundwinkel eingeführt, die Zunge nach links verdrängt und der Spatel in Richtung auf die rechte Tonsille vorgeschoben. Dann wird die Richtung auf die Medianlinie gewechselt und der Spatel weiter vorgeschoben. Ein gebogener Spatel (Macintosh) kann auch über die Epiglottis hinweg geschoben werden. Wichtig ist, daß nun ein konstanter Zug in Richtung des Laryngoskopgriffes ausgeübt wird. Es darf nicht gehebelt werden. Wenn nun das Laryngoskop zurückgezogen wird, bis der Kehldeckel wieder vollständig sichtbar ist, hat das Laryngoskop die optimale Lage für die Intubation. Jetzt müssen die Stimmbänder eindeutig mittig sichtbar sein. Manchmal ist nur die hintere Kommissur einsehbar. Dann kann eine Hilfsperson einen Krikoiddruck [Hochschieben des Kehlkopfes von außen nach kranial] ausüben. Meist ist dann die Stimmritze sehr gut einsehbar.

➤ ***7. Einführen des Tubus***
Der Tubus wird ohne Gewaltanwendung entlang des Spatels in die Stimmritze eingeführt, bis der Cuffballon die Stimmbänder passiert hat. Hilfreich ist manchmal der Krikoiddruck [Hochschieben des Kehlkopfes durch Hilfsperson]. Gelegentlich muß ein Führungsmandrin, welcher in jede gewünschte Krümmung verformbar ist, zu Hilfe genommen werden [→ Abb. II-4-1].

➤ ***8. Blocken des Cuffs***
Der Cuff wird mit Luft geblockt, bis bei Beatmung mit dem Ambubeutel keine Luft mehr neben dem Cuff entweicht. Durch ein Klappensystem ist bei einem Lanz-Tubus der maximale Cuffdruck auf 30 cm H_2O begrenzt.

➤ ***9. Kontrolle der korrekten Tubuslage***
Routinemäßig wird unter der Beatmung mittels eines Ambubeutels durch beidseitige Auskultation die richtige Tubuslage kontrolliert. Röntgenkontrolle ist obligat, in dringlichen Fällen empfiehlt sich aufgrund der Zeitersparnis die kontrollierende Bronchoskopie [sofern direkt auf der Station verfügbar].

Die häufigste Fehllage ist neben der via falsa oesophagei die Intubation des rechten Hauptbronchus.

➤ ***10. Fixierung***
Der Tubus wird in Höhe der oberen Zahnreihe mit einem wasserfesten Stift markiert und dann mit Pflasterstreifen fixiert. Es werden auch mittels Klettbändern variable Fixierungshilfen angeboten.

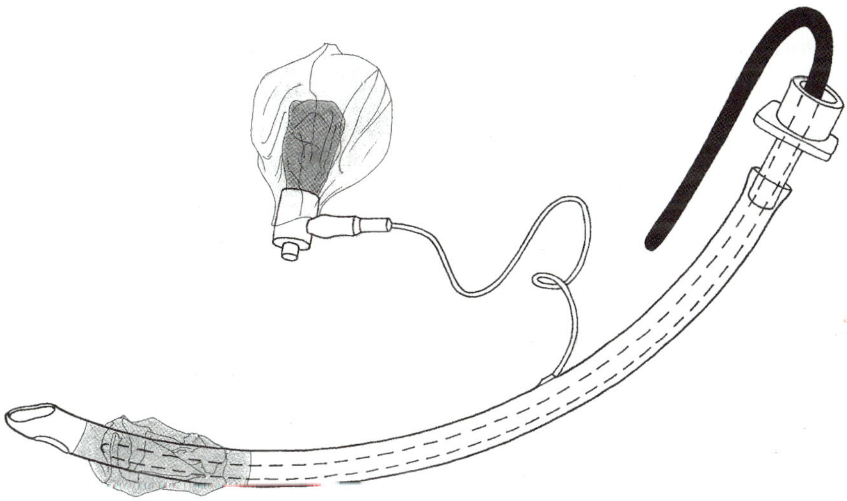

Abb. II-4-1 Endotracheal-Tubus mit korrekt plaziertem und vorgebogenem Führungsstab.

➤ ***11. Röntgen-Thorax***
Nach Intubation ist ein Röntgenbild zur Kontrolle der Tubuslage, Ausschluß von Aspirationen und einem Pneumothorax anzufertigen.

Schwierige Intubation

Wichtig ist die ausreichende Präoxygenierung des Patienten. Dadurch lassen sich ohne Gefahr einer Hypoxie Apnoedauern von 4–5 Minuten überbrücken, man gewinnt also Zeit, um in Ruhe zu intubieren. Sollten Probleme auftauchen, ist es immer eine sichere Maßnahme, zunächst wieder mittels Maskenbeatmung den Patienten zu oxygenieren. Kontrolle durch Messung der perkutanen O_2-Sättigung. Wichtig ist, das Zurückfallen der Zunge des Patienten durch Einlage eines Güdel- oder Wendeltubus zu verhindern [103].

Ein flexibler Führungsstab kann den Tubus stabilisieren und ggf. in eine stärkere Krümmung zwingen. Es ist strikt darauf zu achten, daß der Mandrin nicht über die Tubusspitze herausragt. Mittels einer Magill-Zange ist manchmal der Tubus besser in die Stimmritze zu dirigieren. Weiterhin ist nochmals auf die äußere Manipulation durch eine Hilfsperson hinzuweisen, z. B. durch den Krikoiddruck.

Komplikationen der Intubation

- Cuff-Beschädigung
- Fehllage des Tubus
- Aspiration
- Bradykardie durch Vagusreiz
- Kreislaufinstabilität nach Begleitmedikation
- Drucktrauma
- Pneumothorax

- Leckage, Diskonnektion
- Obstruktion, z. B.: Cuffhernie, Anliegen der Tubusspitze an der Trachealwand
- Verletzung im Larynx, Pharynx, Hypopharynx, Trachea, Ösophagus
- Zahnschäden
- Verletzung von Lippen und Zunge
- Emphysem

In einer neueren Studie [102] wurde unter Notfallbedingungen eine Komplikationsrate von 19 % festgestellt.

Nasale Umintubation

➤ ***Indikation***
Die Indikation zur nasalen Intubation wird in letzter Zeit kontrovers diskutiert. Grund für eine ablehnende Haltung sind beobachtete laviert septische Verläufe durch gehäuft auftretende Sinusitiden.

Insbesondere bei Patienten mit einer verlängerten Entwöhnungsphase wird der nasale Tubus besser toleriert, die Mundpflege ist einfacher. Vor allem werden durch einen oralen Tubus ausgelöste vagale Reflexe vermieden.

Die Alternative zur nasalen Umintubation ist die frühelektive Indikation zur (Punktions-)Tracheotomie [→ Kap. II-5].

➤ Indikation zur nasalen Umintubation bei:
  - Langzeitbeatmung mit absehbar verzögerter Entwöhnung
  - schwieriger Fixation des oralen Tubus (z. B. Gesichtsverletzungen)

➤ ***Technik***
Im Prinzip gilt das gleiche Vorgehen wie bei der oralen Intubation. Zusätzlich wird das größere Nasenloch mit Lokalanästhetika (z. B. Instillagel®) und Otriven® vorbehandelt, um die Blutungsgefahr zu reduzieren. Dann wird mit einem Finger der Nasengang bougiert. Hierbei fallen dann auch ggf. vorhandene Intubationshindernisse auf. Obligat ist eine suffiziente Präoxygenierung über den oralen Tubus!

Tips & Tricks: Vermeiden von Cuffläsionen:
Tubus in steriler Verpackung in heißem Wasserbad aufwärmen, um so eine bessere Flexibilität zu erreichen.

Der empfindliche Cuff ist während der Passage durch den Nasenrachenraum sehr gut mittels eines übergezogenen Fingerlings zu schützen, der dann im Rachen mit der Magillzange wieder entfernt wird.

Nach Einstellen der Epiglottis mit dem Laryngoskop Absaugen von Rachen und Magensonde, Entblocken des oralen Tubus, Zurückziehen desselben und Vorschieben des nasalen Tubus, ggf. mittels Magillzange.

Weiteres Vorgehen wie bei der oralen Intubation ab Punkt 7.

➤ ***Komplikationen der nasalen Umintubation:***
- Verletzung im Nasenrachenraum
- Blutung
- Via valsa
- Cuff-Defekt
- Retropharyngealer Abszeß

- Infektion und Schleimhautnekrosen
- Sinusitis maxillaris
- Otitis media

Merke:

Keine nasale Intubation bei ungeklärten Kopfverletzungen!

Tracheotomie

Indikation

Die Deutsche Gesellschaft für Chirurgie sieht folgende primäre Indikationen zur Tracheotomie:
- Endotracheale Intubation nicht möglich oder erheblich komplikationsgefährdet
- Postoperative beidseitige Rekurrenzparese

Sekundär:
- Erschwerte Bronchialtoilette
- Komplikationen nach oraler oder nasaler Intubation

Wir sehen darüber hinaus bei verzögerter Entwöhnung mit fehlender Kooperation die Indikation zur Tracheotomie. Das Festschreiben eines Zeitpunktes zur Tracheotomie ist kaum möglich. Die früher strikte frühzeitige Indikationsstellung zur Vermeidung von Cuff-Druckschäden ist seit routinemäßiger Anwendung der low-pressure Cuffs nicht mehr aufrecht zu erhalten.

➤ ***Vorteile der Tracheotomie***
- Totraumreduktion [= Atemarbeit erleichtert]
- Einfachere Tracheobronchialtoilette
- Essen und Trinken ist zumeist möglich
- Einfacher Kanülenwechsel
- Einfache Reintubation
- Sprechkanüle

Die Industrie bietet blockbare Wechselhilfen an. Diese können über einen liegenden Tubus vorgeschoben werden. Eine solche Wechselhilfe ermöglicht speziell bei kritischen ARDS-Patienten die kurzfristige suffiziente Zwischenbeatmung während der Umintubation, so daß das Hypoxierisiko minimiert wird.

Tracheotomia inferior

➤ ***Vorgehensweise***
- optimal im OP
- bei akut gefährdeten Patienten besser auf Station
- Patient intubiert und optimal oxygeniert ($FiO_2 = 1{,}0$)
- quere Inzision 2 Querfinger oberhalb des Jugulums
- Durchtrennung des Schilddrüsen-Isthmus
- U-förmige Inzision der Trachea im 3.–4. Trachealsegment
- hierdurch Bildung einer caudalen Lippe, die an der Cutis fixiert wird
- Zurückziehen des endotrachealen Tubus und Plazieren der Kanüle

[Alternativ Punktionstracheotomie nach Ciaglia – siehe Kap. II-5]

➤ ***Komplikation***

- Stenosen
- Arrosionsblutung
- Mediastinitis

Literatur

– siehe Gesamt-Literaturverzeichnis im Anhang –

II-5 Punktionstracheotomie nach Ciaglia

Bei der Punktionstracheotomie nach Ciaglia handelt es sich um ein alternatives Tracheotomieverfahren, das auf Grund der in letzter Zeit zunehmend positiven Berichte in seiner Technik dargestellt wird [104].

Die Beschreibung der Methodik kann eine gewissenhafte praktische Lernphase unter Anleitung durch einen erfahrenen Anwender nicht ersetzen!

Indikationen

Intensivpatienten ≥ 16 Jahre
mit Notwendigkeit zur Langzeitbeatmung
oder Sicherung der Atemwege

Ciaglia-Kontraindikationen

- Alle Patienten bei denen eine ggf. erforderliche orale Akutintubation erschwert oder nicht möglich ist (Patienten mit Gesichtsschädelverletzungen, Z.n. Kieferoperationen, etc)
- Alter < 16 Jahre
- nicht korrigierbare Gerinnungsstörungen
- Struma per magna
- "Kurzer Hals" (Abstand Unterrand Cricoid bis Fossa jugularis < 2 cm)
- Instabile Halswirbelsäulenfraktur

Voraussetzungen

2 Ärzte mit Intubations-, Bronchoskopie- und Tracheotomieerfahrung
1 Pflegeperson
1 Dilatationsset zur Punktionstracheotomie (z. B. Cook®critical care)
2 Trachealkanülen mit 8 mm Innendurchmesser (z. B. Portex®, Rüsch®, Vygon® – wesentlich ist eine nicht zu große axiale Stauchbarkeit)
Steriles Abdeckmaterial (z. B. Lochtuch)
Sterile Kompressen
Steriles Gel als Gleitmedium
Steriles Bronchoskop
Silikonspray

Vorbereitende Maßnahmen

Patient kontrolliert beatmet auf der Intensivstation
Adäquate Sedierung, Analgesie und Relaxierung
Präoxygenierung mit FiO_2 1,0
EKG-Monitor mit akustischer Kontrolle
Perkutanes-O_2-Sättigungsmonitoring mit aktiviertem Alarm
Lagerung des Patienten: Kissen unter die Schultern, maximale Reklination des Kopfes
Trachealkanülen-Cuff auf Dichtigkeit prüfen
Trachealkanüle mit Gleitmitteln versehen: Innen Silikon-Spray, außen Gleitgel
ACHTUNG: Cuff muß vollständig luftleer sein!
Hautdesinfektion, steriles Abdecken von Thorax und Abdomen
Ausbreiten der Materialien auf der sterilen Fläche

Durchführung der Punktionstracheotomie [105]

- Zweifelsfreie Identifikation der Tracheotomiestelle – mindestens 1 Querfinger distal des Unterrandes des Cricoids!
- Zurückziehen des translaryngealen Tubus nach "halbem Entblocken" durch Arzt am Kopfende unter laryngoskopischer Einstellung, bis Cuff-Manschette knapp oberhalb der Stimmritze identifizierbar ist.
- Perkutane, leicht nach caudal gerichtete, mittige Punktion der Trachea an zuvor gewählter Stelle mit der Punktionskanüle. Millimeterweise vorschieben, bis zweifelsfrei leicht Luft aspirierbar ist. Vorsicht: "ausgestanzter" Gewebszylinder kann Nadel verstopfen – ggf. Anspülen!
- Nach sicherer Aspiration von Luft, Nadel noch 2 Millimeter weiter vorschieben.
- Innennadel entfernen und Seldingerdraht mit J-förmig gebogenem Ende über die in situ verbliebene Plastikhülse der Punktionsnadel in die Trachea schieben. **ACHTUNG:** Draht muß sich völlig leicht vorschieben lassen. Jede Art von federndem Widerstand deutet auf eine Fehlplazierung hin! In diesem Falle → erneute Trachealpunktion!
- **OBLIGAT:** Bronchoskopie durch translaryngealen Tubus unter Fortsetzung der maschinellen Beatmung. Sichere bronchoskopische Identifizierung des korrekt in der Trachea liegenden Seldinger-Drahtes.
- Quere Hautinzision links- und rechtslateral des in situ verbleibenden Seldingerdrahtes bis auf Gesamtlänge von 1 cm. [Selektiv Kutis! – Sonst Blutungsgefahr!]
- Dilatation des Punktionskanales mittels kurzem, geraden 11 French-Dilatator unter leichten Drehbewegungen. Dilatator entfernen – nach jedem Entfernen der Dilatatoren entweicht in geringem Umfang Luft durch die größer werdende Punktionsstelle – normal bei obligat fortgesetzter Beatmung!
- Armierung des Seldinger-Drahtes durch weiße Gleithülse: Weißen Plastikschlauch über Draht schieben, bis Begrenzungsverdickung sicher intratracheal liegt.
- Sukzessive Aufbougierung der Punktionsstelle beginnend mit 4 mm (12 French) Dilatator bis 12 mm (36 French) Dilatator. Dabei werden die Dilatatoren exakt in

Punktionsrichtung jeweils mit leichten Drehbewegungen vorgeschoben. Fast regelhaft ist das Einführen der dünneren Dilatatoren schwieriger und kraftaufwendiger als das der großlumigeren Dilatatoren. Zwischen den einzelnen Bougierungsschritten Kompression der Punktionsstelle.

- Belassen des 12 mm (36 French) Dilatators in der Trachea. Währenddessen die vorbereitete Trachealkanüle (Cuff geprüft, Cuff vollständig entleert, außen Gleitgel, innen Silikonspray) unter Kongruenz der Krümmungen über den nur in der unteren Hälfte mit Silikon eingesprühten 8 mm (24 French) Dilatator schieben, so daß die Dilatatorspitze die Trachealkanüle um 2,5 cm überragt.
- Entfernen des zwischenzeitlich in der Trachea verbliebenen 12 mm (36 French) Dilatators, Draht und Gleithülse belassen, dann Einführen der Trachealkanüle durch erneute Plazierung des mit der Trachealkanüle armierten 8 mm (24 French) Dilatators. Wegen des zirkulären Kalibersprunges am Übergang von Dilatator zu Trachealkanülenunterkante ist hierbei manchmal ein relativ hoher Druck zur Plazierung erforderlich. [Wegen dieser Situation sind bei primärer Trachealkanülenplazierung zu elastische, in sich axial stauchbare Materialien ungeeignet!]
- Blocken der Trachealkanüle, Entfernen von Dilatator, Seldingerdraht und Gleithülse sowie umhängen der Beatmung vom translaryngealen Tubus auf die jetzt plazierte Trachealkanüle.
- Exspiratorisches Volumen des Respirators beobachten, Auskultation.
- Obligate Bronchoskopie via Trachealkanüle, um die Position zu objektivieren und ggf. Blutreste [erstaunlich selten!] absaugen zu können. Zusätzliche Bronchoskopie via nicht mehr benutzten translaryngealen Tubus, um die Oberkante der Tracheotomiestelle einzusehen und obere Trachea und Rachen abzusaugen – danach translaryngealen Tubus entfernen.
- Trachealkanüle gut fixieren
- Aufklärung von Ärzten und Pflegepersonal bzgl. Umgangs mit dieser Art der Tracheotomie.
- Merkblatt zum Umgang mit Ciaglia-Punktionstracheotomie allgemein sichtbar plazieren!

Was ist anders

Es blutet erstaunlich wenig, da umgebendes Gewebe komprimiert wird. Der Kompressionsdruck reicht auch für die sonst unangenehm blutenden Strumagefäße aus.

Der Kompressionsdruck wird dann problematisch, wenn eine akzidentelle Dislokation der Trachealkanüle auftritt.

Merke:

Dislokation der Trachealkanüle nach Punktionstracheotomie:

Frühpostoperativ ist jeder primäre Repositionsversuch hoffnungslos!

➤ **Hypoxiegefahr für den Patienten!**

➤ **Erst orale Reintubation,**
dann in Ruhe bei gesicherter Oxygenierung
Tracheotomievorgang durch die alte Stelle wiederholen

Sollte in einzelnen Fällen eine Nachblutung aus dem Punktionskanal beobachtet werden, so empfiehlt sich nach passagerer oraler Intubation der Austausch der Trachealkanüle gegen eine größere Trachealkanüle mit einem Innendurchmesser von 9 mm.

Empfohlener Merkblattinhalt – für alle am Patientenbett zugänglich plazieren!

- Bei akzidenteller Dislokation:
  Kein Versuch der Replazierung der Trachealkanüle.
  Erst orale Intubation, dann bitte Information an Operateur.
- Bei Borken in der Trachealkanüle: Kanüle in Position belassen und Wegsamkeit mit Absauger oder Bronchoskop wiederherstellen.
- Erster Kanülenwechsel nicht vor dem 8. p.op. Tag!
  OBLIGAT: Verwendung einer zwischenbeatmungsfähigen Wechselhilfe

Die perkutane Dilatationstracheotomie wird zunehmend als bettseitiges Verfahren für die Intensivstationen favorisiert. Die retrospektive subjektive Beurteilung durch die betroffenen Patienten selbst hat gute Resultate ergeben. Auch die objektivierbaren Parameter wie Peak-flow-Messungen, Spät-Tracheoskopie und histologische Befunde liefern überzeugende Ergebnisse. Die Kombination von geringen frühpostoperativen Komplikationen, ausgezeichneten Spätresultaten und einem sehr zufriedenstellenden kosmetischen Spätergebnis haben derzeit auch Einfluß auf Zeitpunkt und Indikationsstellung zur Tracheotomie. Die Diskussion hierüber ist noch nicht abgeschlossen, zumindest steht aber mit der perkutanen Dilatationstracheotomie eine alternative Technik zu der auch heutzutage häufig noch als verstümmelnder Eingriff klassifizierten konventionellen Tracheotomie zur Verfügung [106, 107, 108].

Literatur

– siehe Gesamt-Literaturverzeichnis im Anhang –

II-6 Krankengymnastik und Mobilisation

Die Mehrzahl der im Rahmen von Krankengymnastik und Mobilisation sinnvollen Maßnahmen werden vom Pflegepersonal durchgeführt. Darüber hinaus ist mindestens zweimal pro Tag eine Übungsbehandlung mit einem Krankengymnasten als Ergänzung zu den Maßnahmen des Pflegepersonals wünschenswert. Die Therapiedauer richtet sich nach dem Einzelfall, sollte jedoch mindestens jeweils 15 Minuten betragen. Die krankengymnastische Betreuung der Patienten erfolgt in Koordination mit dem Pflegepersonal. Der Entwurf sowie die Änderung des Behandlungskonzeptes erfolgt in täglicher Absprache mit dem Arzt.

Im Idealfall sollte der Stellenplan für die Intensivstation zwei festangestellte Krankengymnasten beinhalten, die ausschließlich für die Intensivstation zuständig sind.

Physikalische Behandlungsformen wie Balneotherapie, Wärme- und Kältebehandlung, Elektrotherapie und Massagebehandlungen werden auf der Intensivstation nur sehr selten eingesetzt.

Die krankengymnastische Behandlung (durch Pflegepersonal, Krankengymnast und Arzt) erfolgt neben der Behandlung spezieller Krankheitsbilder unter zwei generellen Gesichtspunkten:

1. Atemtherapie
2. Behandlung des Bewegungsapparates

Atemtherapie

Hauptziel der postoperativen Atemtherapie ist die physikalische Pneumonieprophylaxe. Angestrebt wird eine Verbesserung von Ventilation und Perfusion durch Einübung und Anleitung zu entsprechenden Atemübungen. Wesentliche Voraussetzung einer erfolgreichen Therapie ist die entsprechende Motivation des Patienten und die dadurch erzielte Kooperation.

Merke:

Praeoperative Atemtherapie:
Grundstein für die erfolgreiche postoperative Atemtherapie.

Obere Atemwege

Ziel: Freihalten der oberen Atemwege

➤ ***Mechanische Säuberung der oberen Atemwege***
- Bei intubierten Patienten regelmäßiges Absaugen des Rachens (mindestens 3 ×/d)
- Mundhygiene
- Einstellen mit dem Spekulum und Entfernung der Borken mittels Magill- Zange.

➤ ***Ultraschallvernebler***
- Prophylaxe der Borkenbildung (= trockenes Sekret der oberen Atemwege und des Rachens mit der Gefahr der perakuten Verlegung der Atemwege und respiratorischer Insuffizienz) durch Feuchthalten der Atemwege.

➤ ***Medikamentöse Therapie***
- Förderung der physiologischen Nasenatmung durch Einsatz schleimhautabschwellender Medikamente (Otriven® = Xylometazolin = lokales alpha-Mimetikum zur Gefäßkonstriktion der Schleimhaut) bei Bedarf bis zu dreimal/d (nicht länger als 2 Wochen, da Gefahr des Privinismus = Nekrose der Schleimhaut durch permanente Konstriktion, bei Kindern Gefahr der systemischen Wirkung!)

Merke:

Bei überwiegender Mundatmung und deliranten Patienten tägliche optische Kontrolle des Pharynx auf Borken mittels Laryngoskop!

Untere Atemwege

Ziel: Sekretförderung, Verbesserung von Perfusion und Ventilation

➤ ***Abhusten***
- Wiederholte Aufforderung des Patienten zum Abhusten durch ärztliches und pflegerisches Personal
- Beim Abhusten Gegendruck auf den Bauch bzw. die Operationswunde herstellen (Händedruck)
- Großzügige Analgesierung vor allem nach Thoraxeingriffen mit schmerzhafter Behinderung der Atemmechanik, jedoch Gefahr der Ateminsuffizienz beachten. Alle Morphinabkömmlinge wirken außerdem zentral antitussiv
- Abklatschen mit der Hohlhand fördert die Expektoration
- Einreiben des Rücken sowie Priesnitz-Wickel zur Förderung des Atemantriebs
- Vibrax-Anwendungen
- Lagerungsdrainagen (z. B. Kopftief- und wechselnde Seitenlagerung während physikalischer Maßnahmen

➤ ***Giebelrohr, Bülau-Flasche, Mini-Bird, CPAP***
- Prinzip: Blähung und Belüftung der Alveolen durch Atmen gegen Widerstand. Das Giebelrohr bewirkt eine Totraumvergrößerung mit entsprechend ansteigendem $PaC0_2$ und konsekutiver Steigerung des Atemantriebs.
- Wiederholte Aufforderung des Patienten zur Benutzung des Giebelrohrs (30 Atemzüge pro Stunde sind sinnvoll)

➤ ***Ultraschallvernebler***

- Sekretverflüssigung durch Feuchthalten der Atemluft
- Anreichern des Ultraschallverneblers mit Myrtol-Kapseln (Gelomyrtol®)
- Kombination von pflanzlichen (Myrtol) und chemisch definierten Expektorantien (Acetylcystein)
- Vermeidung von Antitussiva. Die Kombination von Expektorantien (Förderung der Sekretolyse) mit Antitussiva (Lähmung des Flimmerepithels) ist nicht sinnvoll

Behandlung des Bewegungsapparates

Hauptziel ist die Erhaltung der Beweglichkeit und die Prophylaxe funktioneller Erkrankungen des Bewegungsapparates sowie die physikalische Thromboseprophylaxe. Auch für die Behandlung des Bewegungsapparates gilt, daß bereits das präoperative Einüben krankengymnastischer Behandlungsverfahren die postoperative Kooperation des Patienten wesentlich verbessert. Vor allem aktive Bewegungsübungen fördern neben dem somatisch erwünschten Effekt auch die geistige Mitarbeit des Patienten.

Isometrische Übungen (= Spannungsübungen)

- Förderung der Muskelkraft und Prophylaxe von Atrophien.

Merke:

Bei völliger Inaktivität [= Beatmung] Krafteinbuße der Skelettmuskulatur innerhalb einer Woche bereits um ca. 10 %

Isotonische Übungen (= aktive Bewegungen)

- Verhinderung von Kontrakturen. Zunächst als geführte, später als aktive Bewegungen.

Kombinierte Isometrisch/Isotonische Übungen

- Aktive Bewegung gegen den Widerstand des Therapeuten

Mobilisation

- Frühzeitige Mobilisation des Patienten, wenn möglich noch am Operationstag. Zunächst Bettkante, dann Sessel.
- Die Mobilisation des Patienten während der Zeit des Intensivaufenthaltes erfolgt grundsätzlich mit Hilfestellung.
- Intermittierende respirator-assistierte Atmung über den Tubus bei Langzeitpatienten in der Weaningphase (= Vollständiges Abtrainieren vom Respirator) ist kein Hinderungsgrund für eine Mobilisation zumindest in den Sessel [→ Abb. II-6-1].

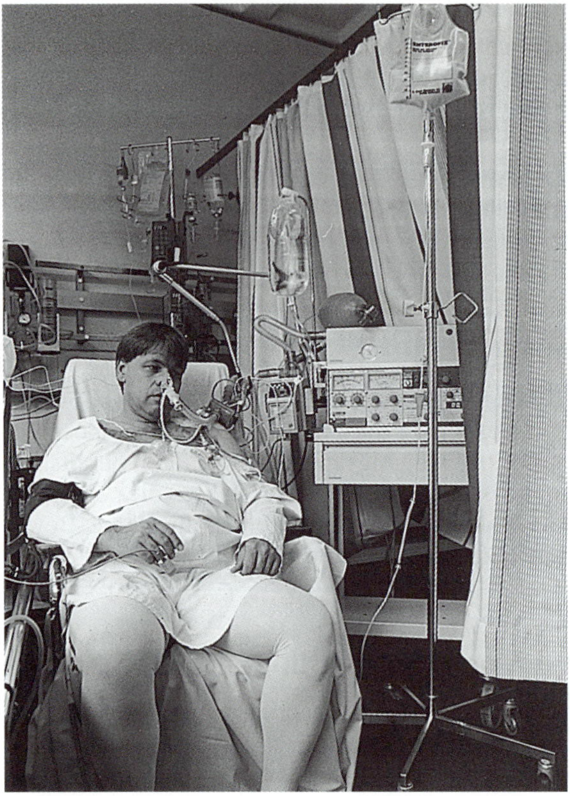

Abb. II-6-1 Intubierter Patient in der Weaningphase während assistierter Atmung mobilisiert in den Sessel.

Merke:

Mobilisierung des Patienten möglichst am Operationstag, spätestens am 1. postoperativen Tag!

Thromboseprophylaxe

- Wiederholte Aufforderung des Patienten durch ärztliches und Pflegepersonal zur Bewegung vor allem der unteren Extremitäten (Bettfahrrad)
- Kompressionsstrümpfe sind obligat (bis zur Einmündung der V. saphena magna) – sofern keine AVK besteht
- Medikamentöse Heparin-Prophylaxe [→ Kap. II-22, S. 354]

Behandlung bei Verdacht auf periphere Nervenschädigung

Bei geringstem Verdacht auf periphere Nervenschädigung durch Lagerung und/oder Operation:

- Neurologische Dokumentation
- Unverzüglicher Beginn der krankengymnastischen Behandlung
- Hochdosierte Gabe von Vitamin B-Komplex

II-7 Transport kritisch kranker Intensivpatienten

Voraussetzungen

- Adäquate Indikation
- Suffiziente Vorbereitung auch am Zielort
- Patient kreislaufstabil
- Beatmungssituation, die auf das zur Verfügung stehende Transportbeatmungsgerät übertragbar ist

Indikation

- Transport in den OP
- Verlegung in andere Abteilung
- Transport zur Diagnostik (Radiologie, CT, Nuklearmedizin, etc.)

Merke:

Transporte von Intensivpatienten:
Nur bei vitaler Indikation
und nur für Untersuchungen mit Therapierelevanz!

Durchführung

Planung

- Vorlaufzeit von mindestens 30 Minuten beachten
- Wartezeit am Zielort vermeiden
- Zielort vorbereiten
  - Mehrfachsteckdosen für Batteriegeräte?
  - Druckluft- und Sauerstoffanschluß vorhanden?
  - Reserve O_2-Flasche vorhanden?
- Adäquate Begleitung organisieren (intensiverfahrener Arzt und betreuende Pflegeperson)

Material

- Akku-Perfusoren, geladen und geprüft [für Katecholamine, Anitarrhythmika, therapeutische Heparinisierung und ein Reserve-Akku-Perfusor!]
- Alle Netzkabel für Zielort mitnehmen!
- Transport-Monitor mit:
  - EKG-Überwachung
  - Blutdruck-Kontrolle (blutig oder Manschette)
  - Pulsoxymeter
- Transport-Beatmungsgerät
- Reserve O_2-Flasche mit Schraubenschlüssel
- PEEP-Ventil
- Ambu-Beutel mit Maske
- Medikamente und Infusionen:
  - Sedierung und Analgesie zur Bolusinjektion
  - Infusionslösungen zur akuten Volumentherapie
    250 ml Humanalbumin 5 %
    100 ml Humanalbumin 20 %
    500 ml Haes 10 %
- Notfallmedikamente aufgezogen:
  - Suprarenin®
  - Atropin®
  - Isoptin®
  - Xylocain®
- Standard-Notfallkoffer [→ Kap. I-22]

Merke:

Druckluftbetriebene Transportbeatmungsgeräte:
Trotz PEEP-Ventil ungeeignet bei Beatmung mit
– umgekehrtem Atemzeitverhältnis
– hohen Beatmungsdrücken
– speziellen Beatmungsmustern
In dieser Situation sind batteriebetriebene mobile Beatmungsgeräte erforderlich!

Patientenvorbereitung

- Sedierung und Analgesie – sofern möglich – auf Bolusgabe umstellen
- Freie Lösungen zum Offenhalten der Zugänge statt Ernährung
- Zugänge zusätzlich fixieren [Dislokationsgefahr beim Umlagern]
- Fixierung einer Arretierstange für Perfusoren am Bett
- Geprüfte Akku-Perfusoren an Arretierstange zur Bettinnenseite fixieren
- Monitor, Pulsoxymeter sichtbar am Bettende fixieren, Alarmgrenzen aktivieren

Empfehlenswert ist eine Testphase von 5 Minuten noch auf der Intensivstation unter Transportbedingungen. Am Zielort möglichst Akkus durch Netzbetrieb entlasten. Rücktransport analog planen!

Monitoring

II-8 Klinischer Blick

Datenflut und zunehmende apparative Ausstattung (Abb. II-8-1) drohen bei jungen Intensivmedizinern die ganze Aufmerksamkeit zu absorbieren.

Die für den Patienten wichtigen Probleme des klinischen Alltags sind aber weiterhin unklare Akutzustände sowie lebensbedrohliche Situationen wie Dyspnoe, Hypotonie, Tachykardie, Anurie und akutes Abdomen. Daher sind zur "Blicküberwachung" der Technik und zur gerichteten Wichtung der Datenflut profunde Erfahrungen in der klinischen Beurteilung unabdingbar.

Datenflut des Monitorings:
- Herzfrequenz
- Blutdruckwerte
- Zentraler Venendruck
- Temperaturverlauf

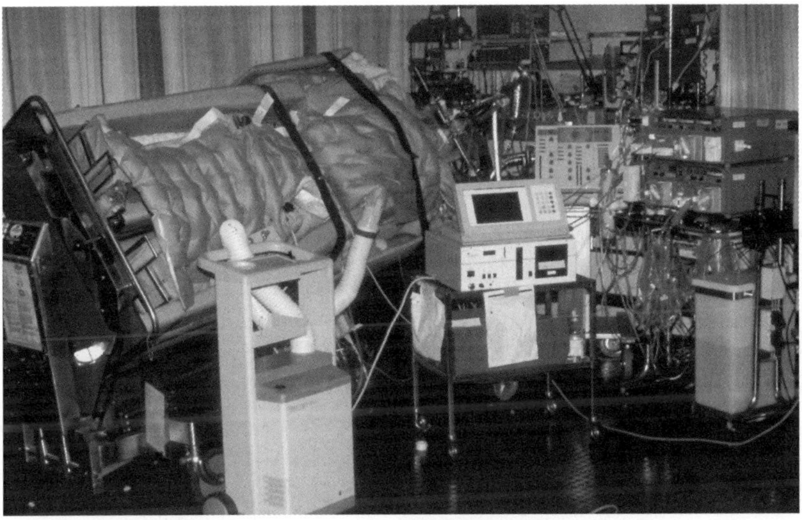

Abb. II-8-1 Arbeitsplatz des Intensivmediziners der Chirurgischen Intensivstation der Universitätsklinik Aachen mit Rotationsbett, Respirator, EKG und RR-Monitoring, Infusomaten, Perfusoren, Patienten-Wärme-System, CVVH und COLD-System.

- Invasives Monitoring durch PA-Katheter bzw. COLD-Monitoring
- Oxygenierungsparameter BGA/Sättigungsmessungen
- Diureseverhalten
- Drainage-Qualitäten und -Quantitäten
- Laborparameter
- Medikamentenspiegel

Technik:
- EKG-Monitor
- Arterielle Blutdruckmessung
- Perfusoren (bis 15!)
- Infusomaten (bis 5)
- Beatmungsgerät
- Rotationsbett
- Kontinuierliche Hämofiltration
- COLD-Monitoring
- Pulmonalis-Katheterisierung

Befunde bildgebender Diagnostik:
- Röntgen-Thorax
- Sonographie
- Echokardiographie
- Duplexsonographie
- Bronchoskopie
- Gastro- bzw. Coloskopie
- Computertomographie

Neben der Notwendigkeit, die zunehmende Technisierung operativer Intensivstationen durch klinische Online-Plausibilitätskontrollen erfassen zu können, zwingt darüber hinaus gerade das Notfallmanagement, den klinischen Blick kompetent einsetzen zu können.

Zwar ruft bei Akutsituationen das systematische Online-Monitoring den Arzt ans Patientenbett, die klinische Erfahrung muß dann aber in der oft nur knapp zur Verfügung stehenden Zeit die Richtung der Primärmaßnahmen und die jetzt sinnvollen apparativen Zusatzmaßnahmen festlegen.

"Klinischer Blick" auf Intensivstationen:

Trainiertes Sehen, Hören, Tasten und Riechen führen zu:
- **Systematischem "Visitenblick" auf den Patienten**
- **"Blick-Check" der angewandten apparativen Systeme**
- **Gezielter klinischer Beurteilung bei Akutsituationen**

Systematischer Check von Patient und Technik

Ideal wäre, ein "Soll-Bild" des Patienten an seinem Bettplatz subcortikal verfügbar zu haben, so daß beim normalen "Vorbeilaufen" an diesem Bettplatz jegliche Befundänderung als Auffälligkeit bemerkt wird und dann zu einer gezielten Zuwendung und Überprüfung der Situation bei diesem Patienten führt.

Bis eine derartige Routine und Erfahrung zuverlässig nutzbar ist, bedarf es langen systematischen Trainings.

Die nachfolgenden Checklisten sollen eine strukturierte Hilfe für ein derartiges Training sein, das bei jeder Visite geübt werden kann.

Merke:

Vorbedingung für gute klinische Intensivmedizin:
Zurückschlagen der Bettdecke!

Sehen

➤ ***Patient***

– Bewußtseinslage:	vigilant?	gezielte Blickwendung?	somnolent?
	ruhig?	unruhig?	adäq. Motorik?
– Atmung:	Lufthunger? seitengleich [Thoraxexkursion infraklavikulär]?	Frequenz?	Atemhilfsmuskulatur? Nasen-/Mundatmung?
– Facies:	abdominalis?	hypertonica?	septica?
– Augen:	vigilant?	ikterisch?	
– Lippen:	rosig?	grau?	zyanotisch?
– Zunge:	feucht?	trocken?	belegt [Soor]?
– Halsvenen:	gestaut?		
– Haut:	Farbe?	Falten?	Ödeme?
– Abdomen:	aufgetrieben?	symmetrisch?	
– Hand-/Fußrücken:	Hautfalten?	Venenfüllung?	Marmorierung?
– Akren [Finger/ Zehen]:	rosig?	zyanotisch?	zentralisiert?

Ödeme des liegenden Intensivpatienten sind in den Flanken versteckt!

➤ ***Applikationen***

– Tubus / O_2-Sonde:	Position?	weit rein?	weit raus?
– Magensonde:	Position?	Qualität?	Quantität?
– Thorax-Drainage:	spielt atemsynchron? Schaum [Fistel!]	Qualität?	Quantität? abgeknickt?

– Abdominal-Drainage:	Qualität?	Quantität?	alle Drainagen kontrolliert?
– Stoma-Beutel:	Qualität?	Quantität?	
– Urin-Katheter:	Quantität [offen]?	konzentriert?	blutig? Gries? (Obstruktionsgefahr)

Urinkonzentration ist bei Bilirubin ↑ nicht beurteilbar!

➤ ***Technik***

– EKG-Monitor:	Herz-Frequenz? EKG-Rhythmus? Extrasystolen?
– Art. Druckmessung:	mittlerer art. Druck [MAP]? regelrechte Amplitude? Atemabhängiges Oszillieren der Kurve? [Vol.-Mangel/ Sepsis] Regelrechte Druckkurve? [→ Abb. II-8-2] Stimmen digitale Werte mit den Werten der automatischen manuellen RR-Messung überein [Eichfehler?]?
– Pulsoxymeter:	regelrechte Pulskurve? gezählte Pulsfrequenz identisch mit EKG-Frequenz?
– Kont. Hämofiltration:	Rhythmisches Schwingen der Blutschläuche weist auf Ansaugproblem des Entnahmekatheters hin. Filtratfarbe: Hyperbilirubinämie?
– Inhalator:	vernebelt sichtbar?

Hören

➤ ***Patient***

– Stimme:	klar?	"belegt"? [Borken im Rachen?]
– Sprache:	artikuliert?	orientiert?
– Atemwegsgeräusch:	exspiratorisch asthmoid?	inspiratorischer Stridor?
– Auskultation Riva-Rocci:	seitenvergleichende Blutdruck Objektivierung	

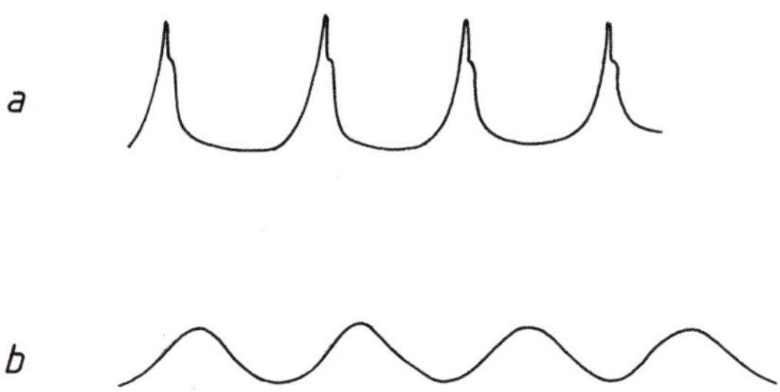

Abb. II-8-2 a, b Druckkurvenbeispiele bei arterieller Blutdruckmessung.
a korrekte Druckkurven.
b gedämpfte Kurve – Meßwerte sicher nicht verwertbar.

– Auskultation Pulmo:	[unter Ambu-Beutel-Beatmung statt Respirator!] seitengleich?	abgeschwächt?	verschärft?
	grob- oder feinblasige Rasselgeräusche?		
– Perkussion Pulmo:	sonor?	hypersonor?	gedämpft?
– Auskultation Abdomen:	Peristaltik regelrecht?	spärlich? plätschernd?	fehlend hochgestellt?
– Perkussion Abdomen:	sonor?	tympanisch?	gedämpft?

➤ ***Applikationen***

– Beatmungsschlauch:	plätschern?	– Wasserfalle überfüllt?
– Thorax-Drainage:	blubbern	– bei Fistelung

➤ ***Technik***

- Alarmtöne: z. B. von Monitor, Perfusor, Infusomat, Dinamap, Respirator und Hämofiltration akustisch differenzieren können!
- Respirator: metallisch schlagendes Geräusch der Ventile weist auf gestiegene Beatmungsdrücke hin.

Tasten / Fühlen

➤ ***Patient***

– Leistenpuls:	Herzfrequenz- und orientierende RR-Objektivierung, Rhythmus-Orientierung		
– Haut:	Temperatur?	feucht?	teigige Ödeme?
– Fingernägel:	Reperfusion der Nagelbettkapillaren?		
– Hals/Thorax:	Hautemphysem [knisternder Palpationsbefund]?		
– Thorax:	flache Hand bds. objektiviert Atemexkursionen flache Hand ventral spürt Schwirren bzw. Vibrieren beim Luftstrom über verschleimten Hauptbronchien!		
– Abdomen:	weich?	diffus teigig? Schmerz?	Resistenzen? Abwehrspannung?
– Flanken:	Anasarka?		

Riechen

➤ ***Patient***

- oral: foetor ex ore bei Bronchusinsuffizienz; Azetonämie bei Katabolie, Diabetes
- Trachealsekret: Pseudomonas-Infekt
- Abdominal-Drainage: Stuhl?
- anal: Teerstuhl
- Laparostoma: Pseudomonas-Infekt

Gezielte klinische Beurteilung von Akutsituationen

Mit zunehmender Anzahl der chirurgischen Intensivpatienten ist auch eine numerische Häufung von Akutsituationen auf der Intensivstation zu verzeichnen. Lebensbedrohliche Situationen wie Dyspnoe, Hypotonie, Tachykardie, Anurie und akutes Abdomen bestimmen nach wie vor den klinischen Alltag.

Neben dem zur Verfügung stehenden Online-Monitoring steuert der klinische Akutbefund entscheidend sowohl die initiale Therapie als auch die weiterführende apparative Diagnostik und Therapie.

In der Folge werden für die oben genannten Akutsituationen jeweils sinnvolle klinische Untersuchungen und die konsekutive apparative Diagnostik dargestellt. Darüber hinaus werden Fehlreaktionen bei mangelndem klinischem Blick anhand von Beispielen erläutert.

Dyspnoe

Klinischer Blick

➤ ***Sehen***

– Bewußtseinslage	Agitiertheit? Somnolenz?
– Zyanose?	Haut? Lippen? Fingernägel?
– Atembewegung	Frequenz? Seitendifferenz?
– Mundatmung?	Borken-Obstruktion?
– Halsvenen gestaut?	Pneumothorax? Lungenembolie? Herzinsuffizienz?
– Tubus / O_2-Sonde	atypische Position? Dislokation?
– Thorax-Drainage	spielt? Schaum/Fistel? Quantität?
– Pulsoxymeter	Sättigung? Kurve/Puls regelrecht?
– Inhalator	vernebelt korrekt?

➤ ***Hören***

– Atemwegsgeräusch	inspiratorischer Stridor – z. B. Borken? oder: exspiratorisch asthmoides Geräusch?
– Auskultation	grob- feinblasige RG? Minderbelüftungen?
– Perkussion Pulmo	seitenvgl.: tympanisch? gedämpft?

➤ ***Tasten***

– Hals/Thorax	Hautemphysem – knisternde Palpation?
– Thorax	seitengleiche Atemexkursion? Schleim-Schwirren über großen Bronchien?

➤ ***Riechen***

– oral	foetor ex ore?
– Trachealsekret	Pseudomonas-Infekt?

■ → gezielte apparative Diagnostik

– Blutgasanalyse	Hypoxie? Hyperkapnie? Säure/Basen-Status?
– Zentraler Venendruck	akut angestiegen? (Spannungspneumothorax/Lungenembolie)
– Sonographie	Pleuraerguß? Zwerchfellbeweglichkeit?
– Bronchoskopie	Tubusposition? Schleimpfropf? Atelektase?
– Röntgen Thorax	Atelektase? Pneumothorax? Mediastinalverlagerung?

■ ***Fehlerbeispiel:***

Bei einem extubierten Langzeitpatienten nach galliger Oberbauchperitonitis wird vormittags bei knapper Oxygenierung ein rechtsseitiger Pleuraerguß von 800 ml punktiert. Trotz Punktion verschlechtert sich die respiratorische Situation. Nach mehrstündigem Atemtraining wird der Patient intubiert. Auch unter kontrollierter Beatmung bleibt die Oxygenierung schlecht, zudem wird eine progrediente katecholaminpflichtige Kreislaufinsuffizienz berichtet.

Erst die Röntgen-Kontrolle nach Intubation zeigte die ursächliche Totalatelektase rechts.

Ein valider klinischer Blick mit

- ***Sehen*** asymmetrischer Atemexkursionen
- ***Hören*** des gedämpften Perkussionsschalles der betroffenen Seite und auskultatorisch aufgehobenes Atemgeräusch über der betroffenen Seite

hätte zur gezielten Diagnostik durch ***Sonographie*** und Bronchoskopie sowie unmittelbar auch zur ***bronchoskopischen Therapie*** [Absaugen des Schleimpfropfes der Kompressionsatelektase] führen müssen. Das mehrstündige ermüdende Atemtraining mit konsekutiver Intubation und Kreislaufreaktion wären bei frühzeitiger klinischer Kontrolle und sofortiger Bronchoskopie vermeidbar gewesen.

Tachykardie

■ Klinischer Blick

➤ ***Sehen***

– Bewußtseinslage	Agitiertheit? Durchgangssyndrom?
– Lufthunger?	Atemfrequenz? Atemhilfsmuskulatur?
– Zyanose?	Lippen? Haut? Akren?
– Atembewegung	Seitendifferenz?
– Mundatmung?	Borken-Obstruktion?
– Halsvenen gestaut?	Herzinsuffizienz, Pneu? Lungenembolie?
– Exsikkose?	Zunge? Hautfalten? Handrückenvenen?
– Elektrodenposition	korrekte Plazierung?
– Drainagen/Sonden	hohe Volumenverluste? Blutungszeichen?
– Urinableitung	Polyurie?
– EKG-Ableitung	richtig gezählt? Vgl. Druckkurve [Abb. II-8-3, S. 220]
– Pulsoxymeter	Sättigung? Kurve/Puls regelrecht?
– Art. Druckmessung	RR-Abfall? tiefer diast. Druck (sept. Schub)? atemabhängig schwankende Kurve?

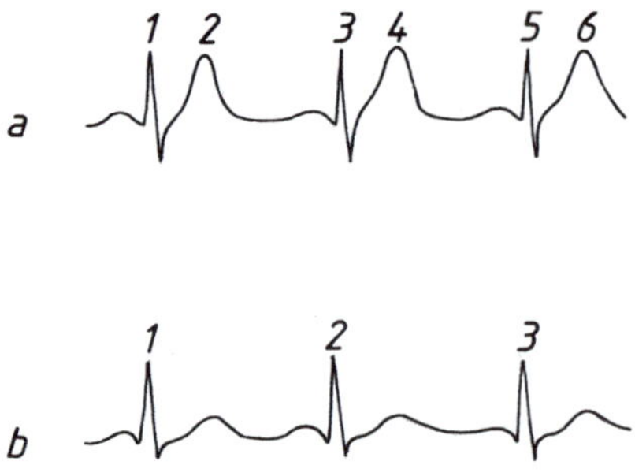

Abb. II-8-3 a, b Fehlerhafte EKG-Ableitung (**a**) mit digital doppelt gezählter Herzfrequenz durch falsch hohe T-Welle, die als R-Zacke mitgezählt wird, im Vergleich zur regelrechten Ableitung (**b**).

➤ ***Hören***

– Schmerzangabe?	
– Atemwegsgeräusch	inspiratorischer Stridor – z. B. Borken? oder: exspiratorisch asthmoides Geräusch?
– Auskultation	grob- feinblasige RG's? Minderbelüftungen?
– Perkussion pulmo	seitenvergleichend: tympanisch? gedämpft?

➤ ***Tasten***

– Leistenpuls	Frequenz und Druck-Objektivierung
– Thorax	seitengleiche Atemexkursion? Schleim-Schwirren über großen Bronchien?
– Abdomen	Druckschmerz? Abwehrspannung?

➤ ***Riechen***

– Teerstuhl?

■ → Gezielte apparative Diagnostik

– Blutgasanalyse	Hypoxie? Säure/Basen-Status?
– Notfall-Labor	Hypokaliämie? Hb-Verlauf?
– Zentraler Venendruck	akut angestiegen? gefallen?
– Sonographie	Abdomen: Freie Flüssigkeit? Herz: 4-Kammer-Blick: Perikarderguß? Rechtsherzbelastung bei LE?
– EKG, evtl. Echokardiogramm	
– Bronchoskopie	Tubusposition? Schleimpfropf? Atelektase?
– Röntgen Thorax	Atelektase? Pneumothorax? Mediastinalverlagerung?
– Invasives Monitoring	COLD-System oder Swan-Ganz-Katheter

■ ***Fehlerbeispiel:***

Das On-line-EKG-Monitoring bei einem chirurgischen Intensivpatienten zeigte eine akute Tachykardie. Die Fehlreaktion des Intensivmediziners bestand ohne klinische Prüfung in der Behandlung mit Kalziumantagonisten bzw. Betablockern. Diese blieb ohne wesentlichen Effekt auf die Tachykardie. Bei der folgenden klinischen Untersuchung zeigte sich als Ursache für die "Tachykardie" eine fehlerhafte Elektrodenplazierung, bei der vom Monitor die falsch hoch abgeleitete T-Welle als R jeweils mitgezählt und somit eine verdoppelte Frequenz digital angezeigt wurde (Abb. II-8-3). Die klinische Prüfung mit der obligaten ***Hand am Leistenpuls*** hätte die gefährliche Fehlbehandlung sicher vermieden.

Blutdruckabfall

Klinischer Blick

➤ ***Sehen***

– Blaß?	Haut? Lippen? Akren? Konjunktiven?
– Zyanose?	Haut? Lippen? Fingernägel?
– Atembewegung?	Seitendifferenz?
– Halsvenen gestaut?	Herzinsuffizienz? Pneu? Lungenembolie?
– Exsikkose?	Zunge? Hautfalten? Handrückenvenen?
– Art. Druckmeßkatheter	korrekte Plazierung? Luft im System?
– Drainagen / Sonden	hohe Volumenverluste? Blutungszeichen? [Abdominal-, Thoraxdrainage und Magensonde!]
– Urinableitung	Polyurie?
– EKG-Ableitung	Tachykardie? Rhythmusstörungen?
– Art. Druckmessung	korrekte Druckkurve? tiefer diast. Druck (sept.Schub)?, atemabhängig schwankende "Volumen-Mangel-Kurve"?)
– ZVK-Katecholaminschenkel	Passage frei? Diskonnektion?
– Beatmungsgerät	Beatmungsdruck: Effektiver PEEP hoch?

➤ ***Hören***

– Information	Bolus-Sedierung oder -Analgesie?
– Riva-Rocci	Kontrollmessung seitenvergleichend
– Auskultation	feinblasige RG?

➤ ***Tasten***

– Leistenpuls	Druck-Objektivierung
– Haut	Temperatur? Turgor?
– Abdomen	teigig? Resistenz? Abwehrspannung?

➤ ***Riechen***

– Teerstuhl?

→ Gezielte apparative Diagnostik

– Blutgasanalyse	Hypoxie? Säure/Basen-Status?
– Notfall-Labor	Hb-Verlauf?
– Zentraler Venendruck	akut angestiegen? gefallen?
– Sonographie	Abdomen: freie Flüssigkeit? Herz: 4-Kammer-Blick: Kontraktilität? Rechtsbelastung bei LE?
– EKG, evtl. Echokardiogramm	
– Invasives Monitoring	COLD-System oder Swan-Ganz-Katheter

■ ***Fehlerbeispiel:***

Bei einem Patienten nach subtotaler Oesophagcktomie mit Magenhochzug kommt es 3 Stunden p.op. unter kontrollierter Beatmung bei beidseits liegenden Thoraxdrainagen zu einer Tachykardie mit akutem Blutdruckabfall. Nach initialem Volumentest wird ohne valide klinische Prüfung eine symptomatische Katecholamintherapie mit 5 µg/min Suprarenin® zur Kompensation des Blutdruckabfalles eingeleitet.

Ursächlich handelte es sich bei dem Patienten jedoch trotz plazierter Thoraxdrainagen um einen Spannungspneumothorax bei unter dem Verband abgeknicktem Thoraxdrainageschlauch.

Ein valider klinischer Blick mit
- ***Sehen*** gestauter Halsvenen, asymmetrischer Atemexkursionen und v. a. fehlendem "Spielen" der Thoraxdrainage
- ***Hören*** des tympanischen Perkussionsschalles der betroffenen Seite und Auskultation eines hohlen, scharfen atypischen Atemgeräuschs über der betroffenen Seite (mechanische Beatmung der Gegenseite führt zu dem Geräusch von scharfem Wind in einem leeren Metallfaß)

hätte zur gezielten ***apparativen Prüfung*** mit art. BGA, ZVD- und Beatmungsdruck-Anstieg und dann umgehend zur definitiven Therapie mit Kontrolle und Knickbeseitigung des Thoraxdrainageschlauches unter dem Verband führen müssen.

Anurie

Klinischer Blick

➤ ***Sehen***

– Schock?	Blaß? Zyanose? Haut? Lippen? Akren? Konjunktiven?
– Halsvenen gestaut?	Herzinsuffizienz?
– Exsikkose?	Zunge? Hautfalten? Handrückenvenen?
– Oedeme?	Anasarka in den Flanken?
– Urinableitung	Katheterposition? letzter Urin: Gries? wenig konzentriert?
– Drainagen / Sonden	Blutungszeichen? hohe Volumenverluste? [Abdominal-, Thoraxdrainage und Magensonde!]
– Art. Druckmessung	ausreichender Nierenperfusionsdruck? tiefer diast. Druck (sept. Schub)? atemabhängig schwankende "Volumen-Mangel"-Kurve?

Merke:

Multifokale Oedeme bei Sepsis- und SIRS-Patienten:
Täuschung des klinischen Blicks!

Bei Sepsis und SIRS ist wegen des Kapillarlecks kein valider Rückschluß auf den intravasalen Volumenhaushalt möglich!

➤ ***Hören***

– Auskultation Abdomen	Ileuszeichen?

➤ ***Tasten***

– Leistenpuls	Perfusionsdruck-Objektivierung
– Haut	Temperatur? Turgor?
– Flanken	Klopfschmerz Nierenlager? Harnstau?
– Abdomen	teigig? Resistenz? Abwehrspannung? Unterbauchtumor = volle Blase?

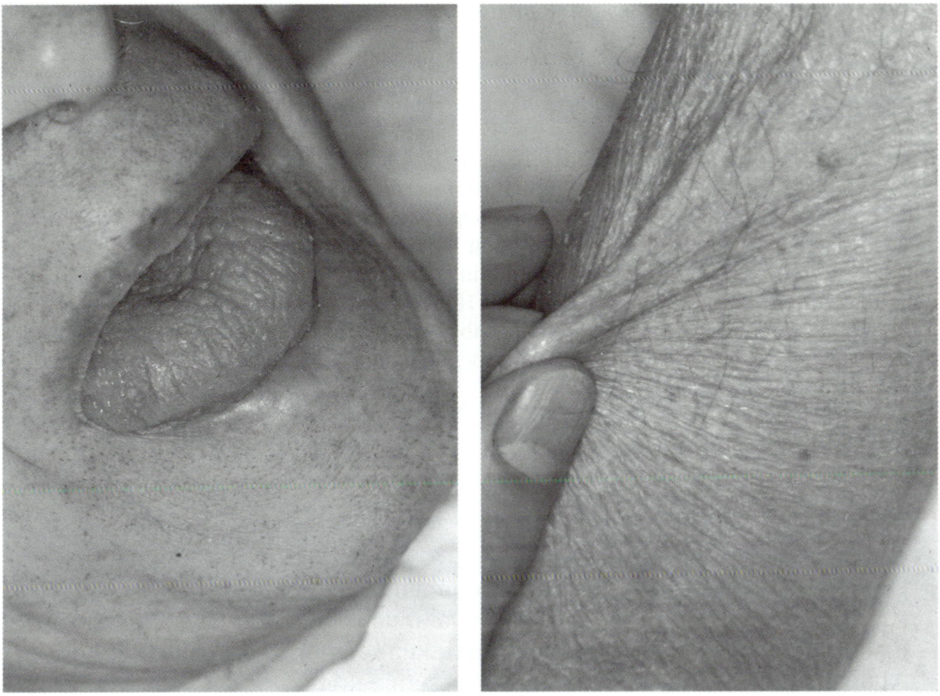

a b

Abb. II-8-4 a, b Inspektion von Zunge und Hautturgor läßt klinisch bei dem Patienten eine extreme Exsikkose diagnostizieren, die ursächlich für ein prärenales Nierenversagen sein könnte.

➤ ***Riechen***
- Teerstuhl?

■ Gezielte apparative Diagnostik

– Notfall-Labor	Hb-Verlauf? Retentionswertentwicklung?
– Zentraler Venendruck	akut angestiegen? gefallen?
– Sonographie	Füllungszustand von Blase, Ureteren und Nierenbecken? Abdomen: Ileus? freie Flüssigkeit? Herz: 4-Kammer-Blick: Kontraktilität? Füllungszustand?
– Invasives Monitoring	COLD-System oder Swan-Ganz-Katheter

■ ***Fehlerbeispiel:***

Bei einem Langzeitpatienten nach akuter Pankreatitis mit rückläufiger ARDS-Situation und latenter Sepsis tritt eine Anurie auf. Bei einem ZVD von 12 mmHg, persistierender Anurie und multifokalen Ödemen wird eine kontinuierliche Hämofiltration mit einer Negativbilanz von 200 ml/h unter der Indikation "akutes Nierenversagen bei Hyperhydratation" begonnen. Wenige Stunden später kommt es zur Kreislaufinstabilität.

Beim invasiven Monitoring mit dem COLD-System zeigte sich ursächlich für Kreislaufinstabilität und Anurie eine dekompensierte Volumenmangelsituation. Eine adäquate Volumensubstitution stabilisierte die Kreislaufverhältnisse, nach Dopamin®-Gabe (400 μg/min),

Lasix®-Bolus- und anschließender kontinuierlicher Lasix®-Gabe über Perfusor kam die Diurese später wieder in Gang.

Eine valide klinische Beurteilung mit

- ***Sehen*** einer trockenen Zunge und schlechter Handrückenvenen-Füllung trotz multifokaler Ödeme
- ***Befund-Interpretation im Gesamtzusammenhang***
  - ▷ beim ARDS ist der ZVD als Volumenparameter noch weniger als sonst aussagekräftig!
  - ▷ multifokale Oedeme bei Patienten mit Sepsis und SIRS lassen wegen des Kapillarlecks keinen Rückschluß auf den intravasalen Volumenhaushalt zu!

hätte zur gezielten ***apparativen Prüfung*** mit invasivem Monitoring vor Beginn einer fehlindizierten weiteren Volumenreduktion durch Hämofiltration führen müssen. Die definitive Therapie hätte vermutlich in der Volumensubstitution plus Hämofiltration [wegen Retentionswerten und Sepsissituation] ohne Volumenabnahme bestanden.

Akutes Abdomen

Klinischer Blick

➤ ***Sehen***

– Gesicht	Facies abdominalis? Skleren?
– Atembewegung	flache Thoraxatmung?
– Exsikkose?	Zunge? Hautfalten? Handrückenvenen?
– Abdomen	Distension? Asymmetrien?
– Drainagen/Sonden	sistierende oder hohe bzw. auffällige Volumenverluste? [Abdominal-, Gallenwegs-, Thoraxdrainage und Magensonde!]
– Urinkatheter	offen? Diurese?
– EKG-Ableitung	Rhythmusstörungen? Emboliequelle?
– Art. Druckmessung	tiefer diast. Druck (sept. Schub)? atemabhängig schwankende "Volumen- Mangel"-Kurve?

➤ ***Hören***

– Information	Schmerz? Anamnese?
– Auskultation Abdomen	Widerstandsperistaltik? Totenstille?
– Perkussion Abdomen	fokale Tympanie bzw. Dämpfung?

➤ ***Tasten***

– Haut	Temperatur? Turgor?
– Abdomen	Druckdolenz? Abwehrspannung? Resistenz?

Gezielte apparative Diagnostik

– Notfall-Labor	
– Sonographie	freie Flüssigkeit? Darmwanddicke? Peristaltik? Raumforderung?
– Röntgen Abdomen	Linksseitenlage: Ileus? freie Luft?

– evtl. Endoskopie bzw. Computertomographie

■ ***Fehlerbeispiel:***

Ein 60jähriger Patient mit chronischem Lungenemphysem wird nach Leistenhernienoperation am 2. postoperativen Tag unter dem klinischen Bild eines akuten Abdomens mit liegender O_2-Sonde auf die chirurgische Intensivstation verlegt. Auffällig bei der klinischen Untersuchung waren neben der Abdomendistension, Dyspnoe und Blutdruckabfall der massive peranale Luftabgang sowie Strömungsgeräusche im Epigastrium. Die sofort eingesetzte apparative Diagnostik mit ZVK Plazierung und ZVD-Messung, arterieller Druckmessung, Labor, Blutgasanalyse sowie Sonographie ergab keine Klärung. Unter dem Verdacht einer ösophagotrachealen Fistel wurde daraufhin eine Ösophagoskopie durchgeführt. Hier zeigte sich als Ursache des akuten Abdomens die im Ösophagus fehlplazierte O_2-Sonde.

Bei validem klinischen Blick hätte die atypisch kurzstreckig aus der Nase herausragende O_2-Sonde auffallen und auf die tiefe Fehlplazierung hinweisen sollen. Die invasiven apparativen Maßnahmen wären somit vermeidbar gewesen.

Was ist das Schwerste von allem, was dich das Leichteste dünkt,
mit den Augen zu sehen, was vor den Augen dir liegt.
JOHANN WOLFGANG VON GOETHE

II-9 Kardiopulmonales Routine-Monitoring

EKG

Bei allen Patienten wird routinemäßig ein EKG über drei Brustwandableitungen kontinuierlich abgeleitet. Dies ermöglicht die ständige Beobachtung der Herzfrequenz sowie die frühzeitige Wahrnehmung und Analyse kardialer Rhythmusstörungen. Mit Hilfe eines angeschlossenen Einkanalschreibers lassen sich auftretende Rhythmusstörungen automatisch dokumentieren. Die Herzfrequenz wird routinemäßig stündlich in der Intensivkurve dokumentiert.

Die EKG-Monitor-Überwachung ist das Screening einer einzelnen EKG-Ableitung. Die Monitor-Überwachung ersetzt nicht das normale 12 Kanal-EKG!

➤ ***Häufigster Fehler:***
- Scheinbare Asystolie durch Elektrodendislokation
- Pseudotachykardie durch Mitzählen der T-Welle (→ Abb. II-8-3, S. 220)

Blutdruckmessung

Systolischer Blutdruck:
- Abhängig von der myocardialen Pumpleistung
- Abhängig von der Elastizität der Aorta
- Bestimmt den myokardialen Sauerstoffbedarf

Diastolischer Blutdruck:
- Repräsentiert den peripheren Widerstand der Arterien

Arterieller Mitteldruck = MAP:
- Entspricht dem Perfusionsdruck der Organe
- MAP = diastolischer RR + 1/3 (systol. RR – diastol. RR)

➤ ***Meßmethoden:***
- *Indirekte Blutdruckmessung*:
  Indirekte Messung mit Hilfe von Blutdruckmanschetten manuell oder automatisiert (z. B. Dinamap).

Merke:

Konventionelle Blutdruckmessung:
Zu schmale Manschette = falsch erhöhte Blutdruckwerte,
zu breite Manschette = falsch erniedrigte Blutdruckwerte

– *Direkte, blutige Blutdruckmessung:*
  Blutdruckmessung über arteriellen Zugang, am häufigsten Arteria radialis, seltener Arteria femoralis.

Vorteile:
- Genaue und kontinuierliche Blutdruckmessung,
- Zusätzliche Möglichkeit der Entnahme arterieller Blutproben zur Blutgasanalyse

Indikation:
- Kreislaufinstabile Patienten (Sepsis, Blutung, Herzinsuffizienz, etc.)
- Pulmonal engmaschig überwachungspflichtige Patienten

Komplikationen:
- Thrombose (8–23%)
- Ischämie (8–23%)
- Embolie (8–23%)
- Infektion (4%)
- traumatisches Aneurysma
- AV-Fistel

➤ ***Häufige Fehler:***
- Falsche Nullpunkt-Eichung
- Gedämpfte Druckkurve durch Luft im Meßsystem, durch Blut im Meßsystem bei unzureichendem Druck des Druckbeutels (Folge: Falsch niedrige Blutdruckwerte)

Empfehlungen:
- 8stündlicher Vergleich der arteriell gemessenen Blutdruckwerte mit einem indirekt ermittelten (z. B. Dinamap) Blutdruckwert
- Routinemäßig stündliche Dokumentation der Blutdruckwerte in der Intensivkurve des Patienten
- Atemabhängige Schwankungen der arteriellen Blutdruckkurve weisen auf einen Volumenmangel oder einen erniedrigten peripheren Gefäßwiderstand des Patienten hin.

Messung des zentralen Venendrucks

Normalwert: 4–12 cm Wassersäule

Abhängigkeit von:
- Blutvolumen
- Rechtsherzfunktion
- intrathorakalem Druck
- Widerstand im Lungenkreislauf

Die Abhängigkeit von einer Vielzahl von Faktoren macht den zentralen Venendruck zu einem Verlaufsparameter. Bewährt hat sich daher die routinemäßige vierstündliche Dokumentation der ZVD-Werte in der Intensivkurve des Patienten.

Der Verlauf des ZVD's dient in der klinischen Routine zur Grobabschätzung des Volumenbedarfs eines Patienten.

Merke:

Die Korrelation von ZVD- zu Volumenänderung wurde an jungen, gesunden, nicht beatmeten Probanden aufgestellt. Die übliche Volumenbeurteilung durch ZVD-Verlauf ist bei älteren, kranken, beatmeten Patienten extrem unzuverlässig!

Meßprinzip:
Die klassische Messung erfolgt über einen eingebrachten zentralen Venenkatheter intermittierend über ein offenes Steigrohrsystem im Nebenschluß. Das Resultat wird in cm H_2O angegeben. In der operativen Intensivmedizin wird meist die Messung über ein eigenes Druckaufnehmersystem bevorzugt. Entsprechend wird dann das Ergebnis in mm Hg angegeben.

➤ ***Häufige Fehler:***
- Falsche Nullpunkteichung (Nullpunkt muß auf Herzniveau liegen, d.h. näherungsweise am Übergang des vorderen zum mittleren Drittel des Thoraxdurchmessers)
- Fehlende zentrale Positionierung des zentralen Venenkatheters
- Zu kurze Meßperiode (bei dünnlumigen ZVK ist eine mehrminütige Meßperiode bis zum Abgleich der Drucke in der Vena cava superior und im Steigrohrsystem notwendig)
- Anliegen des Katheters an der Venenwand (Zugang nicht mehr rückläufig)
- Störungen durch Abknicken des Katheters unter dem Verband
- Falsch erhöhte ZVD-Werte bei Messung direkt nach Gabe von Humanalbumin, FFP oder EK.

Merke:

Umrechnung von ZVD-Werten:
ZVD mm Hg × 1,36 = ZVD cm H_2O
ZVD cm H_2O × 0,74 = ZVD mm Hg

Diurese

Abhängigkeit von:
- Nierenfunktion
- Volumen
- Mittlerem arteriellen Druck

Die Diurese dient als Verlaufsparameter für die Abschätzung des Volumenbedarfs eines Patienten. Es empfiehlt sich die stündliche Dokumentation der Urinportionen sowie der aufsummierten Gesamtdiurese.

Merke:

Pseudoanurie:
Verstopfter oder abgestöpselter Urinkatheter

Flüssigkeitsbilanz

Abhängigkeit von:
- Volumenzufuhr
- Diurese
- Volumenverlust über Drainagen
- Perspiratio insensibilis
- Transpiration

Routinemäßig wird nach Standardoperationen eine zwölfstündliche Bilanzierung durchgeführt. Bei kardial vorgeschädigten Patienten, mediastinalen Eingriffen, Patienten mit Thorax- oder Abdominalspülungen und septischen Patienten sind kürzere Bilanzierungsintervalle (6 bzw. 8 Stunden) notwendig, um sich anbahnende Entgleisungen des Flüssigkeitshaushalts frühzeitig zu erkennen.

Merke:

Der klinische Wert der Bilanzierung wird erheblich überschätzt!

Blutgasanalyse

➤ ***Indikation:***
- Bei allen nachbeatmeten Patienten nach Eintreffen auf der chirurgischen Intensivstation
- Bei allen Beatmungspatienten routinemäßig alle 4 Stunden (bei kardiopulmonal instabilen Patienten engmaschiger)
- Nach allen Änderungen der Respiratortherapie sowie bei Spontanatmungsversuchen
- Vor sowie ca. eine Stunde nach Extubation

Neben den Blutgasanalysewerten werden
bei spontan atmenden Patienten die Atemfrequenz,
bei beatmeten Patienten die eingestellten und gemessenen Beatmungsparameter in der Intensivkurve dokumentiert.

Normwerte:

paO_2	70 – 100 mm Hg	pvO_2	35 – 40 mm Hg
$paCO_2$	36 – 44 mm Hg	$pvCO_2$	41 – 51 mm Hg
pH_{art}	7,35 – 7,45	pH_{ven}	7,31 – 7,41
Standardbicarbonat	22 – 26 mmol/l		
Basenexzess	± 2,5 mmol/l		

Abhängigkeit der Blutgase von:
- Sauerstoffpartialdruck
- Ventilation
- Perfusion
- Gasaustausch
- Hämoglobingehalt des Blutes
- Körpertemperatur

➤ ***Häufige Fehler:***

- "Quetschgase" bei mehrfacher Entnahme kapillärer Proben an einer Entnahmestelle führen zu fälschlich erniedrigten pO_2- und falsch erhöhten pCO_2-Werten
- Nicht blasenfrei entnommene arterielle Blutproben führen zu falsch erhöhten O_2-Werten
- Nichtberücksichtigung der Körpertemperatur bei Fieberzuständen oder p.op. Hypothermie
- Falsche Heparinisierung führt zur Bestimmung einer vermeintlichen Azidose

Pulsoxymetrie

Meßprinzip:
Das Prinzip der Pulsoxymetrie besteht in der transcutanen, photometrischen Bestimmung der Sauerstoffsättigung im pulsatilen Strom des Kapillarblutes.

➤ ***Indikation:***

- Kontinuierliche Überwachung bei cardiopulmonalen Hochrisikopatienten
- Routineüberwachung bei Spontanatmungsversuchen sowie nach der Extubation
- Kontinuierliche Überwachung nicht intubierter kardiopulmonaler Hochrisikopatienten

Normwert: Perkutane Sättigung [SpO_2] $> 94\%$, kritischer Bereich $< 92\%$

Vorteil:
Nicht invasives, kontinuierliches Meßverfahren

Nachteile:

- Keine Kontrolle der Ventilationsparameter [v.a. CO_2-Verlauf!]
- Schwierige Meßbedingungen bei Zentralisation [z.B. kalter Patient p.op.]
- Problematisch bei reduzierter Compliance [z.B. desorientierter Patient]

Merke:

Überwachungslücken Pulsoxymetrie:

➤ **Hypoventilation (rosiger Patient mit "CO_2-Narkose")**

➤ **Zentralisierter Patient (keine verwertbare Meßkurve)**

II-10 Labor-Screening und Diagnostik

Um die vielfältigen Möglichkeiten des modernen klinisch-chemischen und mikrobiologischen Labors optimal nutzen zu können, ist ein standardisiertes Konzept unbedingt notwendig. In dem diagnostischen Spektrum sollten mikrobiologische und serologische Untersuchungen sowie ein Medikamentenmonitoring zur Optimierung der Pharmakotherapie integraler Bestandteil sein. Ziel der diagnostischen Anstrengungen ist dabei die frühzeitige therapeutische Intervention, möglichst noch vor Etablierung klinischer Konsequenzen.

Hauptgesichtspunkt muß die Effektivität, also das Verhältnis von Kosten zu möglichem Nutzen sein.

➤ ***Für die klinische Praktikabilität sind erforderlich:***
- Standardisierung
- Schnelle Informationsbereitstellung
- Vermeidung diagnostischer Lücken, jedoch ohne Redundanz oder Überdiagnostik
- Ökonomische Vertretbarkeit

➤ ***Bei Notaufnahmen aus dem Schockraum bzw. dem OP sind folgende Screening-Tests sinnvoll:***
- TPHA (Treponema pallidum Hämagglutination)
- Hepatitis A, B und C
- HIV I/II

Diese Untersuchungen dienen zum einen dazu, eine Infektion bzw. eine mögliche Infektiösität frühzeitig zu erkennen, zum anderen definieren sie den serologischen Ausgangsstatus im Falle einer bei Massentransfusionen auftretenden Serokonversion.

Standarddiagnostik

Speziell bei größeren Intensivstationen hat sich ein standardisiertes Schema diagnostischer Maßnahmen bewährt, bei dem in für jeden Mitarbeiter verbindlichem Rhythmus die definierten Daten erhoben werden. Über dieses Raster hinausgehende engmaschigere Untersuchungen werden situationsbedingt eingeleitet. Eine bedarfsadaptierte Steuerung hat sich nicht bewährt, da je nach persönlicher Interpretation der Situation kaum kalkulierbare Überwachungslücken auftreten können.

Empfohlenes Diagnostik-Schema: [Patient mittlerer Risikostufe]

Häufigkeit	Untersuchungsparameter
6 ×/die	• Akut – Labor auf Station – Blutgasanalyse (BGA) – Hämoglobin (Hb) – Blutzucker – Activated clotting time = ACT
3 ×/die	• Kleines Notfallabor – Kleines Blutbild – Elektrolyte – Harnstoff, Kreatinin – Quick, PTT
1 ×/die	• Großes Notfallabor – Amylase, Lipase – GOT, GPT, gesamtes Bilirubin – Gesamteiweiß – Laktat – AT III – Urin – Elektrolyte Vergleichende BGA (arteriell und venös) Spezifisches Uringewicht
2 ×/Woche	• Phosphat, Magnesium, Triglyceride, Cholesterin • Elektrophorese • Direktes/indirektes Bilirubin, Cholinesterase, Faktor V • Mikrobiologie – Trachealsekret, Urin, ggf. Drainagen • Serologie – Candida-Titer • Medikamentenspiegel • Zusätzliche Laborparameter bei Bedarf

Neben dem Hb-Wert als wichtigstem hämatologischen Laborwert für einen möglichen Blutverlust ist eine engmaschige Kontrolle des klinisch asymptomatischen Serum-Kaliumhaushaltes von entscheidender Bedeutung, da dieser schnellen Änderungen unterworfen sein kann und ein Abweichen vom Referenzwert häufig mit schwerwiegenden kardialen Komplikationen verknüpft ist. So sollte bei älteren Patienten der Serumkalium – Wert stets $\geq$ 4,5 mmol/l gehalten werden. Speziell nach viszeralchirurgischen Eingriffen kommt es zu beträchtlichen Kaliumverlusten, die einer engmaschigen Kontrolle und Substitution bedürfen.

Anmerkungen zu Einzelparametern

Die ***BGA*** ist bei jedem beatmungspflichtigen Patienten die entscheidende Bestimmungsmethode, ohne die Veränderungen des Beatmungsmusters nicht sicher durchgeführt werden können.

Die ***ACT*** [activated clotting time] ist ein einfach durchzuführender bettseitiger Gerinnungstest, der eine schnelle Orientierung über die gesamte Gerinnungssituation erlaubt. So empfiehlt sich eine sofortige ACT-Kontrolle bei Eintreffen auffälliger Befunde der plasmatischen Gerinnung zur unabhängigen Plausibilitätskontrolle, um z. B. Fehlbestimmungen durch fälschliche Abnahme aus Kathetern, über die Heparin appliziert wird zu erkennen.

Merke:

Die Spülung einer arteriellen Druckmessung ist meist heparinisiert!
– Gerinnungsabnahmen aus der Arterie ergeben oft Fehlbestimmungen!

Zudem empfiehlt sich ein engmaschiges ACT-Monitoring bei therapeutischer Vollheparinisierung z. B. nach Herzklappenersatz mit alloplastischem Material oder auch im Rahmen von Nierenersatzbehandlungen, da die ACT-Werte hochzuverlässig und anders als die PTT direkt vor Ort verfügbar sind.

Die tägliche Bestimmung von ***Laktat*** betrifft Patienten, denen ein Leberversagen droht, bzw. die unter hochdosierter Katecholamintherapie stehen, um eine möglicherweise pharmakologisch induzierte intestinale Ischämie frühzeitig erkennen zu können.

Die täglich bestimmten ***Urinelektrolyte*** geben einen Anhaltspunkt für den Umfang präventiver Elektrolytsubstitutionen bei Langzeitpatienten.

Bei totaler parenteraler Ernährung mit der täglichen Zufuhr von Fetten empfiehlt sich die regelmäßige Kontrolle der ***Triglyceride*** im Serum, um die ausreichende Verstoffwechselung zu überprüfen. Die Blutentnahme sollte durch direkte Venenpunktion während der Fettgabe erfolgen.

Die Labordiagnostik sollte in zeitlich definierten Abständen auch ***mikrobiologische Untersuchungen*** beinhalten. Neben dem Urin bei liegendem Dauerkatheter kontrollieren wir bei Langzeitpatienten auch stets das Trachealsekret auf pathogene Keime sowie auf deren Sensibilität. Ein positiver Keimnachweis ohne klinisches Korrelat hat dabei noch keine zwangsläufige Antibiose zur Folge, bewahrt aber die Möglichkeit der frühzeitigen therapeutischen Intervention mit einer resistenzgerechten antibiotischen Behandlung bei beginnender Symptomatik.

Serologische Untersuchungen [z.B. ***Candida Antigen- bzw. Antikörper-Titer*** suggerieren durch ihr numerisches Ergebnis Objektivität. Die tatsächliche Aussagekraft der Serologie ist derzeit – speziell bei Langzeit-Intensivpatienten – außerordentlich umstritten. Die Indikation zur antimykotischen Therapie sollte keinesfalls allein am Titerverlauf der Serologie festgemacht werden.

Anerkannte Indikation zur antimykotischen Therapie:

Septische Befundkonstellation mit Blutkulturnachweis von Pilzen.

Die Blutkulturen sollten mehrfach peripher direkt gestochen und zusätzlich über die zentralvenösen Zugänge abgenommen werden.

Kutane Sekundärkontaminationen müssen sicher ausgeschlossen sein!

Von zentraler Bedeutung ist auch das ***Medikamentenmonitoring***. Wegen enger therapeutischer Breite, Akkumulationsgefahr bei reduzierter glomerulärer Filtrationsrate, hoher Nephrotoxizität oder Alteration der enzymatischen Metabolisierungssysteme durch Komorbidität bzw. synchrone Applikation von gleichartig abzubauenden Medikamenten ist bei folgenden Substanzen eine Bestimmung der Wirkspiegel möglich und sinnvoll:
- Digoxin / Digitoxin
- Aminoglykoside (Tobramycin, Gentamycin, Vancomycin)
- Mexitil
- Theophyllin

Für die Aminoglykoside bedeutet die Möglichkeit des Medikamentenmonitorings eine wesentliche Verbesserung hinsichtlich der klinischen Sicherheit sowie einer Optimierung ihres Einsatzes. Da sowohl das Tubulusepithel der Niere als auch die Endolymphe des Innenohres für diese Substanzgruppe Verteilungskompartimente mit der Gefahr der Akkumulation darstellen, können sich toxische Komplikationen bei nicht angepaßter Dosierung auch noch Tage nach einem Absetzen der Substanzen etablieren, die bis zum medikamentös induzierten Nierenversagen bzw. zur Innenohrschwerhörigkeit reichen. Die Bestimmung des "peak and trough"-Spiegels (Abnahme kurz nach bzw. vor der Applikation des Antibiotikums) erlaubt eine optimale Adaptation der Dosis in Abhängigkeit von der Abklingquote im Blut.

Merke:

Toxische Wirkungen von Aminoglykosiden:
Mehr durch die *Dauer* als durch die Dosierung hervorgerufen!

Die gleichen Vorteile gelten auch für Mexitil®, das als Medikament im Spektrum der Substanzen zur Therapie ventrikulärer Rhythmusstörungen seinen Vorteil in der späteren peroralen Fortführung der Therapie bietet, sowie Theophyllin, das insbesondere wegen seiner kardialen und zerebralen Nebenwirkungen einer engmaschigen Blutspiegelkontrolle bedarf.

II-11 Diagnostische Sonographie und Endoskopie

Diagnostische Sonographie

Frühe postoperative Komplikationen sind unter intensivmedizinischen Bedingungen nur schwer zu diagnostizieren. Das klinische Bild ist maskiert und der Untersuchung nur schwer zugänglich.

Bei der bekannten Bedeutung der Fokus-Identifizierung und der erst dadurch ermöglichten kausal orientierten Sanierung ist die bettseitig stets verfügbare Sonographie eine richtungsweisende Hilfe für die chirurgische Intensivmedizin. Sie ist mobil und überall verfügbar und zudem nur mit geringen Belastungen für den Patienten verbunden. In kurzer Zeit bietet sie eine objektive Hilfestellung für den weiteren Entscheidungsprozeß.

➤ ***Instrumentarium:***
- Real-time Ultraschallgerät
- Schallkopf 3,5 – 7,5 MHz.
- sterile Folie
- farbloses Hautdesinfektionsmittel

➤ ***Untersuchungstechnik:***
Eine besondere Vorbereitung der Patienten zur postoperativen Sonographie ist nicht erforderlich. Operationsverbände oder Drainagebeutel müssen in der Regel entfernt werden. In den ersten 24 bis 48 Stunden post operationem sollte die Operationswunde mit einer sterilen Adhäsivfolie abgedeckt werden. Darüber hinaus kann die notwendige Ankoppelung statt mit Ultraschallgel mit Desinfektionslösungen vorgenommen werden.

Grundsätzlich müssen nach abdominalchirurgischen Eingriffen das gesamte Abdomen sowie rechter und linker Recessus phrenicocostalis anhand der standardisierten Schnittführungen durchmustert werden. Zur Beurteilung des Douglas-Raumes ist bei liegendem Blasenkatheter eine retrograde Füllung der Harnblase mit ca. 200 ml Kochsalzlösung sinnvoll.

Zur diagnostischen Abklärung von Prozessen im Bereich der Bauchdecke sollte zusätzlich eine Ultraschalluntersuchung in der Nahfeldtechnik mit einem 7,5 MHz Schallkopf durchgeführt werden.

➤ ***Indikation:***
- Verdacht auf chirurgische Nachblutung
- Abszeßbildung

- Ikterus
- Verdacht auf Perikarderguß
- Orientierende Beurteilung des Herzens
- Pleuraerguß
- Passagestörung / Ileus
- Postoperative Pankreatitis / Cholezystitis
- Harnstauung
- Intraabdomineller Sekretverhalt
- Sekretverhalt in der Wunde

Zusätzlich ermöglicht die farbcodierte Duplexsonographie die Bewertung von Gefäßverschlüssen.

Blutung

Eine postoperative Blutung [→Kap. I-14] tritt mit einer Häufigkeit von 1 auf 200 Laparotomien auf und bedingt 20 % der Ursachen für eine Relaparotomie. 80 % der Blutungen treten in den ersten 24 Stunden postoperativ auf.

Sonographisch ist der Nachweis von freier Flüssigkeit zu führen. Nach abdominalchirurgischen Eingriffen ist jedoch eine geringe Menge blutig-seröser Flüssigkeit ein Befund ohne klinische Relevanz. Bei Verdacht auf eine Nachblutung sollte zur Sicherung der Diagnose eine Probepunktion durchgeführt werden. Freie intraabdominelle Flüssigkeit ist sonographisch ab 200 ml nachweisbar. Lokalisierte Flüssigkeitsansammlungen können bereits ab 30 ml erkannt werden. Intrathorakale Flüssigkeit läßt sich im Stehen ab 30 ml, im Liegen ab 100 ml darstellen. Relevante Mengen freier Flüssigkeit lassen sich mit einer Sensitivität von über 95 % erfassen.

➤ ***Sonomorphologie:***

- Spitzwinklig ausgezogene, echoarme bis echofreie Strukturen
- Dreieckige Formationen zwischen den Darmschlingen
- Inhomogene Binnenechos als Ausdruck koagulierter Hämatomanteile bei massiven Blutungen

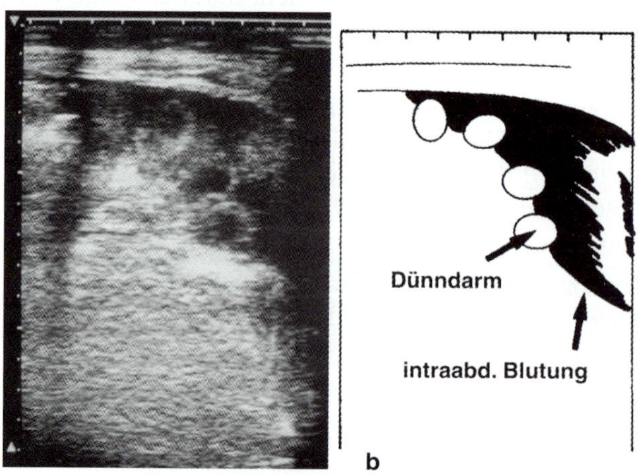

a b

Abb. II-11-1 a, b Sonomorphologie einer intraabdominellen Blutung mit z. T. koagelbedingter echogener Binnenstruktur.

a
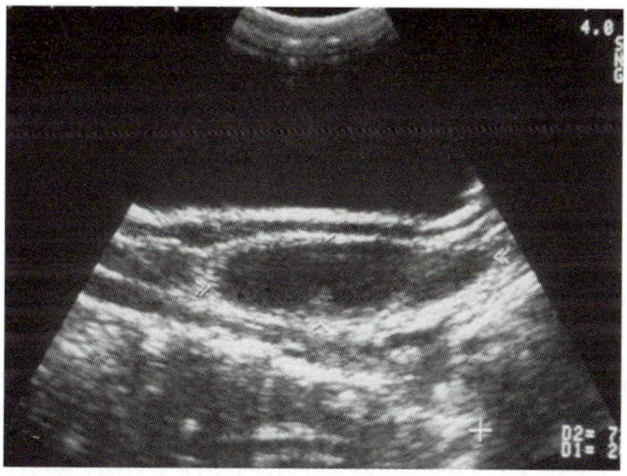
b
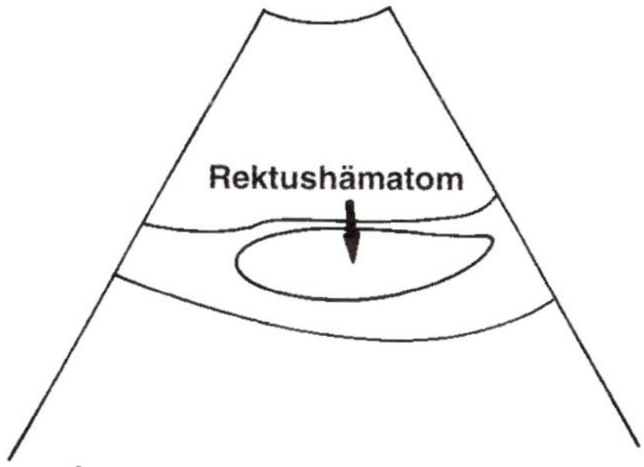

Abb. II-11-2 a, b Sonomorphologie eines Rektusscheidenhämatoms.

- Inhomogene echoreiche Raumforderungen bei vollständig koagulierten Hämatomen [Abb. II-11-1]
  cave: Verwechslung mit Darmanteilen!
- Echoarme Raumforderung in der Rectusloge [Abb. II-11-2] beim Rectusscheidenhämatom (Untersuchung mit 7,5 MHz-Schallkopf)
- Besteht der Verdacht auf eine chirurgische Nachblutung, sollte die Sonographie engmaschig zur Verlaufskontrolle eingesetzt werden.

Intraabdominelle Abszesse

Die Indikation zur Sonographie intraabdomineller Abszesse ergibt sich zumeist aus der klinischen Trias:
- Unklare septische Temperaturen
- Leukozytose
- Darmparalyse

➤ ***Sonomorphologie:***
- Umschriebene, echoarme, inhomogene Raumforderung
- Schwebende Binnenechos (Zelldetritus) bei ausgereiften Abszessen

a
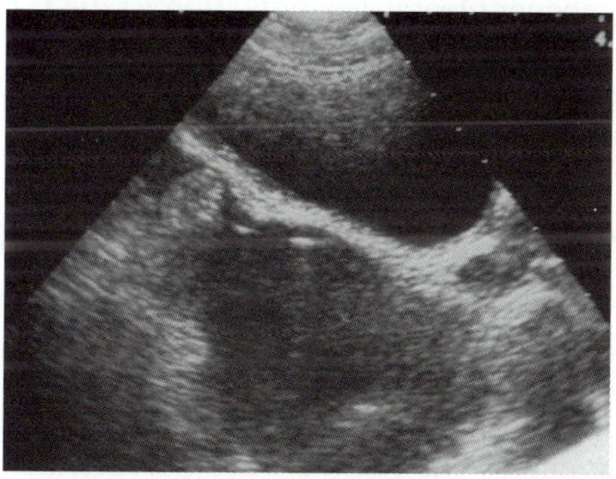
b
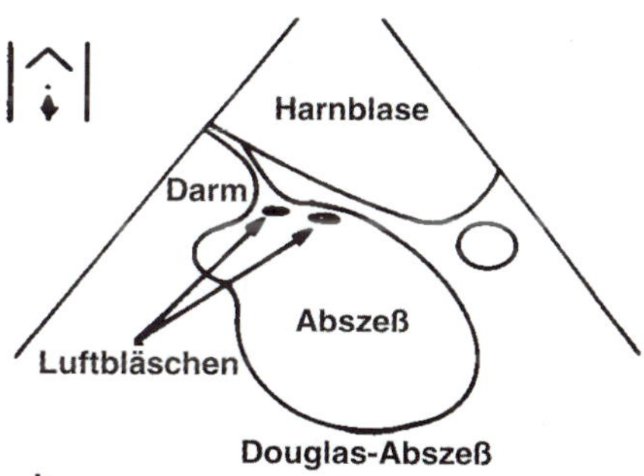

Abb. II-11-3 a, b Sonomorphologie eines Douglasabszesses mit echogenen Lufteinschlüssen.

- Kleine echoreiche aufsteigende Binnenechos (Gaseinschlüsse) [Abb. II-11-3]
- Inhomogene, teils echoreiche, teils echoarme rundliche Raumforderungen mit Membran bei alten Abszessen

Bei subphrenischen Abszessen ist häufig ein begleitender Pleuraerguß vorhanden. Zur Differenzierung gegenüber einer Magenatonie mit Magenretention kann bei linksseitigen subphrenischen Befunden die Füllung des Magens mit etwas Flüssigkeit hilfreich sein. Sonographisch findet sich dann ein typisches Einstromphänomen mit einem gerichteten Strom echoreicher Reflexe. Die Sensitivität der sonographischen Abszeßdiagnostik ist abhängig von der Abszeßlokalisation und der Abszeßgröße. Insgesamt beträgt sie 80–90%. Schlingenabszesse werden wegen der Darmgasüberlagerung nur in ca. 50% erfaßt, Organabszesse in Leber und Milz dagegen in ca. 95%.

Akute Pankreatitis

Eine postoperative Pankreatitis ist insbesondere nach Oberbaucheingriffen nicht selten, z. B. in 3% der Fälle nach Magenresektionen. Oft handelt es sich um kurzzeitige Anstiege der Pankreasfermente im Serum und Urin, bei denen sonographisch keine Veränderungen gesehen werden.

➤ ***Sonomorphologie:***

- Echoarme Schwellung des Organs und häufig schmaler Flüssigkeitssaum peripankreatisch (Stadium I, ödematöse Pankreatitis)
- Umschriebene echoarme Bezirke im Pankreas (Stadium II, partielle Organnekrose)
- Echoarme Raumforderung in der Pankreasloge ohne Organkontur (Stadium III, totale Pankreasnekrose)
- Fingerförmige echoarme Ausläufer entlang der präperitonealen Faszien, insbesondere pararenal und parakolisch (Nekrosestraßen bei Stadium II und III)

Das sonographische Bild der akuten ödematösen Pankreatitis hinkt der klinischen Symptomatik und der Laborchemie um Tage nach. Bei akut nekrotisierender Pankreatitis liegen häufig erschwerte Untersuchungsbedingungen durch reaktive Darmparalyse und starke Schmerzen vor.

Die Organgrenzen und Gefäßleitschienen lassen sich nur verwaschen darstellen. Für die Operationsplanung bei klinisch gegebener Operationsindikation ist die CT der Sonographie überlegen. Regelmäßige Ultraschallkontrollen sind vor allem zur Verlaufsbeurteilung und zur Erfassung von Komplikationen und Spätfolgen geeignet. Die Sensitivität der Sonographie bei der akuten Pankreatitis liegt zwischen 70 und 85%.

Akute reaktive Cholezystitis

Die akute reaktive Cholezystitis ist in der operativen Intensivmedizin kein seltenes Krankheitsbild und sollte stets differentialdiagnostisch bei Intensivpatienten nach großen Operationen bedacht werden. Die Diagnose ist sonographisch bei entsprechender Klinik möglich. Postoperativ kommt es im Rahmen der parenteralen Ernährung häufig zu Eindickung und Sedimentation von Galle in der Gallenblase, der sogenannten Infusionsgallenblase.

a
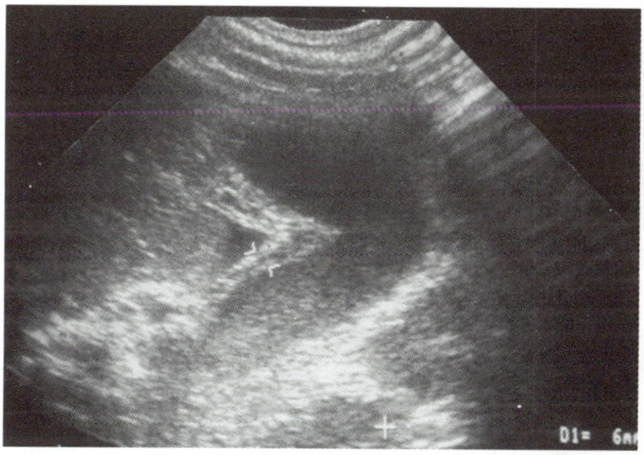

b
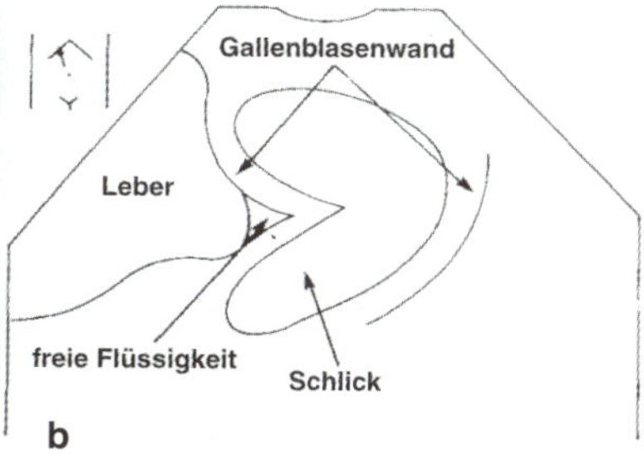

Abb. II-11-4 a, b Sonographischer Befund einer akuten Cholezystitis mit Wandverdickung, Wandschichtenbildung und perivesikalem Ödem.

➤ ***Sonomorphologie:***

Frühstadium:

- Echoarmes bis echoreiches Sediment in der Gallenblase (wie bei Infusionsgallenblase, aber heftiger Druckschmerz mit exakter Lokalisation über der Gallenblase)

Spätstadium:

- Wandverdickung über 4 mm
- Dreischichtige Wand
- Perivesikales Ödem, freie Flüssigkeit (Abb. II-11-7)

Im Gegensatz zur geläufigen Steincholezystitis werden bei einem Drittel der Patienten mit reaktiver Cholezystitis keine Konkremente nachgewiesen. Zusammen mit Klinik und Laborbefunden ist die Sonographie die Methode der Wahl in der Diagnostik der akuten Cholezystitis. Die Treffsicherheit der Sonographie liegt bei etwa 85 %.

Verschlußikterus

Die Bedeutung der Sonographie bei postoperativem Ikterus besteht im Nachweis oder Ausschluß einer extrahepatischen Ursache. Diese kann bei Bilirubinwerten über 2,5 mg% [> 43 mmol/l] mit einer Sensitivität von 95 % nachgewiesen werden. Lokalistion und Ursachen des Verschlusses lassen sich sonographisch jedoch nicht immer eindeutig ermitteln.

➤ ***Sonomorphologie:***

- Intrahepatische tubuläre Strukturen ohne Randechos mit deutlichen Kalibersprüngen (erweiterte Gallenwege)
- Erweiterter Ductus hepatocholedochus (über 7 mm)

Bei postoperativ auftretendem Ikterus durch iatrogene Verletzung des Gallengangssystems können neben dem nicht gestauten Gallengang sonographisch Aerobilie und extrahepatische Biliombildung nachgewiesen werden.

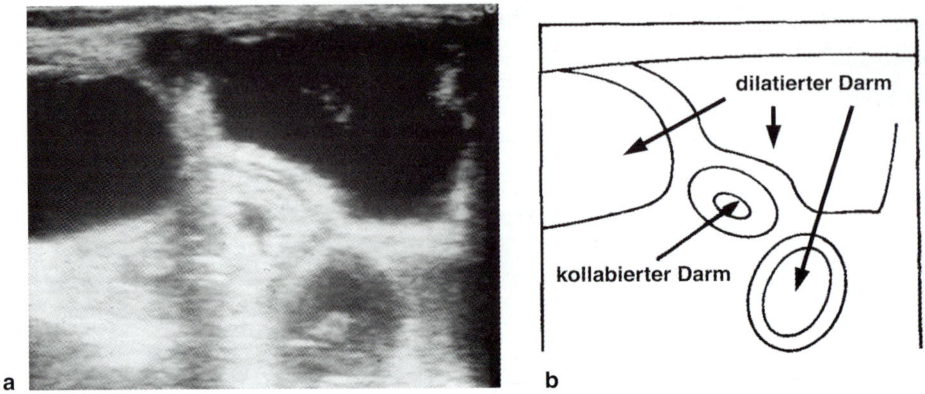

Abb. II-11-5 a, b Sonographischer Befund eines mechanischen Dünndarmileus mit dilatierten und kollabierten Darmanteilen.

Passagestörung/Ileus

Postoperative Störungen der Darmmotilität können sich als Magen-Darm-Atonie, als paralytischer oder mechanischer Ileus manifestieren. Die Übergänge zwischen der reversiblen Magen-Darm-Atonie und dem paralytischen Ileus sind fließend. Wichtig ist in jedem Fall, chirurgisch behebbare Ursachen der Paralyse frühzeitig zu erkennen. Häufigste Ursache sind hierbei ausgedehnte intra- und retroperitoneale Hämatome sowie entzündliche Affektionen des Bauchraumes (Abszesse, Peritonitiden, etc.).

➤ ***Sonomorphologie:***

- Dilatierte, flüssigkeitsgefüllte Darmschlingen (Frühstadium)
- Pendelperistaltik und evt. kollabierte Darmschlingen → Hungerdarm (mechanischer Ileus), [Abb. II-11-5]
- Dilatierte, flüssigkeitsgefüllte Darmschlingen ohne Peristaltik erscheinen als nebeneinander aufgereihte Kugeln (Spätphase, Paralyse)

Sonographisch ist die Spätphase eines mechanischen Ileus nicht von der primären Paralyse zu unterscheiden.

Pleuraerguß / Pleuraempyem

➤ ***Sonomorphologie:***

- Echofreie Struktur in den abhängigen Teilen der Pleurahöhle (Pleuraerguß)
- Atemabhängig flottierende echoreiche Struktur (atelektatische Lunge), [Abb. II-11-6]
- Echoarme Struktur mit grobkörnigen Binnenechos (Pleuraempyem)
- Zusätzliche echoreiche Binnenreflexe (Gaseinschlüsse bei Pleuraempyem)

a b

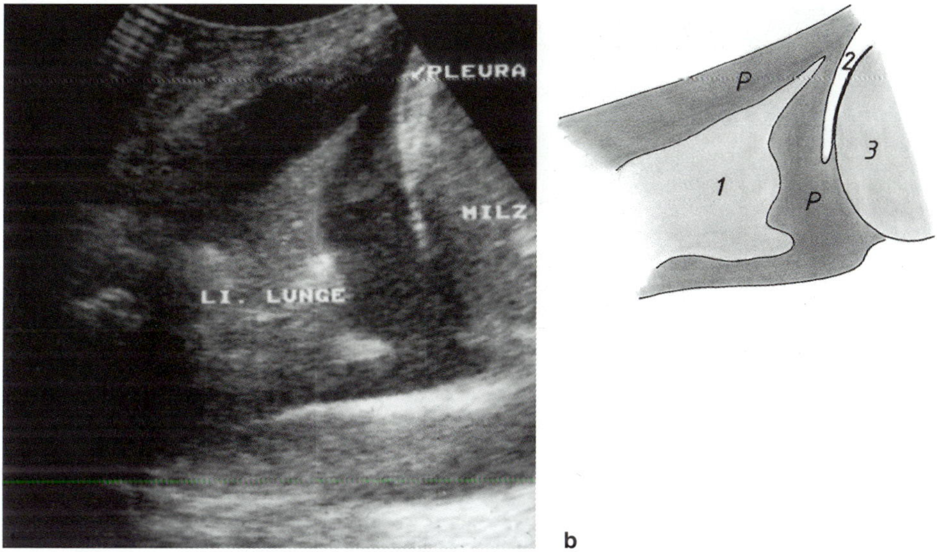

Abb. II-11-8 a,b Sonographischer Befund eines Pleuraerguß (P) mit flottierendem atelektatischem Lungenanteil (1), Pleura (2), Milz (3).

Merke:

Fehlerquelle beim "Pleura-Schall":
Liegende Patienten werden nur von lateral untersucht!
→ Paravertebrale Zusatzkontrolle!
"Sitzposition" auch beim Beatmeten möglich!

Gefäßverschluß / Thrombose

Postoperativ auftretende Thrombosebildung bzw. Verschlüsse der großen Gefäße (V. portae, V. cava, A. hepatica, A. und V. femoralis) lassen sich durch die farbcodierte Duplexsonographie mit einer hohen Trefferquote nachweisen.

Herz-Beurteilung

Die konventionelle Sonographie erlaubt eine schnell verfügbare orientierende Untersuchung des Herzens, die zumindest für unklare Akutsituationen klinische Relevanz hat [→ Kap. II-14].

Der von substernal durch den linken Leberlappen einstellbare *4-Kammer-Blick* (→Abb. II-11-7) ermöglicht eine orientierende Aussage zu:

- Perikarderguß
- Füllung der Herzhöhlen [Dilatierter rechter Ventrikel bei LE!]
- Kontraktilität
- Beurteilung der Dringlichkeit eines Echokardiogrammes.

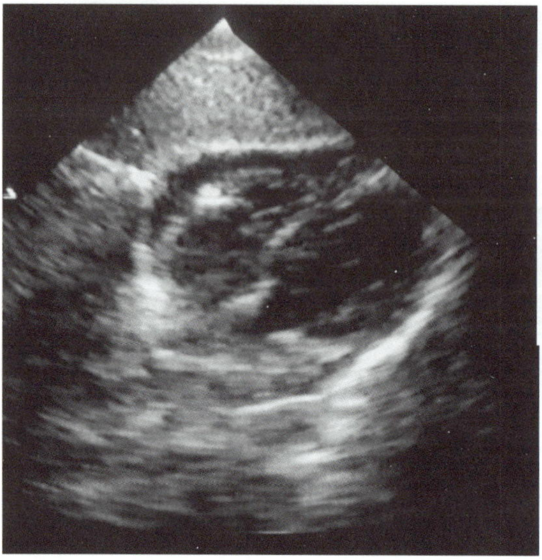

a

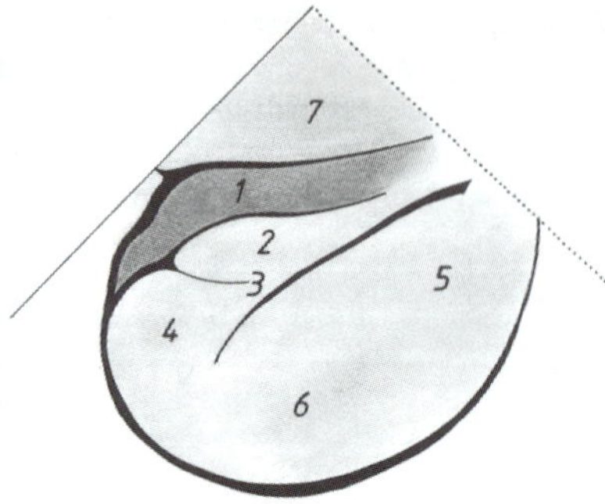

b

Abb. II-11-7a,b 4-Kammer-Blick von substernal: (1) Perikarderguß, (2) rechter Ventrikel, (3) Trikuspidalklappe, (4) rechter Vorhof, (5) linker Ventrikel, (6) linker Vorhof [Mitralklappe hier nicht abgrenzbar], (7) linker Leberlappen.

Diagnostische Endoskopie

Häufigste Indikationen zur Endoskopie auf der Intensivstation sind gastrointestinale Notfälle wie:
- Akute gastrointestinale Blutungen
- Abflußstörungen im Gallengangssystem
- Passagestörungen im oberen GI-Trakt und Kolon
- Nahtinsuffizienzen/Anastomosenstenosen

➤ ***Instrumentelle Ausrüstung:***
Für eine funktionsfähige Notfallendoskopie ist folgendes Instrumentarium erforderlich:
- Starre Endoskope:
  - Proktoskop
  - Rektoskop
- Flexible Endoskope:
  - Gastroskop
  - Duodenoskop mit Seitenblickoptik
  - Coloskop
- Lichtquelle / Sauger
- Röntgenanlage zur Durchleuchtung bei Eingriffen am Gallengangssystem

Bronchoskopie

Siehe Kap. II-3, S. 189

Gastrointestinale Blutungen

Vorgehen bei Verdacht auf ***Blutung im oberen Gastrointestinaltrakt:***

- Plazierung einer Magensonde mit nachfolgender Magenspülung
- Bei massiver Blutung Intubation zur Vermeidung der Aspiration
- Notfallendoskopie mit Endoskop mit weitem Arbeitskanal
- Bei Magentamponade Magenspülung mit dicker doppellumiger Sonde (36 Ch)
- Umlagerung des Patienten: Untersuchung der kleinen Magenkurvatur in Linksseitenlagerung, Inspektion von Fundus und Kardia bei Oberkörper-Hochlagerung
- Identifikation und Klassifikation der Blutungsquelle (s. u.).
- Ggf. endoskopische Therapie [→Kap. II-38, S. 481]

Vorgehen bei Verdacht auf ***Blutung im unteren Gastrointestinaltrakt:***

- Ausschluß der Blutung aus Rektum und Analbereich mittels Prokto- und Rektoskopie
- Bei V.a. Sigmablutung Vorbereitung mit Hebe-Senkeinlauf
- Bei unklarer Blutungsquelle orthograde Spülung mit ca. 5 Litern Golytely®-Lösung
- Koloskopie bis zum Zökum
- Ggf. endoskopische Therapie [→Kap. II-38, S. 481]

Bei gastrointestinalen Blutungen stellen sich folgende Fragen:

1. Wo blutet es (Pharynx, Ösophagus, Magen, Duodenum, Vorder- oder Hinterwand)?
2. Was blutet (Varizen, Ulkus, Tumor, Angiodysplasie, Divertikel, usw.)?
3. Wie stark blutet es (spritzende Blutung, sickernde Blutung, keine aktive Blutung)?

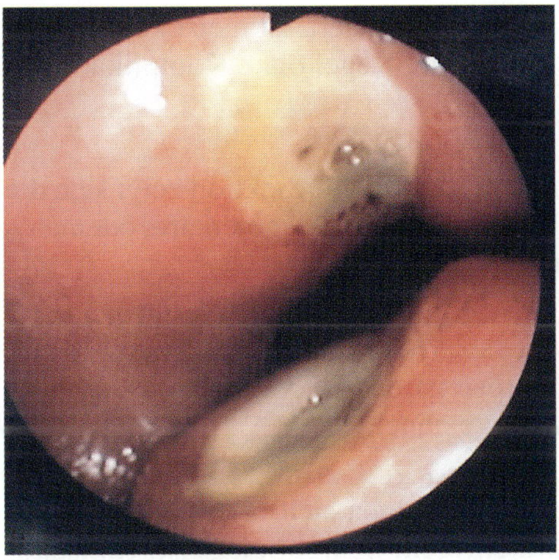

Abb. II-11-8 Kissing Ulkus in Bulbus duodeni.

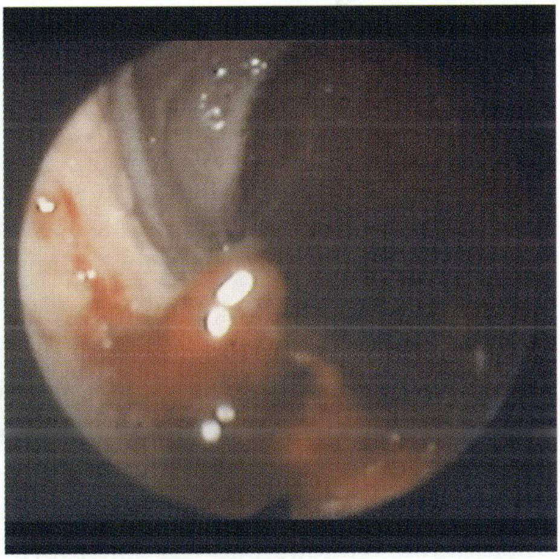

Abb. II-11-9 Ulcus duodeni mit sichtbarem Gefäßstumpf (Forrest IIa oder auch IIvv [visible vessel]) nach stattgehabter Blutung.

Die Notfallendoskopie liefert zu diesen Fragestellungen sichere Aussagen, die nicht nur prognostische Bedeutung haben, sondern auch die Wahl der Therapie beeinflussen.

50% aller oberen GI-Blutungen werden durch peptische Ulzera verursacht. Hier hat die ***Klassifikation nach Forrest*** (1974) wesentliche Bedeutung:

F. Ia		Arteriell spritzende Blutung
F. Ib		Venöse Sickerblutung
F. II		Stigmata der stattgehabten Blutung
	a	– nicht-blutender Gefäßstumpf [Abb. II-11-9]
	b	– adhärentes Koagel
	c	– pigmentierter Ulkusgrund
F. III		Sauberer Ulkusgrund

Nach endoskopischer Lokalisation der Blutungsquelle sollte zur Akuttherapie möglichst direkt die endoskopische Therapie durchgeführt werden.

Ischämische Anastomositis / Nahtinsuffizienz

Bei postoperativ auffälligen klinischen Befunden wie Verschlechterung des abdominellen oder pulmonalen Befundes, septischen Temperaturen, zunehmender Leukozytose ohne sicher nachgewiesene septische Herde sollte die Anastomose in der Regel untersucht werden.

➤ ***Untersuchungstechnik:***

- Verwendung von dünnkalibrigen, flexiblen Endoskopen
- Untersuchung mit möglichst wenig Luftinsufflation

➤ ***Anastomositis:***

Zirkuläre Mukosanekrose mit Fibrinbelag und Kontaktblutung sind Zeichen einer Anastomositis [Abb. II-11-10 u. 11]. Beschränken sich die Nekrosen auf die Mukosa und sind nur im Bereich der Anastomose lokalisiert, ist meist keine therapeutische Konsequenz erforderlich, da sie sich in der Regel ohne Komplikationen zurückbilden.

➤ ***Ischämische Wandnekrose:***

Bei Wandnekrose nach Magentransposition oder nach Darmresektion zeigt sich die Wandveränderung in der Frühphase zunächst durch zirkulär segmentäre, ödematös verdickte Schleimhaut mit petechialer Blutung [Abb. II-11-11].

Im weiteren Verlauf erkennt man eine dunkelrot bis bläuliche Verfärbung der Mukosa. In der Spätphase erscheint die Mukosanekrose dunkelschwarz mit fibrinbelegten Arealen. Die transmurale Wandnekrose ist endoskopisch durch die fehlende Blutung nach tiefer Wandbiopsie gekennzeichnet.

➤ ***Nahtinsuffizienz:***

Nahtinsuffizienzen im Bereich einer Anastomose zeigen sich in der Regel durch einen tiefen Wanddefekt, der mit Fibrin und eitrigem Sekret belegt ist. Endoskopisch ist das genaue Ausmaß der Insuffizienz sowie eine evtl. Fistelbildung zu den Nachbarorganen schwer zu diagnostizieren [Abb. II-11-12 u. 13]. Für diese Fragestellung ist eine zusätzliche radiologische Darstellung mit wasserlöslichem Kontrastmittel sinnvoll.

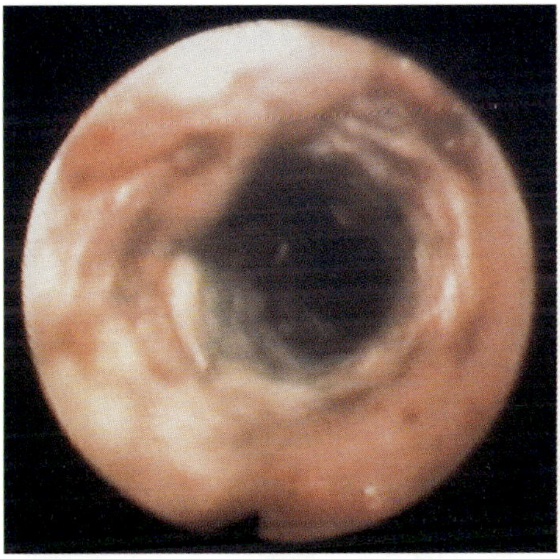

Abb. II-11-10 Endoskopischer Aspekt der Anastomositis mit zirkulären Erosionen und Fibrinbelägen.

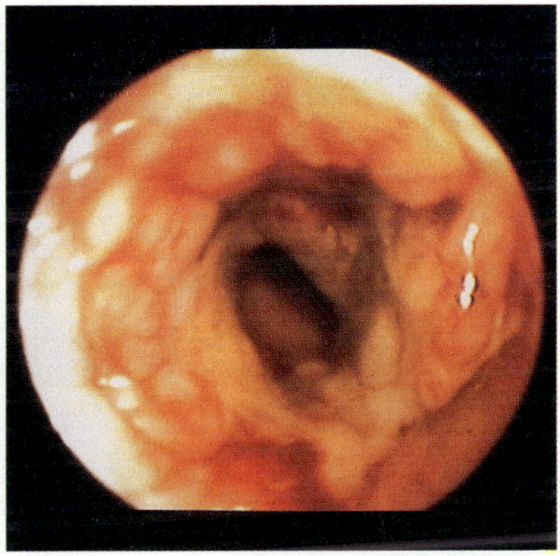

Abb. II-11-11 Anastomositis bei ischämischer Kolitis nach Sigmaresektion: Zirkuläre Mukosanekrose mit Kontaktblutung und langstreckiger Lumeneinengung.

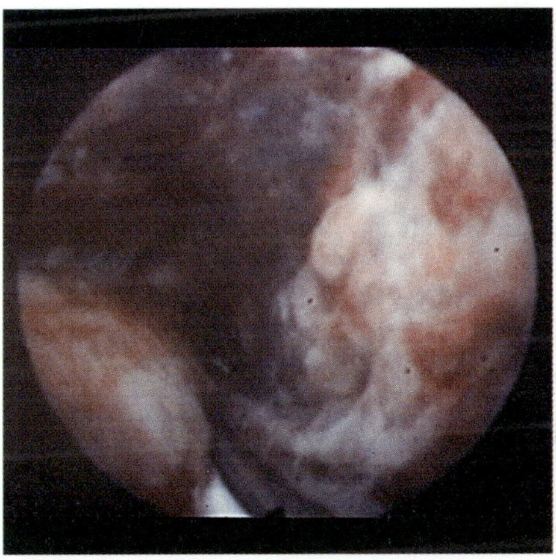

Abb. II-11-12 Endoskopischer Befund bei transmuraler Magenwandnekrose bei Z.n. subtotaler Ösophagusresektion mit Magentransposition: Dunkel livide Mukosanekrose.

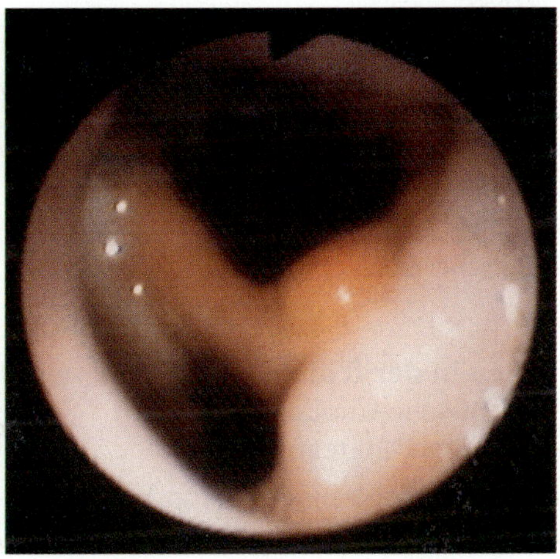

Abb. II-11-13 Endoskopischer Befund bei Nahtinsuffizienz mit Taschenbildung im Bereich der kollaren Anastomose nach Magentransposition.

ERC

Die Indikation zur Notfall-ERC:

- Verdacht auf Verschlußikterus
- Nachweisbares Biliom
- Anhaltender postoperativer Galleverlust über die Bauchdrainage

a b

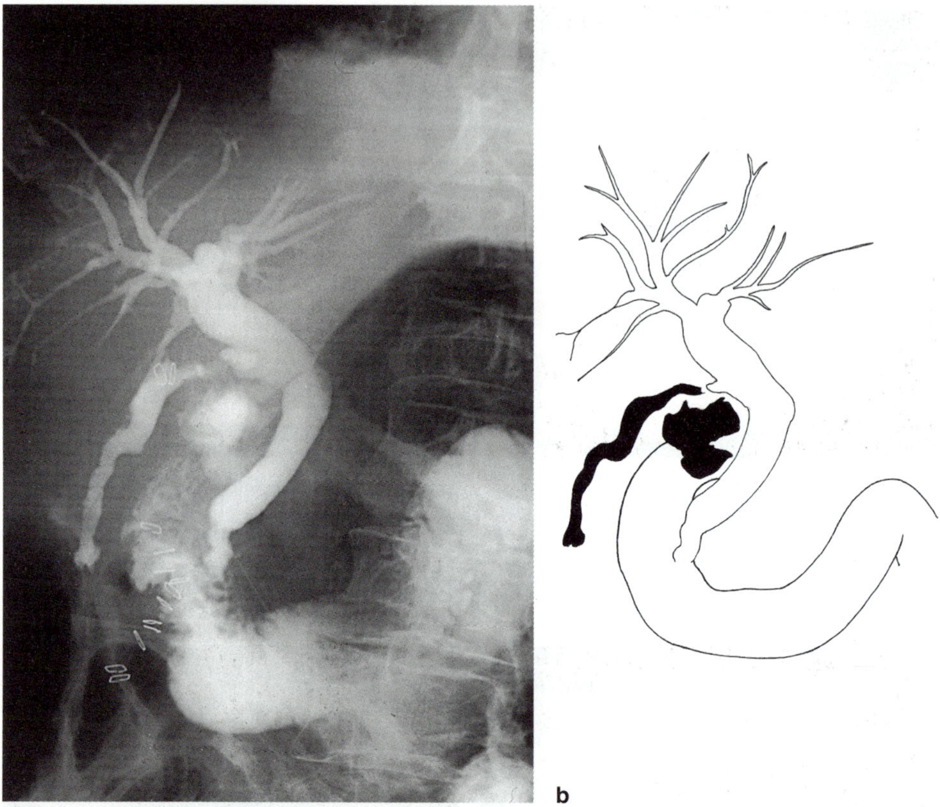

Abb. II-11-14 a, b ERC mit Kontrastmittelaustritt bei Zystikusstumpf-Insuffizienz nach laparoskopischer Cholezystektomie.

Selten in der frühen postoperativen Phase:

- Septische Cholangitis
- Biliäre Pankreatitis

Zur Diagnostik einer postoperativen Läsion im biliären System sollte das Gallengangssystem ausreichend mit Kontrastmittel gefüllt werden. Dadurch können auch kleine Galleleckagen diagnostiziert werden.

II-12 Radiologische Diagnostik

Die mit Abstand häufigste Röntgenuntersuchung auf der Intensivstation ist die Thorax-Übersichtsaufnahme im Liegen. Erheblich seltener sind Thorax-Aufnahmen von sitzenden Patienten. Nur gelegentlich werden Abdomenaufnahmen in Rücken- und Linksseitenlage angefertigt. Sonderuntersuchungen wie Kontrastmitteldarstellung des Magen-Darm-Traktes, von Fistelgängen und Körperhöhlen werden nur in Ausnahmefällen auf der Intensivstation angefertigt. Hier ist die radiologische Untersuchung in den Durchleuchtungsräumen der Radiologie vorzuziehen. Die Thoraxuntersuchungen mit dem fahrbaren Röntgengerät haben aus physikalischen Ursachen eine geringere Qualität als die am Rasterwandstativ angefertigten üblichen Thoraxübersichtsaufnahmen. Daher lassen sich nicht immer die Kriterien der Thoraxdiagnostik auf die Aufnahmen im Liegen anwenden.

Indikation

Die Thoraxübersichtsaufnahme dient der Lagekontrolle von Kathetern, Tuben, Sonden und anderen Fremdmaterialien insbesondere nach deren Neuanlage. Darüber hinaus ermöglicht sie die Darstellung der Lungen-, Mediastinal- und Weichteilstrukturen sowie die Kontrolle der Thoraxorgane bei Änderung des Patientenbefindens.

Zeitabläufe

Um einen reibungslosen und für alle möglichst effektiven Ablauf der Untersuchung zu gewährleisten, sollten folgende Maßnahmen bedacht werden:

➤ ***Einstufung der Dringlichkeit der Maßnahme***
- sofort – lebensbedrohlicher Zustand
- schnell (innerhalb von 15–30 min) – dringendes Ereignis
- routinemäßig zu den vereinbarten Standardzeiten – normale Kontrolle

➤ ***Telefonische Meldung der Anforderung an die Radiologie***

Erstellen einer schriftlichen Anforderung, so daß auch ein nicht direkt anwesender Radiologe Schlußfolgerungen für die Interpretation der Bilder ziehen kann. Wichtige Informationen sind z.B.:

1. Kurze anamnestische Angaben
2. Kurze Nennung der/des letzten akuten Ereignisse(s)
3. Klinische Verdachtsdiagnosen oder bereits bestätigte Diagnosen
4. Mitteilung einer positiven/negativen Flüssigkeitsbilanz
5. Angabe des PEEP bei beatmeten Patienten

➤ ***Unterstützung des Röntgenassistenten bei der Lagerung des Patienten***

1. Zur Sicherheit des Patienten
   - Überwachung des Tubus oder von Zugängen während einer Umlagerung
   - schonende Bewegung des Patienten (Frakturen, offene Wunden)
2. Zur Informationsweitergabe an den Röntgenassistenten
   - besondere Hinweise für die Diagnostik
   - besondere Lagerungsbedingungen

➤ ***Kommunikation mit dem Radiologen***

nach Erhalt der Bilder oder bereits vorher zur Vorabinformation über den Befund. Die Rückmeldung erzeugt eine deutliche Qualitätsverbesserung der Diagnostik und damit auch der Patientenversorgung.

Technik

Bei der Erstellung der Aufnahmen muß der Röntgenassistent auf die korrekte Lage der Kassette, die Einstellung der Belichtung, den Abstand der fahrbaren Röntgenröhre zum Film, die Atemlage des Patienten (Nutzung der "Inspiration-Pause-Taste" bei beatmeten Patienten), die korrekte Kennzeichnung des Bildes und auf die Entwicklung der Aufnahmen achten. Besonders kritisch für eine Beurteilung sind Rotationsänderungen der Patientenlage und meist durch falsche Einschätzung des Röhren-Film-Abstandes entstehende Fehlbelichtungen. Führen stets andere Röntgenassistenten die Untersuchung durch, können ebenfalls interindividuelle Aufnahmeunterschiede die exakte Beurteilung des Lungenbildes deutlich erschweren.

Besondere Sorgfalt erfordert der Patient im Rotationsbett. Hier ist zunächst der Patient-Film-Abstand größer, so daß die Vergrößerung zum Abschneiden lateraler oder cranio-caudaler Thoraxabschnitte führt. Die Strukturen der Lagerungsmatratze der Rotationsbetten können sich ebenfalls mit auf dem Thoraxbild abzeichnen und die exakte Beurteilung der Lungenstruktur beeinträchtigen.

Befunde

Das Thoraxbild sollte stets nach einem standardisierten Schema betrachtet und interpretiert werden. Es ist sicherzustellen, daß alle Teile des Bildes sicher einmal angesehen werden. Besondere "Wetterwinkel" erfordern dabei einen gezielten "zweiten Blick".

Achtung:

Befunderhebung Röntgen Thorax:
Immer systematisch vorgehen,
nicht mit dem ersten auffallenden Befund zufrieden geben!

➤ ***Standardisierte Strategie zur Beurteilung***

1. Technische Qualität
2. Mediastinum
3. Randweichteile des Thorax
4. Lungen von unten nach oben

5. Fremdkörper-Kontrolle
6. Magen
7. Rippen und Knochen
8. "Wetterwinkel"-Kontrolle:
   - Clavicula-Rippen-Kreuzung
   - Sternoclaviculargelenk
   - Herzschatten
   - Mediastinum

① *Beurteilung der technischen Qualität der Thoraxaufnahme:*

- Thoraxrotation (links ↔ rechts), die Sterno-Claviculargelenke sollen bds. symmetrisch zu den Dornfortsätzen der Wirbelsäule liegen
- Thoraxverkippung (Rückneigung ↔ Vorneigung), erkennbar an einer im Vergleich zu den Voraufnahmen anderen Orientierung der Rippen (horizontale Lage bei Rückneigung, steiler Verlauf bei Vorbeugung)
- Inspirationslage (tiefe, weniger tiefe Inspiration, Exspiration), Wölbung des Zwerchfells, die Anzahl der frei erkennbaren Rippen sollte etwa 8–9 betragen
- Exposition der Aufnahme (Unter-/Überbelichtung), es sollen sowohl der Knochen im Bereich des Schultergürtels als auch die belüfteten Lungenabschnitte erkennbar sein.

② *Mediastinum*

- Beurteilung der Herzgröße (Achtung: Im Liegen ist der Herzschatten normalerweise größer als im Stehen. Hier darf bis zu 60 % des Thorax-Querdurchmessers erreicht werden.)
- Beurteilung der Randkonturen (Vorwölbungen beachten)

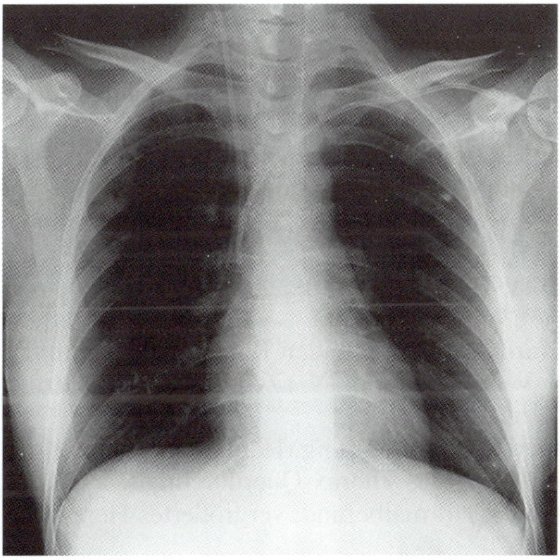

a

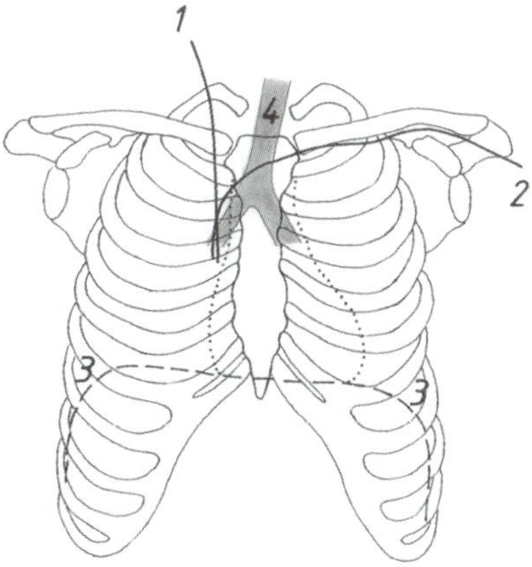

b

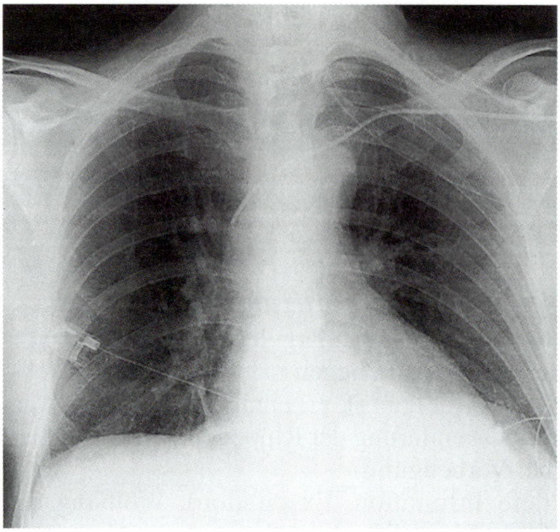

a

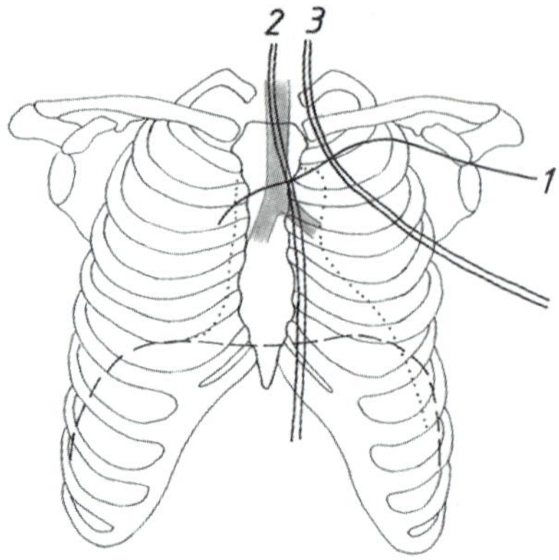

b

Abb. II-12-2 a, b Normalbefund, digitale Bildgebung mit besserer Beurteilbarkeit als bei konventioneller Technik [s.o.]. V.a. plazierte Katheter und Drainagen sind besser erkennbar. Der Zentral-Venen-Katheter (1) verläuft von der Vena subclavia links zur Vena cava superior. Die Magensonde (2) ist im Bereich des Oberbauches nicht mehr abgrenzbar und verläuft vom Hals über die linke obere Thoraxhälfte nach lateral. Extrakorporaler Anschluß der Magensonde (3).

- Beurteilung der Mediastinalbreite (harmonische Entwicklung der Konturen, 3–5 cm Breite sind normal)
- Dichtedifferenzen in Projektion auf das Mediastinum beachten (Fremdkörper, Blutungen, Luftsammlungen)
- Lage der Trachea und der Aorta beachten

➤ ***Befundbeispiele***

* Trachea: Mittelständige Lage, gerader Verlauf, nach Aufzweigung rechts steiler als links, harmonische Verjüngung von oben nach unten.
* Verlagerung: Raumforderung im Mediastinum (Tumor, Hämatom, Abszeß); Volumenminus der gleichseitigen Lunge (Atelektase, Pneumektomie).
* Peritracheale Luftansammlung: V.a. Bronchus-Abriß, Trachealknorpelfraktur, Pneumothorax.
* Einengung: Raumforderung (Struma, Tumor, Blutung).
* Tubuslage beurteilen, Cuff inflatiert / nicht inflatiert.
* Gefäße: Markierung der Gefäße durch die einliegenden Katheter (V. jugularis, V. subclavia, V. brachiocephalica, V. cava superior, V. azygos, V. cava inferior, Aorta, linke und rechte Pulmonalarterie).
* Position der Katheter bogig verlagert: Raumforderung (Hämatom, Tumor).
* Herz: Mittelständige Lage, Größe $\leq 60\%$ des Thorax-Querdurchmessers, Konturen normal [vgl. Abb. II-12-1 bzw. 2 Normalbefund, vergrößertes Herz Abb. II-12-15].
* Beim Thorax im Liegen muß berücksichtigt werden, daß das Herz breiter erscheinen kann als in der Stehendaufnahme.

* Herzgröße über 0,6fachem des Querthorax-Durchmessers: Perikarderguß, dilatative Cardiomyopathie, Hypertrophie, Überwässerung.
* Vergrößerung einzelner Herzhöhlen?

③ *Randweichteile des Thorax*

Die systematisch zu betrachtenden Regionen sind:

- Hals
- Clavicularegion
- Laterale Thoraxwand
- Abdomen
- Pleurawinkel

➤ ***Befundbeispiele***

Für die Weichteildiagnostik kann meist die Symmetriebeurteilung als Hilfestellung genutzt werden. Raumforderungen lassen sich leichter im Vergleich zur Gegenseite erkennen und werten. Die Regionen von Hals, Clavicula, lateraler Thoraxwand, Abdomen und Pleurawinkel müssen gesondert betrachtet werden.

* Symmetrische Darstellung der Weichteile. Abgrenzbarkeit der Haut- und faszialen Fettgewebe bds.. Unauffälliger Verlauf der Katheter und Drainagen. Homogene Dichteverteilung der Weichteile, keine abrupten Dichteschwankungen.
* Verdichtungen (Blutungen, Tumore, Abszesse, externe Überlagerungen [Verband, Sekretbeutel, Lagerungshilfen])
* Aufhellungen (Luftansammlungen)

④ *Lungen von unten nach oben betrachten*

Die Lungen sollten nach folgenden Kriterien gemustert werden:

- Asymmetrie (Verschattungen, Aufhellungen)
- Gefäß- und Bronchialarchitektur (ausgehend vom Lungenhilus nach peripher, Verzweigungsmuster beurteilen). Zentral liegen immer ein Bronchus und ein Gefäß zusammen, das Gefäß stellt sich – wird es orthograd getroffen – als scharf begrenzter, weißer Fleck dar, der Bronchus als scharf begrenzter Ringschatten. Die Größe beider Strukturen sollte gleich sein.
- Periphere Begrenzung der Lunge (Pneumothoraxausschluß)

Achtung: Auch in den Herzschatten hineinsehen, dabei ist es wichtig, auf die Helligkeit des Herzschattens zu adaptieren!

Im Bereich der Lungenspitzen ist häufig die Beurteilung durch die Rippenüberlagerungen erschwert!

➤ ***Befundbeispiele***

Die Lungen sind am besten im Seitenvergleich von unten nach oben zu beurteilen:

* Hohe, seitengleiche Transparenz, d.h., die Lungen stellen sich dunkel dar. Darstellung der Lungenarchitektur (Gefäße und Bronchien) bis in die Peripherie (kann bei Liegendaufnahmen schwierig sein). Ausdehnung bis zur Thoraxwand.
* ***Verschattungen:*** großflächig, homogen, im Verlauf abnehmend: Erguß [Abb. II-12-3] (Detektion von 100 ml möglich.) Sonographische Kontrolle. Schwierig ist die Einschätzung eines gekammerten Ergusses [Abb. II-12-4].

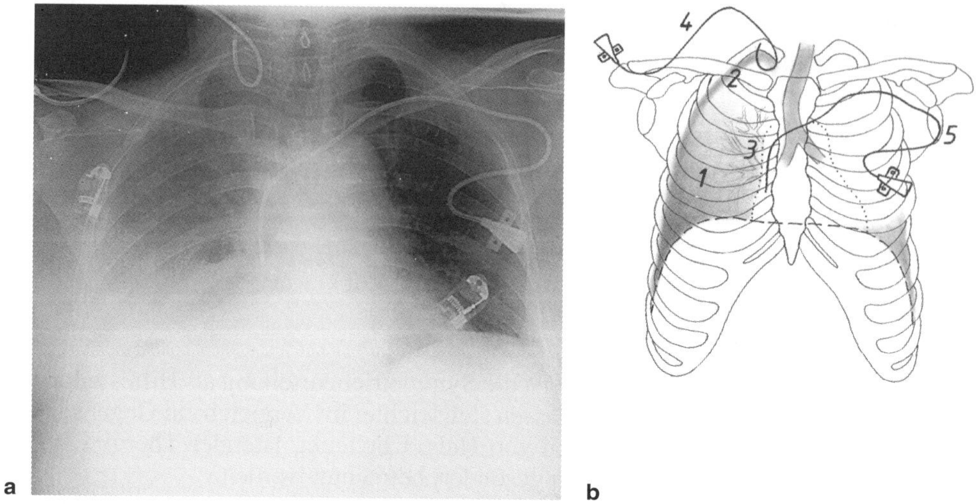

Abb. II-12-3 a, b Pleuraerguß rechtsseitig als kontinuierliche Verschattung der rechten Thoraxhälfte mit zunehmender Transparenzminderung in den kaudalen Abschnitten zu erkennen (1). Zusätzlich ist am Lungenrand eine Saumbildung erkennbar, die sich bis in die Lungenspitze ausbreitet (2). Dieser helle Saum entspricht der lateral der Lunge liegenden Ergußmenge. Die Lungengefäße lassen sich nur noch in den oberen Abschnitten erkennen (3). Die Gesamtmenge dieses Ergusses beträgt etwa 1000 ml. Nebenbefundlich ist ein in der Vena jugularis umgeschlagener Zentral-Venen-Katheter (4) zu erkennen. Der zweite, über die Vena subclavia links eingebrachte Katheter (5) liegt an regelrechter Stelle.

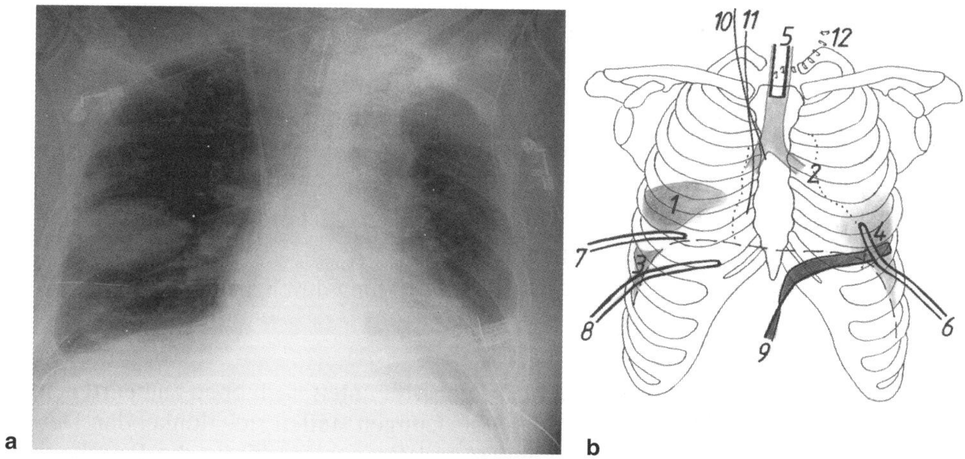

Abb. II-12-4 a, b Interlobärerguß rechts (1) bei Zustand nach Ösophagektomie mit stumpfer Dissektion und Coloninterponat. Mediastinalverbreiterung links (2) durch Dissektion und Coloninterponat. Randwinkelerguß rechts (3), Infiltrate links basal (4), Tubus (5) in regelrechter Position, Bülau-Drainagen (6,7,8) sowie abdominelle Drainage (9). ZVK V. jugularis (10) in regelrechter Position, großkalibriger Dialysekatheter ebenfalls über V. jugularis (11) bei nicht abgrenzbarer Spitze zu tief plaziert. Hautklammern (12) im Bereich des collaren Zugangs.

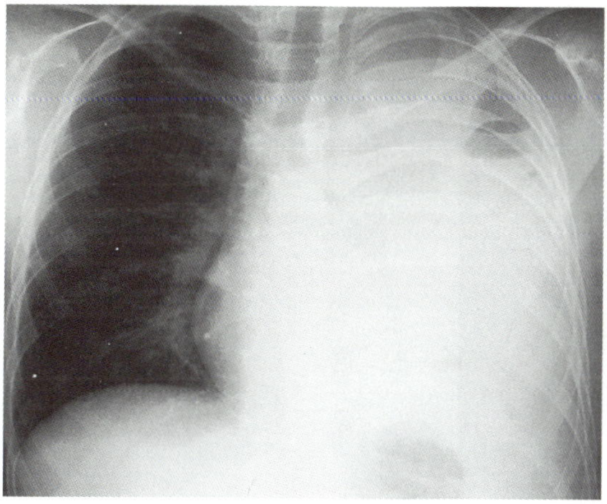

a

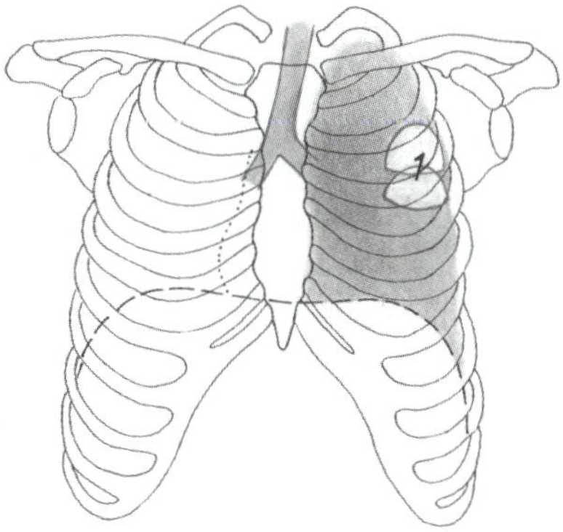

b

Abb. II-12-5 a, b Pleuraempyem: in der leicht nach rechts verdrehten Aufnahme im Stehen Totalverschattung der linken Lunge mit mittelständigem Mediastinum sowie zwei typischen Spiegeln [Luft über Flüssigkeit] (1) im linken Oberfeld.

Merke:

Pleuraerguß:

Homogene Verschattung [= Transparenzminderung], die im Liegen meist nach cranial flau abnehmend ausläuft!

Der "gefangene" Erguß ist nur durch seine glatte Begrenzung von fokalen Verschattungen anderer Ursache abzugrenzen.

* Feinstreifige Verschattung: Narbige Veränderungen (auch Drainage-Kanäle). Feinstreifige Verschattung in den basalen Lungenabschnitten meist mit raschem Wechsel der Form vom Tag zu Tag: Dystelektasen.
* Runde Verschattungen, klein bis mittelgroß, vereinzelt bis verstreut: Metastasen, Abszesse [Abb. II-12-5], Kontusionen, Lungentumoren.
* Streifig bis homogene Verschattungen, sehr dicht, großflächig oder schmalbandig: Atelektasen (Plattenatelektase, Lobäratelektase [Abb. II-12-6 bis 9]). Kontrolle nach physikalischen Maßnahmen bzw. nach Bronchoskopie.
* Streifenförmig/fleckig bis konfluierende Verschattung, unscharf begrenzt, zentral oder diffus großflächig bis in die Peripherie reichend, positives Pneumobronchogramm: Pneumonie [Abb. II-12-11], ARDS [Abb. II-12-12 bis 14].
* Die früher gewohnten "weißen" ARDS-Lungen mit exzessivem interstitiellem Ödem werden seit Wechsel des Therapiekonzeptes auf ein volumenrestriktives Regime und nach Bilanzierungs-Unterstützung durch frühelektiven Einsatz der kontinuierlichen Hämofiltration kaum noch gesehen.
* Konfluierende Herde an hypostatischen basalen Prädilektionsstellen beim ARDS werden seit konsequentem Einsatz der kinetischen Therapie kaum noch gesehen. Kranial und basal sowie zentral und peripher gleichförmige streifige Zeichnungsvermehrung prägt das aktuelle Bild des ARDS.

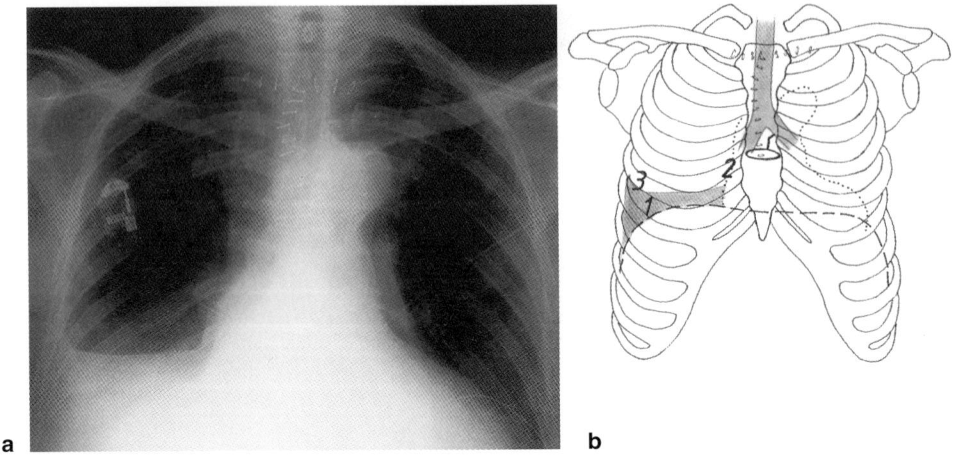

Abb. II-12-6 a, b Unterlappenatelektase (1) nach retrosternaler Struma mit Sternotomie. Typischerweise rechtes Zwerchfell nicht abgrenzbar. Rechter Herzschatten (2) scharf abgebildet [= Mittellappen belüftet]. Als Nebenbefund geringer Randwinkelerguß (3) rechts.

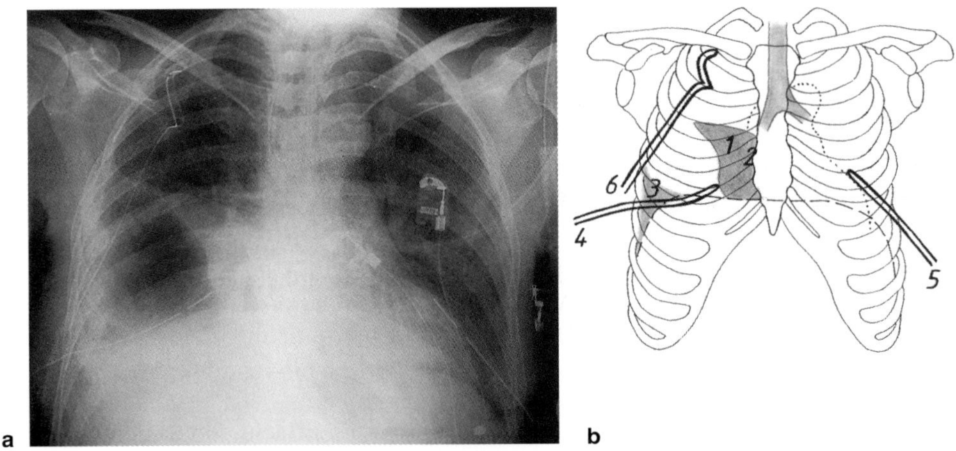

Abb. II-12-7 a, b Mittellappenatelektase rechts mit typischer dreieckiger Verschattung (1) und nicht abgrenzbarem rechten Herzrand (2). Begleitender Randwinkelerguß (3), Bülau-Drainagen (4, 5) sowie abgeknickte Monaldi-Drainage (6).

* Unscharfe Gefäßdarstellung, unscharfe Lungenwurzelabbildung, nebeliger Hilus: Überwässerung – Lungenödem. [Abb. II-12-15] (Hier ist die Kenntnis des PEEP wichtig, da ein hoher PEEP die Flüssigkeit aus der Lunge in das Gefäßsystem zurückdrängt und daher eine Überwässerung kaschiert werden kann.) Ist die Unschärfe des Gefäßbaumes zentral stärker ausgeprägt als peripher, ist eine kardiale Ursache des Lungenödems wahrscheinlich.
* Bei peripher betonter bzw. gleichmäßiger Gefäßunschärfe ist eher von einem nicht kardialen interstitiellen Ödem z. B. septischer Genese auszugehen.

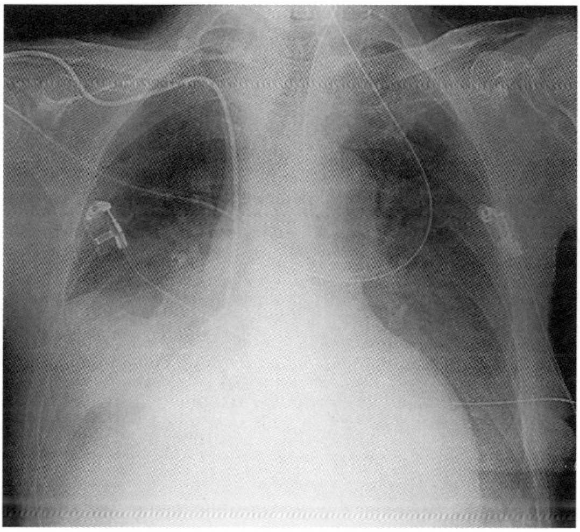

a

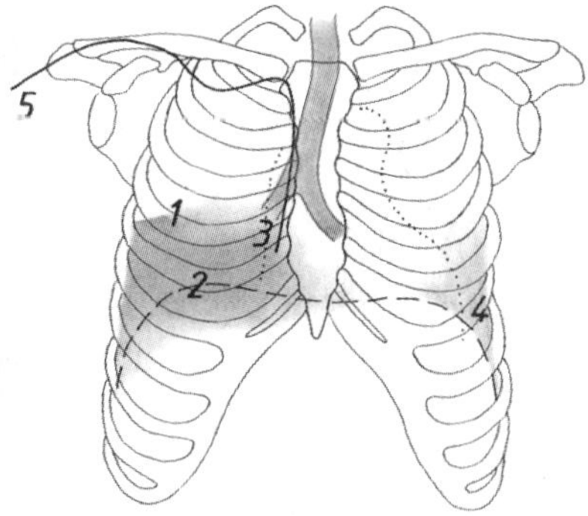

b

Abb. II-12-8 a, b Unter- und Mittellappenatelektase rechts typischerweise mit scharf abgebildetem lateralen Anteil des Septum interlobulare (1), nicht abgrenzbarem Zwerchfell (2) und rechtem Herzschatten (3). Kleiner Pleuraerguß links (4), ZVK V. subclavia (5) in regelrechter Position.

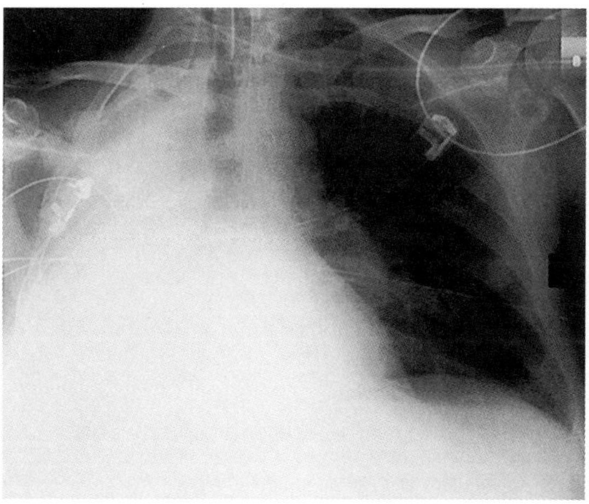

a

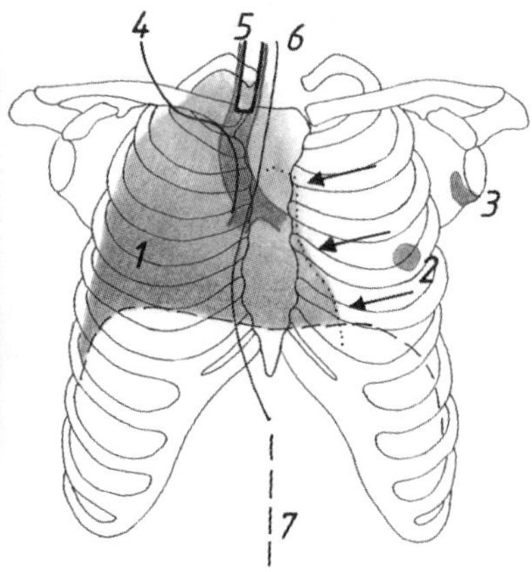

b

Abb. II-12-9 a, b Totalatelektase der rechten Lunge (1) mit Mediastinalverlagerung nach rechts. Die betroffene Lunge ist totalverschattet, der Herzrand ist nach rechts (Pfeile) über den Wirbelsäulenschatten verlagert. Nebenbefundlich projiziert sich auf die linke Lunge ein etwa 2 cm großer Rundherd (2), in der linken Scapula ist eine etwa 1.5 cm große Osteolyse (3) zu erkennen. Im späteren Thorax-CT fand sich ein Normalbefund, so daß der sehr gleichmäßige Lungenrundherd eine Überlagerungsfigur darstellen muß. ZVK V. subclavia (4), Trachealtubus (5) und Magensonde (6) ebenfalls nach rechts verlagert. Mittelachse (7).

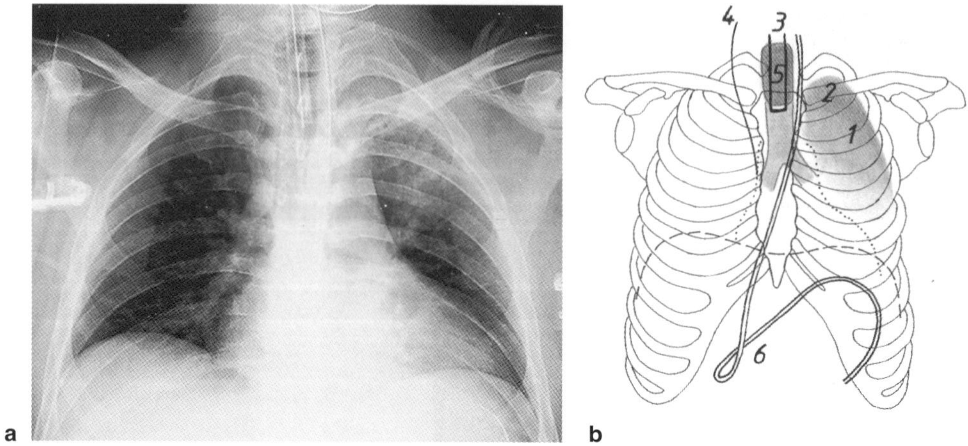

Abb. II-12-10 a, b Lungenkontusion mit Hämatothorax: Flaue Verschattung der oberen Lunge links (1) mit einer soliden homogenen Verschattung der Lungenspitze links (2). Der Befund ist ohne klinische Angaben nicht sicher von einer Pneumonie mit Begleiterguß zu unterscheiden. Bei ansonsten schlechter Inspiration ergibt sich im übrigen ein Thorax-Normalbefund. Unauffällige Lage des Trachealtubus (3) und des ZVK V. jugularis rechts (4). Der Tubus mit luftgefülltem Cuff (5). Die Magensonde (6) ist im Magen aufgerollt.

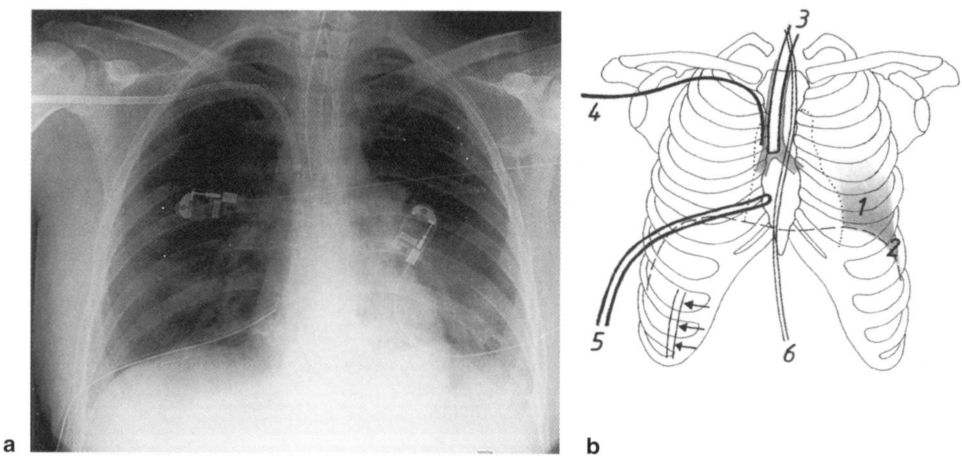

Abb. II-12-11 a, b Nachweis einer flauen Verschattung im linken Unterfeld paracardial (1). Der linke Zwerchfell-Rippen-Winkel ist nicht mehr vollständig abgrenzbar (2). **Pneumonie** links mit Begleiterguß. Der Trachealtubus (3) liegt [zu tief] in Höhe der Carina, ZVK V. subclavia rechts (4) liegt korrekt. Thoraxdrainage (5) rechts basal. Bei der lebertransplantierten Patientin lassen sich noch Drainagen im Leberbett rechts abgrenzen (Pfeile).

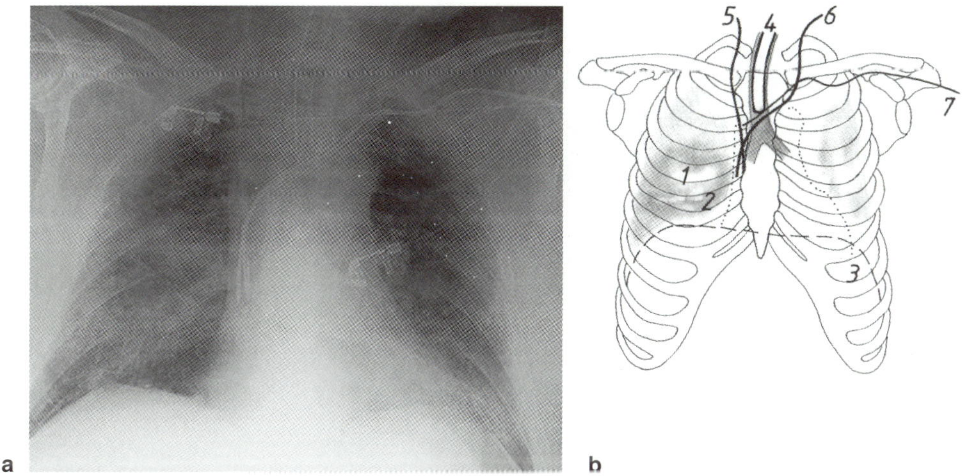

Abb. II-12-12 a, b ARDS mit **Pneumonie** und beginnendem **Abszeß**: In halbsitzender Position ARDS-typische, nicht fokale Zeichnungsvermehrung mit geringem interstitiellen Ödem, ringförmiges Infiltrat (1) mit kleinen Spiegeln (2) als Zeichen der Abszedierung. Kontrastmittelfüllung des Magens (3), Tubus (4), Dialyse-ZVK's (5, 6) und ZVK V.subclavia (7) in regelrechter Position.

* ***Aufhellungen:*** globale, nicht weiter lokal begrenzte Aufhellung der Lunge: Emphysem. [Abb. II-12-16]
* Pneumothorax: Schmale, die Lunge nur peripher umgebende Aufhellungen bis zu breiten Aufhellungssäumen [Abb. II-12-17 bis 19]
* **Achtung:** Ein beim Liegenden sich nach ventral erstreckender Pneu kann lange Zeit unerkannt bleiben. Bei Fortbestehen der klinischen Symptome hilft in der Regel eine Aufnahme im horizontalen Strahlengang beim Liegenden weiter: Abgrenzung der ventral liegenden Luft ist dann möglich.

  Weitere Aufhellungsbefunde:
* Lokale, rundliche Aufhellung: Bulla, Kaverne, Abszedierung (Spiegel ist im Liegendthorax nicht immer erkennbar!) [Abb. II-12-5]
* Streifenförmige Aufhellungen im Mediastinalrand, über den Lungen ausgebreitet, die Muskelfiederung nachzeichnend: Weichteilemphysem; die Lungengefäße nachzeichnend: interstitielles Emphysem (besonders bei Überblähung der kindlichen Lunge durch eine Beatmung).

⑤ *Kontrolle der eingebrachten Fremdkörper*

- Verfolgung der Katheter: Besonders auf "nicht-anatomische" Lage achten (Perforation). Auf den Katheterverlauf achten: Welliger Verlauf spricht gegen eine korrekte intravasale Lage! [Abb. II-12-20]
- Trachealtubus: Lage in Bezug auf die Trachealbifurkation, Mittelständigkeit kontrollieren
- Drainagen: (Pleura-, Mediastinal-, Pericardial-, Abdominal- und Wunddrainagen) Lage in Bezug zur Anatomie betrachten, Änderungen zum Vorbefund beurteilen!
- Magensonde / Ernährungssonden: Lage anatomisch korrekt?

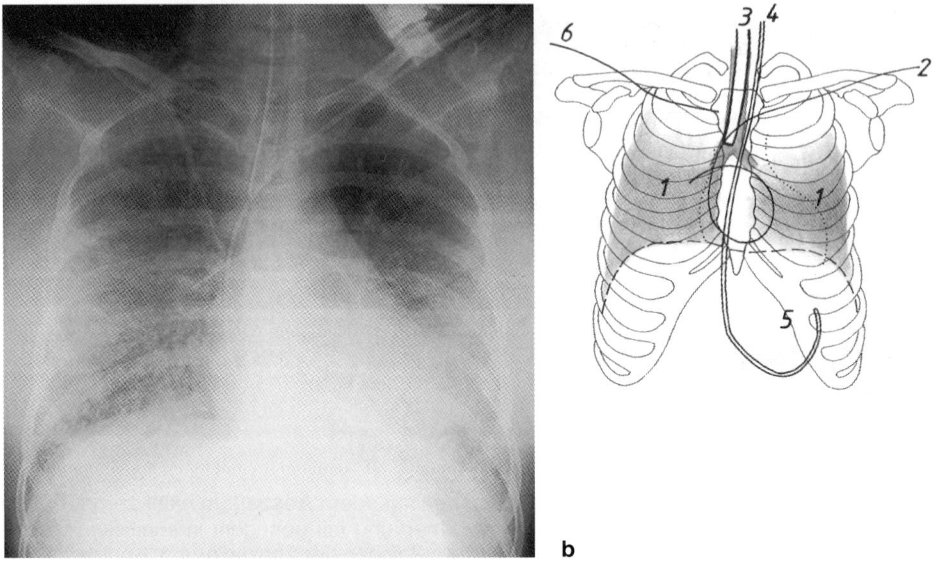

a b

Abb. II-12-13 a, b ARDS – konfluierende Verschattungen v. a. in den basalen, hypostatischen Bereichen, die in beiden Lungen lateral und zentral weitgehend gleichmäßig verteilt liegen (1). Die Lungenspitzen sind von dieser Verschattung ausgespart. Ein Pleuraerguß läßt sich nicht sicher abgrenzen. Es liegt ein über die linke V. subclavia eingebrachter Pulmonalis-Katheter (2) in der rechten descendierenden Pulmonalarterie. Der Tubus (3) liegt zu tief auf der Carina. Regelrechte Lage der Magensonde (4). Der Magen ist kontrastmittelgefüllt (5). Es liegt zusätzlich ein ZVK (6) von rechts mit Projektion der Spitze auf die rechte Vena brachiocephalica. Fremdkörperüberlagerungen im linken oberen Bildteil durch Beatmungsschläuche.

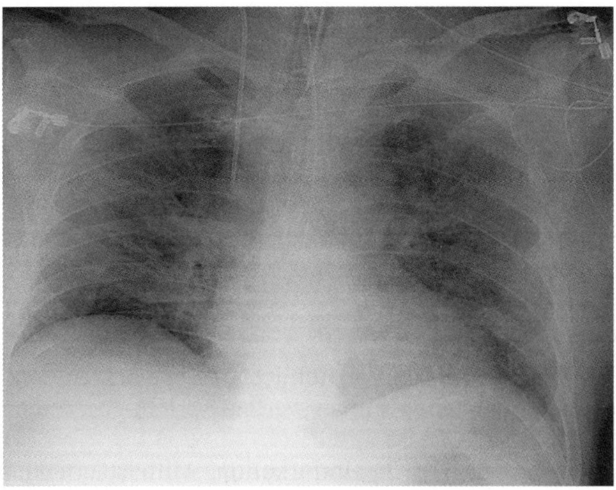

Abb. II-12-14 ARDS "aktuelle Röntgenmorphologie": disseminierte streifige Zeichnungsvermehrung durch das interstitielle Ödem. Seit konsequentem Einsatz der kinetischen Lagerungstherapie ohne konfluierende Herde an hypostatischen Prädilektionsstellen [vgl. Abb. II-12-13 ARDS ohne kinetische Therapie].

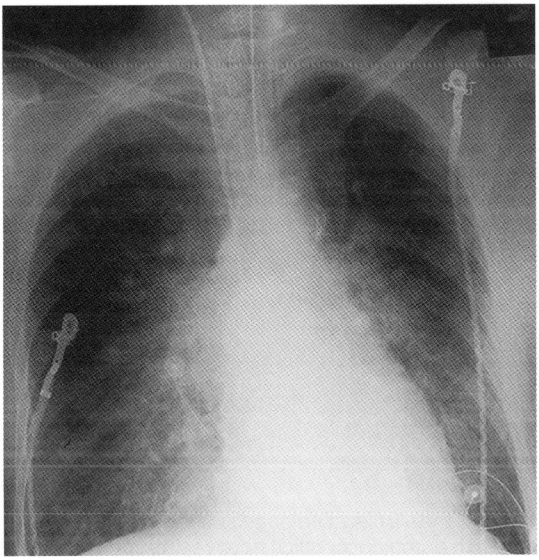
a

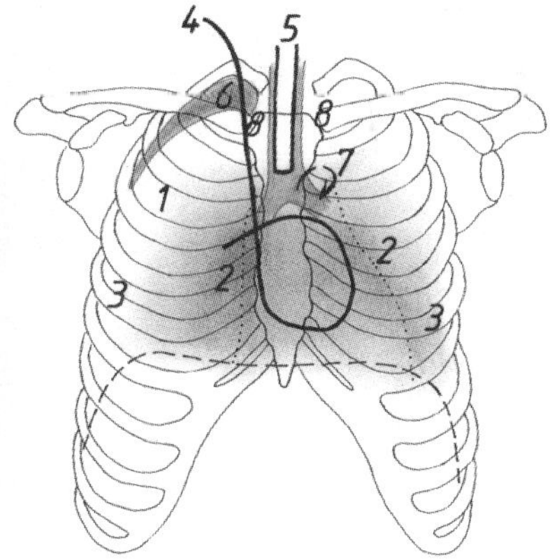

b

Abb. II-12-15 a, b Stauung (Lungenödem): die Lungengefäße von zentral bis in die Peripherie zeigen unscharfe Konturen (1). Typisch für das cardial bedingte Lungenödem ist die zentral hiläre Betonung (2). Zusätzlich lassen sich die flüssigkeitsgefüllten Lymphdrainagewege in der Peripherie erkennen, die sogenannten Kerley-B-Linien (3). Es liegt ein über die rechte Vena jugularis eingebrachter Pulmonaliskatheter (4) mit Projektion der Spitze auf die rechte descendierende Lungenarterie. Unauffällige Lage der Magensonde und des Trachealtubus (5). Nebenbefundlich existiert eine Pleurakuppenschwiele rechts (6) sowie einer Sklerose im Aortenbogen (7). Der Thorax ist nach links rotiert (8) [vgl. mediale Claviculaenden und Dornfortsätze].

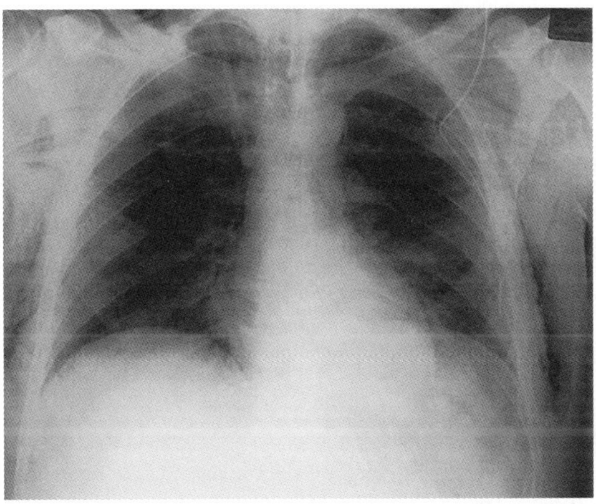
a

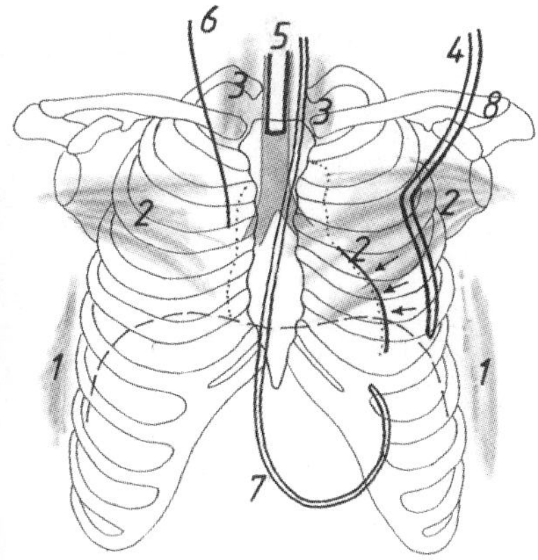

b

Abb. II-12-16 a, b Weichteil- und Mediastinalemphysem: Auffällig sind die Luftansammlungen in beiden lateralen Thoraxweichteilen (1) und fiederförmig in der Pectoralis-Muskulatur (2). Luft auch in den Halsweichteilen (3) nachweisbar. Schwer zu erkennen ist die mediastinale Luft, die als dunkler Begleitschatten den linken Herzrand umgibt (Pfeile). Die Lage der Monaldi-Drainage (4) und des Trachealtubus (5) ist regelrecht. Der jugulär eingebrachte ZVK (6) liegt in der Vena brachiocephalica rechts, die Magensonde (7) ist im Corpus umgeschlagen. Intrapulmonal lassen sich keine Infiltrate oder Ergußbildungen nachweisen. Verbandmaterial (8).

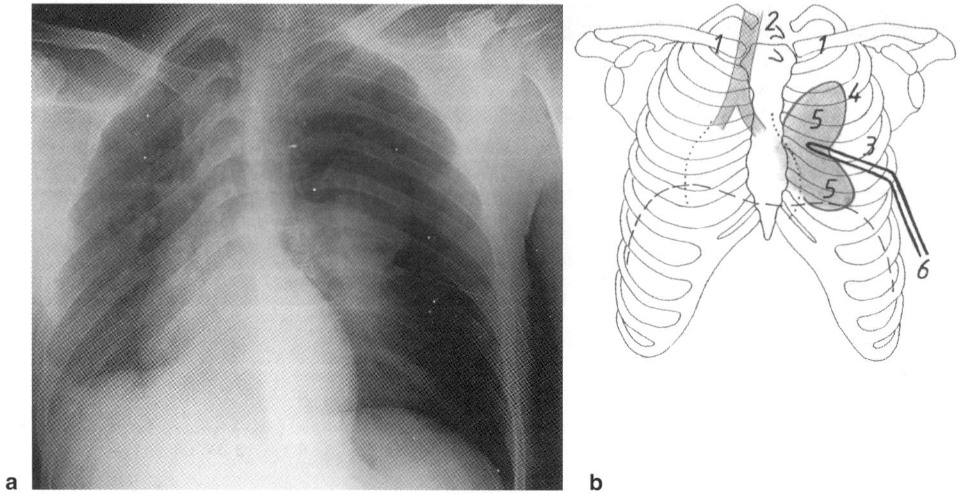

Abb. II-12-17 a, b Spannungspneumothorax trotz Bülau-Drainage linksseitig. Verlagerung des Mediastinums zur Gegenseite teilweise auch durch die deutlich nach rechts verdrehte Aufnahme bedingt [erkennbar an der Asymmetrie der Lage der Claviculae (1) zu den Dornfortsätzen (2)]. Die linke Thoraxhälfte ist deutlich verstärkt transparent [=schwarz (3)]. Die Gefäße lassen sich nicht bis in die Peripherie nachweisen, innerhalb des Thorax findet sich eine Konturlinie (4), die die äußere Begrenzung der linken Lunge darstellt. Große Anteile der Lunge sind atelektatisch (5). Die Bülau-Drainage (6) projiziert sich auf den Thorax, entlastet aber den Spannungspneu nicht – eine Fehllage in der Thoraxwand ist zu vermuten.

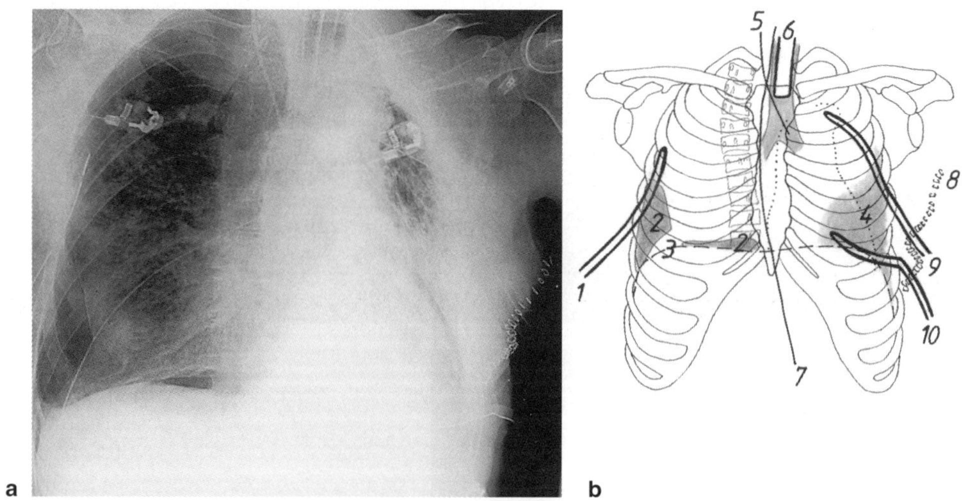

Abb. II-12-18 a, b Spannungspneumothorax: Bei liegender Thoraxdrainage (1) zeigt die massiv nach links verdrehte Aufnahme einen Pneumothorax rechts, gut als Zusatzkontur im unteren Thoraxabschnitt rechts (2) zu erkennen. Bedingt durch pleurale Schwartenbildung (3) und zusätzliche Verklebungen kommt es jedoch nicht zu einem Totalkollaps der Lunge. Der Pneumothorax hat zu einer Links-Verlagerung des Mediastinums geführt [Spannungspneumothorax]. Die linke Lunge zeigt kompressionsbedingte Dystelektasen (4) nach thoraxchirurgischem Eingriff (atypische Lingula-Resektion bei Lingula-Karzinom der Lunge). Regelrechte Lage des ZVK (5), des Trachealtubus (6) und der Magensonde (7). Hautklammernaht links lateral (8). Weitere Thoraxdrainagen (9, 10).

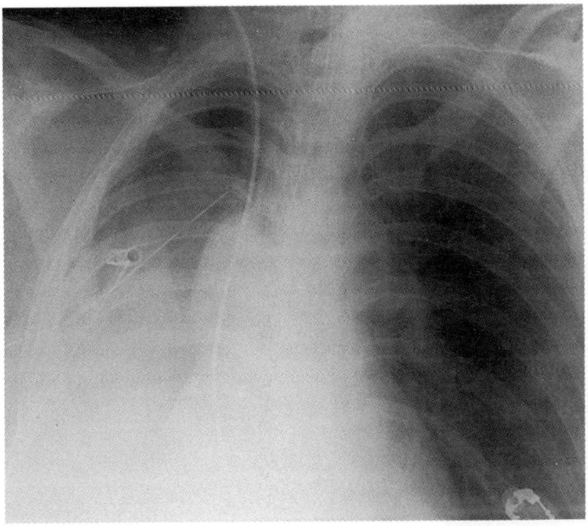

a

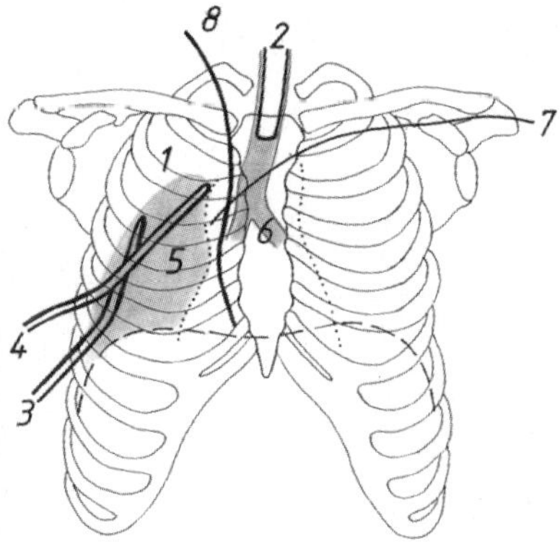

b

Abb. II-12-19 a, b Durch **Totalatelektase fixierter Pneumothorax** (1) nach Entlastung eines vorherigen Spannungspneumothorax, der durch Kompression zur Ausbildung eines den Hauptbronchus obturierenden Schleimpfropfes bei kontrollierter Beatmung [Tubus (2)] geführt hat. Die Bülau-Drainage (3) und die zu kaudal plazierte Monaldi-Drainage (4) entlasten zwar den Überdruck, die Lunge bleibt aber wegen der Bronchusobstruktion atelektatisch (5), daher persistiert trotz Sogs an den Thoraxdrainagen der Pneumothorax. Durch die maschinelle Beatmung bei Verschluß des rechten Hauptbronchus wird die linke Lunge überbläht und das Mediastinum [trotz Pneumothorax] kreislaufwirksam nach rechts verlagert (6). Nach bronchoskopischem Absaugen des Schleimpfropfes sofortige Kreislaufstabilisierung und später dokumentierte Ausdehnung der rechten Lunge.
Nebenbefunde: ZVK V. subclavia (7) in regelrechter Position, Pulmonalis-Katheter (8) mit Ventrikel-Fehllage.

➤ ***Befundbeispiele***

* Intravasale Katheter müssen einen harmonisch geschwungenen Verlauf zeigen.
* Der Zentralvenenkatheter sollte mit der Spitze oberhalb des rechten Vorhofs liegen.
* Jeder nicht harmonische und keiner Gefäßanatomie zuordnungsfähige Verlauf ist verdächtig auf eine paravasale Katheterlage! [Abb. II-12-20]
* Die Spitze darf nicht senkrecht zur Gefäßwand stehen [Perforationsgefahr]!
* Katheter sollten nicht nach cranial gebogen liegen, da dann eine Fehllage in den cervicalen und cranialen Venen anzunehmen ist.
* Besteht ein durch die einfache Übersichtsaufnahme nicht nachweisbarer Verdacht auf eine Fehllage, sollte zur Beurteilung der Lage – möglichst unter Durchleuchtung – Kontrastmittel über den Katheter gegeben werden.
* Der Drainagenverlauf darf keine Knickbildung erkennen lassen. In Zweifelsfällen Schrägaufnahmen anfertigen, damit die in einer Ebene stattfindende Superposition ausgeschlossen werden kann. [Typische Abknickstelle der Thorax-Drainage: Der Verband!]
* Lage der Magensonde kontrollieren, [Abb. II-12-21] auch im Ösophagus ist sie wirkungslos!
* Ist eine Lage nicht sicher zu beurteilen, ist eine Kontrastmittelgabe über die Drainage indiziert. Aus der Verteilung des Kontrastmittels läßt sich die Lage beurteilen.

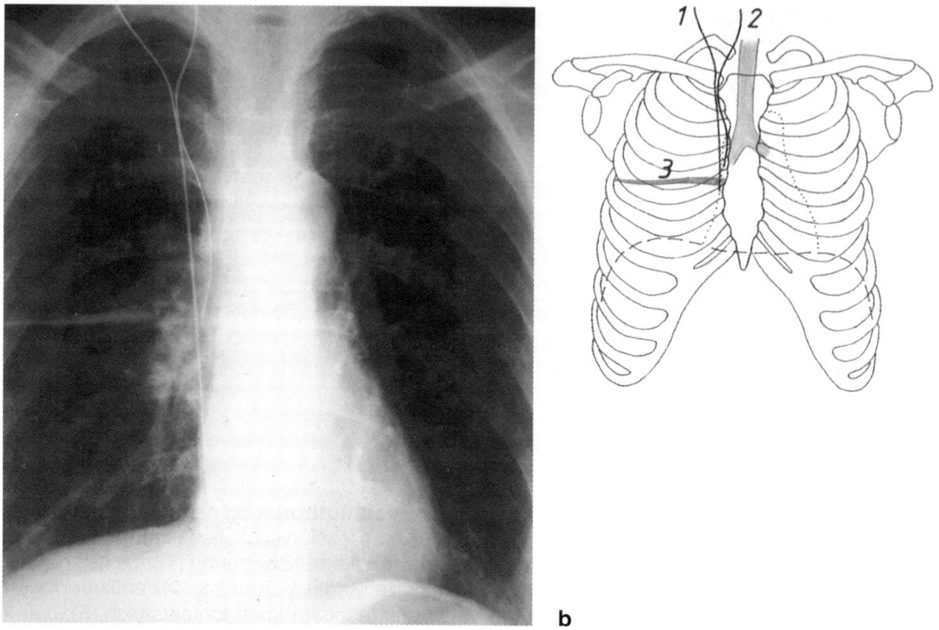

a b

Abb. II-12-20 a, b Extravasale **Katheterfehllage** des ZVK, der in die V.jugularis rechts eingebracht werden sollte. Extrakorporaler Katheterverlauf (1) direkt neben intrakorporalen (2) projiziert. Eine wellenförmige Katheterlage (2) ist intravasal in Blutflußrichtung nicht möglich. Wellige Katheterabbildung entsteht durch Stauchung → eindeutiger Hinweis auf Katheterfehllage! Beginnender Interlobärerguß (3) durch bereits infundiertes Volumen.

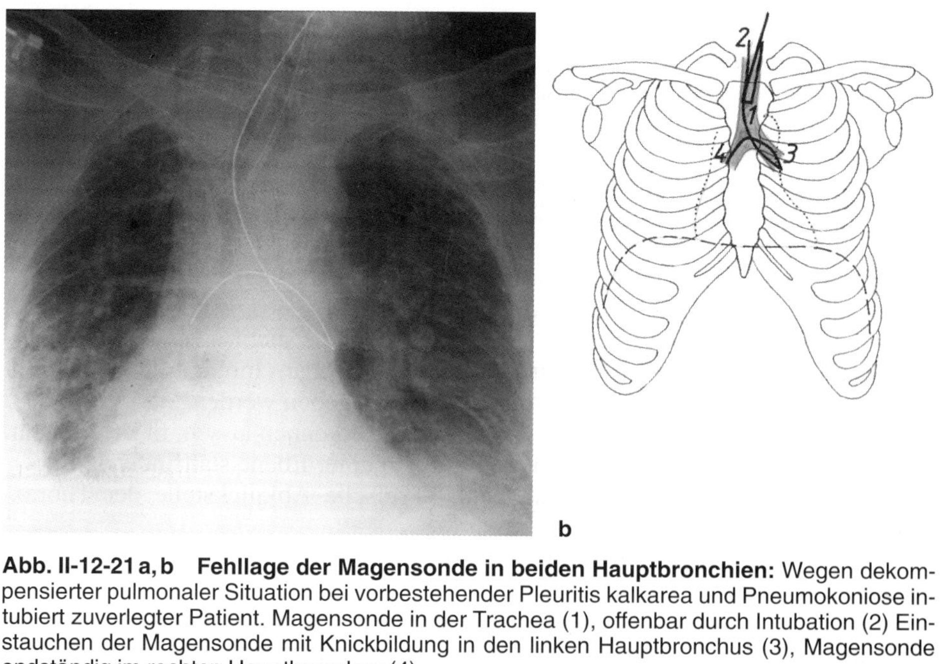

a b

Abb. II-12-21 a, b Fehllage der Magensonde in beiden Hauptbronchien: Wegen dekompensierter pulmonaler Situation bei vorbestehender Pleuritis kalkarea und Pneumokoniose intubiert zuverlegter Patient. Magensonde in der Trachea (1), offenbar durch Intubation (2) Einstauchen der Magensonde mit Knickbildung in den linken Hauptbronchus (3), Magensonde endständig im rechten Hauptbronchus (4).

* EKG-Elektroden können Befunde im Thorax überdecken, sie sollten daher von Zeit zu Zeit an anderer Stelle angebracht werden.
* Verbände – insbesondere mit Kontraststreifen, jodhaltigen Salben oder Mercuchrom-Pinselungen – führen zu einer Verminderung der Transparenz. Hierdurch werden thorakale Verschattungen vorgetäuscht.
* Die meisten anderen Fremdkörper lassen sich aufgrund ihrer Form und Struktur gut als Fremdkörper abgrenzen und erkennen.

⑥ *Magen*

- Luftfüllung beurteilen, hierbei auch auf intra- und retroperitoneale Luftansammlungen achten! Retroperitoneale Luftansammlungen zeigen eine streifige Ausbreitung entlang den anatomischen Septierungen des Raumes, intraperitoneale Luftansammlungen zeigen Blasencharakter, da die Luft konfluiert.

⑦ *Rippen und Knochen*

➤ ***Befundbeispiele***

* Die Wirbelkörper lassen sich nur schlecht im ap-Thoraxübersichtsbild eines liegenden Patienten erkennen. Insbesondere verwehrt in der Regel der Herzschatten eine sichere Beurteilbarkeit der Brustwirbelsäule. Die Form der etwa 2,5 cm hohen Wirbelkörper sollte streng symmetrisch sein. Achtung auf Ausbiegung des paravertebralen Weichteilschattens. Hier kann sich ein Frakturhämatom verbergen!
* Die Rippen sollten einen harmonischen Verlauf erkennen lassen. Die ventralen Anteile sind nur sehr bedingt abgrenzbar und insbesondere ist der Knochen-Knorpelübergang nicht im Übersichtsbild erkennbar. Die Beurteilung der lateralen Rippen ist besser möglich, wenn das Bild um 90 Grad im Uhrzeigersinn (rechte Rippen) bzw. gegen den Uhrzeigersinn (linke Rippen) gedreht wird. Horizontal zu den Augen liegende Strukturen lassen sich aus physiologischen Gründen besser auflösen als vertikal orientierte Strukturen. Frakturen der Rippen sind gelegentlich extrem schwer zu erkennen. Bei begründetem Verdacht (adäquates Trauma, Schmerzen) sollten Übersichtsaufnahmen in Fehlrotationsrichtungen angefertigt werden. Die dadurch möglichen Schrägprojektionen lassen Rippenfrakturen erkennen.
* Frakturen der Clavicula sind auch auf Übersichtsaufnahmen gut zu erkennen.

⑧ *"Wetterwinkel"*

Bewußte Abschlußkontrolle von:

- Costo-Clavicular-Kreuzungen
- Sternoclaviculargelenk
- Herzschatten
- Mediastinum

Werden diese 8 Schritte eingehalten, sollte jeder Befund erkannt werden können. Das Schema sollte bei jeder Betrachtung von Thoraxaufnahmen eingesetzt werden, damit jeder Thorax auch unabhängig von der aktuellen Fragestellung vollständig beurteilt wird.

Computertomographie bei Intensivpatienten

Indikationsstellung

Der im Rahmen der Anfertigung einer Computertomographie notwendige logistische Aufwand und das Transportrisiko ist für die Intensivpatienten erheblich [→Kap. II-7, S. 211]. Die Indikationsstellung ist daher besonders sorgfältig zu erwägen. Eine der Indikationen sind Abszeß- bzw. Hämatomsuche bei postoperativen Patienten, bei denen die Sonographie nicht aussagekräftig genug war. Gleichzeitig besteht die Möglichkeit der computertomographisch gesteuerten Anlage von Drainagen mit Kathetern von 6 bis 12 F.

Eine weitere Möglichkeit bietet die Computertomographie des Thorax zur Abklärung und Sicherung von Mediastinalverbreiterungen (postoperative Blutungen, Abszedierungen) oder Aortendissektionen. Die weitere Abklärung von therapieresistenten Verschattungen ist ebenfalls computertomographisch möglich.

Durchführung

Der Transport und die Lagerung des beatmeten Patienten stellt eine erhebliche Belastung für den Patienten und das Personal dar. Nach dem begleiteten Transport muß eine Beatmung auch auf dem CT-Tisch gewährleistet sein. Hierzu sollte ein O_2-Wandanschluß zur Verfügung stehen. Die Überwachung des Patienten setzt im Regelfall auch eine im Raum während der CT-Untersuchung anwesende Person voraus. Je nach Untersuchungstechnik und Fragestellung ist dem Patienten bereits vorher auf der Intensivstation Kontrastmittel oral zu verabreichen, damit der Magen-Darm-Trakt ausreichend markiert ist (Rücksprache mit dem Radiologen, ob und wenn ja, welche Konzentration welchen Kontrastmittels!). Intravenöse Kontrastmittelgabe sollte kritisch eingesetzt werden, dabei sind die Kreislaufparameter zu überwachen, um den seltenen Fall einer Kontrastmittelallergie rechtzeitig zu erkennen. Besondere Berücksichtigung sollte auch die Nierenfunktion finden, da im Falle einer bestehenden Einschränkung der Nierenfunktion (Kreatinin > 100 mmol/l) eine kontrastmittelinduzierte Niereninsuffizienz verursacht werden kann. Bei dialysepflichtigen Patienten ist eine Dialyse nach der Gabe von mehr als 40–60 ml KM erforderlich, um intrazelluläre Einlagerungen des toxisch wirkenden Kontrastmittels zu verhindern.

Merke:

Kontrastmittel-Untersuchungen von Intensivpatienten:
Obligate Mitteilung der applizierten Menge des Kontrastmittels!

Digitale Radiographie und PACS (Picture Archiving and Communication System)

Die zunehmende Leistungsfähigkeit von Computern macht ihren Einsatz auch bei der Bildgebung in der Radiologie verstärkt möglich. Die Entwicklung der Speicherleuchtstoffoliengeräte, großflächiger Bildverstärker und der Selen-Großflächen-Röntgendetektoren erlauben die direkte digitale Aufzeichnung von Röntgenbildern und die unmittelbare Weiterverarbeitung der Bilder mittels Computerprogrammen. Die digitalen Röntgenbilder lassen sich über Netzwerke versenden und in geeigneten Workstations betrachten. Vorteile der digitalen Radiographie sind die durch die Bildnachbearbeitung mögliche Konstanz der Ausleuchtung der Röntgenaufnahmen, die in weiten Bereichen von der applizierten Dosis unabhängig ist [vergleiche Bildqualität und Aussagefähigkeit der konventionellen Technik Abb. II-12-1 mit der klinisch aussagefähigeren digitalen Aufnahmetechnik Abb. II-12-2]. Vorübergehend nachteilig können sich der neue Bildeindruck des digital aufbereiteten Bildes und spezifische, durch die digitale Bildverarbeitung entstehende Artefakte auswirken. Das bedeutendste Artefakt ist ein durch die Hervorhebung der Kanten in einem Bild vorgetäuschter Pneumothorax, der zur falschen Intervention veranlassen kann.

Die Vorteile der gleichmäßig ausgeleuchteten Übersichtsaufnahmen, die Anfertigung spezieller Aufnahmen, die bisher noch nicht möglich waren (Thorax im horizontalen Strahlengang zum Ausschluß eines ventral gelegenen Pneumothorax), die Verbesserung der Abdomenübersichtsaufnahmen in Rücken- und Linksseitenlage und die erleichterte Kommunikation mit dem diensthabenden Radiologen über ein Netzwerk lassen einen Einsatz der digitalen Radiographie im Bereich der Intensivmedizin jedoch wünschenswert erscheinen.

II-13 Klinisch neurologische Diagnostik

Globale Läsionen des ZNS

Ursachen

- Bilaterale Hemisphärenläsion
- Hirnstammläsion
- metabolische, toxische oder endokrine Enzephalopathie

Symptomatik

- Generalisierte zerebrale Anfälle
- Myoklonien
- Verwirrtheit (Denk- und Orientierungsstörungen, oft mit psychomotorischer Unruhe)
- **Bewußtseinsstörungen:**
  - → Somnolenz: Patient schläfrig und apathisch, wenn sich selbst überlassen; Schwierigkeiten, die Augen geöffnet zu halten; ansprechbar, aber nur bedingt kooperativ.
  - → Sopor: (amerikanisch: Stupor); Schlafähnlicher Zustand; Patient durch laute Ansprache und externe Stimulation kurz erweckbar; kaum verbale Äußerungen
  - → Koma: Nicht erweckbar, die Augen sind *geschlossen,* je nach Reaktion auf Schmerzreize unterscheidet man verschiedene Komatiefen:
    - Grad I: Gezielte Abwehrreaktion
    - Grad II: Ungezielte Abwehrreaktion
    - Grad III: Stereotype Automatismen (Beuge- oder Strecksynergien)
    - Grad IV: Fehlende motorische Reaktion

Besonders bei Bewußtseinsstörungen aufgrund bilateraler Großhirnläsionen (seltener bei metabolisch-toxischen Ursachen oder infratentoriellen Läsionen) ist ein Dysfunktionskontinuum zu beobachten, das mit einer Funktionsstörung des Dienzephalon beginnt und sich über Funktionsstörungen des Mittelhirns bis zur Brücke und Medulla oblongata fortsetzt.

* **Dienzephalon:**
Somnolenz oder Stupor, Cheyne-Stoke'sche Atmung,

Pupillen und Blickmotorik normal,
gezielte Abwehr auf Schmerz oder Beugesynergien

* **Mittelhirn:**
  Hyperventilation, lichtstarre Pupillen, okulozephaler Reflex erhalten, ebenso wie vestibulookulärer Reflex, Strecksynergismen auf Schmerzreize (besonders, wenn die Läsion im Bereich des Nukleus ruber liegt)
* **Pons und obere Medulla oblongata:**
  Schlaffer Muskeltonus, Verlust des okulozephalen Reflexes und des vestibulo-okulären Reflexes
* **Medulla oblongata:**
  Verlust von Spontanatmung (Apnoe), Beeinträchtigung der Kreislauffunktion bis zur Asystolie

Fokale Läsionen des ZNS

Hirnnervenausfälle

➤ ***Pupillen:***

- Pupillengröße, Isokorie, Lichtreaktion
- Enge Pupillen mit erhaltener Lichtreaktion:
  Dienzephale Läsion, Benzodiazapine, Opiate;
  bei sogenannten "pin-point" Pupillen: Akute primäre Ponsläsionen
- Einseitig mittelweite, lichtstarre Pupille:
  Okulomotorikkernläsion (Mittelhirn)
- Einseitig weite, lichtstarre Pupille:
  Okulomotorikdruckläsion durch Einklemmung am Tentoriumrand
- Beidseits weite, lichtstarre Pupillen:
  Mittelhirnläsion, transtentorielle Einklemmung

Merke:

Pupillenreaktion im metabolischen Koma:
Bleibt länger erhalten als bei anderen Komaformen!
➤ Pupillen niemals weit tropfen

➤ ***Blickmotorikstörung:***

Generell: Ohne gleichzeitige Zeichen einer Hemisphärenläsion, von Hirnnervenausfällen oder von Läsionen langer sensomotorischer Bahnen sind Blickmotorikstörungen als Folge einer Läsion peripherer Hirnnerven (oder der Hirnnervenkerne) oder peripherer Strukturen (neuromuskuläre Übertragung, Muskel) einzustufen.

- Vertikale Blickparese: Mittelhirnhaubenläsion
- Paroxysmale Abwärtsdeviation im Koma ("ocular bobbing") bei Mittelhirnläsion
- Blickkrampf nach oben ("okulogyre Krise") durch Pharmaka (z. B. Neuroleptika)

- Diskonjugierte vertikale Blickstellung ("skew deviation") als unspezifisches Zeichen einer Hirnstammläsion
- Horizontale Blickparese:
  * Kontralaterale Hemisphärenläsion ("schaut den Herd an")
  * Ipsilaterale Hirnstamm-(Pons) Läsion ("schaut vom Herd weg")
  * Läsion im Abducens-Kerngebiet führt gleichzeitig zur ipsilateralen Fazialisparese ("inneres Fazialisknie")
  * Klinisch ist eine kontralaterale Hemisphärenläsion von einer ispsilateralen Hirnstammläsion durch den *Okulozephalen Reflex* zu unterscheiden:
    → Bei Rotation des Kopfes um die Längsachse bleiben die Bulbi normalerweise zurück und schauen geradeaus; bei Hemisphärenläsionen ist dieser okulocephale Reflex erhalten, bei Hirnstammläsionen abgeschwächt oder aufgehoben (*cave HWS-Trauma*).
- Doppelbilder:
  * Gekreuzt: Okulomotoriusparese mit (→ "innere") oder ohne (→ "äußere") Ptosis und Mydriasis
  * Ungekreuzt: Abducensparese

➤ ***Fazialisparese:***
Lähmung der mimischen Muskulatur
- Zentrale, oberhalb des Kerngebietes im Hirnstamm gelegene Läsion spart den kontralateralen Stirnast aus
- Periphere oder das Kerngebiet betreffende Läsion betrifft auch den ipsilateralen Stirnast

➤ ***Kornealreflex:***
Hirnstammreflex, dessen afferenter Schenkel über den N. trigeminus und dessen efferenter Schenkel über den N. facialis vermittelt ist.

Läsionen des afferenten Schenkels führen zu abgeschwächtem Kornealreflex sowohl auf dem ipsi- als auch auf dem kontralateralen Auge.

Läsionen des efferenten Schenkels führen nur auf dem ipsilateralen Auge zu einer Abschwächung des Kornealreflexes, während der Kornealreflex des kontralateralen Auges erhalten bleibt.

Paresen

➤ ***Zentrale Parese:***

Ursache: Läsion des I. motorischen Neurons, also Großhirn, Hirnstamm oberhalb der motorischen Hirnnervenkerne oder Rückenmark oberhalb der motorischen Vorderhornkerne

Klinik: *Gesteigerte* Muskeleigenreflexe, gesteigerter Muskeltonus (*Spastik*), Pyramidenbahnzeichen (Babinski), abgeschwächte Fremdreflexe (Bauchhautreflexe); diese Zeichen müssen nicht unbedingt sofort nach einer Läsion auftreten

➤ ***Periphere Parese:***

Ursache: Läsion der motorischen Vorderhornzelle, der Nervenwurzeln, des Plexus oder der peripheren Nerven

Klinik: *Abgeschwächte* oder erloschene Muskeleigenreflexe, *schlaffer* Muskeltonus, meist mit sensiblen Defiziten einhergehend

➤ *Topik:*

Kombination von fazialer Parese und ipsilateraler Hemiparese:	Großhirnläsion, kontralateral zur Seite der Paresen
Kombination Hirnnervenläsion und kontralaterale Hemiparese:	Hirnstammläsion auf der Höhe und Seite der Hirnnervenläsion
Kombination peripherer Armparese(n) und zentraler Beinparese(n):	zervikale Läsion
Kombination zentraler Beinparese(n) bei erhaltener Kraft der Arme:	Brustmarkläsion
Kombination peripherer Beinparese mit Blasen-Mastdarmstörungen sowie perinealer reithosenartiger Sensibilitätsstörung:	Konus- / Kaudaläsion
Allgemeiner Reflexverlust und schlaffe Tetraparese:	Guillain-Barré-Syndrom, Polyneuropathie

Aphasien

Störungen des kommunikativen Sprachgebrauchs: Bei mehr als 85 % der Patienten (auch bei der Mehrzahl der Linkshänder) Zeichen einer linksseitigen Läsion des fronto-temporo-parietalen Cortex (sprachdominante Hemisphäre)

Apraxie

Störungen in der sequentiellen Anordnung von Einzelbewegungen zu Bewegungs- oder Handlungsfolgen bei erhaltenen Einzelbewegungen: Läsion der sprachdominanten Hemisphäre

Sehstörung

- Auf einem Auge: Auge oder Sehnerv
- Heteronym (bitemporal): Chiasma opticum
- Homonym: Kontralaterale Sehbahn (hinter Chiasma) bis zur Sehrinde

Wichtige neurologische Krankheitsbilder

Wernicke-Enzephalopathie

Durch Vitamin B1-Mangel (oft Alkoholismus) bedingte Läsion des Thalamus, der Corpora mamillaria und des Hirnstammes mit klinischer *Trias* aus:

- Psychopathologischen Auffälligkeiten: von Apathie und Aufmerksamkeitsstörungen bis zu Verwirrtheit, Agitiertheit und Halluzinationen
- Blickmotorikstörungen:
  - Doppelbilder: besonders bilaterale Abducensparesen, horizontale Blickparese
  - Blickrichtungsnystagmus (besonders horizontal)
- Ataxie: Rumpf, Gang, Stand

Trias nur bei ca. einem Sechstel der Patienten; am häufigsten (2/3) sind psychopathologische Auffälligkeiten, besonders Verwirrtheit. Meist auch Areflexie als Folge einer Polyneuropathie.

Lebensbedrohliche Erkrankung, die die *sofortige* parenterale Gabe von *Vitamin B1* (Thiamin) erfordert: Über 5 Tage 100 mg/die i. v.

Vor jeder i. v.-Gabe von Glucose Thiamin geben, da Glucose sehr schnell die Thiaminspeicher entleeren kann und dann eine Wernicke-Enzephalopathie induziert!

Korsakoff-Syndrom

Langsame Entwicklung bei chronischem Alkoholismus oder gleichzeitiges Auftreten mit Wernicke-Enzephalopathie; klinische Trias aus:

- Anterograder Amnesie
- Desorientiertheit (oft zur Person)
- Konfabulationen

Therapie: Parenterale Vitamin B1-Gabe; ungünstige Prognose

Alkohol(entzugs)delir

Siehe Kapitel II-36

Pontine Myelinolyse

Iatrogene Schädigung durch zu raschen parenteralen Ausgleich einer Hyponatriämie mit plötzlichem schnellen Auftreten einer Tetraparese mit Hirnstammsymptomen.

Merke:

Iatrogene pontine Myelinolyse:
Tetraparese und Hirnstammsymptomatik durch zu schnelle Natriumsubstitution!
[Gefahr bei Serum-Na^+-Erhöhung um mehr als 12 mval/l pro Tag]

Septische Enzephalopathie

Bei Sepsis in enger Assoziation mit einem ARDS auftretende Bewußtseinsstörung ohne Hirnnervenausfälle oder andere fokal-neurologische Defizite mit:

- "Gegenhalten": Rigorähnliche Muskeltonuserhöhung, die bei sehr langsamen passiven Bewegungen nachläßt.
- Asterixis ("flapping-tremor"): Ruckartiger Verlust des Haltungstonus; beim wachen Patienten im Armhalteversuch zu testen, beim bewußtseinsgestörten Patienten an den Hüften zu erkennen, wenn die Beine an den Fersen zusammengedrückt und gebeugt auf die Unterlage gesetzt werden.
- Myoklonus: Kurze, blitzartige Muskelkontraktionen, oft stereotyp und repetitiv im Gesicht und an den proximalen Extremitäten betont auftretend.

Diabetische Ketoazidose

- Bewußtseinsstörung, aber kein eigentliches Koma durch Hyperglykämie von > 400 mg/dl
- Keine fokal-neurologischen Defizite (wichtiger Unterschied zum nicht-ketotischen hyperosmolaren Koma)
- *Cave* Hirnödem, deshalb keine Gabe von freiem Wasser; Insulingabe von 10 IE/h

Nicht-ketotisches hyperosmolares Koma

- Bis zum Koma gehende schwere Bewußtseinsstörung, meist durch exzessive Hyperglykämie (> 800 mg/dl) und konsekutive Hyperosmolarität (> 350 mOsm/L)
- Mit schweren internistischen Komplikationen und fokal-neurologischen Ausfällen sowie epileptischen Anfällen einhergehend. (Wichtiges Unterscheidungskriterium zur diabetischen Ketoazidose)
- Geringere Gefahr eines Hirnödems durch Flüssigkeitssubstitution

Metabolische Störungen

- Bewußtseinsstörungen, die von leichten Aufmerksamkeitsstörungen über Verwirrtheit bis zum Koma reichen und das entsprechende Dysfunktionskontinuum von Störungen des Dienzephalons bis zu Störungen der Medulla oblangata durchlaufen können
- Im Vordergrund stehen Atmungsstörungen: Hyperventilation bei respiratorischer Alkalose (z. B. hepatisch, Sepsis, Lungenfunktionsstörung), bei metabolischer Azidose (z. B. Diabetes, Urämie)
- Besonders hervorzuheben ist die *normale Pupillenreaktion* und der lange Zeit *erhaltene okulozephale Reflex*

Muskeltonus und Reflexniveau sind variabel. Tremor, Asterixis ["Flügelschlagen" der Arme], multifokal und proximal betonter Myoklonus, oft getriggert durch externe Stimuli (häufig nach hypoxischem Hirnschaden). *Schnelle Änderungen der metabolischen Parameter* sind für die Entstehung einer metabolisch bedingten Funktionsstörung wichtiger als die absoluten Laborwerte.

Zeichen der globalen Hirnfunktionsstörung sind oft vor fokal-neurologischen Defiziten zu sehen. Das EEG zeigt bei hepatischer und renaler Ursache oft triphasische Abläufe.

Apallisches Syndrom

Augen geöffnet ohne Blickkontakt oder Fixation der Umwelt. Keine Reaktion auf Ansprache. Orale Automatismen und orales Reflexgreifen. Hirnstammreflexe intakt. Erhöhter Muskeltonus. EEG oft mit Zeichen einer schweren Allgemeinveränderung ohne Reaktion auf externe Stimuli.

Critical care polyneuropathy [CCP] = "Intensivpolyneuropathie"

Bis zu 50% der Intensivpatienten können als Folge einer Sepsis bzw. eines Multiorganversagens (MOV) eine Intensivpolyneuropathie erleiden, die die Spontanatmung behindert und die Mobilisation der Patienten erschwert. Sie betrifft vorwiegend die distalen Extremitäten.

➤ ***Klinik:***

- Verlust der Muskeleigenreflexe und distal betonte Tetraparese mit heftiger mimischer Reaktion auf Schmerzreize ohne motorische Antwort der Extremitäten
- Histologisch rein axonale Neuropathie mit entsprechenden Auffälligkeiten im EMG und unauffälliger Nervenleitgeschwindigkeit
- Durch pharmakologisch induzierte neuromuskuläre Blockade und Steroide oft begünstigt
- Nach Beseitigung der Ursache Besserung über Wochen bis Monate

II-14 EKG und Echokardiographie

EKG

Indikationen 12 Kanal-EKG

- präoperativ alle Patienten älter als 40 Jahre ohne kardiale Vorerkrankung
- präoperativ bei allen Patienten mit kardialer Vorerkrankung
- postoperativ zusätzlich bei allen Patienten mit einer kardialen Anamnese
  cave: Bei Patienten mit einer KHK kann es intraoperativ zu einer schweren Ischämie oder einem Infarkt kommen
- postoperativ bei allen Patienten mit einem Schrittmacher zur Dokumentation der regelrechten Funktion
- bei allen Patienten mit thorakalen Verletzungen
- bei thorakalen Schmerzen, bei akuter Dyspnoe, bei Palpitationen (subjektives Patientenempfinden)
- bei auf dem Monitor registrierten relevanten Arrhythmien, sofern es der klinische Zustand des Patienten zuläßt und keine sofortige therapeutische Intervention erforderlich ist
- nach therapeutischer Terminierung der Arrhythmie

Bestimmung des Lagetypes

Der Lagetyp wird mit Hilfe des Cabrera-Kreises ermittelt. Der Lagetyp ist durch den Winkel zwischen der Horizontalen durch den Mittelpunkt des Cabrera-Kreises und den Hauptvektor QRS definiert.

Zur Bestimmung werden aus den Extremitätenableitungen I, II und III diejenigen zwei mit überwiegend positiven QRS-Komplexen herausgesucht, das Verhältnis der R-Zacken zueinander bestimmt den Lagetyp.

Schenkelblock

Die Erregung verläuft zunächst auf normalen Leitungsbahnen, im Bereich der Tawara-Schenkel wird ein Schenkel blockiert. Der vom Block betroffene Ventrikel wird dann vom nicht betroffenen Ventrikel aus erregt.

➤ ***Rechtsschenkelblock (RSB):***
Zunächst Erregung des linken Ventrikels
EKG: V1, V2 (V3) und aVF M-förmig deformierter QRS-Komplex ($>$ 0,12 sec)

Tabelle II-14-1 Kennzeichen und diagnostische Bedeutung der Lagetypen im EKG.

Lagetyp	EKG	Vorkommen
Rechtstyp	positive QRS-Amplitude: II, III, aVF negative QRS-Amplitude: I, aVL oder biphasisch	physiologisch bei Kleinkindern pathologisch bei chron. Rechtsherzbelastung: Mitralstenose, Cor pulmonale
Steiltyp	positive QRS-Amplitude I, II, III; aVF, RII>RIII negative QRS-Amplitude: aVL, aVR	physiologisch: Jugendliche, Erwachsene < 35 Jahre, Astheniker pathologisch: Rechtsbelastung
Indifferenztyp Normaltyp	positive QRS-Amplitude: I, II, III, aVF, aVL, RII>RI negative QRS-Amplitude: aVR	physiologisch: Erwachsene pathologisch: Kleinkindern
Linkstyp	positive QRS-Amplitude: I, II, aVL, RI>RII negative QRS-Amplitude: III, aVF, aVR	physiologisch: Erwachsene, bei Adipositas pathologisch: linksventrikuläre Hypertrophie
Überdrehter Linkstyp	positive QRS-Amplitude: aVL, I, negative QRS-Amplitude: II, III, aVF, aVR	pathologisch: Linksanteriorer Hemiblock, linksventrikuläre Hypertrophie
Überdrehter Rechtstyp	positive QRS-Amplitude: aVR, III negative QRS-Amplitude: I, II, aVL, aVF	immer pathologisch, rechtsventrikuläre Hypertrophie bei angeborenen Vitien, linksposteriorer Hemiblock

Merke:

Neuaufgetretener RSB:
Lungenembolie?

➤ ***Linksschenkelblock (LSB):***
Zunächst Erregung des rechten Ventrikels
EKG: I, aVL, V5, V6 M-förmig deformierter breiter QRS-Komplex (> 0,12 s)

Myokardinfarkt

Man unterscheidet den transmuralen vom intramuralen Myokardinfarkt. Beim transmuralen Infarkt wird die gesamte Ventrikelwand erfaßt (→Abb. II-14-3). Hierbei werden die unten beschriebenen EKG-Veränderungen durchlaufen. Der intramurale Infarkt, bei dem nur ein Teil der Ventrikelwand infarziert, weist hingegen ein inkomplettes Infarktbild im EKG auf.

Die Diagnose des akuten Myokardinfarkts wird durch 3 Kriterien bestimmt:

1. Klinische Symptomatik
2. Verlauf der Herzfermente (CK, CK-MB, GOT, LDH)
3. EKG-Veränderungen

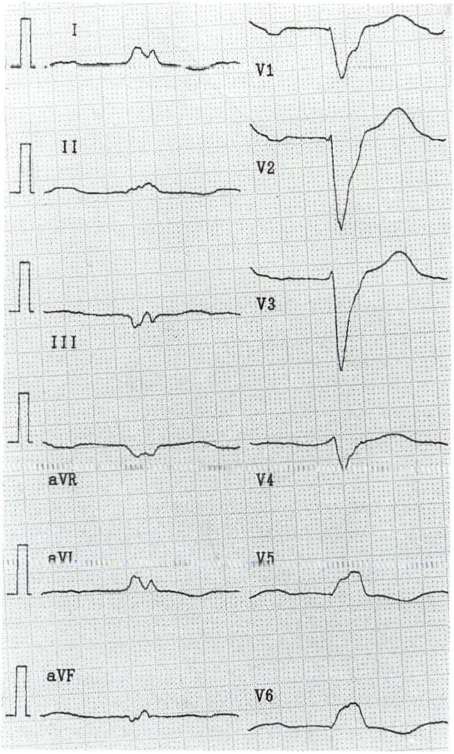

Abb. II-14-1 Linksschenkelblock (LSB).

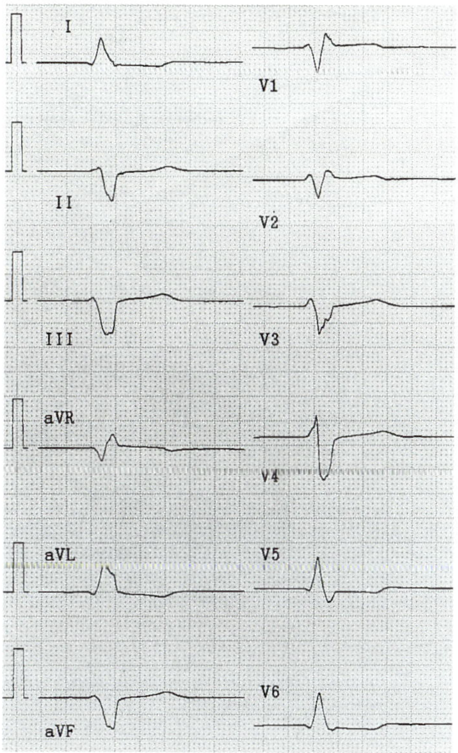

Abb. II-14-2 Rechtsschenkelblock (RSB).

Beim transmuralen Herzinfarkt werden ***4 typische Stadien im EKG*** durchlaufen:

- **Stadium I:** Nach Verschluß eines Koronargefäßes kommt es zunächst zu einer T-Wellenerhöhung ("Erstickungs-T"). Dieses Stadium wird als Anfangsstadium bezeichnet und meist nicht erfaßt. Es dauert in der Regel nur einige Minuten. Im weiteren zeigt sich eine monophasische ST-Streckenerhöhung. *Diese beiden Veränderungen sind grundsätzlich reversibel.*
  Im Übergang zum Stadium II kommt es zu einer beginnenden T-Negativierung, R-Zackenreduktion und Ausbildung eines Infarkt-Q.
- **Stadium II:** Der dann auftretende R-Zackenverlust bzw. die R-Zackenreduktion sowie das Auftreten von Q-Zacken sind Zeichen eines irreversiblen Myokardschadens.
- **Stadium III:** Im weiteren Verlauf bilden sich koronare T-Wellen aus (spitznegative T-Wellen); die ST-Strecke normalisiert sich und wird wieder isoelektrisch.
- **Stadium IV:** Die negativen T-Wellen bilden sich meistens im Verlauf von 5 Monaten zurück, als Residuen für einen abgelaufenen Infarkt bleiben die Q-Zacken sowie der R-Zackenverlust zurück.

Bei intramuralem Infarkt kommt es nicht zu einem R-Zackenverlust bzw. zu einer Ausbildung eines pathologischen Infarkt-Q.

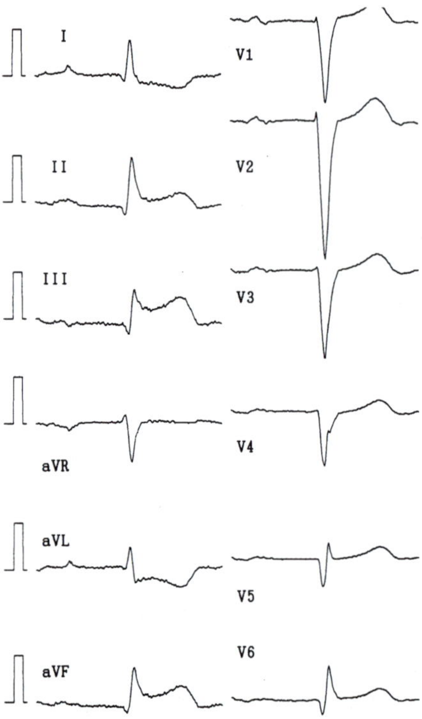

Abb. II-14-3 Akuter Hinterwandinfarkt mit Hebungen in II, III, aVF, V_5 und V_6.

Die beschriebenen Veränderungen zeigen sich in den Ableitungen über dem Infarktgebiet, beim akuten Infarkt treten spiegelbildliche Veränderungen v. a. der ST-Strecken in den Ableitungen außerhalb des Infarktgebietes auf.

Merke:

Persistierende ST-Elevation nach Infarkt: Herzwandaneurysma?

➤ ***Infarktlokalisation:***

Die Tabelle II-14-2 gibt eine Übersicht über die verschiedenen Infarktlokalisationen und die jeweils zugehörigen Ableitungen, in denen der oben beschriebene EKG-Verlauf zu beobachten ist.

Cave: Circa 30 % aller Hinterwandinfarkte weisen eine zusätzliche Rechtsherzbeteiligung auf. Die direkten elektrokardiographischen Zeichen sind monophasische ST-Hebungen in II, III, aVF (Hinterwandinfarkt) und zusätzlich in den rechtspräkordialen Ableitungen Vr3-Vr6 ST-Hebungen $\geq$ 0,1 mV. Diese Ableitungen werden spiegelbildlich zu den Brustwandableitungen auf der rechten Thoraxseite abgeleitet. Falls der Verdacht einer Rechtsherzbeteiligung bei Myokardinfarkt besteht, sollte zusätzlich eine Echokardiographie zur Beurteilung der links- und rechtsventrikulären Funktion erfolgen, da sich aus dieser Diagnose ggf. wichtige therapeutische Konsequenzen ergeben.

Tabelle II-14-2 Infarktlokalisation im EKG.

Infarktgebiet	Extremitäten-abltg.	Brustwandabltg.	indirekte Zeichen	Bemerkungen
Vorderwand	I; (II); aVL	(V1); V2-V5; (V6)	III, aVF	
supraapical	selten I; aVL	V2-V4		
anterolateral	selten I; aVL	V4-V6		
Hinterwand	II, III, aVF	V7-V9	I, aVL, selten V1-V5	
posterolateral	II; III; aVF	V5-V7	V1-V3	
strikt posterior		V8-V9	R/S Relation > 1,0 in V1/V2	Voraussetzung: kein RSB

Merke:

Vorderwand-Infarkt im EKG: Pneumothorax links ausschließen!

➤ ***Differentialdiagnose infarkttypischer EKG-Veränderungen:***
Eine Reihe kardialer und extrakardialer Erkrankungen weisen "infarkttypische" Veränderungen ohne vorausgegangene Infarzierungen auf. So kann vor allem ein linksseitiger Pneumothorax im EKG einen Vorderwandinfarkt mit R-Verlust in allen präkordialen Ableitungen vortäuschen. Darüber hinaus sind differentialdiagnostisch zu berücksichtigen:

1. Q-Zacken finden sich bei folgenden Krankheiten:
- Hypertrophe Kardiomyopathie
- Dilatative Kardiomyopathie
- Kardiale Veränderungen bei Amyloidose, Sklerodermie, progressiver Muskeldystrophie
- Akute Lungenembolie

2. ST-Segment- und T-Wellenveränderungen, die Infarkte vortäuschen:
- Hyperkaliämie
- Perikarditis
- Traumatische Myokardverletzungen
- Akute Lungenembolie

Akute Rechtsherzbelastung – akutes Cor pulmonale

➤ ***Ätiologie:***
- Akute Lungenembolie (am häufigsten)
- Fett-/Luftembolie
- (Spontan)pneumothorax
- Status asthmaticus
- Schwerste Pneumonie

➤ ***EKG-Veränderungen:***
finden sich nur in 50% der Fälle und sind zum Teil nur kurzfristig zu beobachten.

Der Vergleich mit Vor-EKG's und kurzfristige Kontrollen sind daher dringend notwendig.

- Im EKG zeigt sich am häufigsten eine Sinustachykardie oder ein neu aufgetretenes Vorhofflimmern
- Lagetypwechsel: Entwicklung eines S_IQ_{III}-Typs oder $S_IS_{II}S_{III}$-Typs
- Entwicklung eines (in)kompletten Rechtsschenkelblocks
- Verschiebung des R/S-Umschlags in den Brustwandableitungen nach links
- ST-Hebung mit terminal negativem T in III (DD: Hinterwandinfarkt)
- P-pulmonale: P spitz und hoch in Ableitungen II, III, aVF, V_1
- Rhythmusstörungen

Bei Verdacht auf Lungenembolie sind weiterführende Untersuchungen wie Echokardiographie (siehe unten), Pulmonalisangiographie und Lungenperfusionsszintigraphie durchzuführen.

Arrhythmien

Bei Arrhythmien unterscheidet man zwischen supraventrikulären und ventrikulären Rhythmusstörungen, zwischen bradykarden und tachykarden Rhythmusstörungen sowie Reizleitungsstörungen. Das 12-Kanal-EKG ist in der Diagnostik der einzelnen Rhythmusstörungen unverzichtbar. Folgende Punkte sollten durch das EKG geklärt werden:

- Zeigen sich P-Wellen?
- Wie hoch ist die Vorhoffrequenz, wie hoch ist die Ventrikelfrequenz, sind beide identisch?
- Sind die P-P Intervalle und R-R Intervalle regelmäßig oder unregelmäßig? Falls sie unregelmäßig sind, gibt es eine sich wiederholende Sequenz von unterschiedlichen Intervallen?
- Ist jeder Vorhofaktion eine Ventrikelaktion zugeordnet?
- Geht die Vorhofaktion der Ventrikelaktion voraus oder umgekehrt?
- Sind alle Vorhof- und Ventrikelaktionen gleich konfiguriert oder von unterschiedlicher Form?
- Sind die Dauer von Vorhofaktion und Ventrikelaktion normal lang?
- Muß die Rhythmusstörung behandelt werden, falls ja, wie?

Die Tabelle II-14-3 stellt die wichtigsten Rhythmusstörungen zusammen:

Sinusbradykardie

Hier kommt es zu einem Abfall der Herzfrequenz unter 60/Minute (→Abb. II-14-4).

Cave: Die Frequenz kann physiologisch insbesondere im Schlaf auf 35–40/min sinken, hier ist keine Therapie erforderlich.

Eine Sinusbradykardie kann bei folgenden Erkrankungen auftreten:

- Meningitis
- Intrazerebraler Tumor/erhöhter intrakranieller Druck
- Schwere Hypoxie
- Hypothermie

Tabelle II-14-3 EKG-Befunde bei wichtigen Herzrhythmusstörungen.

Arrhythmie	P-Welle			QRS		
	Frequenz	Rhythmus	Aussehen	Frequenz	Rhythmus	Aussehen
Sinusrhythmus	60–100	regelmäßig	normal	60–100	regelmäßig	normal
Sinusbradykardie	< 60	regelmäßig	normal	< 60	regelmäßig	normal
Sinustachykardie	100–180	regelmäßig	normal	100–180	regelmäßig	normal
AV Knoten Reentry	150–250	sehr regelmäßig außer zu Beginn u. Ende	retrograd schwer zu erkennen z. T. im QRS	150–200	sehr regelmäßig außer zu Beginn u. Ende	normal
Vorhofflattern	250–350	regelmäßig	Sägezahn	75–175	regelmäßig	normal
Vorhofflimmern	400–600	höchst unregelmäßig	keine P-Wellen	100–160	sehr unregelmäßig	normal
AV junktionaler Rhyth.	40–100	regelmäßig	normal	40–60	meistens regelmäßig	normal
Reentry-Tachykardie bei akzessorischer Leitungsbahn (WPW-Syndrom)	150–200	sehr regelmäßig außer zu Beginn u. Ende	retrograd schwer zu erkennen z. T. im QRS	150–200	sehr regelmäßig außer zu Beginn u. Ende	normal
AV junktionale Tachykardie	60–100	regelmäßig	normal	70–130	meistens regelmäßig	normal
Ventrikuläre Tachykardie	60–100	regelmäßig	normal	110–250	regelmäßig/unregelmäßig	abnormal > 0,12 s
Kammerflattern	60–100	regelmäßig	normal, schwer zu erkennen	150–300	regelmäßig	Sinuswelle
Kammerflimmern	60–100	regelmäßig	normal, schwer zu erkennen	400–600	ziemlich unregelmäßig	kein QRS Undulationen

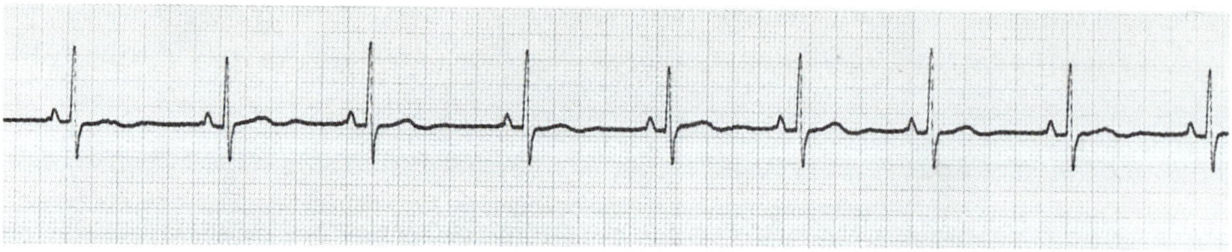

Abb. II-14-4 Sinusbradykardie [25 mm/sec].

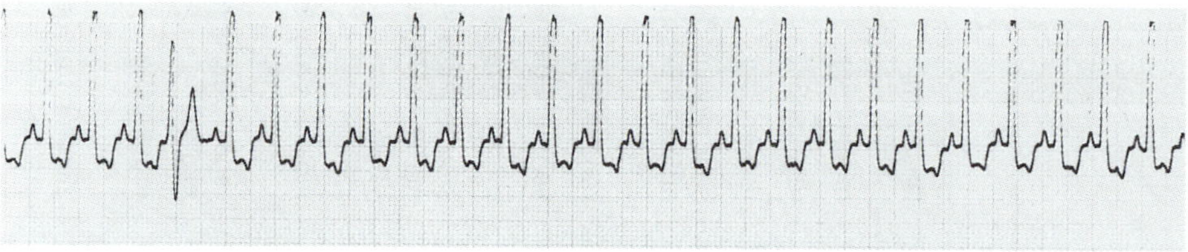

Abb. II-14-5 Sinustachykardie mit einer ventrikulären Extrasystole [25 mm/sec].

- Myxödem
- Gramnegative Sepsis
- Cholaskos
- Schmerzen (vaso-vagale Reaktion)

Hier ist Diagnose und Therapie der zugrundeliegenden Ursache erforderlich.

Cave: Eine Sinusbradykardie kann durch leitungsverzögernde Medikamente wie β-Blocker, Digitalis oder Verapamil bedingt sein.

Sinustachykardie

Hier kommt es zu einem Anstieg der Herzfrequenz über 100/Minute (→Abb. II-14-5).

Jede Erregung des sympathikoadrenergen Systems (z. B. Schmerz, Angst, Unruhe) kann zu einer Sinustachykardie führen.

Dennoch sind immer auch andere Ursachen auszuschließen:
- Fieber
- Lungenembolie
- Hypovolämie/Anämie
- Thyreotoxikose
- Myokardinfarkt, myokardiale Insuffizienz
- Schock

Vorhofflattern

Beim Vorhofflattern zeigt sich im EKG bzw. auf dem Monitor ein typisches Sägezahnmuster entsprechend den Erregungen des Vorhofs. Die Überleitung der Vorhoferregung auf die Ventrikel schwankt zwischen 1 : 1 und 4 : 1. Dabei ist die Überleitung im Einzelfall relativ starr, so daß die QRS-Abstände gleichbleiben. Die The-

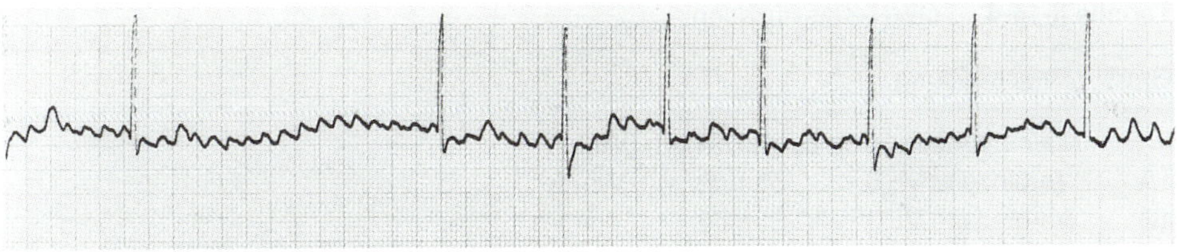

Abb. II-14-6 Absolute Arrhythmie bei Vorhofflimmern [25mm/sec].

rapie der Wahl ist die Überstimulation durch atriales Pacing mittels passagerem Schrittmacher bzw. die R-Zacken-getriggerte Kardioversion mit geringer Energie (40 bis 80 Ws).

Merke:

Asynchrone Funktion von Vorhof und Herzkammer:
Abnahme der Herzleistung um 20 %

Vorhofflimmern

Vorhofflimmern (→Abb. II-14-6) kann durch Erkrankungen wie Lungenembolie, Perikarditis, akuter Myokardinfarkt oder durch operative Manipulation (stumpfe Dissektion bei Ösophagusresektionen) verursacht werden.

Falls das Vorhofflimmern zu einer kardialen Dekompensation und hämodynamischen Instabilität führt, ist die elektrische Kardioversion erforderlich. Bei stabiler Hämodynamik wird der Patient zur Frequenzsenkung digitalisiert, zusätzlich kann Verapamil gegeben werden.

Merke

Isoptin® = Verapamil:
➤ negativ inotrop!

Neu aufgetretenes Vorhofflimmern springt in vielen Fällen innerhalb des ersten Tages spontan in einen Sinusrhythmus um. Vor einer elektrischen Kardioversion sollte der Patient therapeutisch antikoaguliert und eine transösophageale Echokardiographie zum Ausschluß von Vorhofthromben durchgeführt werden. Nach erfolgter Kardioversion ist die Antikoagulation für weitere 6 Wochen durchzuführen, um kardialen Embolien vorzubeugen.

Ventrikuläre Tachykardie

Vereinzelte ventrikuläre asymptomatische Extrasystolen und Couplets (2 direkt aufeinanderfolgende ventrikuläre Extrasystolen) erfordern keine gezielte antiarrhythmische Therapie, da die Nebenwirkungen der Antiarrhythmika den Nutzen hierbei weit übertreffen. Das Auftreten ventrikulärer Extrasystolen im 24-Stunden-EKG kann in 5 Grade klassifiziert werden (Klassifikation nach Lown, Tab. II-14-4).

Tabelle II-14-4 LOWN-Klassifikation.

Grad	Beschreibung
0	keine ventrikulären Extrasystolen (VES)
1A	vereinzelte VES < 30/Stunde; < 1/Minute
1B	vereinzelte VES < 30/Stunde; > 1/Minute
2	gehäufte VES > 30/Stunde
3	multiforme [polytope] VES
4A	repetitive VES, Couplets
4B	repetitive VES, Triplets, Salven
5	früh einfallende VES

Bei den ventrikulären Tachykardien (VT) werden nicht anhaltende VT's von anhaltenden VT's [definiert durch Dauer von > 30 Sekunden] unterschieden. (→Abb. II-14-7).

Nicht anhaltende VT's (→Abb. II-14-8) finden sich häufig bei Patienten mit einer bekannten schweren Herzerkrankung (z. B. hypertrophe oder dilatative Kardiomyopathie), v. a. bei einer deutlich eingeschränkten links-ventrikulären Pumpfunktion. Dabei scheint die kardiale Grunderkrankung keine Rolle zu spielen. Bei diesen Patienten ist in jedem Fall eine begleitende und rasche Abklärung kardiovaskulärer Begleiterkrankungen dringend erforderlich. Bei plötzlichem Auftreten ist eine akute kardiale Ischämie bzw. ein Infarkt oder eine Elektrolytstörung (z. B. Hypokaliämie) auszuschließen.

Cave: Auf **keinen Fall** sollte eine ungezielte antiarrhythmische Behandlung von asymptomatischen Patienten mit nicht anhaltenden VT's erfolgen, da dieses zu einer Verschlimmerung durch den proarrhythmogenen Charakter der Antiarrhythmika führen kann.

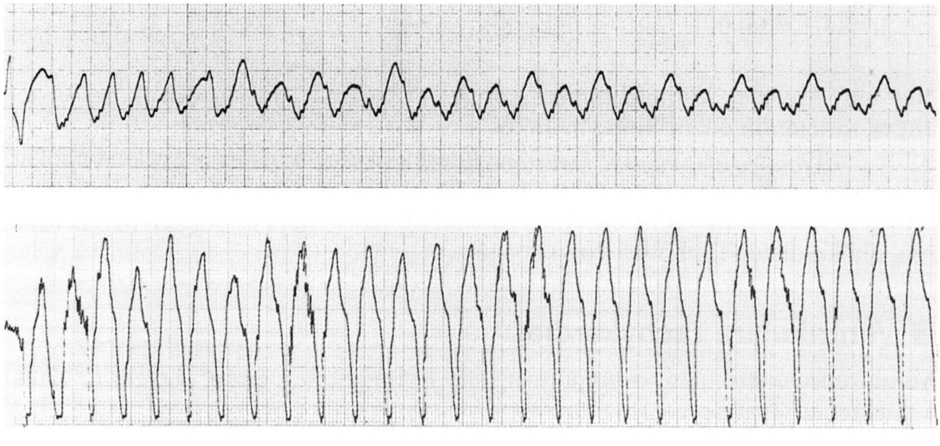

a

b

Abb. II-14-7 a, b Anhaltende ventrikuläre Tachykardien [zwei Beispiele je bei 25 mm/sec] .

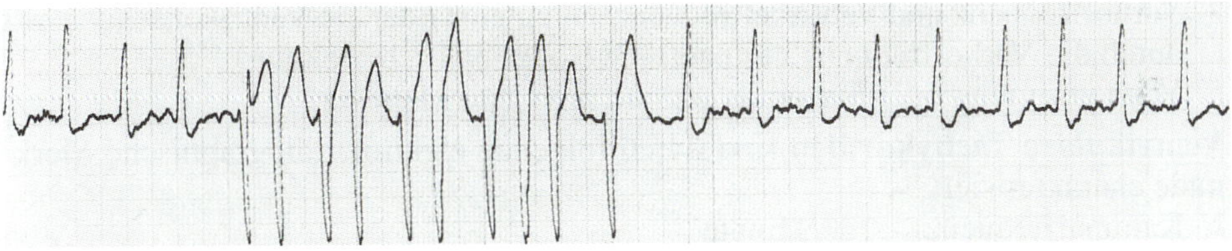

Abb. II-14-8 Nicht anhaltende ventrikuläre Tachykardie über 10 Schläge [25 mm/sec].

In vereinzelten Fällen kann eine nicht anhaltende VT bei eingeschränkter linksventrikulärer Pumpfunktion zu einer hämodynamischen Verschlechterung führen. In diesem speziellen Fall ist eine medikamentöse Suppression der ventrikulären Rhythmusstörung indiziert (s. u.).

Anhaltende ventrikuläre Tachykardien, die **nicht** zu einer hämodynamischen Instabilität führen, können durch Gabe von 50–100 mg Lidocain (1–2 Amp. Xylocain®) terminiert werden. Falls dies nicht zum Erfolg führt, werden anschließend 50 mg Ajmalin (1 Amp. Gilurytmal®) appliziert.

Cave: Vorsicht bei der intravenösen Applikation von Ajmalin: Sehr langsam applizieren, intravenöse Gabe von 50 mg über mindestens 3 min; hierbei kann es zur Verbreiterung des QRS-Komplexes kommen. Die Ajmalin-Gabe ist grundsätzlich nur unter laufender EKG-Kontrolle und unter Reanimations- und Intubationsbereitschaft durchzuführen. 50 mg Ajmalin ist die höchste zulässige Einzeldosis.

Sollte dies nicht zur Terminierung führen, sollte der Patient unter Kurznarkose R-Zacken-getriggert elektrisch kardiovertiert werden. Die Kardioversion sollte zunächst mit 80 Ws begonnen werden, bei ausbleibendem Erfolg Steigerung der Energie.

Merke:

Ventrikuläre Tachykardien > 170/min:
R-Zacken-getriggerte Kardioversion nicht mehr möglich!

Falls die ventrikuläre Tachykardie **hämodynamisch relevant** ist, ist die sofortige elektrische Kardioversion durchzuführen. Bei bewußtseinklaren Patienten ist die Gabe eines Kurznarkotikums erforderlich.

Ventrikuläre Tachykardien können unterschiedliche Konfigurationen haben. Sie können monomorph sein, das heißt die QRS-Komplexe sind alle gleich. Bei polymorphen VT's wechselt das Aussehen der QRS-Komplexe, so bei der Torsade-de-pointes Tachykardie. Hierbei zeigt die Größe der Amplituden der Kammeraktionen typischerweise einen sinusförmigen Verlauf.

➤ ***Differenzierung zwischen supraventrikulärer und ventrikulärer Tachykardie:***
Supraventrikuläre Tachykardien sind durch folgende elektrokardiographische Merkmale charakterisiert:
1. Beginn der Tachykardie mit einer zu frühen P-Welle
2. Sehr kurzes P-R Intervall (≤ 0,1 s)
3. Konfiguration des QRS-Komplexes verändert sich nicht

4. Vorhoffrequenz und Ventrikelfrequenz sind gleich oder die Ventrikelfrequenz ist durch die Vorhoffrequenz gesteuert (2:1 oder 3:1 Überleitung)
5. Verlangsamung oder Terminierung durch vagale Manöver

Ventrikuläre Tachykardien sind durch folgende elektrokardiographische Merkmale charakterisiert:

1. Kammerfrequenz > 100/Minute
2. QRS-Dauer > 140 ms (bei rechtsschenkelblockartig deformierten Kammerkomplexen)
3. QRS-Dauer > 160 ms (bei linksschenkelblockartig deformierten Kammerkomplexen)
4. AV-Dissoziation (d. h. Vorhof und Kammer schlagen unabhängig voneinander)
5. Fusionsschläge, "capture beats"

Cave: Bei zusätzlich vorhandenem Links- oder Rechtsschenkelblock ist die Differenzierung aufgrund der QRS-Konfiguration schwierig.

Das akute Management von Tachykardien wird weniger durch die spezifische Arrhythmie, als durch die hämodynamische Auswirkung der Tachykardie bestimmt. Bei hämodynamisch stabilen Patienten sollte eine gezielte Abklärung der speziellen Rhythmusstörungen erfolgen, bevor eine entsprechende Therapie eingeleitet wird. Der hämodynamisch instabile Patient erfordert jedoch rasches therapeutisches Handeln.

Merke:

Ventrikuläre Tachykardien [VT]:
Hämodynamisch stabiler Patient: → gezielte Diagnostik vor Therapie
Hämodynamisch instabiler Patient: → primäre Kardioversion (80 Ws)

Kammerflimmern

Es kommt sofort zu einem Zusammenbruch des Kreislaufs, die Defibrillation mit Energien ab 240 Ws ist sofort erforderlich.

Merke:

Kammerflimmern:
Eine R-Zacken-getriggerte Defibrillation ist nicht möglich!

Reizleitungsstörungen

SA-Block

➤ ***SA-Block I°:***
Verzögerte Leitung vom Sinusknoten zum Vorhofmyokard; im EKG nicht erkennbar.

➤ ***SA-Block II°:***
Typ I (Wenckebach): PP-Intervall wird bei gleichbleibender PQ-Zeit kürzer bis zu einer längeren Pause, die aber kürzer als das Doppelte des vorangegangenen PP-Intervalls ist.
Typ II (Mobitz): Pausendauer beträgt das Doppelte oder ein Mehrfaches des normalen PP-Intervalls.

➤ ***SA-BLock III°:***
Fehlende Impulsübertragung zum Vorhofmyokard, es können Synkopen auftreten (Adam-Stokes-Anfälle), im EKG vom Sinus-Arrest nicht zu unterscheiden.

Sinus-Arrest

Sinus-Arrest ist definiert als das Fehlen von spontanen Sinusimpulsen. Patienten können über Schwindel klagen sowie präsynkopal oder synkopal werden. Ein Sinusarrest kann durch β-Blocker, Digitalis, Kalziumantagonisten oder Ischämien verursacht werden. Falls der Patient nach Absetzen der bradykardisierenden Medikation weiterhin symptomatisch bleibt, ist die Implantation eines permanenten Schrittmachers zu erwägen.

AV-Block

➤ ***AV-Block I°:***
Verlängerung der PQ-Dauer über 0,2 sec, selten länger als 0,4 sec.

➤ ***AV-Block II°:***
Typ I (Wenckebach oder Mobitz-I-Block): Zunehmende Verlängerung der PQ-Dauer bis ein QRS-Komplex ausfällt (s. Abb. II-14-9).
Typ II (Mobitz oder Mobitz-II-Block): Nur jede 2., 3. oder 4. Vorhofaktion wird übergeleitet.

➤ ***AV-Block III°:***
Vorhöfe und Kammern schlagen völlig unabhängig voneinander (→Abb. II-14-10). Die Ventrikelfrequenz liegt meist zwischen 30 und 50/min. Die Indikation zur Implantation eines permanenten Schrittmachersystems muß überprüft werden.

Bradykardisierende Medikamente sind abzusetzen.

Cave: Auch bei Digitalisspiegeln im therapeutischen Bereich ist das Auftreten von AV-Blockierungen möglich.

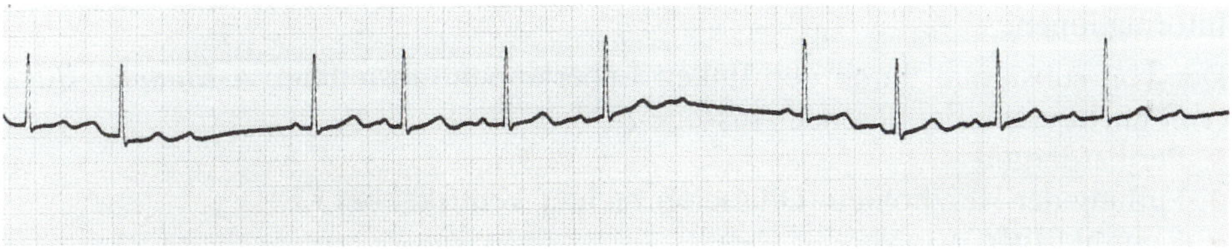

Abb. II-14-9 AV-Block II° Typ I nach Mobitz.

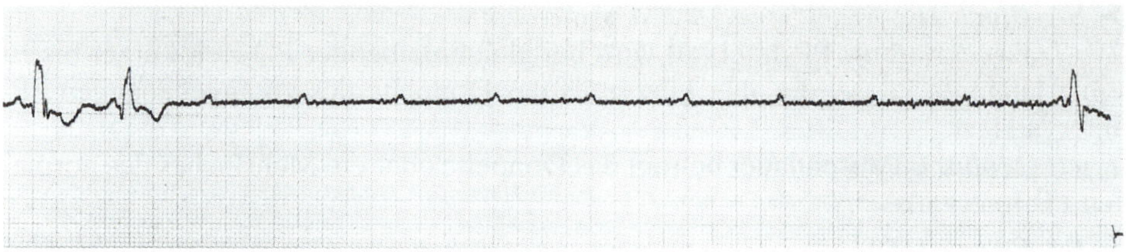

a

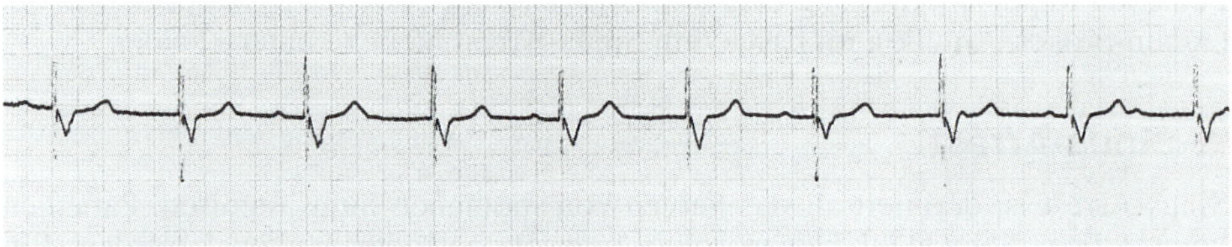

b

Abb. II-14-10 a, b **a** AV-Block III° mit durchlaufender P-Welle ohne Ventrikelaktion.
b AV-Block III° mit VVI-Schrittmacheraktionen.

Schrittmacher-Indikation

Prinzipiell sollte die Indikation für einen passageren Schrittmacher durch einen Internisten bzw. Kardiologen gestellt werden. Die Anlage eines passageren Schrittmachers ist nur durch einen darin Geübten unter Durchleuchtung durchzuführen. Nur in Ausnahmefällen ist die bettseitige Anlage eines passageren Schrittmachers zulässig. Unter Therapie mit einem passageren Schrittmacher muß täglich überprüft werden, ob die Indikation weiterhin besteht bzw. die Indikation zur Implantation eines permanenten Schrittmachersystems gegeben ist.

Bei folgenden Rhythmusstörungen muß ein passagerer Schrittmacher gelegt werden:

- SA-Block III°/Sinus-Arrest
- AV-Block II° Typ Mobitz II
- AV-Block III°
- Symptomatische Bradykardien (Bradyarrhythmia absoluta)
- Symptomatische Überdosierungen von bradykardisierenden Medikamenten

Echokardiographie

Die konventionelle Sonographie erlaubt für Akutsituationen eine schnell verfügbare orientierende Untersuchung des Herzens mit relevanten, sofort verfügbaren Informationen.

Der von substernal durch den linken Leberlappen einstellbare *4-Kammer-Blick* ermöglicht eine orientierende Aussage zu:

- Perikarderguß
- Füllung der Herzhöhlen [Dilatierter rechter Ventrikel bei LE!]
- Kontraktilität
- Beurteilung der Dringlichkeit eines Echokardiogrammes.

Die ***spezifische sonographische Untersuchung des Herzens*** ist von transthorakal (TTE) sowie von transösophageal (TEE) möglich. Die Echokardiographie ist ein

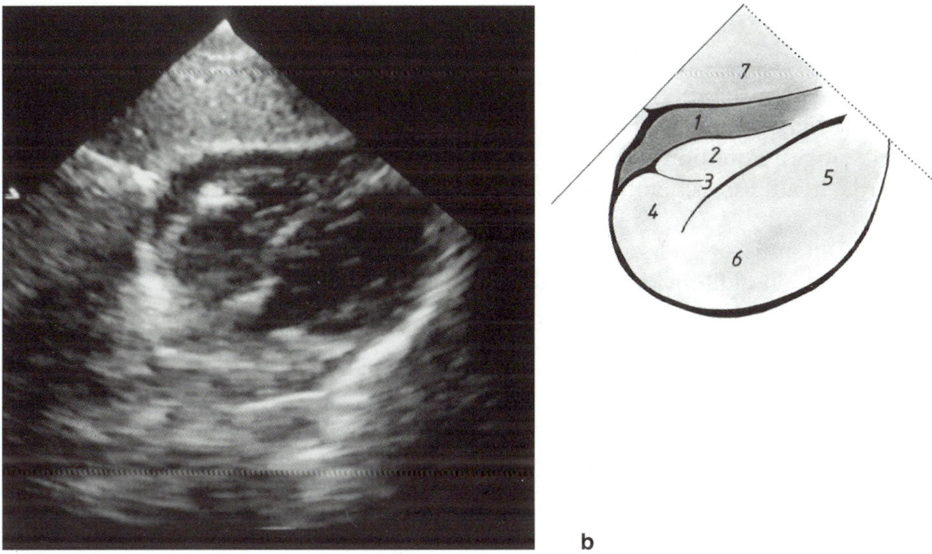

a b

Abb. II-14-11 a, b 4-Kammer-Blick von substernal: (1) Perikarderguß, (2) rechter Ventrikel, (3) Trikuspidalklappe, (4) rechter Vorhof, (5) linker Ventrikel, (6) linker Vorhof, [Mitralklappe hier nicht abgrenzbar], (7) linker Leberlappen.

sicheres, schnell und insbesondere bettseitig durchführbares bildgebendes Verfahren zur weiteren Abklärung kardialer Erkrankungen.

Transthorakal kann eine anatomisch bedingte eingeschränkte Beschallbarkeit (z. B. durch Emphysem oder Adipositas) bestehen. Bei bestimmten Erkrankungen (z. B. der Klappenendokarditis) sind die transthorakal gewonnenen Informationen oft nicht ausreichend. Bei beatmeten Patienten und Intensivpatienten, die nur schwer in der für eine suffiziente Beschallbarkeit des Patienten erforderlichen Linksseitenlage gelagert werden können, ist die Information einer transthorakalen Echokardiographie ebenfalls häufig unzureichend.

Die transösophageale Untersuchung ermöglicht aufgrund der relativ schallkopfnahen Position zu den Vorhöfen, Ventrikeln, Klappen, Aorta und Pulmonalarterie eine deutlich bessere Darstellung dieser Strukturen.

Ein TEE ist kontraindiziert bei Erkrankungen des Ösophagus wie:

- Frühpostoperativ nach Ösophaguseingriffen, speziell mit Anastomosen
- Strikturen
- Varizen
- Tumoren
- Divertikel
- Sklerodermie
- Schwere Schädigungen im Bereich des atlantoaxialen Gelenks

Im Folgenden werden die Indikationen für eine echokardiographische Untersuchung auch hinsichtlich ihrer Dringlichkeit und der aus der Untersuchung resultierenden sofortigen therapeutischen Konsequenz aufgeführt.

Notfallmäßige Akut-Indikation

➤ *TTE:*

- Hämodynamisch relevanter Perikarderguß/Perikardtamponade
- Bei vorhandenem Perikarderguß auch ggf. TEE zur ultraschallkontrollierten bettseitigen Punktion
- Verdacht auf Lungenembolie (echokardiographische Zeichen der akuten Rechtsherzbelastung)
- Verdacht auf Aortendissektion
- Verdacht auf akute Klappendysfunktion

Falls die TTE zur Diagnostik nicht ausreichend erscheint, ist ggf. eine TEE durchzuführen.

➤ *TEE:*

- Aortendissektion zur Differenzierung Typ A oder B nach Stanford und damit Indikation zur sofortigen Operation und zur Frage der Aortenklappenbeteiligung sowie einer Dissektion der Koronarien
- Lungenembolie (Nachweis intrakardialer Transitthromben oder Thromben in der Pulmonalarterie)
- Penetrierende Thoraxverletzungen (z.B. Schuß-/Stichverletzungen) zur Frage der kardialen Beteiligung und zur genauen Identifizierung der verletzten Anteile
- Beim kardiogenen Schock zur Beurteilung der linksventrikulären Pumpfunktion
- Bei akuter Endokarditis mit V.a. Segelausriß und bei akuter hämodynamischer Verschlechterung des Patienten
- V.a. Ventrikelseptumruptur und Papillarmuskelruptur

Dringliche Indikation

(Untersuchung kann am folgenden Tage durchgeführt werden)

➤ **TTE:**

- Akuter Myokardinfarkt

➤ *TEE:*

- V.a. Endokarditis zum Nachweis von Vegetationen auf den Klappen
- Dysfunktion künstlicher Herzklappen
- Atriale Raumforderungen (Tumore/Thromben)
- Bei transthorakal unzureichenden Schallbedingungen
- Bei systemischen Embolien zur Klärung der Emboliequelle
- Vor elektiven Kardioversionen zum Ausschluß intraatrialer Thromben insbesondere im linken Vorhofohr

II-15 Invasives Monitoring: Swan-Ganz-Katheter und COLD-System

Für kritisch kranke Patienten ist eine auf Puls- und arterielle Blutdruckmessung beschränkte Kreislaufüberwachung unzureichend. Der Blutdruck – insbesondere der arterielle Mitteldruck (MAP) – ist einer der am häufigsten zur Kreislaufüberwachung herangezogenen Parameter, weil er leicht zu bestimmen ist und zumeist eine gute Aussagekraft hat. Eine gezielte Therapie insuffizienter Blutdruckverhältnisse (– MAP < 70 mmHg) setzt eine Objektivierung der "Komponenten des Blutdrukes" voraus, zumal für kritisch kranke Patienten ein inadäquater Therapieversuch zu einer weiteren Verschlechterung der Situation führen kann.

Blutdruck-Komponenten:
Leistungsfähige Pumpe = *kardiale Kontraktilität*
"Pumpbares Volumen" = *kardiale Vorlast*
Abstrom-Widerstand = *systemischer Gefäßwiderstand*

Nicht richtig und auch nicht ausreichend ist der Schluß: Wer unauffällige Blutdruckverhältnisse aufweist, ist hämodynamisch unauffällig. Dies sei an einem klinischen Beispiel einer Patientin mit abklingender Candida-Sepsis verdeutlicht: Bei einer Herzfrequenz von 71/min, systolischem Blutdruck von 140 mmHg, diastolischem Blutdruck von 85 mmHg und einem zentralen Venendruck von 8 mmHg scheint es sich um eine unauffällige Befundkonstellation zu handeln. Im Rahmen eines invasiven Monitorings bei dieser Patientin fand sich aber eine extreme Vasokonstriktion mit einem auf 4132 dyn sec/cm^{-5} erhöhten systemischen Gefäßwiderstand, so daß bei einer normalen Herzfrequenz von 71/min bereits eine minimale kardiale Auswurfleistung von 28 ml/m^2 ausreichte, um die vorgenannten, scheinbar unauffälligen Druckverhältnisse zu erzeugen. Bei einer Herzfrequenz von 71/min und einer Auswurfleistung von 28 ml/m^2 ergibt sich allerdings pro Minute lediglich ein Bluttransport von 1,99 Litern pro Quadratmeter Körperoberfläche (= Cardiac index = CI) bei einem absoluten Herzminutenvolumen (Cardiac output = CO) von 3,2 l/min, was zu einer dauerhaft suffizienten Versorgung der parenchymatösen Organe, speziell der Splanchnikusperfusion nicht ausreichend ist. Würde man sich allein auf die unauffällig wirkenden Blutdruckverhältnisse zur Beurteilung der Hämodynamik stützen, nähme man eine relative Organunterversorgung und damit das erhöhte Risiko eines konsekutiven Organversagens in Kauf.

Offenkundig bedarf es zur optimalen Versorgung mit kausalorientierter Therapie für die Gruppe kritisch kranker Patienten eines erweiterten und differenzierteren Überwachungskonzeptes. So wird unter dem Begriff "Invasives Monitoring" eine komplexe Überwachung der Vitalsysteme anhand überwiegend hämodynamischer Parameter subsummiert, die gleichzeitig auch Basis einer differenzierten Therapiestrategie sein sollten.

Relevante Überwachungsparameter

- Das Herzzeitvolumen, also das pro Zeit zur Versorgung der parenchymatösen Organe verfügbare zirkulierende Volumen
- Der Blutdruck als erforderlicher Perfusionsdruck für die regionale O_2-Verteilung
- Die kardiale Pumpleistung (Kontraktilität, Inotropie)
- Der Volumenhaushalt und die Verteilung des Volumens in verschiedene Kompartimente
- Der Gefäßwiderstand im großen Kreislauf
- Die Sauerstoffsättigung in der A. pulmonalis bzw. V. cava als Indikator, wann Kontrollmessungen des invasiven Monitorings stattfinden sollten
- Die Sauerstoffsättigung in der V. hepatica als Hinweis auf Änderungen der Mikrozirkulation im Splanchnikusbereich
- Der Sauerstoff-Transportindex als Information, welche Menge an Sauerstoff insgesamt pro Zeit zur Verfügung steht
- Der Sauerstoff-Verbrauchsindex als indirekter Hinweis, daß das Herzminutenvolumen auch tatsächlich die Zielorgane erreicht hat und die Sauerstoffausschöpfung erfolgt ist

Indikationen für ein invasives Monitoring

- Polytrauma
- Schädel/Hirn-Trauma
- Verbrennungen
- Sepsis
- Blutungsschock
- Kardiogener Schock
- Dekompensierter Ileus
- Problematische Ösophagusresektion
- Ausgedehnte Leberresektion
- Lebertransplantation
- Peritonitis
- Pankreatitis
- Praeventive Therapiekonzepte
- Katecholamin-Therapie
- ARDS
- Multiorganversagen
- Unklare Akutzustände

Merke:

Die Sorgfalt chirurgischer Intensivmedizin sollte der intraoperativen Akkuratesse entsprechen!

Wann messen?

Bei einem bereits eingeleiteten invasiven Monitoring ist es sinnvoll, z. B. drei standardisierte Zeitpunkte zur Datenerhebung und anschließenden Therapieanpassung festzulegen.

Darüber hinaus sind bedarfsadaptierte Datenerhebungen bei Zustandsänderungen erforderlich. Eine gute Hilfe zur frühzeitigen Erkennung von Zustandsänderungen ist die kontinuierliche Messung der Sauerstoffsättigung in der A. pulmonalis [SvO_2-gemischt-venös] bzw. V. cava [ScO_2-zentralvenös] als Indikator, wann Kontrollmessungen des invasiven Monitorings stattfinden sollten. Die Durchführung ist über fiberoptische Verweilkatheter nach Kalibrierung und Online-Ableitung einfach. In der Absicht, mit möglichst geringer Invasivität valide Daten zu erhalten, ist derzeit – entgegen früheren Vorstellungen – die Katheterisierung des kleinen Kreislaufs verzichtbar. Die alleinige Bestimmung der ScO_2 [zentralvenöse Sättigung] ist auch nach aktuellen wissenschaftlichen Untersuchungen hinreichend aussagekräftig.

Ansteigende Sättigungswerte weisen auf mangelnde periphere Ausschöpfung [unzureichender Perfusionsdruck oder links-rechts Shunt] hin, abfallende Werte auf gesteigerte periphere Ausschöpfung bei unzureichendem "Nachschub" [Herzzeitvolumen zu niedrig]. So sind Änderungen der zentralvenösen Sättigung nach oben wie unten als Indikator für relevante Zustandsänderungen zu interpretieren und veranlassen zur erneuten vollständigen Datenerhebung im Rahmen des invasiven Monitorings [110].

Ein invasives Monitoring mit zuverlässiger und reproduzierbarer Erhebung der zuvor genannten Beurteilungsparameter ist derzeit mit dem Swan-Ganz-Katheter und dem COLD-Monitoring möglich.

Nachfolgend ist die Routinehandhabung beider Systeme dargestellt. Auf Grund der erheblich geringeren Invasivität, der damit auch geringeren Anwendungshemmschwelle sowie des breiteren Parameterspektrums mit einfacher Interpretierbarkeit wird in unserer Klinik das modernere COLD-Monitoring bevorzugt. Wir sehen derzeit kaum noch die Indikationen zur Plazierung eines Pulmonaliskatheters bei chirurgischen Intensivpatienten.

Swan-Ganz-Katheter

Synonyme: Pulmonaliskatheter, Ballon-Einschwemmkatheter

Erforderliche Materialien

- 4- oder 5lumiger Pulmonaliskatheter
- Einführschleuse mit Schutzhülle
- Monitor mit Druck- und HZV-Modul

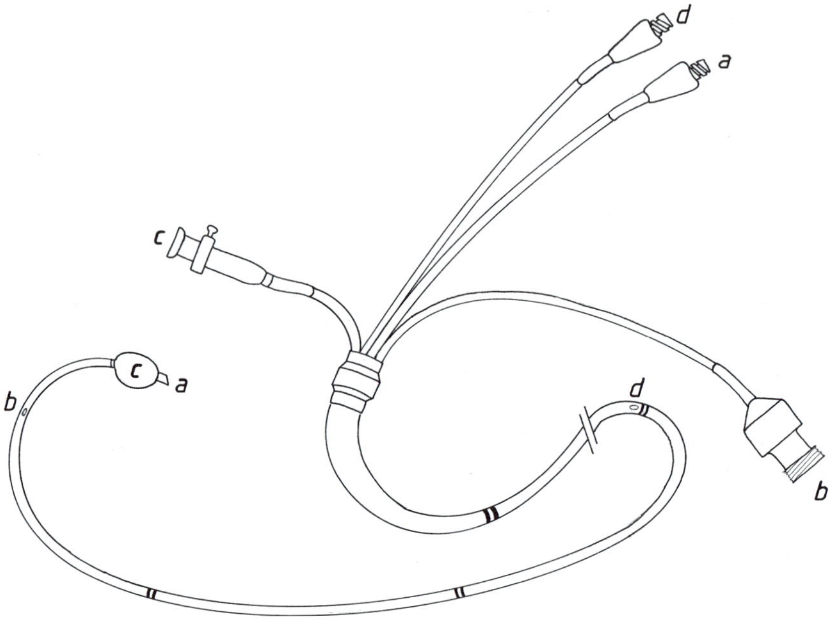

Abb. II-15-1 Aufbau eines 4lumigen Pulmonalis-Katheters: a: distales Lumen mit Druckmessung, b: distale Temperatur u. ggf. Sättigungsmessung, c: Kanal zum Aufblasen des Ballons, d: proximaler Kanal mit Öffnung in Cava-Höhe.

- Inline-Temperatursensor
- Eisgekühlte NaCl 0,9%-Lösung

Die Plazierung eines Pulmonaliskatheters ist eine invasive Maßnahme, die obligat sterile Bedingungen sowie prophylaktische Maßnahmen zur Akuttherapie typischer konsekutiver Komplikationen voraussetzt.

Das Prinzip des Meßsystems verlangt, einen Katheter durch das rechte Herz bis in eine Pulmonalarterie vorzuschieben. Neben den bekannten Risiken der Plazierung eines zentralvenösen Katheters sind die speziellen Komplikationen wie katheterinduzierte Rhythmusstörungen mit Extrasystolie und Auslösung ventrikulärer Tachykardien zu bedenken.

Obligate Sicherheitsvorkehrungen vor Plazierung des PA-Katheters:

- **Atropin® aufgezogen am Bett**
- **Xylocain® aufgezogen am Bett**
- **Defibrillator geprüft am Bett**

Obligat ist vor **Plazierung des Kathetersystems** eine Entlüftung aller Kanäle mit Kochsalzlösung sowie eine Prüfung des Ballons auf Dichtigkeit. Die Plazierung des Pulmonalis (PA)-Katheters beginnt mit einer Punktion zumeist der V. jugularis interna oder V. subclavia in Seldingertechnik (→ Kap. II-1, S. 173). Um häufig auftretende sekundäre Katheterdislokationen steril nachkorrigieren zu können, empfiehlt sich die Verwendung einer sterilen Einführschleuse, so daß der PA-Katheter zunächst durch die flexible Kunststoffhülle und dann durch die Schleuse weiter in die V. cava superior geschoben werden kann. Der distale Druckaufnehmer sollte jetzt an das Druckmodul des Monitors angeschlossen und in üblicher Technik geeicht werden.

Statt aufwendiger Bildwandlerkontrolle hat sich das weitere Plazierungsvorgehen unter Beobachtung der typischen, auf dem Monitor ableitbaren Druckkurven bewährt.

Um den Katheter möglichst unproblematisch mit dem Blutstrom "einschwemmen" zu lassen, empfiehlt sich ein Aufblasen des Ballons mit $^1/_2$ oder $^3/_4$ der angegeben maximalen Füllmenge. Der aufgeblasene Ballon erleichtert nicht nur das Einschwemmen, sondern schützt auch das Myokard vor der relativ harten Katheterspitze. Im Idealfall schwimmt der Katheter mit dem Ballon durch Vorhof, Tricuspidalis, rechten Ventrikel und Pulmonalklappe bis in die "Wedge-Position" [= ein Ast der A. pulmonalis].

Achtung: Insbesondere bei der Passage durch den rechten Ventrikel und bei peitschenartigem Zurückrutschen aus der Pulmonalarterie können Salven von Extrasystolen und ventrikuläre Tachykardien ausgelöst werden!

Die angestrebte Position ist erreicht, wenn der Katheter so weit in einem Ast der Pulmonalarterie plaziert ist, daß bei Aufblasen des Ballons das Pulmonalarterienlumen vollständig verschlossen ist. Diese Position wird als *Okklusions-* oder *Wedge-Position* bezeichnet. Orientiert am Monitor-Druckkurvenbild ist die korrekte Wedge-Position erreicht, wenn nach Aufblasen des Ballons mit dem vorgegebenen Luftvolumen die typischen "kleinen Berge" oder die "Backenzahnprofile" der Pulmonalarterienkurve sich in eine horizontale Linie ändern. Bleibt nach Aufblasen des Ballons diese Änderung aus und sind die Pulmonaliskurven unverändert erkennbar, so ist der PA-Katheter noch nicht ausreichend weit vorgeschoben. Die Druckwellen des rechten Ventrikels setzen sich neben dem Ballon fort und werden von dem Druckaufnehmer an der Katheterspitze entsprechend registriert.

Zu weit nach peripher ist der Katheter geschoben, wenn unter Aufblasen des Ballons zwar die Pulmonalarterienkurve verschwindet, die folgende Linie aber nicht horizontal sondern ansteigend verläuft.

Achtung: Ruptur des Pulmonalarterien-Segmentes möglich!

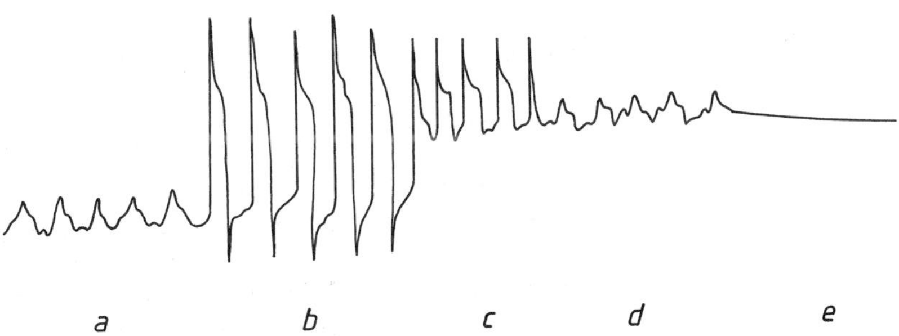

Abb. II-15-2 Objektivierung der PA-Katheterspitze durch Beobachtung typischer Änderungen im abgeleiteten Druckkurvenbild auf dem Monitor: a: Vorhof, b: rechter Ventrikel, c: Pulmonalishauptstamm, d: Korrekte Position im Pulmonalarterienast, e: korrekter Wedgezustand.

Merke:

Korrekte Wedge-Position des PA-Katheters:
= Inflatierter Ballon dichtet Pulmonalarterienast vollständig ab
= Iatrogene segmentale Lungenembolie!
➤ Wedge-Position nie länger als 20 Sekunden beibehalten!

Die korrekte Katheterposition ist obligat durch ein Röntgenbild des Thorax zu dokumentieren!

Merke:

PA-Katheter Verweildauer:
Wegen möglicher Klappenschäden < 72 Stunden!

Die auf 3 Tage limitierte Verweildauer stellt speziell bei Langzeitpatienten [z.B. Multiorganversagen – Akuttherapie meist > 20 Tage] ein relevantes Problem dar.

Klare Empfehlungen wie oft und zu welchen Zeitpunkten bei derartigen Patienten eine neue PA-Katheter-Plazierung erfolgen soll, liegen nicht vor.

Komplikationen durch Pulmonalis-Katheter

- Extrasystolie
- Supraventrikuläre und ventrikuläre Tachykardien
- Ballonruptur [nur bei relevantem rechts-links Shunt dramatisch]
- Lungeninfarkt [Katheter zu lange in Wedge-Position]
- Ruptur des Pulmonalissegments durch Ballon
- "Blande" Endokarditis
- Herzklappen-Endothel-Alteration [Katheter maximal 3 Tage belassen]
- Knotenbildung des Katheters im rechten Ventrikel
- Falsche Befunde durch nicht erkannte unkorrekte Katheterposition

Meßdaten-Erhebung

Um einen kompletten Meßzyklus im Rahmen des invasiven Monitorings mittels des PA-Katheters durchzuführen, sind für die Berechnung von Sekundärparametern zuvor einige Standardwerte in üblicher Technik zu erheben:
- Aktueller ZVD
- Aktueller arterieller Mitteldruck = MAP
- Arterielle Blutgasanalyse
- Gemischtvenöse Blutgasanalyse [= Blut aus Pulmonalarterie]

Um beim PA-Katheter im Verlauf vergleichbare Meßdaten zu erhalten, ist eine standardisierte Lagerung (meist flache Rückenlagerung) vor Meßdatenerhebung erforderlich.

➤ ***Pulmonalarterieller Druck = PA-Druck = PAP***
Der PAP ist der nach korrekter Eichung bei gesicherter Position der Katheterspitze in der A. pulmonalis bei nicht aufgeblasenem Ballon meßbare Druck. Der pulmo-

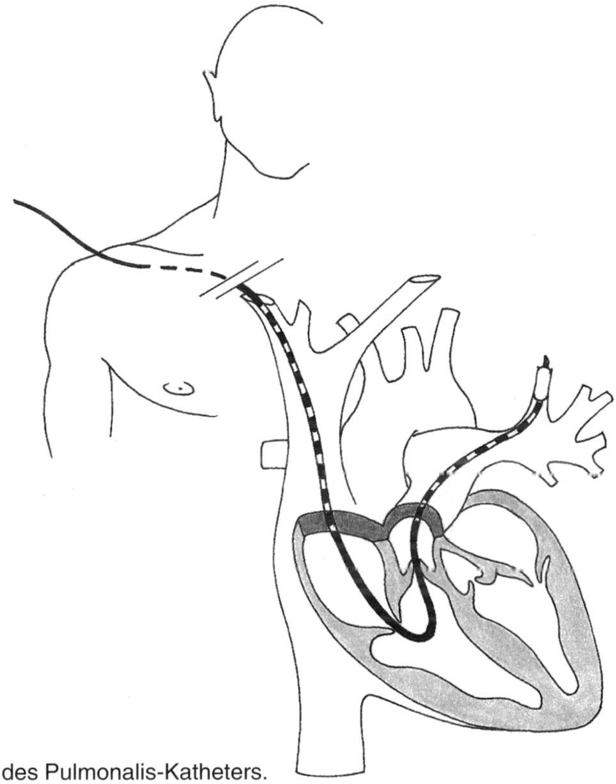

Abb. II-15-3 Korrekte Position des Pulmonalis-Katheters.

nalarterielle Druck ist somit der zwischen rechtem Herzen und Kapillarstrombett der Lunge herrschende Druck, der durch die Auswurfleistung des rechten Herzens, das vorhandene Volumen und den durch die lichte Weite der Lungenkapillaren (oder zusätzlich bestehende rechts-links Shunts) bedingten Abstromwiderstand beeinflußt wird.

Normwerte PA-Druck:

systolisch	15–28 mmHg
diastolisch	5–16 mmHg
Mitteldruck	10–22 mmHg (meist verwendet)

➤ ***Wedge-Druck** = **Pulmonal kapillärer Verschluß- oder Okklusionsdruck = PCWP = PCOD***
≈ ***Linker Vorhofdruck = LAP***

Im Unterschied zur Messung des PA-Drucks erfolgt die Erhebung des Wedge-Drucks (PCWP) bei jetzt aufgeblasenem Ballon, so daß die Druckkomponente des rechten Ventrikels entfällt. In dieses Lungensegment wird (analog einer Lungenembolie) kein weiteres Volumen "nachgeschoben" und nach dem Prinzip des Druckausgleiches strömt vorhandenes Volumen solange ab, bis das Druckniveau des linken Vorhofes erreicht ist. Hat man bei der PA-Druckmessung den sich aufbauenden Druck vor dem pulmonalen Kapillarstrombett gemessen, so dokumentiert man beim Wedge-Druck indirekt die Druckverhältnisse hinter dem Kapillarstrombett bis zum linken Vorhof und indirekt damit auch den linksventrikulären enddiastolischen Druck. Die Druckwerte sind beeinflußt vom intravasalen Volumen, der Gefäßcompliance, der Kontraktilität des linken Ventrikels, dem intrathorakalen Druck und der Höhe der Lungenzone nach West.

Normwerte Wedge-Druck:

Mitteldruck	5 – 16 mmHg
diastolisch	2 – 12 mmHg ≈ Linker Vorhofdruck = LAP

Vorsicht bei der Interpretation von Druckmessungen

Bzgl. Volumen:

- Von einem Druck auf ein Volumen zu schließen ist per se ungenau!
- Chirurgische Intensivpatienten sind selten "völlig herzgesund" – jede Änderung der kardialen Leistung beeinflußt die gemessenen Druckwerte und erschwert die Beurteilung des Volumens!
- Bei jeder Sepsis resultiert eine diastolische Funktionsstörung des Herzens mit steigenden Druckwerten – ohne Änderung des Volumenhaushalts!

Bzgl. kardialer Leistung:

- Auch Verlaufsänderungen sind nur unter der Bedingung stabiler Volumenverhältnisse sicher beurteilbar. Besonders bei chirurgischen Intensivpatienten sind solche stabilen Volumenverhältnisse selten sicherzustellen.

➤ ***Herzzeitvolumen = HZV = Herzminutenvolumen = Cardiac Output = CO***
→ umgerechnet auf Quadratmeter Körperoberfläche = *Cardiac Index = CI*
→ umgerechnet auf die Herzfrequenz = *Schlag-Volumen-Index = SVI*

Vor der HZV-Messung müssen am Monitor eingegeben werden: Größe und Gewicht des Patienten, die Art des Pulmonalis-Katheters (5 F- oder 7 F-Katheter) sowie die als Kälte-Indikator-Bolus zur Injektion vorgesehene Menge des NaCl 0,9 % in Millilitern. Das Meßprinzip basiert auf der Thermodilution: Die Injektion des Kälte-Bolus erfolgt nach Startsignal möglichst zügig über den mit einem Temperaturfühler armierten proximalen Kanal des PA-Katheters in die V. cava. Hierbei wird die initiale Temperatur des Injektates exakt gemessen. Der zweite Temperaturfühler an der Spitze des Pulmonaliskatheters registriert, wann und um wieviel erwärmt dieser in die Cava injizierte Kältebolus in der Pulmonalarterie ankommt. Aus dem Flächenintegral der Temperaturverdünnungskurve über die Transportstrecke V. cava bis Pulmonalarterie errechnet das HZV-Modul des Monitors den Blutfluß während der registrierten Zeit zwischen Injektion und Ankunft an der Spitze des PA-Katheters. Diese kurze Meßzeit wird auf eine Minute umgerechnet und man erhält so das absolute Herzminutenvolumen. Um vergleichbare Werte zu erreichen, wird das HZV auf die Körperoberfläche umgerechnet, so daß zusätzlich der Cardiac Index (CI in l/m^2) angegeben wird. Da man nun weiß, wieviel Volumen pro Minute und m^2 Körperoberfläche transportiert wird, errechnet der Monitor bei bekannter Herzfrequenz, wieviel Volumen durch jede einzelne Herzaktion bewegt wird. Somit ermittelt der Monitor automatisch den "*Schlag-Volumen-Index*" (SVI) durch CI: Herzfrequenz.

Merke:

SVI als Kontraktilitätsparameter nur valide, wenn:
- **Ausreichend Volumen zum Auswurf vorhanden ist!**
- **Frequenz < 130/min (sonst Ventrikelfüllung behindert)!**

Normwerte Herzminutenvolumen:	5,0 – 6,5 l/min
Cardiac Index:	3,0 – 4,5 l/min m^2
Schlagvolumen-Index:	35 – 55 ml/m^2

Alle beim Monitoring mit dem Pulmonaliskatheter gemessenen oder sekundär errechneten Werte basieren auf einem kurzen zeitlichen Meßintervall und einer kurzen Meßstrecke zwischen V. cava und Pulmonalarterie.
Somit haben Parameter der Beatmung und v.a. der Zeitpunkt der Messung (bei Inspiration oder Exspiration) erheblichen Einfluß auf die Ergebnisse.

➤ Messungen immer zu standardisierten Zeitpunkten [z.B. Plateau-Phase und am Ende der Exspiration] wiederholen und anschließend Mittelwerte berechnen.

Die oft als "ideales Monitoring" dargestellte kontinuierliche HZV-Messung zeigt in der Praxis kaum einen effektiven Nutzen, da eine Latenzzeit der Ergebnisübermittlung vom 7–12 Minuten zu berücksichtigen ist [d.h. das angezeigte HZV ist nicht das der Akutsituation, sondern das HZV das vor 7–12 Minuten gemessen wurde und jetzt angezeigt wird [111].

Berechnung von Sekundärparametern

Auch wenn dem Chirurgen Formeln und Berechnungen "relativ unsympathisch" sind, sollte doch eine invasive Maßnahme wie ein plazierter Pulmonaliskatheter optimal mit allen relevanten Aussagemöglichkeiten genutzt werden. Bei den nachfolgend aufgeführten Begriffen handelt es sich um wesentliche Parameter des Monitorings mit hohem diagnostischen und therapiesteuerndem Wert. Zudem sind die kompliziert erscheinenden Formeln bei minimalem Zeitaufwand mit einem Taschenrechner in praktisch aussagekräftige Werte auflösbar. Zur Berechnung werden die nachfolgend aufgelisteten aktuellen Parameter mit den vorgegebenen Einheiten benötigt:

- Körperoberfläche = BSA berechnet aus Größe und Gewicht
- Hämoglobingehalt = Hb in g%
- Zentraler Venendruck = ZVD in mmHg
- Herzfrequenz = HF pro Minute
- Mittlerer arterieller Druck = MAP in mmHg
- Arterielle Sauerstoffsättigung SaO_2 in %
- Gemischvenöse Sauerstoffsättigung [pulmonalarterielles Blut] SvO_2 in %
- Herzminutenvolumen = HZV in l/min
- Pulmonalarterieller Mitteldruck = PAP_m mmHg
- Wedge-Druck = $PCWP_m$ in mmHg

Achtung:

Die Sättigungsangaben (SO_2) der meisten Blutgasanalysegeräte sind anhand einer angenommenen normalen Sauerstoffbindungskurve berechnet – nicht gemessen!
Insbesondere bei septischen Patienten ergeben sich signifikante Unterschiede zwischen berechneter und gemessener SO_2!

- **Blutgasanalyzer, die die SO_2 direkt messen, sind als Berechnungsgrundlage zu bevorzugen!**

- **Linksventrikulärer-Schlagarbeitindex = LVSWI:**
  Normalwert: 50–65 gm/m^2

$$LVSWI = \frac{(MAP - PCWP) \times 0{,}0136 \times HZV \times 1000}{HF \times BSA}$$

- **Rechtsventrikulärer-Schlagarbeitindex = RVSWI:**
  Normalwert: 6–10 gm/m^2

$$RVSWI = \frac{(PAP_m - ZVD) \times 0{,}0136 \times HZV \times 1000}{HF \times BSA}$$

- **Systemischer Gefäßwiderstandindex = SVRI:**
  Normalwert: 1440–1700 dyn sec cm^{-5} m^2

$$SVRI = \frac{(MAP - ZVD) \times 80 \times BSA}{HZV}$$

- **Pulmonaler Gefäßwiderstandindex = PVRI:**
  Normalwert: 150–250 dyn sec cm^{-5} m^2

$$PVRI = \frac{(PAP_m - PCWP) \times 80 \times BSA}{HZV}$$

- **Sauerstoff-Transportindex = DO_2I:**
  Normalwert: 700–1000 $ml/min/m^2$

$$DO_2I = \frac{SaO_{2[\%]} \times 1{,}39 \times Hb_{[g\%]} \times HZV_{[l/min]}}{BSA \times 10}$$

- **Sauerstoff-Verbrauchindex = VO_2I:**
  Normalwert: 150–225 $ml/min/m^2$

$$VO_2I = \frac{(SaO_{2[\%]} - SgvO_{2[\%]} \times 1{,}39 \times Hb_{[g\%]} \times HZV_{[l/min]}}{BSA \times 10}$$

Monitoring mit dem COLD-System

Beim COLD-Monitoring handelt es sich ebenfalls um ein Dilutionsverfahren, das aber eine computeranalysierte Doppelindikatortechnik verwendet und streng genommen lediglich ein "gering-invasives" Überwachungssystem darstellt, da außer einem zentralen Venenkatheter und einer in der Arteria femoralis plazierten Schleuse keine zusätzlich invasiven Maßnahmen erforderlich sind. Der irreführende Name hat nichts mit einer obstruktiven Lungenerkrankung zu tun [die seit Jahren mit COPD: chronic obstructive pulmonary disease abzukürzen ist], sondern leitet sich von der Abkürzung der Begriffe **C**ardiac/**C**irculation-**O**xygenation-**L**ung/**L**iver-**D**iagnosis ab.

Erforderliche Materialien

- Zentraler Venenkatheter (ZVK) ≥ 14 G
- Injektat-Thermosensor
- Einführschleuse 4,5 French
- Fiberoptic-Thermistor-Katheter
- Eisgekühlte Indozyaningrün-Lösung
- COLD Z-021 Analysegerät

Für die Durchführung des COLD-Monitorings wird ein "bolusvolumenfähiger" Schenkel des ZVK (niemals der Katecholaminschenkel!) mit einem handelsüblichen Thermosensor und einem Dreiwegehahn bestückt. Für die spätere Messung ist es erforderlich, exakt den Totraum des Katheterschenkels (→Kap. II-1 – bzw. Her-

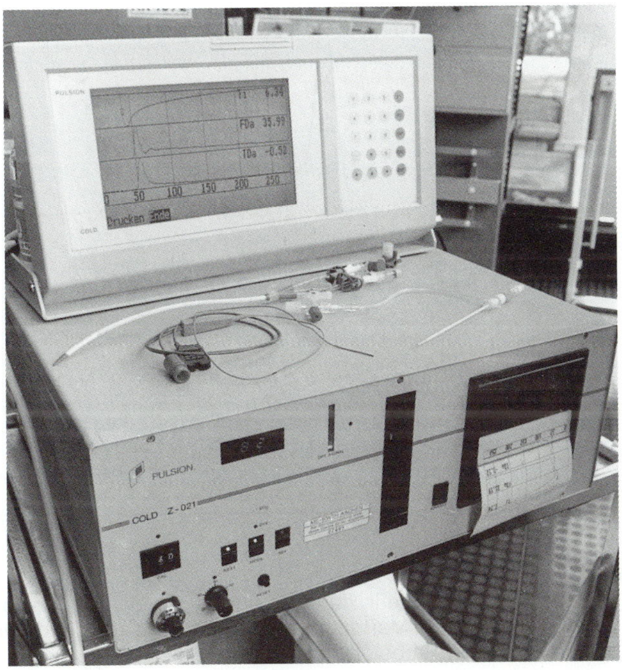

Abb. II-15-4 Materialien zur Durchführung des COLD-Monitorings: COLD-Gerät, großlumiger ZVK, Thermosensor, Fiberoptic-Thermistorkatheter, Einführschleuse.

stellerangaben) zu kennen. In eine der Femoralarterien wird in üblicher Seldingertechnik die 4,5 French-Einführschleuse plaziert und anschließend der Fiberoptic-Thermistor-Katheter durch die sterile Manipulationshülle der Einführschleuse in die A. femoralis vorgeschoben. Mehrheitlich können gute optische Signale durch den Katheter abgeleitet werden, wenn er 20–30 cm [gemessen vom Eingangsventil der Einführschleuse] durch die Einführschleuse eingeführt worden ist. An das möglichst mobil installierte Analysegerät werden (mit Kabeln) der Injektatthermosensor sowie der Fiberoptic-Thermistor-Katheter mit seinem Thermosensor und optischem Koppler angeschlossen.

Meßprinzip

Beim COLD-Monitoring handelt es sich um ein Doppelindikator-Dilutionsverfahren mit bettseitiger computergestützter Sofortauswertung der Daten. Die Meß- und Auswertungsdauer beträgt insgesamt maximal 4 Minuten. Als (Doppel-)Indikator wird eisgekühlte Indozyaningrün-Lösung (ICG®) verwendet. Die primäre Indikatorfunktion wird von dem Farbstoff, die sekundäre von der Kälte der Lösung wahrgenommen. Der Farbstoff selbst bindet sich sofort nach Injektion an Plasmaproteine und verbleibt als spezifischer Marker streng intravasal. Die Kälte ist der zweite, in diesem Fall "diffusible" Indikator. Kälte ist nicht intravasal gebunden, sondern breitet sich mittels Wärmediffusion und Wärmekonvektion auch in den intra- und extravasalen Raum im Kapillarbett der durchströmten Organe aus [116].

Injiziert man einen solchen Doppelindikator-Bolus in die V. cava, so wird dieser Bolus durch Herz- und Lungenkreislauf bis in die absteigende Aorta transportiert. Auf diesem relativ langen Weg wirken auf die beiden Indikatoren unterschiedliche

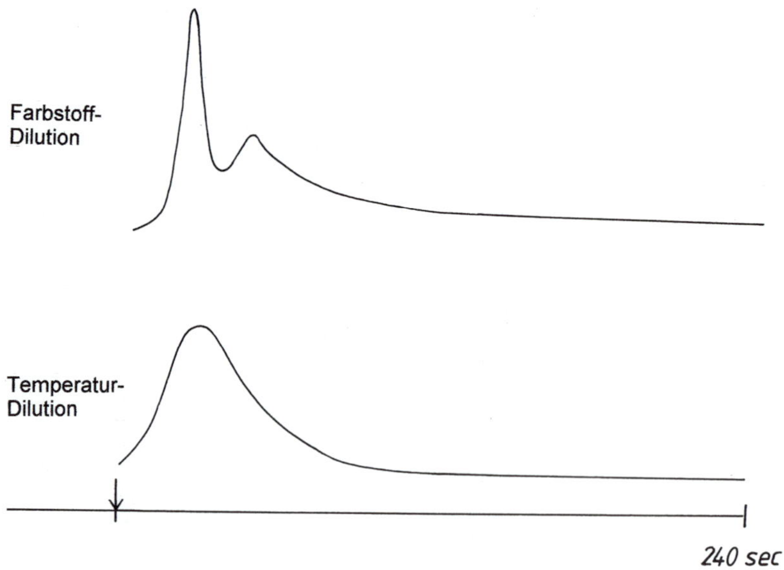

Abb. II-15-5 Typische in der A. femoralis abgeleitete Profile der Temperatur- und Farbstoffverdünnung über die Meßdauer von 240 sec. Die erste und zweite Zirkulation ist jeweils an den beiden Peaks der Farbstoffdilutionskurve erkenntlich.

Einflüsse ein. So wird beispielsweise der diffusible Indikator Kälte bei der Durchströmung des Lungenkapillarbettes durch "einen großen Konvektor" ganz anders beeinflußt als der streng intravasal verbleibende Marker "Farbe". Entsprechend können bei der Passage in der A. femoralis bzw. A.iliaca von dem Fiberoptic-Thermistor-Katheter unterschiedliche Profile des Temperaturverlaufes und der Verdünnung der Farbstoffintensität aufgezeichnet werden.

Da die Ausgangskonzentration des Farbstoffes bekannt ist, kann durch Konzentrationsmessung nach vollständiger Durchmischung einfach auf das Verdünnungs-Gesamtvolumen [in diesem Fall das "gesamtzirkulierende Volumen" – TBV] zurückgerechnet werden. Vom Computer werden geeignete mathematische Analysen der beiden Dilutionsprofile während der ersten Zirkulationszeit durchgeführt, aus denen die Verteilung des Volumens in unterschiedliche Kompartimente hervorgeht [s. u.]. Analog zur Dilutionsanalyse des Pulmonaliskatheters werden auch Herzminutenvolumen und Schlagindices angegeben [s. u.], die aber aufgrund der längeren Meßstrecke zwischen Injektionsort V. cava und Registrierungsort A. femoralis unabhängig vom Meßzeitpunkt während der Beatmungsphase und aufgrund der längeren Meßdauer schwankungsärmer als beim Pulmonaliskatheter [Meßstrecke V. Cava bis A. pulmonalis] sind. Da der streng intravasale Marker ICG® ausschließlich von der Leber abgebaut wird, kann aus dem Konzentrationsabfall über die Meßdauer die Plasmaeliminationsrate für ICG® als Maß für die exkretorische Leberfunktion errechnet werden.

Wie beim Pulmonaliskatheter können relevante Sekundärparameter berechnet werden, die beim COLD-Monitoring als primär bereits computergestützten Verfahren allerdings nach Eingabe der erforderlichen Zusatzparameter automatisch berechnet und angegeben werden [114].

Meßdaten-Erhebung

Um einen kompletten Meßzyklus im Rahmen des invasiven Monitorings mittels des COLD-Systemes durchzuführen, sind für die Berechnung von Sekundärparametern zuvor einige Standardwerte in üblicher Technik zu erheben:

- Aktueller ZVD in mmHg
- Aktueller arterieller Mitteldruck = MAP
- Arterielle Blutgasanalyse
- Zentralvenöse (bei Kombination mit PA-Katheter gemischtvenöse) Blutgasanalyse

Merke:

Prinzipiell ist die BGA aus zentralvenösem Blut als Ersatz für eine "echte gemischvenöse BGA" unkorrekt.
In Studien konnte allerdings gezeigt werden, daß relevant divergente Ergebnisse bei Vergleich zentral- und gemischtvenöser BGA's lediglich bei 10–15 % der Patienten auftreten.

➤ **Für den Regelfall ist eine zentralvenöse BGA ausreichend, da der Informationsvorteil bei gemischtvenöser BGA gering ist, die Invasivität aber erheblich erhöht wird!**

Am COLD-Gerät selbst werden Größe und Gewicht des Patienten sowie Menge und Farbstoffkonzentration des vorgesehenen ICG-Bolus und der Totraum des zentralvenösen Injektionskatheters [vom Hersteller angegeben +0,5 ml für Thermosensor und Dreiwegehahn] eingegeben. Es empfiehlt sich zur Vermeidung von Eingabefehlern, eine "hauseigene" Standardkonfiguration festzuschreiben. So benutzen wir auf unserer Intensivstation zur Injektion einen Arrow®-Katheter [Gesamttotraum incl. Sensor etc. 1,7 ml], die Bolus-Injektionsmenge ist mit 20 ml bei einer Konzentration von 1,25 mg pro ml ICG® standardisiert. Ist eine möglichst präzise Beurteilung der Leberfunktion Ziel der Untersuchung, empfiehlt sich eine Erhöhung der Farbstoffkonzentration bis auf 2,5 mg pro ml.

Nach Anschluß des COLD-Systems und obligater Positionskontrolle des Fiberoptic-Thermistor-Katheters [kann z.B. beim Betten "unbemerkt" in der Schleuse zurückrutschen] erfolgt die Kalibrierung des optischen Signals. Insbesondere bei älteren Patienten kann die Kalibrierung durch fortgeschrittene arterielle Endothelalterationen erschwert sein – zur Optimierung ist ein steriles Vor- oder Zurückschieben des Katheters um wenige Zentimeter unter Kontrolle des optischen Signals zu empfehlen.

Nach Abschluß der Kalibrierung kann der eisgekühlte ICG®-Bolus zügig injiziert werden. Der Beginn der Messung wird von dem Gerät automatisch erkannt.

Achtung:

Während der folgenden 240 Sekunden Meßdauer dürfen keinerlei temperaturwirksame Maßnahmen durchgeführt werden (z.B. Arterie spülen, Infusionsgeschwindigkeiten ändern etc.)! Der Injektionsdreiwegehahn bleibt während der Messung geschlossen [damit Totraumvolumen nicht durch nachfolgende Infusionslösung konsekutiv injiziert wird]!

Die Ausgabe der Basisergebnisse erfolgt nach Abschluß der Messung automatisch über Bildschirm und Drucker. Eine unabhängige Prüfung der Qualität der Messung durch den Untersucher selbst ist unverzichtbar. Zu prüfen sind adäquate Amplituden nach der Bolus-Injektion für Temperatur (TDa) und Farbstoff (FDa). Sägezahnartige Kurvenverläufe oder aszendierende Profile nach dem initialen Peak schließen eine verwertbare Datenerhebung aus.

Die Ergebnisse werden dann in der linken Spalte des Ausdrucks in Absolutwerten sowie jeweils rechts daneben als mit Normwerten vergleichbare Indexwerte umgerechnet auf Quadratmeter Körperoberfläche angegeben. In einem Zusatzmenü werden die zuvor bestimmten Standardwerte abgefragt und nach automatischer Berechnung der Sekundärparameter ebenfalls über den Drucker ausgegeben.

➤ ***Kontrollmessungen:***
Bei engmaschigen Wiederholungen der Farbstoffmessung ist neben einer obligaten Zwischenkalibrierung die Einhaltung eines Intervalls von 30 Minuten zu empfehlen, da bei eingeschränkter Eliminationsleistung der Leber eine Kumulation des streng intravasal verbleibenden Farbstoffes zu einer Verfälschung der Ergebnisse führen kann.

➤ ***Eiswasser-Modus:***
Es besteht die (aus Kostengründen sinnvolle) Möglichkeit, Verlaufskontrollen mit einem einschaltbaren "Eiswasser-Modus" durchzuführen. Hierbei wird lediglich eisgekühlte Glucose-Lösung injiziert, die Meßdauer beträgt abhängig vom HZV 30–60 Sekunden. Zur Berechnung reicht allein die Thermodilutionskurve bei geeigneter mathematischer Analyse aus. Die mit "*" gekennzeichneten Ergebnisse sind nicht wie bei der Verwendung von Farbstoff gemessen sondern berechnet. Das gesamtzirkulierende Blutvolumen (TBV) und die Plasmaeliminationrate ICG® stehen nicht zur Verfügung. Bei vergleichenden Messungen zwischen Normal- und Eiswassermodus zeigt sich für die wesentlichen Parameter eine hohe Zuverlässigkeit auch der berechneten Parameter, so daß im Rahmen eines COLD-Monitorings mindestens zwei Farbstoffmessungen pro Tag sowie programmierte Zwischenkontrollen bzw. Akutmessungen bei Zustandsänderungen im Eiswassermodus als kostensparendes Konzept zu empfehlen sind.

Basisparameter des COLD-Monitorings

[Die angegebenen Normwerte weichen z.T. von den experimentell ermittelten Normwertangaben des Herstellers ab. Die hier angegebenen Normwerte basieren auf klinischen Erfahrungen von mehr als 500 mit dem COLD-System untersuchten kritisch kranken Patienten.]

➤ ***Herzminutenvolumen = HZV = Cardiac Output = CO*** **Normwert: 5,0–6,5 l/min**

➤ ***Cardiac Index = CI = HZV / m²*** **Normwert: 3,0–4,5 l/min/m²**

➤ ***Cardiac Function Index = CFI*** **Normwert: > 3,5**
Der CFI ist ein hochvalider Parameter zur Beurteilung der kardialen Leistungsfähigkeit. Die sonst zur Beurteilung herangezogenen Auswurfindices sind insbesondere durch den "Frank-Starling-Mechanismus" in hohem Maße volumenabhängig. Da beim COLD-Monitoring Volumenparameter durch die Verdünnungstechnik direkt gemessen vorliegen, kann mit dem CFI ein arithmetisch generierter volumenkorrigierter Parameter zur Beurteilung der kardialen Leistungsfähigkeit bereitgestellt werden. In unserer klinischen Anwendung ist derzeit der CFI die zentrale Steuergröße während einer Katecholamintherapie – vornehmlich mit Adrenalin.

➤ ***Plasmaeliminationsrate ICG® = PDRig*** **Normwert: 15–25 %/min**
Die Eliminationsrate des streng intravasal verbleibenden Indozyaningrüns während der Meßdauer entspricht der exkretorischen Leberfunktion. Der mit 15–25 % Eliminationsrate angegebene Normwert wird bei kritisch kranken Patienten, die mit einem COLD-Monitoring untersucht werden, nur selten erreicht. In der Praxis sind PDRig-Werte von 10–15 % für kritisch kranke Patienten noch als zufriedenstellend, Werte von 6–10 % als dringliche Warnsymptome hinsichtlich einer relevanten Splanchnikus-Minderperfusion bzw. eines möglichen beginnenden Leberversagens einzustufen. Ein drohendes Leberversagen zeigt sich anhand der PDRig mit einem Absinken unter 6 % meist 2–4 Tage bevor die konventionellen Kriterien (Bilirubin, plasmatische Gerinnung) richtungsweisende Befunde aufweisen. Bei einer im Verlauf derart absinkenden PDR empfiehlt es sich, frühzeitig Indikation und Dosierung von in der Leber metabolisierten Medikamenten [Antibiotika, insbesondere Antimykotika] kritisch zu überdenken. Bei etabliertem Leberversagen

finden sich meist alternierende PDR-Werte zwischen 0 und 3 %; bei bereits therapierefraktärer Lactatazidose liegt die PDRig regelhaft unter 1 % [113].

Schwankungen der PDR im Tagesverlauf sind als physiologisch anzunehmen und weisen auf veränderte Perfusionssituationen der Leber bzw. des Splanchnikus-Gebietes hin. So findet sich sowohl bei septischen Patienten mit einer zu unterstellenden Fehlverteilung des HZV eine reversible Verminderung der PDR, wie auch bei "relativem Volumenmangel" [s. u.].

➤ ***Gesamtzirkulierender Volumenindex = TBVI [Totaler Blutvolumen-Index]*** **Normwert: 2400 – 3000 ml/m²**

Der ausschließlich bei der Farbstoffmessung über die Verdünnungsanalyse bestimmbare Wert repräsentiert den gesamten intravasalen Volumenhaushalt. Die Bedeutung des TBVI liegt im Erkennen eines relativen Volumenmangels. Über bekannte physiologische Regulationsmechanismen korrigiert der Körper seine Volumenkompartimente stets zugunsten der ersten Priorität, der kardialen Vorlast. So findet sich relativ häufig eine Situation mit meßbar normaler kardialer Vorlast, die aber lediglich durch Volumenumverteilung und somit konsekutive systemische Dehydrierung erzeugt ist. Dieser relative systemische Volumenmangel ist bei alleinigem Monitoring der kardialen Vorlast zur Volumensteuerung nicht zu erkennen. Die Gefahr, eine hypovolämiebedingte Organminderperfusion unbemerkt weiterbestehen zu lassen, ist evident [115].

➤ ***Intrathorakaler Blutvolumen-Index = ITBVI*** **Normwert: 800 – 1000 ml/m²**

Der Indexwert des ITBV ist sowohl bei Farbstoff- als auch Eiswassermessung verfügbar. Das intrathorakale Blutvolumen repräsentiert die kardiale Vorlast und ist als Steuergröße für die Volumentherapie anzusehen. ITBVI-Werte unter 800 ml/m² weisen auf einen erheblichen kreislaufwirksamen Volumenmangel hin, der auch durch physiologische Umverteilung zugunsten der kardialen Vorlast nicht korrigiert werden konnte. Dramatische, akut aufgetretene Volumenmangelsituationen mit ITBVI-Werten $\leq$ 700 ml/m² lassen insbesondere bei chirurgischen Intensivpatienten an eine akute Blutung denken. Bei ITBVI-Werten im unteren Normbereich sollten durch intermittierende Farbstoffmessungen anhand des TBVI lavierte relative Volumenmangelzustände ausgeschlossen werden.

ITBVI-Werte über 1000 ml/m² dokumentieren in der Regel Hyperhydratationszustände, die mit ebenfalls erhöhten TBVI-Werten einhergehen. Gut zuordnungsfähig ist ein durch kardiale Dekompensation bedingter ITBVI-Anstieg, zumal die kardiale Ursache gleichzeitig durch einen im Verlauf deutlich erniedrigten CFI dokumentiert wird.

Durch das Verhältnis von ITBVI zu TBVI sind Änderungen verschiedener Hydrationszustände sowie kardiale Stauungssituationen plausibel darstellbar.

➤ ***Globaler-Enddiastolischer Volumen-Index = GEDVI*** **Normwert: 600 – 800 ml/m²**

Der Indexwert des GEDVI [Teilvolumen des ITBVI] gibt das Volumen am Ende der Diastole in den Ventrikeln und den großen herznahen Gefäßen wieder. Insbesondere bei progredienter myokardialer Dilatation stellt sich eine Zunahme des GEDVI-Wertes ein. Für das Routine-monitoring und zur Therapiesteuerung ist das GEDVI verglichen mit dem CFI, ITBVI und dem TBVI von untergeordneter Bedeutung.

➤ ***Pulmonaler Blutvolumen-Index = PBVI*** **Normwert: 150 – 250 ml/m²**

Das Pulmonale Blutvolumen ist ein in der Differentialdiagnostik von Oxygenierungsstörungen relevanter Wert, da mit dem PBVI der für einen suffizienten Gasaustausch erforderliche intrapulmonale Blutpool objektivierbar ist.

In Vergleichsmessungen zwischen Pulmonalis-Katheter und COLD-Monitoring korrelieren die PBVI-Werte umgekehrt proportional mit dem direkt berechneten pulmonalen Gefäßwiderstand.

➤ ***Extravasaler Lungenwasser-Index =***
EVLWI ≅ "Lungenwasser" **Normwert: 4 – 7 ml/kg**

Das überwiegend als "freies Lungenwasser" bekannte EVLWI umfaßt sowohl alveoläre als auch interstitielle Flüssigkeit.

Der EVLWI ist derzeit als eine der zentralen Steuergrößen modernen Monitorings für die Intensivmedizin anzusehen. So finden sich in kontrollierten Studien Korrelationen sowohl zur Letalität (→Abb. II-15-6) wie auch zur Dauer (→Abb. II-15-7) des zu erwartenden Intensivaufenthaltes.

Besonders bei septischen Patienten ist die Verlaufsbeobachtung des EVLWI als Maß des effektiven Kapillarschadens von Bedeutung. So empfiehlt sich basierend auf dem EVLWI und dem PBVI die Berechnung des PPI [pulmonaler Permeabilitätsindex s. u.] zur vergleichbaren Abschätzung der Kapillarleckaktivität.

EVLWI und PPI sind zur Indikationsstellung und Therapiekontrolle der kinetischen Lagerungstherapie sowie im Rahmen erforderlicher Volumentherapie klinisch nutzbar. Es empfiehlt sich, die Art des zu applizierenden Volumens unter Berücksichtigung des EVLWI- bzw. PPI-Verlaufs zu wählen.

Zudem ist das EVLWI als Maß für bestehende Diffusionsstreckenverlängerung bei der Differentialdiagnostik von Oxygenierungsstörungen von Bedeutung.

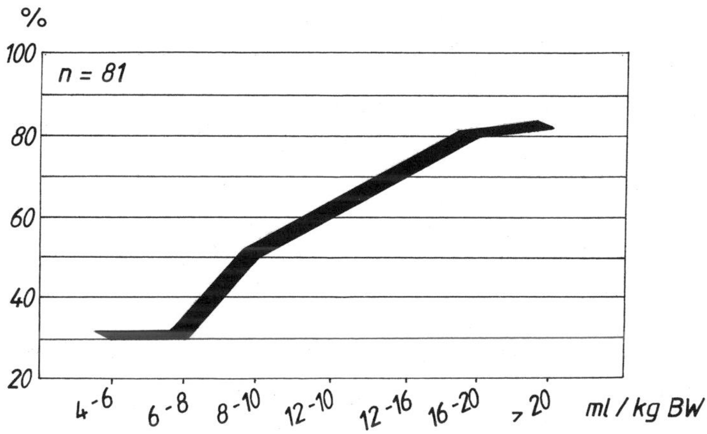

Abb. II-15-6 Regressionsanalyse zwischen Letalitätsrate und dem extravasalen Lungenwasser. Daten einer kontrollierten Untersuchung von J. A. Sturm [112] an 81 ARDS-Patienten.

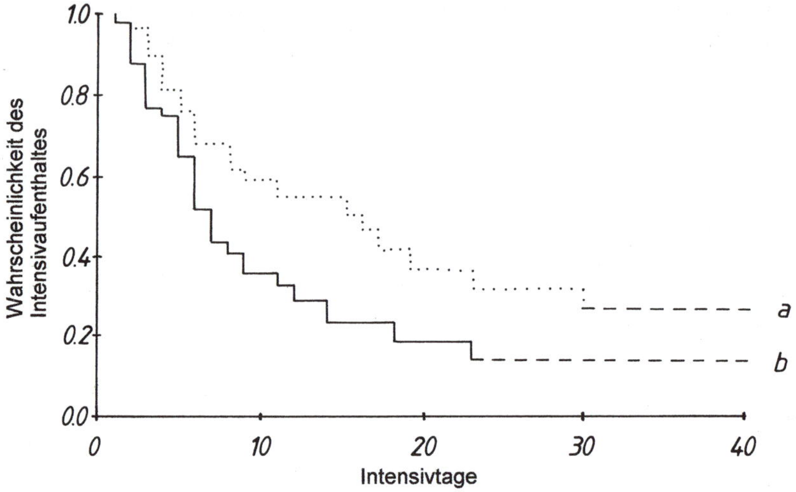

Abb. II-15-7 Wahrscheinlichkeit des Intensivaufenthaltes ist bei Volumensteuerung nach EVLWI (b) kürzer als bei Steuerung nach dem Wedge-Druck (a) (nach Mitchell et al. [110]).

Auswahl relevanter Sekundärparameter beim COLD-Monitoring

➤ ***Schlag-Volumen-Index = SVI*** **Normwert: 35 – 55 ml/m²**

Das von jeder einzelnen Herzaktion transportierte Volumen pro Quadratmeter Körperoberfläche. Der SVI ist abhängig von der kardialen Vorlast, der Herzfrequenz sowie der Inotropie. **Achtung:** bei Frequenzen > 130 ist der SVI wegen frequenzbedingter Füllungsbeeinträchtigung des Ventrikels ebensowenig verwertbar wie auch bei absoluter Hypovolämie: Es kann nicht adäquat Volumen transportiert werden.

➤ ***Systemischer Gefäßwiderstand-Index = SVRI*** **Normwert: 1400 – 1700 dyn sec cm^{-5} m^2**

Der systemische Abstromwiderstand ist eine conditio sine qua non des Blutdrucks. Insbesondere bei septischen und toxischen Zuständen finden sich deutlich erniedrigte SVRI-Werte, die der Weitstellung der Widerstandsgefäße entsprechen. Eine Therapie-und Dosiskontrolle unter vasokonstriktiver Medikation z.B. mit Noradrenalin oder Dopamin sollte nach objektiver Zielgrößenkontrolle durch den SVRI erfolgen.

Bei pathologisch erhöhtem SVRI können gefäßdilatierende Therapien z.B. mit Nifidepin anhand der SVRI-Änderungen und konsekutiver Verbesserung des HZV kontrolliert werden.

➤ ***Sauerstoff-Transportindex = DO_2I*** **Normwert: 700 – 1000 ml/min/m²**

Der Sauerstoff-Transportindex informiert, ob den parenchymatösen Organen adäquat O_2 bereitgestellt wird. Insbesondere bei septischen Patienten sollte ein DO_2I von 600 ml/min/m^2 nicht unterschritten werden. Der DO_2I wird beeinflußt vom Herzminutenvolumen, dem Hämoglobingehalt, eventuellen Shuntfraktionen sowie dem Oxygenierungsverhalten. Bei erforderlicher Volumentherapie ist der

DO_2I für die Entscheidung über die Art des zu applizierenden Volumens hilfreich. So objektiviert ein subnormaler DO_2I bei adäquatem HZV und Oxygenierungsverhalten die Indikation zur Erythrozytengabe.

➤ ***Sauerstoff-Verbrauchsindex = VO_2I*** **Normwert: 150–225 ml/min/m^2**
Der Sauerstoff-Verbrauchsindex informiert, ob in der Peripherie durch die parenchymatösen Organe eine suffiziente Ausschöpfung des bereitgestellten O_2 erfolgt. Der VO_2I ist somit eine orientierende Information über die periphere Mikrozirkulation bzw. manifeste links-rechts Shunts. Kritisch niedrige Werte stellen VO_2I-Werte < 80 ml/min/m^2 dar. Der angegebene Normwert ist insbesondere bei kritisch kranken Patienten mit einer Sepsis kaum zu erreichen. Therapeutische Ansätze sind aus kritisch niedrigen VO_2I-Werten nicht ableitbar. Pathologisch erniedrigte Werte weisen leider lediglich auf das intensivmedizinische Kardinalproblem, nämlich einer Fehlverteilung eines adäquat erscheinenden Herzminutenvolumens hin.

➤ ***Pulmonaler Permeabilitätsindex = PPI*** **Normwert: 2–4,5 kg/m^2**
Der pulmonale Permeabilitätsindex ist noch nicht allgemein validiert. Nach umfangreichen klinischen Erfahrungen erlaubt der PPI die Einschätzung der Kapillarleckaktivität. Er berechnet sich aus (EVLWI × 100): PBVI. Werte zwischen 4,5 und 7 kg/m^2 sind als kritisch erhöht, Werte > 7 kg/m^2 als sicher pathologisch anzusehen.

Der PPI hat speziell im septischen Geschehen diagnostischen Wert. Als klinische Steuergröße ist der PPI für die Wahl der Art des Volumenersatzes sowie für die Indikationsstellung zu einer kinetischen Lagerungstherapie bzw. deren Verlaufskontrollen (→Kap. II-41) relevant.

➤ ***Intrapulmonale rechts-links Shuntfraktion = Qs/Qt*** **Normwert: < 15 %**
Der vieldiskutierte intrapulmonale Shunt läßt sich anhand des Qs/Qt-Quotienten abschätzen. Bei beatmeten kritisch Kranken wird der angegebene Normwert selten erreicht. Eindeutig pathologische Werte liegen bei Qs/Qt > 30 % z. B. bei fulminanten Pneumonien oder septisch induziertem Oxygenierungsversagen durch Shuntperfusion vor.

➤ ***Alveolo arterieller Index = AaI*** **Normwert: 20–50 mmHg**
Der AaI beschreibt das Verhältnis zwischen Sauerstoffangebot in der Alveole und dem tatsächlich arteriell verfügbaren Sauerstoffpartialdruck. Bei sonst normalen Oxygenierungsparametern [EVLWI für Diffusionsstörungen, Qs/Qt für Shunt etc.] weist ein selektiv pathologisch erhöhter AaI > 400 auf einen etablierten alveolären Membranschaden hin.

Problemassoziierte Anmerkungen basierend auf dem COLD-Monitoring

➤ ⌧ ***"Knapper Blutdruck"***

✐ *Prüfen der Blutdruck-Komponenten:*
- Herzrhythmus adäquat?
- Volumen, speziell kardiale Vorlast ausreichend?
  → ITBVI [Intrathorakales Blutvolumen] > 850 ml/m^2?
- Kardiale Kontraktilität ausreichend?
  → CFI [cardiac function index] > 3,5?

– Systemischer Abstromwiderstand ausreichend?
  → SVRI [syst.Gefäßwiderstand] > 1400 dyn sec cm^{-5} m^2?

➤ ⊠ ***"Progrediente Herzinsuffizienz"***

✐ *Prüfen der Kontraktilitäts-Parameter:*
– Cardiac Index?
  → CI rückläufig bei unverändertem Herzrhythmus,
  TBVI [= Gesamtvolumen] und SVRI [systemischer Gefäßwiderstand]
– Kardiale Kontraktilität verändert?
  → CFI [cardiac function index] rückläufig?

✐ *Objektivierung der "Stauungskriterien":*
– Kardiale Vorlast (ITBVI) steigt bei unverändertem Gesamtvolumen (TBVI)
– Enddiastolisches Volumen (GEDVI) und pulmonales Blutvolumen (PBVI) steigen. Speziell ihr Anteil an der kardialen Vorlast (ITBVI) steigt unverhältnismäßig an
– Extravasales "freies" Lungenwasser (EVLWI) steigt konsekutiv an

➤ ⊠ ***"Septischer Schub"***

✐ *Akutbefunde:*
– Kreislaufreaktion mit Abnahme des arteriellen Mitteldruckes (MAP)
– Periphere Vasodilatation
  → SVRI [peripherer Gefäßwiderstand] < 1200 dyn sec $cm^{-5}m^2$
– Abnahme der kardialen Vorlast durch Volumenumverteilung
  → ITBVI [intrathorakales Blutvolumen] nimmt abhängig von SVRI-Alteration ab
– Anstieg des pulmonalen Gefäßwiderstandes
  → PBVI [pulmonales Blutvolumen] fällt entsprechend ab

✐ *Sekundärbefunde:*
– Extravasales "freies" Lungenwasser (EVLWI) nimmt sprunghaft zu
– Kapillarleck-Aktivität: Pulmonaler Permeabilitätsindex PPI steigt [siehe Kap. II-41]
  → PPI = (EVLWI × 100): PBVI
– Exkretorische Leberfunktion (PDRig) und Sauerstoff-Verbrauchindex (VO_2I)
  → nehmen als Ausdruck einer progredienten Störung der Mikrozirkulation ab

➤ ⊠ ***"Sauerstoff-Transportindex DO_2I zu niedrig"***

✐ *Beeinflussende Komponenten prüfen:*
– Oxygenierung ausreichend?
– Herzminutenvolumen, besser Cardiac Index adäquat?
  → CI [cardiac index] > 3,0 l/m^2?
– Hämoglobingehalt optimierbar?
– Herzfrequenz ausreichend?

➤ ⊠ ***"Herzminutenvolumen bzw. Cardiac Index zu knapp (< 3,0 l/m^2)"***

✐ *Prüfen der Basisbedingungen:*
– Effektiver Herzrhythmus und Frequenz?
– Gesamtvolumen und kardiale Vorlast ausreichend?

→ ITBVI [Intrathorakales Blutvolumen] > 850 ml/m²?
→ TBVI [Gesamtzirkulierendes Volumen] > 2200 ml/m²?

- Systemischer Abstromwiderstand adäquat oder zu hoch?
  → SVRI [syst.Gefäßwiderstand] < 2500 dyn sec cm^{-5} m^2?
  Bei normalisiertem Abstromwiderstand kann das Herz "leichter" und somit auch mehr Volumen bei gleichem Wirkungsgrad pumpen!
  So ist manchmal z. B. Nifidepin sinnvoller als die blinde Gabe von Katecholaminen!
- Kardiale Kontraktilität ausreichend?
  → CFI [cardiac function index] > 3,5?

➤ ☒ ***Patient "zu trocken"***

✐ *Objektivierung absolute Hypovolämie:*

- Intrathorakales Blutvolumen als Regelsteuergröße
  → ITBVI [Intrathorakales Blutvolumen] < 800 ml/m²?

✐ *Befundkonstellation bei relativer Hypovolämie:*

- Sauerstoff-Transportindex DO_2I auffällig (< 600) erniedrigt
- Systemischer Gefäßwiderstand SVRI als Autoregulationsmechanismus im Vergleich zu den Vorwerten ungewohnlich erhoht
- Kardiale Vorlast untere Norm – Gesamtvolumen erniedrigt
  → ITBVI [Intrathorakales Blutvolumen – kardiale Vorlast] um 800 – 850 ml/m²
  → TBVI [Gesamtzirkulierendes Volumen] aber < 2000 ml/m²?

➤ ☒ ***Hyperhydratation:***

✐ *Relative Hyperhydratation:*

- Intrathorakales Blutvolumen als Regelsteuergröße normal
  → ITBVI [Intrathorakales Blutvolumen] 800 – 1000 ml/m²?
- Geringe periphere Vasodilatation als Autoregulationsmechanismus: SVRI ↓
- Gesamtvolumen erhöht
  → TBVI [Gesamtzirkulierendes Volumen] > 3200 ml/m²

✐ *Absolute Hyperhydratation:*

- Intrathorakales Blutvolumen als Regelsteuergröße erhöht
  → ITBVI [Intrathorakales Blutvolumen] > 1100 ml/m²?
  Cave: kardial bedingte Zunahme des ITBVI
- Gesamtvolumen erhöht
  → TBVI [Gesamtzirkulierendes Volumen] > 3200 ml/m²
- Periphere Vasodilatation als Autoregulationsmechanismus: SVRI ↓
- Konsekutive Zunahme des extravasalen "freien" Lungenwassers EVLWI

Spezielle Gefahren und Probleme des COLD-Monitorings

- Eine klare Kontraindikation zur Plazierung eines COLD-Katheters besteht nach aortobifemoralem Gefäßersatz. In solchen Ausnahmefällen besteht die Möglichkeit, die Thermistorkatheter in besonders dringlichen Fällen in der A. brachialis oder A. axillaris zu plazieren.
- Die Katheterplazierung ist bei Patienten mit ausgeprägter Arteriosklerose oft durch Plaques behindert. Nur durch häufiges Korrigieren der Katheterposition

bei sorgsamer Kalibrierung sind falsche Meßwerte durch unbemerkte Katheterposition an einem Plaque zu vermeiden.

- Neben der integrierten Qualitätskontrolle ist eine unabhängige Prüfung der Qualität der Messung durch den Untersucher selbst unverzichtbar. Zu prüfen sind adäquate Amplituden nach der Bolusinjektion für Temperatur (TDa) und Farbstoff (FDa). Sägezahnartige Kurvenverläufe oder aszendierende Profile nach dem initialen Peak schließen eine verwertbare Datenerhebung aus.
- Bei engmaschigen Wiederholungen der Farbstoffmessung ist neben einer obligaten Zwischenkalibrierung die Einhaltung eines Intervalls von 30 Minuten zu empfehlen, da bei eingeschränkter Eliminationsleistung der Leber eine Kumulation des streng intravasal verbleibenden Farbstoffs zu einer Verfälschung der Ergebnisse führen kann.
- Eine Normwertproblematik ergibt sich insbesondere bei Patienten mit bestehendem Aortenaneurysma oder chronisch dilatiertem Herz (z. B. seit langem bestehende Aortenklappenstenose). So ist beispielsweise der Normwert des intrathorakalen Blutvolumens als Volumensteuergröße für diesen Patienten speziell zu definieren. Eine analoge Regulation des Normwertes nach unten ist nach Pneumonektomie erforderlich.
- Dislokation des Meßkatheters und Messung ohne Kalibrierung:
  → gefährlich falsche Werte!
  → typischerweise unplausibel hohe Volumina des ITBV und des EVLWI.
- Patientendaten wurden nicht verändert, falsche Größe und Gewicht des vorherigen Patienten werden weiterverwendet.
- Kathetertotraum wird bei konsekutiven Messungen von Patienten mit verschiedenen Kathetern nicht angepaßt.
- Als Beurteilungsgrundlage werden versehentlich die angegebenen Absolutwerte mit den Normwerten verglichen. Eine Auswertung und vergleichende Analyse ist nur auf der Grundlage von Indexwerten, d. h. bei auf qm Körperoberfläche umgerechneten Werten möglich. Alle Normwerte basieren auf umgerechneten Indexwerten!

Obligat:

Relevante Änderung im Therapiekonzept:
Nie allein aufgrund einer COLD-Einzelmessung!

Die vom Hersteller empfohlene Kombination eines Pulmonalis-Katheters mit dem COLD-System ist zwar möglich, in der Regel aber für chirurgische Intensivpatienten nicht erforderlich. Diese Kombinationsauswertung mit differenzierter Analyse rechts- und linksventrikulärer Auswurffraktionen empfiehlt sich beim fortgeschrittenen ARDS bzw. speziellen kardiologischen Fragestellungen [109].

Literatur

– siehe Gesamt-Literaturverzeichnis im Anhang –

Allgemeine Chirurgische Intensivtherapie

II-16 Aufnahme und Therapieplanung

Standardisierung ist wie in allen anderen Bereichen der Intensivmedizin von zentraler Bedeutung. So empfiehlt sich speziell für die Aufnahme von Patienten auf der Intensivstation die Einhaltung eines obligaten Handlungsmusters. Dieses muß beinhalten:

- Informationen zur speziellen und allgemeinen Vorgeschichte
- Risikozuordnung des Patienten zu einem adäquaten Überwachungsraster
- Doppelkontrolle (z. B. Arzt/Schwester) des Aufnahmestatus
- Wahl eines adäquaten Monitorings zur Prophylaxe von Komplikationen
- Basis-Therapieverordnung

Informationen zur Vorgeschichte

☑ Übergabe des Patienten immer am Bett [nie beim "Kaffee"!]
☑ Übergabe durch Anästhesisten + Operateur an Intensivarzt + Schwester
☑ Prä- und intraoperative Hauptdiagnose
☑ Durchgeführte Operation und ggf. Position von Drainagen
☑ Chirurgische Begleitinformationen: z. B. "Choledocho-Jejunostomie schwierig anzulegen" oder "kleine Ablederung am Milzpol – ließ sich gut versorgen"
☑ Narkose-Einleitung: unproblematisch oder spezielle Reaktionen?
☑ Narkose-Journal gemeinsam einsehen:
Hypotone Phasen?
Hypoxische Phasen? BGA-Werte?
Diurese-Verlauf?
Transfusionen [EK / FFP]?
Akutmedikamente?
Antibiotikaprophylaxe?
☑ Vorerkrankungen (bes. kardial/pulmonal/Stoffwechsel) soweit OP-Team bekannt
☑ Stationsakte durchsehen:
Weitere relevante Begleiterkrankungen?
Häusliche Medikamente?
Allergien?
Präoperative Diagnostik (EKG, Belastungs-EKG, Lungenfunktion?)
Präoperative Blutgasanalyse?
Spezielle Patientenverfügungen?

☑ Venöse Zugänge: Von wann? Korrekte Position des ZVK?
☑ Präoperative Röntgenbefunde – Herzgröße? Pulmo? ggf. ZVK-Lage?
☑ Telefonnummer nächster Angehöriger allgemein zugänglich dokumentieren

Merke:

Informationsfluß und Dokumentation:

➤ **Die Summe der Informationen muß zu einer allgemein bekannten Risikoeinschätzung des Patienten führen!**

Speziell bei mehrtägigen Intensivaufenthalten ist das tägliche Übertragen aller Informationen oft lästig und führt regelhaft zu Übertragungsfehlern. Eine praktikable Lösung besteht in der Erstellung einer Eingabemaske per Computer, mit dem täglich ohne Aufwand korrekte Kurvenköpfe ausgedruckt werden können.

Obligate Doppelkontrollen durch Arzt und Schwester

☑ Lunge beidseits belüftet? Sorgsame Auskultation!
☑ Drainagen offen? Qualität und Quantität?
☑ Adäquate venöse Zugänge?
Durchgängigkeit?
Aspirierbar?
Volumenzugang vorhanden? [z.B. großlumige periphere Kanüle]
☑ Zentraler Venenkatheter: Erforderlich?
[Risikozuordnung des Patienten berücksichtigen!]
Wenn ja: vorhanden, durchgängig, aspirierbar, wie alt?
Bei unbekanntem Alter oder nicht gesicherten Sterilitätsbedingungen
→ Routine-ZVK-Wechsel vorsehen!
Bei absehbarem Bedarf prophylaktischer oder therapeutischer Gabe von herzwirksamen Medikamenten (besonders Katecholaminen)
→ mehrlumigen ZVK planen
Eichung der ZVD-Messung
☑ Arterie – kontinuierliche Blutdruckmessung beim Risikoprofil des Patienten sinnvoll?
– und/oder häufige Blutgasanalysen bzw. Blutentnahmen erforderlich?
– Eichung der arteriellen Druckmessung
☑ Adäquates Monitoring [s.u.] für diesen Patienten *gemeinsam* besprechen!

Adäquates Monitoring

Es empfiehlt sich dringlich, verschiedene Intensitätsstufen der Überwachung für die jeweilige Intensivstation zu vereinbaren. Auch hier ist Standard Trumpf! Eine bedarfsadaptierte Überwachung als alleinige Basis zeigt aufgrund der Vielzahl beteiligter Personen immer wieder Unterschiede in der Interpretation und erzeugt Lücken in der Transparenz und Mängel in der Versorgung. Eine praktikable Lösung ist das Vereinbaren von beispielsweise drei fest definierten Überwachungsintensitäten, die für die jeweilige Station verbindlich festgelegt sind, wobei der aktuelle Überwachungsstatus auch zweifelsfrei auf der Kurve verordnet sein sollte. Eine Staffelung in "Routine-Überwachungsstatus", "mittlere Intensität" und "Intensiv-Monitoring" läßt differenzierte Überwachungsintensitäten zu, die das Grundraster des Monitorings bestimmen. Zustandsänderungen müssen natürlich zeitgerecht erfaßt und ggf. durch Akutdiagnostik erweitert werden. Die Folge ist häufig ein Wechsel in eine höhere Intensitätsstufe der Überwachung.

Allgemein verbindliche Diagnostikraster sind kaum zu erstellen, so kann das nachfolgend aufgeführte Schema nur als Orientierung dienen. Die Übertragbarkeit auf andere Intensivstationen hängt natürlich von den jeweiligen apparativen und personellen Gegebenheiten ab.

Obligater Aufnahmestatus

☑ EKG-Monitor mit 20 Minuten aktiviertem akustischem R-Signal
☑ Blutdruck (konventionell & ggf. arteriell) in den ersten 2 Stunden 20minütlich
☑ Puls in den ersten 2 Stunden 20minütlich
☑ perkutane O_2-Sättigung in den ersten 2 Stunden 20minütlich
☑ Körpertemperatur zunächst stündlich
☑ Blutgasanalyse (kapillär, ggf. arteriell)
☑ Zentraler Venendruck
☑ Stationslabor [sofern möglich] mit Hb, Kalium, Calzium, Blutzucker, ACT-Zeit
☑ Routine-Labor: Kleines Blutbild, Elektrolyte, Harnstoff, Kreatinin, PTT, Quick, bei Übernahmen von externen Blutgruppenbestimmungen ggf. Kreuzblutentnahme
☑ Röntgen-Thorax

Weitere Routinemaßnahmen nach Aufnahme:
- Allgemeinstatus des Patienten dokumentieren (z. B. vorbestehender Dekubitus)
- ggf. Wertgegenstände des Patienten dokumentieren
- Stationskurve und Röntgentüte einordnen
- ggf. beigegebene Blutkonserven beschriften und im Kühlschrank lagern
- Aufnahmebuch mit Aufnahmezeit, Diagnose, durchgeführter Operation, ggf. Hinweis, ob intubiert gekommen und *Telefonnummer nächster Angehöriger*

Empfohlenes weiteres Diagnostik-Raster [Patient mittlerer Riskostufe]

Neben ständiger klinischer Kontrolle [→ Kap. II-8]:

stündlich:	Blutdruck Puls Atemfrequenz Diurese Drainagen-Kontrolle [Qualität / Quantität]
4stündlich	Temperatur Akut – Labor auf Station • Blutgasanalyse (BGA) • Hämoglobin (Hb)

	• Kalium, Calcium
	• Blutzucker
	• Activated clotting time = ACT
6stündlich	Bilanz
	Blutgasanalyse
	Kleines Notfallabor
	• Kleines Blutbild
	• Elektrolyte
	• Harnstoff, Kreatinin
	• Quick, PTT
1 ×/die	Großes Notfallabor
	• Amylase, Lipase
	• GOT, GPT, gesamtes Bilirubin
	• Gesamteiweiß
	• Laktat
	• AT III
	• Urin – Elektrolyte
	Vergleichende BGA (arteriell und venös)
	Spezifisches Uringewicht
2 ×/Woche	Phosphat, Magnesium, Triglyceride, Cholesterin
	Elektrophorese
	Direktes/indirektes Bilirubin, Cholinesterase, Faktor V
	Mikrobiologie
	• Trachealsekret, Urin, ggf. Drainagen
	Serologie
	• Candida-Titer
	Medikamentenspiegel
	Zusätzliche Laborparameter bei Bedarf

Basis-Therapieverordnung

Die nachfolgend angegebenen Empfehlungen orientieren sich an praktischen Erfahrungen. Speziell bei den prophylaktischen Maßnahmen ist ein verbessertes Ergebnis für den Patienten wissenschaftlich nicht sicher nachzuweisen, da für eine statistische Absicherung extrem hohe Patientenzahlen erforderlich wären. Da wir in der Praxis gute Erfahrungen mit diesen Konzepten haben, sind trotz fehlendem wissenschaftlichen Nachweis die Prophylaxen jeweils in Dosierungen für Patienten mit 75 kg Körpergewicht aufgeführt.

Basis-Verordnung

- Infusion: 30–40 ml/kg KG freie Flüssigkeit, z. B. 2000–2500 ml Ringer®/24 Stunden
- Infusionszusätze: H_2-Blocker, z. B. Sostril® 200 mg in Begleitinfusion über 24 Stunden

- I.v. via Perfusor: Thromboseprophylaxe mit Heparin 200 IE pro kg KG [ACT-korrigiert]
  Nach Kontrollwerten: "Automatische" Kalium-Substitution jeweils bis auf Werte > 4 mmol/l [mit 10–20 mmol KCl / Stunde über ZVK]
- I.v.-Medikation: Mukolytika z. B. Mucosolvan® 3 × 1 Ampulle
  Konakion® 1 × 1 Ampulle

Organorientierte Prophylaxen

Herz:

- ➤ Patienten älter als 65 Jahre ohne bekannte Koronar-Anamnese
  Nitrolingual® 0,5 mg/h via Perfusor
- ➤ Patienten mit gesicherter Koronaranamnese, bzw. Zustand nach Infarkt
  Adalat® mit 0,1 mg /h via Perfusor
- ➤ Patienten mit grenzkompensierter Herzinsuffizienz
  Dobutamin (z. B. Dobutrex®) mit 200 µg/min
  [obligat eigener ZVK-Katecholaminschenkel]

Niere:

- ➤ Patienten mit bekannter grenzkompensierter Niereninsuffizienz
  Dopamin® 200 µg/min via Perfusor
  [obligat eigener ZVK-Katecholaminschenkel]
  frühelektiv Lasix® kontinuierlich [um Diureseprofil weiter beurteilen zu können] mit 25–100 mg/d

Lunge:

- ➤ Patienten nach Operationen in Steinschnittlage
  wenn Nachbeatmung, dann 2 Stunden PEEP 6 cm H_2O
  [zur Verminderung/Recruitment von Dystelektasen]
- ➤ Patienten nach Leberresektionen
  kein PEEP, bzw. maximal 4 cm H_2O
  [Nachblutungsgefahr]

II-17 Einfluß der Narkose auf die postoperative Überwachung

Regionalanästhesie

Periphere Leitungsanästhesien

Plexus axillaris
Ulnaris-, Medianus-, Radialisblockade
3 in 1 Block, Ischiadicusblockade
Peronaeusblockade, Suralisblockade etc.

➤ ***Keine besondere Überwachung notwendig***

Zentrale Leitungsblockaden (Periduralanästhesien, Spinalanästhesien)

➤ ***Caudablock (S1–5)***

Cave: Postoperative Blasenentleerungsstörung

➤ ***Anästhesie bis Th 8***

Cave: In erster Linie Kreislaufprobleme durch die Sympathikusblockade (Gefäßweitstellung → relative Hypovolämie) → Volumentherapie mit Kolloiden.

➤ ***Sympathikusblockade kann analgetische Wirkung überdauern***

Merke:

PDA und Spinalanaesthesie:
Sympathikusblockade kann analgetische Wirkung überdauern!
Bei kardial vorgeschädigten Patienten keine reaktive Tachykardie, sondern Bradykardie bis zur Asystolie möglich.
Abklingen der Wirkung → Rückverteilung des Volumens!
Bei Herzinsuffizienz Lungenödem möglich!

➤ ***Anästhesie höher als Th 8***

Merke:

PDA oder Spinalanaesthesie höher als Th 8:
➤ **Subjektive Atemnot wegen der Blockierung der Atemhilfsmuskulatur**
➤ **Th 1–4 kardiale Sympathikusblockade (Hypotonie, Bradykardie)**
➤ **C 1–4 Phrenikusblockade → Ateminsuffizienz**

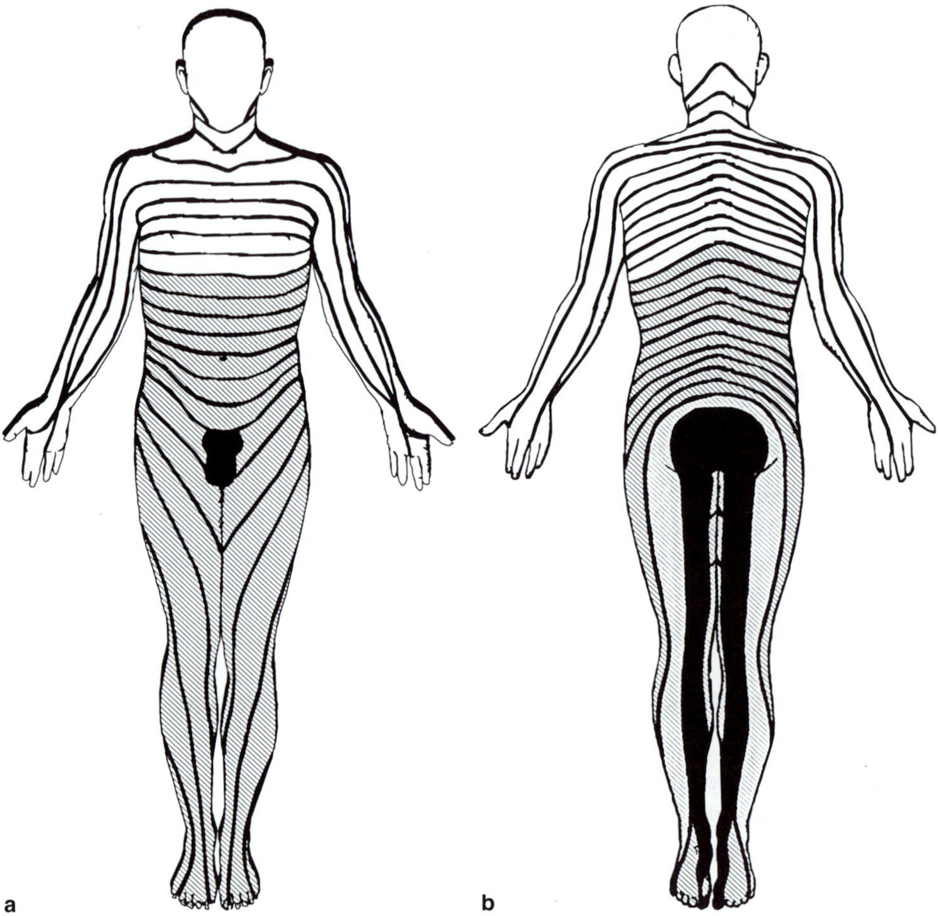
a b

Abb. II-17-1 a, b Dermatomzuordnung zentraler Nervenblockaden.

Extubierte Patienten nach Vollnarkose

Basisüberwachung

- EKG
- Blutdruck
- Atemfrequenz
- Temperatur
- Pulsoxymetrie

Basistherapie

Sauerstoff 1 – 4 l/min über Nasensonde oder Maske
Oberkörperhochlagerung wegen
– besserer Zwerchfellbeweglichkeit
– besserer Nasenatmung (schlaffer weicher Gaumen)

Komplikationen

➤ ***Hypertonus***

Unerwartete hypertensive Blutdruckentgleisungen können gemeinsames Symptom folgender Komplikationen nach Vollnarkose sein:

- Schmerzen
- Relaxantienüberhang
- "Fremdes Körpergefühl"
- Zentral anticholinerges Syndrom [ZAS]

Schmerzen:

Tabelle II-17-1 Intraoperative Analgetikadosierungen.

Präparat	Wirkdauer	rel. Potenz (Morphin)	Dosierung (75 kg KG)
Rapifen® (Alfentanil)	5–10 min	30	1 mg alle 10 min
Fentanyl®	15–20 min	125	0,1 mg alle 20 min
Sufentanil®	20–30 min	1000	0,05 mg alle 30 min
Dipidolor® (Piritramid)	4–6 h	1,5	15 mg

Merke:

Unklare Hypertension postoperativ:
Analgetikum: Wann zuletzt? Was? Wieviel?

Relaxantienüberhang:

Tabelle II-17-2 Intraoperative Muskelrelaxation.

Präparat	Wirkdauer	Dosierung (75 kg KG)
Pancuronium®	40–50 min	1–2 mg alle 40 min
Norcuron® (Vecuronium)	15–20 min	1–2 mg alle 20 min
Tracrium® (Atracurium)	20–30 min	0,1–0,2 mg alle 20 min

Daher: Art, Dosierung und Menge des zuletzt gegebenen Muskelrelaxans erfragen.

Merke:

Differenzierung Relaxans/Opiatüberhang:
➤ Flache, schnelle, insuffiziente Atmung → Relaxansüberhang
➤ Langsame, tiefe, insuffiziente Atmung → Opiatüberhang

Klinische Zeichen eines Relaxantienüberhanges: Schaukelatmung (Diskoordination von Zwerchfell und Thoraxbewegungen), unruhige Bewegungen von Hals und Kopf. Quantifizierung durch Relaxometrie (aber nur bei analgosediertem Patienten, da schmerzhaft).

Merke:

Relaxantien-Überhang:

➤ **Antagonisierung durch Prostigmin® (Neostigmin) 1 mg, + 0,5 mg Atropin [wegen der muscarinartigen Nebenwirkungen (Bradykardie)]**

"Fremdes Körpergefühl":

Mißempfindungen wie das "fremde Körpergefühl" nach Operationen in Vollnarkose können zu Unruhezuständen führen, die nicht selten mit hypertonen Phasen kombiniert sind.

Nach Ausschluß anderer Ursachen für die Hypertonie (→ Kap. II-32) empfiehlt sich bei ursächlichem "fremden Körpergefühl" eine Sedierung zur Dämpfung des Unruhezustandes.

Zentral anticholinerges Syndrom (ZAS):

Symptom & Problem: Agitiertheit oft mit Hypertonie
DD: Volle Blase!

Merke:

Zentral anticholinerges Syndrom [ZAS]:

Diagnose durch probatorische Gabe von Anticholium® (Physostigmin).
➤ **Dosis 2 mg, Wirkungseintritt 5–15 Minuten, Wirkdauer ca. 45 Minuten**

➤ ***Störungen der Vigilanz***

Sowohl Somnolenz wie auch agitierte Unruhezustände (→ Kap. II-36) können als Komplikationen nach Vollnarkosen auftreten.

Neben dem zentral anticholinergen Syndrom [ZAS – s. o.] ist der Narkoseüberhang die wesentlichste Ursache für frühpostoperative Vigilanzstörungen.

Narkoseüberhang:

Tabelle II-17-3 Intraoperativ eingesetzte Medikamente.

Präparat	Wirkdauer	Dosierung (75 kg KG)
Rohypnol® (Flunitrazepam)	6–8 h	1–2 mg
Valium® (Diazepam)	2–3 h	5–10 mg
Dormicum® (Midazolam)	0,5 h	5–15 mg
Disoprivan® (Propofol)	10–15 min	als Infusion 3–6 mg/kg KG/h

Merke:

Benzodiazepin-Überhang:

Antagonisierung mit Anexate® (Flumazenil) möglich!
...aber Vorsicht → kurze Wirkdauer!

Allgemeine Hinweise

- Übergabe von Arzt zu Arzt (Anästhesist – Intensivmediziner) mit der Pflegeperson
- Spezielle intraoperative Medikation (Katecholamine, Antihypertensiva, etc.) vom Anästhesisten erfragen
- Detaillierte Auskunft über Flüssigkeits-(Elektrolytlösungen) und Volumengabe (Kolloide, Erythrozytenkonzentrate, Frischplasma), Ausscheidung, Blutverlust erfragen
- *Anästhesisten erst verabschieden, wenn Patient stabil ist*

II-18 Nachbeatmung und Extubation

Als Nachbeatmung wird eine allein operations- bzw. narkosebedingte Fortsetzung der kontrollierten maschinellen Beatmung nach erfolgter Operation bezeichnet, die über einen Zeitraum von $\leq$ 12 Stunden fortgesetzt wird.

Merke:

Maschinelle Beatmung:
Ist unphysiologisch,
im Vergleich zur Eigenatmung ineffektiv und
weist verfahrensbedingte Risiken auf!

Intubationsnarkose:
- unphysiologisch
- pulmonaler Gasaustausch gestört
- Lungenmechanik alteriert
- Ventilations-Perfusionsverhältnis verändert
- funktionelle Residualkapazität und Compliance erniedrigt

Frühpostoperative Lungenfunktionsstörungen finden sich bei 40 – 80 % der Patienten. In der Nachbeatmungsphase nach abdominellen Eingriffen wurde eine Inzidenz von 50 % pathologischen Röntgen-Thoraxbefunden beschrieben, die auf die Narkosephase bzw. auf die Nachbeatmung zurückzuführen sind. Die zumeist dokumentierten Befunde sind Atelektasen und pneumonische Frühinfiltrate.

Indikation zur Nachbeatmung

Die Notwendigkeit zur Nachbeatmung kann prä-, intra- und postoperative Ursachen haben:

- Steinschnittlage, Bauchlage → Atelektasen
- Relaxantien-/Narkotika-Überhang, -Fehlverteilung ↔ Adipositas ← inadäquate Narkoseführung
- Instabiler Zustand
- Hypothermie → gestörte Mikrozirkulation, Gasaustausch
- Aspirationsverdacht
- Etappenlavage

Wichtige Erstmaßnahmen

Bei Aufnahme auf die Intensivstation erfragen:
- Risikofaktoren?
- Intraoperative Zwischenfälle?
- Aktuelle Medikamente?
- Letzte Sedierung?
- Letzte Relaxation?
- Letzte Analgesie?
- Antagonisiert?

Tubuslage kontrollieren: Seitengleiche Belüftung?
Auskultation
Röntgen-Thorax
Bei Unsicherheit:
Zeitgewinn durch sofortige Bronchoskopie!

Technik der Nachbeatmung

Volumenkontrolliert!

➤ ***Bei normaler Temperatur:***
- Hubvolumen (= Gasvolumen pro Atemzug) 10 ml pro kg KG
- Frequenz (= Atemzüge pro Minute) 14–16
- Triggerschalter auf Normalstellung [="Mitatmen" gestatten]
- Atemzeitverhätnis (= I:E) < 65 Jahre 1 : 2, Pat. älter als 65 J. ändern auf 1 : 1
- PEEP 4–6 cm H_2O
- Bolus-Sedierung und Analgesie [kein Perfusor]

➤ ***Ausgekühlter Pat nach langer OP:***
- Für je 1 °C unter 36 °C Körpertemperatur
  → 2 ml Hubvolumen für jeden Atemzug *weniger* pro kg KG

➤ **Spezielle Nachbeatmungstechnik:**
- Atelektasenprophylaxe: Blähen, Seufzer, PEEP; Regelmäßige Bronchialtoilette
- Älterer Patient (> 65 J.) Atem-Zeit-Verhältnis 1 : 1
- Nach speziellen Operationen

➤ Ösophagusresektion	< 12 h Nachbeatmung	["trocken fahren"!]
➤ Leberresektion	**kein** PEEP > 6 cm H_2O	[Nachblutungsgefahr]
➤ Lungenresektion	möglichst früh extubieren	["trocken fahren"!]

Intermediärphase

= Patient wird nach Routine-Nachbeatmung wie gewünscht langsam wach

Ziel: Eigenatmung erleichtern,
Anpassen an physiologische Verhältnisse,
Streß für den Patienten vermeiden!

➤ ***Technik***

- Anpassen des Atemminutenvolumens (pro °C > 36° mindestens 2 ml/kg KG zusätzlich). Der Patient bekommt sonst "Lufthunger" und "unklar" hohe $PaCO_2$-Werte!
- ggf. O_2-Konzentration reduzieren
- ggf. PEEP reduzieren
- Atemzeitverhältnis normalisieren
- Triggerschwelle normalisieren – Mitatmen ermöglichen, Streß vermeiden
- Zeitgerechter Wechsel von kontrollierter **Be**atmung auf *Spontanatmung* mit O_2-Gabe über Tubus
- Ausreichende Analgesie – Mitarbeit soll möglich werden
- Das Kürzen des Tubus zur Totraumreduktion bei Spontanatmung erleichtert die Atemarbeit, sollte in der Routine aber unterbleiben, da die vermehrte Atemarbeit für eine limitierte Zeit (< 1 Stunde) ein guter Test zur Abschätzung der Atemmechanik nach Extubation ist.

Merke:

Normale Nachbeatmung:

➤ Hubvolumen bei Erwärmung anpassen!
➤ Mitatmen bei kontrollierter Beatmung ermöglichen [Triggerschwelle]!
➤ Von kontrollierter Beatmung direkter Wechsel auf Spontanatmung!
➤ Keine maschinenassistierte "Zwischen"-Atmung
[wie SIMV, Druck- oder Volumenunterstützt]
→ überflüssiger und gefährlicher Streß

Voraussetzungen zur Extubation

➤ Pat. klinisch stabil – Körpertemperatur normal
➤ Pat. kooperativ und wach (hebt Kopf auf Aufforderung)
➤ Schutzreflexe intakt
➤ Spontanatmung mit Frequenz < 30/min
➤ O_2-Sättigung > 92 % bei ≤ 4 Liter O_2 über Tubus
➤ PaO_2 arteriell oder kapillär > 75 mmHg
➤ $PaCO_2$ < 45 mmHg spontanatmend über ungekürzten Tubus

Merke:

Spontanatmung über den Tubus:
als "Prüfung" vor Extubation nicht länger als 1 Stunde!
[*Cave:* Erschöpfung durch erhöhte Atemarbeit]

Empfehlungen zur Technik bei Extubation

Es empfiehlt sich,vor der Extubation die Art des Tubus zu kennen.

Gelegentlich wird bei Operationen in Steinschnittlage und häufiger bei Schilddrüsenoperationen der KUHN-Tubus verwendet, der beim Herausziehen gedreht werden muß!

1. Magensonde aspirieren
2. Rachen schleimfrei saugen
3. Endotracheal absaugen
4. Oberkörper hoch – Patient sitzt fast im Bett
5. Patient kommenden Vorgang erklären – beruhigen
6. Tubusfixierung lösen
7. Absauger tief in Tubus
8. Tubus entblocken (vollständig!)
9. Absauger mit Tubus herausziehen!
10. Kurzes Würgen und Husten ist normal
11. O_2 über Sonde
12. Otriven® Nasentropfen zum Abschwellen und ggf. lokalen Blutstillung der Schleimhaut
13. Phonation prüfen
14. Sättigungsmodul + BGA-Kontrolle

➤ ***Alternativ-Verfahren***

Bei wenig verschleimten Patienten kann die Extubation unter Blähen mit dem Ambu-Beutel von Vorteil sein, wie sie bei Kindern Standard ist.

Nach obigem Schema werden die Positionen 1 bis 6 durchgeführt, anstelle des tief plazierten Absaugers wird über den bereits entblockten Tubus mit dem Ambu-Beutel die Lunge gebläht und unmittelbar danach der Tubus entfernt. Das weitere Vorgehen entspricht obigem Schema ab Position 11.

Vorteile:

- Kaum Husten und Würgen
- Weniger Streß für den Patienten
- Atelektasenprophylaxe

II-19 Analgesie und Sedierung

Analgesie und Sedierung sind zentrale Elemente der chirurgischen Intensivmedizin. Aus einer unzureichenden Sedierung oder Analgesierung können folgenschwere Konsequenzen resultieren.

Inadäquate Sedierung

zu wenig ↓	*zuviel* ↓
Schmerzen	Ateminsuffizienz
Hypertonie	Hypotonie
Tachykardie	Bradykardie
Respiratorprobleme	Ileus

➤ ***Anforderungsprofil für Analgesie und Sedierung:***
- sichere und rasche Analgesie
- Anxiolyse und retrograde Amnesie
- keine Kumulation
- keine Toxizität
- geringe Kreislaufbeeinflussung
- gleichbleibende Pharmakokinetik
- Erhalt der Kooperationsfähigkeit
- kein Suchtpotential

Es gibt kein optimales Medikament, das alle Anforderungskriterien erfüllt, so daß eine Medikamentenkombination verwendet wird. Der notwendige Grad der Sedierung muß für jeden Patienten individuell bestimmt werden. Zur Ermittlung des individuellen Medikamentenbedarfs kann folgende Skala genutzt werden:
- ängstlich, agitiert
- wach, kooperativ
- schlafend, leicht erweckbar
- schlafend, schwer erweckbar
- schlafend, Reaktion auf Schmerzreize
- keine Reaktion

Objektivierbare Parameter wie Medikamentenspiegel sind bei der Ermittlung der richtigen Medikamentendosierung wenig hilfreich. Erst die genaue Beobachtung des Patienten in Verbindung mit solch einer Skalierung zeigen den individuellen Medikamentenbedarf.

Merke:

Sedativa und Analgetika im Bolus:
→ erheblich blutdrucksenkend
durch periphere Vasodilatation mit Umverteilung des Volumens!

Die Folgen:	**Bei schmerzbedingter Hypertonie**	**→**	**wunschgemäße Normalisierung**
	bei Normotonie	**→**	**Druckabfall**
	bei latenter Sepsis	**→**	**dramatischer Druckabfall möglich**

Analgetika

Als Analgetika werden vor allem hochpotente Opioide eingesetzt, die zentral ihre analgetische Wirkung entfalten. Daneben haben sie auch eine mehr oder weniger sedierende und euphorisierende Wirkung.

➤ ***Allgemeine Nebenwirkungen der Opioide:***
- Atemdepression
- Übelkeit + Erbrechen
- Obstipation
- Spasmus d. Sphincter oddi
- Vasodilatation
- Histaminfreisetzung
- reduzierter Plasmakortisolspiegel
- Abhängigkeit
- Toleranzentwicklung

Morphin wird in der Leber metabolisiert. Die Ausscheidung erfolgt zu 90% über die Nieren.

Opioide

Morphin setzt den Sauerstoffverbrauch signifikant herab. Es hat die stärkste motilitätshemmende Wirkung auf den Gastrointestinaltrakt. Indikationen bestehen bei akutem Herzinfarkt sowie bei inkurablen Tumorerkrankungen.

Piritramid (Dipidolor®) bewirkt kaum Sedierung oder Übelkeit und ist für die postoperative Schmerztherapie sehr gut geeignet.

Hydromorphon (Dilaudid®) kann bei ungenügender Wirksamkeit alternativ zu Piritramid eingesetzt werden. Es kann den Liquordruck steigern.

Pethidin (Dolantin®) wirkt rascher und stärker als Morphin. In hoher Dosierung ergibt sich eine Kardiodepression. Gut anwendbar bei Schüttelfrost und postoperativem "Kältezittern" [Shivering].

Buprenorphin (Temgesic®) erfordert eine Dosisreduktion bei Leberinsuffizienz. Es bewirkt keinen Spasmus des Sphinkter oddi. Die Atemdepression ist durch Naloxon nicht aufzuheben; spezifischer Antagonist ist Dopram®.

Tabelle II-19-1 Wirkstärke, Dosierung und Wirkdauer wichtiger Opioide.

Opiod	relative Wirkstärke zu Morphin	Dosierung mg/70 kg Applikation	mittlere Wirkdauer
Morphin	1	10 mg i.v.	2–4 h
Hydromorphon Dilaudid®	5	2 mg s.c., i.m.	2–3 h
Piritramid Dipidolor®	0,7	7,5–15 mg i.v.	2–4 h
Pethidin Dolantin®	0,1	50–100 mg i.v.	2–4 h
Buprenorphin Temgesic®	30	0,3–0,6 mg i.v.	6–8 h
Pentazocin Fortral®	0,2	25–50 mg i.v.	2–3 h
Fentanyl	100–300	0,1–0,5 mg/h i.v.	20–30 min
Alfentanil Rapifen®	40–50	1–1,5 mg/h i.v.	7–10 min
Sufentanil Sufenta®	10–30	0,025–0,07 mg/h i.v.	10–15 min

Pentazocin (Fortral®) soll Blutdruck und Herzfrequenz erhöhen und daher beim Herzinfarkt nicht gegeben werden.

Fentanyl hat eine starke analgetische und atemdepressive Wirkung bei nur geringer hypnotischer Potenz. Da es stark lipophil ist, muß nach Absetzen mit einer Rückverteilung gerechnet werden.

Alfentanil (Rapifen®) ist wegen seiner kurzen Wirksamkeit sehr gut steuerbar. Es hat ebenfalls nur eine geringe hypnotische Wirkung.

Sufentanil (Sufenta®) hat eine starke hypnosedative Wirkung und eignet sich daher zur Langzeitsedierung.

Ketamin (Ketanest®) hat eine gute analgetische Potenz. Wegen der unerwünschten Nebenwirkungen mit Alpträumen und Halluzinationen bei Steigerung des zerebralen Blutflusses ist es stets mit einem Benzodiazepin zu kombinieren. Speziell bei Patienten mit instabilen Kreislaufverhältnissen kann Ketamin eine sinnvolle Alternative darstellen, da es positiv inotrop ist und somit eher eine leichte Tachykardie und einen Blutdruckanstieg hervorruft. Eine weitere positive Nebenwirkung ist die Bronchodilatation. Allerdings geht die positiv inotrope Wirkung mit einer überproportionalen Steigerung des myokardialen O_2-Verbrauches einher, so daß eine Kontraindikation bei Patienten mit koronarer Herzkrankheit sowie nach Myokardinfarkt zu sehen ist.
Dosierung 25–100 mg/h kombiniert mit einem Benzodiazepin.

Peripher wirksame Analgetika haben aufgrund ihrer geringen analgetische Potenz und ihrer Nebenwirkungen [Ulzera und Blutungsrisiko] kaum Bedeutung als Analgetika in der Intensivmedizin.

Patienten, die längere Zeit Opioide erhalten, durchleiden nach Absetzen dieser Medikamente eine Entzugsphase. Typische Symptome hierbei sind:

- Tachykardie
- Hypertonie
- Mydriasis
- Schwitzen
- "Gänsehaut"
- Salivation
- Tränenlaufen

Die präventive kontinuierliche Clonidin (Catapresan®)-Gabe kann diese Symptome abschwächen (2–6 Ampullen/d). Darüber hinaus wird eine Einbeziehung von Clonidin in die Konzepte einer Analgosedierung grundsätzlich empfohlen, da die clonidin-vermittelte zentrale Dämpfung auch zu einer Senkung des Bedarfes an Sedativa und Analgetika führt [118].

Sedativa

Die Sedativa sind in mehrere Gruppen zu differenzieren:

Benzodiazepine	Midazolam	Dormicum®
	Flunitrazepam	Rohypnol®
Neuroleptika	Haloperidol	Haldol®
	Droperidol	DHB®
	Promethazin	Atosil®
Barbiturate	Thiopental	Trapanal®
	Methohexital	Brevimytal®
Andere	Propofol	Disoprivan®
	Ketamin	Ketanest®
	4-Hydroxybuttersäure	Somsanit®
	Etomidat	Hypnomidate®

Merke:

Benzodiazepine: Keine analgetische Wirkung
→ Kombination mit Analgetikum!

Zu beachten ist ein sogenannter "ceiling-effect", d. h. über einen bestimmten Wirkspiegel hinaus steigert eine weitere Erhöhung der Dosis die Wirkung nicht mehr [117].

Midazolam (Dormicum®) hat eine Halbwertzeit von 2 Stunden und eignet sich zur Kurz- und Langzeitsedierung in einer Dosierung von 10–15 mg/Stunde. Bei eingeschränkter Leberfunktion kumuliert es und sollte dann [auch nach größeren Leberresektionen] nicht verwendet werden.

Merke:

Benzodiazepin-Antagonisierung:
Anexate® 0,3 – 1 mg i. v. nach Wirkung

Barbiturate werden relativ selten eingesetzt. Indiziert sind sie bei Schädel-Hirn-Traumen, da sie den Hirndruck senken. Nach Absetzen können Unruhe und Krampfneigung als Nebenwirkung auftreten.

Dosierungen:	**Thiopental** (Trapanal®)	35 – 140 mg/h
	Methohexital (Brevimytal®)	15 – 70 mg/h

Propofol (Disoprivan®) eignet sich ideal zur kurzzeitigen Sedierung postoperativ sowie in der Aufwachphase nach Langzeitbeatmung. Es hat eine Halbwertzeit von 20 – 30 min und ist daher sehr gut steuerbar. Die Dosierung ist 50 – 200 mg/h i. v. Durch Vasodilatation kann ein RR-Abfall entstehen, so daß Propofol bei latenter Sepsis nicht angewendet werden sollte. Weitere Nachteile sind der hohe Preis und die erhebliche Fettzufuhr über die Trägerlösung.

4-Hydroxy-Buttersäure (Somsanit®) hat ebenfalls eine gute sedierende Wirkung. Da es das einzige Sedativum ist, das ohne Blutdrucksenkung wirksam wird, hat es speziell für die operative Intensivmedizin besondere Bedeutung erlangt. Beachtet werden muß der hohe Natriumgehalt sowie eine leichte metabolische Alkalose. 30 % der Patienten entwickeln Myoklonien, die sich durch Flunitrazepam (Rohypnol® 4 mg/d) verhindern lassen.

Das Kurznarkotikum **Etomidat** (Hypnomidate®) wird für kurze Eingriffe wie die Bronchoskopie oder zur Intubation verwendet. Für die Langzeitsedierung ist es ungeeignet.

Inhalationsanästhetika (hauptsächlich Isofluran) finden in letzter Zeit Anwendung bei der Langzeitsedierung. Dies erfordert neben den technisch/apparativen Voraussetzungen auch einen personellen Mehraufwand. Die medizinischen Erfahrungen sind allerdings durchaus vielversprechend.

Die sedierende Wirkung von **Clonidin** (Catapresan®) ist bereits aus der Hypertoniebehandlung bekannt. Man macht sich den zentral sedierenden Effekt in der Intensivmedizin zunutze, um eine geringere Dosis an Analgetika und Sedativa zu benötigen. Besonders wertvoll ist Clonidin bei agitierten Patienten im Durchgangssyndrom wie auch bei Patienten mit Alkoholanamnese, bei denen die agitierten Komponenten eines Delirs vermieden werden können [→Kap. II-36]. Die psychovegetativen Begleitreaktionen bleiben aber unbeeinflußt. Als Kombinationsdosierung bei kontinuierlicher Applikation ohne Bolusgabe sind auch bei beatmeten Patienten 0,3 – 0,9 mg/d i. v. zu empfehlen [120].

Praktisches Vorgehen

Da es kein Medikament gibt, das ideal eine komplette Analgosedierung bewirkt, ist man auf eine Kombination meist zweier Medikamente angewiesen.

Die Mehrzahl der Patienten auf einer chirurgischen Intensivstation bedarf nur postoperativ einer vollständigen Sedierung. In dieser Aufwachphase, die meist weniger als 12 Stunden dauert, kann man den Patienten mit einer Kombination aus Midazolam (Dormicum®, Bolus 3,5–7,5 mg) und Piritramid (Dipidolor®, Bolus 7,5–22,5 mg) oder Fentanyl (0,1–0,5 mg/h über Perfusor) hinreichend therapieren. Wegen der Kumulationsgefahr sollten nur lebergesunde Patienten Midazolam erhalten. Statt Midazolam läßt sich auch sehr gut Propofol (Disoprivan®) [*cave:* lavierte Sepsis] über Perfusor in einer Dosierung von 50–200 mg/h einsetzen [121].

Langzeit-Sedierungen sind mit einer Vielzahl von Kombinationsschemata möglich [119]. Zufriedenstellende Erfahrungen haben wir mit der Kombination von Midazolam (Dormicum®), Fentanyl und Clonidin (Catapresan®) als kontinuierliche Gabe über Perfusor in den o. g. Dosierungen gemacht.

Bei Langzeitpatienten mit rezidivierenden Sepsisschüben und instabilen Kreislaufverhältnissen sowie Einschränkung der Leberfunktion ersetzen wir Midazolam durch Somsanit® unter engmaschiger Kontrolle des Natriumhaushalts sowie Beachtung möglicher Alkalosen.

Literatur

– siehe Gesamt-Literaturverzeichnis im Anhang –

II-20 Antibiotika: Prophylaxe und Therapie

Antibiotikaprophylaxe

Antibiotika werden prophylaktisch verabfolgt, um die Infektionsraten nach Einhaltung aller hygienischen Maßnahmen zu senken.

Da der allgemeine und unkritische Einsatz von Antibiotika zu einer enormen Resistenz- und Allergieentwicklung führen würde, ist eine wissenschaftlich exakt überprüfte Kosten/Nutzen-Analyse Voraussetzung für den prophylaktischen Einsatz.

Gesichert ist die ***Indikation*** zur Antibiotikaprophylaxe bei ausgewählten Eingriffen am Gastrointestinaltrakt (insbesondere im Rahmen von Tumoroperationen), bei Kolonoperationen, bei Eingriffen unter Verwendung von Fremdmaterial (z. B. Gefäßprothesen) und einigen anderen Eingriffen:

Gesicherte Indikationen zur Antibiotikaprophylaxe

- Gefäßtransplantate der abdominellen Aorta oder der unteren Extremitäten
- Endoprothetik des Hüftgelenks
- Offene Frakturen
- Karzinomchirurgie im Kopf- und Nackenbereich
- Ausgewählte Eingriffe im Bereich des Magens (Karzinom, Stenosen) und der Galle (infizierte Galle, Choledochuskonkrement, Alter über 70 Jahre, Ikterus)
- Elektive kolorektale Chirurgie
- Gefäßeingriffe in der Leistenregion

Fragliche Indikationen zur Antibiotikaprophylaxe

- Nach Splenektomie
- Magenchirurgie (Blutung, Ulkus, etc.)
- Lungenresektionen
- Akute Pankreatitis
- Hernienchirurgie
- Appendizitis (bei fortgeschrittenen Stadien Senkung der Rate von Wundinfektionen)

Keine Indikationen zur Antibiotikaprophylaxe

- Venen-, Arterien-, Blasenkatheter
- Intubation und maschinelle Beatmung
- Verbrennungen und Verbrühungen
  Antibiotika sind nur indiziert:
  - bei klinischer Verschlechterung mit signifikanter Erhöhung der Bakterienzahl im Bereich der Wunde
  - bei Zeichen der Bakteriämie (mit oder ohne positive Blutkultur)
  - bei monosymptomatischer latenter Sepsis (isoliertes kardiovaskuläres Versagen, "Durchgangssyndrom", Hypothermie, unklare Fieberschübe, Entwicklung eines paralytischen Ileus, etc.)
- Virusinfektionen
- Komatöse Patienten ("Pneumonieprophylaxe")
- Cortisontherapie
- ERCP
- Angiographie

Wann, wie lange und welche Prophylaxe

Der optimale ***Zeitpunkt*** für die prophylaktische Gabe eines Antibiotikums ist so zu wählen, daß ein therapeutischer Wirkspiegel zum Zeitpunkt der operativen Inzision besteht und für etwa 3–4 Stunden anhält. Der optimale Zeitpunkt liegt bei einer (0–2) Stunde präoperativ (Infektionsrate 3%). Wird das Antibiotikum erst postoperativ gegeben, steigt die Infektionsrate auf 15% an und entspricht damit dem Prozentsatz ohne prophylaktische Gabe eines Antibiotikums (16%).

Dauer: Die Prophylaxe besteht in der einmaligen Gabe des Antibiotikums bei der Einleitung zur Operation ("single shot"). Nur bei längerdauernden Operationen ist eine zweite intraoperative Dosis gerechtfertigt, wenn die Pharmakokinetik des gewählten Antibiotikums dies verlangt.

Die ***Auswahl des geeigneten Antibiotikums*** richtet sich nach der Art des Eingriffs und der zu erwartenden Erreger. Das Antibiotikum sollte zudem wenig Nebenwirkungen aufweisen und möglichst kostengünstig sein. Gramnegative Erreger müssen in der kolorektalen und der gynäkologischen Chirurgie abgedeckt werden. Wird kein Hohlorgan eröffnet (Unfallchirurgie, Gefäßchirurgie, etc.), müssen insbesondere Staphylokokken (S. aureus und S. epidermidis) durch das Antibiotikum erfaßt werden.

➤ ***Häufigste Erreger – Organzuordnung***

- Magen: Gramnegative Enterobakterien; Streptokokken
- Gallenwege: E. coli; Klebsiellen; Streptokokken (aerob+anaerob); Clostridien
- Kolon: E. coli; Klebsiellen; Proteus; Streptokokken; Bacteroides spp.
- Gefäße: Staphylokokken; E. coli
- Harnwege: E. coli; Enterokokken; Proteus; Klebsiellen
- Knochen: Staphylokokken

Indikationsabhängige Prophylaxe-Empfehlungen

Galle:
- Cephalosporine der 2. Generation (+/– Metronidazol) (z. B.: Zinacef® + Clont®)
- Ampicillin + Betalactamase-Inhibitor (z. B. Unacid®)
- Azylureidopenicilline (z. B. Pipril®)
- Aminoglykoside + Clindamycin

Gastroduodenale Eingriffe:
- Cephalosporine der 2. und 3. Generation (z. B. Mefoxitin® bzw. Claforan® oder Rocephin®)
- Azylureidopenicilline + Metronidazol (z. B. Pipril® + Clont®)

Intestinale Eingriffe:
- Cephalosporine der 2. und 3. Generation + Metronidazol (z. B. Mefoxitin® bzw. Claforan® oder Rocephin®)
- Ampicillin + Betalactamase-Inhibitor (z. B. Unacid®)
- Azylureidopenicilline + Metronidazol (z. B. Pipril® + Clont®)

Appendizitis:
- Azylureidopenicilline + Metronidazol (z. B. Pipril® + Clont®)
- Aminoglykoside + Metronidazol
- Aminoglykoside + Clindamycin

Nachteile der Antibiotika-Prophylaxe

- Die Resistenzlage wird durch den Selektionsdruck verschlechtert, dadurch kann es zu einer Superinfektion mit resistenten Erregern kommen.
- Toxische oder allergische Reaktionen können auftreten.
- "Falsche Sicherheit" – natürlich ist ein Antibiotikum kein Ersatz für sorgfältige und bluttrockene Operationstechniken!

Deshalb dürfen Kritik und Selbstkritik auch im Umgang mit Antibiotika nicht fehlen.

Häufigste Fehler bei der Antibiotikaprophylaxe

❐ Falscher Zeitpunkt
Optimal ist die Gabe 30–60 Minuten präoperativ, d. h. bei der Einleitung durch den Anästhesisten. Leider wird das in der Praxis nicht selten vergessen, so daß die Gabe erst nach dem Hautschnitt erfolgt.

❐ Falsche Dauer
Die perioperative Kurzzeitprophylaxe darf nicht länger als maximal 24 Stunden dauern, da dann mit vermehrter Resistenzentwicklung und einer Beeinflussung der Darmflora gerechnet werden muß. Regelhaft genügt sogar eine einmalige präoperative Gabe zur Senkung der Infektionsraten. Leider neigen insbesondere unsichere Operateure dazu, aus vermeintlichem Absicherungsdenken die Prophylaxe zur Therapie über 3–5 Tage und mehr werden zu lassen. Ein rational sinnvolles Argument gibt es in der Elektivchirurgie für diese Einstellung nicht.

❐ Falsche Applikationsart
Das Antibiotikum soll mit wenig Flüssigkeit als Bolusinjektion i. v. verabreicht werden und nicht als Dauertropf die Operation begleiten! Auch wenn das für den Operateur noch so beruhigend wirkt – die Wirkung des Antibiotikums ist durch den zu geringen Gewebsspiegel nur noch psychologisch.

❐ Falsche Dosis
Ebenso ist die Erzielung eines ausreichenden Wirkspiegels gestört, wenn zur Prophylaxe nur die halbe therapeutische Dosis oder ein Bruchteil davon genommen wird. Das ist keine Ersparnis, sondern teure Wirkungslosigkeit.

❐ Falsche Auswahl
Die Auswahl des Antibiotikums hat sich zu richten nach:
- der Art des Eingriffs
- den zu erwartenden Erregern
- der lokalen (krankenhauseigenen) Erregersituation
- den Kosten
- den Nebenwirkungen
- der Grundkrankheit des Patienten
- der allergischen Disposition

Antibiotikatherapie

Indikation

Die meisten bakteriellen Infektionen erfordern eine antibiotische Therapie. Aus chirurgischer Sicht müssen insbesondere die Infektionen antibiotisch behandelt werden, die nicht komplett operativ saniert werden können (z. B. eine Phlegmone), die nicht primär chirurgisch behandelbar sind (z. B. postoperative Pneumonie) und jede Form einer bakteriellen Sepsis (z. B. im Rahmen einer Peritonitis). Therapiert wird in jedem Fall nur ein nachgewiesener bakterieller Infekt und nicht ein relativ unspezifisches Symptom, wie das Fieber.

Merke:

Ein Antibiotikum ist kein Antipyretikum!

Auch virale Infekte können Symptome verursachen, die denen einer bakteriellen Infektion vergleichbar sind (Fieber, Myalgien, Gelenkschmerzen, Abgeschlagenheit, etc.), ohne daß sie einer antibiotischen Therapie bedürfen. Voraussetzung für eine antibiotische Therapie ist die durch mikrobiologischen Erregernachweis gesicherte Diagnose.

Einzige Ausnahme von dieser Regel ist der Patient einer Risikogruppe, der einer umgehenden (und damit auch zunächst ungezielten) Antibiotikatherapie bedarf.

➤ ***Risikogruppen:***
1. Fokale, chirurgisch nicht komplett zu sanierende Infekte bei Risikopatienten (hohes Lebensalter, postoperative Pneumonie, nachgewiesene Immunschwäche, etc.)

2. Septische Patienten
3. Febrile, leukopenische bzw. immunsupprimierte Patienten
4. Verdacht auf akute Endokarditis

Auch bei diesen dringlichen Indikationen für eine ungezielte Antibiotikagabe hat natürlich die Entnahme entsprechender Proben zur mikrobiologischen Diagnosesicherung zu erfolgen (Blutkulturen, aerobe und anaerobe Abstriche, Katheterurin, bronchoskopische Sekretgewinnung, etc.). Nach Eintreffen der mikrobiologischen Keimdifferenzierung und des entsprechenden Resistogramms 1–2 Tage später kann dann eventuell die Therapie modifiziert werden.

Grundsätze für die Wahl des Antibiotikums

Ist die Indikation zur therapeutischen Antibiotikagabe gestellt, folgt eine rationale Auswahl des adäquaten Antibiotikums. Hilfestellung bei dieser Überlegung liefert eine kritische Abwägung der Gegebenheiten, die sich an mehreren Punkten orientieren muß:

➤ ***Erregernachweis:***
Möglichst vor Beginn der antibiotischen Therapie eines bakteriellen Infekts ist der Erreger zu isolieren (Abstriche, Blutkulturen, Spülflüssigkeit, Katheterurin, etc.). Dann kann umgehend die initiale Kombinationstherapie eingeleitet werden, die bei Hospitalinfektionen auf der chirurgischen Intensivstation grundsätzlich erforderlich ist. In Ausnahmefällen kann die kombinierte Initialtherapie nach Eintreffen des Resistogramms 48 Stunden später auf eine preiswertere Monotherapie umgestellt werden. Zumeist handelt es sich jedoch um Infektionen mit problematischen mono- oder polyresistenten Erregern, so daß die Kombinationstherapie weitergeführt werden muß. Deshalb sollte zur sinnvollen Antibiotikatherapie ein Stufenplan erstellt werden, um nicht durch den grundsätzlichen Einsatz hochpotenter Medikamente die Resistenzlage zu verschärfen oder eine Superinfektion z. B. mit Pilzen zu provozieren. Äußerst hilfreich ist bei der Initialtherapie neben der Kenntnis des krankenhausspezifischen Erregerspektrums die in Deutschland leider arg vernachlässigte Direktmikroskopie des nach Gram gefärbten Ausstrichs. Mit Hilfe dieses Befundes kann die Primärtherapie sinnvoller eingesetzt werden. Ein besonderes Problem stellt der mikrobiologische Nachweis von Anaerobiern dar. Deshalb sollten diese Erreger auch bei fehlendem Nachweis bei septischen Patienten auf der Intensivstation mit abgedeckt werden.

➤ ***Lokalbefund:***
Er beeinflußt die Wahl des Antibiotikums ganz entscheidend. Das Vorliegen einer spezifischen Infektion (Tetanus, Gasbrand, Milzbrand, Wunddiphtherie, etc.) mit einem bekannten Erreger impliziert die Wahl des entsprechenden Antibiotikums. Aber auch die Art einer eitrigen Infektion macht insbesondere im Bereich der Haut das Vorliegen bestimmter Bakterien wahrscheinlich. So müssen bei der Phlegmone Streptokokken und gramnegative Keime, beim Abszeß Staphylokokken, gramnegative Erreger und Anaerobier und beim Wundinfekt besonders Staph. aureus und gramnegative Bakterien durch das gewählte Antibiotikum abgedeckt sein. Im Zweifel hilft die rasch durchzuführende Direktmikroskopie nach einer Gramfärbung bei der groben Differenzierung. Andere Organlokalisationen gehen ebenfalls statistisch gehäuft mit einer Infektion durch bestimmte Erreger einher (E. coli und

Klebsiellen bei der akuten Cholezystitis; Staph. aureus bei der Mastitis; E. coli, B. fragilis und Klebsiellen bei der Peritonitis; Staph. aureus bei der Infektion durch Venenkatheter, etc.).

➤ ***Schwere der Infektion:***
Sie bestimmt nicht nur die Wahl des Antibiotikums, sondern zumeist auch die Wahl einer sinnvollen Kombination. Insbesondere wenn ein breites Spektrum möglicher Erreger vermutet werden muß (Peritonitis, Sepsis, etc.), sollte die Antibiotikakombination dieses Spektrum abdecken. Die Schwere der Infektion hängt grundsätzlich von drei Faktoren ab:

1. Der Zahl der eingedrungenen Erreger,
2. ihrer Virulenz und
3. dem Allgemeinzustand des Patienten (Immunstatus, Durchblutung der Gewebe, etc.).

Eintrittspforten der Erreger sind die natürlichen Körperöffnungen (Respirationstrakt, Urogenitaltrakt,etc.) oder Verletzungen der mit der Außenwelt in Verbindung stehenden Haut und Schleimhäute (auch durch eine Operation!). Besonderes Augenmerk muß auf einer chirurgischen Intensivstation auf die iatrogenen Infektionswege und die daraus resultierenden Hospitalinfektionen gelegt werden. Durch eine Vielzahl ärztlicher Maßnahmen wird der Infektionsweg gebahnt (endotracheale Intubation, Blasenkatheter) oder direkt geschaffen (Punktion von Blutgefäßen, operativer Eingriff, perkutane Drainagen, etc.) und damit eine Infektion herbeigeführt oder begünstigt. Die im Krankenhaus erhöhte Zahl pathogener Keime, ihre besonders in der Intensivmedizin durch Antibiotikaselektion erhöhte Virulenz und der krankheitsbedingt gestörte Allgemeinzustand des Patienten führen unter diesen Bedingungen nur allzu leicht zu einer schweren Infektionskrankheit. Hospitalinfektionen auf einer chirurgischen Intensivstation sind deshalb grundsätzlich als schwere Infektionen anzusehen.

➤ ***Epidemiologie:***
Hospitalinfekte (geschätzte Häufigkeit: 500 000/Jahr in der BRD!) werden häufig durch gramnegative Bakterien verursacht. Da diese sehr oft gegen Penicillin, Erythromycin o. ä. resistent sind, muß die Wahl des Antibiotikums dies berücksichtigen und z. B. primär ein Cephalosporin der zweiten Generation eingesetzt werden. Insbesondere bei Hospitalinfekten mit Staphylokokken muß damit gerechnet werden, daß sie penicillinresistent sind, wobei heute auch jederzeit mit einem polyresistenten MRSA gerechnet werden muß.

Wenn ein Infekt prästationär schon mit einem Antibiotikum anbehandelt wurde, prädisponiert dies für eine Besiedlung mit resistenteren Keimen. Deshalb gilt der Grundsatz, Infekte, die bis 48 Stunden nach der Aufnahme ins Krankenhaus auftreten, mit einfachen Antibiotika (Penicillin bei grampositiven, Cephalosporine der ersten oder zweiten Generation bei gramnegativen Erregern) zu behandeln, während Hospitalinfektionen (= alle Infektionen, die später als nach 48 Stunden Aufenthalt im Krankenhaus auftreten) mit primär potenteren Chemotherapeutika angegangen werden müssen. Hierzu gehören sicherlich alle Infektionen der chirurgischen Intensivmedizin.

➤ ***Allergiestatus:***
Er schließt bestimmte Antibiotika (Allergene und Kreuzallergene) primär aus. So ist zu beachten, daß es bei einer Penicillinallergie in 10% der Fälle eine Kreuzallergie mit Cephalosporinen gibt. Wichtig ist, sowohl den Handelsnamen als auch den Freinamen der allergenen Präparate schon bei der Anamneseerhebung zu erfragen.

Nicht alle anamnestisch angegebenen Allergien treffen tatsächlich zu. Bei eher fraglicher Anamnese empfiehlt sich, z.B. bei angegebener Penicillinallergie eine kleine Testdosis des vorgesehenen Cephalosporins als Quaddel subkutan zu injizieren und die lokale Wirkung zu beobachten.

➤ ***Pharmakodynamik:***
Anflutung, Wirkspiegel, Wirkkonzentration am Ort der Infektion und Ausscheidung eines Antibiotikums sind wichtige Größen in der Beurteilung ihres möglichen Effekts. Diese Werte sollte man für die wichtigsten Antibiotika, mit denen man arbeitet, parat haben.

➤ ***Nebenwirkungen:***
Die möglichen Nebenwirkungen eines Antibiotikums dürfen nicht mit Risikobedingungen beim Patienten kollidieren (z.B. nephrotoxische Antibiotika bei Nierenteilschädigung!). Die wichtigsten Nebenwirkungen muß man bei den gängigsten Antibiotika kennen oder zumindest übersichtlich aufgelistet (z.B. im Medikamentenschrank) zur Verfügung haben, so daß man sie bei der Entnahme des Medikaments kurz rekapitulieren kann. Bei Medikamenten mit spezifischen Nebenwirkungen (z.B. Aminoglykoside) schützt eine Konzentrationsbestimmung im Patientenserum sowohl vor Über- als auch vor Unterdosierungen.

➤ ***Bakteriostatisch oder bakterizid?***
Bakteriostatische Antibiotika verhindern bakterielles Wachstum, ohne daß sie Bakterien abtöten. Voraussetzung für ihre Gabe ist eine funktionierende Immunabwehr. Ist diese gestört (Neutropenie, Immunsuppression), muß ein bakterizid wirkendes Antibiotikum verabfolgt werden.

➤ ***Kosten:***
Auch dieser Punkt gehört zu einer kritischen Beurteilung eines Antibiotikums. Bei gleicher Eignung ist das billigere Antibiotikum einzusetzen, wobei als Berechnungsgrundlage die gesamten Therapiekosten zu berücksichtigen sind.

Therapiedauer

Die Therapiedauer ist von der Art und der Schwere der Infektion abhängig. Grundsätzlich ist jedoch festzustellen, daß heute Antibiotika insgesamt zu lange verabreicht werden. Allgemeine Kriterien für die Beendigung einer antibiotischen Therapie sind neben dem klinischen Bild die Normalisierung der Leukozytenwerte und die Entfieberung des Patienten. Bei stabiler Klinik und normalen Leukozytenzahlen kann das Antibiotikum 48 Stunden nach Entfieberung abgesetzt werden. Dies ist je nach Schwere des Infektes nach 3–5, maximal nach 8 Tagen fast immer möglich. Sind die klinischen, laborchemischen und apparativen Befunde innerhalb der ersten 3(–5)Tage nicht rückläufig, müssen folgende Fragen geklärt werden:

- Erreger primär resistent?
  → Neuerliche Erregeridentifizierung und Resistogramm!

- Keine ausreichenden Gewebsspiegel am Wirkort? → Pharmakokinetik überprüfen!
- Patient immunsupprimiert? → Bakterizides Antibiotikum wählen!
- Anhalt für Abszeß? → Perkutane oder operative Drainage, da das Antibiotikum den Abszeß nicht kurativ beheben kann!
- Fremdkörper? → Operativ entfernen!
- Bakterielle Genese des Infektes gesichert? → Virusinfekt, Medikamentenfieber, individuelle Reaktionslage, septische Mediatorenexplosion etc. überprüfen!

Monotherapie oder Kombination?

Grundsätzlich sollte der nachgewiesene Erreger mit einer Monotherapie des passenden Antibiotikums behandelt werden. **Ausnahmen** von dieser Regel sind:

- Sepsis unklarer Genese
- Febrile, leukopenische Patienten
- Polymikrobielle Infektionen
- Initialtherapie bei unbekannten Erregern
- Reduktion der Resistenzentwicklung (Pseudomonas, M. tuberculosis, Serratien, etc.)

- **Sinnvoller Synergismus:** (z.B. Therapie von Endokarditis und Harnwegsinfekten)
  * Verbesserung der Penetration bei der Kombination von Penicillin und Aminoglykosiden bei Streptokokken,
  * Piperacillin und Aminoglykoside bei Pseudomonas,
  * Cephalosporine und Aminoglykoside bei Klebsiellen,
  * Kombination von Ampicillin und Clavulansäure als Inhibitor der β-Lactamase,
  * Kombination von Imipenem und dem Enzyminhibitor Cilastin, der den metabolischen Abbau von Imipenem in der Niere verhindert, etc.

➤ Schwere Infekte unter intensivmedizinischen Bedingungen: Da Infekte auf der Intensivstation grundsätzlich als schwerwiegende Hospitalinfekte anzusehen sind, erscheint hier eine Kombinationstherapie im ***Stufenkonzept*** angezeigt.

➤ ***Mögliches Stufenkonzept für die Intensivmedizin***

Stufe 1: Cephalosporin der 3. Generation (z.B. Cefotaxim – Claforan®)
Stufe 2: Zusätzlich Metronidazol (z.B. Clont®)
Stufe 3: Zusätzlich Azlo- bzw. Piperacillin ("Double-Cover-Effekt")
Stufe 4: Zusätzlich Aminoglykosid (z.B. Tobramycin)

Alternative zu den Stadien 3 und 4:
- Imipenem/Cilastin (+ Aminoglykosid)
- Cefotaxim + Metronidazol + Gyrasehemmer

Antibiotikaübersicht

➤ **Cephalosporine der 2. Generation:**
= (I.) Intermediär-Cephalosporine (Cefuroxim-Gruppe) und (II.) Methoxy-Cephalosporine (Cefoxitin-Gruppe)

Tabelle II-20-1 Antibiotikagruppen und ihre Wirksamkeit bei verschiedenen Mikroorganismen.

Mikroorganismen / Antibiotika	Grampositive			Gramnegative			Anaerobier
	Staphylokokken	Streptokokken	Enterokokken	E. coli	Proteus	andere (außer Pseudomonaden)	Bacteroides fragilis
Penicilline							
Schmalspektrumpenicilline	-	+++	(+)	-	-	-	-
Isoxazolylpenicilline	+++	(+)	-	-	-	-	-
Aminopenicilline	-	(++)	+++	++	+	(+)	-
Azylureidopenicilline	-	(++)	+++	+++[2])	++	++	+
Betalactamase-Inhibitor geschützte Penicilline	+++	(++)	+++	+++	+++	+ bis ++[3])	++
Cephalosporine							
1. Generation	+++	(++)	-	++	+	+	-
2. Generation	+++[1])	(++)	-	+++	+	++	(+) Cefoxitin +
3. Generation	(+)	(+++)	-	+++	+++	+++	+ Latamoxef ++
Aminoglykoside	++	-	-	+++	++	++	-
Clindamycin	++	++	-	-	-	-	+++
Metronidazol	-	-	-	-	-	-	+++
Chinolone (Gyrasehemmer)	+	+	+	+++	+++	++	(+)
Imipenem	++	++	++	+++	+++	+	++

+++ Gut wirksam
++ Wirksam
+ Mäßig wirksam
- Nicht wirksam
( ) Wirksam, aber nicht empfehlenswert
[1]) Nicht Cefoxitin
[2]) Außer ß-Laktamasebildnern
[3]) Je nach Wahl des Penicillins

z. B. (I.): Cefuroxim (Zinacef®), Cefamandol (Mandokef®), Cefotiam (Spizef®)
(II.): Cefoxitin (Mefoxitin®), Cefotetan (Apatef®)

Wirkung:	Staphylokokken (außer Cefoxitin), E. coli, gramnegative Stäbchen, Hämophilus, etc.
Wirklücken:	Enterokokken, Pseudomonas
Indikation:	Ungezielte Therapie bakterieller Infektionen mit Staphylokokken oder resistenten gramnegativen Stäbchen, z. B. postoperative Harnwegsinfekte, postoperative Pneumonien, Wundinfekte, etc.
Kontraindikation:	Cephalosporin-Allergie

➤ **Cephalosporine der 3. Generation:**
= Aminothiazolcephalosporine z. B. Cefotaxim (Claforan®), Ceftriaxon (Rocephin®), Ceftizoxim (Ceftix®) oder Cefmenoxim (Tacef®)

Wirklücken:	Anaerobier (→ Metronidazol), Enterokokken und Pseudomonas (→ Aminoglykosid oder Acylaminopenicillin), Oxacillin- oder Cephalotin-resistente Staphylokokken (→ Vancomycin, Teicoplanin), etc. Sie müssen bei entsprechender Indikation mit den jeweiligen Antibiotika (in Klammern) kombiniert werden.
Indikationen:	Ungezielte Therapie schwerer, lebensbedrohlicher Infekte Gezielte Therapie schwerer Allgemein- und Organinfektionen Schwere Infektionen bei Penicillin-Allergie Prophylaxe in der kolorektalen Chirurgie
Falsche Indikation:	Leichtere bakterielle Infektionen, die z. B. mit Penicillin behandelt werden können
Kontraindikation:	Allergie gegen Cephalosporine

➤ **Acylureidopenicilline:**
= Ampicillinderivate, bei denen die Aminogruppe durch modifizierte Ureidoseitenketten ersetzt wurde.
z. B. Azlocillin (Securopen®), Mezlocillin (Baypen®), Piperacillin (Pipril®), Apalcillin (Lumota®)
Beispiel: Piperacillin

Wirkung:	Gute Wirksamkeit gegen Enterokokken, E. coli, Proteus, etc.
Wirklücken:	Staphylokokken, Anaerobier, etc.
Indikation:	Infektionen der Harnwege, des Genitaltraktes und der Gallenwege, Prophylaxe in der Allgemeinchirurgie
Falsche Indikation:	Ungezielte Monotherapie bei lebensbedrohlichen bakteriellen Allgemeininfekten
Kontraindikation:	Penicillin-Allergie

➤ **Ampicillin + Betalactamaseinhibitor:**
= durch Blockade der β-Lactamase läßt sich das Wirkspektrum der Penicilline erweitern. So wird das Wirkspektrum von Ampicillin auf β-Latamase-produzierende Stämme von E. coli, Klebsiellen, Bacteroides fragilis und Staphylococcus aureus erweitert.
z. B.: Ampicillin + Sulbactam (= Unacid®)

Wirkung:	Die Wirklücken von Ampicillin im gramnegativen Bereich und bei den Anaerobiern werden durch den Betalactamaseinhibitor teilweise aufgehoben

Wirklücken:	Pseudomonas, Serratia, Enterobacter, Enterobakterien mit β-Lactamasen Typ I und (teilweise) Oxacillin-resistente Staphylokokken
Indikation:	Leichtere Atemwegs-, Harnwegs-, und Weichteilinfektionen Prophylaxe bei Gallen-, Weichteil- und Intestinaleingriffen
Falsche Indikation:	Monotherapie bei lebensbedrohlichen Allgemeininfektionen, Schwere Infekte, die auch mit Penicillin G oder Ampicillin allein behandelbar sind (Clostridien, Streptokokken, Pneumokokken, etc.)
Kontraindikation:	Allergie, Schwangerschaft, 1. Lebensjahr, infektiöse Mononukleose, Leukosen

➤ **Aminoglykoside + Clindamycin:**

Wirkung:	Die Wirklücken der Aminoglykoside im grampositiven Bereich und bei den Anaerobiern werden durch Clindamycin kompensiert.
Indikation:	Gezielte und ungezielte Therapie schwerer Infektionen mit gramnegativen Stäbchen, Endokarditis, gezielte Therapie schwerer Harnwegsinfektionen
Falsche Indikation:	Parenterale Therapie bei Infektionen, die auf weniger toxische Antibiotika ansprechen
Kontraindikation:	Gravidität, Kombination mit anderen nephrotoxischen Antibiotika, Cisplatin oder starken Diuretika (Furosemid), relativ: Myasthenia gravis, Parkinson, 1. Lebensjahr

Die durch die wichtigsten Antibiotikagruppen abgedeckten Erreger sind in Abbildung II-20-1, S. 340 aufgelistet.

Spezielle therapeutische Grundsätze

Erregerdifferenziert

Die ***gezielte Behandlung*** ist die Idealform jeder Therapie. Der ursächlicher Erreger wird isoliert, das Antibiogramm erstellt und eine gezielte antibiotische Therapie eingeleitet. Generell wählt man wegen der geringeren Gefahr von biologischen Nebenwirkungen das wirksamste und am besten verträgliche Antibiotikum mit dem schmalsten Wirkungsspektrum unter Beachtung von Kosten und Nebenwirkungen. Eine gezielte Chemotherapie ist bei akuten Infektionen eher die Ausnahme. Sie ist bei chronischen Infektionen durch hochresistente Erreger (z. B. Pseudomonas oder Staphylokokken) wichtig. Im klinischen Altag wird zumeist eine ***kalkulierte oder empirische Therapie*** durchgeführt. Dabei wählt man ein Antibiotikum, das zum erwarteten Erregerspektrum paßt und die notwendigen pharmakokinetischen Eigenschaften besitzt.

Bei lebensbedrohlichen Infektionen ist eine ***Kombinationstherapie*** grundsätzlich erforderlich. Mit geeigneten Antibiotikakombinationen, z. B. der Kombination eines Cephalosporins der 3. Generation (z. B. Cefotaxim [Claforan®]) mit Piperacillin – zu der unter Umständen Aminogykoside und Metronidazol hinzugefügt werden können – oder primär mit Substanzen wie Imipenem/Cilastin und/oder

Ciprofloxacin erfaßt man fast das gesamte mögliche Erregerspektrum einer Krankheit. Besonders wichtig erscheint diese Therapie bei Krankheitssituationen wie Sepsis, Peritonitis, infizierter Gangrän, schweren infizierten Verbrennungen, lebensbedrohlichen postoperativen Infektionen oder ähnlichen Erkrankungen.

➤ ***Infektionen durch Enterobakterien***

Gramnegative Enterobakterien, wie E. Coli, Klebsiellen, Enterobacter und Proteus kommen normalerweise im menschlichen Darm vor. Bei einer Ansiedlung in anderen Organen können sie jedoch zu schweren Krankheitserscheinungen führen (Nephritis, Cholezystitis, Cholangitis, Wundinfektion, Sepsis, etc.).

Es handelt sich dabei meist nicht um Fremdinfektionen, sondern um Autoinfektionen eines funktionell beeinträchtigten Organs (Mißbildung, Steinleiden, Abwehrschwäche, etc.).

Fremdinfektionen sind durch medizinisch-technische Geräte wie Inhalatoren, Luftbefeuchter oder Narkosegeräte möglich. Die empirische Therapie von Infektionen mit E. coli ist im leichteren Fall die Kombination eines Penicillins mit einem Betalaktamaseinhibitor (z. B. Ampicillin und Clavulansäure [Augmentan®] oder bei einem Harnwegsinfekt Co-Trimoxazol [Bactrim®]). Da E. coli Betalaktamasen besitzt, sollte bei einer schweren Infektion primär ein Cephalosporin eingesetzt werden.

Infektion durch Keime der Klebsiella-Enterobacter-Gruppe (z. B. Klebsiella pneumoniae, Enterobacter aerogenes, Enterobacter cloacae, etc.) zeigen eine beträchtliche Resistenz gegen zahlreiche Antibiotika. Auch sie besitzen meist eine Betalaktamase, so daß dies bei der Therapie berücksichtigt werden muß.

Die Kombination z. B. von Piperacillin mit einem Betalaktamasehemmer oder die Gabe von Cefotaxim sind hier die Antibiotika der Wahl. Ein Problemfall ist Enterobacter cloacae, der meist auch gegen Cefotaxim resistent ist. Hier empfiehlt sich der Einsatz von Norfloxacin oder Ciprofloxacin.

Proteusbakterien verursachen häufig Harnwegsinfektionen und sind meist gegen Ampicillin oder Cefazolin empfindlich. Bei Resistenz: Cefotaxim [Claforan®].

➤ ***Serratiainfektionen***

Serratia marcescens gehört zu den opportunistischen Keimen, die bei prädisponierenden Faktoren eine klinische Bedeutung erlangen können.

Serratia-Infektionen der Atemwege bei Langzeit-Intensivpatienten persistieren oft über Monate mit exzessiver Bildung hell-schaumigen Schleimes. Klinisch ist oft die mechanisch-funktionelle Problematik über die systemisch entzündlichen Symptome dominierend.

Bevor ein Antibiogramm vorliegt, sollte bei entsprechendem Verdacht als empirische Therapie Cefotaxim oder ein Gyrasehemmer eingesetzt werden. Im Antibiogramm zeigt sich der Keim auch manchmal Co-Trimoxazol oder Piperacillin bzw. Mezlocillin empfindlich.

➤ ***Pseudomonasinfektionen***

Pseudomonas aeruginosa verursacht Wund- und Harnwegsinfektionen, Pneumonien bei Langzeitpatienten, Septikämien oder sonstige Infektionen. Die Bakterien sind wegen ihrer häufigen Therapieresistenz, der Fähigkeit zur Toxin- und Schleimbildung sowie der leichten Übertragbarkeit gefürchtete Infektionserreger in der Klinik und stellen in manchen Krankenhäusern ein Problem dar ("Pseudomonashospitalismus").

Bei nachgewiesenem Infekt ist grundsätzlich die gezielte Behandlung nach Erregerisolierung und Antibiogramm ratsam. Bei schweren Infektionen muß ein Betalaktamantibiotikum mit einem Aminoglykosid kombiniert werden. So kann z.B. die Kombination von Piperacillin und Tobramycin effektiv sein. Bei schwereren Infektionen empfiehlt sich die Einbindung von Ceftazidim [Fortum®] in ein Kombinationsschema. Alternativ kann ein Gyrasehemmer (z.B. Ciprofloxazin) eingesetzt werden. Im Falle einer schweren lebensbedrohlichen Erkrankung kann im Ausnahmefall auch Imipinem/Cilastin gegeben werden.

➤ ***Hämophilus-influenzae-Infektionen***

Bei Erwachsenen meist Erreger der akuten Exazerbation einer chronischen Bronchitis. Seltener Auslöser einer Bronchopneumonie bzw. Lobärpneumonie. Die ungezielte Therapie sollte mit einem Cephalosporin der zweiten Generation erfolgen. Alternativ kann ein Gyrasehemmer (z.B. Ciprofloxazin) eingesetzt werden.

➤ ***Staphylokokkeninfektionen***

Schwere Infektionen durch Staphylokokkus aureus kommen bei resistenzgeschwächten Patienten im Krankenhaus häufiger vor als bei ambulanten Patienten ("infektiöser Hospitalismus"). Vor allem sind Säuglinge und ältere Menschen betroffen.

Hauptauslöser sind neben der endogenen Infektion plazierte Venenkatheter und Verweilkanülen.

Antibiotikum der Wahl bei der ungezielten Therapie ist Cefotaxim. Alternativ kann Flucloxacillin als Basiscephalosporin eingesetzt werden. Schwere Staphylokokkeninfektionen sollten generell nicht mit Betalaktamantibiotika behandelt werden.

Ein besonderes Problem stellen in letzter Zeit Methicillin-resistente-Staphylococcus-aureus ***(MRSA)-Infektionen*** dar. Diese polyresistenten Staphylokokken sind außerordentlich leicht übertragbar, jedoch schwierig zu behandeln. Einmal auf einer Intensivstation eingenistet, sind sie nur schwer zu eliminieren. Chemotherapeutika der Wahl sind Vancomycin oder Teicoplanin.

➤ ***Prophylaktische MRSA-Strategie:***

Die Übertragung kann durch asymptomatische Keimträger (Personal) erfolgen. Kolonisationsort ist zumeist der Nasen-Rachenraum. Bei gehäuftem Auftreten sind Umgebungsuntersuchungen einschließlich Pflegepersonal, Ärzten, Krankengymnasten und Röntgen-Assistenten mit Nasenabstrichen sinnvoll.

Klinisch hat sich eine Patienten-Prophylaxe mit zweimal täglicher Gabe von je 2 Tropfen einer Vancomycin®-Lösung in jedes Nasenloch obligat bei allen auf die Intensivstation aufgenommenen Patienten als effektiv bewährt.

Merke:

Vancomycin®-Lösung zur MRSA-Prophylaxe:
0,5 g Vancomycin®-Trockensubstanz + 10 ml NaCl
Gesamtbedarf der Station für einen Tag!

➤ ***Streptokokken- und Pneumokokkeninfektionen***

Therapie der Wahl sind primär Penicillin G und V. Problematische Untergruppen der Streptokokken (Enterokokken bzw. D-Streptokokken) sind meist gegen Ampicillin, Mezlocillin oder Piperacillin empfindlich.

➤ ***Anaerobierinfektionen***

Die häufigsten Erreger sind die Bacteroidesarten (89–90%). Zumeist handelt es sich bei Anaerobierinfektionen um Mischinfektionen von aeroben und anaeroben Keimen, wie z. B. bei der Peritonitis oder beim intraabdominellen Abszeß. Deshalb ist bei ihrer Behandlung zumeist eine Kombinationstherapie erforderlich, bei der zur Abdeckung des Anaerobierspektrums Metronidazol hinzugefügt wird. Zu beachten ist, daß Bacteroidesarten Betalaktamasen produzieren. Eine gängige Kombinationstherapie ist für diese Problemgruppe z. B. die Gabe von Cefotaxim und Metronidazol.

Merke:

Anaerobiernachweis im Antibiogramm:
Seltener positiv als nach klinischer Erfahrung zu erwarten!

Krankheitsbezogene Differenzierung

Septische Infektionen

Die Wahl des Antibiotikums bei der massiven Sepsis muß fast immer ungezielt ohne Kenntnis des Erregers erfolgen. Deshalb sind hier – insbesondere auf den Intensivstationen – Antibiotikakombinationen notwendig. Zur ungezielten Initialtherapie schwerer Infektionen kommen Kombinationen in Frage, die ein möglichst lückenloses Erregerspektrum abdecken, so z. B. die Kombination eines Cephalosporins mit Metronidazol und evtl. einem Aminoglykosid. Alternativ kann z. B. Cefotaxim mit Azlo- oder Piperacillin kombiniert werden, da diese Kombination den Vorteil eines sich überlappenden Spektrums und einer sich ergänzenden Wirkung besitzt (*"**Double-Cover-Effekt**"*).

Das Problem der ungezielten Sepsisbehandlung ist einerseits die Schwierigkeit der schweregradorientierten Behandlung unterschiedlicher Sepsisverläufe und andererseits die Tatsache, daß im Rahmen einer Sepsis ins Blut gelangte Bakterien eine Mediatorenkatastrophe auslösen, die letztlich auch durch ein Antibiotikum nicht mehr zu beeinflussen ist. Wohl deshalb hat z. B. bei der Peritonitiskrankheit die Einführung der Antibiotika keinen hochsignifikanten Einfluß auf die Gesamtletalität gehabt.

Wünschenswert wäre demzufolge ein differenziertes Stufenkonzept unterschiedlicher Schweregrade einer Sepsis, wie dies z. B. im Rahmen von Peritonitisstudien zur Zeit überprüft wird. Denkbar ist, die Peritonitis bei leichtgradigen Fällen (Schweregrad I) durch Gabe eines Cephalosporins (z. B. Cefotaxim) zu behandeln, mittelschwere Fälle (Schweregrad II) durch die Kombination eines Cephalosporins mit Metronidazol und schwerstgradige Fälle durch die zusätzliche Gabe eines Aminoglykosids oder eines Gyrasehemmers. Alternativ können schwerstgradige Fälle der Peritonitis auch mit Imipinem/Cilastin (eventuell in Kombination mit einem Aminoglykosid) behandelt werden. Leider existiert für das allgemeine Krankheitsbild der Sepsis noch keine schweregradorientierte Klassifizierung und demzufolge keine differenzierte antibiotische Therapie. Bei entsprechend klinischem Bild ist jedoch auch hier eine ***Stufenbehandlung*** möglich. Leichtgradige Fälle können durch die Kombination, z. B. von Cefotaxim mit einem Aminoglykosid oder Metronidazol behandelt werden. Bei mittelschweren Fällen kann die zusätzliche Gabe von Piperacillin sinnvoll werden, während schwerste Fälle, bei denen mehrfach resistente Erreger und Anaerobier zu vermuten sind, durch Imipinem/Cilastin, evtl. unter zusätzlicher Gabe eines Aminoglykosids behandelt werden können.

Organbezogene Beispiele

➤ ***Urosepsis***
Die Initialbehandlung kann in der Kombination von Cefotaxim und Gentamycin bestehen, alternativ durch Piperacillin und einen Betalaktamasehemmer.

➤ ***Cholangitische Sepsis***
Die günstigsten Antibiotika sind Mezlocillin und Ceftriaxon. Alternativ kann ein Betalaktamantibiotikum (z. B. auch Cefotaxim) mit einem Aminoglykosid kombiniert oder Ciprofloxazin verabfolgt werden.

➤ ***Postoperative Sepsis***
Die ungezielte Therapie muß neben Enterobakterien auch Anaerobier abdecken. Sinnvolle Kombinationen sind:
- Cefotaxim + Metronidazol,
- Ciprofloxazin + Clindamycin oder
- Imipinem/Cilastin (für schwerste Fälle)

➤ ***Sepsis bei myeloischer Insuffizienz (z. B. Leukämie, Agranulozytose, Granulozytose, etc.)***
Sie wird häufig durch Pseudomonas aeruginosa, E. coli, Klebsiellen, Proteus oder Staphylokokken ausgelöst. Zur Initialbehandlung kommen folgende Kombinationen in Frage:
1. Cephalosporin + Acylureidopenicillin
2. Acylureidopenicillin + Aminoglykosid
3. Cephalosporin + Aminoglykosid oder
4. für schwerste Fälle Imipinem/Cilastin + Aminoglykosid

Patienten, die nach 3–4 Tagen entfiebert sind, gelten als Responder. Dann wird die Therapie noch über 4–8 Tage fortgesetzt. Bei Patienten, die innerhalb von 3–4 Tagen nicht entfiebern ("Non-Responder"), wird die Therapie auf eine andere Antibiotikakombination oder die Gabe von Antimykotika umgestellt (Insbesondere unter einer länger dauernden Therapie mit Imipinem/Cilastin muß mit einer Proliferation von Pilzen gerechnet werden!).

➤ ***Pneumonie***

Hier müssen mehrere Untergruppen differenziert werden:

* *Primäre Pneumonie bei vorher gesunden Personen [außerhalb der Klinik aqui riert]*
Erreger: Meist Pneumokokken, evtl. Staphylokokken, Klebsiellen oder Hämophilus influenzae
Therapie: Die Primärtherapie sollte mit Cefuroxim oder Cefotiam erfolgen, da dieses Antibiotikum sowohl Pneumokokken als auch Staphylokokken, Hämophilus und Klebsiellen abdeckt.

* *Interstitielle Pneumonie*
Klinik: Glasiges Sputum, keine Leukozytose, hohes Fieber und relative Bradykardie
Erreger: Mycoplasmen, Chlamydien, etc.
Therapie der Wahl: Doxycyclin
Differentialdiagnose: Bei immunsupprimierten Patienten muß auch an Pneumocystis carinii, Zytomegalie, Herpes- oder Varizellenpneumonie gedacht werden.

* *Sekundäre Pneumonien* (z.B. postoperativ, bei resistenzschwächender Grundkrankheit, Infarktpneumonie, etc.)
Erreger: Oft resistente Hospitalkeime (Staphylokokken, Klebsiellen, Pseudomonas), die nicht selten im Rahmen von Mischinfektionen auftreten
Therapie: Die ungezielte Primärbehandlung sollte in der Gabe von Cefotaxim, evtl. in der Kombination mit Clindamycin erfolgen.

* *Beatmungspneumonie*
Erreger: Bei mechanisch beatmeten Patienten kommt es meist zu einer Keimbesiedlung der Trachea und der Bronchien mit Hospitalkeimen.
Therapie: Diese für die Intensivstation typische Pneumonieform muß antibiogrammgerecht abgedeckt werden. Pseudomonaden sollten bei der Kombinationswahl aber stets berücksichtigt werden, z.B. Ceftazidim + Gentamycin.

* *Bronchopneumonie bei chronischer Bronchitis*
Erreger: Meist Mischinfektionen durch Pneumokokken, Hämophilus oder auch gramnegativen Bakterien
Therapie: Primärtherapie mit einem Breitspektrumantibiotikum (z.B. Ceforoxim oder Ceftriaxon)

* Aspirationspneumonie
Erreger: Fast immer Mischinfektionen von anaeroben und aeroben Keimen.
Therapie (Kombinationsmöglichkeiten): Cefotaxim + Clindamycin, Cefoxitin + Gentamycin oder im schwersten lebensbedrohlichen Fall: Imipinem + Gentamycin

* *Sonderform: Legionellose*
Erreger: Legionella pneumophila
Therapie der Wahl: Erythromycin (initial: 2 g i.v.)

➤ ***Peritonitis***

* *Primäre Peritonitis*
Bei gramnegativen Stäbchen: Cefotaxim + Gentamycin + Metronidazol
Bei Pneumokokken oder A-Streptokokkenperitonitis: Penicillin G

Bei Gonokokken: Cefotaxim, 3 × 2 g
Bei Staphylokokken: Cefazolin oder Vancomycin
Bei Enterokokken: Ampicillin oder Mezlocillin

* *Peritonitis bei CAPD – Patienten*
Häufigste Erreger: Staphylococcus epidermidis, Staphylococcus aureus, Enterokokken, E. coli, Klebsiellen, Enterobacter, Proteus, etc.
Therapie: Einmalige i. v.-Gabe von Vancomycin (1 g) und Gentamycin (1,5 mg/KG). Danach werden dem Dialysat pro Liter 25 mg Vancomycin und 4 mg Gentamycin zugesetzt (für etwa 2 Wochen). Wenn nach 7 Tagen immer noch Bakterien nachweisbar sind, sollte der infizierte Peritonealkatheter als wahrscheinlichster Ausgangsherd entfernt werden. Im weiteren Verlauf immer auf Komplikationen der Peritonitis achten (intraabdominelle Abszedierung etc.)!

* *Sekundäre Peritonitis*
Die sekundäre Peritonitis wird zumeist durch eine Mischinfektion von aeroben und anaeroben Bakterien ausgelöst. Deshalb reicht nur bei frischer leichtgradiger Peritonitis die alleinige Gabe eines Cephalosporins der zweiten Generation aus. Schon bei mittelschweren Fällen muß das Cephalosporin mit Metronidazol kombiniert werden. Schwerste Fälle der Peritonitis können durch die Kombination von Imipinem/Cilastin, evtl. unter Zugabe von Gentamycin behandelt werden, alternativ durch die Kombination von Cefotaxim, Metronidazol und einem Gyrasehemmer bzw. Ciprofloxazin + Metronidazol.

➤ *Pankreatitis*

Obwohl in der Spätphase der akuten nekrotisierenden Pankreatitis bakterielle Infektionen, insbesondere in Form von Abszedierungen eine Rolle spielen, ist die primäre Antibiotikatherapie in ihrer Effizienz bisher nicht nachgewiesen. Es scheint belegt, daß durch die primäre Gabe von Antibiotika eine sekundäre bakterielle Infektion, wie z. B. ein Pankreasabszeß letztlich nicht verhindert werden kann und demzufolge die Antibiotikagabe den Verlauf der Erkrankung nicht wesentlich beeinflußt.

➤ *Akute Harnwegsinfektionen*

Die ungezielte Therapie kann nach Asservierung von Material zur Erregerisolierung in der Gabe von Co-Trimoxazol oder einem Gyrasehemmer bestehen. Bei komplizierten Hospitalinfektionen der ableitenden Harnwege erscheint die primäre Gabe eines Gyrasehemmers sinnvoll.

II-21 Streßulkus und Prophylaxe

Definition

Akute Magen- oder Duodenalschleimhautnekrose infolge schwerer Schockzustände bei Polytraumen, Verbrennungen, Sepsis, Peritonitis, akuten Organversagen und nach großen chirurgischen Operationen.

Pathogenese

Die Phasen der allgemeinen Ulkusentstehung laufen in der Pathogenese des Streßulkus gleichsam im Zeitraffertempo ab. Initial wirksam ist eine schockbedingte Mikrozirkulationsstörung der Schleimhaut des oberen Gastrointestinaltrakts mit einem Abfall des intrazellulären Adenosin-5-Triphosphatspiegels. Aus dem azidotischen Gewebeschaden resultiert eine Histaminausschüttung, Gefäßdilatation und Mukosaschwellung. Durch die gleichzeitige Anwesenheit von Gallensäuren und Lysolecithin ("barrier breakers"), die in der adrenergen Phase durch den insuffizienten Sphinkter regurgitieren, entwickelt sich ein circulus vitiosus mit Untergang der Schleimhaut, Bildung von Erosionen und bei persistierender Hypersekretion der Ulzeration im Verlauf von Stunden bis Tagen.

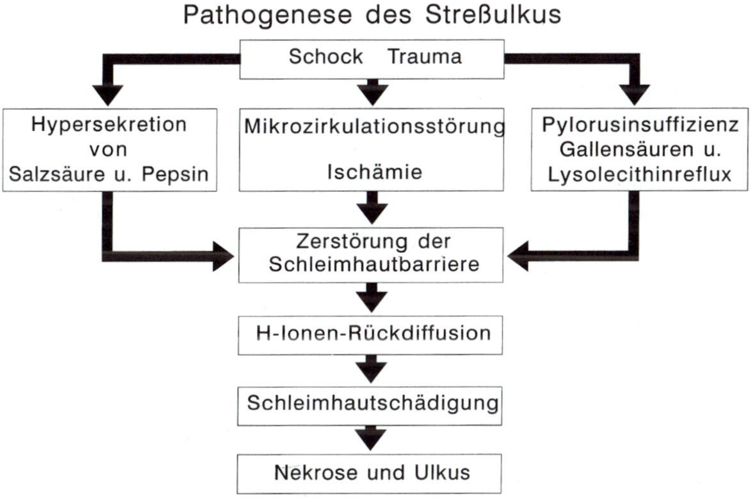

Abb. II-21-1 Pathogenetische Mechanismen für die Entstehung von Streßulzera.

Klinik

Die klinische Symptomatik ist geprägt von den Symptomen der Blutung mit Hämatemesis und Teerstuhl. Bei foudroyantem Verlauf steht die Schocksymptomatik im Vordergrund.

Diagnose

Die Diagnostik und Verlaufsbeurteilung der Blutungskomplikationen ist bei allen Ulzerationen des Gastroduodenaltraktes die Domäne der Endoskopie. Sie ermöglicht neben der Feststellung der Art, Lokalisation und Ausdehnung der Blutungsquelle die Klärung der für die Operationsindikation des Gastroduodenalulkus so wichtigen Frage des Fortbestehens und der Intensität einer Blutung. Hieraus läßt sich auch das Risiko für eine frühzeitige Rezidivblutung abschätzen. Üblich ist heute die Einteilung nach Forrest:

Einteilung nach Forrest:

Typ Ia):	Arterielle, spritzende Blutung
Typ Ib):	Venöse Sickerblutung
Typ IIa):	Zeichen einer stattgehabten Blutung mit Blutkoagel und sichtbarem Gefäßstumpf
Typ IIb):	Zeichen einer stattgehabten Blutung ohne Gefäßstumpf
Typ III):	Nachweisbares Ulkus ohne Zeichen einer Blutung

Therapie

Die Therapie richtet sich nach folgenden Gesichtspunkten:
- Endoskopischer Befund (Forrest-Klassifikation)
- Intensität der Blutung
- Rezidivierende Blutung
- Allgemeinzustand des Patienten

Die Behandlung ist in erster Linie konservativ: Schockbekämpfung, Spülung mit Otriven®-Lösung, Gabe von Antazida, Sekretin oder Somatostatin. Versagen die konservativen Maßnahmen und auch die endoskopische Blutstillung mit sklerosierenden Substanzen, zwingt dies zum operativen Vorgehen. Allerdings kommen 70–80% der gastrointestinalen Blutungen unter konservativen Maßnahmen zum Stillstand. Die Indikation zur Operation hängt vom Befund der sofort durchzuführenden Notfallendoskopie und dem Erfolg der dabei angewendeten Methode zur Blutstillung ab.

➤ Typ Forrest Ia und Ib

Sofortiger Versuch einer endoskopischen Blutstillung. Ist diese erfolglos, ist die Notfalloperation zwingend indiziert. Beim konservativen Vorgehen ist eine prophylaktische Regastroskopie 8–12 Stunden nach der ersten Notfallgastroskopie erforderlich.

➤ **Typ Forrest IIa und IIb**

Sofortige Einleitung einer konservativen Therapie, ggf. zusätzlich endoskopische Maßnahmen (Gefäßclip, Verödung mit Äthoxysklerol) zur Verhinderung einer Rezidivblutung.

➤ **Typ Forrest III**

Klinische Befunde wie Hb-Abfall und Teerstuhl entscheiden über weitere diagnostische und therapeutische Maßnahmen.

➤ **Operatives Vorgehen** [→Kap. I-13]

➤ Blutendes Ulcus ventriculi: distale Magenresektion
➤ Blutendes Ulcus duodeni: Intraluminäre Umstechung des Ulkus, extraluminäre Ligatur der A. gastroduodenalis supra- und infraduodenal, der A. pancreaticoduodenalis und der A. gastroepiploica dextra sowie Pyloroplastik ggf. mit selektiver proximaler Vagotomie.

Streßulkus-Prophylaxe

Ziel ist die Hemmung aggressiver Faktoren sowie die Unterstützung protektiver Faktoren [126]. Dem ersten Therapieprinzip dienen Antazida, Anticholinergika, H2-Rezeptorantagonisten und Gastrin-Rezeptorantagonisten. Der Zytoprotektion dienen Substanzen wie Carbenoxolon, Sucralfat sowie Prostaglandine und Sekretin.

Allgemeiner Beitrag der chirurgischen Intensivmedizin zur Streßulkusprophylaxe sind eine adäquate Volumen- und Kreislauftherapie, um einer intramuralen Minderperfusion entgegenzuwirken sowie der Verzicht auf postoperative Relaxierung.

Allgemeine Maßnahmen zur Refluxverhütung:
- Hochlagerung der Oberkörpers
- Frühe Mobilisation
- Ableitung von Magensaft über eine Magensonde
- Orale Ernährung sobald vertretbar

Ziel der Streßulkusprophylaxe mit H2-Rezeptorenblockern, Antazida oder Pirenzepin ist es, den Magen-pH über 3,5 anzuheben. Sucralfat führt neben der Zytoprotektion ebenfalls zu einem Anstieg des Magen-pH-Wertes. Als Standardprophylaxe haben sich H2-Rezeptorenblocker, auch in Kombination mit Pirenzepin durchgesetzt. Antazida sind nicht universell einsetzbar und können erhebliche pharmakologische Nebenwirkungen wie Obstipation, Phosphatverarmung, Störung des Säure-Basen-Haushaltes sowie Interaktionen mit anderen Medikamenten aufweisen. Für Sucralfat trifft dies in ähnlicher Weise zu.

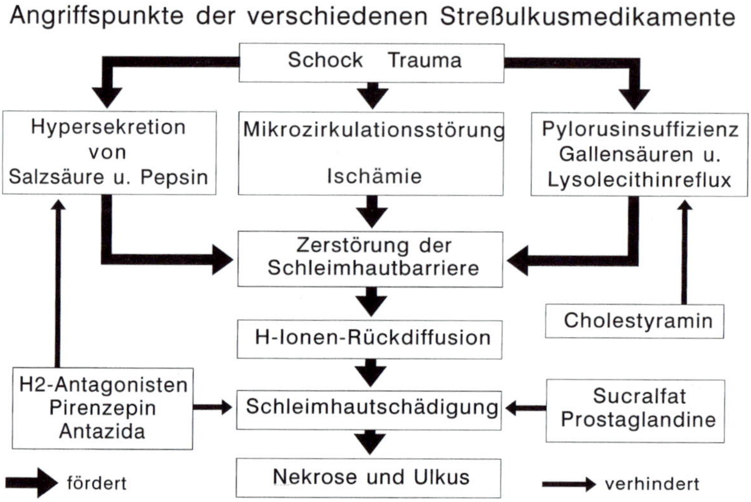

Abb. II-21-2 Angriffspunkte der verschiedenen prophylaktischen Medikamente in der Pathogenese des Streßulkus.

Nebenwirkungen der H2-Rezeptorenblocker in höheren Dosierungen:
- Blutbildveränderungen (Thrombozytopenie, Granulozytopenie)
- Erhöhung der Retentionswerte
- Bradykardien
- Verwirrtheitszustände
- Medikamenteninteraktionen

Pro und Contra der Streßulkus-Prophylaxe

In letzter Zeit ist die Prophylaxe des Streßulkus ins Zentrum kontrovers geführter Diskussionen gerückt.

Pro: Die Streßulkusprophylaxe senkt die Blutungsinzidenz und die Letalität.
Contra: Die Streßulkusprophylaxe erhöht die Pneumoniehäufigkeit und dadurch sekundär die Letalität [122, 123,127].

Eine schlüssige Antwort auf die Thesen zu finden, bleibt derzeit schwierig, da aussagefähige Studien mit genügend großen Fallzahlen nicht vorliegen. Das Zusammenführen der Daten verschiedener Studien ist wegen ihrer Heterogenität sehr problematisch.

➤ ***Blutungsinzidenz:***
Die Häufigkeit von Blutungen aus Streßulzera hat in den letzten Jahren deutlich abgenommen. Nach Castiglione [123] betrug die Blutungsinzidenz insgesamt bei Intensivpatienten unter Placebotherapie oder ohne Prophylaxe 26%, nach 1980 12%. In prospektiven Studien zeigte sich eine Blutungshäufigkeit zwischen 2 und 6% und damit eine deutlich geringere Inzidenz als ohne Prophylaxe.

➤ ***Letalität:***
Nach Castiglione [123] war auch die Zahl der blutungsbedingten Todesfälle in den letzten Jahren rückläufig. Während noch in den Jahren 1966–1974 28 % aller Blutungen tödlich verliefen, waren es in den Jahren 1985–1988 nur noch 5 %. Zusammen mit der niedrigeren Blutungsinzidenz ergibt sich daraus, daß heute zehnmal weniger Patienten an einer Streßulkusblutung sterben als vor 10–20 Jahren.

➤ ***Pneumonieinzidenz:***
Experimentell und klinisch ist eine Streßulkusprophylaxe nur wirksam, wenn der Magen-pH über 3,5 angehoben wird. Eine exakte pH-Werteinstellung läßt sich jedoch mit keinem Prophylaxeschema erreichen, so daß meist ein weit höherer pH-Wert erzielt wird.

Die Arbeitsgruppe von Daschner [125] zeigte, daß langzeitbeatmete Patienten unter Streßulkusprophylaxe einen deutlichen Anstieg von potentiell pathogenen gramnegativen Keimen únd Pilzen im Magen aufwiesen. Die gleichen Keime konnten 1–2 Tage später aus dem Trachealsekret isoliert werden.

Bei einem Magensaft-pH unter 3,4 betrug die Häufigkeit einer Beatmungspneumonie 40,6 %, bei einem pH über 5,0 sogar 69,2 %. Der wichtigste Kritikpunkt ist jedoch der fehlende Keimnachweis [122].

Um den fraglichen Infektionsweg nachzuweisen, instillierten wir in einer eigenen Studie [128] bei kontrolliert beatmeten Patienten einen Radiotracer in den Magen. Wir konnten demonstrieren, daß trotz suffizient geblockter Endotrachealtuben mit Low-Pressure-Cuffs ein Sekretübertritt vom Magen in das Bronchialsystem nuklearmedizinisch nachweisbar ist.

In einer weiteren, zur Zeit noch laufenden Studie [129] führen wir peri- und postoperative pH-Messungen bei Patienten nach selektionierten Eingriffen während 24stündiger Nachbeatmung durch. Es zeigt sich bislang, daß der pH-Wert weniger von der Art der Streßulkusprophylaxe, sondern mehr von äußeren Streßfaktoren abhängig ist. So liegt der pH-Wert unter volumenkontrollierter Beatmung zwischen 5 und 7 und fällt dann zur Extubation bis auf 1 ab. Hieraus läßt sich die Notwendigkeit einer zusätzlich zeitlichen Anpassung der medikamentösen Streßulkusprophylaxe ableiten.

In einer prospektiven Multicenter-Studie an 2252 Patienten zum Risiko einer Aspirationspneumonie unter Alkalisierung des Mageninhaltes (unter H2-Blockern, Antacida, Sucralfat, Prostaglandinen oder Omeprazol) kommt man zu dem Schluß, daß nur bei Patienten mit Koagulopathie und Langzeitbeatmung die Indikation für eine Streßulkusprophylaxe gegeben ist [124].

Für die Zukunft gilt:

Streßulkusprophylaxe:
Gezielte Prophylaxe bei Risikogruppen während Behandlungsphasen mit erhöhtem Risiko!

Literatur

– siehe Gesamt-Literaturverzeichnis im Anhang –

II-22 Gerinnungsstörungen und Thromboseprophylaxe

Gerinnungsstörungen

Grundlagen der Blutgerinnung

Der für die chirurgische Intervention so essentiell wichtige hämostatische Gefäßverschluß ist immer eine Kombination von Thrombozytenadhäsion (→ Plättchenthrombus) und Blutgerinnung (→ Fibrinthrombus).

Die Aktivierung der beiden Systeme erfolgt durch zwei Substanzen, die normalerweise nicht im zirkulierenden Blut vorhanden sind, jedoch im Rahmen des chirurgischen Eingriffs freigesetzt werden:
- Gewebefaktor und
- Kollagen

Zirkulierende **Thrombozyten** werden an normalem Endothel nicht adhärent und aggregieren auch nicht untereinander, solange die endotheliale Auskleidung der Gefäße intakt ist. Wird sie an einer Stelle z. B. durch eine chirurgische Inzision verletzt, führt das dadurch exponierte (negativ geladene) **Kollagen** zur Thromozytenadhäsion.

Die Thrombozyten verändern ihre Form, die vorher nichtkoagulierende Phospholipidoberfläche wird in eine prokoagulatorische Phospholipidoberfläche (Plättchenfaktor 3) umgewandelt. Gleichzeitig werden durch die Formänderung die (vorher versteckten) Glykoproteinrezeptoren (GP) auf der Oberfläche präsentiert, die die Plättchenadhäsion (GPIb), Plättchenaggregation (GPIIb/IIIa), Rezeptoraktivität für Fibrinogen, von-Willebrand-Faktor, und Fibronektin (GPIIb/IIIa) und Rezeptoraktivität für Thrombospondin (GPIIIb) wirksam werden lassen. Ein wesentlicher Beschleunigungsfaktor für Adhäsion und Aggregation ist Thromboxan A2, das z. B. durch Acetylsalicylsäure und Indomethacin blockiert wird.

Merke:

ASS® verursacht Thrombozytenfunktionsstörungen
[Thromboxan A_2-Blockade]
➤ keine Elektivoperation unter Acetylsalizylsäure! [Antidot: Minirin®]

Gleichzeitig mit Adhäsion und Aggregation der Thrombozyten wird die Oberfläche der Thrombozyten so verändert, daß Proteine der **Gerinnungskaskade** darauf haften und die Hämostasereaktion beschleunigen können. Der aktivierte Faktor Xa, der aktivierte Faktor Va, ionisiertes Calcium und der Faktor II (Prothrombin) versammeln sich auf der Thrombozytenoberfläche und bilden den sog. "Prothrombinase-Komplex". Dieser katalysiert die Formation von Thrombin 300000 mal schneller, als dies durch Faktor X allein möglich wäre.

Mit Thrombin ist der zentrale Mediator der Blutgerinnung entstanden. Eine der vielen Wirkungen von **Thrombin** ist die Produktion von Fibrinmonomeren, die anschließend zu einem Thrombus polymerisieren.

Merke:

Thrombin, zentraler Mediator der Blutgerinnung:
Thrombin → Fibrinmonomere → Thrombus

Der extrinsische Auslöser für die Blutgerinnung ist der aus (z. B. chirurgisch) verletzten Zellen freigesetzte Gewebefaktor, der zusammen mit Faktor VII den Faktor X aktiviert [Abb. II-22–1].

Selbstverständlich wird gleichzeitig das intrinsische Gerinnungssytem aktiviert (s. Tab. 1). Der durch VIIa aktivierte Faktor IXa, Faktor VIIIa, ionisiertes Calcium und Faktor X katalysieren die Produktion von Faktor Xa, der dann wiederum die Thrombinproduktion im Prothrombinase-Komplex beschleunigt.

Physiologische Antikoagulation

Die physiologische Antikoagulation ist ein Regulationsmechanismus, der die unkontrollierte Blutgerinnung verhindert und immer parallel zur Gerinnung abläuft.

Die einzelnen Mechnismen sind:

- Die zelluläre Elimination von aktivierten Gerinnungsfaktoren speziell beim Blutfluß durch die Leber
- Natürliche, antikoagulatorisch wirkende Substanzen im Blut

Merke:

Gerinnung:
Physiologische Balance aus Gerinnung und synchroner endogener Antikoagulation

➤ ***Physiologische antikoagulatorische Substanzen***

- Hierzu gehören z. B. EPI (= extrinsic pathway inhibitor), eine Protease, die die überschüssigen Konzentrationen von Faktor Xa neutralisiert, Antithrombin III, Heparin-Kofaktor II, α2-Makroglobulin und α1-Antiprotease.
- Da die Thrombinbildung der Schlüsselschritt der Blutgerinnung ist, ist **Antithrombin III (AT III)** der Hauptinhibitor von Thrombin, Faktor IXa und Xa.
- Durch Heparin wird die Hemmwirkung von AT III wesentlich (ca. 20000 ×) beschleunigt, woraus sich seine therapeutische Wirksamkeit erklärt. Daher neigen Patienten mit heterozygot vererbtem AT III-Mangel (> 50 %) zu Thrombosen und Embolien.

Tabelle II-22-1 Am Gerinnungsprozeß beteiligte Faktoren.
Sie wurden auf Beschluß des Internationalen Nomenklaturkomitees nach der Reihenfolge ihrer Entdeckung mit römischen Zahlen gekennzeichnet. F IV ist Ca^{2+}, F VI ist kein selbständiger Faktor, sondern wahrscheinlich mit F V identisch. Aktivierte Faktoren sind mit „a" bezeichnet (nach HEIMBURGER, TROPISCH und OHLER, modifiziert).

Faktor	Synonyma	isoliert aus	Elektrophorese	Molgewicht	Funktionen und besondere Eigenschaften	Plasmakonzentration	Bildungsort	HWZ[1])	Mindestaktivität
I	Fibrinogen	Humanplasma	α_2-Globulin (?-Gipfel)	340 000	β_2-Glykoprotein, das durch F IIa an zwei spezifischen Arginylsequenzen zu Fibrin-monomeren gespalten wird	200–400 mg/dl	Leber	110–112	50 mg/dl
II	Prothrombin	Humanplasma	α_1-Globulin	72 000	Proesterase, die durch F Xa zu einer Endopeptidase aktiviert wird, die relativ fibrinogen-spezifisch ist	5–10 mg/dl	Leber, Vit.-K-abhängig	41–72	ca. 20%
IIa	Thrombin			34 000					
III	Thromboplastin, Thrombokinase	menschlichen und tierischen Organen, bevorzugt Lunge und Hirn		bis 3 x 10^6	Gewebefaktor, wird zusammen mit Phospholipiden bei Verletzungen freigesetzt	normalerweise nicht im Plasma vorhanden	Zellen	–	–
V	Accelerin, Accelerator-Globulin, labiler F.	Humanplasma	β-Globulin	300 000	Sehr empfindliches Protein, das durch Ca^2 + stabilisiert wird. Katalysiert zusammen mit Phospholipiden und Ca^2 + die Prothombinaktivierung durch F Xa	ca. 5 mg/dl	Leber?	12–15	10–15%
VII	Proconvertin	Humanplasma	α-Globulin	56 000	Proenzym, Aktivierung durch Kontakt mit Zellfragmenten. Cofaktor von F III, mit dem er den Aktivator von F X bildet.	ca. 0,1 mg/dl	Leber, Vit.-K-abhängig	2–5	10%
VIIa	Convertin			48 000					
VIII	Antihämophiles Globulin A, AHG-A	Humanplasma	β_2-Globulin	ca. 2 Mill.	Enzymcharakter nicht bewiesen, wird durch Ca^2 + stabilisiert, Substrat von F Ixa	$<$ 1 mg/dl	Milz/RES*	10–18	25%
IX	Christmas-F, Antihämophiles Globulin B	Humanplasma	α_1-Globulin	72 000		0,5–0,7 mg/dl	Leber, Vit.-K-abhängig	18–30	20–25%

Tabelle II-22-1 (Fortsetzung)

Faktor	Synonyma	isoliert aus	Elektrophorese	Molgewicht	Funktionen und besondere Eigenschaften	Plasmakonzentration	Bildungsort	HWZ[1])	Mindestaktivität
IXa				unbekannt	F IXa bildet im Komplex mit F VIII, Ca^{2} + und Phospholipiden den Aktivator von F X				
X	Stuart-Prower-F.	Humanplasma	α_1-Globulin	72 000	Proesterase, die durch endogen oder exogen gebildete Aktivatoren zur Arginin-Esterase wird	ca. 0,6 mg/dl	Leber, Vit.-K.-abhängig	20–24	20%
Xa				34 000					
XI	Plasma-Thromboplastin Antecedent	Humanplasma	γ-Globulin	180 000	Substrat von F XIIa; mit Phospholipiden bilden beide einen Komplex, der die Aktivierung von F IX katalysiert	< 0,5 mg/dl	RES?*	10–20	15–20%
XII	Hagemann-F., Kontakt-F.	Rinderplasma	β-Globulin	80 000	Proesterase, Aktivierung durch Fremdoberfläche zur Arginin-Esterase (F XIIa)	1–5 g/dl	RES?*	50–70	–
XIIa				ca. 240 000					
XIII	Fibrinstabilisierender F., Fibrinase	Humanplasma	β_2-Globulin	340 000	Transglutaminase, die durch Thrombin aktiviert wird. Verknüpft die Fibrinmanomeren über Peptidbindungen zu einem festen Netz	1–4 mg/dl	Leber	100–120	10%
XIIIa	Plasmatransglutaminase			unbekannt					

* RES = Reticuloendotheliales System

[1]) HWZ = Biologische Halbzeitwerte in Stunden
[2]) Mindestaktivität, die zur Blutzeitstillung notwendig ist

Merke:

Antikoagulierende Wirkung von Heparin:
Wirkung von AT III 20000-fach beschleunigt!
AT III hemmt u.a. Thrombin!

- Bei der Hemmung der Faktoren VIII und Va sind die Vitamin-K-abhängigen Substanzen **Protein C** und **Protein S** beteiligt. Thrombin, das an einen Thrombomodulin genannten Rezeptor von Endothelzellen gebunden ist, kann Protein C aktivieren (→ APC). APC, Protein S und Plättchenfaktor III katalysieren die Proteolyse der Faktoren VIIIa und Va. Patienten mit einem genetisch determinierten (heterozygoten) Protein-S- oder Protein-C-Mangel neigen ebenfalls zu thrombembolischen Komplikationen. Neugeborene mit einem homozygoten Protein-C-Defekt sterben oft schon in der Neugeborenenperiode an massiven Thrombosen *(→ fulminante purpura neonatorum).*

Merke:

Angeborener Protein S und C-Mangel:
➤ **Thrombosen und Embolien,**
da die physiologische Hemmung von F VIII und Va ausfällt!

- Das **Fibrinolysesystem** wird durch Fibrinablagerungen aktiviert. Indem es Fibrin auflöst, hilft es z.B. das Lumen eines verletzten Gefäßes offenzuhalten. Das parallele Gleichgewicht von Fibrinproduktion und Fibrinolyse gewährleistet somit eine temporäre lokale Gefäßabdichtung, bis der Defekt repariert ist.
- Die Auflösung von Fibrin wird durch das Enzym **Plasmin** katalysiert. Es entsteht aus inaktivem Plasminogen im Plasma, indem eine einzige Peptidbindung gespalten wird. Substanzen, die diese Spaltung bewirken, werden **Plasminogenaktivatoren** genannt, von denen zwei Hauptgruppen existieren:
- Der ***Typ 1*** ist der Gewebeplasminogenaktivator (***tPA = tissue plasminogen activator***), der an Fibrin gebundenes Plasminogen aktiviert.
- Der ***Typ 2*** ist identisch mit der ***Urokinase***. Sie existiert in zwei Unterformen, von denen die eine gebundenes, die andere freies Plasminogen aktivieren kann.

Merke:

Gleichgewicht von Fibrinproduktion und Fibrinolyse:
➤ **temporäre, lokale Gefäßabdichtung bis zum Abschluß der "Reparatur"!**
Plasmin steuert Fibrinolyse über Aktivierung von tPA bzw. Urokinase!

- Um eine unkontrollierte Fibrinolyse zu verhindern, existieren zu den Plasminogenaktivatoren (PA) und Plasmin die entsprechenden Inhibitoren (PAI), die wichtigsten sind PAI-1 zur Hemmung der Plasminogenaktivatoren und α2-Antiplasmin zur Blockade von Plasmin.
- Versagen diese Hemmfaktoren, können Patienten wegen der dann vorliegenden überschießenden Fibrinolyse bluten. Patienten mit einem hereditären α2-Antiplasminmangel zeigen massive Blutungen schon bei Bagatellverletzungen.

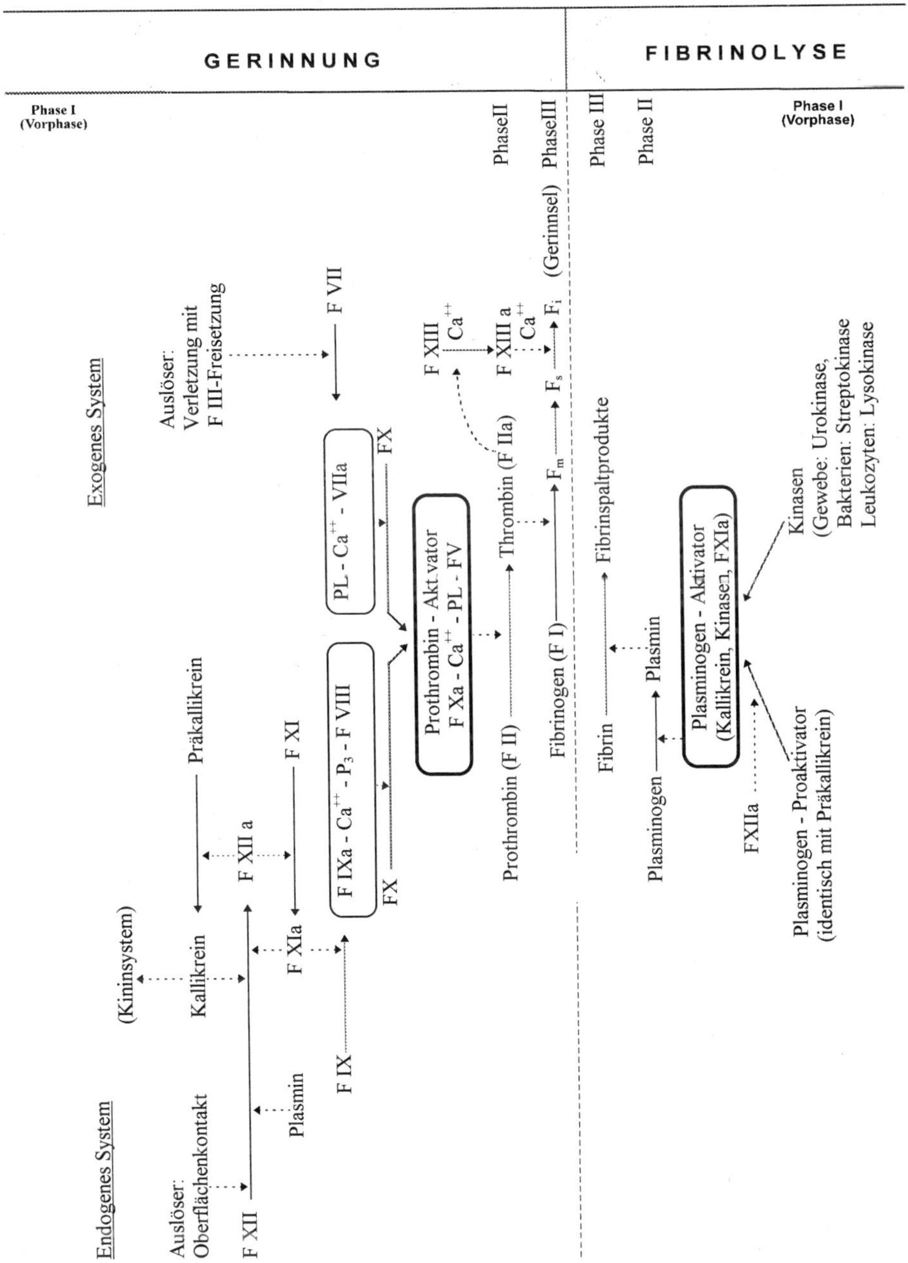

Abb. II-22-1 Steuerung der physiologischen Gerinnung und Fibrinolyse.

Gleiche Verhältnisse entstehen, wenn der α2-Antiplasminmangel z. B. durch eine Leberzirrhose erworben wurde (Verminderte Synthese, erhöhter Verbrauch) oder im Rahmen einer disseminierten intravasalen Gerinnung (DIC) durch Inhibitorverbrauch auftritt.

Merke:

α_2-Antiplasmin-Mangel: → massive Blutungen bei Bagatellverletzungen! [Plasmin-Steuerung fällt aus → unkontrollierte Fibrinolyse]

- Da im Rahmen der Fibrinolyse Plasminogen an Lysinbindungsstellen des Fibrins angelagert wird, können Lysinanaloge (z. B. ε-Aminokapronsäure) die Bindung von Plasminogen an Fibrin verhindern. Diese Substanzen können therapeutisch verabfolgt werden, um die Fibrinolyse zu hemmen.

Merke:

ε-Aminokapronsäure "bremst" die Fibrinolyse
Die Bindung von Plasminogen an Fibrin wird kompetitiv gehemmt!

Hyperkoagulationssyndrome

Heparin-assoziierte Thrombozytopenie (HIT-Syndrom)

HIT-Syndrom Typ I: Relativ harmlose Raktion auf Heparingabe mit einer relativen Thrombozytopenie < 50 % des Ausgangswertes.

HIT-Syndrom Typ II: Klinisch relevante Form des HIT-Syndroms mit Thrombozytenabfall unter 100000/μl und thrombembolischen Komplikationen.

Ursache ist ein Plasmafaktor, der wie ein Heparin-abhängiger thrombozytärer Antikörper funktioniert und bei Verabfolgung von Heparin eine Plättchenaggregation verursacht.

Merke:

HIT-Syndrom:
Thrombozytopenie und thrombembolische Komplikationen
"Echte" Allergie – nicht abhängig von der Heparin-Dosis!

Die Morbiditäts- und Letalitätsraten der schweren Form dieses Syndroms liegen bei 61 % respektive 23 %. Es tritt sowohl bei Rinder- (5 %) als auch bei Schweine-Heparin (1 %) in Erscheinung. Der klinische Beginn liegt typischerweise zwischen dem 5. und 15. Tag nach Beginn einer Heparintherapie. Die thromboembolischen Komplikationen treten sowohl im arteriellen (arterielle Thrombosen, Apoplex, Myokardinfarkt, arterielle Embolien) als auch im venösen Schenkel (Phlebothrombosen, Lungenembolien) des Blutkreislaufs auf. Prädisponierend sind vorgeschädigte Regionen des Gefäßsystems. Das HIT-Syndrom scheint eine echte allergische Reaktion des Organismus zu sein, denn es ist nicht dosisabhängig, sondern kann selbst durch heparinbeschichtete arterielle Katheter ausgelöst werden!

Merke:

HIT-Syndrom:
Vorsicht bei Gabe von AT III und PPSB, je nach Hersteller ist Heparin enthalten!

Die Diagnose kann vermutet werden, wenn unter einer (wie auch immer gearteten) Heparingabe eine Thrombozytopenie mit Werten unter 100.000/µl klinisch apparent wird und thromboembolische Komplikationen auftreten.

Die Labordiagnose kann gestellt werden, wenn unter Zugabe von Heparin mindestens 20% der Thrombozyten innerhalb von 15 Minuten aggregieren oder mehr als 6% ^{14}C-Serotonin innerhalb von 45 Minuten freigesetzt wird. Ein Antikörper-Test ist gerade in den klinischen Betrieb eingeführt worden.

Die übrigen Labortests der Blutgerinnung sind, abgesehen von einer geringen Erhöhung der Fibrinspaltprodukte, normal.

Therapeutisch kann (vorsichtig!) Protaminsulfat zur Bindung von Heparin verabfolgt werden, wobei zur parallel durchzuführenden Antikoagulation dann ein anderes Medikament (z.B. zunächst Dextransulfat, später Cumarine) gegeben werden muß. Effektiver ist zur Antikoagulation die Gabe eines Prostacyclin-Analogons (Iloprost®), eines Heparinoids (Orgaran®) oder neuerdings von Hirudin.

Antithrombin-III-Mangel

Ein AT III-Mangel soll für 2% aller Phlebothrombosen verantwortlich sein. Klinisch suspekte Situationen sind Lungenembolien, Mesenterialvenenthrombosen, tiefe Beinvenenthrombosen, arterielle Thrombosen und gehäufte Thrombosen in Dialyseshunts beim jüngeren Patienten. AT III ist ein α_2-Globulin mit einer Halbwertzeit von 2,8 Tagen, das Thrombin und die Faktoren IXa, Xa und XIa hemmt. Klinisch auffällig werden die Patienten durch thrombembolische Komplikationen unter einer Heparintherapie, ohne daß die Thrombozytenzahl abfällt.

Merke:

AT III-Mangel → Thrombosen,
da die physiologische Hemmung u.a. von Thrombin fehlt!

Das Syndrom ist entweder angeboren (1 von 2000–5000 Geburten) oder erworben. Das Manifestationsalter liegt zwischen dem 10. und 35. Lebensjahr. Die thromboembolischen Komplikationen treten typischerweise in Belastungssituationen (Operationen, Geburt, Infektionen, etc.) auf. Rezidive sind ebenfalls typisch.

Die Diagnose kann durch Messung der AT III-Spiegel (möglichst ohne Gabe von Antikoagulantien, da Heparin den AT III-Spiegel vermindert, Cumarine ihn jedoch erhöhen!) gestellt werden. Werte unter 70% sind pathologisch. Therapeutisch können FFP's verabfolgt werden, beginnend mit 2 Einheiten alle 8 Stunden, dann nach 72 Stunden 1 Einheit alle 12 Stunden. Die Intervalltherapie besteht in der Gabe von Warfarin [Coumadin®-Vitamin K-Antagonist], da dieses Medikament den AT III-Spiegel erhöht. Alternativ kann ein AT III-Konzentrat verabfolgt werden.

Protein-C- und Protein-S-Mangel

Patienten unter 50 Jahre sind bei Phlebothrombosen (4–5%) oder arteriellen Thrombosen (15–20%) verdächtig hinsichtlich eines Protein-C- oder Protein-S-Mangels. Ursache kann ein angeborener oder erworbener Mangel dieser Proenzyme sein.

Merke:

Angeborener Protein S und C-Mangel:
→ Thrombosen und Embolien,
da die physiologische Hemmung von F VIII und Va ausfällt!

Die Diagnose wird durch Bestimmung der Spiegel (normal: 70–100%) gestellt. Therapeutisch werden Cumarin-Derivate verabfolgt, wobei eine vorherige Heparinisierung sinnvoll ist. Bei einer primären Warfarin-Gabe [Coumadin® – Vitamin K-Antagonist] können wegen des rapiden Abfalls der Protein-C-Spiegel weitere Thrombosen auftreten, die zu einer Cumarin-bedingten Hautnekrose führen können.

➤ ***Lupusantikoagulans***
Das Lupusantikoagulans ist ein Antiphospholipidantikörper, der zunächst bei Patienten mit systemischem Lupus erythematodes (SLE) gefunden wurde, später jedoch auch bei vielen anderen Erkrankungen nachweisbar war. Das Phänomen der Antikoagulation beruht auf Antikörpern, die mit anionischen Phospholipiden reagieren, einschließlich der Phospholipide, die in der PTT und der Diagnostik spezieller Fraktoren eingesetzt werden. Außerdem findet sich nicht selten eine positive Kardiolipinreaktion und ein falsch positiver Lues-Test, bei dem ebenfalls das Phospholipid Kardiolipin als Antigen benutzt wird. Paradoxerweise neigen Patienten mit einem Lupusantikoagulans aus unbekannten Gründen zu venösen und arteriellen Thrombosen. Ist eine Thrombose bei diesen Patienten klinisch apparent geworden, sollte eine Langzeitprophylaxe mit Antikoagulantien vom Cumarintyp erwogen werden. Wiederholte Aborte im ersten Schwangerschaftstrimester sind möglich. Wahrscheinlich sind sie auf Thrombosen in den Plazentagefäßen zurückzuführen.

➤ ***Defekte der Fibrinolyse***
Selten kann ein funktionell abnormes und damit defektes Plasminogen auftreten und bei den betroffenen Patienten zu gehäuften thrombembolischen Komplikationen führen. Die Diagnose kann durch den Nachweis des defekten Plasminogens in der Immunelektrophorese gestellt werden. Die Langzeittherapie besteht in der Gabe von Cumarinen.

Weitere mögliche Ursachen können in einer verminderten Konzentration der Plasminogenaktivatoren oder einer erhöhten Konzentration ihrer Inhibitoren bestehen. Außerdem ist die fibrinolytische Aktivität 7–10 Tage postoperativ reduziert, was möglicherweise an einer veränderten Relation zwischen Plasminogenaktivatoren und ihren Inhibitoren liegt. Außerdem wird die fibrinolytische Aktivität durch einige Mediatoren des SIRS ("systemic inflammatory response syndrome") verändert. Insbesondere Endotoxin, TNF-α und Interleukin 1 werden angeschuldigt, zu einer gestörten fibrinolytischen Aktivität durch Aktivierung von Inhibitoren der Plasminogenaktivatoren zu führen. Klinischer Effekt ist ein Überwiegen der Fibrinproduktion.

➤ ***Abnorme Plättchenaggregation***

Insbesondere bei ausgedehnten malignen Erkrankungen (besonders der Lunge und des Uterus) und bei Patienten mit einer Desobliteration der Karotiden findet sich eine im Vergleich mit Normalpersonen erhöhte Neigung zur Plättchenaggregation. Der genaue Mechanismus dieser erhöhten Thromboseneigung ist letztlich nicht vollständig geklärt. Die Therapie kann in der Gabe von ASS® (hemmt die Cyclooxygenase und verhindert die Thromboxan-A2-Bildung) oder neuerdings von Hemmstoffen der GP IIb/IIIa-Rezeptoren (z. B. ReoPro®) bestehen.

Disseminierte intravaskuläre Gerinnung (DIC)

Die disseminierte intravaskuläre Gerinnung ist die primäre Form der akuten Thrombose. Hauptursachen dieses Syndroms sind Situationen, in denen Material mit Gewebefaktoraktivität in den Kreislauf eingeschwemmt werden:

Klassische Ursachen:

- Geburtshilfliche Komplikationen (z. B. vorzeitige Lösung der Plazenta, durch Salzlösung induzierter therapeutischer Abort, intrauteriner Fruchttod, frühe Phase der Fruchtwasserembolie)
- Infektionen, insbesondere die Sepsis mit gramnegativen, seltener grampositiven Bakterien
- Maligne Erkrankungen, insbesondere bei schleimbildenden Adenokarzinomen des Pankreas und der Prostata sowie bei bestimmten Formen der akuten Leukosen
- Sonstige Ursachen (z. B. schwere Schädelhirntraumen, operative Eingriffe im Bereich des kleinen Beckens [z.B. Komplikationen in der Prostatachirurgie], bestimmte Giftschlangenbisse oder das akute Leberversagen)

Klinisch häufige Auslöser:

- Massentransfusion
- Protrahierter Schock

Ursächlich wird die DIC meist durch Material mit Gewebefaktoraktivität ausgelöst, das entweder in der Blutbahn entsteht oder dorthin eingeschwemmt wird. Der Gewebefaktor aktiviert den Faktor VII des extrinsischen Gerinnungssystems, was zu einer massiven Thrombin- und später Fibrinproduktion führt. Gleichzeitig wird das fibrinolytische System überschießend aktiviert, woraus das typische klinische Nebeneinander von Thrombosen und Blutungszeichen resultiert.

Merke:

Verbrauchskoagulopathie = DIC:
Primär multilokuläre akute Thrombosen,
später → typisches Nebeneinander von
Thrombosen und Blutungszeichen!

➤ *Symptomatik*

Eine *subakute Verbrauchskoagulopathie* kann bei thromboembolischen Komplikationen im Rahmen der Hyperkoagulabilität entstehen, z. B. bei ausgedehnten Phlebothrombosen infolge des massiven Faktorenverbrauchs oder in Situationen, in denen geringe Mengen des Gewebefaktors in die Zirkulation eingehen (Prostatatumoren, Diabetes mellitus, Gabe von Faktor IX-Konzentraten, Hüftgelenksersatz, Operation des abdominellen Aortenaneurysmas, etc.).

Die laborchemische Diagnose der subakuten Form ist schwierig, da die Fibrinogenspiegel meist noch normal und die Blutungszeichen geringgradig sind.

Bei der *akuten Verbrauchskoagulopathie* entsteht durch den massiven Verbrauch von Gerinnungsfaktoren und Thrombozyten eine klinisch nachweisbare Thrombozytopenie, ein Mangel an Faktoren infolge des Verbrauches und eine deutliche Erhöhung der Fibrinspaltprodukte. Die sekundäre Fibrinolyse kann so stark sein, daß sie zu einem Mangel an α_2-Antiplasmin führt, wodurch die Blutungsneigung verstärkt wird. Neben massiven Blutungen kommt es zu disseminierten und multiplen Fibrinablagerungen (hyaline Thromben) in den kleinen Blutgefäßen, woraus erhebliche Funktionseinschränkungen der sogenannten "Schockorgane" resultieren (Niere, Lunge, etc.).

➤ *Laboruntersuchungen*

Die akute Verbrauchskoagulopathie führt zu globalen Veränderungen in der Blutgerinnung. Neben einer Thrombozytopenie ist die Blutungszeit verlängert, der Quick-Wert erniedrigt und die PTT ebenfalls deutlich verlängert. Außerdem ist der Fibrinogenspiegel im Plasma erniedrigt und die Konzentration der Fibrinspaltprodukte ist deutlich erhöht. Insbesondere findet sich ein extrem hoher Spiegel von D-Dimeren im Plasma (Fibrinabbauprodukte). In speziellen Tests können massive Erniedrigungen mehrerer Gerinnungsfaktoren, speziell der Faktoren V und VIII nachgewiesen werden. Differentialdiagnostisch muß bei der DIC eine massive Lebernekrose ausgeschlossen werden, wobei die Bestimmung der Faktor-VIII-Konzentrationen differentialdiagnostisch verwertet werden kann: Während der Faktor VIII bei der DIC vermindert ist, ist er bei der Lebernekrose erhöht, da Faktor VIII ein "Akute-Phase-Protein" ist, das nicht nur in Leberzellen, sondern auch in Zellen der Milz und der Nieren synthetisiert wird.

➤ *Therapie*

Als grundsätzliche Regel für die Behandlung der DIC gilt, die zugrundeliegende Ursache zu identifizieren und schnellstmöglich zu korrigieren (z. B. Sepsistherapie mit Sanierung der Sepsisquelle, Geburtseinleitung bei vorzeitiger Plazentalösung, etc.). Anhaltende massive Blutungen müssen substituiert werden. Thrombozytenkonzentrate korrigieren die Thrombozytopenie und stellen ebenfalls eine Quelle für den Plättchenfaktor 5 dar. Faktor V und die anderen Gerinnungsfaktoren sowie Antithrombin III, das bei der DIC ebenfalls vermindert ist, können durch Frischplasmen substituiert werden. Die thrombembolischen Komplikationen müssen durch gleichzeitige Gabe von Heparin behandelt werden (*Cave:* Schädelhirntrauma bzw. zerebrale Blutungen anderer Genese!). Eine Sonderform stellt die disseminierte intravaskuläre Gerinnung beim metastasierenden Prostatakarzinom dar. Hier sollten Heparin und ε-Aminocapronsäure (EACA) gemeinsam verabreicht werden.

Merke:

Therapie DIC:

1. **Ursache finden und beseitigen**
2. **Kontinuierlich FFP [physiologisch ausgewogene Faktorensubstitution]**
3. **Heparin low dose**
   ➤ **KEIN PPSB! [Zunahme des Faktoren-Ungleichgewichts]**

Blutungs-Syndrome

Die Situationen mit einer erhöhten Blutungsbereitschaft können systematisch in vier Hauptgruppen unterteilt werden:

- Störung der Blutgefäße
- Störung der Gerinnungsfaktoren
- Störungen der Thrombozyten
- Störungen der Fibrinolyse

➤ ***Störung der Blutgefäße***

Beispiele für benigne abnorme Proliferationen von Blutgefäßen sind die hereditäre hämorrhagische Teleangiektasie und das Berry-Aneurysma (angeborene oder erworbene Aneurysmen der Arteria basilaris), während das Kaposisarkom eine maligne Neoplasie darstellt, die mit einer Gefäßproliferation einhergeht. Weitere mögliche Ursachen für Störungen der Gefäße sind Vaskulitiden, die im Rahmen von viralen, bakteriellen (Schoenlein-Hennoch-Purpura) oder rickettsialen Infektionen in Erscheinung treten.

Außerdem können bestimmte Medikamente, angeborene Bindegewebsstörungen, (z. B. Ehlers-Danlos-Syndrom, Marfan-Syndrom), Osteogenesis imperfecta, Cushing-Syndrom oder ein schwerer Vitamin-C-Mangel für die vaskuläre Komponente von Blutungsneigungen verantwortlich sein.

Störung der Gerinnungsfaktoren (Faktorenmangel)

➤ ***Hämophilie A***

Ein Mangel an Faktor VIII bzw. IX ist allgemein als Hämophilie A bzw. B bekannt.

Die **Hämophilie A** stellt zu 80% einen geschlechtsgebunden rezessiv vererbten Mangel an Faktor VIII dar, zu 20% eine spontane Mutation. Die Inzidenz liegt bei 1 von 7.000–10.000 Geburten. Die klinischen Frühsymptome reichen von Gelenk- und Muskeleinblutungen über Epistaxis, Hämaturie und anhaltende Blutungen bei Bagatelltraumen bis zu verlängerten postoperativen Blutungen, ausgedehnten retroperitonealen Hämatomen oder intramuralen Darmhämatomen.

In den Labortests findet sich eine verlängerte aktivierte PTT bei normaler Prothrombinzeit (PT[Z] = Quick) und einer normalen Plättchenaggregation.

Schweregrade: Faktor VIII muß mindestens in einer Konzentration von 30% vorhanden sein, um eine funktionell ausreichende Blutgerinnung sicherzustellen. Patienten mit einem Faktorspiegel von 10–30% weisen demzufolge eine leichte

Hämophilie auf. Spontanblutungen treten bei Werten unter 10% auf. Bei schwergradiger Hämophilie finden sich Plasmaspiegel von unter 1%.

Die Halbwertzeit von Faktor VIII liegt in vivo bei 2,9 Tagen, in Faktor-VIII-Konzentraten jedoch nur bei 9–18 Stunden. Milde Blutungen erfordern eine Konzentrationsanhebung auf 30%, bei lebensbedrohlichen Blutungen muß ein Spiegel von 80–100% erzielt werden.

Therapeutisch werden bei diesen massiven Blutungen zunächst 40–50 IE/kg Faktor VIII verabfolgt und die Hälfte dieser Dosis erneut alle 12 Stunden.

Substitutions-Faustformel:
KG(kg) × 44 × erwünschte Plasmakonzentration in IE/ml;
Beispiel: Körpergewicht 68 kg; Faktor VIII soll von 0 auf 1 E/ml = 100% angehoben werden:
68 × 44 × 1 = ca. 3000 IE

Postoperativ sollten Transfusionen von Faktor-VIII-Konzentraten für die folgenden 10 Tage verabfolgt werden.

➤ *Hemmkörper-Hämophilie*
Erworbener Faktor VIII-Mangel durch postinfektiöse "Antigen-Verwechslung" [der wegen des Infektes gebildete Antikörper verwechselt sein Antigen und vernichtet "irrtümlich" Faktor VIII].

Klinisch oft lavierte Symptomatik, erst im Rahmen von Verletzungen oder Operationen durch Verbrauch der unterschiedlichen Faktorenreserve kommt es dann zu protrahierten Blutungen. Im Labortest findet sich der Faktor VIII extrem erniedrigt. Die vermeintlich erfolgversprechende Therapie mit Faktor-VIII-Konzentrat führt zur Boosterung der Antigen-Antikörperreaktion und damit zu einer foudroyanten Verschlechterung der Situation.

Einzige [teure] Therapiemöglichkeit: FEIBA®-Substitution [synthetischer, strukturveränderter Faktor VIII, der für die Gerinnungskaskade aktiv ist, von den Antikörpern aber nicht als das vorherige Antigen erkannt wird].

➤ *Hämophilie B*
Ein **Faktor-IX-Mangel** (Christmas-Faktor-Mangel) wird ebenfalls x-chromosomal-rezessiv mit einer Inzidenz von 1 von 100.000 Geburten vererbt. Er kann jedoch auch erworben werden. Ursachen können sein:

- Eine erhöhte Faktor-IX-Clearance, z. B. beim nephrotischen Syndrom
- Eine abnorme Proteinsynthese bei Vitamin-K-Mangel
- Das Auftreten von spezifischen Inhibitoren des Faktors IX, z. B. beim systemischen Lupus erythematodes

Laborchemisch findet sich bei dieser Form ebenfalls eine verlängerte PTT bei normalem Quick-Wert und normaler Thrombozytenaggregation. Etwa 1/3 der Patienten mit einer HämophilieB weist eine schwere Verlaufsform auf, die als das Vorhandensein von weniger als 4% des Faktors IX gegenüber normalen Patienten definiert ist. Die milde Form der HämophilieB weist Faktor IX-Konzentrationen zwischen 20% und 40% auf.

Die Therapie besteht in der Gabe von Faktor-IX-Konzentraten und Vitamin-K. Die anzustrebenen Plasmaspiegel liegen bei 20% für geringgradige Blutungen und 40–60% bei massiveren Blutungen.

➤ ***Seltene Faktoren-Mangelsyndrome***

Andere Ursachen eines Faktorenmangels sind deutlich seltener. Hierzu gehört z.B. der Mangel an Faktor XI, Faktor V und Faktor VII.

Ein **Faktor-V-Mangel** ist extrem selten (Inzidenz: 1 von 500.000 Geburten) und kann angeboren oder erworben sein. Faktor V wird in der Leber produziert und besitzt eine Halbwertzeit von 12–36 Stunden.

Der angeborene Mangel wird autosomal rezessiv vererbt. Schwere Mangelerscheinungen ("Parahämophilie") treten auf, wenn der Plasmaspiegel unter 1% sinkt. Milde Formen sind bis zu einem Prozentsatz von 25% nachweisbar. Ein erworbener Faktor-V-Mangel tritt bei Patienten mit akuten und chronischen Lebererkrankungen sowie nach Leberresektionen und bei postoperativen Leberfunktionsstörungen in Erscheinung. Laborchemisch finden sich verlängerte Werte für die PTT und die Blutungszeit sowie eine erniedrigte PT[Z] (Quick-Wert).

Therapie der Wahl ist die Gabe von FFP in einer Dosierung von 15 ml/kg Körpergewicht 12 h präoperativ. Anschließend wird die Dosierung von 7–10 ml/kg Körpergewicht alle 24 Stunden bis zur vollständigen Rekonvaleszenz weitergeführt.

Ein **Faktor-VII-Mangel** kann ebenfalls autosomal rezessiv vererbt werden. Bei der homozygoten Form finden sich Plasmaspiegel von nur 10% des Normalwertes, bei heterozygoten Formen von 40–60%. Auch hier existiert eine erworbene Form beim Vorliegen von Lebererkrankungen und Vitamin-K-Mangelzuständen. Klinisch apparent werden zumeist nur die homozygoten Patienten mit Blutungskomplikationen.

Im Labortest findet sich ein erniedrigter Quick-Wert bei normaler PTT und Plättchenfunktion. Die Konzentrationsbestimmung von Faktor VII sichert die Diagnose.

Therapie der Wahl ist die Gabe von FFP (10 ml/kg präoperativ, 5 ml/kg/Tag für 5–6 Tage postoperativ).

Weitere extrem seltene Ursachen sind Mangelzustände an Faktor X, Faktor II und Fibrinogen.

Thrombozytäre Störungen

Der Verdacht auf eine hereditäre Thrombozytenfunktionsstörung liegt vor, wenn sich aus der Kindheitsanamnese des Patienten eine "Neigung zu blauen Flecken", "Blutungen nach Zahnextraktionen oder einer Tonsillektomie" oder Blutungskomplikationen nach anderen kleinen chirurgischen Eingriffen ergeben und bei normaler Thrombozytenzahl eine verlängerte Blutungszeit festgestellt wird. Ursachen sind entweder

- ein von Willebrand-Jürgens-Syndrom,
  die häufigste vererbte hämorrhagische Diathese
  oder
- hereditäre endogene thrombozytäre Erkrankungen, die deutlich seltener sind.

Um die Diagnose zu sichern, sind immer Spezialuntersuchungen notwendig (z.B. Bestimmung des "von Willebrand"[vW]-Antigens, Untersuchungen der Thrombozytenaggregation, etc.), da unterschiedliche Ursachen eine unterschiedliche Behandlung erfordern.

➤ ***Von Willebrand-Jürgens-Syndrom***
Das von Willebrand-Syndrom stellt ein autosomal dominant oder autosomal rezessiv vererbtes Krankheitsbild dar, das mit einer erhöhten Blutungsneigung aufgrund eines quantitativ (Typ 1) oder qualitativ (Typ 2) veränderten von Willebrand-Faktors (vWF) einhergeht. Dieser Faktor ist ein Plasmaprotein, das von Endothelzellen und Megakaryozyten sezerniert wird und im Plasma zirkuliert. Es zeigt zwei wesentliche hämostatische Funktionen, indem es

1. die Thrombozytenadhäsion an Kollagen vermittelt und
2. einen Komplex mit Faktor VIII eingeht, der erforderlich ist, um normale Faktor-VIII Spiegel im Plasma aufrechtzuerhalten.

Demzufolge entstehen zwei Ursachen für einen Faktor-VIII-Mangel, nämlich 1. die Hämophilie A (s. o.) und 2. das vonWillebrand-Jürgens-Syndrom, bei dem die vW-Faktoren nicht in normaler Menge synthetisiert werden und deshalb die Komplexbildung mit Faktor VIII reduziert ist.

Diagnose:

- Quantitative Bestimmung des von Willebrand-Antigens in der Immunelektrophorese
- Bestimmung des Faktor-VIII-Spiegels im Plasma
- Messung der Plasmafähigkeit, normale Thrombozyten unter Restocetinzusatz zu agglutinieren.

Beim Typ 1 finden sich übereinstimmende Testergebnisse, d. h. von Willebrand-Antigen, Restocetin-Kofaktor-Aktivität und Faktor VIII sind in gleichsinnigem Ausmaß erniedrigt. Beim Typ 2 treten Differenzen zwischen der von Willebrand-Antigen-Aktivitätbestimmung und der Thrombozytenagglutination unter Restocetinzusatz auf. Die Differentialdiagnose kann in der Elektrophorese gestellt werden.

Therapie:
Die Infusion von Kryopräzipitaten kann beide Formen des von Willebrand-Syndroms behandeln. Der Typ 1 selbst kann zusätzlich oder alternativ mit Desmopressin behandelt werden. Desmopressin ist ein Analogon des Vasopressins und stimuliert die Freisetzung des vW-Faktors aus den Endothelzellen. Etwa 0,3 μg/kg Körpergewicht Desmopressin (Minirin®) werden in 50 ml physiologischer Kochsalzlösung i. v. über 15 – 30 Minuten infundiert. Kontraindiziert ist die Gabe beim Typ 2.

Merke:

> **ASS®-bedingte Thrombozytenaggregationshemmung:**
> **Minirin® kann in Notfallsituationen als Antidot eingesetzt werden!**

Eine seltene autosomal rezessive Form des von Willebrand-Jürgens-Syndroms wird als Typ3 bezeichnet. Homozygote Merkmalsträger zeigen schwere hämorrhagische Diathesen und kaum messbare Plasmaspiegel des vW-Faktors und des Faktors VIII.

➤ **Seltene andere hereditäre Thrombozytenfunktionsstörungen** sind die *Thrombasthenie Glanzmann*, die dadurch charakterisiert ist, daß die Plättchen nicht in der Lage sind, den vW-Faktor, Fibrinogen oder Fibronektin zu binden. Hier liegt ein Defekt des Thrombozytenrezeptors GPIIb/IIIa vor. Ein Defekt des Rezeptors

GPIb wird als *Bernard-Soulier-Syndrom* bezeichnet. Die Thrombozyten sind hierbei in Form und Funktion abnormal.

Erworbene Störungen der thrombozytären Funktion z. B. bei der Urämie betreffen beide Rezeptortypen und resultieren in einer unvollständigen Adhäsion und Aggregation mit einer klinisch verlängerten Blutungszeit.

Störungen der Fibrinolyse

Wichtigster Vertreter ist hier der angeborene *α_2-Antiplasminmangel*, der autosomal rezessiv vererbt wird. Homozygote Merkmalsträger zeigen schwere Blutungen, während Heterozygote nur milde Formen mit Plasmaspiegeln von 30–75 % aufweisen. Die Therapie der Wahl ist die Gabe von ε-Aminocapronsäure (EACA) oder Tramexansäure.

Eine äußerst seltene Ursache ist der *Mangel an Faktor XIII*, der ebenfalls autosomal rezessiv vererbt wird und bei homozygoten Merkmalsträgern Konzentrationen von weniger als 1 % aufweist. Die klinische Blutungsneigung kann therapeutisch durch Gabe von FFP, Kryopräzipitaten oder Faktor XIII Konzentraten behoben werden.

Routine-Labortests

Jede Phase der Hämostase kann heute untersucht werden:

- Die Bildung von Plättchenthromben (Thrombozytenzahl, Anzahl der Thrombozyten im Blutausstrich, Blutungszeit)
- Die Bildung von Thrombin (Partielle Thromboplastinzeit und Prothrombinzeit)
- Die Thrombin-Fibrinogen-Reaktion und die Fibrinstabilität (z. B. Thrombinzeit)

– Blutungszeit: Die Blutungszeit ist verändert bei Thrombozytopenien, Thrombozytopathien und beim von Willebrand-Jürgens-Syndrom. Bei Störungen der plasmatischen Gerinnung ist sie nicht verlängert!

– Partielle Thromboplastinzeit (PTT): Sie ist ein Suchtest für Störungen der plasmatischen Gerinnung. Die Reaktion wird durch Kontakt des Plasmas mit negativ geladenen Oberflächen ausgelöst. Sie ist bei einer Vielzahl von plasmatischen Gerinnungsstörungen verlängert (Mangel an Gerinnungsfaktoren, Inhibitoren der Gerinnung, therapeutische Inhibitoren wie Heparin etc.). Sie wird häufig zur Kontrolle einer Heparintherapie eingesetzt und ist verläßlich, wenn keine zusätzlichen Gerinnungsstörungen vorliegen.

– Prothrombinzeit (PT[Z] = Quick-Test): Sie ist ein Suchtest für Veränderungen des exogenen Gerinnungssystems (Faktoren V, VII, X, Prothrombin und Fibrinogen). Plasma wird hierbei in Gegenwart von hohen Konzentrationen eines Gewebeaktivators rekalzifiziert. Sie ist ein sinnvoller Test bei verschiedenen erworbenen Gerinnungsstörungen, wie z. B. Vitamin-K-Mangel, Lebererkrankungen, Verbrauchskoagulopathie oder Antikoagulantientherapie mit Cumarinen etc.

– Thrombinzeit (TZ): Sie ist ein Suchtest für Veränderungen der Thrombin-Fibrinogen-Reaktion. In heparinhaltigem Plasma ist die TZ verlängert. Sie dient deshalb auch dem Nachweis von Heparin im Plasma (nach extrakorporalem Kreislauf, V.a. Heparinintoxikation, Heparinkontamination, etc.)

Pharmakologische Interventionen

Heparin

Heparin wurde 1916 von J. McLean entdeckt und stellt eine heterogene Mixtur von sulfatierten Polysaccharidmolekülen (polymeren Glykosaminoglykanen) mit Molekülgewichten zwischen 3000 und 30 000 D dar. Die moderne Gruppe der niedermolekularen Heparine weist ein Molekulargewicht von 4000–8000 D auf und wird aus unfraktioniertem Heparin isoliert.

Heparin katalysiert die Reaktion zwischen Thrombin und Antithrombin III (ersatzweise mit dem Heparin-Cofaktor-II) und beschleunigt damit die Hemmung der Thrombinbildung.

Merke:

Heparin ist Antikoagulanz, wenn ausreichend AT III vorhanden ist, weil es die Wirkung von AT III 20 000-fach beschleunigt! AT III hemmt u. a. Thrombin!

Außerdem bindet Heparin direkt einige Proteasen der Gerinnungskaskade. Die Halbwertzeit nach intravenöser Gabe liegt zwischen 90 und 120 Minuten bei normalem, 100–180 Minuten bei niedermolekularem Heparin. Bei der Thromboseprophylaxe mit unfraktioniertem Heparin sind zwei, bei niedermolekularem Heparin eine s. c.-Injektion ausreichend.

Klinisch wichtig ist, daß die Heparinwirkung bei der therapeutischen Heparingabe mit sinkendem AT-III-Spiegel abnimmt.

Merke:

Antidot für Heparin ist Protaminsulfat.

➤ ***Standardtherapie***

Die therapeutische Heparinisierung kann pauschal mit einer Bolusinjektion von 5000 IE begonnen und anschließend mit einer Dauerinfusion von 30 000 IE/24 Stunden über 10 Tage weitergeführt werden. Ab dem 5. Tag kann, falls indiziert, überlappend die Cumarintherapie eingeleitet werden.

Individuelle Dosierungen sind:
- 400–500 IE/kg KG/24 Stunden
- Anti-Xa-Spiegel zwischen 0,4 und 0,8 E/ml
- Verlängerung der PTT auf das 1,5–2,5fache des Ausgangswertes vor Beginn der Heparintherapie (wegen individueller Empfindlichkeit möglichst nicht auf den Normalwert beziehen!)
- 2–3fache Verlängerung der Thrombinzeit

➤ ***Therapiekontrolle***

PTT: Die PTT erfaßt nicht spezifisch den Heparineffekt, sondern das gesamte Spektrum der intrinsischen Aktivität von Gerinnungsfaktoren und Inhibitoren. Unter der Voraussetzung, daß diese stabil sind, kann die Heparintherapie mit der PTT überwacht werden.

TZ: Die TZ ist der spezifischste Test bezüglich der Heparinwirkung (Ausnahme: Gleichzeitige Fibrinolyse!)

ACT: Sie stellt einen einfachen "bedside-test" dar, um die Heparinwirkung z. B. bei der intraoperativen Heparintherapie unter extrakorporalen Kreisläufen zu kontrollieren.

"low-dose-Heparinisierung"

➤ ***Standardheparin***

Die Erstbeschreibung dieser Therapie gelang Sharnoff (1966). Besonders interessant war die deutliche Senkung der postoperativen thrombembolischen Komplikationen, obwohl der Heparineffekt in vivo nicht meßbar war (ein Grund für die massive Kritik an dem Erstbeschreiber). Tatsächlich vermindert die "low-dose-Heparinisierung" tiefe Venenthrombosen um 67 % +/– 4 %, die Rate von Lungenembolien um 47 % +/– 10 % und die Quote tödlicher Lungenembolien um 64 % +/– 15 %.

Dosierung: Die perioperative Thromboseprophylaxe beginnt 2 Stunden präoperativ mit der s. c.-Gabe von 5.000 IE Heparin und wird postoperativ in 8 – 12-stündlichen Intervallen durchgeführt. In der Routine reichen 2 × 5.000 IE/die aus, bei erhöhtem Risiko [Art des Eingriffs, familiäre Disposition, Zustand nach Thrombose bzw. postthrombotisches Syndrom] sollten 3 × 5.000 IE Heparin s. c. verabfolgt werden.

Die Gesamtdauer richtet sich nach:
- Der Schwere des Eingriffs
- Der Dauer der Immobilisierung
- Dem patientenbedingten Risikopotential

Sie wird für einen Zeitraum von 5 – 7 Tagen postoperativ verabfolgt, wenn nicht einer der o. g. Punkte eine Verlängerung erzwingt.

Nebenwirkungen:
- Heparininduzierte Thrombozytopenie (HIT-Syndrom)
- Geringgradig höhere Rate von Blutungskomplikationen.

Antagonist: Protaminsulfat

➤ ***Niedermolekulares Heparin***

Vor etwa 10 Jahren erkannte man, daß niedermolekulare Fraktionen (4000 – 8000 D) des Heparins besondere Vorteile bieten und eine effektivere Prophylaxe gestatten. Niedermolekulares Heparin (NMH) zeichnet sich durch:
- Längere Halbwertzeit
- Höhere Bioverfügbarkeit
- Direkte Hemmwirkung von Faktor Xa, XIIa und Kallikrein
- Verringerte Thrombinhemmung
- Geringere antithrombozytäre Effekte
- Fehlende Passage der Plazentaschranke
- Geringere Blutungsfrequenz
- Höhere Wirksamkeit (Signifikanz fraglich)

Dosierung: Beginn mit 2500 IE s. c. zwei Stunden präoperativ (wobei eine präoperative Gabe am Abend vor der Operation ebenfalls möglich ist). Weiterführung: 1 ×

täglich 2500 IE NMH s.c. als Standarddosis; bei erhöhtem thrombembolischem Risiko: 2 × 2500 IE/die am Operationstag (2 Stunden präoperativ und 12 Stunden nach der Operation), dann 1 × 5000 IE/die.

Der Zusatz von Dihydroergotamin soll wegen der selektiven Venentonisierung einen höheren Effekt besitzen. Limitiert ist der Einsatz jedoch, da Patienten mit arteriellen Durchblutungsstörungen, instabiler Angina pectoris und sepsis- oder schockbedingten Krankheitsbildern ausgeschlossen werden müssen.

Nebenwirkungen: Blutungskomplikationen (jedoch zumeist geringer als beim Standardheparin);
Antagonist: Protaminsulfat

Cumarine

Cumarine interferieren mit Vitamin K bei der Synthese des Prothrombinkomplexes (Faktoren II, VII, IX und X, Protein C und Protein S), wodurch es zum "Ausbleiben der Vitamin-K-Wirkung" kommt.

Die Überwachung der Therapie wird ausreichend empfindlich durch den "Quick-Test" (Prothrombinzeit) gewährleistet.

Dosierung: Die orale Medikation beginnt mit 4 Tabletten an Tag 1, 3 Tabletten an Tag 2 und 2 Tabletten an Tag 3. Dann wird der Quick-Wert bestimmt und individuell weitertherapiert.

Komplikationen: Blutungskomplikationen in einer kumulativen Häufigkeit von 1%–5% pro Jahr Therapiedauer.

Therapieabbruch:
- Absetzen der Cumarine: Wirkungsaufhebung nach 3–6 Tagen oder länger!
- Orale Gabe von Vitamin K: Wirkungsaufhebung nach 1–3 Tagen oder länger!
- i.v.-Gabe von Prothrombinkomplexkonzentraten (PPSB): Wirkungsaufhebung sofort!

Antagonist: Prothrombinkomplexkonzentrate (PPSB)

Thrombozytenaggregationshemmer

Ihr Einsatz hat weltweit enorm zugenommen, nachdem sie zur Prophylaxe kardiovaskulärer Erkrankungen (Koronarthrombose, neointimale Hyperplasie) und arterieller Verschlüsse eingesetzt wurden.

Der Mechanismus der Thrombozytenaggregation wurde im Absatz Blutgerinnung ausgeführt [S. 354].

Häufigster Vertreter ist ASS®. Die Hemmung der Cyclooxygenase durch ASS® ist im Prinzip irreversibel. Deshalb muß die thrombozytäre Halbwertzeit von 8–9 Tagen abgewartet werden, bis die ASS-Wirkung vor elektiven Eingriffen abgeklungen ist und kein erhöhtes Blutungsrisiko mehr besteht.

Bei indizierter Notfalloperation nach vorheriger ASS®-Einnahme ist ein Rekompensationsversuch der Thrombozytenaggregationshemmung durch Gabe von Minirin® sinnvoll, das die Freisetzung des von Willebrand-Faktors aus den Endothelzellen steigert.

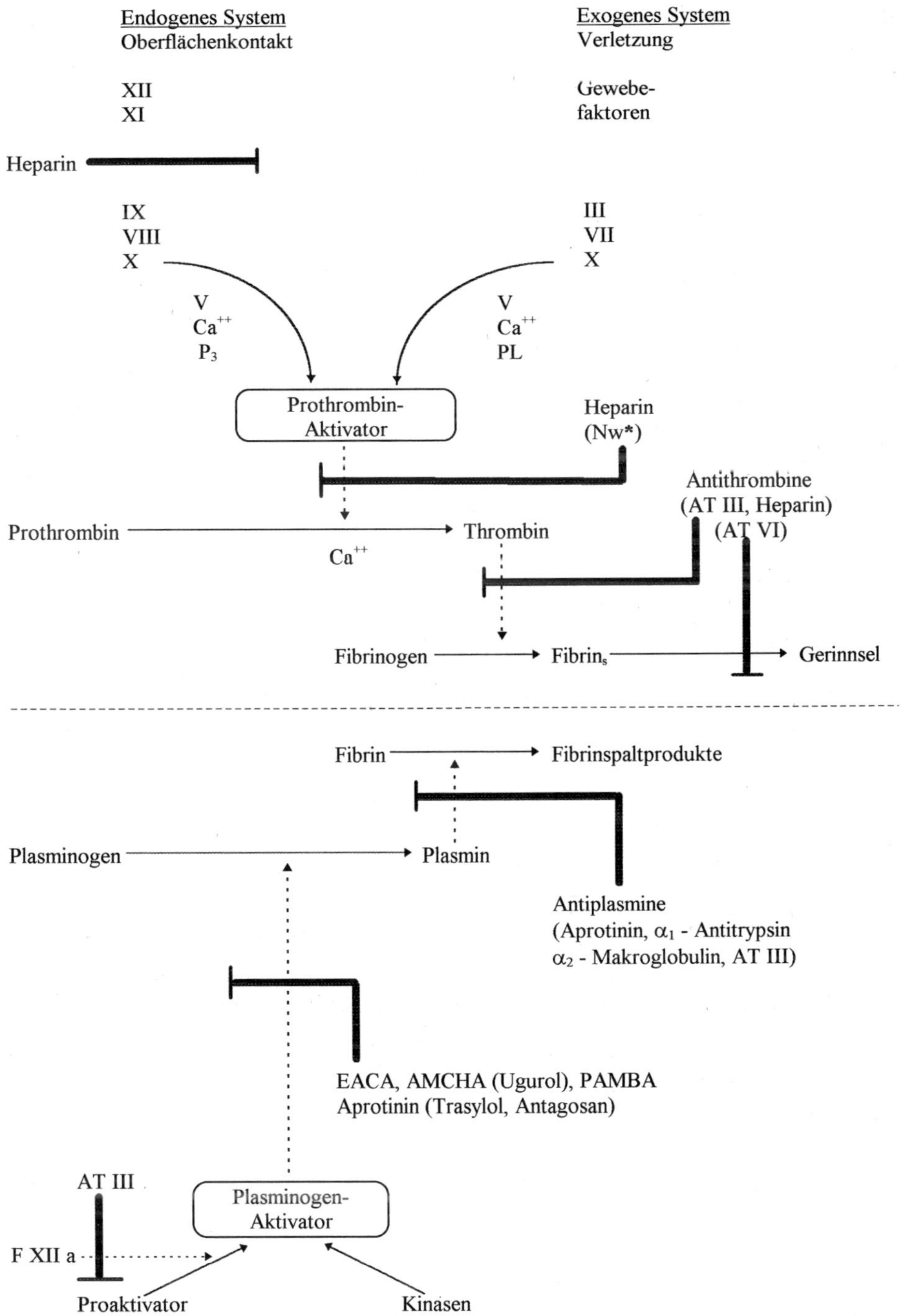

Abb. II-22-2 Medikamentöse Eingriffe in die Gerinnungs- und Fibrinolyse-Kaskade.

Kryopräzipitate

Kryopräzipitate werden aus tiefgefrorenem (–90 °C) Plasma durch langsames Erwärmen auf 4 °C hergestellt. Beim Auftauvorgang werden die nacheinander ausfallenden Proteinfraktionen separiert. Jede Einheit eines auf diese Weise hergestellten Kryopräzipitats hat ein Volumen von ca. 15 bis 25 ml und enthält ca. 200 mg Fibrinogen, 150 IE Faktor VIIIa und 100 IE Faktor VIII. Trotz des geringen Volumens wirken Kryopräzipitate als Plasmaexpander. Kryopräzipitate sind zum einen indiziert zur Substitution von Fibrinogen bei Patienten mit Dys- und Afibrinogenämien oder Verbrauchskoagulopathien, zum anderen zur Substitution der Gerinnungsfaktoren bei Hämophilie A und von Willebrand-Jürgens-Syndrom.

Faktorenkonzentrate

Faktorenkonzentrate wie zum Beispiel das Faktor-VIII-Konzentrat enthalten eine hohe Konzentration an gerinnungsaktivem humanem Gerinnungsfaktor, die aus einem Pool von Spenderplasma gewonnen werden. Das Risiko einer Krankheitsübertragung (Hepatitis, HIV) ist wegen der Extraktion aus einem Pool besonders hoch. Deshalb sind Indikationen zur Verabfolgung dieser Konzentrate strengstens abzuwägen.

➤ Prothrombinkomplexkonzentrat (PPSB)

Der Prothrombinkomplex enthält hohe Konzentrationen von Faktor II (Prothrombin), Faktor VII (Prokonvertin), Faktor IX (antihämophiler Faktor B) und Faktor X (Stewart-Faktor) in lyophilisierter Form. Er wird insbesondere zur Akuttherapie der Überdosierung mit Cumarinen bzw. zum Sofortabbruch einer Cumarintherapie eingesetzt. Außerdem können Prothrombinkomplexkonzentrate zur Therapie von Mangelzuständen der enthaltenen Faktoren benutzt werden. Die Nebenwirkungen mit einer erhöhten Übertragungsrate von Hepatitis oder HIV sowie die Entwicklung von Thrombosen sind der Indikation gegenüberzustellen und kritisch abzuwägen.

Bei Verbrauchskoagulopathie und disseminierten Blutungen im Rahmen einer postoperativen Leberinsuffizienz ist PPSB als selektionierte Faktorenkombination **nicht** indiziert.

II-23 Langzeit-Beatmung und Entwöhnung

Indikation zur Langzeit-Beatmung ist die protrahierte respiratorische Insuffizienz und die dadurch nicht mögliche Extubation.

Ein oft unterbewerteter Grund für eine längerfristige Beatmung ist die **Erschöpfung.** Bislang gibt es keine überzeugenden pharmakologischen Möglichkeiten zur Therapie. Alle Analeptika können den Patienten allenfalls kurzfristig stabilisieren. Bei ausgeprägter Erschöpfung bleibt letztlich nur die Erholung unter kontrollierter Beatmung und konsequenter Analgo-Sedierung.

Ursachen

Ursachen einer verminderten Oxygenierung des Blutes:

- **Verminderte Ventilation**
  Pneumonie
  Hämato-Pneumothorax
  Aspiration
  Schmerzen
  Erschöpfung
  Analgetika-Überhang
  Asthma-Anfall
- **Verminderte Lungenperfusion**
  Pulmonale Hypovolämie
  Lungenembolie
  Kreislaufversagen
  Herzinsuffizienz
- **Zunahme des Rechts-Links-Shunts**
  Sepsis
  Lungenkontusion
- **Störungen der Diffusion**
  Interstitielles Ödem
- **Hypoxie des Lungenparenchyms**
  → Stets mit einer Kombination der o. a. Möglichkeiten rechnen!

Oxygenierungsüberwachung

Sauerstoffsättigung und Blutgasanalyse [BGA]:
Zentrale Bedeutung zur Objektivierung der respiratorischen Insuffizienz sowie zur Kontrolle der Beatmungseinstellung besitzt die Blutgasanalyse BGA (Tab.

Tabelle II-23-1 Normalwerte der Blutgasanalyse.

	arteriell	gemischt-venös = A. pulmonalis
pO_2 (mm Hg)	80–100	35–40
pCO_2 (mmHg)	35–45	41–51
pH	7,35–7,45	7,31–7,41
BE	–2 bis +3	
HCO_3^-	22–26	22–26
Sättigung (%)	>95	70–75

II-23-1). Hierbei wird in einer Blutprobe der pH-Wert, der Sauerstoff-Partialdruck und der Kohlendioxid-Partialdruck mittels semipermeabler Elektroden gemessen. Nach Eingabe von Temperatur und Hämoglobinanteil errechnet sich die zugehörige Sauerstoffsättigung. Die Sauerstoffversorgung des Gewebes resultiert aus der arterio-venösen Sauerstoff-Konzentrationsdifferenz, der Hämoglobinkonzentration und dem Herz-Minutenvolumen.

Sind Abnahmefehler (insbesondere bei kapillären Gasen aus einem übermäßig traktierten Ohrläppchen "Quetschgase") ausgeschlossen, erlaubt die BGA die Unterscheidung von respiratorischer Partial- und Globalinsuffizienz.

Bei chronischen Nieren- oder Lungenerkrankungen – hierzu gehören auch Langzeit-Beatmungen – kann es zu erheblichen Verschiebungen der Werte kommen. Der arteriell gemessene Sauerstoff-Partialdruck ist sowohl aufgrund des flachen Kurvenverlaufs der Sauerstoff-Bindungskurve (ODC) sowie der bei chronisch Lungenerkrankten auftretenden reaktiven Linksverschiebung meist wenig aussagekräftig. Hier ist die direkte Bestimmung der Sauerstoffsättigung (perkutan oder über die Bestimmung der Sauerstoffkonzentration im Blut) vorzuziehen. Bei diesen Patienten liegen die direkt gemessenen Sauerstoffsättigungen oft deutlich höher als bei der Berechnung im Rahmen der BGA (die meisten BGA-Analyzer berechnen die Sauerstoffsättigung anhand einer zugrunde-gelegten normalen Sauerstoffbindungskurve – nur wenige Geräte messen die Sauerstoffkonzentration tatsächlich direkt, so z.B. Radiometer Copenhagen).

Zur Beurteilung der Sauerstoffversorgung ist die Bestimmung der venösen BGA hilfreich, da sie die Bestimmung der $avDO_2$ erlaubt. Ein Anstieg der $avDO_2$ ergibt sich bei dem Vorliegen einer Herzinsuffizienz oder einer Anämie (maximale Ausschöpfung des Sauerstoff-Transportpotentials), eine Verminderung dagegen bei Sepsis mit Eröffnung von Links-Rechts-Shunts (Arterialisierung des venösen Blutes). Bei 100 unselektionierten Patienten einer chirurgischen Intensivstation fanden sich am 1. postoperativen Tag bei 40% Abweichungen der berechneten gegenüber einer gemessenen $avDO_2$ von über 10%, die Abweichungen erreichten dabei Größenordnungen von bis zu 30%. Die Aufrechterhaltung der Sauerstoffversorgung kann dann nur durch eine Steigerung des HZV kompensiert werden.

Maschinelle Ventilation

Die maschinelle Ventilation stellt für den Patienten eine einschneidende Veränderung seiner Lebensqualität dar. Sie ist eine unphysiologische Atemform mit entsprechenden hämodynamischen Auswirkungen. In der Regel erfordert sie eine konsequente Sedierung und Analgesierung. Die maschinelle Beatmung stellt nur in seltenen Fällen eine kausale Therapie dar. Vielmehr hilft sie, die Oxygenierung sicherzustellen, bis eine andersartige kausale Therapie greift. Die maschinengesteuerte Atmung geht dabei mit einer stets zu berücksichtigenden Eigenmorbidität einher.

Erhebliche Probleme gibt es in Abhängigkeit von der Grunderkrankung bei der Beurteilung der Prognose. In einem Zentrum für Langzeitbeatmete starben 116 von 421 Patienten, entsprechend 27%. Die Überlebensraten nach 6 Monaten betrugen 44%, nach 1 Jahr 28%, die Lebensqualität blieb dabei noch unberücksichtigt. Hinter diesen Zahlen verbergen sich erhebliche moralische und ökonomische Probleme.

Zum Verständnis der Atmung und der Beatmung sind folgende Überlegungen zu berücksichtigen:

1. Die Luft nimmt stets den Weg des geringsten Widerstandes, d. h. auch bei einer Überdruckbeatmung wird überwiegend der gesunde Lungenanteil belüftet oder sogar überbläht. Darüber hinaus führt die unphysiologische Überdruckbeatmung eigenständig zum Parenchymschaden. Insbesondere für hohe Zugvolumina mit hohen Spitzendrücken in Verbindung mit PEEP wurde die Entwicklung eines Lungenödems nachgewiesen [179].
2. Neben dem Atemzugvolumen scheint die intrapulmonale Pendelluft-Strömung von besonderer Bedeutung zu sein. Diese könnte für eine Belüftung großer Lungenanteile verantwortlich sein und nicht das Atemzugvolumen, welches meist in einer Größenordnung von ca. 10% der Vitalkapazität liegt. Aus einem im aerodynamischen Institut der RWTH Aachen entwickelten Modell ergeben sich

Tabelle II-23-2 Indikationen zur Intubation und maschinellen Beatmung (n. SUTER).

Atemmechanik	
Atemfrequenz	> 35/min
Atemzugvolumen	< 5 ml/kg KG
Vitalkapazität	< 10 ml/kg KG
und Zeichen der Erschöpfung	
Gasaustausch	
paO2	< 60 mmHg/8 kPa < 75 mmHg/10 kPa beim kardial oder neurologisch vorgeschädigten Patienten und Zeichen eines akuten Sauerstoffmangels, z. B. metabolische Azidose, erhöhte Laktatproduktion, kardiovaskuläre Dekompensation
pH	$< 7{,}25$
und erhöhtem $paCO_2$	> 60 mmHg/8 kPa
andere Faktoren	
Koma	mit Verlust von Husten- und Schluckreflexen
Hirnödem	das eine Hyperventilation als Therapie benötigt
selten:	Ermüdungsgefahr der Atemmuskulatur bei Kreislaufschock

3 wesentliche Größen für die Effektivität der maschinellen Ventilation: Das Residualvolumen, die Pendelluft und der Beatmungsmitteldruck. Damit lassen sich die Auswirkungen der unterschiedlichen Beatmungsformen weitgehend erklären und experimentell überprüfen. Bislang ist jedoch eine qualitative Analyse der Patientenkurve nicht möglich.

3. Lungenabschnitte, die nicht belüftet werden, werden auch nicht mehr durchblutet (Euler-Liljestrand-Reflex).
4. Der arterielle Sauerstoffpartialdruck alleine ist zur Beurteilung der Beatmungssituation unzureichend. Der arterielle pO_2 wird durch die Diffusionsstrecke (cave interstitielles Ödem), den Anteil der rechts-links Shunt-Durchblutung (bei niedrigem Atemzugvolumen [AZV] relativer Anteil höher) und den intraalveolären Sauerstoff-Partialdruck (Beatmungsmitteldruck, Pausendruck) beeinflußt. Bei niedrigen pO_2-Werten (im Bereich des steilen Anteils der Sauerstoff-Bindungskurve) kann es zu dramatischen Veränderungen der Sauerstoffsättigung kommen.
5. Das periphere Sauerstoffangebot ergibt sich aus der arteriellen Sauerstoffsättigung und dem Herzminutenvolumen, die Zyanose ist Ausdruck einer Störung eines dieser Faktoren. Eine PEEP-Beatmung (speziell über 8 cm H_2O) kann trotz verbesserter arterieller BGA über eine Verminderung des HZV (Steigerung des intrathorakalen Drucks, Verminderung des venösen Rückstroms) das resultierende Sauerstoff-Angebot sogar mindern.
6. Die Belüftung und Perfusion der Lunge ist inhomogen, mit einer relativ hohen Perfusion (hydrostatischer Druck) basal sowie einer verbesserten Ventilation apikal. Daraus resultieren Forderungen nach Veränderung der Beatmungsposition (Bauchlage, Seitenlage, Rotationsbetten!).
7. Wesentlich ist weiterhin die Clearance-Leistung des pulmonalen lymphatischen Systems, das interstitielle Flüssigkeit als Diffusionshindernis drainieren muß. Durch die anatomische Position der Lymphbahnen peripher interalveolär, interazinös und interlobulär sowie zentralwärts mit Bronchien und Gefäßen verlaufend, ergibt sich die Forderung, gleichmäßige Druckbelastungen zu vermeiden, da sie zur Kompression und somit zum Ausfall der "pulmonalen Lymphpumpe" führen.
8. Aufgrund der ausgesprochen guten Diffusionsfähigkeit von CO_2 ist der pCO_2 ein ausgesprochen empfindlicher Parameter der Ventilation (hohe Werte – Hypoventilation, niedrige Werte – Hyperventilation).

Zielgrößen der Beatmungseinstellung:
pO_2 > 75 mm Hg
pCO_2 < 45 mm Hg
perkutane O_2-Sättigung $> 92\%$.

Nur bei hohen Beatmungsdrücken ($>$ 45 mbar) ist vorübergehend eine *"**permissive Hyperkapnie**"* mit pCO_2-Werten bis 60 mmHg (Verringerung des notwendigen Atemminutenvolumens, Verringerung der Atemfrequenz und des Zugvolumens, Verlängerung der Inspirationszeit) tolerabel [→Kap. II-41/42].

Beatmungsparameter

➤ Aus **Atemminutenvolumen** (AMV l/min) und **Atemfrequenz** (AF) ergibt sich das **Atemzugvolumen** (AZV ml). Das Atemminutenvolumen orientiert sich am pCO_2. Das Atemzugvolumen sollte ca. 10–15 ml/kg KG betragen, d. h. 600–900 ml.

Hyperventilation: Sinkt der pCO_2 unter 30 mm Hg, wird das AMV um ca. 1 Liter reduziert. Hierbei ist zur Aufrechterhaltung eines ausreichenden Zugvolumens ebenfalls eine Verminderung der Atemfrequenz erforderlich.

Hypoventilation: Bei pCO_2Werten über 50 mmHg wird das AMV um 1 Liter gesteigert, die Atemfrequenz entsprechend ebenfalls erhöht.

Merke:

Regulation des AMV:
Nie allein über die Frequenz!
Totraum berücksichtigen!

➤ Der **PEEP** (positiver endexspiratorischer Druck) ist der Beatmungsdruck, der bei reiner maschineller Beatmung nicht unterschritten wird. Ein PEEP führt zur deutlichen Erhöhung des **funktionellen Residualvolumens** (FRC), d. h. der Vordehnung der Lunge. Dies geschieht allerdings über eine Erhöhung des intrathorakalen Drucks zu Lasten des venösen Rückstroms und des HZV. Routinemäßig Einstellung eines PEEP von 2–4 cm H_2O.

➤ Das **Atemzeitverhältnis:** Der Atemzyklus wird unterteilt in eine Inspirations-, eine Pausen- und eine Exspirationsphase. Standard ist ein Verhältnis von 20 : 10 : 70 oder verkürzt 1 : 2. Bei den meisten Beatmungsgeräten läßt sich dieses Verhältnis modifizieren. Während der Pausenzeit sind alle Ventile geschlossen, so daß keine Luft entweichen kann. Bei Lungenfibrose lassen sich durch Verlängerung der Inspirationsphase zuvor bereits er*höhte Beatmungsdrücke* vermindern. Bei Vorliegen einer Diffusionsbarriere verbessert eine längere Pausenzeit die Oxygenierung mit Anstieg des pO_2. Bei extremer Verlängerung der Inspirations- und Pausenzeit (> 70 %) reicht die Exspirationszeit nicht mehr aus, das gesamte Atemzugvolumen wieder abzugeben. Es resultiert eine Überblähung der Lunge mit einem Anstieg des endexspiratorischen Drucks (*intrinsic PEEP*). Dieser kann deutlich über den eingestellten PEEP-Werten liegen und über eine Verminderung der Pendelluft zu einer massiven Störung der Ventilation führen. Bei derart verändertem Atemzeitverhältnis (*inversed ratio*) muß daher relativ hochfrequent mit niedrigem Atemzugvolumen beatmet werden. Limitierend ist bei dem dann eingeschränkten Atemminutenvolumen meist die entstehende Hyperkapnie.

➤ Der **Flow** (ml/s): Die zur Inspiration zur Verfügung stehende Zeit zusammen mit dem eingestellten Atemzugvolumen bestimmen den Flow (300–500 ml/s). Bei den Spontanatmungsformen mit Druckunterstützung oder bei druckkontrollierter Beatmung resultiert der Flow allerdings ausschließlich aus der Höhe des Arbeitsdrucks, so daß dieser auf das Niveau des vorgegebenen Druckes reduziert werden muß. Andernfalls resultieren Flußraten von über 1 l/s (entsprechend der Atmung aus dem Fenster eines Schnellzugs). Der Flow entscheidet wesentlich über die subjektive Verträglichkeit der Beatmungsform, wird allerdings nur unzureichend berücksichtigt.

Beatmungsformen

Eindeutige, stets anwendbare Beatmungskonzepte liegen nicht vor. Sie müssen stets an die individuellen Bedürfnisse angepaßt werden.

➤ ***Volumenkontrollierte Beatmung***

Standard ist postoperativ beim sedierten, analgesierten bzw. noch relaxierten Patienten normalerweise die **volumenkontrollierte Beatmung (VK)**.

Merke:

Volumenkontrollierte Beatmung:
AMV 6–7 l/min, AF 10–12, AZV 600–750 ml, PEEP + 2 cm H_2O [75 kg Patient]

Aus dem angegebenen Atemminutenvolumen und der Atemfrequenz bzw. dem eingestellten Atemzeitverhältnis resultiert der inspiratorische Flow. Konstant (oder je nach Einstellung akzeleriert) wird Luft insuffliert. Entsprechend dem voreingestellten Zugvolumen steigt während der Inspirationsphase das intrathorakale Gasvolumen [ITGV] linear an. Der Beatmungsdruck erfährt einen initialen raschen Anstieg (Öffnungsdruck), um anschließend ebenfalls annähernd linear anzusteigen. Während der Pausenzeit bleiben alle Ventile geschlossen, die Kurven verlaufen auf einem Plateau, um während der Exspirationszeit (passiver Vorgang) exponentiell abzufallen. Im Druck-Volumendiagramm zeigt sich eine charakteristische Kurve, die je nach PEEP-Einstellung nach oben verschoben ist.

Aus den unterschiedlichen Einstellmöglichkeiten des Beatmungsgeräts resultieren in der Regel Veränderungen der Beatmungsdrücke, d. h. des Beatmungsmitteldrucks, des Pausendrucks und des Spitzendrucks (am Ende der Inspiration).

Hohe Spitzendrücke (über 40 mbar) sind wegen der Gefahr eines Barotraumas zu vermeiden (durch Verlängerung der Inspirationszeit, Verminderung des AZV). Ein PEEP führt dagegen zur Anhebung auch des Mitteldrucks (mit den hämodynamischen Konsequenzen, s. o.). In der Regel führen höhere Beatmungsdrücke auch zum Anstieg des pO_2, allerdings mit den jeweils spezifischen Risiken.

➤ ***Druckregulierte und volumenkontrollierte Beatmung = DRVK = PRVC***

Die druckregulierte und volumenkontrollierte Beatmung ist eine modernisierte volumen-kontrollierte Beatmung, bei der die Atemfrequenz und das Atemminutenvolumen voreingestellt werden. Während der ersten Atemzüge wird vom Beatmungsgerät das mechanische Verhalten von Lunge bzw. Thorax (Compliance) registriert und anschließend der inspiratorische Druck über dem Inspirationsintervall optimiert, d. h. dem Gerät wird freigestellt, zu welchem Zeitpunkt der Inspirationsphase wieviel Luft insuffliert wird. Es resultiert eine volumenkontrollierte Beatmung auf geringstmöglichem Druckniveau bei dezelerierendem inspiratorischen Flow.

➤ ***Druckkontrollierte Beatmung***
Bei Vorliegen eines ARDS wurden in letzter Zeit gute Erfahrungen mit der **druckkontrollierten Beatmung** gesammelt.

Merke:

Druckkontrollierte Beatmung:
Obligate Einstellung des Volumenalarms, da bei Tubusobstruktion [Beißen, Schleim] kein Volumen mehr insuffliert wird!

Bei der druckkontrollierten Beatmung mit/ohne PEEP wird während der Inspiration mit einem vorgegebenen Druck Luft in die Lungen getrieben. Insgesamt lassen sich hierdurch extreme Spitzendrücke (am Ende der Inspiration) vermeiden, während der Mitteldruck deutlich angehoben wird. Eine Reduktion des PEEP, eine Verlängerung der Inspirationszeit sowie die Herausnahme der Pausenzeit unterstützt den positiven Effekt. Meist können Atemzugvolumina von bis zu 1 l erreicht werden.

Muß noch bei älteren Beatmungsgeräten der Arbeitsdruck und der Flow reduziert werden, so ist dies bei der neuen Generation von Beatmungsgeräten nicht erforderlich. Die Druckanstiegsgeschwindigkeit läßt sich regulieren und der Flow wird selbständig über das eingestellte Volumen korrigiert. Bei dieser doch sehr unphysiologischen Beatmung ist in der Regel eine tiefe Sedierung des Patienten unverzichtbar.

➤ ***BIPAP (biphasic positive airway pressure) Beatmung***
BIPAP ist eine zeitgesteuerte druckkonstante Beatmung über einem phasisch wechselnden Druckniveau, die zu jedem Zeitpunkt die Spontanatmung erlaubt. Diese Technik ist über alle Phasen der Beatmung von der kontrollierten Beatmung über assistierte Atmung bis zur Spontanatmung anwendbar, so daß BIPAP als moderne Beatmungstechnik mit "Autopilot" interpretierbar ist. Der Patient wechselt durch seine Atemaktivität selbst auf assistierte Atmung und später auf Spontanatmung. Lediglich mit der BIPAP-Technik ist es derzeit möglich, beim Weaning (s. u.) eines langzeitbeatmeten Patienten ein oft für den Gastaustausch günstigeres I:E-Verhältnis (wie bei kontrollierter Beatmung üblich) auch während Spontanatmungsintervallen beizubehalten.

➤ ***Seitengetrennte Beatmung***
Eine seitengetrennte Beatmung mit zwei gekoppelten Beatmungsgeräten ist bei speziellen Beatmungsproblemen für einen *befristeten Einsatz* erwägbar.

Mögliche Indikationen können bei fulminanten Pneumonien, rezidivierender Atelektasenbildung, bronchopleuralen bzw. parenchymalen Fisteln mit hohen Fistelvolumina sowie beim ARDS mit rezidivierenden intrapulmonalen Pneumothoraces und Fistelungen bestehen.

Ziel der seitengetrennten Beatmung kann bei hohen Fistelvolumina die Sicherstellung eines adäquaten Atemminutenvolumens für die gesündere Lungenseite sowie bei rezidivierender Atelektasenbildung und umschriebener Pneumonie ein seitendifferenziertes Recruitment [höherer PEEP und Atemhubvolumen für die wiederzubelüftende Lungenseite und Schutz der gesunden Lungensetie vor sekundär schädigenden Druckbelastungen] sein.

Tabelle II-23-3 Techniken der Hochfrequenzbeatmung.

Verfahren	Abk.	übl. Freq.	Hubvol.	Besonderheiten
High-Frequency-Jet-Ventilation	HFJV	150–300 /min	150–250 ml	Hochdruckgasimpulse über Katheter im Tubus
High-Frequency-Positive-Pressure-Ventilation	HFPPV	60–100 /min	250–350 ml	Niederdruckgasquelle
Hochfrequenz-pulsation	HFP	150–300 ml	150–250 ml	Positiver Atemwegsdruckimpuls vor Tubus durch Injektor erzeugt
Hochfrequenz-Jet-Oszillation	HFJO	bis 700 /min	70–150 ml	Gegenphasige Druckimpulse zur Exspirationsunterstützung
Forcierte Diffusionsventilation	FDV	500–1800 /min	30–50 ml	Seitengetrennte Düsen am Tubusende
Hochfrequenz-Oszillationsventilation	HFO	600–3000 /min	60–150 ml	Kolbenpumpe am prox. Tubus zur Sinusstimulation der Lunge, Querspülung zur Oszillationsrichtung (Bias Flow) mit kontinuierlichem Gasstrom

Durchführung: Voraussetzung ist die Umintubation des Patienten mit Plazierung eines Doppellumentubus sowie obligat ein invasives Monitoring zur Kreislaufüberwachung [Pulmonalis-Katheter oder COLD-System]. Zwei geeignete typengleiche Respiratoren werden mit einem speziellen Kabel gekoppelt. Ein Beatmungsgerät wird dadurch zum "Master"-Gerät, das die Beatmungstherapie führt, die Atemfrequenz bestimmt und das nachgeordnete Gerät synchronisiert. Die an jedem der beiden Geräte vorzuwählenden Atemminutenvolumina sind sorgsam an die jeweilig zu beatmende Lungenseite anzupassen. An dem nachgeordneten Beatmungsgerät ["Slave"] können vom "Master"-Gerät divergente Einstellungen für den PEEP und das Atemhubvolumen bzw. Atemminutenvolumen gewählt werden. Alle übrigen Funktionen des "Slave"-Geräts sind automatisch deaktiviert, so daß die Synchronisation durch das "Master"-Gerät gewährleistet bleibt.

Die seitengetrennte Beatmung sollte dem erfahrenen Intensivmediziner vorbehalten bleiben. Die nicht sicher zuvor abschätzbaren Kreislaufauswirkungen erfordern obligat ein entsprechendes Monitoring.

➤ ***Hochfrequenzbeatmungen***

Nach der Konzeption ist die Hochfrequenzbeatmung das ideale Verfahren bei Krankheitsbildern, die eine weitestgehende Ruhigstellung der Lunge erfordern. Theoretisch läßt sich mit den verschiedenen Verfahren eine ideale Ebene auf dem Druck-Volumen-Diagramm der Lunge für die Beatmung wählen. Auf Grund der geringen Tidalvolumina erfolgt eine sehr schonende Beatmung, zudem werden bei inhomogenem Lungenparenchym lokale Überblähungen vermieden und beatmungsdruckabhängige Kreislaufwirkungen minimiert.

Zur Hochfrequenzbeatmung sind entsprechend geeignete Geräte und teilweise Spezialtuben erforderlich.

Entgegen den hochpositiven Erwartungen nach den theoretischen Vorüberlegungen hat sich die Hochfreqenzbeatmung in der Praxis kaum durchsetzten können. Wesentliche Gründe waren das problematische Management, technische Probleme und Unzuverlässigkeiten beim Monitoring. Die im Prinzip einsetzbaren Techniken sind in Tab. II-23-3 zusammengefaßt.

Weaning = "Abtrainieren"

Das Weaning (Entwöhnen) beansprucht bis zu 60% der Zeit, die der Patient beatmet wurde.

Mögliche Gründe für erfolglose Weaningversuche sind obstruktive oder restriktive Störungen der Atemmechanik und zentralnervöse oder neuromuskuläre Störungen der Atemmotorik. Voraussetzungen für eine erfolgreiche Extubation s. Tab. II-23-4. Begleitende psychologische Unterstützung, Atemübungen und Bronchialtoilette unter Kontrolle der perkutanen Sauerstoff-Sättigung sind selbstverständlich.

Merke:

Weaning = Abtrainieren von der Beatmung:
Teufelskreis:
Angst ↔ Hyperventilation ↔ Erschöpfung → erneute Beatmung

Tabelle II-23-4 Voraussetzungen zur Extubation (nach Keller, DMW 111,2:62–4).

1. Klinischer Zustand stabil, kooperativer Patient (Husten- und Schluckreflexe, Sensorium)
2. Respiratorische Situation stabilisiert
   $paO_2 > 60$ mmHg, $FiO_2 < 0{,}5$
   $paCO_2 < 40$ mmHg, $pH = 7{,}4$
3. Atemmechanik gebessert
   spontane AF < 30/min
   Vitalkapazität > 15 ml/kg
   effektive Compliance > 30 ml/cm H_2O
4. Atemmotorik suffizient
   maximales Atemminutenvolumen > 20 l/min
   maximaler negativer Inspirationsdruck < –25 cm H_2O

Wenn auch praktisch ohne klinische Relevanz – der Vollständigkeit halber:
Yang und Tobin entwickelten 1991 zwei prognostische Indices zur Objektivierung der Weaning-Möglichkeit [177]:

1. Quotient aus Atemfrequnz und Atemzugvolumen (AF/AZV) als Maß für rasches und oberflächliches Atmen. Bei einem Grenzwert von < 105 Atemhübe/min/l betrug der positive Vorhersagewert für eine erfolgreiche Extubation 0,78.

2. Ein integrativer Index CROP, der das Verhältnis von mechanischer Beanspruchung und der Kraft der Atemmuskulatur sowie Parameter des Gasaustausches widerspiegelt.
   $CROP = C_{(dyn)} \times P_{peak} \times (paO_2/pAO_2) \times 1/AF$
   $c_{(dyn)} = AZV/(P_{peak} - P_{endexsp.})$

Bei einem Grenzwert von > 13 ml/Atemhübe/min betrug der positive Voraussagewert 0,78.

Eine Überprüfung zumindest des ersten Quotienten durch Lee et al 1994 [178] erbrachte dagegen, daß ein Quotient über 105 wenig hilfreich zur Beurteilung der Erfolgswahrscheinlichkeit ist (Spezifität 11%).

Techniken des Weanings

Zum Abtrainieren (Weaning) stehen mehrere Möglichkeiten zur Verfügung:

Merke:

> **Weaning = Abtrainieren von der Beatmung:**
> **"Trainingsintervalle" der circadianen Rhythmik anpassen!**

➤ Bei der **Spontanatmung** kann der Patient über den Tubus unter Sauerstoffinsufflation ohne weitere Hilfe spontan atmen.

➤ Um die Entwöhnungsphase zu erleichtern, schiebt die Maschine bei **Druckunterstützung** (DU) [= maschinell assistierte Atmung] bei jeder Inspiration mit einem vorgegebenen Druck (Druckniveau 15–25 mbar über PEEP) Luft in die Lungen des Patienten, um die Atemarbeit zu vermindern. Wird der Arbeitsdruck nicht reduziert, resultieren hohe, für den Patienten äußerst unangenehme Flow-Werte.

Merke:

> **Erschöpfung bei DU-Atmung:**
> **Insuffiziente Tachypnoe mit niedrigem Zugvolumen.**
> **➤ der Patient braucht Erholung (=*Be*-Atmungsintervall) und nicht höheres Druckniveau!**

➤ Eine Verbesserung stellt die **volumenunterstützte Beatmung** dar, bei der durch elektronische Unterstützung hohe Flow-Werte vermieden werden können.

Bei Apnoe erfolgt neben dem obligaten Alarm die automatische Umstellung auf eine kontrollierte Beatmung.

➤ Beim **CPAP** (Continuous positive airway pressure) wird über die PEEP-Einstellung (z. B. + 8 cm H_2O) ein konstanter Rest-Druck in der Lunge aufrechterhalten. CPAP erhöht deutlich die FRC [funktionelle Residualkapazität] sowie die Vordehnung und erleichtert hierüber ebenfalls die Atemarbeit.

➤ Eine kombinierte, teilassistierte Atmungsform aus Spontan- und maschinell assistierter Atmung ist **SIMV** (synchronisized intermittend mandatory ventilation)

mit/ohne DU. Hierbei wird eine SIMV-Frequenz vorgegeben, woraus sich zusammen mit dem vorher eingestellten Atemzugvolumen das von der Maschine garantierte Atemminutenvolumen ergibt. Mit dieser Frequenz erfolgen, synchronisiert an die Spontanatmungsfrequenz des Patienten, volumenkontrollierte Beatmungszyklen. Zwischendurch atmet der Patient mit/ohne Druckunterstützung spontan und alleine.

Merke:

SIMV-Frequenz > 10/min ist kein Abtrainieren,
sondern eine "getarnte" volumenkontrollierte Beatmung!

Vorteilhaft bei allen 3 Methoden ist die Kontrolle der Ventilationsparameter (AMV, AZV, AF) über die Maschine. Eine Hypoventilation kann daher früh erkannt werden. Allerdings ist stets auf ein ausreichendes AZV zu achten. So kann z.B. bei hohen Atemfrequenzen bei der DU-Atmung ein ausreichendes Atemminutenvolumen von der Maschine angezeigt werden, obwohl in erster Linie eine Totraumventilation vorliegt. Diese läßt sich mit der SIMV-Beatmung verhindern. Bei Hypoventilation wird eine Steigerung des Atemminutenvolumens über eine Steigerung der SIMV-Frequenz oder eine Steigerung des Druckniveaus (höheres AZV) erreicht, nicht jedoch über eine Steigerung des an der Maschine einzustellenden Atemminutenvolumens.

Überwachung einer maschinellen Beatmung

Ein maschinell beatmeter Patient bedarf einer intensiven Überwachung mit Sichtkontakt.

Bei jedem ausgelösten Gerätealarm ist die Ursache sofort zu beseitigen.

Alle 4–6 Stunden ist eine BGA durchzuführen (bei absehbarer längerdauernder Beatmung ist ein arterieller Zugang erforderlich) und mit den Beatmungsparametern (nicht nur die eingestellten, sondern auch die effektiven Parameter: Effektive Atemfrequenz mit Triggern, effektiver PEEP) zu dokumentieren.

Zusätzlich ist die transkutane Bestimmung der Sauerstoffsättigung zu empfehlen, insbesondere bei Spontanatmungsformen.

Die einzustellenden Parameter haben sich stets nach den Bedürfnissen des Patienten zu richten. Ist eine starke Sedierung oder gar Relaxierung erforderlich, sollte überprüft werden, ob das Beatmungsgerät optimal eingestellt ist.

Nach Intubation obligat:

- Röntgen-Kontrolle zur Dokumentation der Tubuslage
- Regelmäßiges endotracheales Absaugen (mindestens 4–6stdl.)
- 2mal pro Woche mikrobiologische Untersuchung des Sputums
- Bei Beatmung über 12 Stunden stets Anbringen eines Luftbefeuchters

Merke:

Fehlfunktion des Beatmungsgerätes:
Irreversible Schäden nach 2 Minuten möglich

Alarm

Wesentliche Funktionen des Beatmungsgerätes werden von diesem selbst überprüft. Bei Unter- oder Überschreiten vorher eingestellter Druck- bzw. Volumengrenzen wird alarmiert. Zu Unterscheiden ist je nach Beatmungsmuster der Druck- und der Volumenalarm.

Druckalarm: Bei *volumenkontrollierter Beatmung* drückt die Maschine ein eingestelltes Atemzugvolumen in die Lunge. Übersteigt der Spitzendruck einen vorgegebenen Grenzwert (ca. 35 mbar), gibt es Druckalarm. Dieser wird u. a. beim Husten des Patienten, bei Wasser im Beatmungssystem infolge überfüllter Wasserfalle, bei Tubusobstruktion und bei zu hohem Atemzugvolumen (hohes Atemminutenvolumen, niedrige Atemfrequenz) insbesondere in Verbindung mit einem PEEP ausgelöst. Bei hoher Atemfrequenz und kurzer Exspirationszeit kann nicht mehr das gesamte Atemzugvolumen ausgeatmet werden. In der Lunge sammelt sich Luft an, das Residualvolumen steigt, der *intrinsic PEEP* liegt deutlich über dem eingestellten PEEP.

Bei Druckalarm ist der Patient zunächst von der Maschine abzuhängen, die Tubusdurchgängigkeit ist mit einem Absaugkatheter zu überprüfen. Gleichzeitig wird Sekret aus der Lunge entfernt. Anschließend kann mit dem Ambu-Beutel überprüft werden, ob sich die Lunge gut ventilieren läßt. Bei Tubusobstruktion wird dieser sofort entfernt und mit der Maske weiterbeatmet.

Hohe Beatmungsdrücke lassen sich durch Umstellung auf druckkontrollierte Beatmung (mit vollständiger Sedierung des Patienten), Verminderung des Atemzugvolumens (Anhebung der Atemfrequenz), Verlängerung der Inspirationszeit zu Lasten der Pausenzeit (Inversed ratio: von 1 : 2 → 2 : 1 bis 3 : 1) senken.

Volumenalarm: Die eingestellten Volumengrenzen liegen in der Regel zwischen 5 und 15 l/min, d. h. das Atemminutenvolumen des Patienten sollte zwischen diesen Werten liegen. Bei *volumenkontrollierter Beatmung* wird dieses Volumen garantiert, sofern kein Druckalarm die Volumengabe vorzeitig abbricht. Bei allen nichtvolumenkontrollierten Beatmungsformen, z. B. der *druckkontrollierten* oder der druckunterstützten *Beatmung* hängt das Atemminutenvolumen allerdings ausschließlich von der Atemfrequenz und dem eingestellten Druckniveau ab. Bei hohen Beatmungsdrücken erhält der Patient ein zu geringes Atemminutenvolumen, bei zu hohem Druckniveau wird er möglicherweise hyperventiliert. Allerdings ist unabhängig vom Atemminutenvolumen stets auf ein ausreichend hohes Atemzugvolumen von > 500 ml zu achten. Obwohl bei hohen Atemfrequenzen und niedrigen AZV ein ausreichend hohes AMV resultieren kann, kommt es überwiegend zur Totraumbelüftung und nicht zur ausreichenden Ventilation der Lunge.

Erhält der Patient ein zu geringes Atemvolumen (Hypoventilation), ist zunächst der Tubus auf Durchgängigkeit zu prüfen (s. o.). Bei den Spontanatmungsformen ist das Druckniveau anzuheben, bei offensichtlicher Erschöpfung ist eine kontrollierte

Beatmungsform zu wählen. Gelegentlich kann durch Erhöhung des PEEP auf 2–5 mm H_2O die Atemarbeit vermindert werden. Bei der druckkontrollierten Beatmung ist die Inspirationsphase zu verlängern. SIMV erfordert die Steigerung der SIMV-Frequenz oder des Druckniveaus bei SIMV mit Druckunterstützung.

Bei Hyperventilation ist bei den Spontanatmungsformen das Druckniveau zu vermindern. Liegt die Ursache in einer zentralbedingten Tachypnoe, empfiehlt sich die Gabe von Analgetika bzw. Sedativa. Bei chronischer Niereninsuffizienz mit metabolischer Azidose ist eine Hyperventilation zur Kompensation stets erforderlich (→ Puffern kann zur Apnoe führen!). Mit Verlängerung der Beatmungsschläuche (Giebel-Rohr, eingesetzte Zwischenschläuche) kann die CO_2-Abatmung vermindert werden.

Komplikationen der Beatmung

Jeder beatmete Patient ist intensivpflichtig. In der Regel ist seine Mobilität aufgehoben bzw. eine Sedierung erforderlich. Hieraus ergibt sich die Notwendigkeit einer enteralen oder parenteralen Ernährung und einer intensiven Dekubitus-Prophylaxe (regelmäßiges Umlagern).

Die hämodynamischen Auswirkungen einer maschinellen Ventilation und einer Sedierung machen häufig den Einsatz von Katecholaminen erforderlich, insbesondere bei höheren PEEP-Einstellungen oder bei notfallmäßiger Intubation (ggf. vorher Dopamin-Perfusor bzw. Plasmaexpander bereitstellen).

Die Rate der Pneumonien steigt bei Beatmung deutlich an. Adhärente Mikroorganismen konnten bereits nach 30 Minuten im Tubus nachgewiesen werden. Ein gastrotrachealer Reflux konnte szintigraphisch bestätigt werden, so daß auch an eine Keimaszension aus dem GI-Trakt zu denken ist.

Aufgrund der mangelnden Fähigkeit des Patienten, sich zu artikulieren, ist eine intensive Patientenbeobachtung unverzichtbar.

Bei länger andauernder Beatmung ist mit Druckulzera und Nekrosen im Bereich des Larynx, Pharynx, der Nase und der Trachea zu rechnen. Die Rate der Trachealstenosen hat bei Verwendung der low-pressure Cuffs deutlich abgenommen. Insbesondere nach schwerem Schädel-Hirn-Trauma kann jedoch eine Tracheotomie (s. u.) erforderlich werden.

Bei Blutdruckabfall, Anstieg der Beatmungsdrücke und Tachykardie ist stets an einen Spannungspneumothorax unter Beatmung zu denken und ggf. ex juvantibus mit einer Thorax-Drainage zu drainieren. Eine hämorrhagische Tracheitis kann gelegentlich zu endotrachealen Blutungen führen. Nach diagnostischer Bronchoskopie hat sich hier die Bronchiallavage mit verdünntem Otriven® bewährt. Alle diese Auswirkungen und Komplikationen stehen jedoch in der Regel hinter der zugrundeliegenden Erkrankung zurück. Beim therapierefraktären ARDS ist die Verlegung in Spezialzentren zur Durchführung eines extrakorporalen Gasaustausches bzw. einer CO_2-Elimination zu überlegen [→ Kap. II-41, S. 503].

Steady state Maßnahmen

II-24 Bilanzierung und Volumentherapie

Zielsetzungen

- Aufrechterhaltung der Homöostase
- Vermeidung von Störungen der Elektrolyt- und Flüssigkeitsbilanz
- Behebung von Störungen im Elektrolyt- und Flüssigkeitshaushalt

Indikationen

➤ ***Mangelhafte Flüssigkeitsaufnahme***
- in der unmittelbar postoperativen Phase
- bei kritisch Kranken
- bei intubierten und beatmeten Patienten
- bei gestörter Magen-Darm Funktion

➤ ***Schwere Flüssigkeitsverluste***
- traumatisch (intraoperativ)
- anhaltendes Fieber

➤ ***Ausgeprägte Störungen***
- akutes/chronisches Nierenversagen
- akutes Leberversagen
- Stoffwechselentgleisungen (z. B. Diabetes mellitus)

Mindestvoraussetzungen

➤ ***Ausreichende venöse Zugänge***
- Periphere Venenzugänge
- Zentrale Venenzugänge (V. jugularis interna und V. subclavia) (optimal, da gleichzeitig ZVD-Messungen sowie die parenterale Ernährung erfolgen können, jedoch Infektionsgefahr)

➤ ***Kreislaufmonitoring***
- ZVD
- RR-Messung:
  - konventionelle Blutdruckmessung über Manschette
  - "blutige" Messung über Druckmodul und Meßkatheter in der A. radialis oder A. femoralis als kontinuierliche Messung
    Vorteil: Blutgasanalysen jederzeit verfügbar

➤ ***Bilanzierungsmöglichkeit***
- Dauerkatheter (= Urinstundenportionen)
- Quantitative Erfassung weiterer Ausscheidungen und Sekrete
- Bettwaage

Grundlagen der Volumensubstitution

1. **Basis oder Grundbedarf =**
   Erhaltungs- oder Normbedarf (s. u.)
2. **Adaptierter Basisbedarf =**
   An eine vorbestehende Grunderkrankung angepaßte vermehrte oder verminderte Volumenzufuhr:
   - akutes / chronisches Nierenversagen
   - manifeste Herzinsuffizienz
3. **Ersatzbedarf =**
   In eine Bilanz einzubeziehende tägliche Verluste
   - Drainagen, Fisteln, Magensonde, Polyurie
   - Verlust in "third space"
4. **Korrekturbedarf =**
   Die sich aufgrund einer Störung einstellende Volumenänderung

➤ ***Basis- oder Grundbedarf:***
1500 ml/qm oder 2000 – 2500 ml/24 h
oder

16–30 Jahre	40 ml/kg
30–55 Jahre	35 ml/kg
55–65 Jahre	30 ml/kg
>65 Jahre	25 ml/kg

Merke:

Mit steigendem Lebensalter sinkt der Flüssigkeitsbedarf

Merke:

Flüssigkeitsbedarf postoperativ:
Kann bis auf 60 ml/kg KG ansteigen!

Volumenersatzmittel

- Freies Wasser (z. B. Glucose 5 %)
- Kristalloide (z. B. Ringer, NaCl)
- Kolloide (z. B. HAES)
- Blut oder Blutersatzstoffe (EK, FFP, Humanalbumin)

Flüssigkeitskompartimente des Organismus:
- Intravasalraum
- Interstitieller Raum
- Intrazelluläres Kompartiment

➤ ***Dynamik der Volumenersatzmittel***

- Bei Gabe von 3 l **Glucose 5 %** in den intravasalen Raum:
  Gleichmäßige Verteilung auf alle Kompartimente entsprechend der Verteilung von freiem Wasser! *Cave*: Überwässerung!
- Bei der Gabe von 3 l **RingerLösung**:
  0,75 l intravasal und
  2,25 l Expansion in den interstitiellen Raum
- Bei Gabe von 250 ml **Humanalbumin 5 %**
  Deutlicher intravasaler Volumenzuwachs um 450 ml, nur 50 ml gelangen ins Interstitium
  Cave: Andere Verhältnisse bei Schock und Sepsis, hierbei Übertritt von Albumin durchs Kapillarleck ins Interstitium!
- Gabe von kolloidalen Lösungen:
  Ähnliche Verhältnisse wie bei Albumin.
  Cave: Wegen Gefahr von Thrombozytenfunktionsstörungen
  nicht mehr als 1000 ml HAES/d!
  Hoher Natriumgehalt!

➤ ***Therapie des Volumenmangels***

Problematik:

Kristalloide/ Kolloide → mit der Gefahr des Abstroms durch das Kapillarleck und Umkehr des Starling-Filtrationskoeffizienten

versus

Kristalloide → mit der Gefahr der Überwässerung

→ Mittelweg wählen!

Merke:

Volumenhaushalt und Volumenverteilung kritisch Kranker:
Monitoring [PA-Katheter oder COLD-System] erforderlich!

Bilanzierung

Zufuhr

- Enteral
- Parenteral
- Endogenes Körperwasser (200–300 ml/24 h)
- Resorption Inhalationsaerosole (300 ml – 500 ml/24 h)

Ausfuhr

- Perspiratio sensibilis (Schweiß)
- Perspiratio insensibilis (800–1000 ml/d)
- Urin
- Stuhl
- Abgeleitete Verdauungssekrete

- Tracheobronchialsekret
- Exsudation aus Wunden und Körperhöhlen

Merke:

Perspiratio bei Luftkissen- oder Luftstrom-Betten:
Erhöht bis auf 2,5 l/d

Beurteilung des Volumenhaushaltes

Die Bilanzierung nach *Körpergewicht* stellt die beste Form der Bilanzierung dar. Angestrebt werden 0,2 – 0,4 % Gewichtsabnahme pro Tag (entspricht in etwa der Perspiratio).

Die Beurteilung anhand des Körpergewichts ist jedoch in der Praxis gerade bei Langliegern und beatmeten Patienten (Kosten des Wiegebettes) schwer zu verwirklichen. Daher erfolgt praktischerweise keine Einbeziehung der Perspiratio, da dies in etwa dem gewünschten Gewichtsverlust pro Tag entspricht.

➤ ***Klinische Beurteilung***
- Durst? Frage an den Patienten
- Aussehen der Zunge
- Hautturgor? Hautfalten?
- Ödeme? [bei liegenden Patienten an den Flanken]
- Diurese? Stundendiurese > 80 ml
- Vortagesbilanz?
- Hämatokrit? Anstieg spricht für Hämokonzentration
- Hb? Anstieg spricht für Hämokonzentration
- Blutdruck? Amplitude im Verlauf
- Pulsfrequenz?
- ZVD? Stark abhängig von kardialer Leistung, thorakalem Druck und Volumenzirkulation in der Peripherie

II-25 Elektrolyt-, Eiweiß- und Säure-Basen-Haushalt

Störungen im Elektrolyt-, Säure-Basen- und Eiweißhaushalt sind ein immanentes Problem der chirurgischen Intensivtherapie durch intra- und postoperative Sekretverluste, septisch bedingte Flüssigkeitsverschiebungen zwischen den Körperkompartimenten und die Respiratorbehandlung.

Elektrolyte

Störungen des Elektrolythaushalts dürfen nicht als ein isoliertes Problem betrachtet werden, sondern erfordern eine erweiterte Interpretation unter Berücksichtigung des Volumen- und Säure-Basen-Haushalts. Grundvoraussetzung ist die Routineüberwachung der entsprechenden Parameter.

Routine-Überwachung

obligat

– Kreislaufparameter:	Herzfrequenz, Blutdruck, Pulsamplitude, ZVD je nach Überwachungsintensität
– Körperliche Untersuchung:	Hautturgor, Ödeme/Anasarka, trockene Zunge, Durstgefühl, Venenfüllung, feuchte Rasselgeräusche, 3. Herzton
– Flüssigkeitsbilanz:	Exakte Kontrolle der Ein- und Ausfuhr, Bilanzierung 8- bzw. 12stündlich
– Urinausscheidung:	Diurese 50–150 ml/h, spezifisches Gewicht des Urins, Urinelektrolyte und Urinosmolalität unter Berücksichtigung einer eventuellen Diuretikatherapie
– Serumelektrolyte:	4–10mal täglich Natrium und Kalium, 1mal täglich Calcium, 2mal wöchentlich Phosphat und Chlorid
– Serumosmolalität:	Näherungsweise: $2 \times Na + Glucose + Harnstoff$ [je mmol/l]
– Harnstoff/Kreatinin-Ratio:	< 15: adäquate Hydratation. > 20: Volumenmangel [gemessen in mg/dl]

fakultativ

– Invasives Volumenmonitoring mittels COLD- oder Pulmonaliskatheter (→ Kap. II-15, S. 289)

Erhaltungstherapie

Um Elektrolytentgleisungen bereits im Vorfeld zu vermeiden, müssen permanente Flüssigkeitsverluste beim Erstellen des Therapieplanes berücksichtigt werden und adäquat ersetzt werden.

zu berücksichtigen:	Perspiratio	800 ml
	Fäzes	200 ml
	Schweiß	100 ml
	Urin	nach Diurese
Erhaltung mit:	Volumen:	30–40 ml/kgKG/d
	Natrium:	30 mmol/l/d
	Kalium:	40–60 mmol/l/d

Substitutionstherapie

Tabelle II-25-1 Substitutionstherapie von Wasser- und Flüssigkeitsverlusten.

Flüssigkeitsverluste	Ersatz
– Magensaft	NaCl 0,9 %, Glucose 5 %, KCl 20 mmol/l, bei Alkalose mehr
– Galle-/Pankreassaft	Ringer-Laktat, bei Azidose Na-Bikarbonat-Zusatz
– Darm	Ringer-Laktat, KCL 20 mmol/l, Na-Bikarbonat 25 mmol/l, angepaßt an base excess
– Verluste in den 3. Raum	Ringer-Laktat

Natrium

Durch primäre Störungen im Wasserhaushalt sind Veränderungen der Natriumkonzentration wesentlich häufiger relativer als absoluter Art!

➤ ***Hyponatriämie: Serum-Na$^+$ unter 135 mmol/l***

Ursachen in Abhängigkeit von der Serumosmolalität:
- hyperton: Hyperglykämie, Mannitol-Infusion
- isoton: Hyperlipid- oder Hyperproteinämie (Pseudohyponatriämie)
- hypoton: gastrointestinale oder renale Verluste, fortlaufende Wasserzufuhr (z. B. Glucose 5 %-Infusion)

Klinik:
Bestimmt durch zelluläre Überwässerung (Hirnödem ab ca. 120 mmol/l) mit Lethargie, Anorexie, Vomitus, zerebralem Krampfanfall, ggf. auch Hämolyse und Lungenödem nach Wasserintoxikation

Merke:

Abschätzen des Na$^+$-Defizits:
(135 mmol/l – Na^+_{ist}) × kg × 0,3
Nur die Hälfte des Defizits innerhalb von 24 h substituieren!

Therapie:
Asymptomatisch: kausal (z. B. Insulin, Wasserrestriktion)
Symptomatisch: Zufuhr von NaCl 3–20 %, langsam 2 mmol/l/h, bei Lungenödem PEEP-Beatmung

Merke:

> **Erhöhung der Na^+-Konzentration über 12 mval/l pro Tag**
> **➤ Gefahr der pontinen Myelinolyse mit Tetraparese und Hirnstammsymptomatik!**

➤ *Hypernatriämie: Serum-Na^+ über 150 mmol/l*

Ursache:
- Wasserverluste: Gastrointestinal, Fieber (Schweiß ist hypoton!), Diabetes insipidus, renal (Diuretika, Glucosurie, Urämie, polyures Nierenversagen)
- Ungenügende Flüssigkeits-Zufuhr (alte Patienten, mangelhafte Bilanz)
- Na^+-Überschuß: Zufuhr von Medikamenten als Na^+-Salze (z. B. Na^+-Bikarbonat, HAES, Somsanit®, Penicillin G)
- Conn-Syndrom

Klinik:
Bestimmt durch zelluläre Dehydratation mit vorwiegend neurologischer Symptomatik wie Somnolenz, Koma, Krämpfe, Ataxie, subkortikale Blutungen

Therapie:
- Abhängig vom Hydratationszustand (Wasserdefizit: Na^+-ist/Na^+-soll × 0,6 × kgKG)
- hypovolämisch: Glucose 5 %, NaCl 0,9 %, ggf. verdünnt mit Aqua dest.
- isovolämisch: Glucose 5 %
- hypervolämisch: Lasix®, Glucose 5 %, ggf. Hämodialyse

Prophylaxe:
- Bei Zufuhr Na^+-haltiger Medikamente wässrige Lösungen für andere Medikamente mit Na^+-freien Lösungsmitteln herstellen
- Korrekte Bilanz mit adäquater Hydratation

Merke:

> **Hirnödem bei zu schnellem Senken der Na^+-Konzentration!**
> **Na^+ pro Tag höchstens um 5 mmol/l senken!**
> **Ausreichende Kaliumsubstitution während des Na^+-Ausgleichs!**

Kalium

Der intra- und extrazelluläre Kaliumbestand stehen in einem empfindlichen Gleichgewicht. Deshalb muß vor einer Therapie geklärt sein, ob es sich um Verteilungsstörungen oder Veränderungen des Kalium-Gesamtbestandes handelt. Akute Veränderungen wirken sich klinisch wesentlich stärker aus als chronische!

➤ ***Hypokaliämie: Serum-K^+ unter 3,5 mmol/l***

Ursache:

- Verteilungsstörung
  - Erhöhung des Blut-pH um 0,1 bewirkt eine Abnahme des K^+ um 0,5 mmol/l
  - Hyperglykämie u./o. Insulin (Über-)Infusion
- Reduzierter Gesamtbestand
  - Gastrointestinale Verluste (Urin-K^+ unter 20 mmol/l), z. B. enterale Fistel, Magensonden-Verluste, etc.
  - Renale Verluste (Urin-K^+ über 20 mmol/l), z. B. Diuretika, Glucocorticoide, Amphotericin B®

Klinik:

- Arrhythmien, ggf. Kammerflimmern, erhöhte Digitalistoxizität
- EKG: U-Welle, TU-Verschmelzung/mehrphasige T-Welle
- Hyperpolarisationsblock mit Areflexie, schlaffe Lähmungen, ab 2 mmol/l Gefahr der Atemlähmung
- Metabolisch: Alkalose, Hyperglykämie bei verminderter Insulinausschüttung

Therapie:

- Normalisierung des Blut-pH und der Urinausscheidung
- K^+-Substitution nach Abschätzen und engmaschigen Kontrollen via ZVK bis max. 40 mmol/h, unter 10 mmol/h über peripheren Venenzugang möglich
- Bei Kammerflimmern auch 10–20 mmol als i. v.-Bolus

Prophylaxe:

- Zusatz des K^+-Basisbedarfs zum Standard-Infusionsprogramm anhand des Erhaltungs- und Substitutionsbedarfs vom Vortag

Merke:

Erhöhte Ektopieneigung während einer Digitalistherapie, deshalb hochnormale K^+-Spiegel halten [4,5–5,0 mmol/l]!

➤ ***Hyperkaliämie: Serum-K^+ über 5,5 mmol/l***

Ursache:

- *Verteilungsstörung*
  - Erniedrigung des Blut-pH um 0,1 bewirkt eine Zunahme des K^+ um 0,5 mmol/l
  - Exzessiver Zelluntergang (Verbrennung, Ischämie, postoperativ, Zytostatika, Hämolyse)
  - Hyperosmolarer Extrazellulärraum
  - Medikamente: Digitalisintoxikation, Succinylcholin, Argininhydrochlorid
- *Erhöhter Gesamtbestand*
  - Zufuhr über Bluttransfusion, fehlerhafte K^+-Perfusorgeschwindigkeit
  - Verminderte K^+-Ausscheidung bei Nierenversagen oder Nebenniereninsuffizienz

Klinik:

- Bradykardie durch Verlangsamung der Erregungsleitung, Kammerflimmern ab 8 mmol/l

- EKG: Hohe T-Welle, breiter QRS-Komplex, Schenkelblockbilder
- Depolarisationsblock, zunächst Hyperreflexie, später Paralyse, Parästhesien

Therapie:

- K^+-Zufuhr stoppen, bei EKG-Veränderungen K^+-Spiegel senken:
  Forciert (wenige Min.): Ca^{++}-Gluconat 10%, 10 ml
  (K^+-Antagonist an der Zellmembran)
- Schnell (15–30 min.): Glucose/Insulin (50 g/10 IE)
  u./o. 50–100 mmol Na^+-Bikarbonat (K^+-Umverteilung in die Zelle)
  20–40 mg Lasix® (K^+-Ausscheidung)
- Langsam: Kationenaustauscher (Resonium A® oral oder als Einlauf, nach Resonium®-Einlauf nach 4 Stunden Spüleinläufe, um Kotsteinbildung zu vermeiden!)
- Hämodialyse

Merke:

"Pseudohyperkaliämie" bei hämolytischen Blutproben, Thrombozytose oder chronischer Myelose
➤ Kontrolle bei nicht plausiblen Werten!

Merke:

pH ↑, dann Serum-Kalium ↓
pH ↓, dann Serum-Kalium ↑

Calcium

Biologisch aktiv ist nur das freie, ionisierte, nicht proteingebundene Calcium (ca. 50% des Serumcalciums, 1,1–1,4 mmol/l), deshalb Beurteilung nur im Zusammenhang mit dem Serumproteinspiegel.

Engmaschige Ca^{++}-Kontrollen nach Schilddrüsenoperationen!

➤ *Hypocalzämie: freies Ca^{++} unter 1,1 mmol/l, Gesamt-Ca^{++} unter 2,25 mmol/l*

Ursache:

- Hypoparathyreoidismus (z. B. nach Thyreoidektomie)
- Vitamin-D-Mangel
- Zufuhr von Citratblut
- Pankreatitis (Verlaufsbeurteilung, Indikator für den Schweregrad)

Klinik:

- Parästhesie, Tetanie, Hypotonie, Hyperventilation

Therapie:

- 10% Ca^{++}-Gluconat (o. 10% KCl)
- Korrektur einer Hypomagnesiämie oder Hyperphosphatämie
- Therapie der Hyperventilationstetanie: Behebung der Alkalose u. Sedierung

Prophylaxe:

- Durch regelmäßige Zufuhr von Calzium bzw. Vitamin-D-Substitution

➤ ***Hypercalzämie: freies Ca^{++} über 1,4 mmol/l, Gesamt-Ca^{++} über 2,75 mmol/l***

Ursache:
- 90 % durch Malignome oder Hyperparathyreoidismus
- Selten: Thyreotoxikose, Tbc, Sarkoidose, Thiazid-Diuretika, M.Addison)

Klinik:
muskuläre Hypotonie, Bradykardie, Verkalkungen in Geweben mit saurem Milieu (Auge, Knorpel, Niere)

Therapie:
- Rehydrierung mit forcierter Diurese (Urin > 500 ml/h, NaCl 0,9 % und Lasix®)
- ggf. Calcitonin
- Ostac® 1 Amp. pro Tag (= 300 mg Clodronsäure i.v. in 500 ml NaCl 0,9% über 2 h)
- Phosphat bei lebensbedrohlicher Hypercalzämie [Ca^{++} > 15 mmol/l: 1,5 mg Phosphat / 6 h] ***Cave:*** Ausfällung von Ca-Phosphat in der Lunge

Magnesium

- 30 % proteingebunden
- Ausscheidung 30 % renal, 70 % enteral
- oft kombinierte Störung im Ca^{++}- und K^{+}-Haushalt

➤ ***Hypomagnesiämie: Serum-Mg^{++} unter 0,7 mmol/l***

Ursache:
- Malabsorption (z. B. nach Dünndarmresektion)
- Enterale Verluste bei Steatorrhoe oder Darmfistel
- Renale Verluste bei diabetischer Ketoazidose oder Alkoholabusus

Klinik:
erhöhte neuromuskuläre Erregbarkeit ähnlich einer Hypocalcämie

Therapie:
- Mg^{++}-Sulfat 20 % (max. 2 g/15 Min. oder 10 g/d)

Prophylaxe:
- 2 g Mg^{++}-Sulfat täglich

Cave: Bei Niereninsuffizienz leicht Hypermagnesiämie, erhöhte Digitalistoxizität unter Substitutionstherapie

➤ ***Hypermagnesiämie: Serum-Mg^{++} über 1,0 mmol/l***

Ursache:
- Nur bei Niereninsuffizienz durch Osteolysen, Hypothyreose oder Mg^{++}-haltige Antazida

Klinik:
- Curare-ähnlich mit Bradykardie und Gefahr einer Atemlähmung

Therapie:
- Wiederholt Ca^{++}-Gluconat 10 % 100–200 mg i. v.

Phosphat

Anorganisches Phosphat liegt im Serum als uneinheitliche Verbindung vor und verhält sich entgegengesetzt zum Calcium. Hauptfunktion als intrazelluläres Anion.

➤ ***Hypophosphatämie: Serum-Phosphat unter 0,8 mval/l***

Ursache:
- Renale Verluste (Urinphosphat über 100 mg/d), z. B. Diuretika oder primärer HPT
- Enterale Verluste (Urinphosphat unter 100 mg/d), z. B. aluminiumhaltige Antazida
- Verteilungsstörung (verteilt sich wie Kalium nach intrazellulär bei Gabe von Glucose/Insulin-Gabe)
- Malnutrition

Klinik:
Lethargie, Somnolenz, Krämpfe, Anämie, Gefahr des Atemstillstands

Therapie:
Substitution als Natrium-Glycerophosphat oder Natriumphosphat,
ca. 5 mg/kgKG, bei Hypercalcämie weniger!
[Kalium-Phosphat nicht mehr im Handel!]

Prophylaxe:
Routinebestimmung 2 × wöchentlich bei gefährdeten Patienten (Langzeitbeatmung, Katecholamintherapie, Hämofiltration), Substitution von Natrium-Glycerophosphat oder Natriumphosphat

➤ ***Hyperphosphatämie: Serum-Phosphat über 1,6 mval/l***

Ursache:
- Bei normaler Nierenfunktion selten, Freisetzung bei Zellzerfall

Klinik:
– Ausfällung von Calcium-Phosphat-Komplexen, Klinik wie Hypocalcämie

Therapie:
– Steigerung der renale Exkretion mit Acetazolamid, sonst Hämodialyse

Säure-Basen-Haushalt

Alle wichtigen Körperfunktionen wie Blutgerinnung, Enzym- und Hormonwirkung, Erregungsbildung und -Leitung am Nerven sowie Muskelkontraktionsvorgänge laufen nur im physiologischen pH-Bereich ungestört ab. Die wichtigsten Veränderungen im Organismus sind:

Azidose:
– Hyperkaliämie (Austausch von intrazellulärem K^+ gegen extrazelluläres H^+)
– Relative Insulinresistenz mit Hyperglykämie
– Herabgesetzte Katecholaminwirkung, erhöhte Katecholaminausschüttung
– Verminderte myokardiale Kontraktilität, erhöhter peripherer Widerstand
– Erhöhte Gerinnungsneigung des Blutes

Alkalose:
- Hypokaliämie (Austausch von intrazellulärem H^+ gegen extrazelluläres K^+)
- Hypokalzämie mit Tetanie
- Gewebehypoxie durch Bohr-Effekt (Linksverschiebung der O_2-Bindungskurve)

Evaluation:
- Blutgasanalyse arteriell oder arterialisiertes Kapillarblut
  1 mal täglich bis mehrmals stündlich, Normbereiche:

pH	7,35 – 7,45	
$PaCO_2$	35 – 45	mmHg
HCO_3^-	22 – 26	mmol/l

- Laktatkonzentration im Serum (0,5 – 1,5 mmol/l)
- Bestimmung der Serumelektrolyte

Generell gilt:
Bei isolierter respiratorischer/metabolischer Azidose oder Alkalose verhalten sich $PaCO_2$ und HCO_3^- gleichsinnig, bei kombinierten Störungen gegensinnig!

Metabolische Azidose: HCO_3^- unter 22 mmol/l

Ursache:
- Verlust alkalischer Körperflüssigkeit (Pankreasfistel, Dennissonde, Völker- oder T-Drainage, Diarrhoe, Ureterosigmoideostomie)
- Endogene Säurebelastung: Laktatazidose (erhöhte Laktatproduktion aus Pyruvat bei Hypoxie, verinderte Laktatutilisation bei Leberschäden)
  Ketoazidose (Katabolie, Diabetes mellitus, Fettsäurehyperalimentation)
  M.Addison, Hypoaldosteronismus
- Exogene Säurebelastung: Citratblut, Methanol, Salicylate, Äthylenglykol, etc.
- Niereninsuffizienz (verminderte NH_4^+-Produktion)

Kompensation:
1. Mobilisation extra- u. intrazellulärer Puffer
2. Respiratorische Kompensation → Hypokapnie
   [je mmol HCO_3^- – Verbrauch fällt der $PaCO_2$ um ca. 1,0 mmHg]

Therapie:
- Pufferung mit Na^+-Bikarbonat (ab pH $< 7,3$)
  [bei Hypernatriämie mit Tris-Puffer]
- Menge nach Formel: BE × 1/3 × KG (mmol/l), initial die halbe Menge, nach pH-Kontrolle mehr

Cave: Hypokaliämie, Hypernatriämie, Flüssigkeitsüberlastung,
bei inadäquater Beatmung paradoxe Azidose durch Hyperkapnie!

Merke:

Kalium-Substitution VOR Azidose-Pufferung!

Laktatazidose:
Klärung der Ursache
Ausschluß: Hypoglykämie,
Hypoxie,
Gastrointestinale Ischämie,
Leberversagen,
Hypovolämie

Respiratorische Azidose: $PaCO_2$ über 45 mmHg

Ursache:
Hypoventilation
- Obstruktion der Luftwege: Aspiration, Atelektase, Laryngospasmus, einseitige Intubation
- Hemmung des Atemzentrums: Opiate, Sedativa, O_2-Gabe bei chronischer Hyperkapnie
- Gestörte Atemmechanik: Pleuraerguß, Pneumothorax, Zwerchfellhochstand, Kyphoskoliose, neuromuskulär (Langzeitbeatmung, Myasthenie, Hypokaliämie, Aminoglykosidintoxikation)
- Gestörter alveolo-kapillärer Gasaustausch: ARDS, Lungenödem, fulminante Pneumonie, COPD
- Inadäquate Respiratoreinstellung, defekte Beatmungseinheit (Leckage, erhöhtes Totraumvolumen)

Kompensation:
Anstieg von H_2CO_3 → verstärkte renale HCO_3^--Retention
→ verstärkte renale NH_4^+-Bildung und Ausscheidung
Anstieg des $PaCO_2$ um 10 mmHg führt zum Anstieg des HCO_3^- um ca. 1–4 mmol/l

Therapie:
Kausal durch Herstellung einer ausreichenden Ventilation
- Check-up der o. g. Ursachen
- Bronchialtoilette (Absaugen, Bronchoskopie), ggf. Intubation bzw. Tubuskorrektur
- Sono-Thorax: Ergußpunktion, ggf. Bülau-Drainage
- Rö-Thorax: ggf. Monaldi-Drainage

Metabolische Alkalose: HCO_3^- über 26 mmol/l

Ursache:
- Vermehrte renale Bikarbonat-Reabsorption bei Hypovolämie (z. B. Erbrechen, Magensonden-Verluste, etc.)
- Vermehrte renale H^+-Sekretion bei Hypokaliämie, Hypercortisolismus, Hyperaldosteronismus (M. Bartter, M. Cushing, M. Conn)
- Bikarbonattherapie einer respiratorischen Azidose
- Diuretika (hauptsächlich über eine Hypokaliämie)

Kompensation:
Hyperkapnie durch Hypoventilation, Grenze bei ca. 55 mmHg erreicht, da begleitende Hypoxie limitierend wirkt.
Pro 10 mmol HCO_3^- steigt der $PaCO_2$ um ca. 5–7 mmHg

Therapie:
Volumenausgleich mit isotoner Kochsalzlösung, Kalium auf 4,5 mmol/l halten.
Bei pH Anstieg über 7,6 und HCO_3^- Anstieg über 40 mmol/l:
Gabe von HCl 0,1 N (= 100 mmol/l) über ZVK, max. 125 ml/h [Alternativ Arginin-hydrochlorid]
Begleitend Förderung der respiratorischen Kompensation über kontrollierte Hypoventilation oder Totraumvergrößerung

Respiratorische Alkalose: $PaCO_2$ unter 35 mmHg

Ursache:
Hyperventilation
- Beatmeter Patient: Inadäquate Respiratoreinstellung, zu hohes Atemminutenvolumen
- Nicht beatmeter Patient:
  - Hypoxämie (Pneumonie, Anämie, Lungenembolie, Pneumothorax, etc.)
  - direkte Affektion der Chemorezeptoren (Fieber, Sepsis, ZNS-Trauma, Medikamente: Salicylate, Theophyllin, Katecholamine)
  - pH-Abfall im Liquor
  - psychisch-emotionale Hyperventilation

Kompensation:
Mobilisation extra- und intrazellulärer Puffer
HCO_3^- fällt um ca. 1–3 mmol/l je 10 mmHg $PaCO_2$-Abfall

Therapie:
Herstellung einer adäquaten Respiration, Medikamente selten notwendig
- beatmeter Pat.: AMV [Atemminutenvolumen] reduzieren, ggf. "Lufthunger" reduzieren (O_2-Konzentration oder PEEP erhöhen)
- Spontanatmung am Tubus: Totraumvergrößerung oder leichte Sedierung
- nicht beatmeter Patient: Sedierung, Totraumvergrößerung, bei Hypoxie O_2 zuführen, ggf. intubieren
- Tetanie-Syndrom: ggf. 10 ml 20 % Ca^{++}-Gluconat

Proteine

Hypoproteinämien nach abdominalchirurgischen Eingriffen sind häufig. Sie entstehen durch:
- Albuminverluste intraoperativ
- Proteinkatabolismus in der postoperativen Phase
- Proteinsynthesestörung bei Leberinsuffizienz
- Ungenügende Aminosäurensubstitution bei langfristiger parenteraler Ernährung
- Proteinverschiebung in den 3. Raum bei Kapillar- oder Membranschäden (z. B. Sepsis)

Speziell bei Kapillarleck-Symptomatik im Rahmen eines SIRS bzw. einer Sepsis ist die früher praktizierte Proteinsubstitution zur Anhebung des kolloidosmotischen Drucks verlassen worden. Endothelschäden mit Kapillarleck sind für Proteine permeabel, so daß eine Umkehr des Starling-Filtrationskoeffizienten resultiert.

Merke:

Interstitielle Ödeme bei SIRS und Sepsis:
Paradoxer Effekt nach Proteinsubstitution bei bestehendem Kapillarleck!
➤ Humanalbumin verschlimmert interstitielle Ödeme!

So ist eine Proteinsubstitution erst beim Auftreten von Mangelsymptomen wie Ödemen, Anasarka, Aszites oder Pleuraergüssen zu empfehlen, da bei asymptomatischer Hypoproteinämie kein entscheidender Nutzen durch Proteinsubstitution [kurze Verweildauer] erzielt wird, wohl aber die Kosten der Intensivtherapie erheblich ansteigen.

Substitution (wenn indiziert):
- Humanalbumin 20%
- Im Falle gleichzeitig bestehender Gerinnungsstörungen
  → vorzugsweise fresh frozen plasma (FFP).

Aminosäuren-Zufuhr

Bei langfristiger parenteraler Ernährung muß auf eine ausreichende Aminosäuren-Zufuhr [1,5–3 g/kg/d] geachtet werden, um eine negative Stickstoffbilanz zu vermeiden (regelmäßige Harnstoff-Kontrollen). Gleichzeitig müssen Kohlehydrate und Fette als Kalorienträger zugeführt werden, damit die Aminosäuren nicht direkt in den Energiestoffwechsel einfließen [→Kap. II-28, S. 419].

Bei Leberinsuffizienz: Hoher Anteil verzweigtkettiger Aminosäuren (Leucin, Isoleucin), keine aromatischen Aminosäuren (z.B. Comafusin® Hepar)

Bei Niereninsuffizienz: Essentielle Aminosäuren, um die Harnstoffproduktion so gering wie möglich zu halten (z.B. Thomaeamin N 15%)

Cave: Nierenadaptierte Lösungen sind meist 15%ig, normal zusammengesetzte Aminosäurenlösungen 10%ig → Aminosäuremenge sollte nach Gramm und nicht nach Volumenmenge verordnet werden, da sonst bei 1 : 1 Umsetzung ein "unklarer" Harnstoff-Anstieg beobachtet wird, da 50 g% mehr an Aminosäuren verabfolgt werden.

Merke: Die Umstellung der Aminosäurenzufuhr auf nieren- bzw. leberadaptierte Lösungen ist eine befristete Maßnahme. Die Produktnamen der Lösungen suggerieren ausschließlich Vorteile, eine Dauergabe ist aber wegen teils toxischer Nebenwirkungen nicht empfehlenswert.

II-26 Kardial wirksame Medikamente

Aufgrund der Vielzahl der kardial wirksamen Medikamente kann an dieser Stelle keine komplette Übersicht über alle verfügbaren Präparate erfolgen. Es sollen jene Substanzen hinsichtlich Ihrer Indikation, Wirkungsweise und Dosierung vorgestellt werden, die in der Routine häufig bei Notfällen und auch zur längerfristigen Therapie auf einer chirurgischen Intensivstation eingesetzt werden.

Dies sind:

- Katecholamine
  (Adrenalin, Noradrenalin, Orciprenalin, Dobutamin, Dopamin, Dopexamin)
- Digitalis (Digoxin, Digitoxin)
- Nitroverbindungen (Glyceroltrinitrat)
- Kalziumantagonisten (Nifedipin, Verapamil)
- Betablocker (Pindolol)
- Antiarrhythmika (Lidocain, Mexiletin)

Katecholamine

Diese stark wirksamen Sympathomimetika werden vorwiegend zur Reanimation und zur passageren Kreislaufstabilisation im Rahmen der Intensivmedizin eingesetzt. Die Standard-Applikation erfolgt über einen eigenen "Katecholaminschenkel" eines mehrlumigen zentralen Venenkatheters. Im Notfall können diese Medi-

Katecholamin	α_1	α_2	α_1	α_2	DA_1	DA_2
Adrenalin	++	++	++	+++	0	0
Noradrenalin	+++	+++	++	+	0	0
Dobutamin	+	0	+++	++	0	0
Dopamin 0– 3 µg/kg/min	0	+	0	0	+++	++
Dopamin 2–10 µg/kg/min	+	+	++	+	++	++
Dopamin > 10 µg/kg/min	++	++	++	+	+	+
Dopexamin	0	0	+	+++	++	+

DA_1 = praesynaptische dopaminerge Rezeptoren
DA_2 = postsynaptische dopaminerge Rezeptoren

Abb. II-26-1 Wirkung der Katecholamine an den verschiedenen Rezeptoren [nach A. Meier-Hellmann und K. Reinhart 1995].

Katecholamin	Niere	Gehirn	Herz	Intestinal-trakt	Muskel	Haut
Adrenalin	–/+	+	+	–/+	+/0	–
Noradrenalin	–/+	+	+	–/+	–/0	0
Dobutamin	+	+	+	+	++	+
Dopamin 0– 3 μg/kg/min	+++	+	0	++	0	0
Dopamin 3–10 μg/kg/min	++	+	+	+	0	0
Dopamin > 10 μg/kg/min	–/+	+	+	–/+	–	–
Dopexamin	+++	+	+	+++	+	+

Abb. II-26-2 Katecholamineffekte auf den regionalen Blutfluß [nach A. MEIER-HELLMANN und K. REINHART 1995].

kamente bei fehlender Verfügbarkeit eines zentralvenösen Zuganges auch über den Endotrachealtubus appliziert werden, um eine rasche und sichere Wirkung zu erzielen.

Adrenalin = Epinephrin = Suprarenin®

Adrenalin ist ein Phenylaethanolaminderivat mit ausgeprägter β-sympathomimetischer Wirkung. Es wirkt positiv inotrop, chronotrop und dromotrop auf das Myocard. Die Indikation ist ein erniedrigtes Herzzeitvolumen aufgrund einer verringerten Pumpleistung des Herzens, die nicht auf intravasalem Volumenmangel oder schweren Rhythmusstörungen beruht. Im Schock und bei Reanimation werden 0.5 – 1.0 mg i. v. appliziert, als Dauertherapie 1–10 μg/min über Perfusor nach Wirkung unter ständiger Kontrolle der Kreislaufparameter.

Noradrenalin = Norepinephrin = Arterenol®

Noradrenalin ist ein weiteres Phenylaethanolaminderivat, allerdings mit stärkerer α-sympathomimetischer Wirkung als Adrenalin. Es führt in stärkerer Form als Adrenalin zu einer Engstellung der peripheren Widerstandsgefässe und somit zu einer Erhöhung des peripheren Gefäßwiderstandes. Dementsprechend wird diese Substanz zur symptomatischen Therapie vasodilatationsbedingter Kreislaufdysregulationen z. B. bei der Sepsis eingesetzt. Die Applikation erfolgt als Dauertherapie über Perfusor unter regelmässiger Kontrolle der Kreislaufverhältnisse und möglichst auch der Messung des peripheren Gefäßwiderstandes in einer Dosierung von 1–10 μg/min.

Orciprenalin = Alupent®

Orciprenalin ist ein stark wirksames β-Sympathomimetikum, allerdings mit ausgeprägt positiv chronotroper Komponente. Dies führt als unerwünschte Nebenwirkung zu einem erhöhten myokardialen O_2-Verbrauch. Somit sollte die Indikation streng gestellt und auf die Reanimation bei Bradykardien mit AV-Überleitungsstörungen begrenzt bleiben. Im Notfall werden 0.25–0.5 mg i. v. oder intrakardial verabreicht.

Eine kontinuierliche Applikation ist bei frequenzbedingt unzureichendem Herzminutenvolumen indiziert. Sollte eine prolongierte Medikation erforderlich sein, um eine ausreichende Kreislauffunktion aufrechtzuerhalten, liegt die Dosis wirkungsabhängig zwischen 1 und 5 µg/min, die über Perfusor i. v. appliziert wird.

Dobutamin = Dobutrex ®

Dobutamin hat eine ausgesprochen kardioselektive β_1-sympathomimetische Wirkung. Es wirkt vorwiegend inotrop, nicht aber chronotrop. Da es zudem den pulmonalen Gefäßwiderstand senkt, wird es in mittleren Dosierungen als prophylaktische und therapeutische Maßnahme bei drohendem oder etabliertem ARDS eingesetzt.

Wie jede andere Katecholamintherapie sollte die Dobutamin-Gabe mit invasivem Monitoring (Pulmonaliskatheter, COLD-Messung) überwacht werden. Die mittlere Dosierung bei obligater Perfusor-Gabe im Rahmen der Prophylaxe beträgt 200–400 µg/min.

Dopamin®

Dopamin wird im Gegensatz zu den anderen oben beschriebenen Katecholaminen unterhalb der Schwelle zur Stimulation der α- und β-Rezeptoren eingesetzt. Über spezielle dopaminerge Rezeptoren [DA_1 präsynaptisch und DA_2 postsynaptisch] führt es zur Vasodilatation und damit zur Durchblutungsverbesserung der mesenterialen und vor allem der renalen Arteriolen. Durch eine Erhöhung der Nierenperfusion ist während und nach hypotonen Kreislaufsituationen eine Prophylaxe und Therapie von Nierenfunktionsstörungen, die auf einer Minderperfusion basieren, durchführbar.

Hierzu ist eine Dauertherapie mit 200–400 µg/min i. v. erforderlich. Die Kombination mit 25–50 mg/d Furosemid (Lasix®) i. v. bei kontrolliert ausgeglichenem Flüssigkeitshaushalt empfiehlt sich als "Nierenprophylaxe".

Höhere Dosierungen von Dopamin empfehlen sich aufgrund des sich ändernden Wirkprofiles nicht. Bei unzureichenden Kreislaufverhältnissen ist eine an den Daten des invasiven Monitorings orientierte differenzierte Katecholamintherapie mit Adrenalin [bei vorwiegendem Inotropieproblem] und / oder Noradrenalin [bei Vasodilatation bzw. Sepsis] indiziert.

Dopexamin = Dopacard®

Dopexamin ist als synthetisches Katecholamin erst relativ kurz im klinischen Einsatz. Das Wirkprofil wird vorwiegend über β_2- und dopaminerge Rezeptoren vermittelt. Klinische erwünschte Effizienz und führende unerwünschte Nebenwirkung erklären sich durch die vermittelte Vasodilatation. Der gewünschte Effekt der Dopexamin-Therapie besteht neben einer dopaminanalogen Verbesserung der Nierenperfusion in einer signifikanten Zunahme der Splanchnikusperfusion, der im Rahmen von organprotektiven Bemühungen bei Sepsis und Multiorganversagen derzeit zentrale Bedeutung beigemessen wird.

Unerwünschte Nebenwirkung ist eine Umverteilung des Blutvolumens durch die Vasodilatation, so daß es bei grenzwertiger kardialer Vorlast bei Therapiebeginn zu relevanten hypotonen Phasen kommen kann. Entsprechend empfiehlt sich unmittelbar vor Therapiebeginn die Objektivierung einer hochnormalen kardialen Vorlast durch das als obligat anzusehende invasive Monitoring.

Einschleichende Initialdosierung und
Unterhaltungsdosis zur Prophylaxe: 80–200 μg/min

Digitalis

Digitalis wirkt positiv inotrop, jedoch auch negativ dromotrop. In der Intensivmedizin sollten vor allem in Akutsituationen wegen der besseren Steuerbarkeit und der geringeren Halbwertzeit bei einem unzureichenden Herzzeitvolumen eher Katecholamine als inotropiesteigernde Präparate eingesetzt werden. Die Hauptindikation für Digitalis beim Intensivpatienten ist dementsprechend die Tachyarrhythmia absoluta mit schneller Überleitung, wobei man sich die negativ dromotrope Wirkung zunutze macht. Unter der Medikation mit Digitalis sollte wegen der gesteigerten Ektopieneigung der Serum-Kaliumspiegel auf hochnormalen Werten von > 4 mmol/l gehalten werden. Wegen der besseren Steuerbarkeit wird unter intensivmedizinischer Überwachung auch beim niereninsuffizienten Patienten die Gabe von Digoxin (Novodigal®) gegenüber der Einstellung mit Digitoxin (Digimerck®) bevorzugt. Zur raschen Erreichung eines wirksamen Spiegels im Serum werden bei normaler Nierenfunktion 3 × 0.4 mg Digoxin innerhalb von 8 Stunden gegeben. Die weitere Dosierung sollte sich nach den Ergebnissen der Bestimmungen des Digitalis-Spiegels im Serum richten.

Nitroverbindungen (Gylceroltrinitrat = Nitrolingual®)

Standardvertreter der Substanzklasse der Nitroverbindungen für die Anwendung auf einer Intensivstation ist das Glyceroltrinitrat (Nitrolingual®). Die Wirkung dieses Medikamentes basiert in erster Linie auf einer Senkung der kardialen Vorlast. Die Erhöhung der Koronarperfusion und der arterio-venösen Sauerstoffdifferenz des Herzens sind nur von sehr kurzer Dauer. Die Indikationen zum Einsatz von Glyceroltrinitrat sind die Prophylaxe myocardialer Ischämien bei bekannter koronarer Herzkrankheit sowie die Therapie eines akuten Myokardinfarktes. Zur Prophylaxe wird eine Dosierung von 0.5 mg/h und zur Therapie eine Dosis von 1–3 mg/h i. v. eingesetzt. Hierbei muß auf stabile Kreislaufverhältnisse geachtet werden, da es zu einer Senkung des systolischen Blutdruckes kommen kann.

Kalziumantagonisten

Kalziumantagonisten (Nifedipin, Verapamil) dürfen nicht zusammen mit Betablokkern eingesetzt werden, da die Gefahr einer elektromechanischen Entkopplung des Herzens besteht.

Nifedipin = Adalat®

Nifedipin als Dauermedikation über Perfusor auf der Intensivsation hat neben seiner blutdrucksenkenden Wirkung durch Senkung der Vor- und Nachlast des Herzens sowie einer Verbesserung der Mikrozirkulation vor allem einen kardio- und nephroprotektiven Effekt. Es wird deshalb zur Prophylaxe bei bekannter KHK sowie Niereninsuffizienz bei allgemeiner Arteriosklerose eingesetzt. Die Dosierung beträgt 0.1 – 1.2 mg/h i. v., wobei der Zusatz von Ethanol als Lösungsmittel zu beachten ist.

Verapamil = Isoptin®

Die Hauptindikation für Verapamil sind kreislaufwirksame supraventrikuläre Tachykardien. Eine Erhöhung der Herzfrequenz aufgrund eines Volumenmangels muß vor dem Einsatz sicher ausgeschlossen werden. Die initiale Dosis beträgt unter Kontrolle der Wirkung über den angeschlossenen EKG-Monitor 2.5 – 5.0 mg i. v. Ist die Gabe erfolgreich und treten die Tachycardien wiederholt auf, ohne daß eine andere Ursache nachzuweisen ist, kann die Medikation als Dauertherapie mit 100 mg/d i. v. über Perfusor fortgesetzt werden.

Betablocker (Pindolol, Visken®)

Wegen ihrer kardiodepressiven Wirkkomponente sollte die Indikation zur Behandlung mit β-Rezeptorenblockern insbesondere bei älteren Patienten auf der Intensivstation sehr eng gestellt werden. Insbesondere muß ausgeschlossen werden, daß eine Bedarfstachykardie aufgrund eines Flüssigkeitsdefizits oder sogar einer Blutung durch die Gabe eines Betablockers maskiert wird. Zudem ist zu beachten, daß β-Rezeptorenblocker nicht in Verbindung mit Kalziumantagonisten eingesetzt werden und daß die Lösung zur Injektion Ethanol enthält. Unter diesen Voraussetzungen kann Pindolol bei supraventrikulären Tachykardien initial in einer Dosierung von 0.4 mg i. v. gegeben werden, die Therapie kann mit 2.0 mg/d i. v. fortgeführt werden.

Antiarrhythmika

Aus der großen Anzahl der Antiarrhythmika sollen an dieser Stelle nur Lidocain und Mexiletin herausgegriffen werden. Zusammen mit den oben beschriebenen Betablockern erlauben diese drei Medikamente eine erfolgreiche Therapie der meisten Herzrhythmusstörungen auf einer chirurgischen Intensivstation. Im Einzelfall muß auf eine spezielle kardiologische Diagnostik und Behandlung zurückgegriffen werden.

Lidocain = Xylocain®

Die Indikation zur Gabe von Lidocain ist wegen seiner negativ inotropen Wirkung streng zu stellen. Bei persistierenden kreislaufrelevanten Arrhythmien in Form von Triplets und Salven sollte immer zuerst darauf geachtet werden, daß der Serum-Kaliumspiegel > 4 mmol/l liegt. Initial werden unter Monitorkontrolle nach Wirkung 50 – 100 mg i. v. injiziert. Ist nur vorübergehend eine Rhythmisierung erreicht worden, so kann eine Dauertherapie mit 1 – 2 g/d i. v. über Perfusor angeschlossen werden.

Mexiletin = Mexitil®

Die Vorteile von Mexiletin bestehen darin, daß zur optimalen Steuerung ein Serumspiegel meßbar ist und daß eine Umstellung auf eine orale Medikation mit der selben Substanz im weiteren Verlauf möglich ist. Indikation sind symptomatische ventrikuläre Herzrhythmusstörungen. Die erste Dosis liegt bei 125 – 250 mg i. v., dann werden 750 – 1500 mg/d i. v. über Perfusor gegeben [Aufsättigungsschema siehe Anhang: Medikamentenliste]. Die individuelle Anpassung der Dosis erfolgt nach den Werten des Medikamentenspiegels im Serum.

Schlußfolgerung

Beim Einsatz hochpotenter Medikamente am kritisch kranken Patienten muß trotz der häufig erforderlichen schnellen Entscheidungen mit besonderer Sorgfalt vorgegangen werden. Insbesondere muß darauf geachtet werden, daß nicht die Nebenwirkungen einer Substanz die Gabe weiterer Medikamente mit neuen unerwünschten Wirkungen zur Folge haben. Alle oben erwähnten Präparate erfordern eine lückenlose Überwachung der Vitalfunktionen des Patienten wie Herzfrequenz, Blutdruck, Ventilation und Diurese sowie von Flüssigkeitshaushalt und Laborparametern. Neben dem Standardmonitoring sind hierzu häufig auch die regelmäßige Bestimmung von Medikamentenspiegeln sowie auch invasive Maßnahmen wie Pulmonaliskatheter oder COLD-Monitoring erforderlich.

II-27 Transfusion von Blutderivaten

Die hauptsächlichen Indikationen zur Verabfolgung von Blut- bzw. Blutprodukten können in drei Gruppen unterteilt werden.

1. Optimierung des Blutvolumens bzw. Ersatz akuter Blutverluste (hämorrhagischer oder hypovolämischer Schock).
2. Steigerung der Sauerstofftransportkapazität.
3. Substitution von Thrombozyten und Gerinnungsfaktoren zur Wiederherstellung bzw. Aufrechterhaltung der Hämostase.

Hämorrhagischer Schock

Die *Erhaltung des Volumens hat absolute Priorität*, wobei der Volumenersatz mit Hilfe von Elektrolytlösungen, Kolloiden (Dextran, Gelatine oder Hydroxyethylstärke) oder Humanalbumin erfolgen kann.

Merke:

Verluste ≤ 25 % des Blutvolumens:
Substitution mit kristalloiden und/oder kolloidalen Lösungen

Verluste von 25 % bis 50 % des Blutvolumens:
Erythrozytenkonzentrate und Kristalloide/Kolloide im Verhältnis 1 : 1

Verluste von > 50 % des Blutvolumens:
Erythrozytenkonzentrate und FFP im Verhältnis 2 : 1 bis 1 : 1

Notfall-Transfusion [Blutgruppe unbekannt]:
EK [0-neg.] und FFP [AB]

Postoperative Therapie

- Optimierung des Sauerstofftransports durch adäquate Erythrozytenzahl
- Humanalbumin nur bei schweren symptomatischen Hypoproteinämien!
- Nur gezielte Substitution von Gerinnungsfaktoren (AT III, PPSB) – keine Kurvenkosmetik!

Zur Substitution der Sauerstofftransportkapazität sollten vorwiegend leuko- und thrombozytenarme EK verwendet werden.

Vorteil: Relativ geringes Volumen
Erythrozytenzahl einer Vollblutkonserve
Geringe Zahl an Leuko- und Thrombozyten (Vermeidung von febrilen Transfusionsreaktionen und Verhinderung der Ausbildung einer Immunreaktion gegen Leukozyten- und Thrombozytenmerkmale)

- Blutungen in Folge kombinierter Defekte der plasmatischen Gerinnung und der Thrombozyten sollten mit Erythrozytenkonzentraten, FFP und Thrombozytenkonzentraten behandelt werden.

Merke:

Transfusion von Blut und Blutkomponenten:
Sorgfältige und kritische Indikationsstellung!
Verantwortung trägt der transfundierende Arzt!

Blutpräparate und ihre Indikation

Erythrozytenkonzentrate (EK)

Konzentrierte Erythrozytensuspensionen werden nach Sedimentation der roten Blutkörperchen bzw. Zentrifugation von Vollblut durch Abschöpfen des überstehenden Plasmas gewonnen. Bei 4 °C 4 bis 5 Wochen lagerbar. Der Hämatokrit beträgt in den Konzentraten etwa 70–80 %.

Bei erwachsenen, gesunden Patienten sollte die Transfusion von einem Erythrozytenkonzentrat zu einer Hämoglobinerhöhung von etwa 1 g/dl und einem Hämatokritanstieg von etwa 3 % führen. Erythrozytenkonzentrate sind besonders geeignet, die Sauerstofftransportkapazität wiederherzustellen bzw. aufrechtzuerhalten, insbesondere dann, wenn wegen vorbestehender Erkrankungen eine Volumenbelastung nicht erfolgen darf.

Das mit der Gabe von Erythrozytenkonzentraten verbundene Risiko ist ebenso groß wie das von Vollblutkonserven. Demzufolge liegt das HIV-Risiko bei 1 : 800 000 bis 1 : 1 000 000 und das Hepatitisrisiko bei einem Wert von etwa 1 : 25 000. Ebenso sind Inkompatibilitätsreaktionen nach Gabe von Erythrozytenkonzentraten ebenso häufig wie nach einer Vollblutgabe. Seltener sind andere Transfusionsreaktionen, z. B. allergische Reaktionen auf die mit dem Spenderplasma zugeführten Fremdeiweiße oder Temperaturerhöhungen durch Leukoagglutinine.

Leukozyten-/Thrombozytenfreie EK

Leukozyten und Thrombozyten um 99 % reduziert (< Immunisierungsschwelle), Hkt ca. 60 %, 150–250 ml EK + 50 ml NaCl, verkürzt haltbar.
Niedrigere Immunisierungsrate gegen HLA-Antigene.

Indiziert bei chronischer Erythrozyten-Substitutionspflicht, z. B. hämatologisch-onkologischen Patienten, renaler Anämie, geplanter Transplantation, wiederholten febrilen Transfusionsreaktionen.

Gewaschene EK

Plasmaanteil weitgehend durch mehrfaches Waschen mit 0,9 %igem NaCl entfernt, nur verkürzt haltbar.

Indiziert bei Hyperkaliämie, Unverträglichkeit von homologem Plasma (z.B. selektiver IgA-Defekt), autoimmunhämolytische Anämie, paroxysmaler nächtlicher Hämoglobinurie.

Vollblut – Frischblutkonserve

Vollblutkonserven können unter Verwendung einer Konservierungslösung (CPDA-1) bei einer Lagerungstemperatur von 4 °C 35 Tage nach ihrer Herstellung noch transfundiert werden. Zu diesem Zeitpunkt sind noch etwa 70 % der roten Blutkörperchen intakt. Allerdings enthalten Vollblutkonserven, die älter als 24 Stunden sind, nur noch wenig funktionstüchtige Thrombozyten. Außerdem sind die Gerinnungsfaktoren V und VIII in einer Vollblutkonserve nicht stabil und nach kurzer Zeit abgebaut. Im Gegensatz zum aufbereiteten Vollblut enthält Frischblut alle Blutbestandteile einschließlich der Gerinnungsfaktoren in aktiver Form. Es kann maximal 72 Stunden gelagert werden.

Die Indikation zur Vollbluttransfusion ist problematisch. Einzig unumstrittene Indikation sind akute Blutverluste größeren Ausmaßes (ca. 30–50 % Volumenverlust). Wird die Indikation gestellt, ist grundsätzlich anzustreben, blutgruppengleiches, gekreuztes Blut einzusetzen. Ist die Blutgruppe nicht bekannt oder sind nach einer massiven Blutung nicht genügend Konserven vorhanden, müssen im Notfall Erythrozytenkonzentrate der Blutgruppe O rhesus negativ gegeben werden.

Hkt. ca. 35 %, Thrombozyten und Gerinnungsfaktoren bis 6 h voll aktiv; Buffy-Coat-haltig.

Strenge Indikationsstellung! Volumenbelastung, starke Immunisierung, nichthämolytische Transfusionsreaktionen.

Rücksprache mit Blutbank: TPHA, HIV, HBV oft noch nicht untersucht! Heute weitgehend obsolet.

Thrombozytenkonzentrate [TK]

"Einfach-TK"
- aus Vollblutspende, ca. $0{,}5 \times 10^{11}$ Thrombozyten in ca. 50 ml Plasma

"Zellseparator-TK"
- ca. $2–4 \times 10^{11}$ Thrombozyten in 200 ml Plasma

Thrombozytenkonzentrate lassen sich innerhalb von 6 Stunden nach der Blutentnahme durch spezielle Zentrifugationsverfahren aus Vollblut herstellen. Thrombozytenkonzentrate können unter ständigem Bewegen bei Raumtemperatur 3 bis 5 Tage, gekühlt auf +4 °C nur 48 Stunden gelagert werden [also: *nicht kühlen!*]. Ein Thrombozytenkonzentrat erhöht den Thrombozytengehalt des Empfängers um etwa 10.000/mm^3. Thrombozytenkonzentrate können ohne Rücksicht auf die AB0-Antigenität von Spender und Empfänger transfundiert werden. Bei absehbar wiederholter Transfusion sollten die Konzentrate jedoch auf ihre AB0- und Rhesusantigenität überprüft werden, da Patienten mit Mehrfachtransfusionen ein hohes Risiko besitzen, Alloantikörper zu entwickeln. Bei speziellen Indikationen müssen sogar die HLA-Oberflächengene der Thrombozyten untersucht werden. Die Halbwertzeit der Thrombozyten in der Zirkulation des Empfängers liegt bei etwa 6 Tagen.

Indikation: Thrombos < 10000 / ml (Blutungsgefahr), Bildungsstörung (Leukämie, Chemotherapie), Immunthrombozytopenie (z. B. M.Werlhof – nur bei akuter Blutungsgefahr), akuter Blutverlust oder Verbrauchskoagulopathie (ab Thrombos < 50000/µl – erst nach Stabilisierung des Inhibitorpotentials [ggf. AT III] und niedrig dosierter Heparingabe).

Mit Spezialfilter leukozytenarm transfundieren bzw. Zellseparator-Spender HLA-kompatibel aussuchen

Merke:

Septische Thrombozytopenie:
Möglichst keine Substitution von Thrombozyten
→ Boosterung der Antigen-Antikörperreaktion
→ Verstärkung der Thrombozytopenie!

FFP (fresh frozen plasma)

Nach der Herstellung von Erythrozytenkonzentraten läßt sich durch Abzentrifugieren der Thrombozyten aus dem Plasmaüberstand reines Plasma gewinnen. Zur Aktivitätserhaltung der instabilen Faktoren V und VIII muß FFP bei minus 20 Grad gelagert werden und innerhalb von 20 bis 30 Minuten aufgetaut werden. FFP wird zur Soforttherapie von Blutungen bei Patienten mit Gerinnungsstörungen (z. B. im Rahmen von Massentransfusionen, massiven Blutungen auf dem Boden einer Lebererkrankung oder im Rahmen eines DIC-Syndroms) gegeben. Außerdem können kongenitale Gerinnungsstörungen mit FFP kompensiert werden. Gleichzeitig dient FFP als Plasmaexpander. Nicht indiziert sind sie jedoch zur alleinigen primären Volumentherapie. Therapeutisch hat sich die kontinuierliche Verabfolgung von FFP der Kurzinfusion als überlegen gezeigt (z. B. 20 bis 60 ml/h).

Kryopräzipitate

Kryopräzipitate werden aus tiefgefrorenem (–90 °C) Plasma durch langsames Erwärmen auf 4 °C hergestellt. Beim Auftauvorgang werden die nacheinander ausfallenden Proteinfraktionen separiert. Jede Einheit eines auf diese Weise hergestellten Kryopräzipitats hat ein Volumen von ca. 15 bis 25 ml und enthält ca. 200 mg Fibrinogen, 150 IE Faktor VIIIa und 100 IE Faktor VIII. Trotz des geringen Volumens wirken Kryopräzipitate als Plasmaexpander. Kryopräzipitate sind zum einen zur Substitution von Fibrinogen bei Patienten mit Dys- und Afibrinogenämien oder Verbrauchskoagulopathien, zum anderen zur Substitution der Gerinnungsfaktoren bei Hämophilie A und vonWillebrand-Jürgens-Syndrom indiziert.

Faktorenkonzentrate

Faktorenkonzentrate wie zum Beispiel das Faktor-VIII-Konzentrat enthalten eine hohe Konzentration an gerinnungsaktivem humanem Gerinnungsfaktor, die aus einem Pool von Spenderplasma gewonnen werden. Das Risiko einer Krankheitsübertragung ist wegen der Extraktion aus einem Pool besonders hoch. Deshalb sind Indikationen zur Verabfolgung dieser Konzentrate strengstens abzuwägen.

➤ Prothrombinkomplex-Konzentrat (PPSP)

Der Prothrombinkomplex enthält hohe Konzentrationen von Faktor II (Prothrombin), Faktor VII (Prokonvertin), Faktor IX (antihämophiler Faktor B) und Faktor X (Stewart-Faktor) in lyophilisierter Form. Er wird insbesondere zur Akuttherapie der Überdosierung von Cumarinen bzw. zum Sofortabbruch einer Cumarintherapie eingesetzt. Außerdem können Prothrombinkomplexkonzentrate zur Therapie von Mangelzuständen der enthaltenden Faktoren benutzt werden. Die Nebenwirkungen mit einer erhöhten Übertragungsrate von Hepatitis oder HIV sowie die Entwicklung von Thrombosen sind der Indikation gegenüberzustellen und kritisch abzuwägen.

Indikation: Hämophilie B (F. IX-Mangel), akute hypoprothrombinämische Blutung (vitale Indikation), zum Anheben der PTZ bei marcumarisierten Patienten bei vitaler Operationsindikation. HWZ: 8–24 Stunden.

Immunglobuline

Plasmapräzipitat (γ-Globulin)

Bei Immuninkompetenz, zur passiven Immunisierung. Halbwertzeit 21 Tage.

Albumin 5%/20%

Plasmapräzipitat
5%ig als Plasmaexpander,
20%ig (onkotisch wirksam) bei Hypalbuminämie, Verbrennungen

Transfusion von Blutbestandteilen

Grundlage für Vorbereitung und Durchführung von Bluttransfusionen sind die **Richtlinien zur Blutgruppenbestimmung** und **Bluttransfusion,** aufgestellt vom Wissentschaftlichen Beirat der Bundesärztekammer und vom Bundesgesundheitsamt.

Diese Richtlinien stellen Mindestanforderungen dar, die unbedingt eingehalten werden müssen, denn Verwechslungen und Fehlbestimmungen bei der Vorbereitung und Durchführung der Bluttransfusionen können schwere Gesundheitsschäden und selbst den Tod des Patienten zur Folge haben.

Merke:

Verwechslungen von Blutprodukten ereignen sich auf der Station – fast nie im Labor!

Vermeiden von Verwechslungen

- Getrennte Entnahme der Blutproben
  - Erste Blutprobe: Blutgruppenbestimmung
  - Zweite Blutprobe: Verträglichkeitsreaktion
- Röhrchen zur Bestimmung *vor* der Blutabnahme beschriften
  Nachträgliches Beschriften eines mit Blut gefüllten Behälters kann für einen Patienten tödlich sein.

➤ ***Immer ABO-Identitätstest***

Der AB0- Identitätstest ist die gleichzeitige Bestimmung der Erythrozytenmerkmale des Patienten- und des Konservenblutes mit Anti-A und Anti-B Serum und dient dazu, eine falsche Zuordnung von Blutkonserven rechtzeitig aufzudecken.

➤ ***Kreuzprobe***

Die serologische Verträglichkeitsprobe ist unerläßlich vor jeder Blutransfusion (5–10 ml Nativblut nicht älter als 72 Stunden)

➤ ***Kompatibilitätsprüfung für weitere Bluttransfusionen***

72 Stunden nach der letzten Transfusion muß jeweils frisches Kreuzblut abgenommen werden, um eine mögliche Antikörperbildung zu erfassen. Die vor mehr als 3 Tagen durchgeführten Kreuzproben verlieren ihre Gültigkeit!

Durchführung der Transfusion

- Übereinstimmung von Konservennummer, angegebenem Empfänger und Blutgruppenbefund sowie Verfallsdatum (Unversehrtheit der Konserve, Verfärbung, Hämolyse) persönlich überprüfen.
- Bedside-Test zur Sicherung der AB0-Identität des Empfängers ist obligat vor der Transfusion am Patientenbett durchzuführen und die Konserve nicht mehr vom Patienten zu entfernen.
- Nach Erwärmung auf Raumtemperatur sollte die Konserve umgehend transfundiert werden. Massivtransfusion, Transfusionen bei Neugeborenen sowie bei Kälte-AK: Durchlauferwärmen mit speziellen Heizspiralen auf max. 37 °C (sonst Eiweißdenaturierung).
- Großlumiger venöser Zugang (mind. Braunüle Nr. 17 G-gelb); keine Medikamente zusetzen. Außer 0,9 %iger NaCl-Lösung darf nichts über den Zugang laufen. Immer Transfusionsbesteck mit Filter verwenden.
- Die Einleitung der Transfusion muß durch den Arzt erfolgen. Beim Erwachsenen 30–50 ml zügig transfundieren, danach Transfusion langsam stellen und 5 Minuten intensiv überwachen. Viertelstündige Überwachung des Patienten während der Transfusion und mindestens 1 Stunde danach. Transfusionsdauer unter Nicht-Notfallbedingungen ca. 1 Stunde.
- Prophylaxe einer Übertransfusion (Herzkranke, alte oder geschwächte Pat.): 4 Stunden Transfusionsdauer/Konserve, während oder nach der Transfusion

20–40 mg Furosemid p.o./i.v. Bei der Flüssigkeitsbilanz wird Vollblut mit 300 ml, EK jedoch nicht berechnet.
- Leeren Blutbeutel 24 Stunden nach der Transfusion aufbewahren (ggf. Klärung von späten Transfusionsreaktionen)

➤ ***Massivtransfusionen***
- Mindestens 2 großlumige Braunülen, evtl. Druckinfusion mit Druckinfusomat (evtl. Blutdruckmanschette um Konserve, um den Beutel mit einem Druck von bis zu bis 100 mmHg zu komprimieren)
- Durchlauferwärmen des Blutes
- Faustregel: ab ca. 5 EK ggf. FFP (Gerinnungsfaktoren!), bei drohender Gerinnungsstörung ca. 2 FFP und zusätzlich 1 Amp. Kalzium auf 4 EK infundieren
- Azidose (durch Zitrat in CPDA-Blut/-Plasma) und Hyperkaliämie mit nachfolgender Kardiodepression mit Na-Bikarbonat nach BGA i. v. korrigieren

Merke:

Schnelle Transfusionsmöglichkeit:
Großlumiger Zugang mit Dreiwegehahn,
mit Perfusorspritze je 50 ml aufziehen,
Dreiwegehahn Richtung Patient,
im Bolus injizieren und erneut aufziehen – usw.!

➤ ***Notfalltransfusion***
- Transfusion von EK ohne vorherige Kreuzprobe nur bei vitaler Indikation. Behandelnder Arzt trägt Verantwortung für erhöhtes Transfusionsrisiko
- Obligat Bedside-Test durchführen. Bei unbekannter Blutgruppe des Empfängers Gabe von EK der Blutgruppe 0 (rhesus neg.)

Komplikationen nach Bluttransfusionen

Leukoagglutininreaktion

Agglutinierende Antikörper gegen Leukozyten sind mit einer Häufigkeit von 1 : 40 Transfusionen zu erwarten. Die Reaktion tritt in Form von Fieber und Schüttlfrost während oder am Ende der Bluttransfusion auf. Die Transfusion darf nur dann fortgeführt werden, wenn bei leichtgradiger klinischer Reaktion der Blutdruck konstant bleibt und keine Zeichen der Hämolyse vorhanden sind.

Hämolyse

Hauptursache der Posttransfusionshämolyse ist die Inkompatibilitätsreaktion zwischen Spendererythrozyten und Antikörpern im Empfängerplasma. Die klinischen Symptome sind Ruhelosigkeit, Kopfschmerzen, Brust-, Flanken- und Rückenschmerzen, Dyspnoe, Fieber und Schüttelfrost, die regelhaft schon zu Beginn der Transfusion auftreten. Trotz Kreuzprobe und Bedside-Test sind diese Reaktionen nicht vollständig auszuschließen, da sie teilweise auf inkompletten Antigenen beruhen. Die klinische Folge ist eine intravasale Hämolyse, die im massiven Fall bis zur disseminierten intravaskulären Gerinnung oder einem akuten Nierenversagen führen kann.

Sofortmaßnahmen bei V. a. hämolytische Transfusionsreaktionen:

1. Abstellen der Transfusion und Offenhalten des venösen Zugangs
2. Nochmaliges Überprüfen der Übereinstimmung der Patientendaten mit den Angaben der Blutkonserve
3. Sicherstellung von Spenderblut zur Analyse
4. Blutabnahme beim Patienten, Wiederholung der Kreuzprobe mit Spezialtests
5. Urinuntersuchung auf freies Hämoglobin
6. Entnahme von Patientenblut auf der zur Transfusionsstelle kontralateralen Körperseite und Untersuchung auf Zeichen der akuten Hämolyse [freies Hb im Serum, LDH, Bilirubin, Haptoglobin]

Die Therapie besteht nach dem Abstellen der Transfusion in der Infusion kristalloider Lösung zur Aufrechterhaltung einer Diurese von mehr als 100 ml/Stunde und ggf. der Verabreichung von Mannitol zur Induktion der Diurese. Bei Blutdruckabfall trotz ausreichender Volumengabe muß ggf. ein Vasopressor verabfolgt werden.

Allergische Reaktionen

Allergische Reaktionen bei Bluttransfusionen äußern sich in Urtikaria, Asthma oder Kreislaufregulationsstörungen. Diese Symptome lassen sich im Allgemeinen mit Diphenhydramin (50 mg i. m. oder per os) kupieren.

In schwereren Fällen: Methylprednisolon bis 1000 mg

Merke:

Transfusionsreaktion während Narkose:
Erkennen der Symptomatik erheblich erschwert!

Infektionen

Eines der Hauptrisiken von Bluttransfusionen ist die Übertragung infektiöser Krankheiten [Hepatitis-B, Non-A-Non-B-Hepatitis (Hepatitis-C), HIV]. 78 bis 100% der Transfusionshepatitiden sind Non-A-Non-B-Hepatitiden. Etwa 1/3 der Infizierten entwickelt im Verlauf eine chronische Hepatitis. Das Infektionsrisiko ist bei der Gabe von Vollbluterythrozytenkonzentraten, FFP und Thrombozytenkonzentraten etwa gleich hoch. Es ist erhöht bei der Gabe von Kryopräzipitaten, Faktorenkonzentraten und Prothrombinkomplexpräparaten. Keine Infektionsgefahr besteht bei sachgerecht aufbereiteten Albumin- und Plasmaproteinfraktionen. Das allgemeine Risiko einer Posttransfusionshepatitis wird heute mit einem statistischen Wert von 1: 25 000 angegeben, allerdings ist dieser Wert nur dann zulässig, wenn alle erforderlichen Sicherheitsmaßnahmen getroffen wurden. Das Risiko einer HIV-Infektion liegt unter Einhaltung der Sicherheitsmaßnahmen bei einem Wert von 1 : 800 000 bzw. 1 : 1 000 000. Trotz maximaler Selektion der Spender ist es nicht komplett auszuschließen, da während der Inkubationszeit einer HIV-Infektion noch keine Antikörper nachweisbar sind.

Allgemeine Komplikationen einer Massentransfusion

Koagulopathien

Gerinnungsstörungen im Rahmen der Massentransfusion sind auf eine relative, durch Verdünnung bedingte Thrombozytopenie, eine eingeschränkte Thrombozytenfunktion und einen Faktorenmangel insbesondere der Faktoren V, VIII und XI zurückzuführen. Zur Korrektur dieser Entstehung empfiehlt es sich, mindestens pro 5 Einheiten Blut eine Einheit FFP zu transfundieren.

Citratintoxikation

Nicht selten treten im Rahmen von Massentransfusionen Zeichen der Hypokalzämie auf, die durch die Bindung von Kalzium an das als Blutkonservierungsstoff verwendete Zitrat verursacht werden. Therapeutisch muß Kalzium substituiert werden.

Hyperkaliämie

Vollblutkonserven haben einen relativ hohen Kaliumgehalt (7 Tage nach Herstellung der Konserve etwa 12 mmol/l). Bei Patienten mit normaler Nierenfunktion wird das überschüssige Kalium mit dem Urin ausgeschieden. Patienten mit eingeschränkter Nierenfunktion sollten zur Vermeidung der Kaliumüberladung Frischblut, Erythrozytenkonzentrate oder FFP erhalten.

2,3-Diphosphoglycerat-Abfall

Blutkonserven haben im Vergleich zum Frischblut einen verminderten Gehalt von 2,3 DPG, wodurch die Sauerstoffbindungskurve des Hämoglobins verschoben und die Sauerstoffabgabe in der Peripherie vermindert wird. Bei Patienten für die eine optimale Sauerstofftransportkapazität essentiell ist, sollte man daher auf gefrorene Erythrozytenkonzentrate zurückgreifen, bzw. solche Blutkonserven verwenden, die weniger als 1 Woche alt sind.

Azidose

Zwei Tage gelagertes Blut hat einen PH von 6,9. Durch eine sehr schnell einlaufende Transfusion kann daher eine metabolische Azidose entstehen. Bei Bedarf kann Bicarbonat i. v. verabreicht werden.

Hypothermie

Eine Auskühlung des Patienten durch Transfusion von kaltem Blut kann durch das Aufwärmen von Konserven verhindert werden. Transfusionen von angewärmtem Blut sind darüber hinaus im Hinblick auf eine bessere Blutviskosität und eine Vasodilatation grundsätzlich zu empfehlen.

Abklärung der Transfusionsreaktion

- Sofortige Rückgabe der transfundierten Konserve mit Transfusionsbesteck einschließlich aller Begleitunterlagen
- Sofortige Abnahme von:
  - 10 ml Nativblut und 5 ml EDTA-Blut zur blutgruppenserologischen Abklärung
  - Nachweis einer intravasalen Hämolyse durch freies Hb im Serum
- Großes BB, Gerinnungstatus, LDH, Bilirubin, Haptoglobin; Urin: Hb, Sediment

II-28 Enterale und parenterale Ernährung

Ziel

- Deckung des Kalorienbedarfs
- Ausgleich der Stickstoffverluste
- Erhalt des Proteinpools und der Organfunktionen
- Vermeidung einer Mangel- oder Fehlernährung

Parenterale Ernährung

Definition

Intravenöse Zufuhr von Nährstoffen, Elektrolyten, Vitaminen und Spurenelementen

Indikation

Längerfristige Störung der gastrointestinalen Motilität und Resorption

Dosierung

[alle Dosierungen orientiert am Normgewicht der Patienten]

Glukose	4 g/kg und Tag
Aminosäuren	1,5 g/kg und Tag
Fette	0,5 – 1,5 g/kg und Tag
Kalorien	30 – 35 kcal/kg und Tag
Vitamine/Spurenelemente*	

* den Empfehlungen der Deutschen Gesellschaft für Ernährungsmedizin zur täglichen Substitution im Rahmen einer parenteralen Ernährung entsprechen z. Z. nur Soluvit® (wasserlösliche Vitamine), Vitalipid adult® und Vitalipid infant® (fettlösliche Vitamine) und Cernevit® (wasser- und fettlösliche Vitamine). In Cernevit® fehlt jedoch Vitamin K; außerdem ist das Präparat nicht für eine Anwendung von mehr als 7 Tagen zugelassen. Zur täglichen Substitution von Spurenelementen eignen sich Addel® und Tracitrans®.

Technik

- Verwendung von Pumpen und Mischbeuteln zur gleichmäßigen Infusion der Nährstoffe
- Kontinuierliche Zufuhr über 24 Stunden
- Infusion über separaten Schenkel eines Mehrlumenkatheters
  [Filtration aufgrund verbesserter Herstellungstechnik nicht mehr erforderlich]

Lösungen

- Beschränkung auf wenige Infusionslösungen [130],
  z. B.: Glukose 5, 20, 40, 50 %, AS 10 oder 15 %, Fett 20 %
- Komplettlösungen meiden (fixe Dosierungen)
- Zurückhaltung bei Speziallösungen ("Nieren- o. Leberlösungen", LCT/MCT-Fettemulsionen – Bedeutung nicht gesichert; Glutaminhaltige AS-Lösungen extrem teuer)

Monitoring

- Blutzucker, Elektrolyte (mehrmals täglich)
- Harnstoff, Kreatinin, Blutgasanalyse (täglich)
- Triglyceride, Bilirubin, Transaminasen (3 × pro Woche)
- Laktat, Ammoniak (bei kritisch kranken Patienten)

Merke:

Parenterale Ernährung:
Kontrolle der Laborparameter unter laufender Infusion.
Keine Blutentnahme über ZVK, da Kontakt mit Nährlösungen möglich.
[Gefahr der bakteriellen Kontamination der Dreiwegehähne über Blutreste!]

Gefahren

- Verstärkung bestehender Stoffwechselstörungen, z. B. Blutzucker-, Harnstoff- und Triglyceridanstieg, Elektrolytentgleisung
- Inkompatibilitäten von Nährlösungen mit Medikamenten (Ausflockungen oder Auskristallisationen im Katheter und Verlegung von Lungenkapillaren)
- Kathetersepsis

Kosten

80–100 DM/Tag für Lösungen und Mischbeutel

➤ ***Praktische Hinweise:***
Die parenterale Ernährungstherapie ist grundsätzlich als eine unphysiologische Ernährungsform anzusehen, da sie die Regulationsmechanismen des Darmes und der Leber primär umgeht. Sie ist nur anzuwenden, wenn eine enterale Ernährung nicht möglich ist. Dies ist allerdings bei den meisten kritisch kranken Patienten der Fall.

Die Nährstoffzufuhr sollte immer vorsichtig begonnen werden (Steigerung der Glukosezufuhr um ca. 1 g/kg und Tag und der Fette um ca. 0,25 g/kg und Tag), um individuelle Stoffwechselreaktionen abzuwarten. Bei Blutzuckeranstiegen über 10–12 mmol/l ist die Glukosedosis zu reduzieren, allerdings nicht unter 2 g/kg und Tag (basaler Bedarf). Insulin sollte nur in Ausnahmefällen gegeben werden, da es die Glukoseoxidation nicht nennenswert verbessert. Je kranker der Patient, um so zurückhaltender die Nährstoffzufuhr! Stets ist auf die spezielle Stoffwechselsituation des Patienten zu achten. Daher: Erst den Patienten ansehen und untersuchen, dann den Ernährungsplan festlegen. Bei akuten Verschlechterungen (z. B. Blutung/Sepsis) Ernährungstherapie sofort reduzieren oder einstellen. Kontrolle des Blutlaktats sinnvoll. Vorsicht bei Werten über 4 mmol/l: Ernährungstherapie auf Basiszufuhr beschränken (z. B. 2 g Glukose/kg und Tag) oder beenden (nur Elektrolytlösungen infundieren). Bei Gabe von Fettemulsionen immer Triglyceridspiegel überprüfen. Bei ansteigenden Werten von über 4 mmol/l Dosierung anpassen. Die Gabe von Vitaminen und Spurenelementen ist erst nach Ablauf von 8 Tagen sinnvoll [131].

Enterale Ernährung

Indikation

- Keine ausreichende orale Nahrungsaufnahme möglich
- Gastrointestinale Motilität und Resorption jedoch intakt

Technik

- Gastrale oder jejunale Applikation über Ernährungssonden
- Zufuhr mittels Pumpe
- Mit geringer Zufuhrrate beginnen (z. B. 20 ml/h)
- Sondenkost zuerst mit Tee verdünnen (z. B. 1 : 1), um die Osmolarität zu senken
- Nächtliche Pause von mehreren Stunden einhalten
- Steigerung der Zufuhrrate, z. B. von 20 auf 30 und 40 ml/h
- Kontrolle der Darmfunktion (Auskultation, Palpation, Absaugen der Sonde)

Nährstoffformen

- Nährstoffdefinierte Diäten (Formuladiät)
- Chemisch definierte Diäten ("Astronautenkost", Peptiddiäten)

Anforderungen an eine Sondenkost

- Optimales Nährstoffgemisch:
  - 20 % der Kalorien als EW
  - 50 % der Kalorien als KH
  - 30 % der Kalorien als Fett
- Hochwertiges Proteinmuster
- Keine Laktose, keine Gluten

- Ausreichend Vitamine und Spurenelemente
- Niedrige Osmolarität
- Gute Löslichkeit
- Möglichst guter Geschmack
- Gehalt an Faserstoffen

Nährstoffdefinierte Diäten setzen sich aus hochmolekularen Nährstoffen zusammen, so daß die Nahrung im wesentlichen einer optimierten Vollkost entspricht. In chemisch definierten Diäten sind die Nahrungsbestandteile bereits aufgeschlossen. Wegen ihrer Zusammensetzung (Glukose, Aminosäuren, Peptide, mittelkettige Triglyceride) ist diese Kost nicht trinkbar (sehr unangenehmer Geruch und Geschmack), sondern nur noch über eine Sonde zuführbar [132].

Tabelle II-28-1 Nährstoffdefinierte Diäten.

Vorteile	Nachteile
physiologische Ernährung	unangenehmer Geruch und Geschmack
vollwertig	Diarrhoen, Erbrechen
preiswert (ca. 20 DM/Tag)	schlecht zu bilanzieren
Zufuhr von Glutamin*	Gefahr der Aspiration
Versorgung des Darmepithels von intraluminal	ausreichende Nährstoffzufuhr nur selten erreichbar
verminderte Sepsisrate (?)	vorgegebene Nährstoffrelation

* AS-Lösungen enthalten aus galenischen Gründen kein Glutamin (instabil). Glutamin ist zwar keine essentielle, aber die mengenmäßig bedeutendste AS. Wichtiges Nährsubstrat für Darmepithelien und Lymphozyten.

Kontraindikation

- Akute Notfälle (schweres Trauma, Sepsis, Schock)
- Ileus, Magen- Darmatonie, gastrointestinale Blutungen
- Ausfall der Schutzreflexe (bei gastraler Sondenlage und nicht intubiertem Patienten)
- Schwere akute Stoffwechselstörungen
- Unverträglichkeitserscheinungen auf die Sondenkost

Wird bei intubierten Patienten über eine duodenale oder jejunale Sonde ernährt, muß zusätzlich auch eine gastrale Sonde gelegt werden, um den Magensaft sicher abzuleiten (Aspirationsgefahr!).

Literatur

– siehe Gesamt-Literaturverzeichnis im Anhang –

II-29 Stuhlregulation und intestinale Paralyse

Eine Magen-Darm-Atonie tritt mehr oder weniger ausgeprägt nach allen abdominalchirurgischen Eingriffen, nach Wirbelsäulenverletzung mit retroperitonealem Hämatom oder bei langzeitbeatmeten bzw. langzeitimmobilisierten Patienten auf. Die übliche Dauer beträgt etwa 3–5 Tage, ist aber individuell unterschiedlich. Der Übergang zum paralytischen Ileus ist dabei fließend.

Deshalb sollte frühzeitig prophylaktisch mit stuhlregulierenden Maßnahmen begonnen werden, ein täglicher Stuhlgang ist dabei anzustreben.

Evaluation

Wann zuletzt abgeführt?
Antiperistaltische Medikamente (z. B. Opiate)?
Auskultation des Abdomen bei der Visite
Reflux über Magensonde oder Dennissonde?
Sonographie
(Peristaltik?, Darmdistension?, retroperitoneales Hämatom?, intraabdomineller Abszeß?, Tumor?),
Zur Abgrenzung zum mechanischen Ileus ggf. CT einleiten
Röntgen Abdomen-Übersicht
(Spiegel?, Haustrierung?), ggf. Gastrografin-Passage oder Dickdarmeinlauf mit wasserlöslichem Kontrastmittel

Differenziertes therapeutisches Vorgehen

➤ ***Laparotomie ohne Darmanastomose oder -naht:***
- frühe enterale Stimulation möglich (z. B. Agarol®, Laxoberal®, Liquidepur®)
- ggf. zusätzlich rektales Klysma oder Hebe-Senk-Einlauf am 2. postoperativen Tag
- ggf. zusätzlich parenterale Stimulation (z. B. Panthenol®/Paspertin® je 6 Amp./d)
- Gastrografin® per os
- Mestinon® kontinuierlich 15 mg/d
- effektivere Bolusapplikation: 1–3 mg alle 4 oder 6 Stunden
- Takus® 1 Amp. = 40 µg via Perfusor über 3 Stunden (*cave* Kontraindikationen)

➤ ***Laparotomie mit hoher Darmanastomose (Ösophagus bis Ileum):***
- primär rektale Klysmen oder Hebe-Senk-Einläufe
- Medikamentöse bzw. enterale Stimulation nicht vor dem 7. p.op. Tag

➤ ***Laparotomie mit tiefer Anastomose (Dickdarm):***
- primär enterale Stimulation per os oder via Magensonde ab 6. Tag,
- medikamentöse Stimulation ab 8. Tag

Merke:

Anastomosen im Linkscolon und Rektum:
Keine Klysmen oder Hebe-Senk-Einläufe!

➤ ***Nach Operationen mit protektivem Deviationsstoma:***
- primär enterale Stimulation ab 3. Tag, medikamentös ab 5. Tag
- regelmäßiges anklistieren der Stomaschenkel ab 3. bis 5. Tag

➤ ***Retroperitoneales Hämatom, hochdosierte Opiattherapie:***
- ab 1. Tag enterale und parenterale Stimulation notwendig!

➤ ***Z.n. gastrointestinaler Blutung:***
- ab 1. Tag Hebe-Senk-Einläufe [Spüleinläufe um altes Blut zu entfernen]
- ggf. Laktulose

➤ ***Fortgeschrittener paralytischer Ileus:***
- Dennis-Sonde endoskopisch bis ins proximale Jejunum plazieren [→Kap.II-2]
- ggf. endoskopische Dekompression des gesamten Kolons

Merke:

Postoperative Passagestörung und Ileus:
Immer primär chirurgisch behebbare Ileusursache ausschließen!

Hebe-Senk-Einlauf bei Beatmungs-Patienten

- Problem:
  Flüssigkeit wird nicht gehalten
- Lösung:
  Blockbares Darmrohr oder:
  "mißbrauchter" Tracheal-Tubus
  [Nur kurz belassen – Verletzungsgefahr!]

Anklistieren eines Stomas:

- Digitales Vorbougieren des Stomas
- Einführen eines blockbaren Silikonkatheters
  (z. B. Harnblasenkatheter 24 Ch)
- Blocken mit 10 ml Kochsalz
- Instillation der Klysma-Flüssigkeit
- 10 min Abklemmen
- Darminhalt ablaufen lassen

Symptomorientierte Therapie

II-30 Unklares Koma

Die Störung des Bewußtseins ist ein Leitsymptom einer akuten, die Vitalfunktion bedrohenden Situation und erfordert somit die sofortige Ursachenforschung, um möglichst rasch eine suffiziente Therapie einleiten zu können.

Definition

Länger bestehende fehlende Erweckbarkeit des Patienten (Bewußtlosigkeit über Stunden oder Tage) mit ungezielter oder fehlender Reaktion auf Schmerzreize [133].

Ursachen (Nach klinischer Relevanz) [135]

➤ ***Metabolisch-toxisch***
Hypo-/Hyperglykämie, urämisches Koma, Leberkoma, hyperkalzämisches Koma [**selten:** Hypothyreotes Koma (Myxödem-Koma), thyreotoxisches Koma, NNR-Insuffizienz (M. Addison), Hypophyseninsuffizienz]

➤ ***Hypoxisch***
Hyperkapnie → Hypoventilation durch:
- Hypnotika / Sedativa,
- Obstruktion / Restriktion
- Schmerzen

➤ ***Malnutrition***
Hypovitaminosen und Spurenelementmangel besonders nach langer parenteraler Ernährung

➤ ***Intoxikation***
Zentral wirkende Pharmaka: Sedativa, Hypnotika, Analgetika;
Vergiftungen: Alkohol, CO-Vergiftung, Zyanide (Parathion = E 605®), etc.

➤ ***Zerebral***
Vaskuläre bzw. raumfordernde und entzündliche Prozesse: SAB, Hirnmassenblutung, ischämische Enzephalomalazie, Tumor, etc.

➤ ***Andere Ursachen***
Grand-mal/Petit-mal-Status, psychomotorischer Dämmerzustand, SHT

Merke:

Koma auf der chirurgischen Station:
Hypo- bzw. Hyperglykämie und Hypoxie sind die häufigsten Ursachen!

Stadien

Stadium I
Gezielte Abwehrbewegungen auf Schmerzreize,
Reflexe und vegetative Funktionen intakt.

Stadium II
Konstant ungezielte bis fehlende Reaktion auf Schmerzreize,
vegetative Funktionen gestört

Dienzephales Syndrom:	Pupillen mittelweit, Lichtreaktion positiv, Cheyne-Stokes-Atmung
Mittelhirnsyndrom:	Pupillen mittelweit bis weit, Lichtreaktion meist erhalten, Kornealreflex positiv, Babinsky positiv, oft Maschinenatmung

Stadium III
Fehlende Abwehrreaktion und motorische Reaktion, keine Hirnstammreflexe,
schwere Störung vegetativer Funktionen und der Atmung,
Pupillen variabel, meist aber eng, keine Lichtreaktion, Muskeltonus erhöht,
Streck-Beugesynergismen

Stadium IV
wie III, evtl. Ausfall der Spontanatmung, Pupillen weit und reaktionslos,
Areflexie

Merke:

Unklares Koma:
In jedem Stadium akuter Handlungsbedarf!

Vorgehen und Differentialdiagnose

Fremdanamnese:
Vorerkrankungen? (Diabetes mellitus, obstruktive Lungenerkrankung, Leber-/Nierenerkrankung, Drogen-Alkoholabusus, Trauma?)

Orientierende Untersuchung und Inspektion

(Innerhalb kürzester Zeit mit sehr geringem Aufwand durchführbar)
- Hautkolorit
- Atmung (Inspektion der Mundhöhle: Erbrochenes sichtbar?)
- Foetor
- BZ-Stix (Hypo- / Hyperglykämie?)

- Puls und RR (Schock?)
- EKG, BGA, Temperatur
- Pupillenreaktion
- Notfall-Labor

Merke:

Absolute Priorität beim komatösen Patienten:
Sicherung der Vitalparameter [ABC-Schema]

Klinische Hinweise [134]

Haut:	Zyanose	→	ventilatorisch-zirkulatorische Insuffizienz
	Blässe	→	Schock, Hypoglykämie
	Gesichtsrötung	→	Hypertonie, Coma diabeticum, Sepsis
	Exsikkose	→	Coma diabeticum, thyreotoxisches Koma, Addison-Krise, hyperkalzämische Krise
	Schwitzen	→	Hypoglykämisches Koma, Schock
	Heiße, trockene Haut	→	Thyreotoxisches Koma
	Ikterus	→	Coma hepaticum
	Blasenbildungen	→	Barbiturat-Intoxikation
Atmung:	Hypoventilation	→	Intoxikation mit zentral dämpfenden Pharmaka[z.B. Opiate], Verlegung der Atemwege, [Myxödem-Koma]
	Hyperventilation	→	Mittelhirnschädigung, Salicylat-Intoxikation, Hypoxie, [thyreotoxisches Koma]
	Kußmaul-Atmung	→	Ketoazidotisches Koma, Coma uraemicum
	Cheyne-Stokes-Atmung	→	Morphinintoxikation, CO-Intoxikation, Hirndrucksteigerung
Foetor:	azetonämisch	→	Coma diabeticum
	hepatisch – erdig	→	Coma hepaticum
	urämisch	→	Coma uraemicum
	aromatisch	→	zyklische Kohlenwasserstoffe, evtl. Drogenabusus
	alkoholisch	→	Alkoholintoxikation
	bittermandelartig	→	Zyanidintoxikation

Apparative Diagnostik

BZ-Stix:	Hypoglykämie Hyperglykämie		
Blutdruck:	Hypotonie	→	Intoxikation mit zentral dämpfenden Pharmaka [z.B. Opiate], Coma diabeticum, Schock, hypophysäres Koma, [Myxödem-Koma, Addison-Krise]
	Hypertonie	→	Hypertensive Krise, thyreotoxisches Koma, Mittelhirneinklemmung
EKG:	Tachykarde Rhythmusstörungen	→	Schock, Antiarrhythmika-Intoxikation, thyreotoxisches Koma
	Bradykarde Rhythmusstörungen, Myokardinfarkt	→	Betablocker-, Digitalis-, Antiarrhythmika-Intoxikation, hyperkalzämische Krise, [Addison-Krise, Myxödem-Koma]
BGA:	Hypoxie	→	Intoxikation mit zentral dämpfenden Pharmaka [z.B. Opiate], Verlegung der Atemwege (Aspiration?), falsches Gasgemisch?, [Myxödem-Koma]
	Hyperkapnie	→	COPD
Temperatur:	Hyperthermie	→	Thyreotoxisches Koma, Sepsis
	Hypothermie	→	Barbiturat-Intoxikation, Unterkühlung, [Addison-Krise]

Neurologische Untersuchung

Äußere Verletzungen im Schädelbereich?
Bewußtseinsgrad (Glasgow-Coma-Scale)

Pupillen:	Mydriasis	→	Katecholamintherapie, Parasympatholytika, Hypnotika, endogenes Koma, Alkohol
	Miosis	→	Opiate, Sympatholytika, Parasympathomimetika
	Anisokorie	→	Apoplexie, Blutung, Hirntumor
Motorik:			*Lokalisation der Laesion:* [durch fokalen Schaden oder Einklemmung]
	Massen- bzw. Wälzbewegungen Beuge-Streck-Synergismen Tonuserhöhung der gestreckten Extremitäten, Nackensteife	→	**Zwischenhirnsyndrom**

Opisthotonus (plötzl. Strecken von Rumpf und Extremitäten) mit Streckkrämpfen	→	**Mittelhirnsyndrom**
Schlaffer Muskeltonus, keine MER, keine Hirnstammreflexe	→	**Bulbärhirnsyndrom**

Merke:

Tiefes Koma bei erhaltenen Hirnstammreflexen:
Eher metabolische als intrazerebrale Ursache

Notfall-Laboruntersuchungen
Laborchemischer Ausschluß von:

- Elektrolytentgleisung, Myokardinfarkt, hyperkalzämische Krise, Coma uraemicum, Coma hepaticum, Alkoholintoxikation

Basiskonzept beim unklaren Koma

Da die häufigsten Ursachen eines Komas hypoxisch bzw. in Entgleisungen des Kohlenhydratstoffwechsels begründet sind, empfiehlt sich folgendes Vorgehen [136]:

1. **Sicherstellung vitaler Funktionen** (ABC-Schema)
2. **Inspektion**
   - Haut
   - Atmung
   - Foetor
   - BZ-Stix

   Kein Fötor, keine Hinweise auf Atemdepression / Aspiration, kein richtungsweisender anderer Befund →
3. **Testdosis Glucose 40 %** (mind. 20–50 ml i. v.) bis zum Aufwachen

   Wenn keine Besserung →
4. – **Maskenbeatmung**
   – **ggf. Intubation**

Ist die Komaursache aufgrund der genannten Untersuchungen immer noch nicht erfaßt, erfolgt die weitere Abklärung durch weiterführende interdisziplinäre Spezialuntersuchungen (Neurologe, Internist ⇒ Augenhintergrund, spezielle neurologische Untersuchungen, CT, EEG, etc.).

Anhang: Glasgow-Coma-Scale

Der international gebräuchliche Score nach dem *Glasgow Coma Scale* wird hauptsächlich beim SHT verwendet. In der Klinik eignet sich dieser Score lediglich zur *Verlaufsbeobachtung* der Bewußtseinsstörung [137].

Tabelle II-30-1 Glasgow Coma Scale.

Zu bewertende Reaktion	Beobachtete Reaktion	Punktzahl
Augen öffnen	Spontan	4
	Auf Aufforderung	3
	Auf Schmerzreiz	2
	Keine Reaktion	1
Beste verbale Reaktion	Voll orientiert	5
	Verwirrt, desorientiert	4
	Verworren (unzusammenhängende Worte)	3
	Unverständliche Laute	2
	Keine verbale Reaktion	1
Beste motorische Reaktion	Adäquat - befolgt Befehle	6
	Lokalisiert Schmerz und gezielte Schmerzabwehr	5
	Unvollständige Abwehr, normale Flexion (Rückzug)	4
	Abnorme Flexion, Beugesynergismen	3
	Strecksynergismen	2
	Keine Reaktion	1

Literatur

– siehe Gesamt-Literaturverzeichnis im Anhang –

II-31 Blutdruckabfall

Der plötzliche Abfall des systolischen arteriellen Blutdruckwertes unter 90–100 mmHg bei zuvor normalen Meßwerten stellt eine akute Nofallsituation dar, weil es hierdurch zu einer Minderversorgung speziell von Gehirn, Herz und Nieren kommt. Somit verbieten sich außer manueller Kontrollmessung weitere zeitaufwendige diagnostische Maßnahmen. Es müssen umgehend therapeutische Konsequenzen erfolgen.

Merke:

Apparativ registrierter Blutdruck-Abfall:
→ sofortige Objektivierung durch Hand am Leistenpuls!

Differentialdiagnostisch kommen als häufigste Ursachen des akuten Blutdruckabfalls die verschiedenen Formen des Schocks, eine Lungenembolie, ein (Spannungs-) Pneumothorax und ein Perikarderguß (-Tamponade) in Betracht. Auf die rasche Erkennung und Soforttherapie dieser Notfälle soll im folgenden näher eingegangen werden.

Merke:

RR-Abfall auf der chirurgischen Intensivstation:
OFT: Relativer Volumenmangel durch Bolus-Sedierung!
Dekompensierter Volumenmangel!
→ "Test-Volumen" HAES 10 %ig oder HA 20 %ig je 100 ml in 5 min

Blutdruckabfall durch Schock

Der Schockzustand manifestiert sich klinisch initial durch Unruhe des Patienten. Diese kann bei unzureichender Behandlung in die verschiedenen Stadien der Bewußtseinsstörung bis hin zum Koma übergehen. Zudem findet sich in der Regel durch die Zentralisation des Kreislaufs eine kühle, feuchte, zyanotische Haut und eine verzögerte Reperfusion des peripheren Kapillarbetts (Fingernägel). Die weitere Untersuchung zeigt meist eine Tachykardie (fehlt manchmal bei älteren und mit β-Blockern vorbehandelten Patienten) und Hypotension, zumeist mit erniedrigter Blutdruckamplitude. Im Verlauf lassen sich dann die Folgen der Minderperfusion wie Oligurie bis Anurie und metabolische Azidose nachweisen. Ursachen des Schocks können Volumenmangel, Herzinsuffizienz, Sepsis und Anaphylaxie sein [→ Kap.II-37, S. 474].

➤ ***Allgemeine symptomatische Initialtherapie***

- Optimierung der Oxygenierung:
  O_2-Insufflation
  bzw. frühelektive Intubation und kontrollierte Beatmung
- Ggf. laufende blutdrucksenkende Medikation abstellen
- Zweckmäßige Katheter und Sonden:
  Großlumiger ZVK [Volumentherapie, ZVD-Messung]
  Kleinlumiger ZVK [Katecholamine]
  Arterieller Katheter [blutige Druckmessung, arterielle BGA]
  Urinkatheter + Temperatursonde
  Invasives Monitoring (COLD System oder Pulmonaliskatheter) [→ Kap. II-15]

Die weitere Therapie muß orientiert an klinischem Blick und der Primärdiagnostik möglichst kausal erfolgen!

Hypovolämie

Das typische Symptom bei einem akuten Volumenmangel ist ein Anstieg der Pulsfrequenz bei gleichzeitigem Abfall des arteriellen Drucks. Ab einem Verlust von etwa 20–30% des intravasalen Blutvolumens findet sich ein Schockindex > 1, errechnet aus dem Quotienten der Beträge der Herzfrequenz (Aktionen/min) und dem systolischen Blutdruckwert (mm Hg). Zudem findet sich ein niedriger zentralvenöser Druck (ZVD) als Ausdruck des Flüssigkeitsdefizits.

Merke:

Volumenmangel beim älteren Patienten:
Die reaktive Tachykardie fehlt häufig!

Merke:

Häufigster Grund hypovolämiebedingter RR-Abfall:
Bolus-Sedierung
mit Volumenumverteilung (Venöses Pooling) und
Abnahme der kardialen Vorlast!

➤ ***Therapie bei Hypovolämie***

evtl. richtungsweisend:	Tachykardie, RR-Abfall, Drainagen- und Sondeninhalt Zentralisation, Oligurie, Anurie
♦ großlumige Zugänge z.B.	3 periphere Verweilkanülen ["grau (G16) oder orange (G14)"] Dreilumiger Dialysekatheter mit Katecholaminschenkel [z.B. Arrow®]

♦ Volumensubstitution:	Humanalbumin 20%, HAES 10%, Elektrolytlösungen ggf. Erythrozytenkonzentrate und FFP [b.Bed. Volumen "pumpen": Perfusorspritze über Dreiwegehahn, je 50 ml schnell aspiriert und injiziert!]
♦ Dopamin®	200–400 µg / min [Nephroprotektion]

→ weiterführende Diagnostik und Wechsel auf gezielte Therapie!

Herzinsuffizienz

Die Anamnese kann schon Hinweise auf eine kardiogene Ursache des Schockgeschehens liefern. Ist bereits ein Myokardinfarkt abgelaufen oder sind vorher Symptome einer koronaren Herzkrankheit behandelt worden, so ist das Auftreten akuter kardialer Probleme wahrscheinlicher. Als Auslöser eines kardiogenen Schocks finden sich entweder ein frischer Myokardinfarkt oder kreislaufwirksame Herzrhythmusstörungen. Bei der klinischen Untersuchung zeigt sich ein Stau der Halsvenen als Zeichen der Rechtsherzinsuffizienz, die sich durch Messung des ZVD bestätigen läßt. Ein daraus resultierendes Lungenödem kann mittels Auskultation diagnostiziert und später durch eine Röntgenaufnahme des Thorax dokumentiert werden. Schwere Rhythmusstörungen sind häufig schon durch Palpation der peripheren Pulse zu erfassen. Zur Bestätigung und Analyse ist jedoch ein 12-Kanal-EKG zwingend erforderlich. Während hier das EKG sofort den Befund aufzeigt, können infarkttypische Veränderungen zunächst fehlen. Hier sind wiederholte Ableitungen und Kontrollen der Enzyme erforderlich.

➤ ***Therapie bei kardiogenem Druckabfall***

evtl. richtungsweisend:	Kalte, blasse, schweißige Haut, feuchte Rasselgeräusche
♦ Intubation	
♦ Mehrlumiger ZVK + Arterie	
♦ Suprarenin® 1–10 µg/min	nach MAP mit dem Ziel MAP > 65 mmHg [sekundär nach Parametern des invasiven Monitorings]
♦ Dopamin® 200–400 µg/min	Nephroprotektion
♦ Nitrolingual® 1 mg/h	venöses Pooling zur Vorlast-Senkung

♦ Lasix®-Bolus 20 mg gefolgt von Perfusor 100–250 mg/d je nach Diurese [Volumensenkung]

♦ Invasives Monitoring mit COLD-System bzw. Pulmonaliskatheter

→ weiterführende Diagnostik und Wechsel auf gezielte Therapie!

Septischer Schub

Die typischen Zeichen des septischen Schubs sind Fieber und Schüttelfrost. Nach einer hyperdynamen Phase mit einer Erhöhung des Herzzeitvolumens sinkt die

Pumpleistung des Herzens mit der Folge eines Blutdruckabfalls. Im Gegensatz zu den anderen Formen des Schocks mit kalter, zyanotischer Haut sind die peripheren Gefäße beim septischen Schock weit und die Haut somit warm und gut durchblutet. Hierdurch kommt es zu einem weiteren Abfall des Blutdrucks [→ Kap. II-42, S. 520].

➤ ***Maßnahmen bei septischem Druckabfall***

evtl. richtungsweisend:	Meist "blühender" Patient mit warmer, schwitziger Haut, [*Cave:* "Kalte Sepsis" → Kap. II-42] unverhältnismäßig niedriger diastolischer Blutdruck

♦ O_2 -Gabe bzw. frühelektive Intubation und maschinelle Beatmung

♦ Volumenzugang + Katecholamin-ZVK + Arterie

♦ Arterenol® 1 – 10 µg/min	nach MAP bzw. RR_{diast}, später dosiert nach den Steuerdaten des invasiven Monitorings
♦ Dopamin® 200 – 400 µg/min	Nephroprotektion
♦ Volumensubstitution	EK, wenn vertretbar, – sonst Elektrolytlösungen *Cave:* Kapillarleck und Umkehr des Starling Filtrationskoeffizienten
♦ Invasives Monitoring	Pulmonaliskatheter oder COLD-System
♦ Cortison 1 g [akute vitale Gefährdung]	klinisch probat – aber wissenschaftlich nicht belegt [→Kap. II-42]

→ weiterführende Diagnostik und Wechsel auf gezielte Therapie!

Zur Sicherung des verursachenden Erregers sollten sofort in der Phase der Bakteriämie Blutkulturen (aerob und anaerob) angelegt werden. Direkt danach muß eine breit wirksame Antibiotikatherapie (Cephalosporin + Aminoglycosid) in maximaler Dosierung eingeleitet werden.

Häufig stellen intravenöse Zugänge oder Blasenkatheter die Sepsisquelle dar. Deshalb ist ein konsequenter Wechsel all dieser Fremdkörper nach Stabilierung der Kreislaufverhältnisse erforderlich. Die entfernten Katheter sollten zum Nachweis des auslösenden Erregers unbedingt mikrobiologisch untersucht werden.

Anaphylaktische Reaktion

Beim stationären Patienten ist die Ursache eines allergischen Schocks in der Regel iatrogen. Die häufigsten Auslöser sind Röntgen-Kontrastmittel, Transfusionen und die verschiedensten Medikamente in allen Darreichungsformen, insbesondere Antibiotika. Eine aus der Anamnese bekannte allergische Diathese kann bei der Diagnose hilfreich sein. In einigen Fällen finden sich neben der typischen Schocksymptomatik akut auftretende Hautreaktionen, die eine anaphylaktische Genese des Blutdruckabfalls nahelegen.

➤ ***Therapie anaphylaktischer Situationen***

evtl. richtungsweisend:	Fremdanamnese oder Pflegeperson-Bericht: "Reaktion auf..."
♦ Stopp der Zufuhr aller möglichen Allergene [Kontrastmittel, Antibiotika, Blutprodukte]	
♦ O_2 -Gabe bzw. frühelektive Intubation und maschinelle Beatmung	
♦ Volumenzugang, Katecholamin-ZVK + Arterie	
♦ Akrinor® ½ Ampulle	ggf. wiederholen
♦ Arterenol® 1–10 µg/min	
♦ Dopamin® 200–400 µg/min	Nephroprotektion
♦ Volumensubstitution	HAES 10%, Humanalbumin 20%, Elektrolyt-Lösung
♦ Tavegil® 1 Ampulle	
♦ Cortison 1 g bei Bedarf	
♦ Invasives Monitoring	Pulmonaliskatheter bzw. COLD-Monitoring

→ weiterführende Diagnostik und Wechsel auf gezielte Therapie!

Blutdruckabfall durch Lungenembolie

Die typischen Symptome der Lungenembolie sind Angst und Thoraxschmerz, Dyspnoe und Zyanose sowie Tachykardie und teilweise auch Tachyarrhythmie. Als Zeichen der akuten Rechtsherzbelastung findet sich eine Stauung der Halsvenen und eine Erhöhung des ZVD. Die Blutgasanalyse zeigt eine unzureichende Sauerstoffsättigung. Im EKG fehlen häufig die typischen Veränderungen (S-I/Q-III-Typ). Im Vierkammerblick der konventionellen Sonographie wie auch in der Echokardiographie zeigt sich eine Dilatation der rechten Herzhöhlen. Beweisend ist der Perfusionsausfall in der Szintigraphie, besser und direkter in der Angiographie der A. pulmonalis.

Bei Verdacht auf eine Lungenembolie sollte umgehend eine Vollheparinisierung durch initialen Bolus mit 5–10.000 IE Heparin i. v., dann 20–30.000 IE i. v./d und Anpassung der Dosis nach PTT-Kontrollen erfolgen. Bei pulmonaler Insuffizienz muß die Intubation und Beatmung durchgeführt werden. Nach Bestätigung der Diagnose durch Angiographie muß in Abhängigkeit von der Schwere der Embolie eine Thrombolyse (rt-PA, Urokinase, Streptokinase) oder wegen des Blutungsrisikos in den ersten Tagen nach einem größeren Eingriff eine operative Embolektomie erwogen werden.

Blutdruckabfall durch Pneumothorax

Die Symptomatik des Spannungspneumothorax [→Kap. I-4, S. 22] mit Blutdruckabfall gleicht dem Erscheinungsbild der Lungenembolie. Es kommt ebenfalls zu Luftnot und Zyanose. Die Verlagerung des Mediastinums führt zur oberen Einflußtauung und zur Senkung des Herzzeitvolumens. Besonders kritisch ist die Situation beim beatmeten und sedierten Patienten. Bei Verschlechterung der Oxygenierung besonders in Verbindung mit einem unklaren Blutdruckabfall muß unbedingt an einen Pneumothorax gedacht werden.

Ein manifester Spannungspneumothorax kann klinisch sicher durch den hypersonoren Klopfschall und das aufgehobene Atemgeräusch erkannt werden. Beim beatmeten Patienten empfiehlt sich die Auskultation unter Beatmung mit dem Ambu-Beutel. Im Notfall darf bei dieser Befundkonstellation keine Zeit durch das Anfertigen eines Röntgenbildes verschenkt werden. Es muß sofort eine Thoraxdrainage im 2. oder 3. ICR in der Medioclavicularlinie (Monaldi) oder bei gleichzeitigem Vorliegen eines Ergusses caudal in der hinteren Axillarlinie (Bülau) eingebracht werden [→Kap. II-2, S. 180]. Um eine Verletzung von Zwerchfell, Leber oder Milz auszuschließen, sollte die Anlage einer Bülau-Drainage immer unter sonographischer Kontrolle erfolgen.

Zur Sicherstellung einer schnellen Entfaltung der Lunge kann ein Sog von 10–20 cm Wassersäule angeschlossen werden. Ist der Patient wach und kooperativ, kann dies durch Atemgymnastik gegen Widerstand unterstützt werden. Andernfalls wird die Lunge über den Beatmungstubus gebläht. Zeigt die anschließende Röntgenaufnahme noch keine vollständige Entfaltung der Lunge trotz regelrechter Lage der Drainage oder finden sich Atelektasen, sollte eine Bronchoskopie durchgeführt werden.

Perikardtamponade

Ein hämodynamisch wirksamer Perikarderguß kann durch unfallbedingte oder chirurgische Verletzungen aber auch als Folge von Infektionen oder Tumoren auftreten. Neben den allgemeinen Symptomen wie Blutdruckabfall, Halsvenenstau und ZVD-Erhöhung finden sich bei der klinischen Untersuchung nur sehr schwach oder gar nicht palpable und auskultierbare Herzaktionen und -Töne.

Im Ultraschall läßt sich der Perikarderguß von substernal transhepatisch im Vierkammerblick darstellen [→ Abb. II-11–7, S. 242]. Als indirekte Zeichen finden sich im Röntgenbild eine Verbreiterung der Herzsilhouette sowie eine Niedervoltage im EKG.

Therapie der Wahl bei einem hämodynamisch wirksamen Perikarderguß [> 1,5 cm Dicke] ist die direkte Punktion unter sonographischer Kontrolle.

II-32 Hypertensive Krise

Definition und Leitsymptom

Akuter Blutdruckanstieg auf Werte über 220/130 mm Hg.

Nicht allein der absolute Blutdruckwert, sondern die Geschwindigkeit und Amplitude der Blutdrucksteigerung bestimmen die Diagnose.

Klinische Symptomatik

Das klinische Bild der hypertensiven Krise wird von den Reaktionen der Erfolgsorgane auf die akute Blutdrucksteigerung bestimmt. Generell gilt, daß akute Blutdruckerhöhungen den Patienten mehr gefährden als eine chronische Hypertonie. Die folgenden Symptome werden in unterschiedlicher Kombination und Ausprägung beobachtet:

- Allgemein:
  Retrosternale Schmerzen,
  Angstgefühl,
  Schwindel, Ohrensausen,
  Schweißausbruch
- Neurologisch:
  Heftige Cephalgien,
  Sehstörungen,
  Erbrechen,
  Zerebrale Anfälle
- Kardial:
  Zeichen der koronaren Insuffizienz bis zum manifesten Infarkt,
  Akute Linksherzinsuffizienz ggf. mit Lungenödem,
  Neu auftretende Rhythmusstörungen
- Renal:
  Akutes Nierenversagen (selten)

Komplikationen

Bei zu spät einsetzender Therapie können chirurgische Patienten von zum Teil irreversiblen Komplikationen betroffen sein:

- Linksventrikuläre Insuffizienz, Myokardinfarkt, Aortendissektion
- Postoperative Nachblutung

- Hirnödem, intrakranielle Blutung
- Akutes Nierenversagen

Ätiologie und Pathogenese

Grundsätzlich kann eine hypertensive Krise bei allen vorbestehenden Hochdruckformen auftreten. Chirurgische Intensivpatienten sind jedoch in der Mehrzahl der Fälle von iatrogen ausgelösten akuten Blutdrucksteigerungen betroffen. Gemäß der zugrundeliegenden Mechanismen lassen sich folgende Kategorien bilden:

➤ ***Katecholaminerhöhung***

häufig:	Postoperative Schmerzen / Angst
	Postoperativer Relaxantien-Überhang
	Katecholamin-Bolus [falsches ZVK-Management → Kap. II-1, S. 173]
	Hypoxämie / Hyperkapnie
selten:	Phäochromozytom
	Intrakranielle Drucksteigerung

➤ ***Erhöhung des peripheren Gefäßwiderstandes***

häufig:	Katecholamin-Erhöhung
	Vasokonstriktion (postoperative Hypothermie)
selten:	Hyperthyreose
	Reninerhöhung

➤ ***Preloaderhöhung***

häufig:	Iatrogene Volumenüberlastung
	Tonusnormalisierung der venösen Kapazitätsgefäße [p.op. Aufwachphase]
selten:	Endogene Volumenverschiebung

➤ ***Sonstige Ursachen***

häufig:	Medikamentenüberhang
	Medikamentenüberdosierung
	Verbrennungen
selten:	Aortendissektion
	Neurogene Tumoren

Therapie

Erste Maßnahmen

Die hypertensive Krise stellt immer einen akut lebensbedrohlichen Zustand dar und nur wenige andere Krankheitsbilder erfordern eine so rasche Therapie, um irreversible Schäden oder gar einen letalen Verlauf zu verhindern. Da die Auslöser der Blutdrucksteigerung bei den frisch operierten Patienten einer chirurgischen Intensivstation vielfach iatrogener Ursache sind, ist zunächst folgende Checkliste am Patientenbett zu prüfen:

- Aktuelle Analgesie und Sedierung?
- Narkoseprotokoll (Volumenüberdosierung? Medikamentenüberhang?)

- Infusionen / Perfusoren (richtige Einstellung?)
- Beatmungsmuster (richtige Einstellung? Hypoxämie? Hyperkapnie?)
- Drainagen / Katheter (Zu- und Abflüsse frei? Konnektiert?)

Merke:

Schmerz ist die häufigste Ursache der Hypertension!
➤ Probatorisch 1/2 Amp. Dipidolor® i. v. (Piritramid)

Die Prüfung der genannten Parameter darf nur wenige Minuten in Anspruch nehmen.

Auch wenn hier bereits die Ursache aufgedeckt wurde, hat die sofortige effektive Blutdrucksenkung den absoluten Vorrang vor weiteren Maßnahmen. Initiale Therapieziele sind die rasche Blutdrucksenkung auf Werte zwischen 160–180/100–110 mmHg sowie die Aufrechterhaltung der Diurese (> 80–100 ml / Stunde). Eine zu starke Blutdrucksenkung ist zu vermeiden.

Wird der Druck zu schnell unter Werte von 160/90 mm Hg gesenkt, so drohen speziell dem latenten Hypertoniker Komplikationen wie

- Transitorisch ischämische Attacken
- "Unklare Anurie"
- Akute Koronarinsuffizienz
- Hyperkoagulabilität

Medikation

Tabelle II-32-1 Medikamente der ersten Wahl bei Vorliegen einer hypertensiven Krise.

Substanz	Dosis	Wirkungsprofil		Nebenwirkungen/
		Eintritt	Dauer	Kontraindikationen
Nifedipin (Adalat®)	0,5 mg/i. v.	sofort	1–3 h	Tachykardie *cave:* Herzinsuffizienz
Clonidin (Catapressan®)	0,15–0,3 mg i. v.	5–10 min	2–5 h	Bradykardie Sedierung, evtl. initialer Blutdruckanstieg *cave:* Phäochromozytom Apoplex
Dihydralazin (Nepresol®)	12,5–25 mg i. v.	5–10 min	3–6 h	Tachykardie *cave:* Herzinsuffizienz Phäochromozytom
Diazoxid (Hypertonalum®)	Aufsättigung: 7 mg/min i. v. Erhaltung: < 3,75 mg/min	2–4 min		Tachykardie Natriumretention Hypotonie *cave:* Herzinsuffizienz Zerebralsklerose
Urapidil (Ebrantil®)	10–50 mg i. v.	2–5 min	4 h	Unruhe Herzklopfen

Tip für die Praxis

initial:

1. Dipidolor® 7,5 mg i. v. (= ½ Amp. Piritramid)
2. Adalat®-Kapsel sublingual
3. Bayotensin® akut – sublinguale Phiolen-Applikation
4. Catapresan® / Nepresol® Mischspritze ml-weise [s.u.]

Therapie-Fortsetzung:

1. Adalat® -Perfusor mit 0,3 – 1,0 mg / h
2. Ebrantil® -Perfusor mit 5 – 30 mg / h

Eine sinnvolle Kombination von Medikamenten der ersten Wahl stellt die Clonidin-Dihydralazin Mischspritze dar. Hierdurch kann die Dosis der beiden Substanzen reduziert werden, die Inzidenz möglicher Nebenwirkungen sinkt auf ein Minimum.

"Cat-Nep"-Mischspritze:

1 Amp. Nepresol-Inject® (2 ml / 25 mg Dihydralazinmesilat)
und 1 Amp. Catapresan® (1 ml / 0,15 mg Clonidin) mit NaCl auf 10 ml aufziehen.

Die Applikation erfolgt milliliterweise intravenös unter blutiger RR-Kontrolle bis zur erwünschten Drucksenkung. Zwischen den Injektionen sollten 10-minütige Intervalle eingehalten werden. Nach erwünschter Drucksenkung wird die Fahndung nach der Ursache der hypertensiven Krise intensiviert und ggf. die spezifische Therapie eingeleitet.

"Cat-Nep" Nachinjektionen erfolgen bedarfsadaptiert.

➤ Begleitmaßnahmen

Diese richten sich in erster Linie nach der Begleitsymptomatik.

Zu empfehlen sind:

- Hirndrucksenkung (Lagerung in halbsitzender Position)
- Monitoring der Hämodynamik (blutige Druckmessung)
- Unterstützung der Atmung (Sauerstoffsonde mit 2 – 4 l O_2/min)
- Sedierung/Analgesie (5 – 10 mg Diazepam i. v., 25 mg Pethidin i. v.)
- Diureseanregung (Lasix®-Bolus 20 mg – Forsetzung kontinuierlich mit 50 – 250 mg / d)

Medikation bei spezifischer Ursache

Tabelle II-32-2 Medikamente bei spezifischen Formen der hypertensiven Krise.

Voraussetzung	Substanz/Dosis	Nebenwirkung/ Kontraindikation
Medikamente der ersten Wahl unwirksam	Nitroprussidnatrium (Nipruss®) 20–1000 µg/min per Inf.	Tachykardie Zyanid-Intox. *cave:* Hypothyreose metabol. Azidose
Phäochromozytom	Phenoxybenzamin (Dibenzyran®) initial 10 mg/d oral Steigerung bis 100 md/d Nitroprussidnatrium (siehe oben)	Tachykardie *cave:* Herzinsuffizienz Niereninsuffizienz zerebrale Insuffizienz

II-33 Tachykardie und Rhythmusstörungen

Rhythmusstörungen können in allen Bereichen des kardialen Reizleitungssystems verursacht werden. Grundsätzlich unterscheidet man zwischen Reizbildungs- und Reizleitungsstörungen. Analog zu den daraus resultierenden vielfältigen Rhythmusstörungen stehen vier verschiedene Klassen von Antiarrhythmika mit einer Vielzahl von Präparaten zur Therapie zur Verfügung.

4 Grundregeln für die Therapie kardialer Rhythmusstörungen:

- Ursachenorientierte Therapie
- Keine EKG-Kosmetik
- Medikamenten-Applikation als langsame i. v.-Gabe über kleinkalibrige Zugänge unter engmaschiger EKG- und Blutdruckkontrolle
- Möglichst Monotherapie mit nur einem Antiarrhythmikum, bei fehlendem Erfolg Rückgriff auf klinisch erprobte Antiarrhythmikakombinationen (z. B. Digitalis + Isoptin®)

Merke:

Alle Antiarrhythmika:
Negativ inotrope, negativ bathmotrope sowie potentiell paradoxe Effekte.

Merke:

β-Blocker in Kombination mit Isoptin® kontraindiziert!
➤ Therapierefraktäre AV-Blockierungen mit Kreislaufstillstand möglich!

Sinustachykardie

Definition: Herzfrequenz > 100 Schläge pro Minute

Häufige Ursachen:

- Schmerzen
- Volumenmangel
- Fieber
- Hypoxie
- Herzinsuffizienz
- Hyperthyreose

Kritisch sind Herzfrequenzerhöhungen von 170–180 Schlägen pro Minute, da es durch die verkürzte diastolische Füllung zu einem Abfall des Herzzeitvolumens kommt. Bei älteren oder kardial vorgeschädigten Patienten kann die kritische Frequenz auch tiefer liegen.

➤ ***Therapie:***
- Ursachenorientiert (z.B. ausreichende Analgesierung, Ausgleich eines Volumenmangels, Fiebersenkung etc.)
- Testvolumen = 100 ml Humanalbumin 20% oder 500 ml Haes 10%
- Testanalgesie = 1/2 Amp. Dipidolor® i.v.
- Carotissinus-Druckversuch
- Kalium hochnormal einstellen, d.h. > 4 mmol /l
- Adrekar® -peripherer i.v. Bolus von 3 mg = 1 ml, je nach 2 min erneut 6, dann 9 und 12 mg
- Visken® langsam i.v. 0,2 mg – Wiederholungen bis 2 mg / d – bevorzugt bei jungen Patienten
- Novodigal® 3 × 0,4 mg in 8 Stunden [Kalium > 4 mmol/l] – für Intensivbedingungen: Weitere Dosierung nach Wirkung. Spiegelbestimmungen sind von sekundärer Bedeutung. Einsatz bevorzugt bei älteren Patienten

Sinusbradykardie

Definition: Herzfrequenz < 60 Schläge pro Minute

Ursachen:
- Hypothermie
- Erbrechen
- Hirndruck
- Intoxikation mit Antiarrhythmika (z.B. Digitalisüberdosierung)
- Fortgeschrittenes Alter
- Cholaskos (Galle im Peritonealraum)

Die kritische Herzfrequenz liegt hier bei ca. 40 Schlägen pro Minute. Bei einem Abfall unter diesen Wert kommt es zur kritischen Reduktion des HZV. Bedingt durch die verstärkte diastolische Füllung entsteht später eine kardiale Dilatation mit nachfolgender Herzinsuffizienz.

➤ ***Therapie:***
- Vorrangig ursachenorientiert (z.B. Aufwärmen des Patienten, Antiemetika bzw. Legen einer Magensonde, Entlastung des Hirndrucks)
- Symptomatisch durch Gabe von Atropin 0,5 – 1 mg i.v.
- Alupent® (Orciprenalin) 1 – 5 µg/min i.v.
- ggf. Einsatz eines passageren intravasalen oder perkutanen Schrittmachers

Vorhofflattern

EKG (s. Abb. II-14-6, S. 281):
- Sägezahnartige Flatterwellen (Frequenz: 250 – 300/min)
- AV-Block II. Grades (2 : 1, 3 : 1 Überleitung)
- Kammerfrequenz: 125 – 150/min

Häufige Ursachen:
- Koronare Herzkrankheit
- Lungenembolie

- Thoraxtrauma
- Rheumatische Herzerkrankungen

Vorhofflimmern

EKG:
- Fehlende P-Wellen, Flimmerwellen (Frequenz: 350–600/min)
- Absolute Kammertachyarrhythmie
- Kammerfrequenz: 100–150/min

Häufige Ursachen:
- KHK
- Mediastinaleingriffe
- Thoraxtrauma
- Rheumatische Herzerkrankungen
- Idiopathisch (10–20 %)

➤ ***Therapie:***
- Serum-Kalium hochnormal [> 4,5 mmol/l] einstellen
- Novodigal® (Digoxin) 3 × 0,4 mg innerhalb von 8 Std. i. v.
- Isoptin® (Verapamil) 5–10 mg i. v. (fraktionierte Gabe, *Cave:* RR-Abfall), bei Erfolg ggf. Isoptin® Perfusor mit 100 mg/Tag
- ggf. Elektrokardioversion mit niedriger Energie (50–100 Ws)

Supraventrikuläre Extrasystolen

EKG (s. Abb. II-14-5, S. 280:
- Schmaler, nur gering deformierter QRS-Komplex
- Nicht kompensierte postextrasystolische Pause

Ursachen:
- Hypokaliämie
- Digitalisintoxikation

➤ ***Therapie:***
- Anhebung des Serumkaliumspiegels auf Werte über 4,5 mmol/l
- Aussetzen einer Digitalismedikation

Merke:

Extrasystolen:
Oft auch bei Herzgesunden!
Nur 30 % bemerken ihre Extrasystolen!
Nur 5–10 % werden therapiepflichtig!

Ventrikuläre Extrasystolen

EKG:
- QRS-Komplex-Verbreiterung (> 0,11 Sek.)
- Ausgeprägte QRS-Deformierung
- Kompensatorische postextrasystolische Pause

Ventrikuläre Extrasystolen werden nach der Lown-Klassifikation eingeteilt (→Kap. II-14, S. 273]. Grundlage für die Einteilung ist allerdings ein Langzeit-EKG, so daß das akute Auftreten von Extrasystolen während der Intensivüberwachung nicht nach Lown klassifizierbar ist.

Ursachen:
- Hypokaliämie
- Digitalisintoxikation
- Roemheld-Syndrom
- Organische Herzerkrankung

➤ ***Therapie:***
- Anheben des Serumkaliumspiegels auf Werte über 4,5 mmol/l
- Medikamentöse Therapie ventrikulärer Extrasystolen der Klasse Lown-IIIa und höher oder beim Auftreten hämodynamischer Auswirkungen
- – Xylocain® (Lidocain) 50–100 mg i. v.,
  – bei Erfolg ggf. Xylocain®-Perfusor mit 1–1,5 g/Tag
- – Ansonsten Stufentherapie:
  1. Antiarrhythmika der Klasse IB
  2. Antiarrhythmika der Klasse IC
  3. Kombination von IB + IC
  4. Cordarex® (Amiodaron)

Supraventrikuläre paroxysmale Tachykardie

Anfallsweises Auftreten

EKG:
- Deformierte P-Welle
- Normale QRS-Komplexe
- Tachykardie mit Herzfrequenzen zwischen 130–150/min

Ursachen:
- Vegetative Fehlregulation (60–70%)
- Kardiale Ursachen (KHK, Herzinfarkt, Herzinsuffizienz)
- Hyperthyreose

Diagnose: Die Abgrenzung zwischen ventrikulären und supraventrikulären Tachykardien ist oft schwierig. Eine probate Maßnahme ist die frühzeitige Testinjektion von Adrekar®[3mg=1ml als Bolus über periphere Vene – bei Bedarf nach je 2 Minuten-Intervallen erneut steigernd 6, 9 und 12 mg. Weitere Injektionen sind nicht sinnvoll [→ Kap. II-14, Medikamentenliste]. Adenosin ist nur bei AV-junktionalen Tachykardien wirksam. Bleibt eine Wirkung aus, so liegt eine ventrikuläre Tachykardie vor. Bei ursächlichem Vorhofflimmern mit zunächst nicht erkennbarer 1 : 1 Überleitung bewirkt Adrekar® eine AV-Blockierung und damit unter EKG-Kontrolle die "Demaskierung" des Vorhofflimmerns.

➤ ***Therapie:***
- Vagusreiz (z. B. Carotissinus-Druckversuch)
- Adrekar®, peripherer i. v. Bolus von 3 mg = 1 ml, je nach 2 min erneut 6, dann 9 und 12 mg
- Isoptin® (Verapamil) 5–10 mg i. v. (fraktionierte Gabe, *cave:* RR-Abfall)
- bei Hyperthyreose Visken® (Pindolol) 5 mg i. v.

Ventrikuläre Tachykardie

Lebensbedrohliche Rhythmusstörung,
da Übergang in Kammerflattern bzw. Kammerflimmern droht.

EKG (s. Abb. II-14-8, S. 283):
- Regelmäßige Tachykardie mit Frequenzen von 120–200/min
- QRS-Verbreiterung (> 0,12 Sek.)
- QRS-Deformierung
- P-Wellen mit regelmäßiger und langsamer Frequenz
- "ventricular capture beat"

Ursachen:
- Hypoxie
- Medikamentös-toxisch
- Elektrolytstörungen

Diagnose: Abgrenzung zwischen ventrikulären und supraventrikulären Tachykardien ist oft schwierig. Probate Maßnahme ist die frühzeitige Testinjektion von Adrekar® (3 mg = 1 ml als Bolus über periphere Vene – bei Bedarf je nach 2 Minuten-Intervallen erneut steigernd 6, 9 und 12 mg. Weitere Injektionen sind nicht sinnvoll [→ Kap. II-14, Medikamentenliste]). Adenosin ist nur bei AV-junktionalen Tachykardien wirksam. Bleibt eine Wirkung aus, so liegt eine ventrikuläre Tachykardie vor. Bei ursächlichem Vorhofflimmern mit zunächst nicht erkennbarer 1 : 1 Überleitung bewirkt Adrekar® eine AV-Blockierung und damit unter EKG-Kontrolle die "Demaskierung" des Vorhofflimmerns.

➤ ***Therapie:***
- Serum-Kaliumspiegel auf Werte über 4,5 mmol/l anheben
- Xylocain® (Lidocain) 50–100 mg i. v.,
  zur Rezidivprophylaxe Xylocain® Perfusor 1–1,5 g/Tag
- Alternativ Mexitil® (Mexiletin) 125–250 mg langsam i. v., anschließend Perfusor für 3 Std. mit 150 mg/Std., danach mit 30 mg/Std. – oral fortsetzbar
- Bei Digitalisintoxikation Phenhydan® (Phenytoin) 125 mg i. v.
- Frühzeitige elektrische Kardioversion (50–100 Ws)

Kammerflattern/-flimmern

Hyperdynamer Kreislaufstillstand mit Bewußtlosigkeit, Pulslosigkeit und Atemstillstand

EKG (s. Abb. II-14-7, S. 282):
- Typische Haarnadelkurven bis zu bizarren QRS-Deformationen beim Kammerflimmern
- Kammertachykardie mit Herzfrequenzen > 200/min

Ursachen:
- Hypoxie
- Medikamentös-toxisch
- Elektrolytstörungen

➤ ***Therapie:***
- Kardiopulmonale Reanimation durch Beatmung und Herzmassage
- Xylocain® (Lidocain) 100 mg i. v. bolusweise
- Elektrische Defibrillation mit zunächst 300 Ws, bei fehlendem Erfolg Steigerung der Energie
- Elektrolytausgleich
- Pufferung mit Natriumbikarbonat zum Azidoseausgleich

Asystolie

Hypodynamer Kreislaufstillstand mit Bewußtlosigkeit, Pulslosigkeit und Atemstillstand

EKG:
Null-Linie (*cave:* EKG-Elektrodendislokation)

Ursachen:
- Hypoxie
- Medikamentös-toxisch,
- Elektrolytstörungen

➤ ***Therapie:***
- Kardiopulmonale Reanimation durch Beatmung und Herzmassage
- Suprarenin® (Adrenalin) 0,5 – 1 mg auf 10 ml aufgezogen bolusweise i. v. , bei fehlendem Erfolg kontinuierliche Dosissteigerung
- Bei entstehendem Kammerflimmern Xylocain® (Lidocain) 100 mg bolusweise i. v. und elektrisch Defibrillation (zunächst 300 Ws, ggf. Steigerung der Energie)
- Externer Pacemaker

Reizleitungsstörungen im AV-Knoten

AV-Block I°

Verzögerte Erregungsleitung im AV-Knoten ohne klinische Symptomatik

EKG:
PQ-Zeit > 0,2 Sekunden

Ursachen:
- Sportlerherz
- erhöhter Vagotonus
- Digitalisüberdosierung

➤ ***Therapie:***
- Unter Digitalistherapie Dosisanpassung, ansonsten keine weitere Therapie notwendig

AV-Block II° Typ 1 (Wenckebach)

EKG:
Zunehmende Verlängerung der PQ-Zeit von Herzaktion zu Herzaktion bis zum Ausfall einer Erregungsüberleitung

➤ ***Therapie:***
- Meist keine Therapie erforderlich, ggf. Atropin 0,5 mg i. v.

AV-Block II° Typ 2 (Mobitz)

EKG: (s. Abb. II-14-9, S. 285)
Bei normaler oder verlängerter PQ-Zeit fixiertes Blockierungsverhältnis der Erregungsüberleitung im AV- Knoten (z. B. 2 : 1 Block, 3 : 1 Block). Gefahr der Progredienz zum AV-Block III. ° mit Adams-Stokes Anfällen.

➤ ***Therapie:***
- Absetzen leitungsverzögernder Medikamente
- Frühzeitige Indikation zur Pacemaker-Therapie

Merke:

AV-Block II.°:
➤ **CAVE: Atropin!**
Totaler AV-Block mit Adams-Stokes Anfall möglich!

AV-Block III°

Totale Leitungsunterbrechung zwischen Vorhof und Kammer

Cave: Gefahr der Herzinsuffizienz bei Kammerfrequenzen < 40 Schlägen pro Minute sowie Gefahr eines Adams-Stokes Anfalls (Asystolie zwischen Beginn des totalen AV-Blocks und Einsetzen des Kammerersatzrhythmus)

EKG: (s. Abb. II-14-10, S. 286)
Komplette Dissoziation von Vorhof- und Kammeraktion (normalfrequente P-Wellen, unabhängige langsamere QRS-Komplexe)

➤ ***Therapie:***
- Schrittmachertherapie
- Bei Adams-Stokes Anfall kardiopulmonale Reanimation, siehe Asystolie

II-34 Respiratorische Insuffizienz

Definition

Unter respiratorischer Insuffizienz versteht man das Unvermögen der Lunge, die Sauerstoff (O_2)-Aufnahme und die Kohlendioxid(CO_2)-Abgabe sicherzustellen.

Für die Beurteilung der Ursache und der Schwere der respiratorischen Insuffizienz ist es von wesentlicher Bedeutung, ob es sich um eine isolierte Störung der Oxygenierung (O_2-Aufnahme) oder auch um eine Beeinträchtigung der CO_2-Abgabe handelt. Auf dieser Unterscheidung beruht die klinisch bedeutsame Einteilung der respiratorischen Insuffizienz.

Einteilung

- *Partialinsuffizienz:*
  Arterieller Sauerstoffpartialdruck (PaO_2) < 50 mmHg (50–60 mmHg kritisch)
- *Globalinsuffizienz:*
  PaO_2 < 50 mmHg und $PaCO_2$ > 45 mmHg

Die definitive Diagnose der respiratorischen Insuffizienz erfordert demnach eine arterielle Blutgasanalyse!

Bei einem primären Lungenversagen (gestörter Gasaustausch, Membranschaden) ist zunächst bei noch normalem Kohlendioxydpartialdruck nur der arterielle Sauerstoffpartialdruck erniedrigt (Partialinsuffizienz), da CO_2 eine ca. 20 mal höhere Diffusionskapazität besitzt als O_2. Bei einem Versagen der Ventilation (gestörte Gaszu- und abfuhr) ist gleichzeitig der arterielle Sauerstoffpartialdruck erniedrigt und der Kohlendioxidpartialdruck erhöht (Globalinsuffizienz).

Merke:

- **Lungenversagen primär:** **PaO_2 ↓ und $PaCO_2$ initial normal**
- **Perfusionsproblem:** **PaO_2 ↓ und $PaCO_2$ ↑**

Ursachen

Zu einer respiratorischen Insuffizienz können alle Zustände führen, die die Ventilation und damit das Atemminutenvolumen oder den Gasaustausch auf Alveolenebene beeinflussen.

- Pneumonie
- Atelektase

- Pleuraerguß
- Linksherzinsuffizienz
- Hyperhydratation
- Lungenembolie
- Zerebrale Ursachen
  - Apoplex
  - Narkotika/Hypnotikaüberdosierung
- Neuromuskuläre Erkrankungen
- COPD (chronic obstructive pulmonary disease)
- ARDS (adult respiratory distress syndrome), ausgelöst durch
  - Sepsis
  - Trauma
  - Schock
  - Aspiration
  - Inhalation toxischer Substanzen

Merke:

Häufigster Reintubations-Grund:
➤ **Erschöpfung**
nach protrahiertem Atemtraining und unzureichender Analgesie

Zur Prävention einer respiratorischen Insuffizienz ist es wichtig, Risikofaktoren für deren Entstehung zu erkennen. Neben hohem Alter und kardiopulmonalen Vorerkrankungen sind dies vor allem Zustände mit erhöhter Aspirationsgefahr.

Risikofaktoren für die Ausbildung einer respiratorischen Insuffizienz:
- Alter > 75 Jahre
- Kardiopulmonale Vorerkrankungen
- Ausgeprägte Adipositas
- Protrahierte Darmatonie
- Durchgangssyndrom
- Schluckstörungen
- Schmerzen

Die Prävention einer respiratorischen Insuffizienz beginnt bereits präoperativ im Rahmen der Operationsvorbereitung. Im einzelnen sind 5 Phasen der Prävention zu unterscheiden:

Präventive Maßnahmen

zur Vermeidung einer respiratorischen Insuffizienz:
1. Präoperativ
2. Intraoperativ
3. Postoperativ intubiert
4. Postoperativ extubiert
5. Grenzkompensierte Situation

Präoperativ

Allgemeine Maßnahmen zur Prävention einer respiratorischen Insuffizienz:

- Optimale Einstellung relevanter Grunderkrankungen
  COPD
  - Theophyllin (z.B. Solosin® 0,416 g/d i.v.)
  - Betamimetika (Fenoterol 3 × 2 Hübe, z.B. Berotec®)
  - Cortisonspray (Beclomethason 3 × 2 Hübe, z.B. Sanasthmax®)

  Herzinsuffizienz
  - ACE Hemmer (Captopril 2 × 12,5–25 mg, z.B. Lopirin®)
  - Diuretikum (Hydrochlorothiazid 2 × 12,5–25 mg, z.B. Esidrix®)

  KHK
  - Isosorbiddinitrat, z.B. 2 × 1 Tabl. Isoket retard®
  - Nitrospray (bei Bedarf, d.h. Angina pectoris Symptomatik)
- Atemtherapie (Minibird)
- Bülauflasche (Exspiration gegen erhöhten Widerstand)
- Rauchverbot
- Treppensteigen
- Erkennung bisher unbekannter kardiopulmonaler Erkrankungen durch Routineuntersuchungen:
  - Röntgen Thorax
  - EKG
  - Belastungs-EKG
  - Lungenfunktionsuntersuchung
- 6 Stunden Nüchternheit vor Narkosebeginn wegen der Aspirationsgefahr bei der Narkoseeinleitung

Intraoperativ

Intraoperative präventive Maßnahmen zur Prophylaxe einer respiratorischen Insuffizienz:

In Absprache mit den Anaesthesisten z.B.

- Intraoperative Flüssigkeitsrestriktion bei pulmonalen und mediastinalen Eingriffen
- Belassen der Magensonde nach Laparotomien
- Keine Extubation im OP bei Narkoseüberhang
- Obligate Weitergabe von Zeitpunkt und Menge verabreichter Relaxantien sowie evtl. Antagonisierung

Postoperativ intubiert

Unmittelbar postoperative präventive Maßnahmen zur Prophylaxe einer respiratorischen Insuffizienz bei noch intubiertem Patient:

- Auskultation der Lunge bei Übergabe des Patienten
  (Lunge seitengleich belüftet? Tubus zu tief?)
- Nach Operationen in Steinschnittlage:
  Für 2 Stunden PEEP von 6 cm H_2O [Dystelektasen-Recruitment]

- Routine-Röntgen-Thorax (Atelektase? Lunge einseitig intubiert? punktionswürdiger Pleuraerguß?)
- Bronchoskopisches Absaugen wenn nötig, z. B. bei Atelektase noch vor Extubation, d. h. kurze Latenzzeit zwischen Röntgen und persönlicher Befundung der Bilder
- Punktion von Pleuraergüssen von mehr als 300 ml
- Standardmäßig Einstellen eines Atemzeitverhältnisses von 1 : 1 bei Patienten über 65 Jahre
- Kein Kürzen des Tubus zur Totraumreduktion. Der gekürzte Tubus reduziert die Atemarbeit während Spontanatmung über den Tubus. Verzicht auf Kürzen bedeutet einen vertretbaren Belastungstest: Wer über einen ungekürzten Tubus vor geplanter Extubation suffizient atmen kann, dessen Atemmechanik reicht dann sicher auch für die Phase nach der Extubation.
- Extubation erst, wenn der Patient ausreichend warm und kooperativ ist

Merke:

> **Prophylaxe der respiratorischen Insuffizienz:**
> **Auch Erholungspausen und Schlaf!**

Postoperativ extubiert

Postoperative präventive Maßnahmen zur Prophylaxe einer respiratorischen Insuffizienz bei extubiertem Patient:

- Pulsoxymeter (Sättigung > 92 % anstreben)
- O_2 über Nasensonde (2 – 4 l/min), falls Sättigung < 92 %
- Bülauflasche mindestens 6 mal pro Tag
- Abklopfen und Vibraxmassage mindestens 2 mal pro Tag
- Minibird Atemtherapie mindestens 2 mal pro Tag
- Ausreichende Analgesie
- Vernebler, wenn Schleimhäute trocken (*Cave:* Borkenbildung mit Gefahr der Verlegung der Atemwege)
- Mobilisation in den Sessel ab dem 1. postoperativen Tag
- Magensonde bei Sekretmenge über 200 ml/Tag belassen (Aspirationsvorbeugung)
- Individuell abgestimmte, ausreichende Analgesie, um Atemgymnastik zu ermöglichen, jedoch ohne den Patienten kooperationseinschränkend zu sedieren

Grenzkompensierte Situation

Postoperative präventive Maßnahmen zur Prophylaxe einer respiratorischen Insuffizienz bei grenzkompensierter Situation (drohende respiratorische Insuffizienz):

- Routinemaßnahmen intensivieren
- Oberkörperhochlagerung, Abklopfen mit Lagerungsdrainage und Wechsellagerung
- O_2-Sonde wechseln und Otriven®-Tropfen in beide Nasenöffnungen, wenn Sättigung < 90 % trotz 4 Litern O_2

- Vernebler mit Gelomyrtol
- CPAP-Atmung mit Maske
- Laryngoskopie: Borkenbildung im Rachen oder Hypopharynx?
- Endotracheales Absaugen, evtl. Bronchoskopie
- Sonographie (punktionswürdiger Pleuraerguß?)
- Ausreichend Ruhephasen!
- Ausreichend Analgetika!
- Frühzeitige Reintubation, wenn die Maßnahmen keinen Erfolg haben, d. h. wenn die perkutane O_2-Sättigung (SpO_2) länger als 2 Stunden < 90% ist

➤ ***Ursachen und mögliche Soforttherapie***

• Atemwege verlegt? Borkenbildung? Schleimpfropf?	→	Laryngoskopie, Borkenentfernung mit Magillzange Bronchoskopie, Absaugen
• Lungenödem? feuchte RG's? Bilanz? ZVD?	→	Lasix® 10 mg, evtl. Lasixperfusor Infusion reduzieren Indikation für CVVH überprüfen
• Pneumonie? Bronchialatmen? Temperatur? Leukozytose? Röntgen Thorax?	→	Antibiose Ergußpunktion
• Herzinsuffizienz? Herzfrequenz? Blutdruck? Ödeme?	→	Lasix® evtl. Katecholamine
• Lungenembolie EKG [Rechts- herzbelastung?] ZVD – Anstieg? Thrombosezeichen?	→	Therapeutische Heparingabe

Die Indikation zur (Re-)Intubation besteht, wenn präventive und therapeutische Maßnahmen keinen Erfolg haben.

Merke:

Intubationskriterien:
PaO_2 < 55 mmHg und / oder SpO_2 < 90 % länger als 2 Stunden
[Trotz intensiver medikomechanischer "Bearbeitung" des Patienten]

Merke:

Verdacht auf Aspiration:
➤ Sofortige Bronchoskopie und Absaugen!

Durchführung der Bronchoskopie bei Verdacht auf Aspiration am extubierten Patienten:

1. Präoxygenierung mit 6 Liter O_2 über Nasensonde (bei intubiertem Patient $FiO_2 = 1{,}0$ am Respirator)
2. Applikation von Otriven®-Tropfen in die Nasenöffnungen
3. Nasen- Rachen Anästhesie (Xylocain®-Spray)
4. EKG- Monitorüberwachung mit akustischer R-Signal-Kontrolle
5. Kontinuierliche Überwachung der perkutanen Sauerstoffsättigung
6. Nasotracheale flexible Bronchoskopie
7. Einstellung der Epiglottis
8. Aufforderung des Patienten zum Husten
9. Passage der Stimmritze im Moment der maximalen Öffnung
10. Bronchoskopisches Absaugen
11. Bei Nachweis einer Aspiration: gezielte Lavage in einem Segmentbronchus mit Mistabronco®-Lösung
12. Keine beidseitige ungezielte Lavage wegen der Auswaschung des Surfactant mit Verschlechterung der Situation sowie der Gefahr der Aspiratverteilung auf bislang unbeeinträchtigte Lungenareale
13. Anspülen kleiner Blutungsläsionen mit Otriven®-Lösung (maximal 5 ml)
14. Cephalosporine i. v. (z. B. Cefotiam 3 × 2 g, z. B. Spizef ®)

Merke:

Aspiration:
→ Keine obligate Intubation

II-35 Niereninsuffizienz – akutes Nierenversagen [ANV]

Definition

Kurzfristig entstehende, z. T. reversible Niereninsuffizienz, die zur Urämie fortschreiten kann.

➤ ***Leitsymptom:***
Versiegen der Harnproduktion = Oligoanurie mit Anstieg der Retentionswerte

ANV-Gefahr bei **Harnstoff-Anstieg** > **4 mmol/l** bzw. 25 mg/dl und **Kreatinin-Anstieg** > 100 µmol/l bzw. 1 mg/dl **pro Tag!**

Merke:

Akutes Nierenversagen [ANV]:
Bis 30 % primär polyurisch (> 1000 ml/die)!

➤ ***Formen:***
- Normales Harnvolumen
- Polyures NV (> 1000 ml/die)
- Oligures NV (< 500 ml/die)
- Anures NV (< 200 ml/die)

Stadien

➤ ***Auslösung / Schädigung:***
Die ursächliche Schädigung kann bis zu 72 Stunden vor Erstmanifestation der Symptome des ANV zurückliegen. Mögliche Auslöser sind:
- Schwere Hypovolämie
- Schock
- Sepsis

Beim Auftreten von Symptomen eines ANV ist die Kontrolle der Verläufe der Vortage [ggf. incl. Narkosejournal] sinnvoll, um die Ursache zu erkennen [→ und wenn möglich in Zukunft zu vermeiden]!

➤ **Oligoanurie:**
Trotz Volumenoptimierung, ausreichendem Perfusionsdruck (MAP > 65 mmHg), Lasix®-Gabe bei Natriumspiegel > 140 mmol/l, Dopamin® 200–400 µg/min bleibt die Diurese < 500/d.
Therapieziel: oligoanurische Phase möglichst kurz halten.

- Die Gesamtprognose ist um so besser, je eher die polyurische Phase erreicht wird.

➤ ***Polyurie:***
Urinproduktion zwischen 1000 ml /d bis zu 500 ml/h mit erheblicher Bilanzproblematik.
Zwar handelt es sich um "minderwertigen Urin", der persistierende Harnstrom hält aber das Tubulussystem offen und ist daher prognostisch wesentlich günstiger!

➤ ***Restitution:***
Kann Jahre dauern, wenn erst einmal eine pathologisch-anatomische Alteration manifest ist. Die Prognose nach Langzeitverlauf ist je nach Parenchymdicke und Perfusion orientierend abschätzbar.

Komplikationen

- Hyperkaliämie
- Überwässerung mit respiratorischer Insuffizienz
- Urämische Syndrome (Pleuritis, Perikarditits)
- Urämisches Koma

Lokalisationen

Für die differentialdiagnostischen Überlegungen hat sich die Einteilung in drei klassische Lokalisationen bewährt:

- Prärenal 68 %
- Renal 21 %
- Postrenal 11 %

➤ ***Prärenale Ursachen ("Chirurgisches ANV"):***

- Hypovolämie
  - Blutung
  - Flüssigkeitsverluste
  - Flüssigkeitsverschiebungen
- Hypotension (Perfusionsdruck = MAP der Nieren < 60 mm Hg)
  - Schock
  - Kardiale Ursachen
- Hypoxie
- Sepsis
- Multiorganversagen

➤ ***Renale Ursachen ("Internistisches ANV"):***

- Nephrotoxine
- Vorbestehende chronische Niereninsuffizienz
- Chirurgische Ursachen:
  - Nierenverletzungen
  - Crushniere

➤ ***Postrenale Ursachen ("Urologisches ANV"):***
- Nierentumoren
- Ureterverschlüsse
  - Ligatur
  - Steine
  - Koagel
  - Fibrose
- Ureterdurchtrennung
  - traumatisch
  - chirurgisch
- Blasenstörungen
- Prostatavergrößerungen
- Harnröhrenveränderungen

Merke:

Häufigste ANV-Ursache auf chirurgischer Intensivstation:
Hypovolämie = prärenales Nierenversagen!

Diagnose

- Anamnese
- Klinik
- Diuresemenge
- Labor:
  - Serum-Harnstoff
  - Serum-Kreatinin
  - Kreatinin-Clearance
  - Serum-Elektrolyte
  - Urin – Natrium
  - Urinspezifisches Gewicht oder Osmolalität
- Sonographie

➤ ***Anamnese:***

Exakte Op-Übergabe durch Anästhesist und Chirurgen am Patientenbett:
- Intraoperative Blutung?
- Renale/Kardiale Vorerkrankungen?
  (Chronische Niereninsuffizienz mit kompensierter Retention?)
- Medikamente (präoperative Diuretikaeinnahme?)
  (Nephrotoxische Medikamente?)

Narkosejournal:
- Diuresemenge intraoperativ?
- Hypotone oder hypoxische Phasen intraoperativ?
  (= mögliche Erklärung eines bis zu 72 h später auftretenden ANV!)
- Furosemidgabe und Zeitpunkt während und/oder unmittelbar nach OP?
  (d. h. Diuresemenge kann entsprechend der nur 2 bis 3 stündigen Wirkdauer für Furosemid danach einbrechen!)

Symptomatik

➤ ***Prärenales ANV:***
Klinik der Exsikkose
- Trockene Haut
- "Hochgestellter" Urin: *Cave* Beurteilungsirrtum bei Serum-Bilirubinerhöhung

Die Niere ist beim prärenalen ANV selbst noch nicht geschädigt und vermag entsprechend der physiologischen Funktion den Urin zu konzentrieren.

Folge:
- Urin-Natrium < 20 mmol/l, spezifisches Gewicht und Osmolalität gesteigert

Für die chirurgische Intensivmedizin dürfen spezifisches Gewicht und Osmolalität des Urins gleichgesetzt werden. (Unterschiede ergeben sich bei stark proteinhaltigem Urin, der zwar eine gesteigerte Osmolarität, jedoch nur eine geringer gesteigerte Osmolalität hat.)

➤ ***Renales ANV***
Klinik des Nierenschadens
Die Niere selbst ist geschädigt, die Konzentrationsleistung eingeschränkt.

Die Funktionsstörung kann
- qualitativ
- quantitativ oder
- kombiniert sein.

Folge:
- Urin-Natrium > 20 mmol/l (entspricht theoretisch der Annäherung an den Serum-Natriumspiegel)
- Spezifisches Gewicht und Osmolalität sinken unter 1020 bzw. unter 400 mosmol/l (entspricht theoretisch der Annäherung an die Serum-Osmolalität)

Labor

Allgemein findet sich beim ANV eine kontinuierliche Erhöhung der Retentionswerte Harnstoff und Kreatinin innerhalb von Stunden bis Tagen. Der Anstieg von Harnstoff um mehr als 4 mmol/l (25 mg/dl) pro Tag und von Kreatinin um mehr als 100 µmol/l/d (1 mg/dl) spricht für die Entwicklung eines ANV.

➤ ***Interpretationshilfen der Laborwerte:***
Die Harnstoffmenge im Serum wird von drei Komponenten kontrolliert:
1. Harnstoffsynthese in der Leber (aus CO_2 und NH_3 = Kohlendioxid und Ammoniak)
2. Der Proteinzufuhr (Aminosäuren = NH_3)
3. Der Ausscheidung über die Nieren. Die Harnstoff-Ausscheidung ist diureseabhängig, da Harnstoff nach der glomerulären Filtration im Tubulussystem resorbiert wird.

Merke:

Hyperbilirubinämie → Serum-Kreatinin nicht beurteilbar!

Harnstoff ↑ – Kreatinin normal
Extrarenale Ursache = Prärenale Ursache
- Exsikkose
- Katabolie
- Überangebot Aminosäuren
- Steroide
- Proteinreiche Nahrung
  (Blutungen in den Magen-Darmtrakt)

Kreatinin ↑ – Harnstoff normal
- eingeschränkte Nierenfunktion bei proteinfreier Ernährung und/oder gestörter Harnstoffsynthese
- eingeschränkte Nierenfunktion bei anaboler Stoffwechsellage
- erhöhte Muskelmasse

Generell gilt:
1. Harnstoff > 30 mmol/l ist selten durch eine extrarenale Ursache bedingt.
2. Kreatininwerte von > 250 µmol/l und ein erhöhter Harnstoff sprechen für eine renale Insuffizienz.

Therapiekonzept

➤ Initialmaßnahmen
- Dauerkatheter [DK] abgeklemmt?
  Anspülen des DK!
- Sonographie (Blase voll? – Nieren gestaut?)
- Überprüfung Volumenhaushalt:
  - Klinik (Exsikkose?)
  - Durstgefühl des Patienten?
  - Hautturgor?
  - Tachykardie? Blutdruckamplitude?
  - ZVD?
  - Diureseverlauf der letzten Stunden?
- Blutdruck ausreichend? (Perfusionsdruck = mittlerer art. Druck > 65 mm Hg?)
- Überprüfung auf nephrotoxische Medikamente
  Wenngleich der Schaden schon eingetreten ist, so empfiehlt sich zur Schadensbegrenzung z. B. Tobramycin (Gentamycin) um- oder abzusetzen

Der klinische Verlauf wird wesentlich durch die schnelle Behandlung der Initialphase (Stadium der Oligoanurie) beeinflußt, da eine Durchbrechung des *funktionellen* Nierenversagens die Manifestation eines *organischen* Nierenversagens verhindern kann.

Die Überwindung der Oligoanurie durch bilanzierte Infusion und gesteigerte Furosemidgabe überwindet durch die gleichmäßige Flowrate im Tubulussystem den Ausfall von Zelldetritus und damit das organische ANV.

➤ *Therapie allgemein:*
- Beseitigung der auslösenden Ursachen
- Normalisierung des Flüssigkeitshaushaltes

➤ ***Therapie bei Restdiurese:***

- Steigerung der Diurese durch bilanzierte Infusion und Furosemidgabe bei hochnormalem Serum-Natrium (> 140 mmol/l).
  Die kontinuierliche Furosemidgabe via Perfusor ist deutlich günstiger als die Bolusgabe, da die Diureseentwicklung über die Zeit besser beurteilt werden kann!
  Angestrebt wird: 3 l / 24 h Urinausscheidung mit bis zu 1,5 g Lasix® / Tag,
  Diurese-Maximierung > 4 l / Tag sind nicht mehr sinnvoll!
  Hydromedin® Versuch: 50 mg Bolus i. v.
- Gabe von Dopamin in "Nierendosierung": 200 μg/min (für 75 kg-Pat.) über Perfusor und Katecholaminschenkel des ZVK-Schenkel, Kombination mit Furosemid-Perfusor

➤ ***Therapie bei Anurie (nach Ausschluß prärenales ANV):***

- "Furosemidversuch" bei gesichertem Volumenhaushalt, Perfusionsdruck (MAP > 65 mmHg) und hochnormalem Serum-Natrium (> 140 mmol/l):
  Nach Ausspülen des Dauerkatheters 1000 mg Lasix® über 4 Stunden (längerer Einsatz bei ausbleibender Diurese schädigt die Niere!)
- Bei Einsetzten der Diurese: 1,5 g Lasix®/d über Perfusor
- Bei Versagen: Hämofiltration/Hämodialyse – *vor hyperhydratationsbedingten pulmonalen Sekundärkomplikationen!*

➤ ***Konservative flankierende Maßnahmen:***

Bei bedrohlicher Elektrolytentgleisung – meist Hyperkaliämie:

- Furosemid-Bolus
- Insulin 20 IE + G 20 % 500 ml
- Natriumbikarbonat (Azidose abpuffern → Kalium nach intrazellulär)
- Kunstharze oral/rectal [Resonium® 15 g 6–8 stündlich (nach rektaler Anwendung gefolgt von Spüleinläufen zur Prävention von Kotsteinen)]

Cave: Überkorrektur bei allen Maßnahmen!

➤ ***Prohpylaxe ANV***

- Postoperative Überwachung der Stundendiurese mittels Dauerkatheter
- Bei bereits präoperativ bestehender chronischer Niereninsuffizienz (kenntlich an erhöhten Harnstoff- und Kreatininwerten) im Stadium der kompensierten Retention wird die Durchblutungsleistung und damit die Ausscheidungsfunktion der Niere durch die niedrigdosierte Gabe von 200 μg Dopamin (75 kg Pat.) gesteigert.
- Generell sollte die Urinausscheidung auf Werte um 60–120 ml/h (1500–2500 ml/Tag) eingestellt sein.

Indikationen zur Nierenersatztherapie

- Akutentgleisungen:
  - Metabolische Dekompensation
  - Hyperkaliämie
  - Überwässerung, die durch Diuresesteigerung und Volumenrestriktion nicht innerhalb von 12 Stunden korrigierbar ist.
- Harnstoff: > 40 mmol/l (250 mg/dl)
- Kreatinin: > 250 μmol/l (2,5 md/dl)
- Ausscheidung: < 20 ml/Std.

Merke:

Regulation des Volumenhaushalts bei Langzeitpatienten:
Besser frühelektive Hämofiltration,
als Limitierung der parenteralen Ernährung!

Strenge Indikationen existieren zwar nach Lehrbuch, müssen jedoch im Einzelfall von der Situation abhängig gemacht werden:

Harnstoff und Kreatinin:

- Anstieg im Zeitverlauf schnell über Stunden oder langsam über Tage? (Zeitliche Vorhersage möglich? Kann zugewartet werden?)
- Ist die auslösende Ursache sicher behoben, so daß auch bei zunächst erhöhten Werten eine gleichbleibend stabile Situation zu erwarten ist?

Prognose

- Abhängigkeit von der Grunderkrankung
- Der Verlauf wird durch die schnelle Behandlung der Initialphase bestimmt, da die Durchbrechung eines funktionellen Nierenversagens die Ausbildung eines organischen Nierenversagens verhindern kann.

Nierenersatztherapien

Bei den Nierenersatztherapien unterscheidet man die *spontanen Filtrationsverfahren* (= durch arterio-venöse Druckdifferenz des Patienten getrieben) von den *pumpengetriebenen Verfahren* (= sind vom systemischen Blutdruck des Patienten unabhängig). Die spontanen Filtrationsverfahren benötigen immer einen arteriellen und einen venösen Zugang, wobei die pumpengetriebenen Verfahren alleine mit einem venösen (meist Doppellumen Zugang á 12 French) betrieben werden.

Darüber hinaus unterscheidet man die *intermittierenden* (= Blutwäsche im Intervall von Stunden) von den *kontinuierlichen* (d. h. über einen Zeitraum von 24 Stunden und länger laufenden) Blutreinigungsverfahren.

Als Nierenersatztherapien kommen die Hämodialyse und die Hämofiltration und in jüngster Zeit auch die Hämodiafiltration, das heißt die Kombination beider Verfahren durch Einsatz eines zur Hämofiltration verwendeten Hämofilters, der im Gegenstromprinzip (Dialyseprinzip) arbeitet, zum Einsatz.

Dialyse

Klassisches intermittierendes Verfahren:
Diffusibler Stofftransport entgegen einem Konzentrationsgradienten über eine semipermeable Membran im Gegenstromprinzip Blut/Dialysat auf den entgegengesetzten Seiten der Membran. Die Dialyse vermag Stoffe nur bis zu einem Molekulargewicht bis 5000 Dalton (Da) aus dem Blut zu entfernen.

Molekulargewichte zum Vergleich: Harnstoff 180 Da

Hämofiltration

Konvektiver Stofftransport, d. h. durch die Filtration auch großmolekularer Stoffe werden andere (Harnstoff/Kreatinin) aus dem Blut entfernt. Verwendet werden großporige Filtrationsmembranen mit einer Durchlässigkeit bis 50 000 Dalton. Das Filtrationsprinzip ist mit der glomerulären Filtration der Nieren vergleichbar.

Molekulargewichte zum Vergleich:
- Humanalbumin: 69 000 Da
- Gamma-Globuline: > 150 000 Da
- C3 a und C5 a Komplementaktivatoren in der Sepis: 9000 – 11 000 Da
- TNF (Tumornekrosefaktor): 17 000 Da

Hämodiafiltration

Verwendung eines Hämodialysefilters (Filtration) und Einsatz dieses Filters im Gegenstromprinzip (Dialyse).

Vorteile pumpenkontrollierter Verfahren

Die *kontinuierlichen pumpengetriebenen, selbstbilanzierenden Hämo(dia)filtrationsverfahren* haben sich als vorteilhaft gegenüber den intermittierenden Verfahren erwiesen:
- Die pumpengestützten Verfahren sind vom Systemblutdruck des Patienten unabhängig und ermöglichen auch bei grenzwertigen (RR< 100 mmHg) Kreislaufverhältnissen beliebig hohe Filtrationsraten (bis zu 30 Liter Filtratumsatz in 5 Stunden)
- Die pumpengestützten Verfahren benötigen den risikoärmeren venösen Zugang anstelle eines kombiniert arterio-venösen Zugangs
- Die kontinuierlichen Verfahren ergeben (vor allem beim "Anfahren" der Maschine) nicht so gravierende Blutdruckprobleme (bei den kontinuierlichen Verfahren bis zu 10 – 20 mmHg zu Beginn der Behandlung) wie das Anschließen an ein intermittierendes Blutreinigungsverfahren

➤ ***Gebräuchliche Abkürzungen***

HD:	Hämodialyse
HF:	Hämofiltration
CVVH(F):	Kontinuierliche veno-venöse Hämofiltration
CVVHD:	Kontinuierliche veno-venöse Hämodialyse
CVVHD(F):	Kontinuierliche veno-venöse Hämodiafiltration
CAVH:	Kontinuierliche arterio-venöse Spontanfiltration
CAVHD:	Kontinuierliche arterio-venöse Hämodialyse

Spezielle Chirurgische Intensivtherapie

II-36 Agitiertes Durchgangssyndrom und Delir

Nach einer Mitteilung der Deutschen Gesellschaft für Psychiatrie, Psychotherapie und Nervenheilkunde waren 1996 fast 10 Millionen Bundesbürger alkoholabhängig, vermutlich über 4 Millionen manifeste Alkoholiker sowie 1 Million medikamentenabhängig. Entsprechend häufig sind auf chirurgischen Intensivstationen postoperativ agitierte Verwirrtheitszustände festzustellen, die fälschlicherweise meist als alkoholentzugsbedingtes "Delir" angesehen werden.

Die richtige Einschätzung der durch das agitierte Durchgangssyndrom bzw. Delir zusätzlich entstandenen Gefährdung ist wesentlich. Der Patient ist nicht nur zusätzlich verwirrt. Eingeschränkte Kooperativität bedeutet abnehmende Effektivität von Atemgymnastik, eingeschränktes Abhusten und somit zunehmende pulmonale Gefährdung. Agitiertheit und Schlafmangel können innerhalb von 2 Tagen zur intensivmedizinisch relevanten physischen Erschöpfung [z.B. der Atemmechanik] führen.

Die Bedeutung des agitierten Durchgangssyndroms bzw. Delirs in der chirurgischen Intensivmedizin erklärt sich durch:

- Die hohe Letalität bis 30 % ohne intensivmedizinische Betreuung beim Alkoholentzugsdelir
- Die intensivmedizinisch wesentlichen Differentialdiagnosen
- Die relevante Selbstgefährdung dieser Patienten in der frühpostoperativen Phase

Definition

Hochgradig eingeschränkte Kooperationsfähigkeit des Patienten
mit frühpostoperativer Selbstgefährdung durch unkontrollierbare Agitiertheit,
mit Verwirrtheitszuständen periodisch wechselnder Intensität
sowie variabler psycho-vegetativer Begleitsymptomatik

Differentialdiagnosen

Die meisten der nachfolgend gelisteten Differentialdiagnosen sind klinisch nur schwer von einem agitierten Durchgangssyndrom bzw. (Prae-)Delir abzugrenzen. Klinisch fehlt bei den Differentialdiagnosen allerdings meist das periodische Auf und Ab der Intensität der Symptomatik. Meist ist zur Klärung der Diagnose eine begleitende apparative Diagnostik [z.B. Blutgasanalyse zum Hypoxieausschluß] erforderlich.

Differentialdiagnosen nach Häufigkeit auf chirurgischen Intensivstationen geordnet

- Hypoxie mit Unruhe, Agitiertheit und Verwirrtheit
- Hypoglykämie mit schneller Entwicklung von Stupor und Koma
- Septische Enzephalopathie, z.B. **chirurgische Ursache:** Anastomoseninsuffizienz
- Zentral-Anticholinerges Syndrom [ZAS] (→ Kap. II-17, S. 317) bei Narkoseausleitung sowie nach längerer Analgo-Sedierung
- Hyper- und Hyponatriämie – mehr Tremor, Hyperreflexie und muskuläre Symptome
- Antibiotika-Enzephalopathie – meist Halluzinationen führend
- H_2-Blocker – nicht nur motorische Symptome, auch Verwirrtheit und Koma möglich
- Hypomagnesiämie – oft übersehen, häufig cerebrale Krampfanfälle! K^+ ↓ und Ca^{++} ↓
- Fettembolie – neben Unruhe, Verwirrtheit und Agitiertheit früh auftretende Dyspnoe
- Hepatische / urämische Enzephalopathie – selten – Verlauf und Laborparameter richtungweisend

Merke:

Diagnose "agitiertes Durchgangssyndrom bzw. Delir" erst nach:

- **BGA zum Hypoxieausschluß**
- **BZ-Stix zum Hypoglykämieausschluß**
- **Ausschluß chirurgischer Ursache [Klinik, evtl. Sonographie]**

Ursächliche bzw. prädisponierende Faktoren

Im klinischen Alltag bleibt die Genese des agitierten Durchgangssyndroms und Delirs oft unklar.

Bei eigenen Untersuchungen [s.u.] zeigte sich, daß nur bei 1,8 % der zwischen I/88 und IX/94 auf der chirurgischen Intensivstation behandelten 6473 Patienten praeoperativ anamnestische Informationen zu einem regelmäßig erhöhten Alkoholkonsum vorlagen. Unerwartet trat im selben Zeitraum aber bei 6,2 % [404/6473] ein therapiepflichtiges agitiertes Durchgangssyndrom bzw. Delir auf. Die retrospektive Analyse ergab lediglich bei 39,1 % tatsächlich eine ursächliche Alkoholentzugssymptomatik. Bei 60,9 % der Patienten blieb die Ursache auch retrospektiv unklar.

Ursächliche Faktoren

- Alkoholabusus
- Medikamentenabusus [v.a. Barbiturate, Benzodiazepine]
- Zerebralsklerose

Prädisponierende Faktoren

- Streß
- Schlafentzug
- Immobilisation
- Reizüberflutung
- Reizarmut
- Alter > 60 Jahre

Speziell die praedisponierenden Faktoren Streß, Schlafentzug, Immobilisation und Reizüberflutung sind auf operativen Intensivstationen regelhafte Alltagsprobleme, da nur selten alle Patienten in Einzelboxen untergebracht werden können.

Merke:

Geräte, Schläuche, Alarme, Rotationsbetten, Beatmungsgeräte, Hämofiltrationsgeräte und v.a. WIR mit unserer Betriebsamkeit bedingen für den Patienten:

Angst, Streß, Reizüberflutung und Schlafentzug

Inzidenz

Das Auftreten eines agitierten Durchgangssyndroms bzw. Delirs auf chirurgischen Intensivstationen wird in der Literatur mit einer Häufigkeit von 4–9% angegeben. Im eigenen Krankengut fanden wir eine Inzidenz von 6,2% [404 von 6473 Patienten].

Symptomatik

Typisch sind:

- Akuter Beginn
- Undulierender Verlauf der Intensität aller oder einzelner Symptome – typisches "Auf und Ab"
- Meist Verschlechterung zur Nacht

Merke:

Epileptische Anfälle bei Alkoholentzug [bis 10%]:

➤ 12–48 h nach Beginn der Primärsymptomatik
➤ Prävention durch hochnormale Magnesiumspiegel möglich

Vigilanz

- Eingeschränkte Kooperation
- Verwirrtheitszustände mit periodisch wechselnder Intensität
- Desorientiertheit [Ort, Zeit, Personen] bis zur Bewußtseinstrübung

- Wahrnehmungsstörungen, auch während Phasen besserer Vigilanz
- Illusionäre Verkennung von Personen und Umgebung
- Halluzinationen optisch und akustisch
- Verfolgungswahn, meist aggressiv
- Suggestibilität: Der Patient liest z. B. vom leeren Blatt bzw. rollt angebotenen, aber nicht vorhandenen Faden auf

Motorik

- Unkontrollierbare Agitiertheit
- Persistierendes Nesteln
- Gewaltsames Entfernen von Tubus, Kathetern, Drainagen und Sonden
- Physische Aggressivität: Treten, Schlagen von Mitpatienten/Personal
- Panische Fluchtversuche

Psycho-vegetative Begleitsymptomatik

- Schreckhaftigkeit [akustisch und visuell]
- Unruhe, Agitiertheit
- Angst bis Panik
- Schwitzen
- Tachykardie
- Hypertonus
- Tremor
- Schlafunfähigkeit bis zur totalen Erschöpfung

➤ ***Resultierende Selbstgefährdung durch eingeschränkte Kooperationsfähigkeit und unkontrollierbare Agitiertheit***

Therapie

Alle folgenden Empfehlungen zur Therapie des agitierten Durchgangssydroms bzw. Delirs beziehen sich auf chirurgische Intensivpatienten, bei denen die Symptomatik einen gefährdenden Nebenbefund darstellt. Die Ausführungen an dieser Stelle können und sollen neuropsychiatrische Standardempfehlungen nicht ersetzen. Zudem gibt es derzeit auch in der Neuropsychiatrie keinen allgemein akzeptierten Therapiestandard. So sind in den letzten 30 Jahren über 150 verschiedene Substanzen und Kombinationen empfohlen worden.

Primäres Therapieziel im Rahmen der chirurgischen Intensivmedizin bleibt die Reduktion der postoperativen Selbstgefährdung. So sollen nachfolgend probate Maßnahmen für die chirurgische Intensivmedizin und die postoperative Weiterbehandlung auf der chirurgischen Normalstation empfohlen werden. Es ist unvermeidlich, daß aus neuropsychiatrischer Sicht Diagnostik und Therapie teilweise zu "chirurgisch undifferenziert" erscheinen werden. Es bleibt daran zu erinnern, daß das agitierte Durchgangssyndrom bzw. Delir für die chirurgische Intensivmedizin eine sekundär zusätzlich auftretende, gefährdende Komplikation neben der eigentlich im Vordergrund stehenden Primärerkrankung darstellt.

Medikamentöse Maßnahmen

Entgegen vielen neuropsychiatrischen Therapieansätzen ist der Einsatz von Clomethiazol [**Distraneurin**®] für die chirurgische Intensivmedizin und die Weiterbehandlung auf der Normalstation als **ungeeignet** anzusehen, da die Risiken der
- Atemdepression
- Bronchialen Sekretionssteigerung
- Geringen therapeutischen Breite (zwischen Symptomexazerbation und Überdosierung) und
- Allergisierung bestehen.

Merke:

Agitiertes Durchgangssyndrom bzw. Delir:
Alkoholsubstitution [oral oder i.v.] ist obsolet!
- **Toxische Noxe**
- **Schlechte Steuerbarkeit**
- **Antabuseffekt bei Medikation mit Metronidazol [Clont®] und vielen Cephalosporinen möglich**

Als **effektive und praktikable Substanz** in der Prophylaxe und Therapie des agitierten Durchgangssyndroms hat sich Clonidin [**Catapresan**®] als zentraler α_2-Rezeptor-Agonist erwiesen.

Das von der Routine als Antihypertensivum [Bolusapplikation] bekannte Catapresan® senkt bei kontinuierlicher Gabe den Sympathikotonus, die abnorm erhöhte noradrenerge Impulsrate wird reduziert und so die vegetative Entzugssymptomatik gedämpft. Kardiozirkulatorische und respiratorische Belastungen im agitierten Durchgangssyndrom bzw. Delir werden reduziert und somit das Verhältnis von Sauerstoffangebot und -verbrauch verbessert. Speziell agitierte Hypermotorik, vegetative Hyperaktivität sowie sekundär Tremor, Hypertonie und Tachykardie lassen sich mit Catapresan® gut therapieren. Vorteile der Catapresan®-Therapie im Indikationsspektrum der chirurgischen Intensivmedizin ergeben sich aus der guten Steuerbarkeit der agitierten Hypermotorik und der damit verminderten Selbstgefährdung durch Tubus-, Katheter- und Sondendislokation. Darüber hinaus ist eine Respiratorentwöhnung im Gegensatz zu früheren Therapiekonzepten gut möglich.

Zwar wirkt Catapresan® mäßig analgetisch und anxiolytisch, allerdings sind psychotische Symptome (Halluzinationen, Bewußtseinstrübung und ängstlich-depressive Stimmungsschwankungen) weniger gut beeinflußbar, so daß eine additive Kombinationstherapie [s.u.] je nach Art und Schweregrad des agitierten Durchgangssyndroms bzw. Delirs zum Teil zu empfehlen ist.

In der Literatur sind im Rahmen der Catapresan®-Therapie bei agitiertem Durchgangssyndrom und Delir neben primärer Bolusgabe Dosierungen bis 7,2 mg/d [=48 Ampullen] mitgeteilt. Weder die Bolusgabe noch die hohen kontinuierlichen Dosierungen haben sich in der Praxis bewähren können. Nach unserer Erfahrung empfiehlt sich eine kontinuierliche Gabe mit einer Dosierung von 0,3 – 1,8 mg/d [2 bis 12Ampullen] abhängig vom Schweregrad.

Die Catapresan®-Therapie sollte bei rückläufiger Symptomatik ausschleichend reduziert werden. *Cave:* Abruptes Absetzen macht Rebound-Phänomen wahrscheinlich! Relevante mögliche Nebenwirkungen sind Bradykardie, Hypotonie und überschießende Sedierung.

➤ ***Catapresan®-Therapie bei agitiertem Durchgangssyndrom bzw. Delir:***
- EKG- und Blutdruck-Monitoring in den ersten 24 h obligat
- Kein Initial-Bolus
- Dosierung 2–12 Ampullen/d kontinuierlich, evtl. Begleitmedikation [s.u.]
- Fortsetzung der Therapie auf Normalstation unbedenklich [$\leq$ 6 Ampullen/d]
- Kein plötzliches Absetzen! *Cave:* Rebound-Effekt!
- Ausschleichen mit Dosisreduktion um jeweils 2 Ampullen/12 h

➤ ***Nebenwirkungen:***
- Bradykardie
- Hypotonie
- Überschießende Sedierung

Therapie-Schemata

■ Prävention bei anamnestisch bekanntem Alkohol- bzw. Medikamenten-Abusus

Catapresan® 0,6–0,9 mg/d [4–6 Ampullen] kontinuierlich via Perfusor
- Ideal ist ein Therapiebeginn bereits während der Narkose, ansonsten unmittelbar postoperativ auch während der Nachbeatmung unter Sedierung und Analgesie!
- Fortsetzung der Prophylaxe auf Normalstation nach > 24 h möglich
- Ausschleichen mit Dosisreduktion von 2 Ampullen/12 h.

■ Unerwartete Akutsymptomatik

Initial-Bolus:
- Führende motorische Symptomatik: 1 Amp. Physostigmin [Anticholium®] i. v.
- Bei führender psychotischer Symptomatik: 1 Amp. Haloperidol [Haldol®] i. v.

Catapresan® 0,9 mg/d [6 Ampullen], ggf. Dosissteigerung bis 1,8 mg/d
- Perfusorapplikation, kein Bolus
- Obligates EKG- und Blutdruck-Monitoring
- Fortsetzung der Monotherapie auf Normalstation möglich [$\geq$ 6 Ampullen/d]
- Ausschleichende Dosisreduktion mit 2 Ampullen/12 h

Fakultative Begleitmedikation:

- Haloperidol 40 mg + Promethazin 400 mg/d
  = je 4 Ampullen Haldol® + Atosil® gemeinsam im Perfusor über 24 h
  Dosis-Anpassung je nach Symptomatik
- Valium® [Diazepam] 5 – 10 mg/h kontinuierlich
  bei dringlich erforderlicher Anxiolyse
- Während Kombinationstherapie Intensivüberwachung obligat

Allgemeine Begleitmaßnahmen

➤ ***Information der Angehörigen***

Speziell bei Patienten ohne bekannte Alkohol- oder Medikamenten-Anamnese ist eine ruhige Aufklärung der Angehörigen wichtig. Besonders die Sorgen hinsichtlich eines von den Angehörigen meist befürchteten Persistierens der Symptomatik bedürfen der sorgfältigen ärztlichen Richtigstellung.
Eine zugewandte Haltung der Angehörigen ist für den Patienten ebenfalls von relevantem therapeutischen Wert. Hilfreich ist ein ruhiges Erzählen der Besucher von dem Patienten vertrauten Bezugspersonen oder auch Haustieren.

➤ ***Pflegerische Maßnahmen***

Sorgsame zusätzliche Fixierung z. B. von Tubus, ZVK etc.

Bettdecke hoch unter den Achseln fixieren, um Blasenkatheter bzw. Abdominaldrainagen zu sichern, frühzeitiges Anbringen von Bettgittern.

Weitere probate Maßnahme ist die Fixierung von Waschlappen als Fausthandschuhe, um die manuelle Aktivität zu entschärfen.

➤ ***Fixieren?***

In der Mehrzahl der Fälle schadet eine Fixierung mehr als sie nutzt, da die Fixierung vom Patienten oft als aggressionssteigernde Provokation empfunden wird.
Entsprechend wird versucht, mit weniger invasiven Maßnahmen die Situation zu überbrücken.

Im Einzelfall kann jedoch je nach Grad der Agitiertheit und begleitenden Aggressionsbereitschaft eine zuverlässige Fixierung auch zum Selbstschutz des Patienten unvermeidlich sein.

➤ ***Ernährung:***

Regelhaft ist bei dem erheblich erhöhten Grundumsatz eine hochkalorische parenterale Ernährung erforderlich.

Das parenterale Regime sollte obligat Spurenelemente sowie wasser- und fettlösliche Vitamine enthalten:

tgl. 250 ml Fett-Lösung mit je 2 Ampullen Vit-Intra® [fettlösliche Vitamine],
2 Ampullen Soluvit® [wasserlösliche Vitamine]
1 Ampulle Inzolen® [Spurenelemente]

Speziell die Magnesium und Zink-Spiegel sollten laborchemisch kontrolliert und hochnormal eingestellt werden [antikonvulsive Praevention].

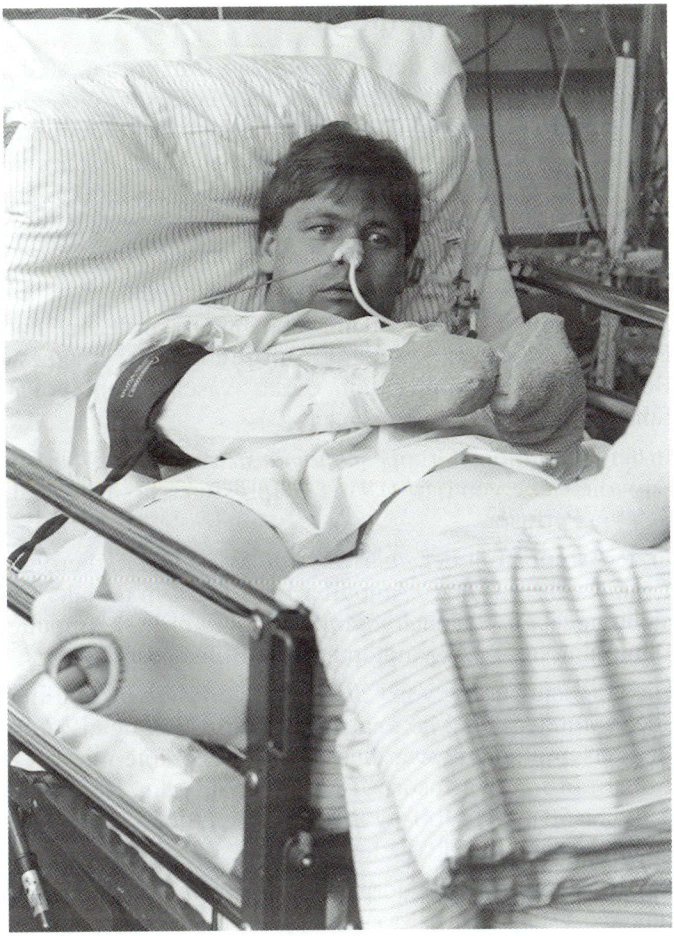

Abb. II-36-1 Patient im agitierten Durchgangssyndrom mit zusätzlicher Katheter-Fixierung und Waschlappen als Fausthandschuhen.

Ergebnisse Catapressan®-Studie

Während des Zeitraumes vom 1.1.1988 bis 30.9.1994 wurde auf der chirurgischen Intensivstation der Chirurgischen Universitätsklinik der RWTH Aachen eine prospektive Studie zum agitierten Durchgangssyndrom bzw. Delir durchgeführt.

Einschlußkriterien:

- Präoperativ anamnestisch bekannter Alkohol- bzw. Medikamenten-Abusus
- Unerwartete Symptomatik mit postoperativer Bewußtseinstrübung, Wahrnehmungsstörungen, Desorientiertheit oder agitierter Hypermotorik > 4 Stunden nach gezieltem Ausschluß der Differentialdiagnosen (s. o.)

Patienten insgesamt:	n = 6473	im vorgenannten Zeitraum
davon Einschlußkriterien erfüllend:	n = 518	von 6473 [8,0%]
"*anamnestisch bekannt*":	n = 114	von 6473 [1,8%]
"*unerwartete Symptomatik*":	n = 404	von 6473 [6,2%]

Therapiemaßnahmen

Zentrale Substanz in der Therapie war Catapresan® (Clonidin). Die Applikation erfolgte grundsätzlich intravenös über Perfusor. Während der ersten 24 Stunden war ein Monitoring mit EKG-Ableitung und kontinuierlicher Blutdruckmessung obligat. Der zulässige Dosierungsbereich lag zwischen 0,3 mg (2 Ampullen) und 1,8 mg (12 Ampullen) pro Tag; Änderungen in der Dosierung erfolgten grundsätzlich in Schritten von 0,3 mg. Beim Therapieende erfolgte ein ausschleichendes Absetzen mit Dosisreduktion um jeweils 0,3 mg alle 12 Stunden. Die kürzeste Behandlung dauerte 2 Tage, die längste 16 Tage.

An allgemeinen begleitenden Maßnahmen wurde eine hochkalorische parenterale Ernährung, Kontrolle und ggf. Substitution von Magnesium und Zink sowie bei Bedarf "Handimmobilisation" durch Waschlappen als Fausthandschuhe durchgeführt.

In der Präventions-Gruppe ["*anamnestisch bekannt*"] erfolgte unmittelbar postoperativ die Gabe von 0,6–0,9 mg Catpressan® (4–6 Ampullen) pro Tag kontinuierlich via Perfusor.

In der Gruppe mit der *unerwarteten Symptomatik* betrug die Initialdosierung von Catapresan® 0,9 mg (6 Ampullen) pro Tag. Ein initialer Catapresan®-Bolus wurde nicht gegeben. Je nach Symptomatik wurde 1 Ampulle Haldol® zur initialen Dämpfung der Akutsymptomatik als Bolus gespritzt.

Die Dosissteigerung von Catapresan® erfolgte in Schritten von 0,3 mg bei Bedarf alle 4 Stunden; die Maximal-Dosis betrug 1,8 mg (12 Ampullen) pro Tag. Je nach Begleitsymptomatik war eine additive Therapie mit je 4 Ampullen Haldol® und Atosil® in einer Perfusor-Mischspritze zulässig. Der Dosierungsbereich war innerhalb von 50 mg bis 400 mg Promethazin (Atosil®) und 5 mg bis 40 mg Haloperidol (Haldol®) pro Tag flexibel anpassbar.

Die Verlegung auf die Normalstation bei abklingender Symptomatik und Fortführung der Catapresan®-Monotherapie war zulässig. Eine Verlegung unter additiver Haldol® /Atosil® -Therapie erfolgte nicht.

Nach vollständigem Abklingen der Symptomatik wurde bei den Patienten der Gruppe "*unerwartete Symptomatik*" eine retrospektive Ursachenanalyse versucht, die die tatsächliche alkoholentzugsbedingte Inzidenz aufzeigen sollte.

Beurteilungskriterien

Der Therapieerfolg wurde beurteilt am Verlauf der Kriterien:

- Verwirrtheit
- Desorientiertheit
- Agitierte Hypermotorik
- Aggressiver Verfolgungswahn
- Tremor
- Schlaf

Obligat als Therapieversager eingestuft wurden Patienten mit:

- Erforderlicher zusätzlicher Bolusmedikation
- Dosierungsbedarf oberhalb des definierten Bereiches
- Persistierender Symptomatik
- Erforderlicher Gurtfixierung

Ergebnisse

Bei der retrospektiven Ursachenforschung der Patienten der Gruppe "*unerwartete Symptomatik*" ergab sich bei 158 von 404 Patienten [39,1%] am ehesten ein zuvor nicht mitgeteilter hoher, regelmäßiger Alkoholkonsum als zu vermutende Ursache.

Mit den Patienten, die praeoperativ einen erhöhten Alkoholkonsum angaben, fanden sich unter 6473 Patienten insgesamt 4,2 % [272 von 6473] mit alkoholbedingter Praevention bzw. Symptomatik.

Immerhin bei 60,9 % [246 von 404] der Patienten mit "*unerwarteter Symptomatik*" ergaben sich bei der retrospektiven Analyse alkoholunabhängige Ursachen.

Merke:

Agitiertes Durchgangssyndrom ≠ Alkoholentzugssymptomatik
➤ 61 % gehen auf alkoholunabhängige Ursachen zurück!

Insgesamt zeigte sich , daß mit Catapresan® v. a. die in der chirurgischen Intensivmedizin relevanten Symptome agitierte Hypermotorik, vegetative Hyperaktivität mit sekundärem Tremor, Hypertonie und Tachykardie gut steuerbar sind. Wie zu erwarten werden Bewußtseintrübung, Halluzinationen und ängstlich-depressive Stimmungen wenig durch Catapresan® beeinflußt.

Ergebnisse differenziert nach Indikationsgruppen:

- Präventionsgruppe n = 114:

Catapresan®-Responder	94,7 %	[108/114]
Hypotonie	0,0 %	[0/114]
Bradykardie	3,5 %	[4/114]
Intubationspflicht wg. Medikation	0,0 %	[0/114]

- Agitiertes Durchgangssyndrom am ehesten durch Alkoholentzug n = 158

Catapresan®-Responder	90,5 %	[143/158]
Hypotonie	4,4 %	[7/158]
Bradykardie	3,2 %	[5/158]
Intubationspflicht wg. Medikation	0,6 %	[1/158]

- Agitiertes Durchgangssyndrom alkoholunabhängiger Genese n = 246

Catapresan®-Responder	92,3 %	[227/246]
Hypotonie	3,7 %	[9/246]
Bradykardie	5,3 %	[13/246]
Intubationspflicht wg. Medikation	0,6 %	[2/246]

II-37 Schock

Definition

Schock ist eine Störung zwischen:
O_2-Angebot bzw. O_2-Verwertung
und O_2-Bedarf auf zellulärer Ebene.

Schock ist
- akut lebensbedrohlich
- organübergreifend
- potentiell therapierefraktär
- unterhält sich selbst

Klassifikation

- hypovolämischer Schock
- septischer Schock
- kardiogener Schock
- anaphylaktischer Schock
- neurogener Schock

Pathophysiologie

Durch Schmerz oder Hypovolämie wird eine *sympathikoadrenerge* Reaktion ausgelöst. Diese basiert auf Stimulation des Kreislaufzentrums in der Medulla oblongata und führt zur Umverteilung des HZV mit Abnahme der Durchblutung im Splanchnikusgebiet, in Niere, Haut und Muskulatur. Cerebral- und Koronarkreislauf bleiben ausgenommen. Diesen Vorgang bezeichnet man als *Zentralisation*.

Die sympathikoadrenerge Reaktion führt durch präkapilläre Konstriktion zu einer Abnahme der Quantität der Gewebedurchblutung. Es kommt zur Eröffnung von funktionellen arteriovenösen Shunts. Anfallende saure Stoffwechselprodukte werden nicht mehr vollständig abtransportiert. Es resultiert eine sogenannte *versteckte Azidose*. Die zunehmende Hämokonzentration durch Extravasation von Plasmaanteilen verstärkt diese rheologischen Veränderungen. Die Mikrozirkulation wird erheblich gestört.

Bei Weiterbestehen des Schocks nimmt die präkapilläre Konstriktion bei fortbestehender postkapillärer Konstriktion weiter ab. Dies führt zu einer erhöhten transkapillären Flüssigkeitsfiltration in das Interstitium von zunächst eiweißfreier und mit zunehmender Dauer und Ausbildung des Kapillarlecks auch eiweißhaltiger Flüssigkeit. Es bildet sich ein *Gewebsödem*. Diese schockspezifische *Mikrozirkulationsstörung* kann sich selbst im Sinne eines Circulus vitiosus unterhalten. Sie führt über eine Gewebsischämie bis hin zum multiplen Organversagen.

Im Schock kommt es nicht nur zu einem Anstieg des kapillären Strömungswiderstandes durch Gefäßkonstriktion, sondern auch durch innere Verstopfung der Gefäße. Bei Verminderung der Fließgeschwindigkeit können die Leukozyten die Kapillare nicht oder nur sehr langsam passieren, so daß eine komplette Verlegung der Kapillare möglich ist. Es resultiert eine *Leukozyten-Endothel-Interaktion*, bei der die Leukozyten Schockmediatoren freisetzen und so die Mikrozirkulationsstörung fördern.

Die Aktivierung des Komplement- und des Kallikrein-Kinin-Systems ist eine weitere schockspezifische Reaktion. Die Aggregation von Thrombozyten und Leukozyten an der Wand von Mikrogefäßen führt zur Schädigung der Endothelzellen. Aus Thrombozyten, Leukozyten und Endothelzellen werden vasoaktive Substanzen freigesetzt, die nicht nur gefäßdilatierend wirken, sondern auch die Gefäßpermeabilität erhöhen. Diese Substanzen nennt man *Schockmediatoren* (siehe Kap. II-42, S. 520).

Schockmediatoren:
- Thromboxan A_2
- Serotonin
- Leukotriene
- O_2-Radikale
- PGE_2
- PAF
- Proteasen
- Interleukin 1
- Endothelin
- Endothelium derived relaxing factor
- Prostacyclin

Organorientierte Pathophysiologie

Die Veränderungen im Bereich der Mikrozirkulation führen zu einer zunehmenden Störung organspezifischer Funktionen, an deren Ende das *Multiorganversagen* steht. Die hauptsächlich betroffenen Organe sind:
- Herz- Kreislaufsystem
- Lunge
- Niere
- Gastrointestinaltrakt
- Leber
- Pankreas
- Gehirn

Lunge

Außer bei direktem Lungentrauma besteht keine initiale Funktionseinschränkung. Frühestens nach 24 Std. kann sich ein akutes Lungenversagen (*ARDS*) entwickeln. Anfangs liegt dabei noch kein Infekt vor. Später beträgt die Häufigkeit von Infektionen 60–80 %. Durch die Lungengefäßschädigung kommt es zum interstitiellen und alveolären Ödem. Die Compliance nimmt ab und die Resistance zu. Die Hypoxämie wird durch intrapulmonale Rechts-Links Shunts und eine Verlängerung der alveoloarteriellen Diffusionsstrecke für O_2 verursacht. Die Synthese von Surfactant ist vermindert. Der Kollaps von Alveolen bewirkt eine Abnahme der funktionellen Residualkapazität.

Niere

Der Schock führt zu einer Abnahme der kardialen Vorlast durch relative Volumenverschiebung und somit zumindest in hypodynamen Phasen zur Abnahme des Herzminutenvolumens. Hierdurch kommt es in der Niere zur Freisetzung von Angiotensin und zentral zur vermehrten Ausschüttung von Antidiuretischem Hormon (ADH). Mit konsekutiv abnehmender Durchblutung sowie drastischem Abfall der glomerulären Filtrationsrate drohen *Oligurie* bzw. *Anurie*.

Gastrointestinaltrakt

Durch Verminderung der Durchblutung der Darmmukosa treten Darmbakterien und Endotoxine in die Lymph- bzw. Blutbahn über, was man *Translokation* nennt. Weiterhin werden aus der ischämischen Darmmukosa Schockmediatoren über die Pfortader in die Leber eingeschwemmt. Auf diesem Wege kann sekundär zusätzlich ein septischer Schock entstehen. Dem Darm kann somit eine gewisse Boosterfunktion des Schocks zugesprochen werden.

➤ ***Weitere Schockfolgen*** [→ Kap. II-43, S. 545]:
- Leberversagen
- Pankreatitis

Hämodynamik

Tabelle II-37-1 Hämodynamische Parameter der verschiedenen Schockformen.

Schockform	Blut-volumen	MAP	HF	HZV	SVR	ZVD	MPAP
Hypovolämer Schock	––	–	++	–	+	–	=
septischer Schock							
– hyperdynam	–/=	–/=	+	+	–	–	+
– hypodynam	–/=	–	+	–	=/+	+	+
kardiogener Schock	=	–	+/–	–	+	+	=
anaphylakt. Schock	=/–	–	+	–	–	–	=/+

MAP = mittlerer arterieller Druck; HZV = Herzzeitvolumen; SVR = systemischer Gefäßwiderstand; ZVD = zentraler Venendruck; MPAP = mittlerer pulmonalarterieller Druck

Diagnose

Der Patient macht gewöhnlich einen schwerkranken Eindruck, ist apathisch oder bewußtlos. Es imponieren Hypotonie, Tachykardie, Tachypnoe, Oligurie und außer bei der hyperdynamen Phase des septischen Schocks eine kalte, schweißbedeckte, blasse Haut. Eine Dekompensation bis zur Reanimationpflichtigkeit kann jederzeit auftreten.

Merke:

> **Diagnostik im Schock:**
> **Wichtigstes Instrument ist der klinische Blick, da er am schnellsten zu gerichteter symptomatischer Therapie führen kann!**

Je nach Genese des Schocks wird man spezifische Zeichen wie Thoraxschmerzen und Herzrhythmusstörungen beim Myokardinfarkt oder eine Hämatemesis bei der Ulkusblutung beobachten können.

Anhand des Schockindex (Herzfrequenz / systolischem Blutdruck) ist bei Erwachsenen eine grobe Einschätzung eines Schockzustandes möglich. Im manifesten Schock beträgt er > 1.

Der klinische Wert des Schockindex wird allerdings oft erheblich überschätzt.

➤ ***Sinnvolle Überwachungsparameter:***
- Bewußtseinszustand
- EKG
- RR [überproportional niedriger diastolischer Druck $\rightarrow$ periphere Vasodilatation]
- Pulsoxymetrie
- ZVD
- Blutgasanalyse [arteriell, gemischt-venös (= A. pulmonalis) oder zentralvenös und peripherven ös]
- Körpertemperatur
- Urinproduktion im Stundenprofil
- Notfall-Labor
- Blutige Druckmessung
- Systemischer Gefäßwiderstand
- COLD-Monitoring, alternativ Pulmonaliskatheter mit PAP + PCWP

Therapie

Merke:

> **Schock-Therapie:**
> **Die beste symptomatische Intensivmedizin ist sinnlos ohne Ursachenbeseitigung!**

In der Praxis: Ausschluß von Abszeß, Nahtinsuffizienz, Katheter-Sepsis usw.

Die Schocktherapie ist eng verbunden mit differentialdiagnostischen Überlegungen zur Stellung der endgültigen Diagnose. Nach einer einleitenden stabilisierenden Therapie zur Sicherung der Vitalfunktionen muß das weitere Vorgehen in Abhängigkeit von der Ätiologie festgelegt werden.

Initiale symptomatische Therapie

- Optimierung der Oxygenierung
  O_2-Insufflation
  bzw. frühelektive Intubation und kontrollierte Beatmung
- Abstellen laufender blutdrucksenkender Medikation
- Zweckmäßige Katheter und Sonden:
  Großlumiger ZVK [Volumentherapie, ZVD-Messung]
  Kleinlumiger ZVK [Katecholamine]
  Arterieller Katheter [blutige Druckmessung, arterielle BGA]
  Urinkatheter mit integrierter Temperatursonde
  Invasives Monitoring mit COLD-System oder Pulmonaliskatheter
  [→ Kap. II-15]

Die weitere Therapie muß orientiert an klinischem Blick und Primärdiagnostik möglichst kausal erfolgen!

Therapie hypovolämer Schock

evtl. richtungsweisend:	Tachykardie, RR-Abfall, Drainagen- und Sondeninhalt, Zentralisation, Oligurie, Anurie
♦ großlumige Zugänge z. B.	3 periphere Verweilkanülen [G 16 "grau" oder G 14 "orange"] Arrow®-dreilumiger Dialyse-Katheter mit Katecholaminschenkel
♦ Volumensubstitution:	Humanalbumin 20%, HAES 10%, Elektrolytlösungen, ggf. Erythrozyten-Konzentrate und FFP [b.Bed. Volumen "pumpen": Perfusorspritze über Dreiwegehahn, je 50 ml schnell aspiriert und injiziert!]
♦ Dopamin®	200–400 µg/min [Nephroprotektion]

→ weiterführende Diagnostik und Wechsel auf gezielte Therapie!

Therapie kardiogener Schock

evtl. richtungsweisend: Kalte, blasse, schweißige Haut, feuchte Rasselgeräusche

- Intubation
- Mehrlumiger ZVK + Arterie

♦ Suprarenin® 1 – 10 µg/min	nach MAP mit dem Ziel MAP > 60 mmHg [sekundär nach den Parametern des invasiven Monitorings]
♦ Dopamin® 200 – 400 µg/min	Nephroprotektion
♦ Nitroglyzerin® 1 mg/h	venöses Pooling zur Vorlast-Senkung

- ♦ Lasix®-Bolus 20 mg, gefolgt von Perfusor 100 – 250 mg/d je nach Diurese zur Volumen-Entlastung
- ♦ Invasives Monitoring mit COLD-System bzw. Pulmonaliskatheter

→ weiterführende Diagnostik und Wechsel auf gezielte Therapie!

Therapie septischer Schock

evtl. richtungsweisend:	"Blühender" Patient mit warmer, schwitziger Haut, unverhältnismäßig niedriger diastolischer Blutdruck ["kalte Sepsis", s. S. 528]

- ♦ O_2-Gabe bzw. frühelektive Intubation und maschinelle Beatmung
- ♦ Volumenzugang + Katecholamin-ZVK + Arterie
- ♦ Arterenol® 1 – 10 µg/min nach MAP bzw. RR_{diast}, später nach invasivem Monitoring

♦ Dopamin® 200 – 400 µg/min	Nephroprotektion
♦ Volumensubstitution	EK wenn möglich – sonst Elektrolytlösungen *Cave:* Kapillarleck und Umkehr des Starling-Filtrationskoeffizienten
♦ Invasives Monitoring	Pulmonaliskatheter oder COLD-System
♦ Cortison 1 g [akute vitale Gefährdung]	klinisch probat – wissenschaftlich nicht belegt [→Kap. II-42, S. 542]

→ weiterführende Diagnostik und Wechsel auf gezielte Therapie!

Therapie anaphylaktischer Schock

evtl. richtungsweisend:	Fremd- oder Personal-Anamnese: "Reaktion auf..."

- ♦ Stopp der Zufuhr aller möglichen Allergene [Kontrastmittel, Antibiotika, Blutprodukte]
- ♦ O_2-Gabe bzw. frühelektive Intubation und maschinelle Beatmung
- ♦ Volumenzugang, Katecholamin-ZVK + Arterie

♦ Akrinor® ½ Ampulle	ggf. wiederholen
♦ Arterenol® 1 – 10 µg/min	
♦ Dopamin® 200 – 400 µg/min	Nephroprotektion
♦ Volumensubstitution	HAES 10 %, Humanalbumin 20 %, Elektrolytlösungen
♦ Tavegil® 1 Ampulle	

- b.Bed. Cortison 1 g
- Invasives Monitoring Pulmonaliskatheter bzw. COLD-Monitoring

→ weiterführende Diagnostik und Wechsel auf gezielte Therapie!

Merke:

Schock-Management:
➤ **Ursachenforschung parallel zu effektiver symptomatischer Therapie!**

➤ ***Anmerkungen***
Zur pathophysiologischen Differenzierung und Therapiekontrolle empfiehlt sich als derzeit modernstes und effektivstes Verfahren das COLD-Monitoring [→ Kap. II-15, S. 299].

Die *Volumensubstitution* unterliegt einer kontroversen Diskussion. Das Kapillarleck ist von zentraler Bedeutung. Die vielseits empfohlene Flüssigkeitssubstitution mit kolloidalen Ersatzmitteln [Albumin oder HAES] ist speziell beim septischen Schock nur bedingt sinnvoll [→ Kap. II-42, S. 520]. Es kommt im Schock zu einem Übertritt dieser Substanzen ins Interstitium, wo sie verbleiben und im weiteren Verlauf durch ihre onkotische Wirksamkeit zur Flüssigkeitsbindung im Interstitium führen. Über die Bestimmung des freien Lungenwassers (EVLWI) kann man eine Orientierung über das Ausmaß des Kapillarlecks gewinnen. Speziell am Profilverlauf des EVLWI ergeben sich Hinweise für den Verlauf der Schockaktivität. Die Volumentherapie sollte daher sehr vorsichtig erfolgen. Zunächst empfiehlt sich eine adäquate *Vasotonisierung* unter Kontrolle des systemischen Gefäßwiderstands, vornehmlich mit Arterenol®. Die obligate Volumentherapie sollte nach Vasotonisierung bis in subnormale Werte (SVRI $\approx$ 1200 dyn../m^2 BSA) möglichst unter Kontrolle der kardialen Vorlast [z.B. ITBV (intrathorakales Blutvolumen) im COLD-Monitoring] erfolgen. Eine so kontrollierte Volumentherapie nach vorangegangener Vasotonisierung reduziert das Risiko überproportionaler Kapillarleck-Verluste und weiterer konsekutiver Komplikationen durch eine Hyperhydratation.

Diuretika werden primär beim Lungenödem z. B. im kardiogenen Schock gegeben. Ansonsten erfolgt eine bedarfsadaptierte Gabe mit dem Ziel einer Urinproduktion von ca. 100 ml/h. Hierzu wird Furosemid (Lasix®) über Perfusor gegeben [Dosis bis 1,5 g/d]. Bei akutem Nierenversagen sollte frühzeitig ein Nierenersatzverfahren z. B. die CVVH eingesetzt werden.

Merke:

Schockprognose:
Qualität der Primärversorgung entscheidend!
Letalität 30 bis 70 %.

II-38 Interventionelle Sonographie und Endoskopie

Interventionelle Sonographie

Geräteausstattung

Prinzipiell ist die interventionelle Sonographie allein mit Hilfe der mobilen Ultraschalleinheit für diagnostische Zwecke (→ Kap.II-11, S. 235) möglich.

➤ ***Sinnvolle Zusatzausrüstungen sind:***

– *Spezielle Punktionsschallköpfe mit einer zentralen Perforation*
  Vorteil derartiger Schallköpfe ist die sichere Führung der Punktionsnadel parallel zur Schallrichtung ohne seitliche Abweichung. Als nachteilig kann die fehlende direkte Darstellung der Nadelspitze im Monitorbild empfunden werden.

– *Punktionshilfen für konventionelle Schallköpfe*
  Die Nadelführung liegt hier in einem spitzen Winkel zur Schallrichtung und es resultiert eine entfernungsabhängige Abweichung der Nadelspitze vom Schnittbild. Von Vorteil ist jedoch, daß die Nadel direkt dargestellt wird.

Punktionstechniken

Die einfachste Punktionstechnik ist die sogenannte Freihand-Punktion. Hierbei wird an einer zuvor markierten Hautstelle frei punktiert. Der Weg der Nadel kann durch den in spitzem Winkel positionierten Schallkopf kontrolliert werden. Diese Technik wird vorzugsweise bei großen und direkt unter der Bauchdecke oder Thoraxwand gelegenen Prozessen wie z. B. Pleuraergüssen oder Aszites eingesetzt.

Kleine, tiefer gelegene Befunde können unter Verwendung eines Punktionsschallkopfes oder einer Punktionshilfe mit direkter Nadelführung punktiert werden.

Liegen Darmschlingen oder parenchymatöse Organe im Punktionsweg, so dürfen nur geschliffene Feinnadeln mit einem Außendurchmesser von 0,6 bis 0,8 mm Verwendung finden. Infolge atemsynchroner Bewegungen z. B. der Leber sind diese Punktionen dennoch risikoreich. Durch Umlagerung des Patienten oder dosierte Kompression mit dem Schallkopf lassen sich interponierte Darmschlingen unter Umständen zur Seite schieben.

Drainagetechniken

Schmallumige Katheter und Drainagen von 6 – 8 F lassen sich in den meisten Fällen über eine direkte Punktion in Trokartechnik einbringen. Bei allen großlumigen

Drainagen (8 – 12 F) empfiehlt sich die Anwendung der Seldingertechnik. Hierbei wird der Führungsdraht über eine Hohlnadel unter sonographischer Sicht plaziert. Anschließend kann die Drainage nach Schlitzung und Bougierung des Punktionsweges sicher plaziert werden. Die Lage der Drainage wird abschließend sonographisch kontrolliert. In jedem Fall sollten auch sogenannte selbsthaltende Drainagen (Pigtail-Katheter) mit einer Hautnaht fixiert werden.

Indikationen

Die interventionelle Sonographie dient sowohl diagnostischen wie therapeutischen Zwecken. Die Indikation zur interventionellen Sonographie ergibt sich bei der Konstellation von klinisch und sonographisch auffälligem Befund sowie möglicher therapeutischer Konsequenz. Auch die ultraschallgeführte Punktion stellt einen potentiell komplikationsträchtigen Eingriff dar und bedarf in jedem Einzelfall der Indikationsprüfung und Aufklärung. Allein die sonographische Diagnose eines klinisch stummen intraabdominellen Hämatoms ist z. B. noch keine Indikation zur Punktion oder ultraschallgestützten Drainage.

➤ **Häufige Indikationen:**
- Pleuraerguß
- Freie intraabdominelle Flüssigkeit unklarer Genese
- Intraabdominelle Abszesse
- Anlage suprapubischer Katheter
- Pleuraempyem

Vorbereitung und Durchführung

Alle Maßnahmen im Rahmen der interventionellen Sonographie sind echte Eingriffe und bedürfen nicht zuletzt aus forensischen Gründen der hierbei üblichen Vorbereitung und Dokumentation.

➤ ***Voraussetzungen:***
- Aufklärung und Einverständniserklärung (wacher und orientierter Patient)
- Aktuelle Laborwerte, nicht älter als 24 Stunden:
  Quick-Wert > 50 %
  Thrombozytenzahl > 50 000 G/l
- Erfahrene Assistenz
- Sterile Kautelen
  Sprühdesinfektion von Haut und Schallkopf
  Sterile Abdeckung
  Akustische Ankopplung über Desinfektionslösung
- Lokalanästhesie im Bereich der Punktionsstelle (z. B. 1 % Lidocain)

Spezielle Indikationen

➤ ***Pleuraerguß:***
- Lagerung des Patienten mit erhobenem Oberkörper
- Markierung der Punktionsstelle in der hinteren Axillarlinie dicht oberhalb des Sinus phrenicocostalis

- Mikrobiologische Untersuchung bei nicht-serösem Punktat
- Radiologische Kontrolle nach Punktion

Typische Fehler und Gefahren:
- Verletzung der Intercostalarterie am Rippenunterrand
- Verletzung der Lunge und Pneumothorax
- Verletzung des Zwerchfells

➤ ***Pleuraempyem:***
- Punktatprobe zur Mikrobiologie
- Vorzugsweise Anlage einer Saug-Spül-Drainage mit Hilfe zweier unabhängiger Zugänge
- Großlumiger Ablauf
- Keine Indikation bei gekammertem Befund

Typische Fehler und Gefahren:
- s. o. (wie bei Pleuraerguß)

➤ ***Freie intraabdominelle Flüssigkeit unklarer Genese:***
- Markierung der Punktionsstelle über dem größten Flüssigkeitsdurchmesser ohne interponierte Darm- oder Organstrukturen
- Ausmessen der Entfernung von Haut bis zur Flüssigkeitsansammlung
- Makroskopische Beurteilung des Punktates:

hämorrhagisch	→	Hb-Bestimmung aus dem Punktat
serös	→	Analyse von Eiweiß, Harnstoff/Kreatinin
gallig / trüb	→	Analyse von Amylase / Lipase, Mikrobiologie
eitrig	→	Mikrobiologie

Typische Fehler und Gefahren:
- Fehlpunktion von Dünndarm / Dickdarm
- Kurze Punktionsnadel bei adipöser Bauchdecke
- Weitgehende Entleerung einer Flüssigkeitsansammlung im Rahmen der Punktion macht die anschließende Anlage einer Drainage unmöglich

➤ ***Abszeßdrainage:***
- Indikation vorzugsweise bei
  unilokulärem Befund
  keine Fistel zu einem Hohlorgan
  kein infizierter Tumor
  kein visköser Eiter / Sequester
- Vorzugsweise Anlage einer Saug-Spüldrainage (zweilumiger Katheter)
- Regelmäßiges Anspülen der Drainage

Typische Fehler und Gefahren:
- Darmperforation im Rahmen der Katheteranlage
- Darm- / Gefäßarrosion bei lange liegendem Katheter
- Fehlender Kollaps des Hohlraums bei altem Abszeß oder Rezidivbefund mit stabiler Membran
- Vorzeitige Katheterentfernung ($<$ 2 bis 3 Wochen)

Interventionelle Endoskopie

Geräteausstattung

Neben den in Kapitel II-11, S. 242 gelisteten Geräten sind für die interventionelle Endoskopie folgende Einrichtungen notwendig:
- Hochfrequenzdiathermiegerät, Diathermieschlingen
- Injektionssysteme
- Röntgenanlage (Durchleuchtung bei Gallenwegseingriffen)
- fakultativ Argon-Beamer

Gastrointestinale Blutung

Nach endoskopischer Lokalisation der Blutungsquelle sowie der Beurteilung von Blutungsaktivität und Intensität sollte bei allen persistierenden Blutungen bzw. rezidivgefährdeten Blutungen eine endoskopische Therapie durchgeführt werden. Hierbei ist eine erfahrene Assistenz unabdingbar. Zur endoskopischen Blutstillung stehen verschiedene Verfahren wie Koagulation mit der Hydrothermosonde, Laserkoagulation etc. zur Verfügung. Instrumentell wenig aufwendig, ubiquitär anwendbar und sehr effektiv ist die Unterspritzungsmethode. Methodik und Indikation dieses favorisierten Verfahrens werden im Folgenden dargestellt.

Technik der endoskopischen Unterspritzung:
Über den Arbeitskanal des Endoskops wird eine Injektionsnadel bis zur blutenden Läsion vorgeführt. Zunächst werden multilokulär um die Blutungsquelle ca. 10 ml von 1 : 10 000 Suprarenin®-Kochsalzlösung submukös injiziert. Allein durch diese Maßnahme sollte die initiale Hämostase gelingen [Abb. II-38–1]. Der blutstillende Kompressionseffekt durch die aufgequollene Mukosa hält ca. 4 bis 6 Stunden an. *Innerhalb dieses Intervalls muß eine zusätzliche Maßnahme zur definitiven Blutstillung erfolgen.*

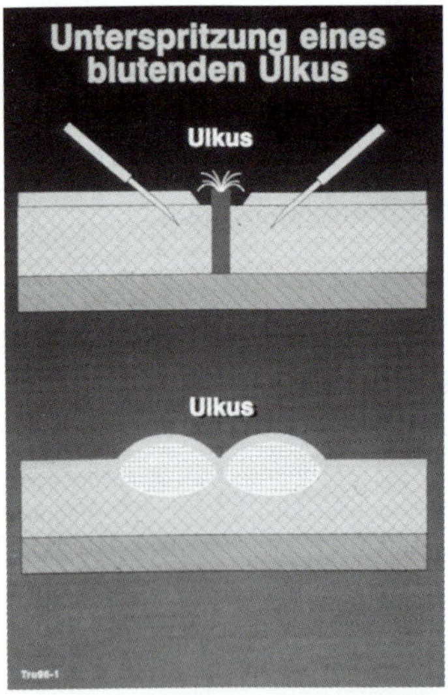

Abb. II-38-1 Schematische Darstellung der Ulkusunterspritzung [nach Soehendra].

Je nach Blutungsursache bieten sich zusätzliche endoskopische Maßnahmen an:

- Injektion von 2–3 ml Polidocanol (**Aethoxysklerol® 1%**), direkt in die Blutungsquelle zur definitiven Verödung der blutenden Gefäße.

  Cave: Der hochprozentige Alkohol bewirkt eine lokale Kolliquationsnekrose. Bei zu tiefer Injektion droht eine transmurale Magen- bzw. Darmnekrose.
- Injektion von 2 ml Fibrinkleber (Tissucol®) an die Basis der blutenden Läsion.

Gelingt die initiale Blutstillung mit Hilfe der einfachen Unterspritzungsmethode nicht, so können Blutungen aus kaliberstarken Gefäßen gestillt werden mit:

- Endoskopisch plazierbaren Clips (Endoclip®) bei arteriellen Blutungen
- Injektion von 1 ml Gewebekleber (Histoacryl®) bei venösen Blutungen (Aufbereitung der Injektionslösung: 1 ml Histoacryl vermischt mit 1 ml öliger Lösung, z.B. Lipiodol®)

Nach einer primär erfolgreichen Blutstillung müssen die lokalen Verhältnisse 24 Stunden später endoskopisch kontrolliert werden.

Ösophagusvarizenblutung

Therapie der ersten Wahl:

- Kochsalz/Adrenalin Unterspritzung zur initialen Blutstillung
- Polidocanol-Injektion zur definitiven Verödung der submukösen Varizen

Ausweichverfahren:

- Gewebekleberinjektion als ultima ratio bei massiver Blutung

Gastroduodenale Ulkusblutung

Therapie der ersten Wahl:

- Kochsalz/Adrenalin Unterspritzung zur initialen Blutstillung
- Fibrinkleberinjektion zur definitiven Blutstillung und Rezidivprophylaxe

Merke:

Endoskopie der Ulkusblutung:

➤ **Forrest Ia Blutung: Indikation zur frühelektiven Operation!**

Ausweichverfahren:

- Endoclip® bei Forrest Ia und IIa Blutungen mit kaliberstarkem Gefäßstumpf

Frühpostoperative Anastomosenblutung

Therapie der ersten Wahl:

- Kochsalz/Adrenalin Unterspritzung

Ausweichverfahren:

- Fibrinkleberinjektion

Merke:

> **Endoskopische Unterspritzung von Anastomosenblutungen:**
> **Kein Polidocanol verwenden, da Nekrose- und Insuffizienzgefahr**

Colondivertikelblutung

Therapie der ersten Wahl:

- Kochsalz/Adrenalin Unterspritzung zur initialen Blutstillung

Merke:

> **Endoskopie bei massiver Divertikelblutung:**
> **Unterspritzung des gesamten Divertikelhalses!**
> **Keine Unterspritzung im Divertikel!**
>
> **Bei erfolgreicher Blutstillung frühelektive Operation nach 4 bis 6 Stunden.**
> **In allen anderen Fällen *Notfalloperation!***

Nahtinsuffizienz

Bei Insuffizienz der collaren Anastomose nach subtotalen Oesophagusresektionen empfiehlt sich die endoskopische Plazierung einer **Sonde** (z. B. Ernährungssonde 9,6 Ch / 14,6 Ch) weit distal der Leckage. Die distalen Magendarmanteile werden hierdurch entlastet, ggf. kann eine frühzeitige enterale Ernährung eingeleitet werden.

Kleine intestinale **Fisteln** (Größe der Öffnung kleiner 1 cm) können mit Hilfe von **Fibrinkleber** verschlossen werden. Hierbei ist die wiederholte Verklebung der Fistelöffnung notwendig.

Galleleck nach Cholecystektomie

Bei einer kleinen Leckbildung im Zysticusstumpf bzw. im extrahepatischen Gallengangsystem kann eine endoskopische Therapie mittels endoskopischer Papillotomie (EPT) und endoskopischer Gallengangschienung mit Endoprothese oder nasobiliärer Sonde durchgeführt werden [Abb. II-38–2].

Voraussetzungen für ein solches nicht operatives Verfahren sind:

- Keine gallige Peritonitis
- Perkutane Drainage des Gallelecks mit gutem Abfluß (ERCP-kontrolliert)
- Engmaschige klinische und sonographische Kontrolle

Inkompletter Ileus

Bei postoperativen inkompletten Passagestörungen z. B. auf dem Boden einer verschwollenen Anastomose erlaubt die endoskopische Intervention die Fortführung der konservativen Therapie. Ziel ist die Entlastung der vorgeschalteten Magen-Darm-Anteile.

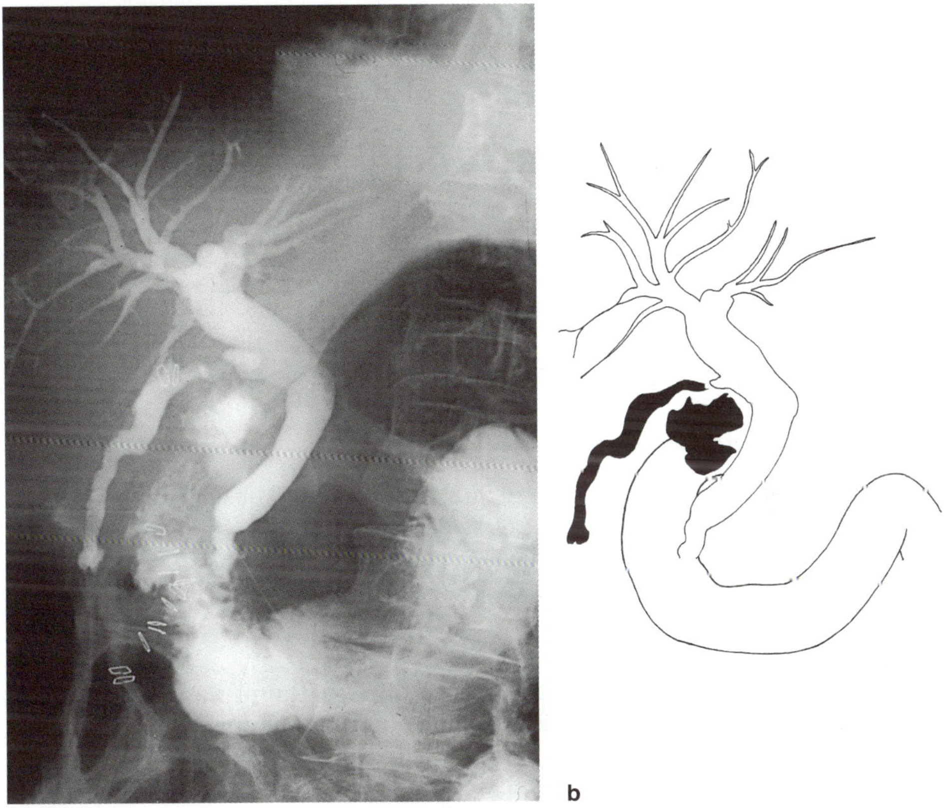

a b

Abb. II-38-2 a, b Zystikusstumpf-Insuffizienz bei Zustand nach laparoskopischer Cholezystektomie. Kontrastmittelaustritt im Rahmen der ERC.

Praktisches Vorgehen:

- Endoskopisches Absaugen des Mageninhalts
- Einführen einer Dünndarmsonde (Dennis-Sonde nach Miller-Abbott, 3-lumig mit Latex-Ballon, 16 Ch) durch die Nase
- Endoskopische Plazierung der Sonde tief in das Duodenum
- Blocken des Ballons mit 60 ml Luft und Entfernung des Endoskops
- Desufflieren des Ballons und Blocken mit 20 ml Luft
- Zusätzliche Plazierung einer Magensonde

In der Folge sollte die Sonde alle 2–3 Stunden um ca. 10 cm vorgeschoben werden. Radiologische Kontrollen dokumentieren das Vorwandern der Sonde durch den Dünndarm. Hat die Dünndarmsonde die optimale Position vor der Stenose erreicht, wird der Ballon entblockt. Die Magensonde kann jetzt meist entfernt werden.

Pseudoobstruktion des Colons:

Die Pseudoobstruktion des Colons [*Ogilvie-Syndrom*] bezeichnet die klinische Situation eines dilatierten, gas- und flüssigkeitsgefüllten Kolonrahmens ohne nachweisbare organische Stenose. Die Therapie der Wahl ist die [auch wiederholte] koloskopische Dekompression sowie die symptomatische Therapie des meist entgleisten Elektrolythaushaltes.

II-39 Intensivtherapie Schädel-Hirn-Verletzter

Physiologische Grundlagen

Intrakranielle Volumenverteilung

Der menschliche Schädel ist eine starre Struktur mit einem konstanten Volumen. Er enthält im wesentlichen das Gehirn (80% des Volumens, ca. 1400 ml), arterielles und venöses Blut (10% des Volumens, ca. 150 ml) und Liquor cerebrospinalis (10% des Volumens, ca. 150 ml).

Achtung:

Eine akute Volumenzunahme im intrakraniellen Raum kann nur durch eine Reduzierung der venösen Blutmenge oder des Liquor cerebrospinalis in gewissem Maße kompensiert werden. Eine Ausnahme bilden Säuglinge, bei denen sich der noch nicht vollständig verknöcherte Schädel bei einer intrakraniellen Drucksteigerung ausdehnen kann.

Blut-Hirn-Schranke

Die sogenannte Blut-Hirn-Schranke liegt im Bereich des Endothels der zerebralen Kapillaren. Die Blut-Hirn-Schranke reguliert den Durchfluß von biologisch aktiven Substanzen durch das Gehirn und schützt das Neuralgewebe vor toxischen Materialien. Lipidlösliche Substanzen können das kapilläre Endothel passiv durchqueren, andere Substanzen jedoch werden aktiv durch das Endothel transportiert.

Zerebrale Perfusion

Die normale Hirndurchblutung schwankt zwischen 55 und 60 ml/100 g Hirngewebe/min. Der zerebrale Perfusionsdruck sichert den effektiven Druckgradienten, der für eine ausreichende Durchblutung des Gehirns sorgt. Der zerebrale Perfusionsdruck (CPP) ist die Differenz zwischen mittlerem arteriellem Blutdruck (MAP) und dem ihm entgegenwirkenden intrakraniellen Druck (ICP):

Merke:

Zerebraler Perfusionsdruck [CPP] = MAP – ICP

Die zerebrale Durchblutung wird unter physiologischen Bedingungen durch 3 Hauptfaktoren reguliert:

➤ Systemischer Blutdruck
➤ CO_2 und Wasserstoffionenkonzentration im arteriellen Blut
➤ Sauerstoffkonzentration

Die Fähigkeit des Gehirns, die zerebrale Durchblutung auch bei stärkeren systemischen Blutdruckschwankungen konstant zu halten (zwischen 50 und 160 mm Hg mittlerem arteriellen Druck), wird als **Autoregulation** bezeichnet. Ein Rückgang der zerebralen Perfusion bewirkt eine Reduktion der neuronalen Aktivität. Bei einer Restperfusion von 20 bis 18 ml/100 g Gewebe/min erlischt die spontane bioelektrische Aktivität, bei weniger als 12 ml/100 g Gewebe/min Restperfusion setzt die hypoxische Membranpolarisation ein.

Pathophysiologie des gesteigerten intrakraniellen Drucks

Ursachen des gesteigerten intrakraniellen Drucks beim SHT:

- Raumfordernde Hämatome
- Fokales Ödem
- Generalisiertes Hirnödem
- Impressionsfraktur mit Obstruktion des Sinus sagittalis superior
- Verschlußhydrocephalus (selten)

Beachte:

Hirnödem und **Hirnschwellung** werden oft synonym gebraucht. Manche Autoren bezeichnen aber das Hirnödem als eine Sonderform der Hirnschwellung, bei der der Wassergehalt des Hirnparenchyms erhöht ist. Eine traumatisch bedingte Hirnschwellung kann nämlich auch durch eine zerebrale Hyperämie bedingt sein.

Nach dem pathophysiologischen Mechanismus unterscheidet man 3 Arten von Hirnödemen. Das **vasogene Ödem** kommt am häufigsten vor. Es entsteht durch eine erhöhte kapilläre Permeabilität infolge einer Störung der Blut-Hirn-Schranke. Es besteht aus einem extrazellulären Plasma-Ultrafiltrat und ist primär in der weißen Substanz lokalisiert. Im CT imponiert es als eine Hypodensität der weißen Substanz.

Das **ischämische oder zytotoxische Hirnödem** entsteht durch eine intrazelluläre Akkumulation von Flüssigkeit als Folge eines gestörten zellulären Energiestoffwechsels und der dadurch bedingten Unfähigkeit der betroffenen Zellen, ihren Wasserhaushalt zu regulieren. Es kommt zur Akkumulation von intrazellulärem Natrium, das das freie Wasser nach sich zieht. Das CT zeigt eine Hypodensität sowohl der weißen als auch der grauen Substanz [138].

Das **interstitielle Ödem** entsteht durch eine Transsudation von Liquor cerebrospinalis z. B. bei obstruktivem Hydrocephalus. Man erkennt es im CT oder Kernspintomogramm als eine periventrikuläre Dichteminderung.

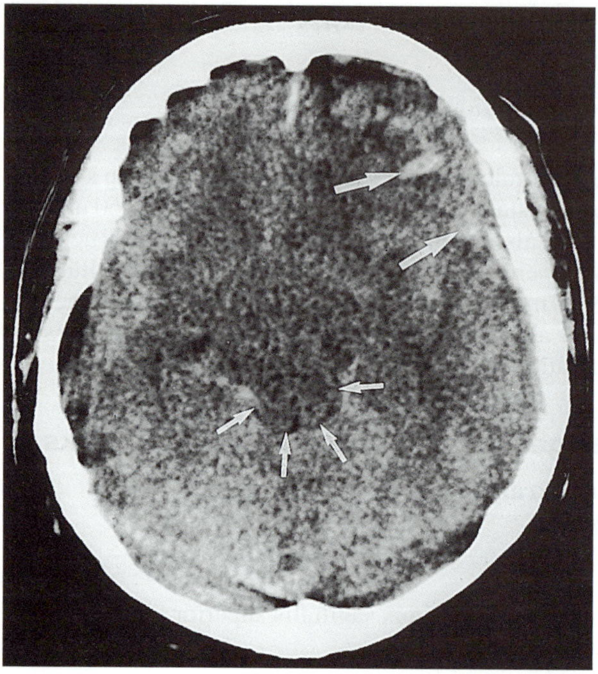

Abb. II-39-1 Computertomographie (mittlere Schicht) nach schwerem SHT und ausgeprägtem globalen Hirnödem. Sämtliche Liquorräume (Ventrikel, Fissuren, Zisternen) sind aufgebraucht. Die basalen Zisternen um den Hirnstamm sind kaum noch erkennbar (kleine Pfeile). Mehrere frische Kontusionsherde links frontal (große Pfeile).

Folgen des gesteigerten Hirndrucks

Anfangs werden die natürlichen Reserveräume verbraucht (Blut in den großen venösen Blutleitern und Liquor cerebrospinalis). Nach Erschöpfung dieser Reserveräume bewirkt jede zusätzliche Volumenzunahme einen weiteren steilen Anstieg des intrakraniellen Drucks (Abnahme der zerebralen Compliance). Dies bewirkt eine *Störung der zerebralen Perfusion* sowohl regional als auch global. Bei gleichzeitig gestörter Autoregulation reagiert das Gehirn sehr empfindlich auf Blutdruckschwankungen. Die allmählich einsetzende zerebrale Ischämie kann das Hirnödem noch weiter verstärken (zytotoxisches Ödem). Einseitige Druckgradienten bedingen eine *Einklemmung des Mittelhirns* (und des Nervus oculomotorius) durch den medialen Temporallappen oder der *Medulla oblongata* durch die Kleinhirntonsillen im Bereich des Foramen magnum [139].

Diagnostik

Computertomogramm – CT

Für die Beurteilung der intrakraniellen Verhältnisse (globales oder regionales Hirnödem, Hämatome, Liquorräume, Mittellinienstrukturen) stellt das CT die Methode der Wahl dar. Häufige CT-Kontrolluntersuchungen sind erforderlich, um die Therapie den jeweils aktuellen Gegebenheiten anzupassen.

Überwachung des intrakraniellen Drucks

Es gibt verschiedene Systeme, die für eine direkte intracranielle Druckmessung verwendet werden. **Ventrikelkatheter** erlauben die Messung des intraventrikulären Drucks und gleichzeitig auch die externe Liquordrainage. **Intraparenchymale Drucksonden** messen den Druck im Hirngewebe und **epidurale Drucksonden** messen den Druck zwischen Schädelkalotte und Dura mater. Sowohl Absolutwerte als auch die Druckkurve und ihr zeitlicher Verlauf werden beurteilt und dienen als Grundlage für die spezifischen therapeutischen Maßnahmen.

Merke:

Normaler Hirndruck:	**0 – 10 mm Hg**	
Pathologischer Hirndruck:	**> 20 mm Hg**	**(bereits Störung der Mikrozirkulation)!**

Indikation zur Hirndruckmessung

Die *kontinuierliche Hirndruckmessung* dient in erster Linie der Steuerung und Optimierung der Therapie, sie hat aber auch eine prognostische Bedeutung.

Hirndruckmessungen werden durchgeführt:

- bei jedem schweren SHT mit anhaltender Bewußtlosigkeit
- bei Schädel-Hirn-Verletzten, bei denen wegen einer pulmonalen Komplikation über mehrere Tage eine PEEP-Beatmung erforderlich ist
- Multiorganversagen

Elektroenzephalographie – EEG

Das EEG ist eine Summation von Potentialfeldern postsynaptischer Potentiale von Neuronen vom Pyramidenzelltyp in der Ganglienzellschicht 5 des Kortex.

Das EEG kann zwar für die Lokalisation von zerebralen Läsionen verwendet werden, der praktische Nutzen ist aber gering. Es eignet sich besser zur Langzeitüberwachung Schädel-Hirn-Verletzter (mittels computergestützter Auswertung) und ermöglicht die Beurteilung von:

- Komatiefe
- Beteiligung des Hirnstamms
- Zeitlicher Verlauf

Evozierte Potentiale

Evozierte Potentiale sind elektrische Antworten spezifischer nervaler Strukturen auf externe Stimulation. Beurteilt werden die *Latenzzeit* nach dem Reiz, die *Amplituden* und die *Form der Wellen*.

Wiederholte Untersuchungen erlauben in erster Linie prognostische Aussagen.

Therapie

Die Behandlung Verletzter mit schwerem SHT und besonders von Polytraumatisierten ist sehr komplex. Absolute Priorität haben die **Aufrechterhaltung der Vitalfunktionen** und die **Sicherung eines ausreichenden zerebralen Perfusionsdrucks**. Zu den weiteren Maßnahmen gehören eine negative bis ausgeglichene Volumenzufuhr, die Therapie eines gestörten Wasser- und Elektrolythaushaltes oder eines Diabetes insipidus, die Infektionsprophylaxe und ggf. Behandlung von Begleitinfektionen (am häufigsten Pneumonie!).

Behandlung des erhöhten intrakraniellen Drucks

Ein globales Hirnödem kann tagelang fortbestehen. Je nach Ausprägung und zeitlichem Verlauf können folgende Maßnahmen allein oder in Kombination verwendet werden [140]:

➤ ***Oberkörperhochlagerung***
Eine Oberkörperhochlagerung von 30–40° bewirkt durch die Verbesserung des venösen Rückflusses zum Herzen eine relevante Senkung des intrakraniellen Drucks.

➤ ***Liquordrainage***
In den meisten Fällen mit ausgeprägtem globalen Hirnödem sind die Hirnkammern so eng, daß die Plazierung eines Ventrikelkatheters nicht mehr gelingt. Bei Schädel-Hirn-Verletzten, bei denen eine Ventrikelpunktion noch möglich ist, sollte bei anhaltendem Hirndruck die externe Liquordrainage zur Senkung des intrakraniellen Drucks verwendet werden, da diese Maßnahme sehr effektiv sein kann.

➤ ***Sedierung***
Verletzte mit schwerem Schädel-Hirn-Trauma sind häufig psychomotorisch agitiert und hyperventilieren unkontrolliert. Dies kann zur Verschlimmerung eines bereits erhöhten Hirndrucks führen. Durch Sedierung und kontrollierte Beatmung kann diesem Zustand vorgebeugt werden.

➤ ***Kontrollierte Hyperventilation***
Die Hyperventilation bewirkt eine Konstriktion der Hirngefäße, dadurch kommt es zur Abnahme des intrakraniellen Blutvolumens und des intrakraniellen Drucks. Es empfiehlt sich, die Hyperventilation so einzustellen, daß der **$PaCO_2$ um 30 mm Hg liegt.**

Merke:

Effekte kontrollierter Hypokapnie beim SHT:

- **Konstriktion der Hirngefäße und Abnahme des intrakraniellen Drucks**
- **Zunahme des Perfusionsdrucks in geschädigten Hirnarealen mit aufgehobener Autoregulation und CO_2-Reaktivität der Gefäße**
- **Neutralisation der Laktazidose in den ödematösen Bereichen durch die respiratorische Alkalose**

➤ ***Osmotherapie***

Wenn Oberkörperhochlagerung, Hyperventilation und externe Liquordrainage nicht ausreichen, um einen pathologisch erhöhten intrakraniellen Druck entscheidend zu senken, kann eine hypertone Infusionslösung verwendet werden. Das am häufigsten eingesetzte Osmotherapeutikum ist **Mannit**.

Im allgemeinen wirkt Mannit nur in den ersten 48 bis 72 Stunden durch Entzug von Wasser aus dem gesunden Hirngewebe. Im geschädigten Bereich (mit gestörter Blut-Hirn-Schranke) ist es wirkungslos, da hier kein osmotischer Druckgradient entstehen kann.

Am besten eignet sich eine 20 %ige Lösung in einer Dosierung von 0,25 bis 1,5 g/kg KG 4 bis 6 mal/24 h. [z.B. 6 × 125ml Mannit 20%/d].

Merke:

Osmotherapie mit Mannit:
Tägliche Kontrolle der Serumosmolarität!
Schädigung der Blut-Hirn-Schranke und ANV-Gefahr bei > 320–340 Osm/l!

Die Osmotherapie kann mit einem Schleifendiuretikum kombiniert werden (Furosemid). Als Folge einer überschießenden Hämokonzentration kann eine deutliche Erhöhung der Blutviskosität mit konsekutiver zerebraler Mikrozirkulationsstörung auftreten.

➤ ***Steroide***

Obwohl Dexamethason bei einem tumorbedingten vasogenen Ödem einen deutlichen Rückgang des Ödems bewirken kann, ist die Steroidtherapie beim Schädel-Hirn-Trauma sehr umstritten. Manche Autoren empfehlen eine hochdosierte Steroidtherapie in der Frühphase der Hirnschwellung und machen die Fortführung dieser Behandlung vom weiteren Verlauf abhängig.

z. B. Fortecortin® 6 × 8 mg/d

Merke:

Ausreichende Ulkusprophylaxe unter Cortisontherapie!

➤ ***Barbiturate***

Die Induktion eines Barbiturat-Komas bei einem schweren Schädel-Hirn-Trauma ist indiziert, wenn alle anderen hirndrucksenkenden Maßnahmen versagen und eine Hirndrucksteigerung von mehr als 25 mmHg über mehr als 15 Minuten besteht.

Die Wirkung der Barbiturate besteht in erster Linie in der Senkung des zellulären Stoffwechsels. Dadurch werden zerebraler Sauerstoffverbrauch und Durchblutung vermindert, wodurch eine Senkung des intrakraniellen Drucks resultiert.

Verwendet wird am häufigsten **Thiopental** (**Trapanal**®):

Initialdosis:	10 bis 15 mg/kg KG
Erhaltungsdosis:	4 bis 8 mg/kg KG

Merke:

Barbiturattherapie bei Hirnödem:
Kreislaufdepression, pulmonale Infekte, intrahepatische Cholestase und Refluxösophagitiden gehäuft!

Reichen alle diese Maßnahmen nicht aus, um eine längerdauernde pathologische Hirndrucksteigerung wirksam zu senken, kann in manchen Fällen operativ vorgegangen werden; z. B. können kontusionierte und infarzierte Areale der Hemisphären reseziert werden. Die Indikation zu einem solchen Eingriff und der Operationszeitpunkt müssen allerdings in jedem Einzelfall von einem erfahrenen Neurochirurgen bestimmt werden [141, 142].

Literatur

– siehe Gesamt-Literaturverzeichnis im Anhang –

II-40 Thoraxtrauma, Lungenkontusion

Dem Thoraxtrauma kommt beim Polytrauma entscheidende Bedeutung für die Prognose der verunfallten Patienten zu. Die Letalität steigt bei ansonsten gleichem Schweregrad der Verletzungen durch die Thoraxbeteiligung auf das Doppelte an. Im Gegensatz zum Abdominaltrauma steht nicht die unmittelbare Bedrohung durch Blutverlust im Vordergrund, sondern meist das konsekutive pulmonale Versagen während der intensivmedizinischen Behandlung des Patienten. Eine frühzeitige Diagnosestellung und gezielte intensivmedizinische Maßnahmen können die Letalität entscheidend beeinflussen.

Definition

Lungenkontusion: Verletzung des Lungenparenchyms mit Lungenfunktionseinschränkung als Folge akuter Kompression und Dekompression im Rahmen von Rasanztraumen.

Die Einteilung in klinische Schweregrade beruht auf dem Grad der Lungenfunktionsbeeinträchtigung und korreliert gut mit der Prognose [151].

Stadium I	Kreislauf und Atmung nach 4 Stunden normal, keine traumatischen Organschäden
Stadium II	Kompensierte Ateminsuffizienz, traumatische Organschäden, arterieller pO_2 50–60 mm Hg bei Raumluft
Stadium III	Dekompensierte Ateminsuffizienz, arterieller $pO_2 < 50$ mm Hg bei Raumluft

ARDS: Unter den zahlreichen Ursachen des ARDS (jetzt wieder ***acute respiratory distress syndrome*** anstelle ***adult*** [→Kap II-41]) spielt die direkte traumatische Schädigung des Lungenparenchyms im Rahmen eines Polytraumas eine wesentliche Rolle, zusätzlich kommen Elemente des Schockgeschehens potenzierend hinzu. Zur Abgrenzung des ARDS von sonstigen akuten pulmonalen Schädigungen wurde folgende Definition vereinbart (American-European consensus conference on ARDS 1992 [144]):

- **ALI** (acute lung injury):
  Oxygenationsquotient: $PaO_2/FiO_2 \leq 300$ mm Hg
- **ARDS** (acute respiratory distress syndrome):
  Oxygenationsquotient: $PaO_2/FiO_2 \leq 200$ mm Hg

Häufigkeit und Ursachen

Durch die Zunahme der Rasanztraumen insbesondere im Straßenverkehr bei gleichzeitiger Verbesserung der Rettungsmöglichkeiten im präklinischen Bereich ist die absolute Häufigkeit der Thoraxverletzungen ansteigend. Zunehmend mehr Patienten erreichen auch mit schwersten Verletzungen lebend die Klinik. Fast 2/3 aller Thoraxtraumen sind Folgen von Verkehrsunfällen, der Rest entfällt auf Betriebs-, Tätlichkeits-, häusliche und iatrogene Verletzungen. Insgesamt weisen 10–15 % aller Verletzten im Straßenverkehr eine Thoraxbeteiligung auf, in 1/3 dieser Fälle liegt eine intrathorakale Verletzung vor, wobei die Lungenkontusion je nach Untersuchung mit 40–70 % die häufigste Verletzungsfolge darstellt. Bei ausschließlicher Betrachtung polytraumatisierter Patienten liegt in mehr als 50 % der Fälle eine schwere Thoraxverletzung vor.

Intrathorakale Verletzungen beim Thoraxtrauma

Lungenkontusion	43 %	Gefäßverletzung	13 %
Pneumothorax	40 %	Lungenruptur	12 %
Hämatothorax	33 %	Lungenquetschung	1 %
Contusio cordis	21 %	Bronchusruptur	1 %

Pathophysiologie

Als Folge der äußeren Gewalteinwirkung auf das Lungenparenchym mit konsekutiven Einblutungen kommt es zur Ausbildung eines zunächst lokalen Ödems, sekundär zur Generalisierung mit Entstehung von alveolären hyalinen Membranen, einer interstitiellen Fibrose und letztlich zum Vollbild des ARDS [146].

Rasanztrauma
↓
Parenchymblutung
↓ (alveoläre Mediator- und Proteinfreisetzung)
↓
interstitielles + alveoläres proteinreiches Ödem ("protein leakage")

(Rasanztrauma bis Ödem: ↓ klinische Latenzzeit ↓)

↓ (Freisetzung von Anaphylatoxinen und Eicosanoiden)
↓
↓
Surfactantschaden
↓
interstitielle Fibrose, Erhöhung des pulmonalen Widerstandes
↓
ARDS

Diagnostik

Die frühzeitige Erkennung der Thoraxverletzung trägt entscheidend zur Prognoseverbesserung bei. Die **Anamneseerhebung** (Unfallhergang, ggfs. Fremdanamnese), **klinische Untersuchung** (Prellmarken, Frakturzeichen, Seitendifferenzen der Atmung, Hautemphysem) sowie ergänzende **Blutgasanalysen** (Partial- bzw. Globalinsuffizienz) sind richtungweisend.

Das **Röntgenbild des Thorax** kann zunächst noch völlig unauffällig sein und erst mit einer Latenz von mehreren Stunden Zeichen der Kontusion aufweisen. Die **Sonographie** weist Flüssigkeitsansammlungen in der Pleurahöhle (Hämatothorax, Pleuraerguß) sensitiv (ab 50 ml) nach, vor allem im Unterlappenbereich kommen Atelektasen gut zur Darstellung. Bei Verdacht auf ein Thoraxtrauma mit Beteiligung der Lunge ist die frühzeitige Bronchoskopie entscheidend zum Ausschluß zentraler bronchialer Verletzungen. In bis zu 15% der Untersuchungen lassen sich zusätzliche Befunde erheben; häufig sind dies Bronchusobstruktionen, die in gleicher Sitzung therapiert werden können [145].

Bronchoskopie

Nachweis	Bronchus/Trachealverletzung Lungenkontusion (indirekte Zeichen): – submuköse Einblutungen – intrabronchiale Blutungen – petechiale Veränderungen
Nachweis und ggfs. Therapie	Bronchusobstruktion durch – Schleimpfropf – Blutkoagel – Aspiration

Mit der **Computertomographie** lassen sich intrathorakale Traumafolgen rasch und zuverlässig und gegenüber dem konventionellen Röntgen-Thorax überlegen nachweisen. Der Stellenwert im klinischen Alltag liegt insbesondere im Nachweis bzw. Ausschluß zentraler intrathorakaler Gefäßverletzungen (Aorta, Pulmonalgefäße), weniger im Nachweis der Lungenkontusion.

Tabelle II-40-1 Sensitivität von CT vs. Röntgen-Thorax beim Thoraxtrauma.

	CT	Röntgen-Thorax
Kontusion/Aspiration	97%	79%
Pneumothorax	100%	55%
Hämatothorax	6%	47%
Atelektase	96%	50%
Fraktur	38%	97%

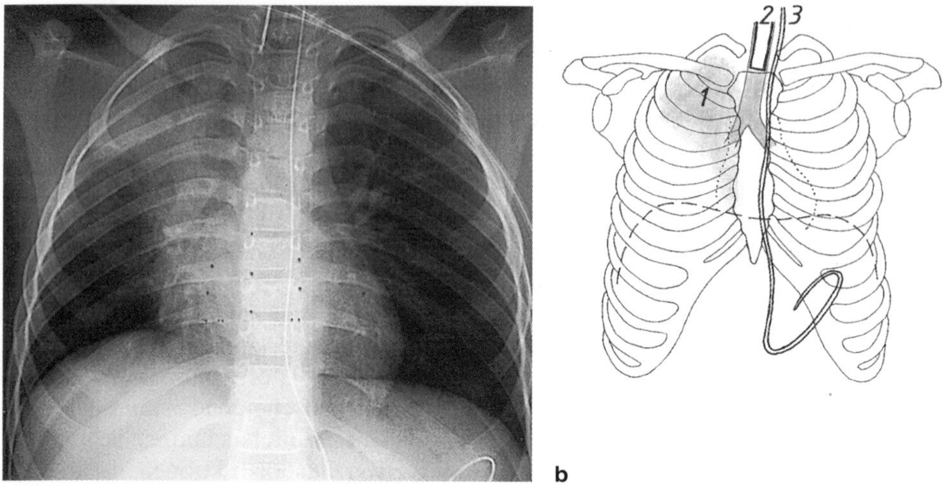

a b

Abb. II-40-1 a, b Lungenkontusion rechtes Oberfeld (1) mit typischen Infiltraten bis zum Hilus reichend. Tubus (2), Magensonde (3).

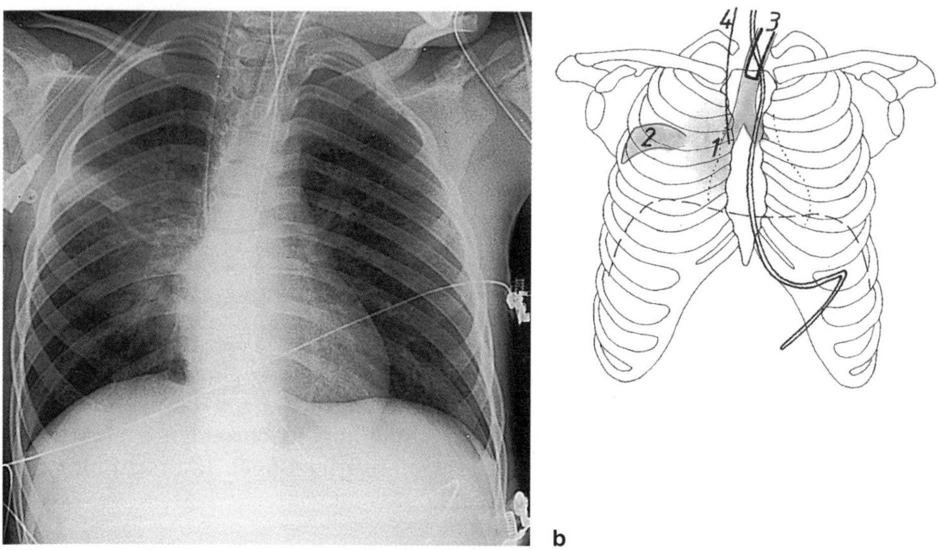

a b

Abb. II-40-2 a, b Postkontusionelle hilusnahe Infiltrate (1) und **interlobäres Hämatom** (2) – Verlaufskontrolle nach 16 h Beatmungstherapie [vgl. Abb. II-40-1]. Tubus (3), ZVK V. jugularis (4).

Die Indikation zur CT wird meist streng gestellt, bei notwendiger Schädel-Diagnostik im Rahmen eines Polytraumas kann die orientierende CT des Thorax wertvolle Zusatzinformationen ohne wesentlichen Zeitaufwand liefern. Bei klinischem Verdacht auf zentrale Gefäßverletzungen ist sie obligater Bestandteil der Diagnostik (Angio-CT).

Therapie

Basistherapie

Bereits auf dem Transport in die Klinik bzw. bei der Erstuntersuchung sollten lebensbedrohliche Folgen der Thoraxverletzung erkannt und behoben werden. Nur in seltenen Fällen ergibt sich die Indikation zur primären bzw. frühzeitigen operativen Intervention. Alle anderen Patienten werden nach der Basisdiagnostik und -therapie intensivmedizinisch überwacht und behandelt.

Merke:

Postkontusionelle Thoraxblutungen:
Sistieren meist unter maschineller Beatmung mit mäßigem PEEP!
["Innerer Kompressionsversuch" mit PEEP 10 cm H_2O für 2 Stunden, danach möglichst ≤ 6 cm H_2O]

Dringliche Operationsindikation beim Thoraxtrauma [143]:
- Anhaltende Blutung (> 200 ml/h oder initial > 1500 ml)
- Verletzung von Herz und großen Gefäßen
- Trachealverletzung/Bronchusruptur
- Ösophagusruptur
- Zwerchfellruptur
- Offener Pneumothorax

Die **Erstmaßnahmen** richten sich nach den vorliegenden Verletzungsfolgen (Tab. II-40-2).

Tabelle II-40-2 Erstmaßnahmen beim Thoraxtrauma.

Verletzungsfolge	Erstmaßnahme/Therapie
Hämato/Pneumothorax	Bülaudrainage (5. ICR Axillarlinie, ggfs. sonographisch kontrolliert)
Atelektase, Bronchusverlegung, Aspiration	Bronchoskopie, ggfs. Bronchiallavage
Respiratorische Insuffizienz	Maschinelle Beatmung (ggfs. PEEP-Beatmung)

Allgemeine Intensivtherapie

Die Intensivüberwachung des thoraxverletzten Patienten hat die Durchbrechung des Entstehungsmechanismus eines posttraumatischen Lungenversagens (ARDS) zum Ziel. Grundlagen der Therapie sind somit die engmaschige Überwachung der Ventilationsparameter (**Blutgasanalysen** mindestens 4stdl.), die frühzeitige Indikationsstellung zur **(PEEP)-Beatmung** unter **kinetischer Lagerungstherapie** sowie die exakte **Bilanzierung** des Volumenhaushaltes (*cave:* Überwässerung!). Zusätzliche Maßnahmen bestehen in der **Antibiotikaprophylaxe** (Cephalosporine, z. B. Cefotiam [Spizef®]) sowie zunächst täglichen **Röntgenkontrollen** des

Thorax. Beim nicht beatmeten Patienten ist auf eine ausreichende **Analgesierung** (i.v. Analgetika, paravertebraler Block, PDA-Katheter) zu achten, um eine schmerzbedingte Hypoventilation mit Verschlechterung der pulmonalen Situation zu vermeiden [147].

Beatmungstherapie

Die Indikation zur Beatmung ist großzügig zu stellen, wobei mehr auf funktionelle Parameter als auf radiologische Befunde Rücksicht genommen wird.

Indikation zur Beatmung:

- Paradoxe Atmung
- Persistierende Thoraxblutung
- Progrediente Verschlechterung des Gasaustausches
- Erfüllung allgemeiner Beatmungskriterien ($pO_2 < 50$ mm Hg, $pCO_2 > 60$ mm Hg)

Keine Indikation

- Verschattung im Röntgenbild ohne Beeinträchtigung des Gasaustausches

Ziel der Beatmung ist die Verbesserung der respiratorischen Situation, die Behebung der alveolären Hypoventilation sowie die Wiedereröffnung verschlossener Areale unter Vermeidung intrathorakaler Druckspitzen.

Merke:

Beatmungsindikation bei Lungenkontusion:
Progrediente Verschlechterung der pulmonalen Funktion muß auch vor Erreichen allgemeiner Beatmungskriterien zur frühzeitigen Intubation und Beatmung führen!

Zur Erreichung des Beatmungszieles trägt die **PEEP-Beatmung** (**P**ositive **E**nd-**E**xspiratory **P**ressure) wesentlich bei. Früher übliche Therapieverfahren mit Ermittlung des "Best-PEEP" unter Inkaufnahme hoher Drücke sind wegen der unten aufgeführten Nebenwirkungen zugunsten einer "Low-PEEP" Beatmungsform verlassen worden.

➤ ***Wirkungen und Nebenwirkungen der PEEP-Beatmung***

Pulmonale Wirkung	Vergrößerung der funktionellen Residualkapazität durch: ♦ Vergrößerung der alveolären Volumina ♦ Wiedereröffnung ("Recruitment") verschlossener Alveolarbezirke ♦ Reduktion pulmonaler Rechts-Links-Shunts ♦ Verbesserung des alveolären Gasaustausches
Extrapulmonale Wirkungen	♦ Herz-Zeit-Volumen (HZV) ↓ ♦ Pulmonal-vaskulärer Widerstand ↑ ♦ Diurese und Natriumausscheidung ↓ ♦ Leberdurchblutung ↓ ♦ Intrakranieller Druck ↑ ♦ Zerebraler Perfusionsdruck ↓

Pulmonale Nebenwirkungen	♦ "Intrinsic-PEEP" bzw. "lokaler PEEP" Überblähung gesunder Lungenanteile ♦ Geringer Einfluß auf erkrankte Lungenareale ♦ Gefahr des lokalen Barotraumas der Lunge **Anstieg des extravaskulären Lungenwassergehaltes:** ♦ Behinderung des pulmonalen Lymphabstroms (ZVD ↑, Lymphpumpe ↓) → pulmonale Clearance ↓ ♦ Erhöhung des pulmonalarteriellen Drucks ♦ Erhöhung des interstitiellen Drucks → Vergrößerung der Diffusionsstrecke

Unter Berücksichtigung der oben genannten Zielsetzungen der Beatmung sowie der Nebenwirkungen eines hohen PEEP scheint eine sinusförmige Beatmung mit moderatem PEEP derzeit den Forderungen am besten zu entsprechen.

➤ ***Beatmungsmuster beim Thoraxtrauma*** [150]:
- Druckkontrollierte Beatmung
- Langsamer Druckanstieg
- Inspiration/Exspiration 1 : 1 bis 2 : 1
- Hubvolumina 10 – 15 ml/kg KG
- Moderater PEEP (< 8 cm H_2O)

Der Zeitpunkt, zu dem eine Beatmung beendet werden kann, ist nicht einheitlich definiert. Voraussetzungen sind eine weitgehende Normalisierung der pulmonalen Funktionsparameter sowie die aktive Mitarbeit des Patienten (Abhusten, Atemgymnastik).

➤ ***Voraussetzungen zur Beendigung der Beatmung:***
- Normalisierung des Atem-Zeit-Verhältnisses
- Verzicht auf PEEP-Beatmung
- Normalisierung der alveolären Sauerstoffaufnahme (FiO_2, PaO_2)
- Ausreichende Mitarbeit des Patienten (Bewußtseinslage)
- Geringe bronchiale Sekretion

Radiologische Veränderungen zeigen nur in 60 – 70 % der Fälle zu den funktionellen Parametern parallele Verläufe, so daß sie nur bedingt in die Entscheidung zur Extubation des Patienten einbezogen werden können [149].

Merke:

Auch extreme radiologische Veränderungen ("weiße Lunge") können im Verlauf nach Thoraxtrauma mit weitgehend "normalen" Lungenfunktionsparametern einhergehen!

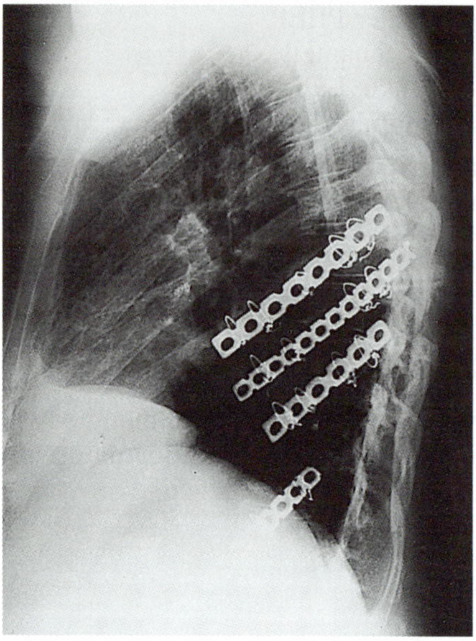

Abb. II-40-3 Mit 3,5 mm AO-Rekonstruktionsplatten stabilisierte laterale Thoraxwandinstabilität bei "stove in chest"-Fraktur.

Operative Thoraxstabilisierung

Die Indikation zur operativen Thoraxstabilisierung ist die atemmechanisch wirksame Thoraxinstabilität mit konsekutiver "paradoxer Atmung", wobei zwischen ventraler (Rippenserienfraktur bds., dislozierte Sternumfraktur, ***"flail chest"***) und lateraler (Rippenstückfrakturen mit Dislokation, ***"stove-in-chest"***) unterschieden wird. Ziel der Stabilisierung ist die Verhinderung der Langzeitbeatmung mit der Vorbeugung beatmungsspezifischer pulmonaler Komplikationen.

Zeitpunkt

Akutindikation: "Rückzug" nach thorakalen Notfall-Eingriffen
Elektivindikation: vor Eintritt von Beatmungsfolgen, d. h. 2.–4. posttraumatischer Tag

Allein der frühe Operationszeitpunkt kann das gewünschte Ziel, die Entwöhnung vom Respirator vor Eintritt von Beatmungsfolgen, sicherstellen. Sinnvolle Voraussetzung für eine Stabilisierung ist der Ausschluß anderweitiger Beatmungsindikationen (z. B. schweres Schädel-Hirn-Trauma), die trotz Aufhebung der Instabilität der Thoraxwand zur Fortsetzung der maschinellen Beatmung zwingen. Somit besteht die Indikation zur Stabilisierung nur bei etwa 5 % aller Patienten mit Rippenserienfraktur. Bevorzugtes Osteosyntheseverfahren ist die Osteosynthese der "stabilitätsentscheidenden" Rippen (5.–8. Rippe) mittels Rekonstruktionsplatten und Drahtcerclagen [148].

Literatur

– siehe Gesamt-Literaturverzeichnis im Anhang –

II-41 ARDS: Pathogenese, Prophylaxe und Therapie

Definition

ARDS: früher: **A**dult **R**espiratory **D**istress **S**yndrome
jetzt: **A**cute **R**espiratory **D**istress **S**yndrome

ARDS ist ein akutes Lungenversagen
auf dem Boden eines *nicht cardiogenen*,
eiweißreichen pulmonalen Ödems
mit primär interstitieller, später auch intraalveolärer Manifestation.

Das ARDS ist eine sekundäre Symptomatik als Organversagen nach einer adäquaten auslösenden Noxe. Das zwischen auslösender Noxe und ARDS-Beginn liegende Zeitintervall ist variabel.

Ursachen

- Polytrauma (vor allem Thoraxtrauma)
- Sepsis (höchste Letalität – bis 90 %) incl. Peritonitis
- Massentransfusion
- Aspiration
- Akute Pankreatitis
- Verbrennungen
- Atypische Pneumonien
- Intoxikationen

Diagnose

Die ARDS-Diagnose stellt der Intensivmediziner am Patientenbett basierend auf:
- Klinik
- Oxygenierungsparametern
- Beatmungsdrücken
- Röntgenbild

Merke:

ARDS: Klinisch apparative Diagnose!

Befunde / Symptome

- Progrediente Hypoxie (resistent gegen Sauerstofftherapie)
- Große alveolo-arterielle Sauerstoffdifferenz
- Fixierter Rechts-Links-Shunt und pulmonale Hypertonie
- Abnehmende Compliance und steigende Beatmungsdrücke
- Interstitielles eiweißreiches Lungenödem mit bilateralen Infiltraten
- Multilokuläre Atelektasen mit zunehmender Totraum-Beatmung [$PaCO_2$ steigt]
- Multilokuläre Emphysemherde bis zum intrapulmonalen Pneu
- Mikrothromben und Parenchymeinblutungen

Schweregrade

Zur Objektivierung des Schweregrades einer ARDS-Symptomatik ist der ***Score nach Murray*** wissenschaftlich anerkannt und auch für die Anwendung im klinischen Alltag geeignet.

Die Beurteilung erfolgt in vier leicht verfügbaren Kategorien:

1. Oxygenierungsquotient = Horowitz-Quotient = PaO_2 / FiO_2 [z.B. 93mmHg / 0,4]
2. PEEP-Niveau
3. Fleckige konfluierende Infiltrate im Röntgen-Thorax
4. **Statische Compliance** [schnell verfügbar] = $\frac{\text{Atemzugvolumen}}{\text{Spitzendruck} - \text{PEEP}}$ in ml/cm H_2O

Tabelle II-41-1 Murray-Score des Schweregrades einer ARDS-Symptomatik.

In den einzelnen Beurteilungskriterien wird eine Punktbewertung durchgeführt, die Summe durch die Anzahl der angewendeten Kriterien dividiert.

Kriterium	Wert	Punkte
PaO_2/FiO_2	≥ 300	0
	225–299	1
	175–224	2
	100–174	3
	< 100	4
PEEP	≤ 5	0
	6– 8	1
	9–11	2
	12–14	3
	≥ 15	4
Röntgen-Thorax konfluierende Infiltrate:	keine	0
	in 1 Quadrant	1
	in 2 Quadranten	2
	in 3 Quadranten	3
	in allen Quadranten	4
Compliance	≥ 80	0
	60–79	1
	40–59	2
	20–39	3
	≤ 19	4

Merke:

Mäßige Lungenschädigung:	**$\leq$ 2,5 Punkte**
ARDS	**> 2,5 Punkte**

Merke:

Letalität des manifesten ARDS: 40 – 75 %!

Pathophysiologie

Pathomechanismen

Durch die ursächliche Noxe wird eine Kaskade immunologisch unkontrollierter Entzündungsreaktionen ausgelöst. Die Steuersubstanzen, die zum Teil auch eine interne Boosterung der ablaufenden Vorgänge bewirken, werden Mediatoren genannt. Die Mediatoren steuern eine Vielzahl verschiedener Reaktionsvorgänge:

- *Komplementsystem* aktiviert Granulozyten, Monozyten und Alveolarmakrophagen
  Zudem wird eine Chemotaxis und Aggregation bewirkt, so daß
  - eine pulmonale Granulozytose = Leukostase resultiert – PNM [Polymorphkernige]-Leukozyten bleiben dem Endothel adhärent ("Granulozyten-Stikking") und schädigen das Endothel (→ Kapillarleck)
- *Toxische Sauerstoff- und Hydroxylradikale* führen über direkte Endothelschäden ("regionale Membranläsion") zu einem eiweißreichen Permeabilitätsödem, das
  - eine Verlängerung der Diffusionsstrecke darstellt,
  - Rechts-Links-Shunt und die "Kollapsneigung" der Alveolen begünstigt,
  - zur Abnahme der Compliance beiträgt und
  - Substrat für spätere alveoläre Fibrinablagerungen und hyaline Membranen ist
- *Eicosanoide = Arachidonsäure-Metabolite:* Cyclooxygenase [Synonym: PGH_2-Synthetase]-gesteuerter Prostaglandin[PG]-Stoffwechsel. Beim ARDS resultiert eine Fehlsteuerung im Wechselspiel der wirksamen Abbauprodukte des PG:
  - Prostazyklin [=PGI_2, PGE_1 und PGE_2], die eine lokale Vasodilatation (Shunt) und Hemmung der Plättchenaggregation bewirken
  - Thromboxan (TxA_2/B_2), das eine lokale Vasokonstriktion und gesteigerte Plättchenaggregation bewirkt
    (Begünstigung von pulmonaler Hypertension und Mikrothromben)
- *NO [Stickstoffmonoxyd] = EDRF [endothelium derived relaxing factor]:* Direkt endotoxingesteuerter potenter Vasodilatator und *Endothelin* (potenter lokaler Vasokonstriktor) weisen eine Antagonisten-Fehlsteuerung auf.
  - Shunt und pulmonale Hypertonie
- *Hyperkoagulopathie*
  - pulmonale Mikrothromben
  - eiweißreiches Exsudat wird in alveoläre Fibrinablagerungen und später in hyaline Membranen umgewandelt

  - Zunahme des *Plättchen aktivierenden Faktors* [PAF], der weitere TxA_2-Bildung und somit Zunahme der Vasokonstriktion und pulmonalen Hypertonie bewirkt
- *Surfactant-Reduktion* durch Nekrose des Alveolarepithels Typ II
  - Neigung zum Alveolar-Kollaps verstärkt
    Kollabierte Alveolen brauchen dann "höheren Öffnungsdruck"
    Wiedereröffnung kollabierter Alveolen [=Recruitment] erschwert
- *Zytokine: Interleukine u. a. IL1, IL6 und IL8 und Tumornekrosefaktor [TNF]*
  - boostern die schon fehlgesteuerte Immunreaktion noch weiter
  - pleiotroper, interaktiver Wirkmechanismus; wirken z. B. als endogenes Pyrogen, stimulieren Granulozyten und steigern die weitere Freisetzung von Prostaglandin-Metaboliten [→ Kap. II-42 u. 43]

Initialphase

Durch eine entsprechende Noxe [s.o.] freigesetzte Mediatoren führen zu einer nicht bakteriellen Entzündungsreaktion. Die Mediatoranflutung ist als unkontrollierte immunologische Reaktion zu verstehen. Die ersten Folgen sind Endothelschwellungen und beginnende Störungen der Membranpermeabilität durch Anlagerung der aktivierten PNM-Granulozyten an das pulmonale Endothel (= Leukostase = Granulozyten-Sticking) mit Zunahme der Diffusionsstrecke. Es entsteht ein diskontinuierlich ausgeprägtes eiweißreiches interstitielles Ödem. Entsprechend findet sich das meßbare freie extravasale Lungenwasser [EVLW siehe Kap. II-15, S. 305] erheblich erhöht. Die auftretende Vasomotoren-Fehlsteuerung über die oben angeführten Mechanismen führt zur pulmonalen Hypertonie und einem Rechts-Links Shunt.

Merke:

> **Intrapulmonaler Rechts-Links-Shunt:**
> **Blut vom rechten Herzen wird in der Lunge über einen Kurzschlußweg vor Alveolenkontakt direkt dem oxygenierten Blut beigemischt.**

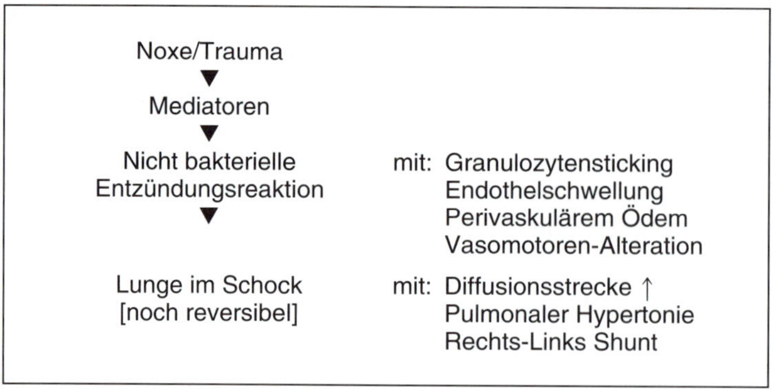

Abb. II-41-1 Entstehung der "Lunge im Schock" als Initialstadium auf dem Weg zum Vollbild des ARDS.

Die Veränderungen im Initialstadium beginnen wenige Stunden nach dem auslösenden Ereignis, sind prinzipiell reversibel und können als "Lunge im Schock" bezeichnet werden.

Das Initialstadium ist auch als "stummes" Intervall zu bezeichnen, da klinisch kaum Symptome erkennbar werden. In der Blutgasanalyse finden sich nur geringe Einschränkungen des Gasaustauschs, da die pulmonale Funktionsreserve zur Kompensation noch ausreicht. Radiologisch finden sich oft nur diskrete fleckige Infiltrate, die zunächst nicht richtungsweisend sind.

Bei entsprechendem Monitoring sind allerdings der Anstieg des freien Lungenwassers und die Zunahme des pulmonalen Gefäßwiderstands in dieser Phase bereits als dringliche Warnzeichen objektivierbar.

Da es sich bei der "Lunge im Schock" in der Initialphase der ARDS-Genese um noch reversible Veränderungen mit zunächst lavierten klinischen Symptomen handelt, ist ein adäquates Monitoring [z.B. COLD-System – siehe Kap. II-15, S. 299] bei Krankheitsbildern, die zur ARDS-Entstehung praedisponieren, obligat.

Exsudative Phase

Die zweite Phase der ARDS-Entwicklung [24–72 h] ist durch die Folgen der progredienten Permeabilitätsstörung gekennzeichnet.

Die Gefäß- und Alveolarendothelschädigung durch Granulozyten-Sticking und toxische Sauerstoff- bzw. Hydroxylradikale wird zunehmend auch klinisch symptomatisch. Das Bild ist gekennzeichnet durch die klinischen und jetzt auch radiologischen Zeichen des diskontinuierlichen Lungenödems.

Die ausgelöste Hyperkoagulopathie führt zu Mikrothromben, konsekutiv zu lokaler Verbrauchssymptomatik mit fokalen Einblutungen sowie zu alveolärer Fibrinumwandlung des zuvor ausgetretenen eiweißreichen Exsudats.

Die Vasomotorenalteration persistiert mit pulmonaler Hypertonie und Shunt.

Resultierende fokale Mikrozirkulationsstörungen führen zu Nekrosen der Alveolarepithelzellen vom Typ II und damit zu einer Surfactant-Reduktion mit konsekutiver Kollapsneigung der Alveolen und multifokaler Atelektasenbildung.

Das Oxygenierungsversagen wird klinisch manifest, die funktionelle Reservekapazität der Lunge ist erschöpft. Neben einer Abnahme der Compliance wird bei glei-

Abb. II-41-2 Pathomechanismus der zweiten ARDS-Phase: Von der "Lunge im Schock" zur noch reversiblen ARDS-Frühform.

Lunge im Schock	
▼	mit:
Endothelschäden ↑ Hyperkoagulopathie	Interstitiellem Ödem ↑ Alveolären Fibrinablagerungen Mikrothromben
Surfactant-Reduktion Gefäß-Alteration	Atelektasen ↑, Compliance ↓ Rechts-Links-Shunt [Q_s/Q_t] ↑, Pulmonaler Hypertonie ↑
▼	
ARDS – Frühform [24–72 h – noch reversibel]	PaO_2 ↓, $PaCO_2$ ↑ Compliance ↓, Shunt ↑

chem Atemminutenvolumen ein $PaCO_2$-Anstieg [relative Zunahme der Totraumbelüftung bei multiplen Atelektasen] beobachtet. Durch Minderbelüftung und Diffusionsstreckenverlängerung [interstitielles Ödem] sowie progredienten Rechts-Links-Shunt [durch Vasomotoren-Fehlsteuerung und Atelektasen] tritt eine teils dramatische Hypoxämie auf.

Radiologisch finden sich disseminiert fleckige Infiltrate bis hin zum bekannten Befund der weißen Lunge [siehe Abb. II-41-6, S. 516].

Dieser Zeitpunkt der zweiten Phase der ARDS-Entwicklung wird als ARDS-Frühform bezeichnet, die Veränderungen sind als potentiell noch reversibel anzusehen. Hauptangriffspunkt für therapeutische Maßnahmen sind neben entsprechenden maschinellen Beatmungsmustern das interstitielle pulmonale Ödem. Ziel muß ein möglichst restriktiver Gesamtflüssigkeitshaushalt unter Berücksichtigung des Sauerstofftransportindex [DO_2I – siehe Kap. II-15 und II-43], des Kapillarlecks und der entsprechenden pulmonalen Flüssigkeitsverteilung sein.

Proliferative Phase

In der proliferativen Phase erfolgt der bindegewebige Umbau mit Fixierung der Lunge, aber auch die Fixierung der Beatmungsprobleme.

Stimuliertes Endothel und glatte Muskelzellen der Kapillaren der Mikrozirkulation können verschiedene Wachstumsfaktoren wie z. B. transforming growth factor beta-1 (TGF-β1) oder basic fibroblast growth factor (b-FGF) synthetisieren. Unter anderem führt dieser wachstumsmodulierende, durch Mediatoraktivierung des Endothels vermittelte Mechanismus zum Umbau der alveolären Fibrinablagerungen zu hyalinen Membranen. Es bildet sich eine schwere interstitielle Fibrose mit jetzt erheblich reduzierter Compliance aus. Kollabierte atelektatische Alveolenanteile sind dem Recruitment [Wiedereröffnung] nicht mehr zugänglich. Entsprechend muß jetzt von "fixiertem Shunt" gesprochen werden, da durch Anheben des PEEP-Niveaus das Maß des Rechts-Links-Shunts und somit die Oxygenierung nicht mehr beeinflußbar ist.

Zunehmend tritt der Beatmungsdruck in den Mittelpunkt der Problematik. Aufgrund der atelektasenbedingten zunehmenden Totraumventilation sind zur Normalisierung des $PaCO_2$ stetige Steigerungen des Atemminutenvolumens erforderlich. Der hierunter zwangsläufig steigende Beatmungsdruck über einem [meist zu

ARDS – Frühform
▼
Fixiertes Ödem
Fixierter (PEEP-refraktärer) Shunt
Atelektasen ↑
Fibrosierung
Hyaline Membranen
Superinfektionen
▼
ARDS-Vollbild
[> 3 Tage - nicht mehr voll reversibel]

Abb. II-41-3 Ausbildung der ARDS-Vollbildes in der proliferativen Phase.

hohen] PEEP-Niveau ist ein weiterer, die pathologischen pulmonalen Veränderungen verstärkender Mechanismus. Zudem treten in dieser Phase gehäuft Pneumothoraces auf, die häufig abgekapselt bleiben, sich mediastinal ausbreiten können und z. T. mehrerer Thoraxdrainagen auf einer Seite bedürfen.

Radiologisch findet sich abhängig vom Maß des persistierenden Ödems weiterhin eine fast weiße Lunge, bei der aber eine retikuläre Zeichnung als Ausdruck der fibrotischen Umwandlung erkennbar wird.

Zum Zeitpunkt des Vollbilds des ARDS kommt es oft zu komplizierenden Superinfektionen und der Ausbildung weiterer Organversagen, die letztlich die Gesamtletalität bestimmen.

Der Zustand ist im besten Fall nur noch in eine Defektheilung reversibel. Überlebt der Patient, bilden sich die fibrotischen Veränderungen zwar nach Monaten zurück, auf Grund der persistierenden Rarefizierung der pulmonalen Kapillarstrombahn und einer Hyperreagibilität des Bronchialsystems ist der Patient aber dauerhaft als pulmonaler Risikopatient einzustufen.

Diagnostik

- Blutgase: PaO_2 ↓ und $PaCO_2$ ↑ trotz gleichbleibendem bzw. erhöhtem Atemminutenvolumen
- Invasives Monitoring, z. B. COLD-Monitoring: Freies Lungenwasser ↑ (Frühzeichen!), pulmonale Hypertonie, Gesamtvolumen- und pulmonaler Volumenhaushalt, Cardiac output, Sauerstofftransportindex [DO_2I]
- Beatmungsparameter: Beatmungsdruck ↑ Compliance ↓
- Röntgen-Thorax: Zunehmende beidseitige fleckige Infiltrate
- Klinischer Verlauf: Sepsis, Kreislaufparameter, weitere Organversagen?

ARDS-Prophylaxe und Therapie

Wichtigstes Prinzip der Prophylaxe ist eine konsequente Therapie des Grundleidens möglichst mit [chirurgischer] Sanierung der Ursache sowie schnelle suffiziente Behandlung von Hypoxämie und Schocksituationen. Darüber hinaus sind persistierende Streßsituationen wie unzureichende Sedierung bei kontrollierter Beatmung oder anhaltende Schmerzen zu vermeiden. Bei Polytraumen ist zumindest die stabilisierende Fixateur externe-Osteosynthese zur Verbesserung des Pflegehandlings und zur Reduktion von Schmerzen frühzeitig zu fordern.

Als allgemeiner Standard darf eine adaptierte Volumen- und Kreislauftherapie basierend auf den Daten eines invasiven Monitorings angesehen werden. Neben der streng entsprechend der Meßdaten zu indizierenden und zu dosierenden Katecholamintherapie ist beim ARDS eine Katecholaminprophylaxe mit 200–400 µg/min Dopamin® [Nephroprotektion] und 200–400 µg/min Dobutrex® [Senkung des pulmonalen Gefäßwiderstandes] zu empfehlen. Von vielen Autoren wird als Routineprophylaxe die Durchführung einer selektiven Darm-Dekontamination [SDD] empfohlen, soweit sie bei chirurgischen Intensivpatienten durchführbar ist. Unabhängig hiervon ist – soweit chirurgisch vertretbar – eine möglichst frühzeitige enterale Ernährung zu empfehlen.

Eine ARDS-Prophylaxe sollte bei jedem Risikopatienten nach geeigneten Noxen automatisch begonnen werden. Die Maßnahmen orientieren sich an der Pathogenese und sind folgenden Unterpunkten zuzuordnen:

Risikogruppe

Patienten mit Lungenkontusion, Polytrauma, Sepsis, Peritonitis, Massentransfusion, Aspiration, akuter Pankreatitis und Verbrennungen sowie nach einem bereits einmal überstandenen ARDS sind obligat als ARDS-Risikogruppe einzustufen. Da die Veränderungen der Initialphase oft klinisch symptomarm verlaufen, ist ein geeignetes Monitoring zur gezielten Überwachung obligat.

So hat sich bei uns das standardisierte Monitoring mit dem COLD-System [siehe Kap. II-15, S. 299] bei diesen definierten Patientengruppen bewährt. Speziell der hiermit meßbare Verlauf des freien Lungenwassers [EVLWI], des pulmonalen Blutvolumens [PBVI] und des noch in der Validierung befindlichen pulmonalen Permeabilitäts-Index [PPI = (EVLWI × 100) × $PBVI^{-1}$] erlaubt ein frühzeitiges Erkennen und Therapie der ansonsten oft stummen Initialphase der ARDS-Entwicklung (s. Kap. II-15, S. 305 ff).

Speziell bei den Patienten der Risikogruppe ist eine strenge Indikationsstellung zur Antibiotikatherapie unter engmaschigem mikrobiologischen Monitoring zur Vermeidung späterer evtl. deletärer nosokomialer Infektionen wichtig [→ Kap. II-20, S. 332 u. Kap. II-42, S. 520].

Auch chirurgische Therapiekonzepte haben z. T. ein spezifisches Risiko der ARDS-Begünstigung. So sind die täglichen Transporte in den OP zur Etappenlavage in der Frühphase einer Peritonitisbehandlung [zu diesem Zeitpunkt geht es den Patienten pulmonal meist vermeintlich noch gut] ein relevantes Risiko. Auch bei noch unauffällig erscheinender pulmonaler Situation ist ein Transport mit einem batteriegespeisten echten Beatmungsgerät unter Beibehaltung des präventiven Beatmungsmusters [s.u.] mit PEEP-Ventil obligat. Ein Unterschätzen der Situation mit Transport unter Ambu-Beutel-Beatmung oder einfachem druckluftgesteuerten Transportbeatmungsgerät ohne PEEP-Ventil kann dramatische Konsequenzen haben.

Ödem-Quantität

Zentrale Bedeutung kommt der Vermeidung von Überwässerungssituationen zu. So läßt sich eine Korrelation zwischen dem meßbaren Lungenwasser (→ Kap. II-15) und der Letalität bei ARDS Patienten nachweisen [→ Abb. II-41-4]. Entsprechend empfiehlt sich ein **restriktiver Flüssigkeitshaushalt** unter objektivierender Kontrolle eines invasiven Monitorings. Ziele der Volumenkontrolle sind ein knappes intrathorakales Blutvolumen von 800–900 ml/m² als Maß der kardialen Vorlast [bzw. bei Pulmonaliskatheter ein pulmonalkapillärer Verschlußdruck (PCWP) < 15 mmHg]. Häufig sind Dopamin® 200–400 µg/min und bis zu 250 mg/d Lasix® (Furosemid) zur Nierenunterstützung sinnvoll. Bei rückläufiger

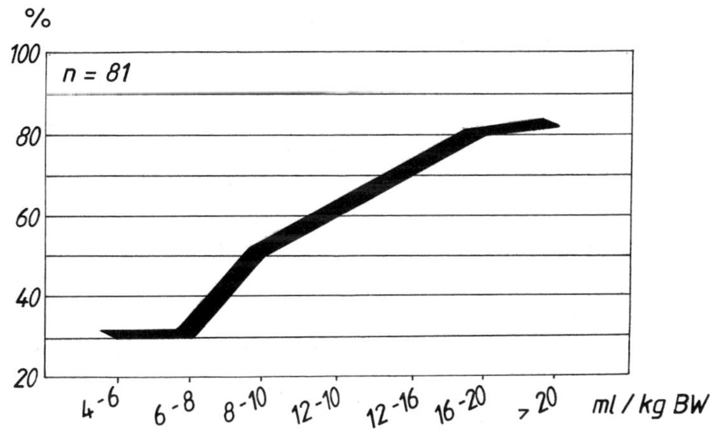

Abb. II-41-4 Regressionsanalyse zwischen Letalitätsrate und dem extravasalen Lungenwasser. Daten einer kontrollierten Untersuchung von J. A. Sturm (1990) an 81 ARDS-Patienten.

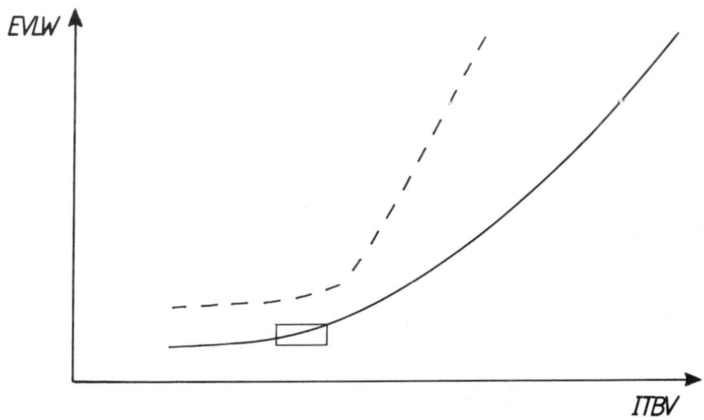

Abb. II-41-5 Beziehung zwischen dem Lungenwasser (EVLW) und dem Volumenhaushalt (ITBV) für normale und erhöhte pulmonalvaskuläre Permeabilität. Durch eine Reduktion des Volumens unter den unteren Normbereich ist keine weitere Reduktion des Lungenwassers zu erreichen.

Diurese vor Erreichen des Volumenreduktionsziels ist die Indikation zur kontinuierlichen veno-venösen Hämofiltration zur Volumenkorrektur frühzeitig zu stellen.

Eine extreme Volumenreduktion bringt allerdings keine Vorteile. So ist das meßbare Lungenwasser (EVLWI) durch ein Absenken des Volumens der kardialen Vorlast (ITBVI) unter den unteren Normbereich weder beim Stauungsödem mit normaler pulmonaler Permeabilität noch beim Ödem mit erhöhter pulmonaler Permeabilität wie beim ARDS weiter reduzierbar (Abb. II-41-5).

Zudem ist das Bemühen um einen knappen Volumenhaushalt nach unten durch untere Grenzwerte des Cardiac Index sowie des Sauerstofftransportindex limitiert. Ein Cardiac Index von 3 l/min/m^2 (bei gesichert guter kardialer Kontraktilität) sollte ebensowenig unterschritten werden wie ein Sauerstofftransportindex [DO_2I] von 600 ml/min/m^2, da bei Unterschreiten der Werte Störungen der Mikrozirkulation zu erwarten sind, die andere konsekutive Organversagen mittelfristig begünstigen. So ist speziell eine Abnahme der Plasmaeliminationsrate von Indozyaningrün [PDRig, →Kap. II-15, S. 303 f] als dringlicher Hinweis auf eine akute Reduktion der Splanchnikusperfusion zu interpretieren, sofern sich nicht gleichzeitig ein akutes Leberversagen entwickelt.

Bei erforderlicher kontrollierter Volumensubstitution empfiehlt sich speziell bei latent septischen Patienten eine primäre Vasotonisierung mit Arterenol® (Noradrenalin) bis auf einen objektivierten subnormalen peripheren Gefäßwiderstand von ca. 1200 dyn sec $cm^{-5}m^2$. Die Volumensubstitution sollte danach streng unter Kontrolle durch **invasives Monitoring** erfolgen und bei der Wahl des Volumenersatzes den phasischen Verlauf der Kapillarleck-Aktivität berücksichtigen. Bewährt hat sich hierzu die Bestimmung des pulmonalen Permeabilitätsindex [PPI s.o.]; akut kritische Werte liegen bei einem PPI > 7 vor. Ideale Volumenersatzmittel in einer solchen Phase hoher Kapillarleckaktivität wären Erythrozytenkonzentrate, da sie durch die Endothelschäden nicht ins Interstitium verloren gehen. Größte Zurückhaltung ist bei Humanalbumin und kolloidalen Lösungen geboten, da sie durch das Kapillarleck verloren gehen und auf Grund der osmotischen Wirksamkeit noch mehr Flüssigkeit ins Interstitium ziehen.

Merke:

Interstitielles Ödem bei ARDS:
Keine Therapie durch Erhöhung des onkotischen Drucks möglich!
➤ Humanalbumin und Kolloide verschlimmern das pulmonale Ödem!

Ödem-Resorption

Bei prophylaktischen und therapeutischen Ansätzen ist die **pulmonale Lymphdrainage** bisher wenig berücksichtigt worden. Wie sensibel das pulmonale Lymphsystem sein muß, läßt sich verdeutlichen, wenn man daran erinnert, daß der normale pulmonale Lymphfluß 5–10 ml/h bei einem Blutdurchfluß von 300 000 ml/h beträgt.

Besonders die maschinelle Beatmung hat erheblichen Einfluß auf die Leistungsfähigkeit des pulmonalen Lymphsystems. Hohe intrathorakale Drücke durch die maschinelle Beatmung führen zur Kompression der primär perialveolär und dann parabronchial verlaufenden pulmonalen Lymphbahnen.

Neben anderen negativen Auswirkungen hoher PEEP-Einstellungen empfehlen sich basierend auf den Überlegungen zur pulmonalen lymphatischen Clearance bei der ARDS-Prophylaxe nur **mäßige PEEP-Einstellungen** ≤ 8 cmH_2O mit langen Exspirationsphasen zur Druckentlastung und damit Förderung der pulmonalen Lymphdrainage.

Ein weiterer Ansatz zur Unterstützung der pulmonalen Lymphclearance ist das "Mobilhalten" des pulmonalen Ödems. Normalerweise kommt es zur Ansammlung des interstitiellen Ödems besonders in den hypostatischen Lungenanteilen. Das eiweißreiche Ödem wird dann im Rahmen der auftretenden Hyperkoagulopathie durch Fibrinumwandlung fixiert und ermöglicht die spätere Ausbildung hyaliner Membranen. Untersuchungen zur **Lagerungstherapie** bzw. kinetischen Therapie in Rotationsbetten haben zeigen können, daß das interstitielle Ödem unter diesen Maßnahmen nicht ortsständig sondern mobil bleibt und der pulmonalen lymphatischen Clearance so besser zugänglich wird.

Der 12-stündige Bauch-Rücken-Lagerungswechsel ist vermutlich effektiver als eine **Therapie im Rotationsbett**; der personelle Aufwand und die Diskonnektions-Risiken der manuellen Wechsellagerung sind für uns allerdings Argument, die Prophylaxe mit Rotationsbetten durchzuführen.

So wird bei allen Patienten der definierten Risikogruppe (s. o.) unmittelbar bei Aufnahme auf die Chirurgische Intensivstation auch bei initial völlig unauffälligen pulmonalen Verhältnissen ein verfügbares [bis zur tatsächlichen Nutzung kostenloses] Stand-by Rotationsbett eingesetzt. Bei der initialen reinen Prophylaxe verwenden wir ein 30°-Bett, bei später ansteigendem pulmonalem Permeabilitäts-Index (PPI) > 7 erfolgt ein obligater Wechsel zu einem 60°-Rotationsbett.

Neben umfangreichen eigenen Erfahren zeigen auch Literaturmitteilungen, daß es sich bei diesem Konzept nicht nur um ein hinsichtlich der Prognose günstiges Vorgehen, sondern auch um ein die Gesamtkosten über Verkürzung der mittleren Beatmungsdauer reduzierendes Konzept handelt.

Merke:

> **ARDS-Prophylaxe durch Rotationsbetten:**
> **Einsparung durch Verkürzung der Beatmungsdauer sind größer als Tages-Mietkosten!**

Atelektasen-Praevention

ist ein zentrales Anliegen der ARDS-Prophylaxe. Für alle drei Entwicklungsphasen gilt: Einmal kollabierte Alveolenbereiche sind nur noch schwer wiederzueröffnen.

Die **kinetische Therapie** mit Lagewechsel bzw. Rotationsbetten findet auch hier eine weitere Begründung. Nach physiologischem Vorbild [niemand schläft, ohne sich zu drehen] führt die kinetische Therapie zu einer Optimierung des Ventilations/Perfusionsverhältnisses. Computertomographische Untersuchungen haben gezeigt, daß ohne Lagewechsel Atelektasen vornehmlich zwerchfellnah und dorsal, also in den hypostatischen Bereichen auftreten. Durch die kinetische Therapie mit Korrektur des sonst in dauernder Rückenlage ungünstigen fixierten Ventilations/Perfusionsverhältnisses entfallen zumindest die physikalisch bedingten Praedilektionsstellen für die Atelektasenbildung.

Wesentlich trägt zur Atelektasenprophylaxe auch eine kontinuierliche **moderate PEEP-Beatmung** mit Einstellungen zwischen 4 und 8 cmH_2O bei. Auch bei Transporten ist strikt auf Fortsetzung der PEEP-Beatmung [PEEP-Ventil!] zu achten. Diese moderate PEEP-Beatmung hat hohen prophylaktischen Wert. Als Therapieansatz zur Wiedereröffnung [Recruitment] einmal atelektatischer Bereiche wird aber die PEEP-Beatmung auch mit höheren Einstellungen oft erheblich überschätzt. Nach computertomographischen und strömungstechnischen Untersuchungen ist anzunehmen, daß die zunächst zu beobachtende Verbesserung der Oxygenierung nicht auf das Recruitment atelektatischer Bereiche, sondern auf endgradige Ausschöpfung der funktionellen Reservekapazität noch ungeschädigter Lungenparenchymanteile zurückzuführen ist. Entsprechend ist bei hohen PEEP-Einstellungen mittelfristig mit einer erheblichen Verschlechterung der Gesamtsituation zu rechnen, da bislang ungeschädigte Lungenanteile durch den hohen PEEP einem die Erkrankung katalysierenden Barotrauma ausgesetzt sind.

Eine sorgsame **Bronchialtoilette** mit seitengetrenntem endotrachealen Absaugen nach festgelegten Intervallen trägt ebenfalls effektiv zur Atelektasen-Prophylaxe bei. Der umfassende und regelmäßige Informationsaustausch zwischen Pflegepersonal und Arzt ist – wie bei allen kritisch Kranken – wesentlich. Für die Indikationsstellung zur **bronchoskopischen Bronchialtoilette** sind korrekte Informationen über Verlaufsänderungen von Sekret-Qualität und Quantität grundlegend. Die Bronchoskopie bei diesen Risikopatienten sollte von einem intensivmedizinisch erfahrenen Bronchoskopiker unter Beibehaltung des PEEP [Ventil-Gänsegurgel], schnell und ohne iatrogene Laesionen durchgeführt werden [siehe Kap. II-3, S. 189].

Shunt beeinflussen

Jede Maßnahme, die Atelektasen verhindert, ist auch ein Beitrag zur Verhinderung von noch mehr Shunt. Dies gilt vornehmlich für die kinetische Lagerungstherapie, nach deren Einleitung regelhaft rückläufige Q_s/Q_t-Werte [intrapulmonaler Rechts-Links-Shunt] verzeichnet werden.

Während der Initialphase und der exsudativen Phase ist der Shunt durch eine auf einige Stunden befristete **Erhöhung des PEEP** reduzierbar. Mit dem Umbau alveolärer Fibrinablagerungen zu hyalinen Membranen werden Atelektasen fixiert, entsprechend ist jetzt auch von einem fixierten Rechts-Links-Shunt zu sprechen, der durch PEEP-Erhöhung nicht mehr beeinflußbar ist.

Beatmungsdruck limitieren

Hohe Beatmungsdrücke wirken neben ungünstigen Auswirkungen auf die Herz-Kreislaufleistung bei längerfristig gehäuften Druckwerten oberhalb 'P kritischen Bereiches [$>$ 35 cm H_2O] als ein die Erkrankung katalysierendes Barotrauma und müssen dringlich vermieden werden.

An begleitenden allgemeinen Maßnahmen zur thorakalen Druckentlastung ist die abdominalseitige Zwerchfellentlastung zu nennen. Eine – soweit es die chirurgische Situation erlaubt – frühzeitige Regulation der Darmtätigkeit mit abführenden Maßnahmen ist ein relevanter Beitrag zur Druckentlastung im Rahmen einer ARDS-Prophylaxe. Einen erheblichen Fortschritt bedeutet das Wissen um die oft deletären Folgen des abdominellen Kompartmentsyndroms [siehe Kap. I-20, S. 152]. Die routinemäßige Anwendung druckentlastender Laparostomata statt erzwungenem Bauchdeckenverschluß mit Stahldrähten bzw. die elektive Anlage eines Laparostomas bei einem abdominellen Kompartmentsyndrom auf dem Boden eines retroperitonealen Hämatoms beim Polytrauma sind die wesentlichsten chirurgischen Innovationen als Beitrag zur ARDS-Prophylaxe.

Eine routinemäßige medikamentöse Relaxierung der Patienten ist heute weitgehend verlassen worden. Der Effekt ist relativ gering und nur kurzfristig wirksam, die Nebenwirkungen einschließlich vermehrt auftretender Streßulkusblutungen erheblich.

Für die maschinelle ***Beatmung von Patienten der Risikogruppe*** bevorzugen wir im Rahmen der ARDS-Prophylaxe die "volumenkontrollierte Beatmung" [siehe Kap. II-23] über einem PEEP-Niveau von 4 cm H_2O. Überlegungen zur Druckentlastung lassen einen **langsamen inspiratorischen Flow** möglichst mit elektronischer Druckregulation des Flows während der Inspirationsphase sinnvoll erscheinen. Einige Beatmungsgeräte [z.B. Siemens Servo300®] erlauben ein derartiges Beatmungsmuster als "druckreguliert-volumenkontrolliert" [=DRVK] direkt zu wählen. Eine weitere zu empfehlende Maßnahme zur Druckbegrenzung ist die **Änderung des physiologischen Atemzeitverhältnisses** von Inspiration zu Exspiration [I:E physiologisch 1:2] bei der Prophylaxe routinemäßig auf 1 : 1. Durch die nun verlängerte Inspiration verursacht das Atemzugvolumen einen geringeren Druckanstieg.

Entgegen den Empfehlungen anderer Autoren bevorzugen wir relativ **langsame Beatmungsfrequenzen** mit dafür höheren Atemhubvolumina [10 – 15 ml/kg KG]. Zum einen bewirken die höheren Hubvolumina über einem relativ niedrigen PEEP-Niveau von 4 cm H_2O eine intermittierende funktionelle "PEEP-Verstärkung", zum anderen resultieren auch bei erforderlicher Atemzeitverhältnisänderung mit Verlängerung der Inspiration durch die langsamere Frequenz insgesamt längere Exspirationsphasen, die eine phasische Druckentlastung bedeuten.

Bei der ***Beatmung des etablierten ARDS*** bevorzugen wir die sinusförmige "**druckkontrollierte Beatmung**" [siehe Kap. II-23] über einem PEEP-Niveau ≤ 8 cm H_2O mit ebenfalls langsamem inspiratorischen Flow. Die bereits bei der Prophylaxe begonnene Änderung des Atemzeitverhältnisses wird bis zur "**inversed ratio ventilation**" [IRV=Atemzeitverhältnis I:E jetzt 2 : 1] fortgeführt. Neben den günstigen Auswirkungen auf den Beatmungsdruck zeigt die IRV auch Vorteile beim Gasaustausch durch die längere Kontaktzeit an der Alveole.

Ein weiterer relevanter Ansatz zur Druckentlastung ist die "permissive Hyperkapnie" bei der ARDS-Beatmung. Durch die pathogenetischen Mechanismen resultiert bei gleichbleibendem Atemminutenvolumen ein $PaCO_2$-Anstieg, der bei druckkontrollierter Beatmung durch Anheben des Druckniveaus und / oder der Atemfrequenz zu normalisieren wäre. Beide Maßnahmen bewirken einen ungewünschten Druckanstieg. **Permissive Hyperkapnie** bedeutet, eher einen $PaCO_2$-Anstieg bis auf 60 mmHg zu tolerieren, als die Beatmungsdrücke über den kritischen Bereich von 35 cm H_2O im Rahmen von Korrekturmaßnahmen anzuheben.

➤ ***Seitengetrennte Beatmung***

Eine seitengetrennte Beatmung mit zwei gekoppelten Beatmungsgeräten ist bei umschriebener rezidivierender Atelektasenbildung sowie bei erheblicher Leckage des Lungenparenchyms nach rezidivierenden intrapulmonalen Pneumothoraces mit hohen Fistelvolumina für einen *befristeten Einsatz* erwägbar.

Ziel der seitengetrennten Beatmung bei hohen Fistelvolumina ist die Sicherstellung eines adäquaten Atemminutenvolumens für die gesündere Lungenseite sowie bei seitenfixierter Atelektasenneigung bzw. pneumonischer Superinfektion ein seitendifferenziertes Recruitment [höherer PEEP und Atemhubvolumen für die wiederzubelüftende Lungenseite und Schutz der gesunden Lungenseite vor sekundär schädigenden Druckbelastungen].

Durchführung: Voraussetzung ist die Umintubation des Patienten mit Plazierung eines Doppellumentubus sowie obligat ein invasives Monitoring zur Kreislaufüberwachung [Pulmonaliskatheter oder COLD-System]. Zwei geeignete typengleiche Respiratoren werden mit einem speziellen Kabel gekoppelt. Ein Beatmungsgerät wird dadurch zum "Master"-Gerät, das die Beatmungstherapie führt, die Atemfrequenz bestimmt und das nachgeordnete Gerät synchronisiert. Die an jedem der beiden Geräte vorzuwählenden Atemminutenvolumina sind sorgsam an die jeweilig zu beatmende Lungenseite anzupassen. An dem nachgeordneten Beatmungsgerät ["Slave"] können vom "Master"-Gerät divergente Einstellungen für den PEEP und das Atemhubvolumen bzw. Atemminutenvolumen gewählt werden. Alle übrigen Funktionen des "Slave"-Geräts sind automatisch deaktiviert, so daß die Synchronisation durch das "Master-Gerät" gewährleistet bleibt.

Die seitengetrennte Beatmung sollte dem erfahrenen Intensivmediziner vorbehalten bleiben. Die nicht sicher zuvor abschätzbaren Kreislaufauswirkungen erfordern obligat ein entsprechendes invasives Monitoring.

Erfolgversprechende, aber noch ungesicherte Maßnahmen

- Die **frühelektive kontinuierliche veno-venöse Hämofiltration** v. a. mit Polyamidmembranen großer Oberfläche wird zunehmend als erfolgreiche symptomatische Therapiemaßnahme eingesetzt. Über die angestrebte schonende Volumenreduktion hinaus werden immunologisch günstige Effekte beschrieben, deren Wirkmechanismus bisher nicht eindeutig geklärt ist. Neben der Mediator-Eliminations-Theorie scheint eine Endotoxin-Bindung an die Filtermembran derzeit der wahrscheinlichste Wirkmechanismus zu sein.
- **Radikalfänger wie Allopurinol (Zyloric®)** werden als Routineprophylaxe diskutiert, da nachgewiesen ist, daß aggressive Hydroxyl- und Sauerstoffradikale durch Allopurinol abgefangen werden können. So scheinen die den Progress der Erkrankung vermittelnden Wirkungen der Hydroxyl- und Sauerstoffradikale abschwächbar zu sein.
- **Prostaglandine, speziell PGE_1 und Prostazyklin** scheinen nach zentralvenöser Applikation günstige Auswirkungen [30 µg/kg/min] zu haben. Da die Prostaglandine während der Lungenpassage fast vollständig abgebaut werden, ist mit systemischen Nebenwirkungen bei zentralvenöser Gabe kaum zu rechnen. Die

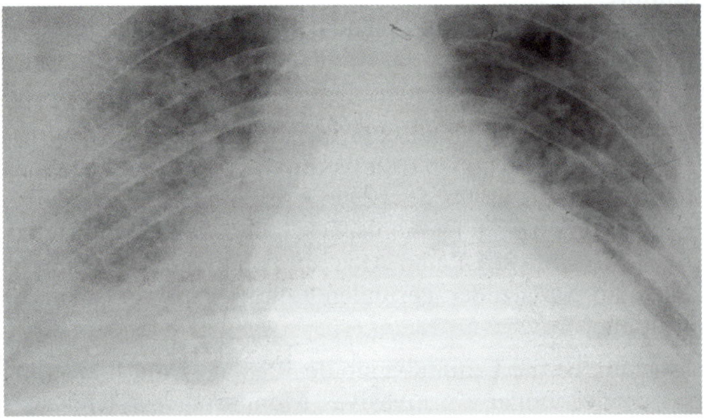

Abb. II-41-6 Vollbild des **ARDS** mit der **herkömmlichen Röntgen-Morphologie** der bisher als pathognomonisch angesehenen "weißen Lunge".

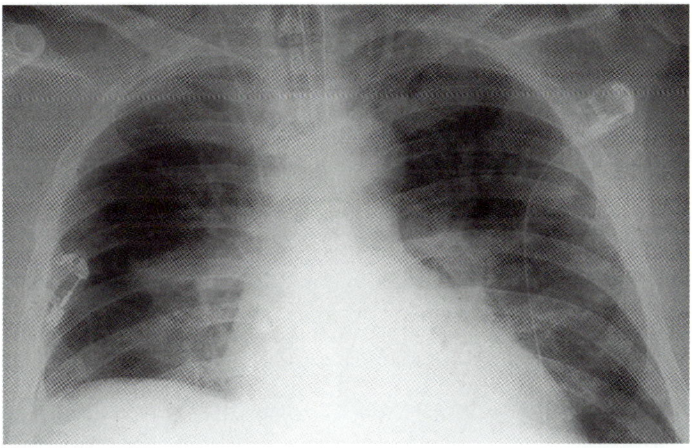

Abb. II-41-7 Veränderte Röntgenmorphologie des **ARDS-Vollbildes** (Murray-Score 3,3) **trotz** konsequenter Durchführung der **prophylaktischen Maßnahmen**.

Prostaglandine scheinen die unkontrollierte immunologische Reaktion des Körpers günstig zu modulieren, hemmen die pulmonale Thrombozytenaggregation und mindern durch ihre eigene vasodilatierende Wirkung die pulmonale Hypertonie. Weitere kontrollierte Studien sind bis zu einer allgemeinen Empfehlung erforderlich.

- **NO [Stickstoffmonoxyd]-Inhalation** zeigt in Konzentrationen von 10–80 ppm überzeugend günstige Effekte durch Senkung des pulmonalen Gefäßwiderstandes und konsikutiver Verbesserung der Oxygenierung. Dieser Effekt ist ausschließlich durch Inhalation von NO zu erreichen. Inhaliertes NO wirkt relaxierend an der pulmonalkapillären Strombahn, wird aber **nicht resorbiert!** Es sei daran erinnert, daß NO im Blut ein wesentlicher pathogenetischer Faktor für die systemische Vasomotorenalteration und Shunt-Entstehung in der ARDS-Entwicklung ist. Die Beimischung des Gases muß tubusnah ausschließlich während der Inspiration erfolgen, da bei längerem Kontakt mit Sauerstoff sonst das toxische NO_2 entstehen kann.

Fazit

Die konsequente Durchführung der prophylaktischen Maßnahmen kann die Inzidenz, Ausprägung [Schweregrad] und die Prognose des ARDS günstig beeinflussen.

Allerdings ist durch die ödemreduzierenden Maßnahmen mit einer Änderung der Röntgenmorphologie zu rechnen. Um so wichtiger ist der Hinweis, daß die ARDS-Diagnose klinisch am Patientenbett zu stellen ist und nicht durch den Radiologen bestimmt wird.

So zeigt die Abbildung II-41-7 einen fast unauffällig erscheinenden Thoraxbefund trotz eines Vollbildes des ARDS. Dieser 42jährige Patient mit einer akuten Pankreatitis verstarb wenige Stunden nach Anfertigen der Aufnahme am protrahierten Oxygenierungsversagen. Auch bei der späteren histologischen Untersuchung fand sich abgesehen von einem ausgeprägten Ödem das Vollbild des ARDS.

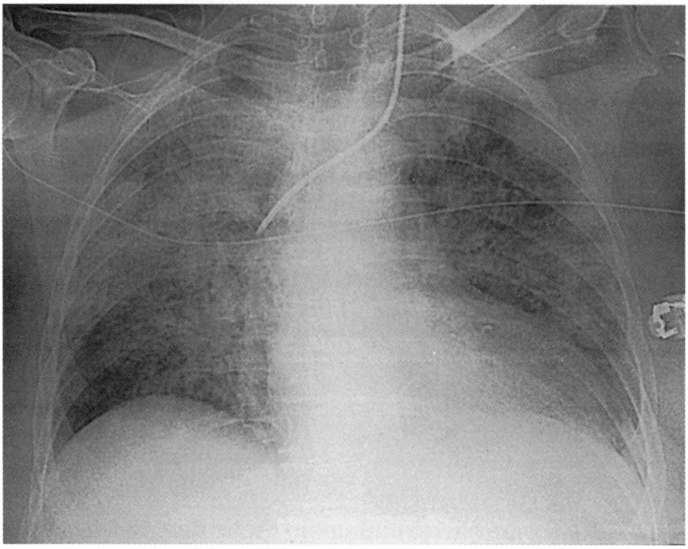

Abb. II-41-8 ARDS-Spätphase mit Sekundärinfektion: Feinstreifige Zeichnungsvermehrung des ARDS bis in die Peripherie – sowie fleckig pneumonische Infiltrate rechts > links.

Tabelle II-41-2 Einschlußkriterien für den extrakorporalen Gasaustausch nach ROSSAINT.

Schneller Einschluß
- $PaO_2/F_iO_2 < 50$ mmHg bei PEEP ≥ 5 cm H_2O für ≥ 2 h

Langsamer Einschluß
(nach 48–96 h maximaler Therapie müssen 4 der 5 Kriterien erfüllt sein)
- $PaO_2/F_iO_2 < 150$ mmHg bei PEEP ≥ 5 cm H_2O
- $PaCO_2 \geq 60$ mmHg bei AMVe ≥ 200 ml/kg KG und $P_i \geq 40$ cm H_2O
- $Q_S/Q_T \geq 30\%$
- Extrazelluläres Lungenwasser ≥ 15 ml/ kg KG
- Gesamthorakale Compliance ≤ 30 ml/cm H_2O

PaO_2 = Sauerstoffpartialdruck
PEEP = positiver endexspiratorischer Druck
P_i = inspiratorischer Spitzendruck
F_iO_2 = inspiratorischer Sauerstoffanteil der Atemluft
AMVe = exspiratorisches Atemminutenvolumen
Q_S/Q_T = Rechts-Links-Shunt

Die bisherigen Ergebnisse der modernen ARDS-Prophylaxe und Therapie bedeuten zwar einen erheblichen Fortschritt, allerdings bleibt darauf hinzuweisen, daß bei geeigneten Fällen eine Verlegung in eine Spezialklinik mit den Möglichkeiten zur extrakorporalen CO_2-Elimination [$ECCO_2$ R] bzw. zur extrakorporalen Oxygenierung [ECMO] zu erwägen sein kann (Tab. II-41-2).

Überblick: ARDS-Prophylaxe und Therapie

- Invasives Monitoring
- Restriktiver Flüssigkeitshaushalt
- Pulmonale Hypertonie begrenzen
- Magen-Darmpassage normalisieren
- Moderate PEEP-Einstellungen ≤ 8 cm H_2O
- Rotationsbetten – möglichst frühzeitig
- Bronchialtoilette, bedarfsadaptierte Bronchoskopie

Beatmung im Rahmen der Prophylaxe

- Volumenkontrolliert, PEEP 4 cm H_2O
- I:E-Verhältnis 1 : 1
- Langsamer inspiratorischer Flow
- Atemhubvolumen 10 – 15 ml/kg KG
- Frequenz 8 – 14 /min

Beatmung im Rahmen der ARDS-Therapie

- Druckkontrollierte Beatmung, PEEP ≤ 8 cm H_2O
- Maximales Druckniveau ≤ 35 cm H_2O
- Frequenz 6 – 12 /min
- I:E -Verhältnis 2 : 1 [IRV]
- Permissive Hyperkapnie respektieren

II-42 Sepsis

Sepsis und septischer Schock stellen heute klinisch zunehmend bedeutsame Morbiditäts- und Mortalitätsfaktoren dar. Aufgrund der Komplexität des Krankheitsbildes, der uneinheitlichen Terminologie und des Wandels im klinischen Bild werden aktuelle Aspekte der Sepsis dargestellt.

Es besteht heute Einigkeit darüber, daß der allgemein benutzte Begriff "Sepsis" nur für fortgeschrittene Stadien des zugrundeliegenden "SIRS" (**S**ystemic **I**nflammatory **R**esponse **S**yndrome) mit nachgewiesener Infektion (Blutkultur, Fokus) verwendet werden sollte. Diese Einschränkung ist überaus sinnvoll, da ein SIRS auch durch nicht-entzündliche Grunderkrankungen [z.B. auch das Operationstrauma] ausgelöst werden kann. Ein SIRS kann auch durch iatrogene apparative Organunterstützung unterhalten werden. So führt die maschinelle Überdruckbeatmung zur weiteren Freisetzung von proinflammatorischen Zytokinen aus der Lunge und die Hämodialyse aktiviert polymorphkernige Granulozyten bei Kontakt mit der Dialysemembran.

Darüber hinaus gelingt ein die Diagnose "Sepsis" begründender Keimnachweis nur bei ca. 50% der Patienten (Antibiotikatherapie!). Auch autoptisch können Erreger und Infektionsquellen nur in 70–80% der Fälle nachgewiesen werden, d.h. in 20–30% der Fälle kann der Pathologe keine Ursache für die "Sepsis" finden!

Ferner spielen SIRS und Sepsis eine herausragende Rolle bei der Entstehung von Organversagen.

SIRS	→	**[SEPSIS]**	→	**MODS**	→	**MOV**
Systemic		[fakultativ]		**M**ulti		**M**ulti
Inflammatory				**O**rgan		**O**rgan
Response				**D**ysfunktions		**V**ersagen
Syndrom				**S**yndrom		

Definitionen

Zur Vereinheitlichung der Terminologie, die insbesondere für klinische Studien zur Überprüfung neuer Therapieansätze unabdingbar ist, wurden 1991 folgende Definitionen in einer Konsensus-Konferenz für den klinischen Gebrauch empfohlen [153]. Dabei wird davon ausgegangen, daß das SIRS ein Kontinuum bis hin zum manifesten Schock darstellt.

Allgemeine Definitionen

- **Infektion:** Mikrobiologisches Phänomen, charakterisiert durch eine Entzündungsreaktion als Antwort auf Mikroorganismen
- **Bakteriämie:** Nachweis *lebender* Bakterien im Blut (entsprechend Virämie; Fungiämie, Parasitämie etc.)
- **Endotoxinämie:** Nachweis von Endotoxinen gram-negativer Keime im Blut
- **Septikämie:** Klinisch und auch in der medizinischen Literatur häufig fälschlich oder ungenau benutzter Begriff, der zudem den zugrundeliegenden Keim unzureichend beschreibt; der Begriff sollte zugunsten des Begriffes Bakteriämie nicht mehr verwendet werden.

Spezielle Definitionen

➤ ***Systemic inflammatory response syndrome (SIRS)***
bei Vorliegen von *mindestens zwei* der folgenden Bedingungen:

- Temperatur > 38 °C oder < 36 °C
- Herzfrequenz > 90/min
- Spontane Atemfrequenz > 20/min
- Leukozytenzahl > 12.000 Giga/L oder < 4.000 Giga/L oder 10 % unreife Vorstufen

Merke:

> **SIRS auf der chirurgischen Intensivstation:**
> **Passagere SIRS-Konstellation bei > 50 % der Patienten**

➤ ***Sepsis***

- SIRS plus durch Blutkultur positiv nachgewiesene Infektion

➤ ***Schwere Sepsis:***

- Sepsis plus Organdysfunktion, Hypotension oder Hypoperfusion (fakultativ in Kombination mit: Laktatazidose, Oligurie, akuten Veränderungen des mentalen Zustandes)

➤ ***Septischer Schock:***

- Hypotension (trotz adäquater Flüssigkeitssubstitution) plus Hypoperfusion

Erweiterte Definitionen der Konsensus-Konferenz [159]

➤ ***Kultur-negative Sepsis:***

- SIRS plus Antibiotikatherapie ex juvantibus bei klinisch dringlich vermuteter Infektion ohne positiven Blutkulturnachweis

➤ ***Kultur-negative schwere Sepsis:***

- SIRS verbunden mit Organdysfunktion, Hypotension oder Hypoperfusion. Alle Blutkulturen negativ bei vorausgehender antibiotischer Therapie in Folge der klinischen Verdachtsdiagnose einer Infektion. Hypoperfusionskriterien beinhalten u. a. Laktatazidose, Oligurie, Veränderungen des mentalen Status

➤ ***Kultur-negativer septischer Schock:***

- SIRS mit Hypotension trotz adäquater Flüssigkeitstherapie plus Hypoperfusionszeichen. Negative Blutkulturen bei vorausgegangener Antibiotikatherapie.

Epidemiologie

- In den USA wird die jährliche Fallzahl der Sepsis auf 500 000 geschätzt; Mortalitätsrate 35 %
- 40 % der Patienten mit einer Sepsis zeigen das klinische Bild eines Schocks
- Sepsis ist auf nicht-kardiologischen Intensivstationen die mit Abstand häufigste Todesursache
- Sepsis ist in den USA die 13. häufigste Todesursache mit steigender Inzidenz

Tabelle II-42-1 Kultur-positive und -negative SIRS- bzw. Sepsisstadien [159].

Kategorie	Patienten	Patienten in %	Sepsis in %
Total	3708	100	–
SIRS	2527	68	100
Sepsis KP	649	17	26
Sepsis KN	892	24	35
Schwere Sepsis KP	467	13	18
Schwere Sepsis KN	527	14	21
Sept. Schock KP	110	3	4
Sept. Schock KN	84	2	3

KP = Kultur-positiv; KN = Kultur-negativ

Tabelle II-42-2 SIRS- bzw. Sepsisstadium und Organversagen [159].

Syndrom	ARDS, %	DIC, %	ANV, %	Schock, %
SIRS (2 Kriterien)	2	8	9	11
SIRS (3 Kriterien)	3	15	13	21
SIRS (4 Kriterien)	6	19	19	27
Sepsis KP	6	16	19	20
Sepsis KN	3	20	5	27
Schwere Sepsis KP	8	18	23	28
Schwere Sepsis KN	4	17	16	22
Sept. Schock KP	18	38	51	100
Sept. Schock KN	18	38	38	100

ARDS = Acute Respiratory Distress Syndrome; DIC = Disseminated Intravascular Coagulation; ANV = akutes Nierenversagen; KP = Kultur-positiv; KN = Kultur-negativ

Autoptische Daten

Beispielhaft ist nachfolgend die Sektionsstatistik der Universitätskliniken Aachen aus dem Zeitraum 1984–1995 dargelegt. In Aachen handelt es sich um ein kleines, selektioniertes Krankengut (Obduktionsfrequenz < 10%) mit einem besonders hohen Anteil an Intensivpatienten.

Entscheidendes diagnostisches Kriterium waren in dieser Statistik lediglich die charakteristischen Organveränderungen. Zu Lebzeiten erhobene klinische Befunde hatten nur hinweisendes, jedoch kein diagnostisches Gewicht für die pathologisch-anatomische Diagnose.

Von 1984–1995 kamen insgesamt 3338 Sektionsprotokolle zur Auswertung. In 617 (18,48%) Fällen wurde die Diagnose einer autoptisch verifizierten Sepsis gestellt. Davon entfielen auf den Zeitraum 1984–1989 291 (47,16%), 1990–1995 326 (52,84%) Fälle. Somit ist insgesamt ein leichter Anstieg der beobachteten Fälle festzustellen.

➤ ***Alters- und Geschlechtsverteilung:***

Kriterium	**1984–1989**	**1990–1995**
M : W	1,66 : 1	1,71 : 1
Alter (Jahre)	54,2 ± 22,6	60,2 ± 29,7*

* $p < 0{,}05$

Schlußfolgerung: Konstantes Verhältnis in der Geschlechterverteilung; statistisch signifikante Zunahme des Altersdurchschnitts

➤ ***Sepsisquelle (organbezogen):***

Organ	**%**
Lunge	21,4
Niere	6,1
Leber/Galle	5,8
Darm	7,1
Haut	1,1
Peritoneum	5,7
Meningen	5,2
Appendix	0,4
Prostata	0,9
Sonstige	19,4
Unbekannt	26,9
Σ	100

Schlußfolgerung: Die Lunge ist die mit Abstand wichtigste Infektionsquelle in diesem Kollektiv. In 26,9% der Fälle konnte keine Sepsisquelle identifiziert werden, insbesondere nach vorausgegangener kombinierter und hochdosierter Antibiotikatherapie. Diesbezüglich ist das Ergebnis vergleichbar mit anderen autoptisch-epidemiologischen Sepsisstudien, z. B. Innsbruck 20,1% [158].

➤ ***Bakteriologie:*** grampositiv in 35,1 %; gramnegativ in 52,4 %

Keim	*%*
Staphylokokken	27,5
E. coli	15,2
Klebsiella	7,1
Proteus	9,4
Pseudomonas	9,9
Streptokokken	8,2
Candida	11,8
Meningokokken	3,5
Pneumokokken	2,7
Aspergillus	1,6
TBC	3,1
Sonstige	6,4

➤ ***Grundkrankheiten:***

Erkrankung	*%*
Malignome	39,2
Polytrauma	23,3
Verbrennung	14,7
Peritonitis	10,8
Sonstige	12,0
Σ	100

Mediatorsysteme SIRS und Sepsis

Endotoxine

- Sind Bestandteil der äußeren Membran der Zellwand von gram-negativen Bakterien. Daher können bakterizide Antibiotika eine direkte Endotoxinämie auslösen
- Bestehen aus zwei Komponenten: Dem LPS bindenden Protein [LBP] und dem Lipopolysaccharid [LPS – wird oft als Synonym für Endotoxin benutzt].
  LPS wiederum besteht aus drei Komponenten:
  einer äußeren Polysaccharidschicht (O-Antigen), einem Kernpolysaccharid und dem Lipid A, das die eigentlich toxische Substanz des LPS und damit des Endotoxins ist
- Bindung an einen membrangebundenen oder löslichen Rezeptor (CD14)
- Die rezeptorgebundene Signaltransduktion führt zur Zellaktivierung, insbesondere von Monozyten, Makrophagen und polymorphkernigen Granulozyten mit sekundärer Freisetzung von Mediatoren wie z. B. Tumor-Nekrose-Faktor (TNF) und Interleukin-1 und -6 (IL-1, IL-6)

- Endotoxine
  sind Aktivatoren der Kaskadensysteme und der Zellfreisetzungsreaktion,
  sind selbst Mediatoren und
  bewirken direkt Endothelläsionen und
  metabolisch-toxische Zellfunktionsstörungen
- Imitieren bei experimenteller Gabe das klinische Vollbild der gramnegativen Sepsis

Stickstoff-Monoxyd [NO] = endothelium derived relaxing factor [EDRF]

- Dem ebenfalls direkt durch Endotoxin aktivierten Stickstoffmonoxid (NO) wird für den Übergang eines septischen Geschehens zu einem Mehrorganversagen als vasoaktive Substanz besondere Bedeutung zugesprochen. Das auch als EDRF (endothelium derived relaxing factor) bezeichnete NO wird im Gefäßendothel v. a. der glatten Muskulatur als Antagonist des potenten Vasokonstriktors Endothelin gebildet. Speziell durch Endotoxin getriggert, schädigt das gesteigert gebildete NO in maßgeblicher Weise direkt das Endothel im Kapillarbereich der Mikrozirkulation und zeigt durch zunehmenden vasodilatativen Effekt dramatische systemische Auswirkungen. Diese Vasodilatation kann als führender Pathomechanismus für die pathognomonische vasodilatationsbedingte Fehlverteilung des Herzminutenvolumens angesehen werden.

Zytokine

- Proinflammatorische Entzündungsmediatoren mit pleiotropem Wirkspektrum
- Bekannte Zytokine sind Tumor-Nekrose-Faktor (TNF) sowie verschiedene sogenannte Interleukine (z. B. IL-1, IL-6, IL-8, IL-10), die nach LPS-Gabe vermehrt im Plasma nachgewiesen werden können
- Die einzelnen Zytokine besitzen z. T. agonistische (z. B. TNF und IL-1) sowie antagonistische (z. B. TNF und IL-10) Wirkungen

Als Beispiel für das pleiotrope und vielfältige Wirkspektrum sind in der Tabelle II-43-3, S. 526, die bisher bekannten Effekte von TNF aufgeführt.

Cyclooxygenase-Produkte der Arachidonsäure = Eicosanoide

- Wichtige Mediatoren sind u. a. das Prostacyclin (PGI_2) und
  das Thromoxan A_2 (TxA_2)
- PGI_2: Vasodilatation sowie Hemmung der Thrombozytenaggregation (wichtiger Syntheseort in der Sepsis sind aktivierte Endothelzellen).
  Rezidivierende Endotoxinämien bewirken stetig zunehmende Spitzenkonzentrationen des intestinal produzierten und stark vasodilatierenden PGI_2 im Verlauf der Sepsis und erklären im Sinne eines "steal-Phänomenes" phasisch unterschiedlich ausgeprägte [v.a. intestinale] Minderperfusionssituationen.
- TxA_2: Vasokonstriktor und Thrombozytenaggregator

Tabelle II-42-3 Effekte des Tumor-Nekrose-Faktors auf unterschiedliche Gewebe.

Zell/Gewebe Typ	Biologischer Effekt
Endothel	• Erhöht prokoagulatorische Aktivität • Unterdrückt Kofaktoraktivität für das antikoagulatorische Protein C • Erniedrigt die Expression des Thrombomodulins • Erhöht die Expression von VCAM, ELAM und ICAM • Erhöht die Extravasation von Makromolekülen und Plasma • Induziert IL-1 und PAF Biosynthese und Freisetzung
Leukozyten	• Stimuliert die Degranulation von neutrophilen Granulozyten • Induziert „Respiratory Burst“ mit Freisetzung von O_2-Radikalen • Chemotaktisch für Makrophagen und Granulozyten • Erhöht Phagozytoseaktivität • Induziert TNFα-Synthese • Stimuliert IL-1 Produktion • Induziert Prostaglandin (PGE2)- Freisetzung
Lunge	• Erhöht Kapillarpermeabilität • Induziert Prostaglandin- und Leukotriensynthese • Vermittelt Leukozytenmigration- und Aktivierung • Induziert interstitielles Alveolarwandödem • Erhöht freies Lungenwasser
Leber	• Erhöht Produktion von Akut-Phase Proteinen • Fördert glucagon-vermittelte Aminosäureaufnahme • Erhöht Lebergewicht und DNA-Gehalt • Stimuliert Lipogenese
Fettstoffwechsel	• Unterdrückt LPL-Synthese • Erhöht freie Fettsäuren und Triglyceride • Unterdrückt Lipogenese
Skelettmuskel	• Erhöht Proteinkatabolismus • Unterdrückt Strukturproteinsynthese • Erhöht Aminosäurefreisetzung • Erniedrigt Glykogengehalt • Erhöht Laktatausstoß • Erhöht membrangebundenen Hexosetransport
Zentralnervensystem	• Fieber • Anorexie • Stimuliert ACTH und andere ZNS-Hormone

ICAM = intracellular adhesion molecule; ELAM = endothelium-leucocyte adhesion molecule; VCAM = inducible cell adhesion molecule; PAF = platelet activating factor; LPL = Lipoprotein-Lipase; ACTH = Adrenocorticotropes Hormon

Lipoxygenase-Produkte der Arachidonsäure

- LTB4: Chemotaktisch für Leukozyten, fördert Adhärenz und Aktivierung von Leukozyten mit sekundärer Leukopenie, erhöht Gefäßpermeabilität
- LTC4, LTD4, LTE4: Vaso- und Bronchokonstriktoren, Extravasation von Plasma

Die Vielzahl der in der Pathogenese bedeutsamen Mediatorsysteme können im Rahmen dieses Buches nicht ausführlich abgehandelt werden. Mit Verweis auf die im Anhang befindliche weiterführende Literatur sollen hier nur einige bedeutsame Mediatorsysteme aufgelistet werden.

Weitere Mediatorsysteme

- Kallikrein-Kinin-System
- Komplement-System
- Gerinnungssystem
- Phospholipide (z. B. plättchenaktivierender Faktor PAF)
- Proteasen (z. B. Elastase, Kollagenase)
- Sauerstoffradikale (Peroxid, Superoxid) u. a.

"Zielzelle" des SIRS bzw. der Sepsis: Die Endothelzelle der Mikrozirkulation

Das Endothel im Kapillarstrombereich der Mikrozirkulation ist entscheidend in die pathogenetischen Abläufe integriert. Dabei zeigt das Endothel vier elementare antagonistische Eigenschaften, die zentral in das SIRS eingebunden sind. Eine Dysregulation oder gar ein Erliegen dieser elementaren Funktionen aufgrund eines funktionellen oder morphologischen Endothelzellschadens in der Mikrozirkulation ist ein herausragender Bestandteil der Pathogenese des MODS bzw. MOV:

➤ Anti- und prothrombogene Aktivität
➤ Vasodilatierende und vasokonstriktorische Funktion
➤ Modulation und Verstärkung der Entzündung
➤ Wachtumshemmende und -fördernde Funktionen

➤ ***Anti- und prothrombogene Aktivität:***

- Physiologisch besteht ein Überwiegen der *antithrombogenen* Aktivität des Endothels
- Die Antithrombogenität des Endothels in der Mikrozirkulation wird durch die rasche Synthese von Prostacyclin (PGI_2), Endothelium derived relaxing factor (EDRF = **NO**), t-PA und u-PA (Plasminogen Aktivator vom Gewebs-und Urokinase-Typ), Heparinsulfat-Proteoglykane, Thrombomodulin und Protein S vermittelt
- Beim SIRS bzw. der Sepsis zeigt das Endothel der Mikrozirkulation eine Betonung der *prothrombogenen* Aktivität
- Die Prothrombogenität wird u. a. durch Zytokine wie TNF hochreguliert und fördert das Auftreten von Mikrothromben in der Mikrozirkulation; die prothrombogene Aktivität wird maßgeblich durch den Plättchen aktivierenden Gewebefaktor (PAF), Faktor V und VIII, Faktor IX- und X-Rezeptor sowie Plasmin-Aktivator-Inhibitor-1 (PAI-1) gesteuert

➤ ***Vasodilatierende und vasokonstriktorische Funktion:***

- Vasodilatation wird vermittelt durch Prostacyclin (PGI_2) und NO (= EDRF)
- Vasokonstriktion insbesondere durch Endothelin-1 (ET-1)

➤ ***Modulation und Verstärkung der Entzündung:***

- Autokrine Verstärkerschleifen der Mediatorsynthese, d. h. Zellen produzieren einen Mediator, der wiederum seine Synthese in der Ausgangszelle stimuliert; beispielhaft kann IL-1 die weitere IL-1-Synthese in Endothelzellen des Stromgebietes der Mikrozirkulation initiieren
- Sensibilisierungseffekte von Mediatorenketten bewirken, daß ein Mediator Zielzellen veranlaßt, auf einen zweiten, nachgeordneten Mediator mit dramatischer

biologischer Aktivität zu antworten. Die Antwort würde deutlich geringer ausfallen, würde der zweite, nachgeordnete Mediator alleine auf die Zielzelle einwirken. Beispielhaft stimuliert TNF neutrophile Granulozyten, die dann nach PAF-Stimulation hohe Konzentrationen von Superoxidanionen freisetzen, die wiederum das Endothel schädigen

- Hochregulation der Zelladhäsionsmolekülexpression (CAM) mit konsekutiver Steigerung der Adhäsion von Granulozyten und Monozyten. Beispiele der CAM-Familie sind Selectine, insbesondere E-Selectin und P-Selectin (CD62), ICAM-1 und -2, VCAM-1. Zytokine wie TNF regulieren die CAM-Expression im Bereich der Endothelzellen der Mikrozirkulation

➤ ***Wachstumshemmende und -fördernde Funktionen:***

- Stimuliertes Endothel, aber auch glatte Muskelzellen der Gefäße der Mikrozirkulation können verschiedene Wachstumsfaktoren wie z. B. transforming growth factor beta-1 (TGF-β1) oder basic fibroblast growth factor (b-FGF) synthetisieren. Das proliferative Stadium des ARDS mit ausgeprägten Fibroblastenproliferationen und erhöhter Matrixsynthese ist ein Beispiel für die Wichtigkeit der wachtumsmodulierenden Eigenschaften des Endothels.

Klinische Symptomatik und Verlauf

Tradierte Erwartungen fordern für den septischen Patienten neben einer Hypotension Temperaturen > 39 °C und ein "blühendes" rotes Hautkolorit. Das Wissen um septische Verläufe bis zum septischen Schock ohne Temperaturen und blühendes Hautkolorit ["kalte Sepsis"] widerlegen, daß diese vermeintlich obligaten Symptome eine conditio sine qua non sind.

Auch die früher beobachteten zweiphasigen Verläufe mit eine hyperdynamen und später hypodynamen Phase sind nur noch selten anzutreffen.

Zentrales klinisches Problem der Sepsis ist die Entkopplung der peripheren Vasomotorensteuerung von den physiologischen metabolischen Steuermechanismen zugunsten einer beherrschenden Vasodilatation der Widerstandsgefäße [peripherer Gefäßwiderstand (SVRI) ↓, → Abb. II-42-1]. Bei weitgestellten Widerstandsgefäßen muß zur Aufrechterhaltung des Perfusionsdruckes eine erhebliche Anhebung des Herzminutenvolumens [HMV = HZV = CO = Cardiac output] erfolgen [→ Abb. II-42-2]; diesen Mechanismus hat man früher mit der "hyperdynamen Phase" beschrieben. Nach oft mehrtägigem Bestehen der hyperdynamen Phase wurde dann unter der persistierenden Volumenbelastung des Herzens eine progrediente Herzinsuffizienz mit Abnahme des cardiac output und entsprechend auch der Blutdruckverhältnisse bis zum exitus letalis beobachtet. Entsprechend wurde diese meist finale Symptomatik als "hypodyname Phase" bezeichnet und ein potenter "cardiac depressing factor" postuliert [vermutlich IL6].

Unter modernen Therapiemaßnahmen [s.u.] ist die Prognose zwar noch nicht entscheidend gebessert, allerdings bleiben die Patienten auch bei letalen Verläufen fast immer in der hyperdynamen Phase (wenn auch oft unter Katecholaminstimulation). Durch die Fehlverteilung des HZV resultiert letztlich eine nicht mehr kompensier- bzw. therapierbare metabolische Entgleisung, die terminal – bei zuvor noch numerisch hochnormalem HZV – zur elektro-mechanischen Entkopplung des Herzen

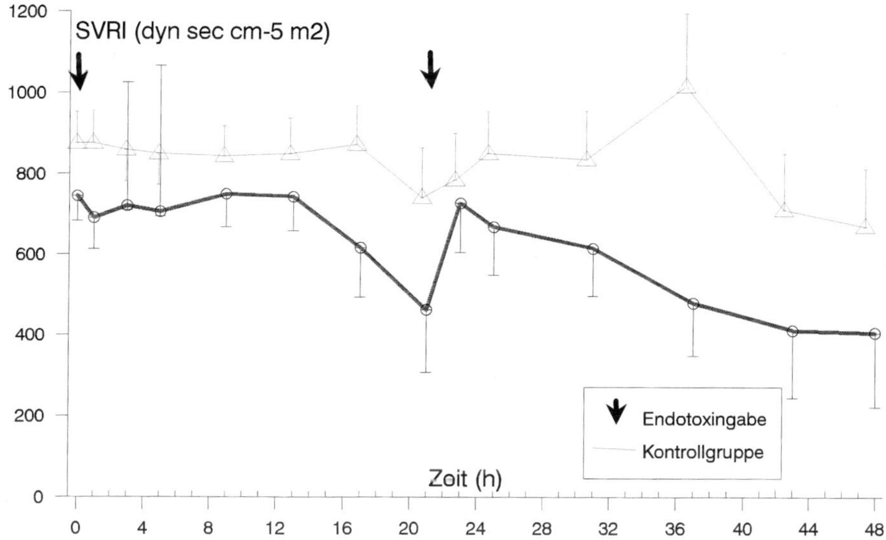

Abb. II-42-1 Peripherer Gefäßwiderstand [SVRI] bei experimenteller Sepsis durch Endotoxinämie zum Zeitpunkt 0 und 22 Stunden. Eigene Untersuchungen am Schwein mit E.Coli-Endotoxin WO111:B4.

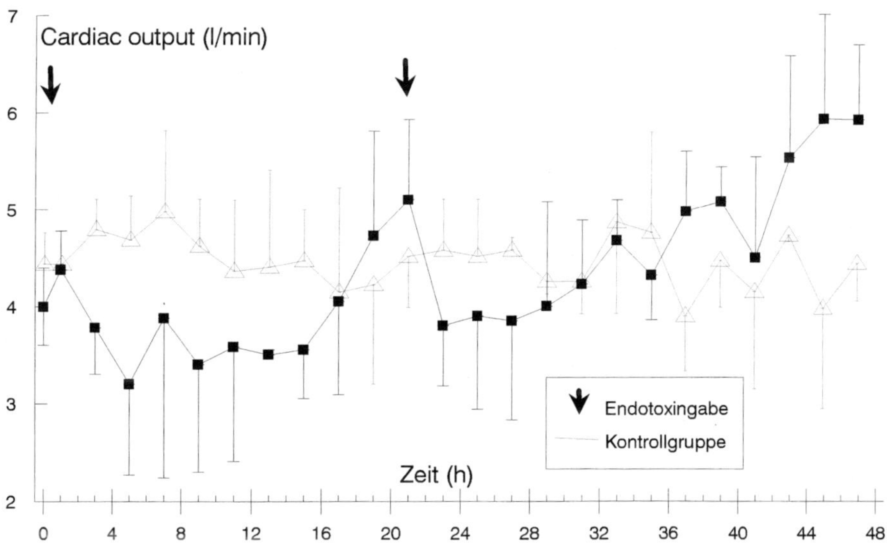

Abb. II-42-2 Entwicklung des Herzminutenvolumens bei experimenteller Sepsis durch Endotoxinämie zum Zeitpunkt 0 und 22 Stunden. Eigene Untersuchungen am Schwein mit E.Coli-Endotoxin WO111:B4.

und konsekutiv zur Asystolie führt. Eine hypodyname Sepsisphase wird somit kaum noch beobachtet.

Merke:

"Kalte Sepsis":
Septische Konstellation ohne Fieber, Schwitzen oder Hautrötung!

Klinische Manifestation

- Fieber
- Blutdruckabfall – mit überproportional tiefem diastolischen Druck
- Warme, schwitzige, evtl. gerötete Haut (*Cave:* "kalte Sepsis" s. o.)
- Rückläufige Diurese
- Zeichen des relativen Volumenmangels durch Umverteilung bei peripherer Vasodilatation der Widerstandsgefäße und Dilatation mit partieller Flußverminderung bis zur Stase in den venösen Kapazitätsgefäßen
- Intermittierende Verwirrtheit
- Leukozytose
- Serum-Laktat ↑

Die Gesamtsymptomatik ist geprägt durch das Versagen der physiologischen Vasomotorensteuerung. Es dominiert eine mediatorvermittelte Vasodilatation mit peripherem Links-Rechts-Shunt. Zusätzlich kommt es bei Persistieren der Symptomatik zu Mikrothromben in der Kapillarstrombahn, so daß fokale O_2-Defizitgebiete entstehen. Widerstandserhöhungen am falschen Ort, Vasodilatation vor Geweben mit hohem O_2-Bedarf und arterio-venöser Shunt führen zu einer Fehlverteilung des HZV.

Merke:

Fehlverteilung des HZV – das zentrale Problem der Sepsis:
Trotz hochnormalem HZV, DO_2I und Perfusionsdruck:
VO_2I ↓ und zentralvenöse Sättigung ↑
= unzureichende nitritive Parenchymperfusion!

Direkte und über aktivierte neutrophile Granulozyten vermittelte Endothelschäden führen via Kapillarleck zu einem disseminierten interstitiellen Ödem, das über Kompression zu einer weiteren Zunahme der Mikrozirkulationsstörungen führt ("Capillary leak syndrome").

Merke:

Periphere Ödeme bei SIRS und Sepsis:
Kein Rückschluß auf intravasalen Volumenhaushalt möglich!

Neben direkt zytotoxischer Wirkung einiger Mediatoren ist die Fehlverteilung des HZV mit der verschlechterten Mikrozirkulation Hauptrisikofaktor für die Übergänge zu MODS und MOV.

Merke:

SIRS und Sepsis:
Periphere Ödeme sind die Spitze des Eisbergs!
→ Ähnliche Ödemschäden an den parenchymatösen Organen!

Der zentrale Pathomechanismus des Übergangs von einer Sepsis zum MOV ist vermutlich der durch intestinale Mikrozirkulationsstörungen ["steal Phänomen" durch hohe vasodilatierende intestinale PGI_2-Spiegel und Überwiegen von ebenfalls vasodilatierendem EDRF (NO)] induzierte Zusammenbruch der intestinalen Mukosabarriere mit konsekutiver Translokation [Übertritt intestinaler Keime und Endotoxine vom Gastrointestinaltrakt zur Bauchhöhle, den regionären Lymphknoten und dem Blutkreislauf]. Durch diesen Mechanismus werden Keime im ganzen Organismus freigesetzt und erhalten bzw. potenzieren die Sepsis.

Mit dieser endotoxininduzierten intestinalen Begleitreaktion ist vermutlich die katalysierende Rolle des Intestinaltraktes im Geschehen der Sepsis durch Start einer zweiten konsekutiven Mediatoraktivierung mit potenzierender Wirkung auf die systemische Gesamtreaktion und den möglichen Übergang in ein MOV zu erklären. Entsprechend wird **der Intestinaltrakt** auch als **"Motor des MOV"** bezeichnet.

■ Konsekutive Organalterationen [Morphologie: Kap. II-43, S. 548 f]

● ***Lunge***

Bereits frühzeitig kommt es zur Erhöhung des pulmonalen Gefäßwiderstandes. Diese pulmonale Hypertonie spiegelt sich auch im Verlauf des pulmonal-arteriellen Drucks [PAP – Abb. II-42-3] wider.

Die Klinik wird beherrscht durch progrediente Oxygenierungsstörungen. Endothelschwellung und ausgedehntes interstitielles Ödem führen zur Diffusionsstreckenverlängerung, die fokale pulmonale Vasomotorenalteration zur Verstärkung der pulmonalen Hypertonie und des Rechts-Links-Shunts. Eine begleitende Hyperkoagulopathie und Surfactantreduktion führen nach alveolären Fibrinablagerungen zu multilokulären Atelektasen und einer erheblichen Abnahme der Compliance. Die Folgen sind eine weitere Abnahme des $Pa0_2$ sowie durch vermehrte Totraumventilation ein Ansteigen des $PaC0_2$ trotz gleichbleibendem Atemminutenvolumen. Die pulmonalen Veränderungen entsprechen der Pathogenese des ARDS [→ Kap. II-41, S. 505 ff].

● ***Herz***

Vor drastischen Blutdruckabfällen tritt frühzeitig im SIRS bzw. Sepsis-Geschehen eine diastolische Funktionsstörung des Myokards [Dehnbarkeit der Herzwände ↓] auf. Durch die eingeschränkte Ventrikelfüllung kommt es konsekutiv zu irreführend erhöhten Druckwerten im kleinen Kreislauf sowie zu dem Phänomen eines ungewöhnlich erhöhten ZVD und Dilatation der venösen Kapazitätsgefäße [venöses Pooling]. Darüber hinaus wird der Frank-Starling-Wirkmechanismus eingeschränkt. Durch die geringere Vordehnung muß das Herz zur erforderlichen Steigerung des HZV mehr energiefordernde Kontraktilität aufwenden, so daß ein über-

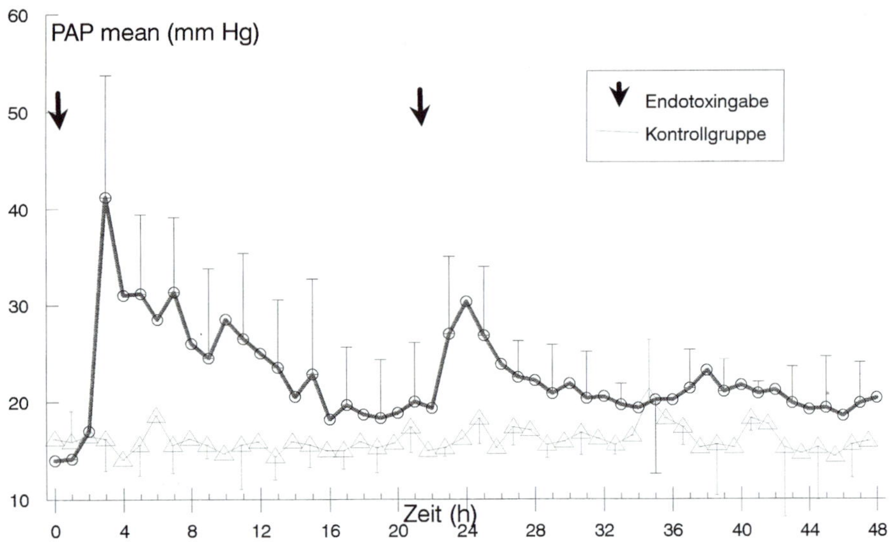

Abb. II-42-3 Pulmonal-arterieller Druck [PAP] bei experimenteller Sepsis durch Endotoxinämie zum Zeitpunkt 0 und 22 Stunden. Eigene Untersuchungen am Schwein mit E.Coli-Endotoxin WO111:B4.

proportionaler und unökonomisch hoher myokardialer Sauerstoffbedarf besteht. Dadurch wird die Forderung nach einer Beschränkung der Dauer hyperdynamer Sepsisphasen mit erheblich erhöhtem HZV plausibel [s.u.]. Darüber hinaus führt die Druckerhöhung im kleinen Kreislauf zu einer Rechtsherzbelastung mit nachfolgender Ventrikeldilatation, sekundärer relativer Klappeninsuffizienz und entsprechend erhöhtem Risiko für subendokardiale Ischämien. Auch der linke Ventrikel wird in seiner Auswurfleistung durch das auf Grund des dilatierten rechten Ventrikels verlagerte Ventrikelseptum behindert.

- ***Niere***

Septische Umverteilung des zirkulierenden Blutpools und Volumenverluste ins Interstitium machen die drohende Gefahr eines akuten Nierenversagens [→ Kap. II-35, S. 455] plausibel. Auch bei optimaler Volumenkorrektur, adäquatem Perfusionsdruck und ausreichendem HZV findet sich bei septischen Patienten eine Einschränkung der glomerulären Filtrationsrate. Neben direkt toxischen Einflüssen durch z. B. Aminoglykoside, ionisches Kontrastmittel und Endotoxin sind weiter ursächlich: Mikrozirkulationsstörungen durch Endothelschwellung und interstitielles Ödem sowie mediatorinduzierte Vasomotorenalterationen mit Konstriktion des Vas afferenz und Dilatation des Vas efferenz [Abnahme des Filtrationsdrucks]. Zudem nehmen renaler Blutfluß und glomeruläre Filtrationsrate durch PEEP-Beatmung und Erhöhung des intraabdominellen Drucks [→Kap. I-20, S. 152] weiter ab. Der insgesamt verminderte venöse Rückstrom zum Herzen löst eine vermehrte Freisetzung von antidiuretischem Hormon [ADH] und eine geringere Synthese von atrialem natriuretischem Peptid aus.

Die Konstellation der Befunde praedisponiert zu einem akuten Nierenversagen.

- ***Intestinaltrakt***

Mikrozirkulationsstörungen durch ein interstitielles Ödem, direkte Endothelschäden, "steal Phänomen" durch hohe vasodilatierende intestinale PGI_2-Spiegel und Überwiegen von ebenfalls vasodilatierendem EDRF [NO] induzieren den Zusammenbruch der intestinalen Mukosabarriere. Im Rahmen der Intensivtherapie, insbesondere durch den Einsatz von Antibiotika ändert sich die Mikroflora, es überwiegen resistentere und stärker pathogene Keime (bacterial overgrowth). Diese können nach Zusammenbruch der physiologischen Mukosabarriere vom Gastrointestinaltrakt zur Bauchhöhle, den regionären Lymphknoten und in den Blutkreislauf gelangen. Dieser Vorgang wird als Translokation bezeichnet. Manche Keime, z. B. Candida-Abkömmlinge können die intestinale Mukosa auch direkt passieren. Im Rahmen dieses Vorgangs werden Keime im ganzen Organismus freigesetzt und erhalten bzw. potenzieren die Sepsis.

Durch diese primär endotoxin- und bakterieninduzierte intestinale Begleitreaktion ist vermutlich die katalysierende Rolle des Intestinaltraktes im Geschehen der Sepsis durch Start einer zweiten konsekutiven Mediatoraktivierung mit potenzierender Wirkung auf die systemische Gesamtreaktion und den möglichen Übergang in ein MOV zu erklären. Entsprechend wird der **Intestinaltrakt** als **"Motor des MOV"** bezeichnet.

Diagnostik

• Körpertemperatur	Fieber?	Hypothermie?
• Hauttemperatur	erhöht?	schwitzig?
• Hautkolorit	gerötet?	blühend?
• Herzfrequenz	Anstieg?	Tachykardie?
• Spontane Atemfrequenz	über 20/min?	
• Diastolischer Blutdruck	überproportional tief?	[Vasodilatation!]
• Blutgasanalyse	leichte Azidose?	$PaO_2 \downarrow$, $PaCO_2 \uparrow$?
• Blutkulturen	peripher gestochen und aus ZVK je 3 mal pro Tag	
• Laborstatus	Leukozyten erhöht, erniedrigt, unreif? Plasmatische Gerinnung [PTT, Quick?] Thrombozyten-Abfall? Serum-Laktat $\uparrow$?	
• **Ursachenforschung:**	Klinik, Sonographie, Echokardiographie und radiologische Diagnostik	

Invasives Monitoring

Frühelektiver Einsatz von Pulmonaliskatheter bzw. COLD-System [→ Kap. II-15, S. 289]

➤ ***Allgemeine typische Daten:***

- Systemischer Gefäßwiderstand nimmt ab [SVRI $\downarrow$]
- Herzminutenvolumen nimmt zu [CO bzw. CI $\uparrow$],
  um Perfusionsdruck aufrecht halten zu können

- Pulmonaler Gefäßwiderstand nimmt bei pulmonaler Hypertonie zu [PVRI ↑]
- Pulmonal-arterieller Druck nimmt trotz relativen Volumenmangels wegen pulmonaler Hypertonie und diastolischer Funktionseinschränkung des Herzen zu [PAP ↑]
- Intrapulmonaler Rechts-Links-Shunt nimmt zu [Q_s /Q_t ↑]
- Pulmonalkapillärer Verschlußdruck = Wedge Druck nimmt trotz relativen Volumenmangels wegen diastolischer Funktionseinschränkung des Herzen leicht zu [PCWP ↑]
- Sauerstoff-Verbrauchsindex nimmt bei peripherem Links-Rechts-Shunt (fehlende Ausschöpfung am Zielorgan) ab [VO_2I ↓]

Achtung:
Die Interpretation von Daten des Pulmonalis-[PA]-Katheters ist bei SIRS und Sepsis erschwert, da regelmäßig frühzeitig diastolische Funktionsstörungen des Herzens auftreten, die zur Erhöhung von Wedge-Druck [PCWP] und pulmonalarteriellem Druck [PAP] führen und eine systemische Fehlermöglichkeit für die Volumensteuerung beinhalten.

➤ ***Spezielle Daten des COLD-Systems***

- Pulmonales Blutvolumen nimmt auf Grund progredienter pulmonaler Hypertonie ab [PBV ↓]
- Freies Lungenwasser nimmt durch Endothelschäden mit interstitiellem Ödem zu [EVLWI ↑]
- Zunahme des mit dem Pulmonalen Permeabilitätsindex [PPI ↑] meßbaren Kapillarlecks

Therapie der Sepsis

Klinisch Bewährtes

Handlungsschema septischer Schock s. S. 479

Merke:

Strategie der Sepsistherapie:
Ursachenforschung und symptomatische Therapie synchron!

Zielgrössen guter symptomatischer Therapie: [→ Kap. II-15, S. 289]

Mittlerer arterieller Druck	[MAP]	> 60 mm Hg
Cardiac Index	[CI]	> 3,5 $l/min/m^2$ und < 5,5 $l/min/m^2$
Peripherer Widerstand	[SVRI]	> 1200 dyn sec cm^{-5} m^2
Sauerstoff-Transportindex	[DO_2I]	> 600 $ml/min/m^2$

Merke:

Therapieziel bei Sepsis:
Ursache sanieren!
Immunologische Fehl- und Überreaktion kompensieren!

➤ ***Oxygenierung verbessern:***
Sofortige Sauerstoffgabe über O_2-Sonde bzw. frühelektive Indikation zur Intubation.

➤ ***Temperatur-Korrektur:***
Dünne Bettdecke
Kühlelemente inguinal
Alkohol-Umschläge an den Extremitäten
Bettheizung herunterregulieren

➤ ***Volumen und Katecholamintherapie:***
Das Wissen um die Pathophysiologie von Vasodilatation, Shuntperfusion, Fehlverteilung des HZV und v. a. Kapillarschaden hat zu einer Modifikation des Therapiekonzeptes geführt.

So ist der alte Leitsatz. "*Der Septiker braucht bis zu 20 Liter Volumen pro Tag*" jetzt abzuwandeln:

Merke:

Kreislauftherapie bei Sepsis:
Objektivierte Vasotonisierung vor differenzierter Volumengabe!

Für eine ***differenzierte Katecholamintherapie*** ist ein frühzeitiges invasives Monitoring mit engmaschiger Kontrolle des systemischen Gefäßwiderstandes [SVRI] unverzichtbar [→ Kap.II-15, S. 289]. Eine α-Rezeptoren stimulierende vasotonisierende Katecholamintherapie [Arterenol® = Noradrenalin] ist nur sinnvoll, wenn sie frühzeitig einsetzt. Eine primäre Katecholamintherapie, die erst bei manifestem Schockzustand mit SVRI-Werten < 600 dyn sec cm^{-5} m^2 begonnen wird, erweist sich oft als erfolglos. Ziel sollte sein, neben kühlenden Maßnahmen [s.o.] durch möglichst geringe, früh eingesetzte Arterenol®-Dosierungen einen peripheren Widerstand im subnormalen Bereich von SVRI > 1200 dyn sec cm^{-5} m^2 zu erhalten.

Merke:

Das führende Katecholamin des Septikers ist Noradrenalin!

Bei hochseptischen Langzeitverläufen zeigt sich nach langer Therapiephase mit Noradrenalin ein tachyphylaxieähnliches Phänomen, das auf eine Rarefizierung der peripheren α-Rezeptoren zurückzuführen ist.

Eine Katecholamin-Kombinationsbehandlung sollte kritisch durchgeführt werden: Bei erforderlicher myokardialer Kontraktilitätssteigerung sollte kontrolliert [s.a. CFI = cardiac function index (Kap. II-15, S. 303)] Suprarenin® (Adrenalin) eingesetzt werden. Hohe Begleitdosierungen von Dopamin® und Dobutrex® haben sich nicht bewährt, so daß für beide Medikamente Niedrigdosierungen zur begleitenden Organprotektion (s. u.) zu bevorzugen sind.

Der Wandel bei der ***Volumentherapie*** basiert auf den Erkenntnissen über Kapillarleckaktivität und Pathogenese konsekutiver Organversagen. Bei unkorrigierter persistierender Vasodilatation und Hochvolumentherapie läßt sich zwar eine Kreislaufstabilisierung erreichen, allerdings sind die interstitiellen Volumenverluste via Kapillarleck extrem. Zudem ist zur Aufrechterhaltung des Perfusionsdrucks bei Vasodilatation und nach vollständigem Volumenausgleich ein permanent erheblich erhöhtes Herzminutenvolumen erforderlich, d. h. die Patienten müssen stetig in einer hyperdynamen Phase gehalten werden. Durch die SIRS bzw. sepsisinduzierte diastolische Funktionseinschränkung des Herzens wird aber der Frank-Starling-Wirkmechanismus eingeschränkt. Wegen der geringeren Vordehnung muß das Herz zur erforderlichen Steigerung des HZV mehr energiefordernde Kontraktilität aufwenden, so daß ein überproportionaler und unökonomisch hoher myokardialer Sauerstoffbedarf besteht und dadurch die Forderung nach einer Beschränkung der Dauer hyperdynamer Sepsisphasen mit erheblich erhöhtem HZV plausibel wird.

So empfiehlt sich nach objektivierter medikamentöser Vasotonisierung (die allein schon eine Umverteilung der Volumens zugunsten der kardialen Vorlast bedeutet) eine kontrollierte Volumenersatztherapie. Neben den Daten des Pulmonaliskatheters scheint hierzu besonders das "Intrathorakale Blutvolumen" [ITBVI] des COLD-Monitorings geeignet. Die Dosierung des Volumens sollte sich nach dem ITBVI richten, die Art des applizierbaren Volumens an der anhand des "Pulmonalen Permeabilitätsindex" [PPI] abschätzbaren Kapillarleck-Aktivität.

Bei vital gefährdeten Patienten mit dokumentiertem hochaktiven Kapillarleck sind Erythrozytenkonzentrate wegen ihrer onkotischen Wirksamkeit und dem sicheren intravasalen Verbleib das ideale Volumenersatzmittel – soweit dies rheologisch zu vertreten ist.

Bei allen anderen Volumenersatzmitteln ist zwischen der intravasalen Verweildauer und der Mobilisierbarkeit nach Übertritt ins Interstitium abzuwägen. So verbleiben von Kristalloiden zwar nur 25 % intravasal [→ Kap. II-24, S. 388], allerdings ist auch die Rückresorption nach interstitiellen Verlusten einfacher als bei Kolloiden und Humanalbuminen. Diese zeigen zwar initial einen erheblich besseren intravasalen Volumeneffekt, gehen aber auch durch das Kapillarleck verloren und verbleiben dann interstitiell onkotisch wirksam, vergrößern das interstitielle Ödem und erschweren die Rückresorption [Umkehr des Starling-Filtrationskoeffizienten].

Merke:

Volumen bei SIRS und Sepsis:

Kolloidale Lösungen und Humanalbumine nur kurz intravasal wirksam!
➤ Kapillarleck-Verlust und onkotische Wirkung im Interstitium!

Da das Kapillarleck phasische Aktivitätsänderungen zeigt, empfiehlt sich ein adaptiertes Konzept, das sich in hochaktiven Kapillarleckphasen möglichst auf Elektrolytlösungen gemeinsam mit Erythrozytenkonzentraten beschränkt. Als klinisches Beispiel sei die Endotoxineinschwemmung nach Etapplenlavage bei der Peritonitisbehandlung angeführt. Regelhaft findet sich in den ersten Stunden nach der Lavage ein erheblich aktiviertes Kapillarleck, so daß in Absprache mit den Anästhesisten prä- und intraoperativ auf eine fakultative Erythrozytensubstitution verzichtet werden sollte, um postoperativ in der kritischen Phase das für diesen Zeitpunkt ideale Volumenersatzmittel noch zur Verfügung zu haben.

In weniger vulnerablen Phasen muß ein Mittelweg zwischen den verfügbaren Volumenersatzmitteln gesucht werden.

➤ ***Kontinuierliche veno-venöse Hämofiltration [CVVH]***

Einhellig positive klinische Berichte zur symptomatischen Wirksamkeit der Hämofiltration speziell mit Polyamidmembranen lassen den frühelektiven Einsatz der CVVH auch unabhängig von bestehenden Nierenfunktionseinschränkungen sinnvoll erscheinen.

Diesen Mitteilungen entsprechen auch unseren klinischen Erfahrungen. So können regelhaft einige Stunden nach Beginn der Hämofiltration mit Polyamidmembranen in relevantem Umfang Katecholamine ohne hämodynamische Einbußen reduziert werden [→ Abb. II-42-4]. Trotz einer Vielzahl wissenschaftlicher Untersuchungen bleibt neben einer hochwirksamen Temperaturregulation der eigentliche Kausalzusammenhang derzeit noch ungeklärt. Zumindest scheint die initiale Vorstellung, daß Endotoxine und Mediatoren "abgefiltert" werden, nicht der ursächliche Wirkmechanismus zu sein. Aufgrund eigener klinischer Beobachtungen halten wir einen Adsorptionseffekt von Endotoxinen an der Polyamidmembran für einen möglichen Wirkmechanismus. Diese Annahme sehen wir anhand der Tatsache gestützt, daß sich ein Filtersystem in seiner "Sepsiswirksamkeit" offenbar nach 24 Stunden erschöpft. Bei längerem Betrieb desselben Filtersystems lassen die positiven Effekte deutlich nach, sogar Rebound-Phänomene [vermutlich durch erneutes Einschwem-

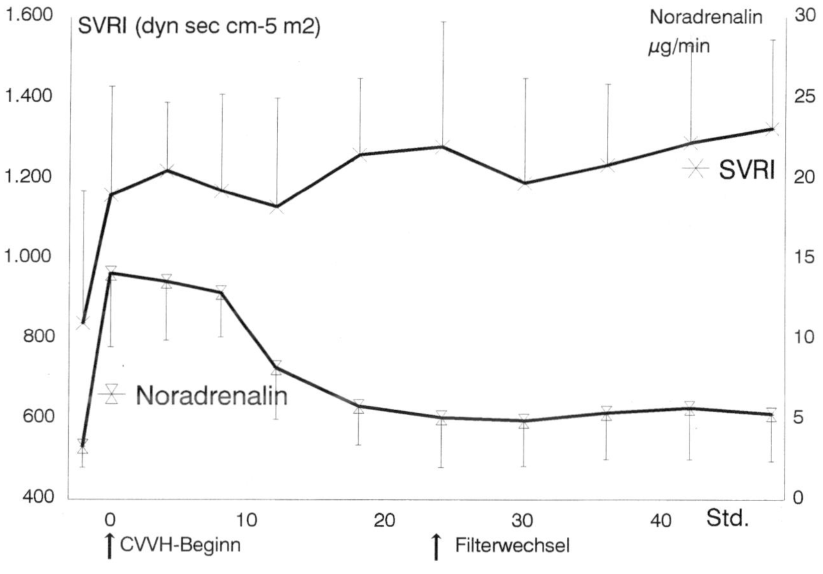

Abb. II-42-4 Verlauf von SVRI und erforderlicher Noradrenalin-Dosierung unter CVVH. Mittelwerte und Standardabweichungen von 22 hochseptischen Patienten mit Peritonitis.

men zuvor adsorbierter Endotoxine] wurden beobachtet. Dagegen tritt der positiv stabilisierende Effekt unmittelbar nach einem Filtersystemwechsel wieder auf. Zu erklären wäre diese klinische Beobachtung dadurch, daß nach 24 Stunden eine kritische "Endotoxin-Sättigungsgrenze" des Polyamidfilters erreicht ist.

Hinsichtlich der ***praktischen Durchführung*** bevorzugen wir Polyamidmembran-Filter großer Oberfläche mit einem Blutfluß von 100 ml/min und einem moderaten Filtratfluß um 20 Liter pro Tag. Auch bei begleitendem akuten Nierenversagen reicht die Filtrationsrate aus, um die Retentionswerte zu limitieren. Darüber hinaus scheint uns das CVVH-System bei moderatem Filtratfluß – entgegen den Mitteilungen mancher anderer Autoren, die eine "Hochvolumen-Filtration" mit Filtratumsätzen bis 40 Liter pro Tag empfehlen – den günstigsten Effekt im septischen Geschehen aufzuweisen. Ein Filterwechsel erfolgt obligat nach 24 Stunden, bei hochseptischen kritischen Patienten haben regelhafte 12stündige Filterwechsel scheinbar einen weiteren positiven Effekt.

Bei in Terminalstadien progredienter Lactatazidose durch persistierende HZV-Fehlverteilung empfiehlt sich der Austausch der üblichen mit einem Lactat-Puffer ausgeglichenen Substituat-Lösungen gegen handelsübliche Bikarbonat-gepufferte Substituat-Lösungen [Fa. Schiwa, Kombi-Pac zur Bikarbonat-Hämofiltration, SH 43-hep.].

➤ ***Gerinnungstherapie und Thrombozytensubstitution***

Bei septisch induzierten Gerinnungsstörungen ist der Einsatz von Faktorenkonzentraten [PPSB] als obsolet anzusehen [Ausnahme: AT III]. Die unausgewogene Faktorengabe ist eine teure Kurvenkosmetik, die zudem die Entwicklung einer Verbrauchskoagulopathie gefährlich beschleunigen kann. In der Situation septischer Gerinnungsstörungen ist die Gabe von Fresh Frozen Plasma [FFP] vorzuziehen. Basierend auf amerikanischen Mitteilungen sowie eigenen Untersuchungen zur Faktorenwirksamkeit nach bis zu 16 Stunden in aufgetautem FFP therapieren wir Gerinnungsstörungen mit kontinuierlicher FFP-Gabe unter Perfusorkontrolle mit 30 bis 60 ml FFP pro Stunde. Bei gleicher stabilisierender Wirkung auf die Gerinnungssituation lassen sich so durch einen gegenüber einer Bolusapplikation verminderten Gesamtverbrauch an FFP Kosten in erheblichem Umfang einsparen.

Bei einer septisch induzierten Thrombozytopenie ist von einer frühelektiven Thrombozytensubstitution dringlich abzuraten. Jede Fremd-Thrombozytengabe führt zu einer immunologischen Boosterung mit konsekutiv beschleunigtem Thrombozytenabbau.

Daher unabhängig von irritierend niedrigen Thrombozytenwerten in der Kurve:

Merke:

Keine Thrombozyten-Substitution in der Sepsis!
Ausnahme: Disseminierte Blutung!

Organprotektion

➤ ***Herz:***

Ziele der Protektion sind eine Limitierung der Volumenbelastung durch persistierende HZV-Erhöhung, eine Entlastung des rechten Ventrikels durch Druckbegrenzung im kleinen Kreislauf und soweit möglich eine Koronarprotektion.

Die Limitierung der Volumenbelastung wird über die Vasotonisierung vor kontrollierter Volumensubstitution [s.o.] zu erreichen versucht.

Die Widerstandserhöhung im kleinen Kreislauf wird bei frühzeitigem Einsatz von Morphinderivaten zur Analgosedierung und 200–400 µg Dobutrex®/min abgeschwächt.

Eine effektive Koronarprotektion ist statistisch wissenschaftlich nicht zu belegen. Allerdings scheint sich in der Klinik trotz vasokonstriktiver Medikation eine begleitende Therapie mit niedrigdosiertem Adalat® [Nifidepin 0,1mg/h] als Schutz vor Koronarspasmen und Myokardischämien unter der vasokonstriktiven sonstigen Medikation zu etablieren.

➤ ***Lunge:*** [→ Kap. II-41, S. 509ff]

- Kontrolliert restriktiver Volumenhaushalt soweit in der Sepsis möglich
- Regelmäßige Bronchialtoilette, bedarfsadaptiert auch bronchoskopisch
- So früh wie möglich Beginn der kinetischen Lagerungstherapie [Rotationsbetten oder Wechsellagerung]
- Begleitende Dobutrex®-Medikation 200–400 µg/min, um PVRI zu senken
- *Bei Beatmung:* Obligater aber moderater PEEP [4–8 cm H_2O], auch bei Transport und Bronchoskopie
- Volumenkontrollierte Beatmung mit eher langsamer Frequenz und langsamem inspiratorischem Flow
- "Inversed ratio ventilation":
  Änderung Atemzeitverhältnis I:E von 1 : 2 auf 1 : 1, ggf auch 2 : 1
- Bei Progress:
  Druckkontrollierte Beatmung mit maximalem Druckniveau von 35 cm H_2O
- Permissive Hyperkapnie respektieren:
  $PaCO_2$ Anstieg bis 60 mmHg tolerieren statt Druck ↑

➤ ***Niere:***

- Perfusionsschutz durch 200–400 µg Dopamin®/min frühzeitig begleitet von Lasix®-Perfusor zur Sicherstellung der Diurese. Kontinuierliche Lasix®-Gabe ist wegen besserer Beobachtungsmöglichkeit der Diureseentwicklung der Bolusgabe vorzuziehen
- Frühelektive Indikation zur CVVH
- Priorität bei der Nephroprotektion hat der Erhalt der Restdiurese [→ Kap. II-35, S. 455]

➤ ***Leber:***

Da die Leberleistung von der zellulären Integrität und der Perfusion gleichermaßen abhängt und keine validen Möglichkeiten zur Zytoprotektion gegeben sind, ist das Hauptziel der Leberprotektion die Sicherstellung ausreichender Perfusionsverhältnisse:

- Intrathorakalen Druck und ZVD niedrig halten [venöser Abstrom verbessert]
- Moderater PEEP
- Dopacard® [Dopexamin] zur Verbesserung der Splanchnikus-Perfusion
- Engmaschige Verlaufsbeobachtung der exkretorischen Leberleistung beurteilbar anhand der Plasmaeliminationsrate [PDR] von Indozyaningrün im COLD-Monitoring [reagiert sensibler und 24–36 Stunden eher als Bilirubin] – bei Leistungsabnahme frühzeitiges Anpassen von Medikamenten [speziell Antibiotika

und Antimykotika (v.a. Diflucan®)]. Vermeiden von Lactatbelastungen: z.B. Wechsel auf Bikarbonat-gepufferte Substituat-Lösungen der Hämofiltration.

➤ ***Intestinaltrakt:***

Neben der bei diesen Risikopatienten obligaten Streßulkusprophylaxe [H2-Blokker] ist die Begrenzung intestinaler Mikrozirkulationsstörungen und konsekutiver Translokation Hauptziel praeventiver Maßnahmen:

- Frühzeitige Tonisierung des Gastrointestinaltraktes mit physikalischen und medikamentösen Maßnahmen [→ Kap. II-29, S. 423]
- Dopacard® [Dopexamin] zur verbesserten Splanchnikus-Perfusion
- Selektive Darmdekontamination – soweit chirurgisch möglich – frühzeitige enterale Alimentation
- Vermeiden bzw. frühzeitiges Entlasten eines abdominellen Kompartmentsyndroms [→ Kap. I-20, S. 152]
- Die Messung der lebervenösen Sauerstoffsättigung [ShO_2] über einen fiberoptischen Katheter oder direkte Blutentnahme und BGA ergibt in der Verlaufsbeurteilung ein gutes Monitoring der Intestinal- und Leber-Perfusion

Antibiotische Therapie

sollte bei septischen Patienten in einer Kombinationsbehandlung – wenn möglich orientiert am Antibiogramm – durchgeführt werden [→Kap. II-20, S. 332]. Liegt ein für die Gesamtsymptomatik ursächlicher Keimnachweis vor, bestimmt die nach Antibiogramm wirksamste Substanz die Kombination, eine erforderliche abdeckende Ergänzungsmedikation wird orientiert an der Primärsubstanz ausgewählt.

Ist – wie meist – initial kein Antibiogramm verfügbar, empfiehlt sich bis zur Keimdifferenzierung im Antibiogramm eine Kombinationstherapie mit:

Cephalosporin der 3. Generation	z.B. Claforan® [Cefotiam]
+ Metronidazol	z.B. Clont®
+ Aminoglykosid	z.B. Gernebcin®

Antibiotika wie Imipeneme und Gyrasehemmer sollten nicht bereits primär blind eingesetzt werden, sondern dem gezielten späteren Einsatz vorbehalten bleiben.

Jeder Zyklus einer Kombinationstherapie sollte zeitlich begrenzt werden. Eine Langzeittherapie mit starren Kombinationsmustern begünstigt sekundäre nosokomiale Infektionen.

Antimykotische Therapie

Eine prophylaktische antimykotische Behandlung ist – mit Ausnahme neutropenischer Patienten – so gut wie nie indiziert. Bei Langzeitpatienten finden sich im Trachealsekret, im Urin und auf der Haut regelmäßig Sproßpilze. Diese Kolonisation ist nicht therapiebedürftig. Die "Pilzpneumonie" ist eine häufige Verlegenheitsdiagnose, tatsächlich aber extrem selten. Hauptproblem der antimykotischen Therapie ist die richtige Indikation!

Merke:

Pilznachweis:
Asymptomatische Kolonisation [Trachea, Urin, Haut] häufig!
Therapieindikation selten [< 2 %]!

Serologische Untersuchungen [z.B. Candida-Antigen- bzw. Antikörper-Titer] suggerieren durch ihr numerisches Ergebnis Objektivität. Die tatsächliche Aussagekraft der Serologie ist derzeit – speziell bei Langzeit-Intensivpatienten – außerordentlich umstritten. Die Indikation zur antimykotischen Therapie sollte keinesfalls allein am Titerverlauf der Serologie festgemacht werden.

Merke:

Erweiterte Candida-Diagnostik:

- **Augenhintergrund spiegeln!**
- **Lumbalpunktion nach CCT!**

Diagnostisch entscheidend sind Blutkulturen; sie sollten mehrfach peripher direkt gestochen und zusätzlich über die zentralvenösen Zugänge abgenommen werden. Kutane Sekundärkontaminationen müssen sicher ausgeschlossen sein!

Merke:

Indikation zur antimykotischen Therapie:

Septische Befundkonstellation und Blutkulturnachweis von Pilzen!

Zur tatsächlich indizierten Therapie kommen Amphotericin B® [meist in Kombination mit Ancotil®] und Diflucan® [Fluconazol] in Frage. Beide Medikamente haben speziell bei septischen Patienten mit drohendem Mehrorganversagen kritische Nebenwirkungen:

Diflucan® führt bei diesen Patienten in erforderlicher hoher Dosierung [400–800 mg/d] zu einer relevanten Einschränkung der exkretorischen Leberfunktion.

Amphotericin B® [ggf. mit Ancotil®] ist nephrotoxisch und stellt aufgrund der Lösungsmittel zudem eine hohe tägliche Volumenbelastung dar.

Da ein Nierenversagen prognostisch günstiger als ein mögliches Leberversagen ist und das mögliche Nierenversagen und die hohe Volumenbelastung mit der CVVH überbrückend behandelbar ist, bevorzugen wir weiterhin die Kombinationsbehandlung mit Amphotericin B® und Ancotil®.

- ***Ultima ratio-Maßnahmen***

  Bei drohend letalem Verlauf trotz maximaler anerkannter Therapiebemühungen werden trotz teilweise unzureichender wissenschaftlicher Absicherung im klinischen Alltag weitere symptomatische Maßnahmen teilweise mit Erfolg eingesetzt:

  Dopamin®-Hochdosierung mit 10–30 µg/kg/min bei "Arterenol®-refraktärer" Vasodilatation mit persistierendem Kreislaufschock. Die vermeintliche Tachyphylaxie auf Arterenol® erklärt sich durch eine Rarefizierung peripherer α-Rezeptoren. Relativ häufig läßt sich durch die Dopamin®-Hochdosistherapie durch noch verbliebenes Ansprechen der dopaminergen Rezeptoren [sog. präsynaptische DA_2-Rezeptoren] eine Vasotonisierung mit Kreislaufstabilisierung erreichen. Diese Therapiemöglichkeit letztlich noch zur Verfügung zu haben ist ein zusätzliches Argument, sich in der primären Sepsis-Therapiephase auf nephroprotektiv niedrige Dopamin®-Dosierungen [200–400 µg/min] zu beschränken.

Cortison-Bolus mit 1–2 g: Trotz wissenschaftlicher Ablehnung [s.u.] auch bei namhaften Intensivmedizinern als eine der letzten symptomatischen Therapiemöglichkeiten bei vital bedrohlicher Schocksymptomatik weiterhin im Gebrauch.

Glucose-Kalium-Insulin-Cocktail: Bei persistierendem Kreislaufschock kann durch 20%ige Glucose mit Kalium und Insulin-Zusatz gelegentlich eine Kreislaufstabilisierung mit nachgewiesenem Anstieg des HZV, des peripheren Widerstandes (und damit des Blutdruckss) sowie verbesserter peripherer O_2-Ausschöpfung erreicht werden.

- ***Prognosebeurteilung***

Richtungsweisende Parameter zur Prognosebeurteilung sind nicht eindeutig bekannt.

Zumindest hat in der eigenen Erfahrung kein Patient mit einer nachgewiesenen Sepsis eine über 24 Stunden bestehende pufferrefraktäre Lactatazidose $>$ 15 mmol/l trotz fortgesetzter maximaler Therapiebemühungen überlebt.

Es bleibt allerdings festzuhalten, daß derzeit keine Kriterien gesichert sind, auf deren Basis eine Therapiebegrenzung zu empfehlen ist.

Cortison?

Wissenschaftlich betrachtet ist speziell eine hochdosierte Steroidtherapie [meist bis zu 3 × 2 g Methylprednisolon] abzulehnen, da zum einen keine Verbesserung der Prognose erreicht werden konnte und zum anderen durch die cortisoninduzierte Immunsuppression ein erhöhtes Infektrisiko besteht.

Allerdings bleibt darauf hinzuweisen, daß auch bei namhaften Intensivmedizinern der Cortison-Bolus [1–2 g Methylprednisolon] trotz der wissenschaftlichen Erkenntnisse weiterhin als "Notbremse" in der ultima ratio-Situation eingesetzt wird. Die Wirksamkeit als reine symptomatische "Überbrückungsmaßnahme" erklärt sich durch die Blockierbarkeit einiger Mediatoren durch Cortison sowie durch den [passageren] membranstabilisierenden Effekt.

Monoklonale Antikörper?

Die Erkenntnis, daß das SIRS maßgeblich durch proinflammatorische, makrophagenabhängige Zytokine (TNF, IL-1, IL-6 u. a.) sowie durch Endotoxine aus der äußeren Membran gramnegativer Keime initiiert wird, führte zur Entwicklung monoklonaler Antikörper. Nach initial erfolgversprechenden Ergebnissen im Tiermodell und ersten Patientenstudien bestand zunächst Hoffnung auf einen entscheidenden Durchbruch in der Sepsistherapie.

Randomisierte, doppelblinde, placebokontrollierte Multizenterstudien Anfang der 90ger Jahre bewiesen jedoch eine nicht ausreichende Wirksamkeit der Antikörper. Aufgrund dieser Studien, aber auch aufgrund der immensen Kosten dieser Therapieform ist an einen therapeutischen Einsatz nur in besonderen Fällen zu denken.

Tabelle II-42-4 Ergebnisse der Multizenterstudien mit monoklonalen Antikörpern.

- HA-1 A (human, monoclonal antiendotoxin), 14 Tage Mortalitätsrate in % [157]

Gruppe	Placebo %	HA-1A %
Gramnegative Sepsis	32	33
Ohne gramnegative Sepsis	37	41
Alle septischen Patienten	36	38

- rhIL-1 RA (recombinant human interleukin-1 receptor antagonist) 28 Tage Mortalitätsrate in % [155]

Gruppe	Placebo %	rhIL-1 RA (1 mg/kgxh) %	rhIL-1 RA (2 mg/kgxh) %
Alle Patienten	34	28	29
GN Infektion	32	27	29
GN/Mixed Infektion	36	28	24
GN Bakteriämie	34	32	26
GP Infektion	28	26	36
GP/Mixed Infection	36	28	26
GN/GP Infektion	40	30	20
Andere	30	35	39
Unbekannt	34	42	31

GN = gram-negativ; GP = gram-positiv

- TNFα-MAb (anti-tumor necrosis factor α monoclonal antibody) 28 Tage Mortalitätsrate in % [152]

Gruppe	Placebo %	7,5 mg/kg %	15 mg/kg %
Alle Patienten	33,1	29,5	31,3
Schock	45,6	37,8	37,7
Kein Schock	21,1	21,7	24,8

Würde jeder Patient mit einem verifizierten SIRS bzw. einer verifizierten Sepsis mit einem dieser Antikörper routinemäßig behandelt (ca. 5000,– DM pro Einmalbehandlung), müßten bei geschätzten 100 000 neuen, septischen Episoden im Jahr in Deutschland allein 100 000 × 5000 = 500 000 000,– DM für eine Einfachtherapie mit einem Antikörper aufgewendet werden! Eine wiederholte Behandlung mit mehreren Antikörpern in Kombination könnte somit leicht das Gesundheitssystem mit Kosten in zweistelliger Milliardenhöhe belasten [152, 155, 156, 157, 160, 161, 162, 168].

Perspektiven

- Eingriffe in die Immunmodulation sind Manipulationsversuche eigentlich physiologischer Reaktionen, die lediglich fehlgesteuert außer Kontrolle geraten sind. So sind nach derzeitigem Kenntnisstand auch keine erfolgversprechenden neuen Therapieansätze von Korrekturversuchen der "immunologischen Fehl- und Überreaktion" zu erwarten.

  Von der Konzeption logischer und primär erfolgversprechender war die Entwicklung eines monoklonalen Antiendotoxins, das allerdings bei kontrollierter klinischer Prüfung ebenfalls keine Ergebnisverbesserung zeigte.

  Der primär richtig erscheinende theoretische Ansatz wird der klinischen Problematik nicht gerecht, da:
  - Endotoxin und Mediatoren eine relativ kurze Halbwertzeit besitzen
  - Die Aktivierung der Kaskadensysteme sehr schnell erfolgt
  - Einmal aktivierte Kaskaden unkontrollierbar und schnell ablaufen.

  Die klinische Folge: Die effektive, aktivierende Endotoxinämie dauert zu kurz, um genau im richtigen Moment den Antikörper zu verabreichen. Das Ziel ist verfehlt, die Kosten sind hoch und eine klinische Wirksamkeit ist derzeit nicht nachgewiesen obwohl der therapeutische Ansatz weiterhin vielversprechend bleibt.
- Hauptziel für die therapieorientierte Forschung muß neben der Entwicklung effektiver Antikörper die Etablierung eines klinisch verwertbaren effektiven Immunmonitorings sein, das klinisch verwertbar, schnell und zuverlässig die Frage beantwortet: "Wann muß man das Antiendotoxin geben?" Nur so können das durch die kurze Halbwertzeit sehr schmale therapeutische Fenster getroffen und die Ergebnisse verbessert werden.

  Theoretisch käme eine prophylaktische Gabe von Anti-Endotoxin in engen Abständen in Frage, dieses Konzept scheidet allerdings aus, da es unbezahlbar ist.
- Das SIRS und nicht erst die Sepsis muß Ziel praktikabler und bezahlbarer prophylaktischer Therapie werden.
- Im Rahmen praeventiver Überlegungen begründet sich die Idee, Mineralokortikoide in niedriger Dosierung [Hydrocortison 10 mg/h] kontinuierlich zu applizieren, einer relativen Nebennierenrindeninsuffizienz vorzubeugen. Die Dosierung orientiert sich an physiologischen Cortisolspiegeln. Der Beweis, daß in der niedrigen kontinuierlichen Applikationsform noch ein blockierender Effekt auf die Mediatorsynthese erfolgt, steht noch aus.
- Weitere prophylaktische Strategien verfolgen die gezielte Stärkung körpereigener protektiver Systeme z. B. durch Alimentation mit Omega-3-Fettsäuren oder Induktion der Stressgenexpression z. B. unter Zink-Stimulation [154].

Literatur

– siehe Gesamt-Literaturverzeichnis im Anhang –

II-43 Multiples Organversagen

Das multiple Organversagen (MOV) ist als Terminalphase komplexer pathophysiologischer Abläufe bei Intensivpatienten zu verstehen, die zur Zeit nur unvollständig bekannt sind. Offenkundig spielen Infektionen bzw. septische Krankheitsverläufe zwar nicht die alleinige, aber sicher eine herausragende Rolle (Koinzidenz Sepsis/MOV 48–89%) [164]

Definitionen [169, 170]

Multiorgan Dysfunktions Syndrom (MODS)

➤ Kompensierte latente Minderfunktion mehrerer Organsysteme durch persistierendes SIRS mit Mikrozirkulationsstörungen und Endothelschäden

– ohne eindeutige, klinisch erkennbare Manifestation.

Pathophysiologische Definition des MOV

➤ Ischämisch-hypoxische bzw. zytotoxische Organfunktionsstörungen bzw. Organnekrosen in mehreren Organsystemen (≥ 3) auf dem Boden einer induzierten (häufig septischen), generalisierten Entzündungsreaktion (SIRS) mit kaskadenförmiger Aktivierung unterschiedlicher Mediator- und Zellsysteme sowie sekundärer Dysfunktion der Mikrozirkulation.

Klinische Definition des MOV

➤ Terminales Stadium des MODS mit Organversagen bzw. invasiv medikamentös oder apparativ unterstützungspflichtiger Funktionseinschränkung von ≥ 3 Organsystemen.

Organsysteme – Kriterien des Organversagens

➤ **Lunge**
Hypoxiebedingte Beatmungspflicht > 48 Stunden

➤ **Herz- Kreislauf-System**
Über protektive Dosierungen hinaus erforderliche Katecholamintherapie zur Aufrechterhaltung eines arteriellen Mitteldruckes > 70 mmHg

- **Nieren**
  Serumkreatinin > 2 mg/dl (= 177 µmol/l) und/oder Kreatinin-Clearance < 30 ml/min. Bei Patienten mit vorbestehender Niereninsuffizeinz ist die Verdopplung der Ausgangswerte als Nierenversagen definiert.
- **Leber**
  Bilirubin > 2 mg/dl (= 34,2 mmol/l) oder Verdopplung der Ausgangswerte von SGOT und LDH über > 2 Tage, ohne daß eine Hämolyse oder Cholestase vorliegt.
- **Blutgerinnungssystem**
  Thrombozyten < 100.000 µl, TPZ (Quick) < 60 % sowie alle Zeichen von Fibrinolyse und Verbrauchskoagulopathie.
- **Gastrointestinaltrakt**
  Streßulkusblutung, paralytischer Ileus
- **Zentralnervensystem**
  Enzephalopathie mit Somnolenz und Durchgangssyndrom

Pathogenese

Auslösende Situationen

- Sepsis (höchste Letalität – bis 90 %) incl. Peritonitis
- Polytrauma
- Protrahierte Schockzustände und/oder Hypoxie
- Akute Pankreatitis
- Verbrennungen
- Fortgeschrittenes Tumorleiden
- EPH-Gestose
- Einzelorganversagen, die in ein Mehrorganversagen übergehen:
  Nierenversagen
  Lungenversagen [ARDS]
  Leberversagen

MODS: Störung der Mikrozirkulation

- Abnahme der Kapillardurchblutung
- Inhomogene Verteilung des Blutflusses
- Störung der Vasomotion
- Sekundäre Hypovolämie durch eine gesteigerte Kapillarpermeabilität
- Verlegung der Mikrozirkulation durch Mikrothromben auf dem Boden einer disseminierten intravasalen Gerinnung
- Reperfusionschäden durch Wiedereröffnung lokal ischämischer Gebiete
- Aktivierung der Endothelzellen mit sekundärer Expression von Adhärenzmolekülen für Granulozyten
- Terminal ausgedehnter Endothelschaden der Mikrozirkulation mit Verlust der Permeabilitätsbarriere (Kapillarleck) und konsekutiver Ausbildung ausgedehnter (interstitieller) Ödeme

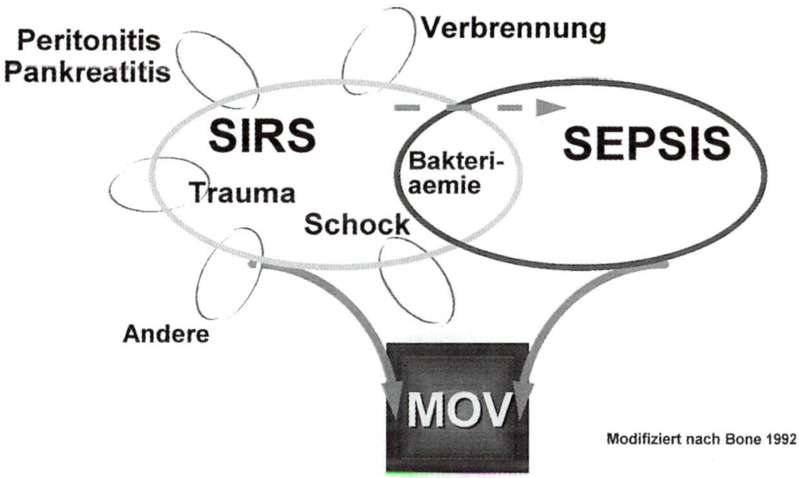

Abb. II-43-1 Pathogenetische Beziehung zwischen MOV und SIRS bzw. Sepsis. Viele chirurgische Krankheitsbilder sind direkt mit einem SIRS assoziiert. Auch aus einem SIRS kann ein MOV direkt entstehen.

Beziehung SIRS/MODS/MOV [165]

- Patienten mit einem SIRS bzw. einer Sepsis zeigen in der Regel erhöhte Blutplasmaspiegel für TNF und IL-6
- Die absoluten Blutplasmaspiegel (Spitzenwerte) für TNF und IL-6 korrelieren mit der Mortalitätsrate der septischen Patienten, haben aber nur einen geringen prognostischen Vorhersagewert für die Entwicklung eines MODS bzw. MOV
- Persistierend erhöhte Blutplasmaspiegel von TNF und IL-6 korrelieren mit der Entwicklung des MODS und MOV

Merke:

MODS und MOV Gefahr:
- **Kontinuierliches SIRS!**
- **Permanent erhöhte TNF und IL-6 Spiegel!**

Trias der Pathogenese der Organschäden:
- Eine Dysfunktion im Bereich der Mikrozirkulation mit folgender Minderperfusion des betroffenen Organs (ischämisch-hypoxische Läsion)
- Beeinflussung und Schädigung von Zellstrukturen durch direkte Einwirkung von Mediatoren (zytotoxische Komponente)
- Spezifischer Effekt von Endotoxinen mit Hemmung sauerstoffmetabolisierender Enzyme (endotoxisch-hypoxische Schädigung)

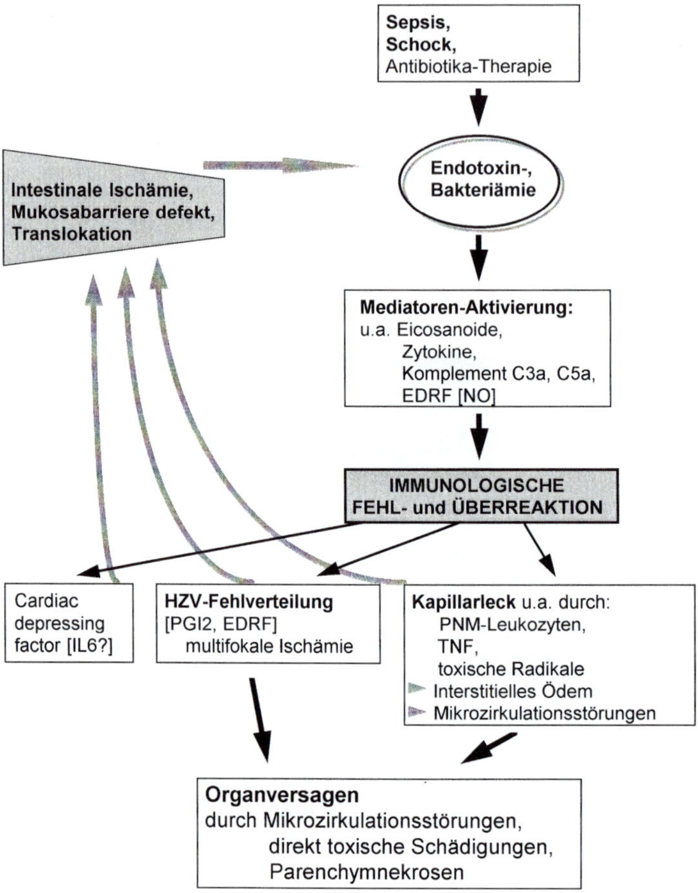

Abb. II-43-2 Schema der vermuteten Pathomechanismen bei der Entstehung des MOV mit circulus vitiosus der exogen und endogen induzierten Mediatorkaskade ["horror autotoxicus"].

Circulus vitiosus der exogen und endogen induzierten Mediatorkaskade ["horror autotoxicus"]

Die an der Entstehung und Unterhaltung von SIRS und Sepsis beteiligten Mediatorsysteme sind ebenfalls für die Entstehung von MODS und MOV ursächlich [172]. Eine ausführliche Darstellung findet sich in Kapitel II-42 (S. 520).

Morphologische Veränderungen [171, 173, 174]

Lunge

MODS- ["Organe im Schock"]

- Schwellung der Endothelzellen und Alveolarzellen Typ I im Bereich der Alveolarsepten
- "Granulozyten-Sticking" mit Nachweis adhärenter, aktivierter polymorphkerniger Granulozyten im Bereich der Alveolarkapillaren mit fakultativer sekundärer Blockade der Mikrozirkulation

- Erste fokale, überwiegend kleinherdige Endothelzellnekrosen
- Perivaskuläres, peribronchiales und interstitielles Ödem
- Erweiterung der perivaskulären, peribronchialen, interlobulären und subpleuralen Lymphgefässe/spalten
- Keine bzw. dezente intraalveoläre Flüssigkeitsansammlung

MODS/MOV-Übergang ["Frühes Organversagen"]

- Verstärkung der morphologischen Veränderungen durch weitere Permeabilitätszunahme
- Ausgedehntere Endothel- und Alveolarepithelschäden (Typ I und II)
- Ausgeprägtes interstitielles Ödem, Zunahme des intraalveolären Ödems
- Intraalveoläre Ansammlung von Granulozyten, Makrophagen und Fibrinpräzipitaten (z. T. als hyaline Membranen)
- Interstitielle Ansammlung von partiell degranulierten polymorphkernigen Granulozyten mit Freisetzung weiterer Mediatoren (z. B. Kollagenase)
- Durch Nekrose der Alveolarepithelien Typ II aber auch durch intraalveoläre Granulozyten Zerstörung des "Surfactant" mit konsekutiver Ausbildung zuerst kleinherdiger, später konfluierender Dystelektasen bis hin zur Ausbildung von Atelektasen
- Teils kleinherdige, teils konfluierende interstitielle und intraalveoläre Einblutungen

MOV ["Spätes Organversagen"]

- Manifestes ARDS mit einem exsudativen und proliferativen Stadium
- *Exsudatives Stadium:* Weitere Zunahme der Organveränderungen wie beim "Frühen Organversagen"; ausgedehnte Ansammlungen von Granulozyten, Makrophagen, Erythrozyten, Fibrinthromben in allen drei lungenspezifischen Gewebskompartimenten [interstitiell, intraalveolär und intravasal]. Schwerste Veränderungen der epithelialen und endothelialen Zellschichten. In der Mikrozirkulation finden sich jetzt ultrastrukturell häufig lediglich nackte Basalmembranröhren, die epitheliale Deckzellschicht der Alveolarräume ist vollständig verlorengegangen
- *Proliferatives Stadium:* Parallel zum exsudativen Stadium im interstitiellen Raum einsetzende Fibrose, später auch intraalveolär. Häufig irreversible Narbenfeldbildung mit schweren Störungen des Gasaustausches aufgrund einer irreversiblen Verbreiterung der Blut-Luft-Schranke

Leber

MODS- ["Organe im Schock"]

- Schwellung der sinusoidalen Endothelzellen
- Intrasinusoidale Zellansammlung, insbesondere von polymorphkernigen Granulozyten mit sekundärer Beeinträchtigung der sinusoidalen Funktion
- Aktivierung der von Kupfferschen Sternzellen mit sekundär erhöhter Phagozytoserate; im weiteren Verlauf durch Überbeanspruchung der Phagozytoseleistung Erniedrigung der Clearancefunktion des retikuloendothelialen Systems für Endotoxin
- Hypoxische Frühschäden mit Einzelzellnekrosen der zentrolobulären Hepatozyten

- Apoptose ("programmierter Zelltod") im Bereich einzelner Hepatozyten und von Kupfferschen Sternzellen

MODS/MOV-Übergang ["Frühes Organversagen"]
- Zunahme der zentrolobulären Zellnekrosen
- Gemischttropfige, diffuse Verfettung
- Hydropische Zellschwellung
- Beginnende biliäre Stase
- Weitere Reduktion der Clearancefunktion des retikulo-endothelialen Systems durch Zunahme des "Überladungssyndroms der Sinusoide"

MOV ["Spätes Organversagen"]
- Ausgedehnte zentrolobuläre Leberzellnekrosen
- In ausgeprägten Fällen nahezu vollständiger Untergang der Leberläppchen mit vitalen Zellanteilen lediglich im Bereich der Leberläppchenperipherie
- z. T. ausgeprägte biliäre Stase
- Zunehmende Verfettung
- Diffuse Erythrozytenextravasate, vermehrter Nachweis polymorphkerniger Granulozyten und Makrophagen im Randbereich von Nekrosen

Niere

MODS- ["Organe im Schock"]
- Anstieg des renalen Gefäßwiderstandes durch Hypovolämie mit konsekutiver Ischämie und Hypoxie
- Reduktion des medullären Blutflusses
- Akute Tubulusnekrose, insbesondere der proximalen Tubuli
- Reduktion der glomerulären Filtrationsrate durch Endothelzellschwellung in den Glomeruli sowie vereinzelt auftretenden Mikrothromben
- Reduktion der funktionellen tubulären Resorption

MODS/MOV-Übergang ["Frühes Organversagen"]
- Weitere Reduktion der glomerulären Filtrationsrate und tubulären Resorptionsrate, insbesondere durch jetzt vermehrt nachweisbare Mikrothromben
- Ausdehnung der Tubulusepithelnekrosen
- Diffuse Endothelzellnekrosen im Bereich der medullären Blutgefässe, aber auch im Bereich der Glomeruli
- Interstitielles Ödem
- Hydropische Zellschwellung der noch vitalen Tubulusepithelien
- Osmotische Nephrose
- Herdförmige interstitielle Infiltrate aus Lymphozyten und Plasmazellen

MOV ["Spätes Organversagen"]
- Ausgedehnte Tubulusepithelnekrosen, fokal gesteigerte Tubulusepithelregeneration
- Zunahme des interstitiellen Ödems, herdförmige Fibrosen
- Seltener Infarktareale, insbesondere in der Rindenregion

Herz

- Subepikardiale und subendokardiale Hämorrhagien und Nekrosen, die von der Einzelzellnekrose bis hin zur Nekrose ganzer Fasergruppen reichen können
- Insbesondere im Klappenrandbereich der Mitral- und Aortenklappe Endothelschäden sowie Stromaödem mit späterer Ablagerung von Fibrin und Thrombozytenaggregaten mit Ausbildung einer sog. "endocarditis verrucosa simplex" [abakterielle Endokarditis]. Häufig konsekutiv auf dem Boden der abakteriellen Endokarditis bei Bakteriämie sekundäre Keimbesiedlung mit Ausbildung des Vollbildes einer bakteriellen Endokarditis.

Darm

- Hämorrhagische Gastroenteropathie
- Fakultativ Nekrosen des ortsständigen Darmepithels im Bereich der Zottenspitzen
- Ödem und spätere (hämorrhagische) Nekrose der Lamina propria
- Ausgedehnte Permeabilitätsstörungen in der Mikrozirkulation mit sekundärer Translokation von Bakterien und Endotoxinen, die auch unabhängig von morphologisch faßbaren Veränderungen der Darmschleimhaut auftreten!

Gehirn

- "Hypoxische Enzephalopathie"
- Vereinzelt mikroskopisch nachweisbare Hämorrhagien
- Dezentes interstitielles Ödem
- Selten kleinherdige Zelluntergänge, insbesondere bei Patienten mit vorbestehender cerebraler Arteriosklerose

Klinische Aspekte

Inzidenz der Organversagen

Die Häufigkeit eines MOV auf chirurgischen Intensivstationen hängt vom Gesamtspektrum der behandelten Patienten ab. Auf der eigenen Intensivstation wurde über Jahre hinweg eine stationäre Inzidenzrate zwischen 3,8% und 4,2% von MOV-Patienten mit $\geq$ 3-Organversagen beobachtet.

Angaben zur Inzidenz von SIRS und MODS sind nicht bekannt, allerdings dürften deutlich über 50% der Patienten chirurgischer Intensivstationen zumindest passager Befundkonstellationen aufweisen, die mit den Definitionen für SIRS und MODS vereinbar sind [166].

In aller Regel wird primär ein Lungenversagen gefolgt von einer Herz-Kreislauf-Insuffizienz beobachtet. Nieren- und Leberversagen können konsekutiv oder auch synchron auftreten. Zu den meist terminal dekompensierenden Organsystemen gehören der Gastrointestinaltrakt, die Gerinnung und das Zentralnervensystem [→ Abb. II-43-3].

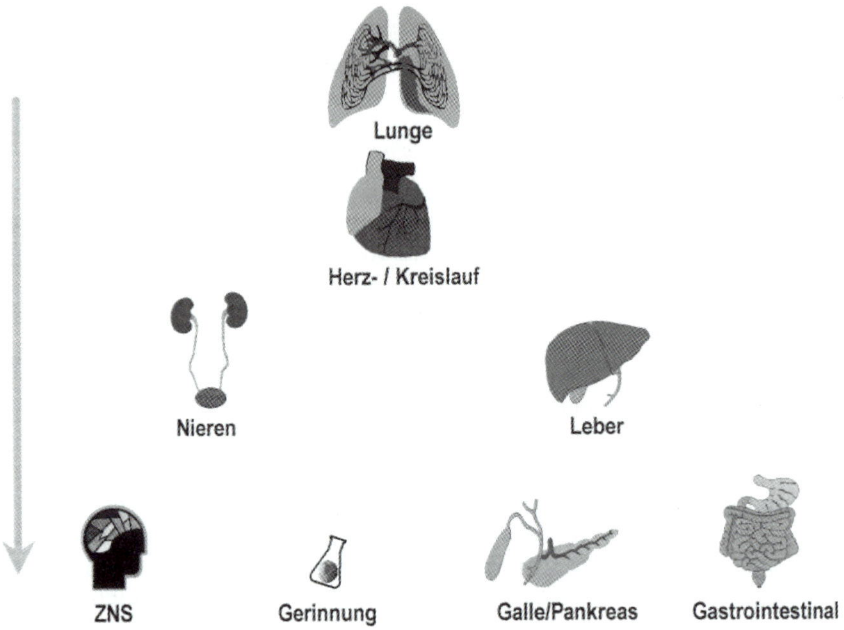

Abb. II-43-3 Häufige Reihenfolge auftretender Organversagen.

Hepatorenales Syndrom

Das Hepatorenale Syndrom [HRS] ist ein eigenständiges Krankheitsbild, das keinesfalls obligat zum multiplen Organversagen gehört.

Merke:

> **Hepato-Renales-Syndrom [HRS]:**
> **Obligat zuerst Leberfunktionseinschränkung,**
> **dann sekundär Niereninsuffizienz,**
> **terminal kombiniertes Leber- und Nierenversagen!**

Vorbestehende Leberschädigungen:

- Leberzirrhose
- Leberresektionen
- Hepatitis
- Leber-Malignome
- Leberversagen im Rahmen eines MOV

Die Diagnose "hepatorenales Syndrom" kann nur zutreffen, wenn das Nierenversagen erst nach adäquaten Leberfunktionseinschränkungen [und meist begleitender Hypernatriämie] auftritt. Bei synchron auftretenden Leber- und Nierenfunktionseinschränkungen handelt es sich um üblichen Progress im Rahmen eines MODS bzw. MOV. Die Differenzierung ist enorm wichtig, da bei einer MOV-Situation beide Organe morphologisch erheblich alteriert sind, hingegen bei einem tatsächlichen hepatorenalen Syndrom die Nieren typischerweise keinerlei morphologisch pathologischen Befund aufweisen. So wird bei Sektionen nach HRS an den Nieren kein auffälliger Befund gesehen. Transplantat-Nieren von einem Organspender mit einem HRS nehmen nach der Transplantation [= nach Trennung von der die Symptomatik auslösenden eigenen Leber] beim Empfänger eine normale Funktion wieder auf.

➤ ***Pathogenese:***
Die Ursachen für die Entstehung des HRS werden multifaktoriell erklärt. Neben einem neuralen Reflexbogen sind Mechanismen, die eine renale Vasokonstriktion auslösen, ursächlich:

Durch eine fast obligate Hypernatriämie kommt es via Ödem zu einer Druckerhöhung in den Lebersinusoiden und dadurch zu einer Aktivierung des *hepatorenalen neuralen Reflexbogens* mit Aktivitätszunahme des efferenten sympathiko-renalen Nervensystems [ESRNA]. Die Annahme dieses Mechanismus wird durch eine häufig wieder normalisierte Nierenfunktion nach renaler Sympathektomie bestärkt.

Endotoxinvermittelt kommt es zu einem Anstieg von Renin, Angiotensin II, Aldosteron und Noradrenalin, also Stoffen, die eine renale Vasokonstriktion erklären.

Der postulierte "hepatische Diuresefaktor" führt normalerweise zu einer verbesserten Nierendurchblutung. Bei entsprechenden Leberfunktionseinschränkungen kommt es zu einer Synthesestörung dieses Faktors mit der Folge einer renalen Vasokonstriktion.

Vasoaktive Eicosanoide wie Thromboxan A_2 und Leukotrien E_4 werden normalerweise hepatisch inaktiviert. Bei Leberfunktionsstörungen kommt es zu einem Pooling der beiden vasokonstriktiven Mediatoren, die die Minderung der renalen Durchblutung erklären.

Prostazykline [PGE_2 und PGI_2] sind vasodilatierend und bei Patienten mit Leberfunktionseinschränkungen persistierend erhöht. Beim Übergang zu einem HRS findet sich ein akutes Absinken der Spiegel der vasodilatierenden Mediatoren PGE_2 und PGI_2, deren Konzentrationsabnahme ebenfalls zu einer relativen renalen Vasokonstriktion führt.

➤ ***Therapie:***
Primär symptomatisch mit kontrolliertem Volumenhaushalt und Diuretikagabe, lumbale Sympatikusblockade, niedrigdosiert Dopamin® und Adalat® sowie Octapressin und Captopril. Peritoneo-venöser Shunt, Lebertransplantation

Schweregrade und Risikoabschätzung

Zumindest wissenschaftlich ist zur Einteilung der Schweregrade von MOV-Patienten und zur Risikoabschätzung der Score nach Goris (Tab. II-43-1) allgemein akzeptiert.

Da der Goris-Score im klinischen Alltag nicht befriedigend anwendbar ist, wurde in unserer Klinik ein modifizierter Score entwickelt, der sich derzeit in der prospektiven Evaluierungsphase befindet (Tab. II-43-2).

Es sei darauf hingewiesen, daß zur Zeit auch bei Höchstpunktzahlen in den Score-Bewertungen noch keine gesicherten Daten vorliegen, nach denen eine Therapiebegrenzung zu vertreten wäre.

Tabelle II-43-1 Goris-MOV-Score [175].

Punkte: Organversagen:	0 Nicht nachweisbar	1 Mittelschwer	2 Schwer
Lunge	Keine Beatmung	Beatmung (PEEP ≤ 10 cm H_2O und FiO_2 ≤ 0,4)	Beatmung (PEEP > 10 cm H_2O und/oder FiO_2 > 0,4)
Herz/Kreislauf	Normaler Blutdruck ohne Katecholamine	Therapie erforderlich, um RR syst. > 100 mmHg zu halten: Volumensubstitution oder Dopamin ≤ 10 µg/kg/min oder Nitroglyzerin ≤ 20 µg/kg/min	Phasen mit RR syst. < 100 mmHg und/oder Dopamin® > 10 µg/kg/min und/oder Nitroglyzerin > 20 µg/kg/min
Nieren	Serumkreatinin < 2 mg/dl (= 177 µmol/l)	Serumkreatinin ≥ 2 mg/dl (= 177 µmol/l)	Hämodialyse oder Hämofiltration
Leber	SGOT < 25 U/l Bilirubin < 2 mg/dl (= 34,2 mmol/l)	SGOT ≥ 25 U/l, < 50 U/l oder Bilirubin ≥ 2 mg/dl, < 6 mg/dl (= 34,2 bzw. 102,6 mmol/l)	SGOT > 50 U/l Bilirubin ≥ 6 mg/dl (= 102,6 mmol/l)
Blutgerinnung	Thrombozyten normal Leukozyten normal	Thrombozyten < 50 000/µl und/oder Leukozyten ≥ 3000, < 6000/µl	Hämorrhagische Diathese oder Leukozyten < 2500 oder ≥ 6000/µl
Gastrointestinaltrakt	Normalfunktion	Cholezystitis oder Streßulkus	Streßblutung mit Transfusionsbedarf von mehrmals ≥ 2 EK/d und/oder nekrotisierende Enterokolitis und/oder Pankreatitis und/oder Gallenblasenperforation
ZNS	Normalfunktion	Eindeutig eingeschränktes Reaktionsvermögen	Schwer gestörtes Reaktionsvermögen und/oder diffuse Neuropathie

Therapiekonzepte

Orientiert man sich an der Pathogenese des MOV [→ Schema Abb. II-43-1] drängen sich theoretisch zwei zentrale Punkte für einen therapeutischen Ansatz auf: Die "immunologische Fehl- und Überreaktion" sowie als "Schaltstelle des circulus vitiosus der exogen und endogen induzierten Mediatorkaskade" die "Endotoxinämie bzw. Bakteriämie".

Mit monoklonalen Antikörpern bzw. Rezeptorantagonisten und Synthesehemmern hat man versucht, therapeutisch in die fehlgesteuerte Immunmodulation einzugreifen. Nach zunächst vielversprechenden Ergebnissen im Tierversuch sowie ersten Pilotstudien haben allerdings randomisierte, doppelblinde, placebokontrollierte Multizenterstudien Anfang der 90 ger Jahre keinerlei Ergebnisverbesserung nachweisen können [→Kap. II-42, S. 542].

Eingriffe in die Immunmodulation sind Manipulationsversuche eigentlich physiologischer Reaktionen, die lediglich fehlgesteuert außer Kontrolle geraten sind. So sind nach derzeitigem Kenntnisstand auch keine erfolgversprechenden neuen Therapieansätze von Korrekturversuchen der "immunologischen Fehl- und Überreaktion" zu erwarten.

Tabelle II-43-2 Aachener-MOV-Score.

Punkte: Organversagen:	1 Mäßig	2 Mittelschwer	3 Schwer
Lunge	Hypoxiebedingte Beatmungspflicht > 3 Tage	Beatmung: (trotz PEEP ≤ 8 cm H_2O, I:E > 1 : 1 und kinetischer Therapie) FiO_2 ≥ 0,45 erforderlich und/oder PPI ≥ 6, und/oder Q_s/Q_t ≥ 20%	Beatmung: (trotz PEEP ≥ 8 cm H_2O, I:E 2 : 1 und kinetischer Therapie) FiO_2 ≥ 0,65 erforderlich und/oder PPI ≥ 8 und/oder Q_s/Q_t ≥ 35%
Herz/Kreislauf	MAP ≥ 70 mmHg bei kontr. Volumenhaushalt mit Σ(Dopamin® + Dobutrex®) ≤ 600 μg/min und/oder Σ(Arterenol® + Suprarenin®) ≤ 3 μg/min	MAP ≥ 60 mmHg bei kontr. Volumenhaushalt mit Σ(Dopamin® + Dobutrex®) ≤ 1200 μg/min und/oder Σ(Arterenol® + Suprarenin®) ≤ 10 μg/min	MAP instabil trotz kontr. Volumenhaushalt unter Σ(Dopamin® + Dobutrex®) > 1200 μg/min und/oder Σ(Arterenol® + Suprarenin®) > 10 μg/min
Nieren	Bei kontr. Volumen und MAP > 70 mmHg Anstieg Retentions-Werte und/oder Diurese rückläufig trotz Dopamin® ≤ 400 μg/min und Lasix® ≤ 250 mg/d	Bei kontr. Volumen und MAP > 60 mmHg Serumkreatinin > 400 μmol/l (1,5 mg/dl) und/oder Diurese < 100 ml/h trotz Dopamin® 400 μg/min und Lasix® 250–1500 mg/d	Oligurie bis Anurie, Hämodialyse oder Hämofiltration aus renaler Indikation erforderlich
Leber	SGOT > 30 U/l oder Bilirubin > 40 mmol/l (2,34 mg/dl) oder PDRig ≤ 12%/min	SGOT > 100 U/l oder Bilirubin ≥ 120 mmol/l (7 mg/dl) oder PDRig < 8%/min	SGOT > 150 U/l oder Bilirubin ≥ 200 mmol/l (11,7 mg/dl) oder PDRig ≤ 5%/min
Blutgerinnung	TPZ (Quick) < 70%, PTT > 40 sec bei low-dose-Heparinisierung und ≤ 2 FFP/d und/oder Thrombozyten < 80 000/μl	TPZ (Quick) < 60%, PTT > 50 sec bei minimal-dose-Heparinisierung und ≤ 5 FFP/d und/oder Thrombozyten < 40 000/μl	TPZ (Quick) < 60%, PTT > 40 sec ohne Heparin und > 5 FFP/d und/oder Thrombozyten < 10 000/μl und/oder DIC und/oder diss. Hämorrhagien
Gastrointestinaltrakt	Persistierender Reflux via Magensonde und Atonie unabhängig von chirurgischen Maßnahmen	Paralytischer Ileus, Cholezystitis, Streßulkus oder abdominelles Kompartment-Syndrom	Streßblutung mit Transfusionsbedarf von mehrmals ≥ 2 EK/d und/oder nekrotisierende Enterokolitis und/oder Pankreatitis und/oder nekrot. Cholezystitis
ZNS [sofern nicht sediert]	Encephalopathie mit Somnolenz oder Durchgangssyndrom, Verwirrtheit und eingeschränkter Kooperation	„Critical care" Polyneuropathie und/oder adynam reaktionslos, keine oder ungerichtete motorische Aktivität – Blickwendung auf optische und akustische Signale erhalten	Komatös und/oder Beuge- oder Strecksynergien auch bei Schmerzreizen, und/oder Mittelhirnsyndrom und/oder Vd. a. hypoxischen Hirnschaden

Additiv zum Versuch der Prognoseabschätzung:

Stoffwechsel	Serum-Lactat ≤ 4 mmol/l	Serum-Lactat ≤ 8 mmol/l	Serum-Lactat > 8 mmol/l
Alter	31–50 Jahre	51–70 Jahre	> 70 Jahre

DIC = Disseminated Intravascular Coagulation
EK = Erythrozyten-Konzentrat
FFP = Fresh Frozen Plasma
FiO_2 = inspiratorischer Sauerstoffgehalt
I:E = Verhältnis Inspiration zu Exspiration
MAP = mittlerer arterieller Blutdruck
PDRig = Plasmaeliminationsrate Indozyaningrün
PPI = Pulmonaler Permeabilitäts-Index
Q_s/Q_t = intrapulmonaler rechts-links Shunt

Von der Konzeption logischer und primär erfolgversprechender war die Entwicklung eines monoklonalen Antiendotoxins, das allerdings bei kontrollierter klinischer Prüfung ebenfalls keine Ergebnisverbesserung zeigte.

Der primär richtig erscheinende theoretische Ansatz wird der klinischen Problematik nicht gerecht, da:

- Endotoxin und Mediatoren eine relativ kurze Halbwertzeit besitzen
- Die Aktivierung der Kaskadensysteme sehr schnell erfolgt
- Einmal aktivierte Kaskaden unkontrollierbar und schnell ablaufen.

Die klinische Folge: Die effektive, aktivierende Endotoxinämie dauert zu kurz, um genau im richtigen Moment den Antikörper zu verabreichen. Das Ziel ist verfehlt, die Kosten sind hoch und eine Wirksamkeit ist nicht nachgewiesen. Trotzdem ist der Ansatz weiterhin vielversprechend. So muß Hauptziel für die therapieorientierte Forschung neben der Entwicklung effektiver Antikörper die Etablierung eines klinisch anwendbaren effektiven Immunmonitorings sein, das klinisch verwertbar, schnell und zuverlässig die Frage beantwortet: "Wann muß man das Antiendotoxin geben?" Nur so können das durch die kurze Halbwertzeit sehr schmale therapeutische Fenster getroffen und die Ergebnisse verbessert werden. Theoretisch käme eine prophylaktische Gabe von Antiendotoxin in engen Abständen in Frage, dieses Konzept scheidet allerdings aus, da es unbezahlbar ist [167, 176].

Weitere praeventive Konzepte werden derzeit evaluiert [u.a.]:

- Mineralokortikoide in niedriger Dosierung [Hydrocortison 10mg/h] kontinuierlich appliziert, um einer relativen Nebennierenrindeninsuffizienz vorzubeugen. Die Dosierung orientiert sich an physiologischen Cortisolspiegeln. Der Beweis, daß in der niedrigen kontinuierlichen Applikationsform noch ein blockierender Effekt auf die Mediatorsynthese erfolgt, steht noch aus.
- Gezielte Stärkung körpereigener protektiver Systeme z.B. durch Alimentation mit Omega-3-Fettsäuren oder Induktion der Streßgenexpression durch z.B. Zink-Stimulation.

Klinisch praktisch bleibt – neben einer guten symptomatischen Therapie – derzeit nur:

"Die beste Empfehlung ist die Prophylaxe".

MOV-Prophylaxe

Prophylaxe und symptomatische Therapie sind detailliert im Kap. II-42, S. 534 ff im Zusammenhang zwischen Sepsis und MOV-Gefahr dargestellt, so daß hier nur die Prinzipien aufgeführt sind.

Merke:

MOV-Prophylaxe:
Mit Prävention agieren, statt erst auf Symptome zu reagieren!

➤ ***Risikogruppe kennen***
Prädisponiert für die Entwicklung eines MOV sind Patienten nach Polytrauma, akuter Pankreatitis, Perotinitis, drohendem abdominellen Kompartmentsyndrom [→ Kap. I-20, S. 152], Verbrennungen sowie nach Sepsis, Schock-, Hypoxiezuständen oder Reanimationen.

Merke:

Operative MOV-Prophylaxe:
Druckentlastendes Laparostoma ist polyvalente Organprotektion

Allen Mitarbeitern einer Intensivstation muß klar sein, daß neben den oben genannten Risikokonstellationen alle Patienten mit vermeintlichen Routineeingriffen nach einem früher überstandenem MOV eine Hochrisikogruppe für die Entwicklung eines Mehrorganversagens sind.

Merke:

Erfolgreiche Reanimation:
Freude über Erfolg muß sofort in MOV-Prävention übergehen!

Entsprechend muß bei *jedem* dieser Patienten so früh wie möglich dieselbe Sorgfalt walten, als seien sie bereits lebensbedroht. So früh wie möglich sollten alle allgemeinen und organprotektiven Maßnahmen konsequent durchgeführt werden.

Merke:

Rentabilität MOV-Prophylaxe:
Ein Patient mit MOV ist teurer als die Prophylaxe bei 50 Patienten!

MOV-Therapie

➤ ***Objektivierung der Zielgrößen symptomatischer Therapie***
Ein adäquates invasives Monitoring [z. B. COLD-System, Pulmonaliskatheter → Kap. II-15, S. 289] ist frühelektiv zur Objektivierung der Zielgrößen der symptomatischen Therapie empfehlenswert:

Mittlerer arterieller Druck	[MAP]	> 60 mm Hg
Cardiac Index	[CI]	$> 3{,}5$ l/min/m^2 und $< 5{,}5$ l/min/m^2
Peripherer Widerstand	[SVRI]	> 1200 dyn sec cm^{-5} m^2
Sauerstoff-Transportindex	[DO_2I]	> 600 ml/min/m^2
Perkutane Sauerstoffsättigung	[SpO_2]	≥ 92 %
Diurese		> 100 ml/h

Volumen der kardialen Vorlast im unteren Normbereich

Sinnvolle Überwachungsmaßnahme bei etabliertem MOV ist zudem die Überwachung des intrakraniellen Drucks mittels Ventrikelkatheter oder indirekt durch wiederholte Flowmessungen durch eine extrakranielle Doppleruntersuchung. Die zerebrale Perfusionsüberwachung ist bisher nicht in ausreichendem Umfang in der Praxis realisiert worden [168].

➤ *Allgemeine Maßnahmen*

- Oxygenierung hochnormal
  – untere Grenze der perkutanen Sauerstoffsättigung 92 %
- Stundendiurese über 100 ml/h halten
- Volumenhaushalt nach Vasotonisierung sicher, aber möglichst knapp ausgleichen
- Temperaturkorrektur: Patient kühlen bzw. bei Bedarf aufwärmen [Patienten-Heizung]
- Streßulkusprophylaxe bei diesen Patienten obligat [z.B. H2-Blocker]
- Hochkalorische Ernährung mit Fetten, Spurenelementen, wasser- und fettlöslichen Vitaminen
- Selektive Darmdekontamination bzw. enterale Ernährung sobald chirurgisch möglich

➤ *Herz / Kreislauf*

- Limitierung der Volumenbelastung durch Vasotonisierung [SVRI mit Arterenol® anheben bis auf ≈ 1200 dyn sec $cm^{-5}m^2$] vor kontrollierter Volumensubstitution
- Rechtsherzbelastung durch Senkung der Widerstandserhöhung im kleinen Kreislauf durch Morphinderivate im Rahmen der Analgosedierung und 200–400 µg Dobutrex®/min reduzieren
- Koronarprotektion [wissenschaftlich nicht belegt] mit niedrigdosiertem Adalat® 0,1 mg / h, als Schutz vor Koronarspasmen und Myokardischämien bei vasokonstriktiver Hauptmedikation
- Keine primäre Digitalisierung! ["Pulver nicht verschießen"]: Digitalis wird meist später als risikoärmstes und doch wirksames Antiarrhythmikum benötigt. Inotropiesteigerung durch Digitalis ist für chirurgische Intensivmedizin im Vergleich zur Katecholaminwirksamkeit unwesentlich.

➤ *Niere*

- Perfusionsschutz mit 200–400 µg/min Dopamin® begleitet von Lasix®-Perfusor 25–1500 mg/d
- Adalat® 0,1 mg/h
  [nicht gesicherter Schutz vor Vasokonstriktion des Vas afferenz]
- Erhalt der [Rest-]Diurese hat Priorität! [prognostisch wesentlich]
- Nephrotoxische Medikamente besonders kritisch anwenden. Aminoglykoside in begrenzten Intervallen applizieren, ggf. einmal tägliche Gabe günstiger – Wirkspiegelkontrollen
- Passagere Umstellung der Aminosäuren auf nierenadaptierte Lösungen
  Die Namen der nierenadaptierten Lösungen suggerieren ausschließlich Vorteile, aber Dauergabe ist wegen teils toxischer Nebenwirkungen nicht empfehlenswert.
  Cave: Nierenadaptierte Lösungen sind meist 15 %ig, normal zusammengesetzte Aminosäurelösungen 10 %ig → Aminosäuremenge nach Gramm, nicht nach Volumenmenge verordnen [sonst bei 1:1 Umsetzung "unklarer" Harnstoff-Anstieg, da zwar für die Niere günstigere Aminosäuren, aber 50 % mehr].

➤ ***Lunge*** [→ Kap. II-41, S. 509]

- Kontrolliert restriktiver Volumenhaushalt soweit möglich
- Regelmäßige Bronchialtoilette, bedarfsadaptiert auch bronchoskopisch
- So früh wie möglich Beginn der kinetischen Lagerungstherapie [Rotationsbetten oder Wechsellagerung]
- Begleitende Dobutrex®-Medikation 200–400 µg/min, um PVRI zu senken
- *Bei Beatmung:* Obligater aber moderater PEEP [4–8 cm H_2O], auch bei Transport und Bronchoskopie
- Volumenkontrollierte Beatmung mit eher langsamer Frequenz und langsamen inspiratorischem Flow
- "Inversed ratio ventilation":
  Änderung Atemzeitverhältnis I:E von 1 : 2 auf 1 : 1, ggf auch 2 : 1
- Bei Progress:
  Druckkontrollierte Beatmung mit maximalem Druckniveau von 35 cm H_2O
- Permissive Hyperkapnie respektieren:
  $PaCO_2$ Anstieg bis 60 mmHg tolerieren statt Druck ↑

➤ ***Leber***

- Perfusion begünstigen: Moderater PEEP, intrathorakalen Druck und ZVD niedrig halten, um venösen Abstrom aus der Leber zu begünstigen
- Dopacard® zur Verbesserung der Splanchnikus-Perfusion
- Exkretorische Leberleistung mit Plasmaeliminationsrate Indozyaningrün [PDRig] und Bilirubinverlauf kontrollieren. Gegebenenfalls frühzeitig Dosierung von Antibiotika und Antimykotika [v.a. Diflucan®] anpassen
- Bei bereits bestehenden Leberfunktionseinschränkungen Lactatbelastungen verringern, z. B. bei der Hämofiltration Wechsel auf Bikarbonat-gepufferte Substituat-Lösungen
- Passagere Umstellung der Aminosäuren auf leberadaptierte Lösungen.
  Auch die Namen der leberadaptierten Lösungen suggerieren ausschließlich Vorteile, aber Dauergabe ist wegen teils toxischer Nebenwirkungen nicht empfehlenswert

➤ ***Intestinaltrakt***

- Oligate Streßulkusprophylaxe [H2-Blocker]
- Begrenzung intestinaler Mikrozirkulationsstörungen und konsekutiver Translokation
- Frühzeitige Tonisierung des Gastrointestinaltraktes mit physikalischen und medikamentösen Maßnahmen [→ Kap. II-29, S. 423]
- Dopacard® [Dopexamin] zur verbesserten Splanchnikus-Perfusion
- Selektive Darmdekontamination – soweit chirurgisch möglich – frühzeitige enterale Alimentation
- Vermeiden bzw. frühzeitiges Entlasten eines abdominellen Kompartmentsyndroms [→ Kap. I-20, S. 152]
- Messungen der lebervenösen Sauerstoffsättigung [ShO_2] über einen fiberoptischen Katheter oder direkte Blutentnahme und BGA ergeben in der Verlaufsbeurteilung ein gutes Monitoring der Intestinal-und Leber-Perfusion

➤ ***Gerinnungssystem***

- ◆ Keine Kurvenkosmetik mit Einzelfaktoren außer AT III
- ◆ Fresh frozen plasma [FFP] bei Gerinnungsstörungen, kontinuierliche Applikation am günstigsten
- ◆ Lokal symptomatisch z. B. bei diffusen Magenschleimhautblutungen Spülungen mit Otriven®-Lösung
- ◆ Keine Kurvenkosmetik der Thrombozytopenie, jede Fremd-Thrombozytengabe führt bei septischen Thrombozytopenien zur Antikörperboosterung mit konsekutiv weiter beschleunigtem Thrombozytenabbau. Indikation zur Thrombozyten-Transfusion nur bei disseminierten, nicht beherrschbaren Blutungssituationen. Im Rahmen des verbreiteten Absicherungsdenkens z. B. Thrombozyten vor einer Etappen-Lavage ohne bereits bestehende disseminierte Blutungen transfundieren zu wollen, schadet dem Patienten – diese Indikation ist selten gegeben.

➤ ***Hämofiltration***

- ◆ Frühelektives Standardverfahren in der Sepsis- bzw. MOV-Therapie. Pumpenkontrollierte selbstbilanzierende Geräteeinheiten zur veno-venösen Hämofiltration [CVVH] sind wegen der hohen Durchführungssicherheit und dem deutlich geringeren Personalaufwand zu bevorzugen. Der Mechanismus der symptomatischen Wirksamkeit der CVVH bei Sepsis und MOV ist nicht eindeutig geklärt. Bei einhellig positiven Ergebnismitteilungen ist die frühelektive Indikation zur CVVH bei Sepsis und MOV inzwischen unabhängig von der Nierenfunktion als Standard anzusehen.
- ◆ Besondere Vorteile scheinen CVVH-Konzepte mit Polyamidfiltern großer Oberfläche bei moderatem Filtratfluß [$\approx$ 20 Liter/d] mit mindestens 24-stündigem Filterwechsel aufzuweisen.
- ◆ Bei bestehender progredienter Lactatazidose empfiehlt sich der Austausch der üblichen, mit einem Lactat-Puffer ausgeglichenen Substituat-Lösungen gegen handelsübliche Bikarbonat-gepufferte Substituatlösungen [Fa. Schiwa, Kombi-Pac zur Bikarbonat-Hämofiltration, SH 43-hep.].

MOV-Prognose

- Vorhersagewerte, die zuverlässig einen Progress beziehungsweise eine vermeintlich sichere Erholung frühzeitig anzeigen, sind nicht bekannt. Aus der klinischen Beobachtung sind sowohl kontinuierliche wie auch plötzlich dramatisch progrediente Verlaufsformen bekannt.
  Bei Zustandskonsolidierung handelt es sich stets um Langzeitverläufe mit langsamer phasischer Rückbildungstendenz, die allein auf der Intensivstation Wochen bis Monate dauern.
- Langzeitprognose: Grundsätzlich haben die beteiligten Organe eine zumindest für eine Defektheilung ausreichende regenerative Potenz.
  Bei einem persistierenden Nierenversagen kann durch Beurteilung der Parenchymdicke eine Vorhersage zur Reversibilität versucht werden.
  Die Lungenschädigungen nach einem Vollbild des ARDS bilden sich meist innerhalb weiterer Monate zurück, residual finden sich eine persistierende Rarefizierung der pulmonalen Kapillarstrombahn sowie eine Hyperreagibilität des Bronchialsystemes.

Merke:

Patienten nach Überleben eines MOV:
➤ **Dauerhaft als Hochrisiko-Patienten einzustufen!**
[auch für "kleine Routineeingriffe"]

➤ ***Mortalität***

Die Sterblichkeit von Patienten mit einem MOV liegt zwischen 30 und 90%, die große Schwankung erklärt sich durch verschiedene Einschlußkriterien sowie unterschiedliche Ursachen des MOV. Die schlechtesten Ergebnisse sind bei Verbrennungen und Sepsis als Ursache für ein MOV zu erwarten.

Seit standardisierter Einführung extrakorporaler Eliminationsverfahren [v.a. CVVH] wird in den letzten Jahren über deutlich rückläufige Mortalitätsraten berichtet.

Auf der eigenen rein chirurgisch geführten Intensivstation läßt sich nach Einführung des standardisierten Monitorings, einer obligaten Organprophylaxe und der Therapiemaßnahmen mit CVVH durch selbstbilanzierende Geräteeinheiten wie zuvor beschrieben dieser Trend bestätigen:

Die Therapiedauer MOV (≥ 3) hat [bei gleichbleibenden Kosten!] um 32,1 % zugenommen, die Gesamt-Letalität MOV (≥ 3) von 63,4% auf 31,8% ebenso wie die Frühphasen-Letalität von 46,2% auf 21,4% und die Letalität bei den Patienten mit Nierenersatztherapie und MOV von 62,2% auf 23,1% abgenommen.

Merke:

Prognose des MOV:
Aggressive Zuwendung entscheidend:
Alle für Einen

Literatur

– siehe Gesamt-Literaturverzeichnis im Anhang –

Medikamente

Medikamentenliste

Bei den in diese Liste aufgenommenen Medikamenten handelt es sich um eine willkürliche Auswahl, der nur insofern eine Wertung zu entnehmen ist, als sie unseren Erfahrungen entspricht.

Die Angaben dieser Liste können und sollen weder den "Waschzettel" noch Informationen der "Roten Liste" ersetzen. Die Angaben unterscheiden sich gelegentlich von allgemein gültigen Empfehlungen, da sie sich selektiv auf die operative Intensivmedizin beziehen und so teilweise divergente Empfehlungen hinsichtlich Indikationen, Kontraindikationen und Wertung möglicher Nebenwirkungen mitzuteilen sind.

Die Medikamente sind innerhalb folgender Obergruppen jeweils nach den bekanntesten Handelsnamen in alphabetischer Reihenfolge aufgeführt:

- Kardiaka
- Antihypertensiva
- Bronchodilatatoren
- Diuretika
- Anästhetika
- Analgetika
- Muskelrelaxantien
- Psychopharmaka
- Antikonvulsiva
- Pufferlösungen
- Sonstige

In einer nachfolgenden Liste sind klinisch probate Perfusoransätze sowie Dosierungs-Standardeinstellungen für häufig gebräuchliche Medikamente aufgeführt.

Kardiaka

➤ ***Adrekar® = Adenosin***

Indikation:	AV-junktionale Tachykardien, Sinustachykardien Differenzierung zwischen supraventrikulären und ventrikulären Tachykardien
Kontraindikation:	AV-Block, verlängertes QT-Intervall, Vorhofflimmern, Asthma, Sick-Sinus, vorbestehende dekompensierte Herzinsuffizienz und instabile Angina pectoris

Nebenwirkungen: Bradykardie, Asystolie, Bewußtlosigkeit

Dosierung: 3 mg = 1 ml i. v. Bolus über periphere Vene, nach je 2 min EKG und RR-Beobachtung Steigerung auf 6, 9 u. zuletzt 12 mg. Weitere Injektionen nicht sinnvoll.
10 ml NaCl 0,9 % als "Spülbolus" nach jeder Injektion

Besonderes: Intensivbedingungen und Reanimationsbereitschaft obligat, Halbwertzeit < 30 sec – daher keine Injektion über ZVK [Totraum-Spülung dauert zu lange!]

Antidot: Wegen kurzer Halbwertzeit (= kurze Nebenwirkungsdauer) nicht erforderlich.

➤ ***Akrinor® = Cafedrinhydrochlorid + Theodrenalinhydrochlorid***

Indikation: Akuter RR-Abfall, bei V. a. akute Vasodilatation bzw. Volumenmangel

Kontraindikation: Hypertonie, Engwinkelglaukom

Nebenwirkungen: Angina pectoris

Dosierung: 100–200 mg i. v.

➤ ***Alupent® = Orciprenalin***

Indikation: Bradykardie mit unzureichendem HZV, β-Blocker-Überdosierung

Kontraindikation: Primärphase der Reanimation

Nebenwirkungen: Tachykardie, RR-Abfall, Herzrhythmusstörungen

Dosierung: *Einzeldosis* 0,25–0,5 mg
Dauertherapie 0,05–0,2 μg/kg/min

Besonderes: Vasodilatation möglich
Halbwertzeit: 6 min
Hämodialysierbar
Invasives Monitoring zur Therapiesteuerung empfohlen

➤ ***Arterenol® = Noradrenalin***

Indikation: Septische Hypotonie, Reanimation, kardiogener und septischer Schock

Kontraindikation: Bei Reanimation keine, sonst intestinale Ischämie

Nebenwirkungen: Ventr. Rhythmusstörungen bis hin zum Kammerflimmern, Reduktion der Nieren- und Splanchnikus-Perfusion

Dosierung: 1 mg mit 0,9 % NaCl auf 10 ml aufziehen
Einzeldosis 0,1 mg i. v. = 1 ml der Mischspritze
Kontinuierliche Applikation von 0,05–0,2 μg/kg/min mit Perfusor über kleinlumigen ZVK-Katecholaminschenkel

Besonderes: Halbwertzeit: 1–3 min
Invasives Monitoring zur Therapiesteuerung empfohlen

➤ ***Cordarex® = Amiodaron***

Indikation: Therapierefraktäre ventrikuläre u. supraventrikuläre ES, WPW-Syndrom

Kontraindikation: Sinusbradykardie, Reizleitungsstörungen, kardiogener Schock, Jodallergie, Hyperthyreose, Kombination mit β-Blokker oder Kalziumantagonisten

Dosierung: *Initialdosis* 375 mg langsam i. v.
Dauertherapie 37,5 – 60 mg/h

Besonderes: ZVK erforderlich, zur Dauerinfusion nur in Glucose 5 % lösen.
Halbwertzeit: 2 – 4 Wochen!!
Nicht hämodialysierbar

➤ ***Digimerck® = Digitoxin***

Indikation: Tachyarrhythmie bei Vorhofflimmern,
paroxysmale supraventrikuläre Tachykardie,
[akute Herzinsuffizienz für Intensivmedizin keine Indikation!]

Kontraindikation: Hypertrophe obstruktive Kardiomyopathie, AV-Block,
Hypokaliämie, Hypercalcämie, Bradykardie,
Digitalisintoxikation, Digitalisunverträglichkeit

Nebenwirkungen: Kardiale Rhythmusstörungen, Gelbsehen, Brechreiz

Dosierung: *Mittlere Aufsättigung* 0,3 mg/d für 3 Tage
Erhaltungsdosis 0,07 – 0,1 mg/d

Besonderes: Bei Niereninsuff. keine Dosisanpassung notwendig , da hepatische Elimination
Halbwertzeit einschließlich aktiver Metabolite 7,5 Tage
Nicht hämodialysierbar

➤ ***Dobutrex® = Dobutamin***

Indikation: Akute Herzinsuffizienz, HZV-Unterstützung, pulmonale Hypertonie.

Kontraindikation: Idiopathische hypertrophe subvalvuläre Aortenstenose

Nebenwirkungen: Tachykardie, Extrasystolie

Dosierung: 2 – 15 μg/kg/min kontinuierlich mit Perfusor über kleinlumigen ZVK

Besonderes: Senkung des linksventrikulären Füllungsdrucks
Halbwertzeit 2 min
Invasives Monitoring zur Therapiesteuerung höherer Dosierungen empfohlen

➤ ***Dopacard® = Dopexamin***

Indikation: Herzinsuffizienz mit Notwendigkeit der Nachlastsenkung,
Intestinal- und Nephroprotektion bei vasokonstriktiver Therapie (Sepsis)

Kontraindikation:	Nicht objektivierte Volumenverhätnisse (*Cave* Hypovolämie), hypertrophe obstruktive Kardiomyopathie, Aortenstenose, Phäochromozytom, Thrombozytopenie, Kinder, Schwangerschaft, Stillzeit
Nebenwirkungen:	Vasodilatation, Blutdruckabfall, Rhythmusstörungen, myokardiale Ischämie, Thrombozytopenie, Hypokaliämie, Hyperglykämie
Dosierung:	Einschleichend mit 0,25 μg/kg/min, Steigerung in 15 minütigen Abständen jeweils um 0,25 μg/kg/min bis zur Prophylaxedosis von 1–2 μg/kg/min oder bis zur max. Therapiedosis von 6 μg/kg/min über ZVK-Katecholamin-Schenkel
Besonderes:	Vor Therapiebeginn Einstellen des Volumenhaushaltes auf kontrolliert hochnormales Niveau – *Cave* Druckabfall durch erhebliche Volumenumverteilung. Halbwertzeit 11 Minuten Invasives Monitoring zur Therapiesteuerung empfohlen

➤ *Dopamin Nattermann® = Dopamin*

Indikation:	Nierenprotektion, akute Herzinsuffizienz, Arterenol-refraktäre Vasodilatation
Kontraindikation:	Linksherzinsuffizienz, unbehandelte Tachyarrhythmien, Phäochromozytom
Nebenwirkungen:	Tachykardien, Herzrhythmusstörungen, Erhöhung des peripheren Widerstandes
Dosierung:	Kontinuierliche Applikation über kleinlumigen ZVK *Niedrigdosis = "Nierendosis"* 2–4 μg/kg/min: Ausgeprägte Steigerung der Nierendurchblutung, geringe Steigerung der Herzfrequenz, Steigerung der kardialen Kontraktilität *Mittlere Dosis* 6–8 μg/kg/min: Zunahme der Herzfrequenz, Erhöhung des peripheren Widerstandes *Hochdosis* 10–25 μg/kg/min: Erhöhung des peripheren Widerstandes, bei Arterenol-refraktärer [praefinaler] Vasodilatation der Sepsis
Besonderes:	Halbwertzeit: 1–3 Minuten Hämodialysierbar Invasives Monitoring zur Therapiesteuerung bei hohen Dosierungen empfohlen
Antagonist:	Haldol® = Haloperidol

➤ *Isoptin® = Verapamil*

Indikation:	Supraventrikuläre Tachykardie, Vorhofflimmern und -flattern mit schneller Überleitung

Kontraindikation: Volumenmangel, dekompensierte Herzinsuffizienz, AV-Blokkierungen II.+III.° Sick sinus-Syndrom, WPW-Syndrom, Kombination mit β-Blockern

Nebenwirkungen: Kritische Blutdrucksenkung bei laviertem Volumenmangel, AV-Blockierung, Hypotonie, Obstipation, Flush

Dosierung: *Initial-Bolus*: 2,5 – 5 mg langsam i. v., RR- und EKG-Kontrolle, ggf. Wiederholung nach 5 – 10 min, Tageshöchstdosis 100 mg bei Langzeittherapie
Erhaltungsdosis 0,5 – 1,5 μg/kg/min [Perfusor obligat]

Besonderes: Halbwertzeit 3 – 7 Stunden – aktive Metabolite 12 Stunden

➤ *Itrop® = Atropin*

Indikation: Vagal bedingte Sinusbradykardien, Bradyarrhythmien mit SA-Blockierungen,
AV-Blockierungen II.Grades vom Wenckebach Typ,
bradykardes Vorhofflimmern

Kontraindikation: Engwinkelglaukom, Prostataadenom, mechanische Stenosen im GI-Trakt

Nebenwirkungen: Obstipation, Völlegefühl, Mundtrockenheit, selten Extrasystolie, Tachykardien bis hin zum Kammerflimmern

Dosierung: Initial 1/2 – 1 Amp. langsam i. v., weitere Dosierung nach Wirkung unter genauer Beobachtung der Nebenwirkungen

Besonderes: Halbwertzeit: 2 – 3 Stunden
Nicht hämodialysierbar

➤ *Mexitil® = Mexiletin*

Indikation: VES, ventrikuläre Tachykardie

Kontraindikation: AV-Blockierungen, dekompensierte Herzinsuffizienz

Nebenwirkungen: Hypotonie, Tremor, AV-Blockierungen, Bradykardie, Krämpfe, Benommenheit, Schwindel, Erbrechen

Dosierung: *Initialdosis:* 100 – 250 mg langsam i. v. unter EKG-Kontrolle
Aufsättigung: 250 mg/h in der 1. Stunde, danach 125 mg/h in der 2. – 3. Stunde
oder besser: 150 mg über 15 Minuten, danach 150 mg über 3 Stunden
Erhaltungsdosis 30 – 60 mg/h

Besonderes: Orale Fortsetzung der Therapie möglich
Wirkspiegelbestimmung möglich
Halbwertzeit 5 – 12 Stunden
Nicht hämodialysierbar

➤ *Novodigal® = Digoxin*

Indikation: Für die chirurgische Intensivmedizin Mittel der Wahl für die Tachyarrhythmie bei Vorhofflimmern und die paroxysmale supraventrikuläre Tachykardie.

Kontraindikation: Hypertrophe obstruktive Kardiomyopathie, Hypokaliämie, Hypercalcämie, Bradykardie, AV-Blockierungen, Digitalisintoxikation, Digitalisunverträglichkeit

Nebenwirkungen: Bradykardie, Rhythmusstörungen, Gelbsehen, Brechreiz

Dosierung: *Schnelle Aufsättigung* 3 × 0,4 mg i. v. in 8 Stunden [Intensivbedingungen!]
Mittlere Aufsättigung 2 × 0,2 mg/d i. v. für 3 Tage
Erhaltungsdosis 0,2 – 0,3 mg/d i. v.

Besonderes: Bei Niereninsuffizienz für intensivmedizinischen Bereich kein Wechsel zu Digitoxin, sondern wegen besserer Steuerbarkeit [kürzere Halbwertzeit] lediglich Dosisreduktion und Anpassung nach täglicher Digoxin-Spiegelbestimmung.
Halbwertzeit 36 Stunden
Bedingt hämodialysierbar

➤ *Suprarenin® = Adrenalin*

Indikation: Katecholamin der 1. Wahl bei Reanimation, Kontraktilitätsunterstützung bei therapierefraktärer Herzinsuffizienz, anaphylaktischer Schock

Kontraindikation: Bei Reanimation keine

Nebenwirkungen: Ventrikuläre Rhythmusstörungen bis hin zum Kammerflimmern, Mydriasis, moderate Reduktion von Nieren- und Splanchnikusperfusion

Dosierung: 1 mg (1 Amp.) mit 0,9 % NaCl auf 10 ml verdünnen
Reanimation: 0,1 – 0,5 mg i. v. [ml-weise aus der Mischspritze]
Langzeittherapie: 0,05 – 0,4 µg/kg/min über Perfusor – dabei Applikation obligat über kleinlumigen ZVK-Katecholamin-Schenkel

Besonderes: Halbwertzeit: 1 – 3 min
Hämodialysierbar
Invasives Monitoring zur Therapiesteuerung empfohlen

➤ *Visken® = Pindolol*

Indikation: Supraventrikuläre und ventrikuläre Tachykardie und Extrasystolie, thyreotoxische Krise

Kontraindikation: Volumenmangel, Herzinsuffizienz, Hypotonie, Bradykardie, AV-Blockierungen, pulmonale Obstruktion, Kombination mit Calziumantagonisten

Nebenwirkungen: Kritische Blutdruckabfälle bei nicht erkannter Hypovolämie, Bradykardie, AV-Blockierungen, Blutdruckabfall, Herzinsuffizienz, Bronchospasmus, Hypoglykämie

Dosierung: *Einzeldosis* 0,4 mg langsam i. v.
Maximaldosis 1 – 2 mg/d

Besonderes: Halbwertzeit: 3 – 4 Stunden

➤ *Xylocain® = Lidocain*

Indikation:	Akute VES, Salven oder Tripletts, ventrikuläre Tachykardie
Kontraindikation:	AV-Blockierungen, grenzkompensierte Herzinsuffizienz
Nebenwirkungen:	Erheblich negativ inotrop, Bradykardie, Somnolenz, Schwindel, Erbrechen
Dosierung:	*Initial-Bolus* 50–100 mg zügig i. v. *Erhaltungsdosis* 20–80 µg/kg/min *Tageshöchstdosis* 3–6 g
Besonderes:	Halbwertzeit 1,8 Stunden – aktive Metabolite 3,5 Stunden

Antihypertensiva

➤ *Adalat® = Nifidepin*

Indikation:	Angina pectoris, arterielle Hypertonie, hypertensive Krise, Koronarprotektion
Kontraindikation:	Kreislaufschock, Hypotonie, höhergradige Aortenstenose, höhergradige Herzinsuffizienz, Schwangerschaft, Stillzeit
Nebenwirkungen:	Flush, Hauterytheme, Kopfschmerzen, Gingivahyperplasie
Dosierung:	i. v. 0,63–1,25 mg/h über Perfusor unter Kreislaufmonitoring, bei akutem Hochdruck initial 20 mg sublingual, orale Medikation 15–30 mg/d, ggfs. Steigerung auf 60 mg/d verteilt auf 2–3 Einzeldosen
Besonderes:	Lichtempfindlich Alkohol als Lösungsmittel – Cave jetzt "trockene" Ex-Alkoholiker! Halbwertzeit 1,7–3,4 Stunden Via Hämoperfusion eliminierbar Nicht hämodialysierbar

➤ *Bayotensin® = Nitrendipin*

Indikation:	Arterielle Hypertonie, hypertensive Krise
Kontraindikation:	Kreislaufschock, Schwangerschaft, Stillzeit
Nebenwirkungen:	Flush, Hauterytheme, Kopfschmerzen, Gingivahyperplasie
Dosierung:	10 mg/d oral – bei hypertensiver Krise: "Bayotensin-akut®"-Phiole [schlucken/sublingual]
Besonderes:	Halbwertzeit 8–12 Stunden Nicht hämodialysierbar

➤ *Catapresan® = Clonidin*

Indikation:	Arterielle Hypertonie, agitierte Durchgangssyndrome
Kontraindikation:	Bradykardie, Schwangerschaft
Nebenwirkungen:	Bradykardie, Hypotonie, initiale Hypertonie, Absinken des HZV

Dosierung:	0,15 mg in 10 ml NaCl 0,9 % langsam i. v. Hypertensive Krise: Meist 1 : 1 Mischspritze mit Nepresol® ml-weise Dauertherapie mit 0,3 – 1,8 mg/d
Besonderheiten:	Bradykardie speziell bei digitalisierten Patienten möglich, ausschleichendes Absetzen erforderlich – cave hypertensive Krisen nach abruptem Absetzen einer Langzeittherapie Halbwertzeit 9 – 15 Stunden Bedingt hämodialysierbar

➤ *Ebrantil = Urapidil*

Indikation:	Hypertensive Krise, therapieresistente arterielle Hypertonie
Kontraindikation:	Aortenisthmusstenose, AV-Shunt, Schwangerschaft, Stillzeit
Nebenwirkungen:	Thrombopenie, allergische Reaktionen, Kopfschmerz, Schwindel, Müdigkeit
Dosierung:	*Initial* 10 – 50 mg i. v. oder 2 mg/min über Perfusor *Erhaltungsdosis* 6 – 15 mg/h
Besonderes:	Halbwertzeit 2 – 3 Stunden Hämodialysierbar

➤ *Nepresol® = Dihydralzin*

Indikation:	Arterielle Hypertonie
Kontraindikation:	Angina pectoris
Nebenwirkungen:	Tachykardie, Orthostasedysregulation, LE-Symptomatik bei Langzeittherapie, Migräne, Knochenmarksdepression, periphere Neuritiden
Dosierung:	*Initial*: 12,5 – 25 mg, Tageshöchstdosis 200 mg *Hypertensive Krise*: Meist 1 : 1 Mischspritze mit Catapresan® ml-weise *Erhaltungsdosis* 0,5 – 1,5 µg/kg KG/min
Besonderheiten:	Inaktivierung durch Glucoselösungen, Wirkungsverstärkung durch Kombination mit Nitraten oder β-Blockern Sofortiger Therapieabbruch bei Exanthem und unklarem Fieber Halbwertzeit 4 – 5 Stunden

➤ *Nipruss® = Nitroprussid-Natrium*

Indikation:	Therapierefraktäre arterielle Hypertonie, hypertensive Krise
Kontraindikation:	Kompensatorische Hypertonie, Leberschäden, Optikusatrophie, Tabak- Alkohol-Amblyopie, Hypothyreose, Vit.B12-Mangel, Azidose, Hypovolämie, Schwangerschaft, Kinder
Nebenwirkungen:	Tachykardie, Hypotonie, Zyanidintoxikation, Erregungszustände, Hör- und Sehstörungen, Muskelzuckungen

Dosierung:	Vorsichtig (!) → individuelle Empfindlichkeit variabel, d. h. langsame Dosissteigerung unter RR- und EKG-Überwachung *Initialdosis:* 0,25 µg/kg KG/min *Maximaldosis:* 10 µg/kg KG/min Applikation mit Perfusor über kleinlumigen ZVK
Besonderes:	Inaktivierung durch Licht Bei Dosis > 2 µg/kg KG/min besteht die Gefahr der Zyanidintoxikation Halbwertzeit 0,1 Stunden – aktive Metabolite 170 Stunden!

➤ *Nitrolingual = Glyceroltrinitrat*

Indikation:	Hypertonie, Angina pectoris, kurzfristige Überbrückung einer Hyperhydratation (durch Vorlastsenkung / venöses Pooling)
Kontraindikation:	Schock, Hypovolämie
Nebenwirkungen:	Kopfschmerzen, Hypotonie, Tachykardie, Methämoglobinbildung
Dosierung:	0,1 – 1 mg als Bolus i. v. *Dauertherapie:* 0,2 – 0,8 µg/kg KG/min
Besonderheiten:	Wirkungsverlust bei Langzeittherapie Bei geringer Linksherzinsuffizienz Abfall des HZV Bei ausgeprägter Linksherzinsuffizienz Anstieg des HZV Halbwertzeit 2,3 min

Bronchodilatatoren

➤ *Euphyllin® = Theophyllin*

Indikation:	Obstruktive Atemwegserkrankungen
Kontraindikation:	Myokardinfarkt, Epilepsie
Nebenwirkungen:	Blutdruckabfälle, allergische Hautreaktionen, Tachykardien, Tachyarrhythmien, Tremor, Unruhe, Tachypnoe, respiratorische Alkalose
Dosierung:	*Initial:* 0,24 g langsam i. v., anschließend *kontinuierliche Gabe* von 0,48 – 0,96 g/d über Perfusor
Besonderes:	Zugunsten von Solosin® [s.u.] weitgehend eingeschränkte Indikation Höhere Dosierungen bei Rauchern Niedrigere Dosierungen bei älteren Patienten sowie bei Sauerstoffmangel, Leberschädigung oder Herzinsuffizienz Wirkungsverstärkung durch β-Mimetika Halbwertzeit 5 – 10 Stunden Hämodialysierbar Via Hämoperfusion eliminierbar *Cave:* Herzstillstand nach rascher i. v.-Gabe

➤ ***Solosin® = Theophyllin***

Indikation:	Obstruktive Atemwegserkrankungen
Kontraindikation:	Myokardinfarkt, Epilepsie
Nebenwirkungen:	Blutdruckabfälle, allerg. Hautreaktionen, Tachykardien, Tachyarrhythmien, Tremor, Unruhe, Tachypnoe, respiratorische Alkalose
Dosierung:	*Initial:* 104–208 mg langsam i. v., anschließend *kontinuierliche Gabe* von maximal 1248 mg/d über Perfusor
Besonderes:	Weitgehend statt Euphyllin® in Gebrauch, da erheblich weniger Tachykardien Höhere Dosierungen bei Rauchern Niedrigere Dosierungen bei älteren Patienten und bei Sauerstoffmangel, Leberschädigung oder Herzinsuffizienz Wirkungsverstärkung durch β-Mimetika Halbwertzeit 5–10 Stunden Hämodialysierbar Via Hämoperfusion eliminierbar *Cave:* Herzstillstand nach rascher i. v.-Gabe

Diuretika

➤ ***Aldactone® = Spironolacton***

Indikation:	Leberzirrhose mit Aszites bei sekundärem Hyperaldosteronismus, primärer Hyperaldosteronismus, Herzinsuffizienz, schwere Hypertonie
Kontraindikation:	Hyperkaliämie, Hyponatriämie, Niereninsuffizienz
Nebenwirkungen:	Hautreaktionen, Gynäkomastie, Impotenz, Verwirrtheitszustände, Hyperkaliämie, Hyponatriämie, Hyperurikämie, Verschlechterung der Nierenfunktion, irreversible Veränderungen der Stimmlage
Dosierung:	*Parenteral:* 200–400 mg als i. v.-Kurzinfusion – max. Tagesdosis 800 mg, *oral initial:* 2–4 × tgl. 100 mg für 3–6 Tage, anschließende *Dauertherapie* mit 1–2 × tgl. 100 mg
Besonderes:	Bei eingeschränkter Nierenfunktion engmaschige Kontrollen des Serumkaliums, des Serumnatriums und des Harnstoff im Serum Halbwertzeit 1,3 Stunden – aktive Metabolite 10–18 Stunden Bedingt hämodialysierbar

➤ ***Hydromedin® = Etacrynsäure***

Indikation:	Ödeme, Aszites, Lymphödem, idiopathisches Lymphödem
Kontraindikation:	Hypovolämie, Hyponatriämie, hepatisches (Prä-)Koma, Schwangerschaft, Stillzeit, Anurie

Nebenwirkungen: Hautreaktionen, Kreislaufkollaps, Exsikkose, metabolische Alkalose, Thromboseneigung, Hypokaliämie, Hyponatriämie, Hörstörungen

Dosierung: Mittlere i. v.-Dosis 0,5 – 1 mg/kg KG – Tagesmaximaldosis 400 mg oral 50 – 150 mg/d

Besonderes: Halbwertzeit 1 – 4 Stunden

➤ *Lasix*® = *Furosemid*

Indikation: Ödeme, Aszites, akute Herzinsuffizienz, Lungenödem, arterielle Hypertonie, Niereninsuffizienz (solange Restdiurese erhalten)

Kontraindikation: Hypovolämie, Hyponatriämie, hepatisches (Prä-)Koma, Schwangerschaft, Stillzeit, Anurie

Nebenwirkungen: Hautreaktionen, Kreislaufkollaps, Exsikkose, metabolische Alkalose, Thromboseneigung, Hypokaliämie, Hyponatriämie, Hörstörungen

Dosierung: *Bolusgabe*: 5 – 40 mg i. v., je nach Therapieerfolg mehrfache Dosiswiederholung,
Dosissteigerung bis 1,5 g/d als kontinuierliche Gabe über Perfusor möglich

Besonderes: Keine Gabe von mehr als 4 mg/min
Intensivmedizin: Kombination mit Dopamin® häufig sinnvoll. Zur Diuresebeurteilung kontinuierliche Gabe günstiger als mehrfacher Bolus. Alleinige Gabe über separaten Katheterschenkel, da häufig Inkompatibilitäten
→ Gefahr des Katheterverschlusses durch ausfallendes Furosemid!
Halbwertzeit ca. 1 Stunde
Nicht hämodialysierbar, nicht via Hämoperfusion eliminierbar

➤ *Mannit-Lsg. Salvia 10/20*® = *Mannit 10 % / 20 %*

Indikation: Akutes Nierenversagen mit erhaltener Restdiurese, Hirndrucksenkung, Ödeme, forcierte Diurese

Kontraindikation: Herzinsuffizienz, Lungenödem, Anurie

Dosierung: i. v.-Infusion bis zu 180 ml/h
Tagesmaximaldosis 3 g/kg KG

Besonderes: Keine Mischung mit anderen Medikamenten oder Infusionslösungen

Anästhetika

➤ *DHB® = Dehydrobenzperidol® = Droperidol*

Indikation:	Neuroleptanalgesie, Langzeitbeatmung
Kontraindikation:	Alkoholintoxikation, Intoxikation mit zentral wirksamen Pharmaka, Schwangerschaft, Stillzeit, kardiale Reizleitungsstörungen, M. Parkinson
Nebenwirkungen:	Hypotonie, extrapyramidale Symptome
Dosierung:	*Narkoseeinleitung:* 0,1 – 0,2 mg/kg KG *Erhaltungsdosis:* 25 – 125 mg/d
Besonderes:	Halbwertzeit 2 Stunden Hämodialysierbar

➤ *Disoprivan® = Propofol*

Indikation:	Anästhesie, leichte Begleitsedierung beim Weaning kritischer Patienten
Kontraindikation:	Latente oder manifeste Sepsis, Kinder < 3 J., Schwangerschaft, Stillzeit
Nebenwirkungen:	V.a. bei Sepsis kritische Hypotonie, Bradykardie, Apnoe, selten Anaphylaxie, Opisthotonus
Dosierung:	*Narkoseeinleitung:* 2 – 2,5 mg/kg KG iv., *Erhaltungsdosis:* 0,1 – 0,2 mg/kg KG/min über Perfusor oder mehrfache Wiederholungsdosis von 25 – 50 mg
Besonderes:	Keinerlei analgetische Wirkung!! Halbwertzeit 1,8 – 4,1 min

➤ *Dormicum® = Midazolam*

Indikation:	Sedierung, Langzeitbeatmung
Kontraindikation:	Ausgedehnte Leberresektionen, latente Leberinsuffizienz, Myasthenia gravis, Alkoholintox., Psychopharmakaintox., endogene Depression, Schizophrenie, Schwangerschaft, Stillzeit, Allergie
Nebenwirkungen:	Atemdepresssion, Blutdruckabfall
Dosierung:	Langsam i. v., immer individuell nach Wirkung, meist 0,1 – 0,2 mg/kg KG
Besonderes:	Große therapeutische Breite, keine Analgesie Kumulation bei Leberfunktionsstörung Halbwertzeit bei normaler Leberfunktion 1,5 – 2,5 Stunden Antagonist: Anexate® = Flumazenil

➤ *Fentanyl Janssen® = Fentanyl*

Indikation:	Anästhesie, Langzeitbeatmung
Kontraindikation:	Schwangerschaft, Asthma bronchiale, Hirndruck, akute hepatische Porphyrie

Nebenwirkungen: Starke Atemdepression, temporärer Blutdruckabfall, Sinusbradykardie, Bronchokonstriktion, Übelkeit, Spasmus des M. sphincter oddi

Dosierung: *Initialdosis:* 5 – 10 µg/kg KG
Erhaltungsdosis: 1 – 3 µg/kg KG/min

Besonderes: Plazentagängigkeit, "Remorphinisierung" nach mehrfacher Applikation durch Rückverteilung aus peripheren Kompartimenten
Halbwertzeit 2 – 4 Stunden
Bedingt Hämodialysierbar

Antagonist: Narcanti® = Naloxon – *Cave:* kürzere Halbwertszeit!

➤ *Hypnomidate® = Etomidate*

Indikation: Kurznarkosen, kurze Zusatzsedierung [z.B. für Bronchoskopie intubierter Pat.]

Kontraindikation: Allergie, Schwangerschaft

Nebenwirkungen: Exzitationsphänomene, Thrombophlebitis

Dosierung: *Einleitungsdosis:* 0,15 – 0,3 mg/kg KG i. v.
Erhaltungsdosis: 0.1 mg/kg KG max. Gesamtdosis ca. 1 mg/kg KG

Besonderes: Leichte relaxierende Wirkung
Halbwertzeit 0,5 – 1,25 Stunden – aktive Metabolite 4,5 Stunden
Bedingt hämodialysierbar

➤ *Ketanest® = Ketamin*

Indikation: Anästhesie, Langzeitbeatmung herzgesunder junger Patienten

Kontraindikation: KHK, Z.n. Myokardinfarkt, instabile Angina pectoris, Hypertonie, Hirndruck, Schädel-Hirn-Traumen, Glaukom, perforierende Augenverletzung, Hyperthyreose, Z. n. Apoplex, Präeklampsie, Eklampsie

Nebenwirkungen: Sympathikusaktivierung, Hypertonie, Tachykardie, Atemdepression, Halluzinationen, Anstieg des Hirn- und Augeninnendrucks, Bronchodilatation

Dosierung: *Einleitungsdosis:* 0,5 – 1,5 mg/kg KG langsam i. v.
Erhaltungsdosis: 0,3 – 1 mg/kg bei Eingriffen > 10 min

Besonderes: Bei Kindern Monoanästhesie möglich
Bei Erwachsenen keine Monoanästhesie, Kombination mit Rohypnol® (Flunitrazepam) oder Dormicum® (Midazolam) günstig.
Positiv inotrop, aber überproportionaler Anstieg des myokardialen O_2-Bedarfs:
→ Infarktgefahr bei kardial vorbelasteten Patienten
Halbwertzeit 2 – 4 Stunden

➤ *Rohypnol* ® = *Flunitrazepam*

Indikation:	Sedierung, Langzeitbeatmung
Kontraindikation:	Myasthenia gravis, Myopathie, Porphyrie, Leber- und Niereninsuffizienz, Alkoholintoxikation, Allergie, M. hämolyticus neonatorum
Nebenwirkungen:	Atemdepression, Thrombophlebitis, Kreislaufdepression, periphere Vasodilatation, Husten, Singultus
Dosierung:	2 mg mit 0,9% NaCl auf 10 ml verdünnen, langsam i. v., immer individuell nach Wirkung *bei Einleitung:* 0,015–0,03 mg/kg KG
Besonderes:	Keine Analgesie, große therapeutische Breite, Plazentagängigkeit, Kumulationsgefahr bei wiederholter Gabe Halbwertzeit 18 Stunden!!
Antidot:	Anexate®

➤ *Somsanit*® = *Hydroxybuttersäure*

Indikation:	Anästhesie, Langzeitbeatmung bei hypotonen Patienten [MOV]
Kontraindikation:	Epilepsie
Nebenwirkungen:	Myoklonien
Dosierung:	Nach Aufsättigung entsprechend beiliegendem Schema 50–100 mg/kg KG
Besonderes:	Keine oder meist steigernde Blutdruckbeeinflussung, bei Langzeitanwendung Gefahr der metabolischen Alkalose und Hypernatriämie
Antagonist:	Anticholium® (Physostigmin)

➤ *Valium*® = *Diazepam*

Indikation:	Sedierung, Antikonvulsivum, Anxiolytikum
Kontraindikation:	Myasthenia gravis, Myopathie, Porphyrie, Leber- und Niereninsuffizienz, Alkoholintoxikation, Allergie, M. hämolyticus neonatorum
Nebenwirkungen:	Atemdepression, Thrombophlebitis, Kreislaufdepression
Dosierung:	Langsam i. v., immer individuell nach Wirkung, meist 0,1–0,2 mg/kg KG
Besonderes:	Große therapeutische Breite, keine Analgesie, Plazentagängigkeit, Erhöht die Toxizität von Diphenylhydantoin Halbwertzeit 24–48 Stunden! Nicht hämodialysierbar
Antidot:	Anexate®

Analgetika

➤ *Dipidolor® = Piritramid*

Indikation:	Analgesie
Kontraindikation:	Akute hepatische Porphyrie, Schwangerschaft, Stillzeit
Nebenwirkungen:	Atemdepression, Kreislaufdepression, Abhängigkeit, Obstipation, Miktionsstörungen, Miosis, Bronchospasmen, Übelkeit, Erbrechen
Dosierung:	Richtdosis 0,1 – 0,3 mg/kg KG i. m. oder langsam i. v., je nach Bedarf wiederholte Gaben unter Berücksichtigung der möglichen Atem- und Kreislaufdepression
Besonderes:	Halbwertzeit 4 – 10 Stunden
Antagonist:	Narcanti® (Naloxon)

➤ *Dolantin® = Pethidin*

Indikation:	Analgesie, Schüttelfrost, Magen-Darm-Spasmen, Gallenkoliken, Nierenkoliken
Kontraindikation:	Schwangerschaft, Stillzeit
Nebenwirkungen:	Atemdepression, Kreislaufdepression, Miosis, Hyposalivation, Übelkeit, Erbrechen, Obstipation, Miktionsstörungen, Hirndrucksteigerung
Dosierung:	25 – 100 mg s. c., i. m. oder langsam i. v. 25 – 100 mg oral oder rektal je nach Bedarf wiederholte Gaben unter Berücksichtigung der möglichen Atem- und Kreislaufdepression
Besonderes:	Halbwertzeit 3,5 – 4 Stunden

➤ *Fortral® = Pentazocin*

Indikation:	Analgesie
Kontraindikation:	Schwangerschaft, Stillzeit, Kombination mit MAO-Hemmern
Nebenwirkungen:	Atemdepression, Abhängigkeit, Übelkeit, Erbrechen, Obstipation, Blutdruckschwankungen
Dosierung:	15 – 30 mg i. m. oder langsam i. v. – parenterale Tagesmaximaldosis 360 mg 25 – 50 mg oral oder rektal Dosiswiederholung nach 3 – 4 Std. möglich
Besonderes:	Bei Leber- und Niereninsuffizienz Dosisreduktion Halbwertzeit bei normaler Leber- und Nierenfunktion 2 Stunden Hämodialysierbar
Antagonist:	Narcanti® (Naloxon)

➤ *Morphin Merck 10/20® = Morphin hydrochloricum*

Indikation:	Analgesie

Kontraindikation:	Akutes Abdomen, Pankreatitis, Schwangerschaft, Stillzeit
Nebenwirkungen:	Atemdepression, Kreislaufdepression, Abhängigkeit, Obstipation, Miktionsstörungen, Hirndrucksteigerung, Bronchspasmen, Asthmaanfallauslösung, Miosis, Hyposalivation
Dosierung:	10–30 mg s.c. oder i.m. oder 5–10 mg langsam i.v. bei Bedarf Wiederholungsgaben und Dosissteigerungen unter Berücksichtigung der möglichen Atemdepression und Kreislaufdepression
Besonderes:	Halbwertzeit 2,5 Stunden

➤ ***Novalgin® = Metamizol***

Indikation:	Analgesie, hohes Fieber
Kontraindikation:	Schwangerschaft, akute hepatische Porphyrie, Glucose-6-Dehydrogenasemangel, Pyrazolallergie
Nebenwirkungen:	Allergische Agranulozytose, Hypotonie, Hautreaktionen
Dosierung:	250–500 mg langsam i.v. oder besser als Kurzinfusion, Tagesmaximaldosis 5 g, oral oder rektal 1–4 × tgl. 0,5–1 g
Besonderes:	Bei i.v.-Gabe ausgeprägte therapiepflichtige Hypotonie möglich Halbwertzeit der aktiven Metabolite 1,8–4,6 Stunden Hämodialysierbar und via Hämoperfusion eliminierbar

➤ ***Temgesic® = Buprenorphin***

Indikation:	Analgesie
Kontraindikation:	Schwangerschaft, Stillzeit, Kombination mit MAO-Hemmern
Nebenwirkungen:	Atemdepression, Kreislaufdepression, Abhängigkeit, Obstipation, Miktionsstörungen, Miosis, Hyposalivation, Übelkeit, Erbrechen
Dosierung:	0,15–0,3 mg i.m. oder langsam i.v. 0,1–0,2 mg sublingual je nach Bedarf wiederholte Gaben unter Berücksichtigung der möglichen Atem- und Kreislaufdepression
Besonderes:	Dosisreduktion bei Leberinsuffizienz bzw. alten Patienten Halbwertzeit bei normaler Leberfunktion 2–3 Stunden
Antagonist:	Dopram® (Doxapram)

➤ ***Tramal® = Tramadol***

Indikation:	Analgesie
Kontraindikation:	Akute Alkohol-, Analgetika- oder Psychopharmakaintoxikation
Nebenwirkungen:	Hyposalivation, Übelkeit, Erbrechen, Kreislaufdepression
Dosierung:	50–100 mg s.c., i.m. oder langsam i.v. oral oder rektal 50–100 mg bei Bedarf Wiederholungsdosis, Tageshöchstdosis 400 mg

Besonderes:	Bei Leber- und Niereninsuffizienz Dosisreduktion, Halbwertzeit bei normaler Leberfunktion 6 Stunden, aktive Metabolite 9 Stunden

Muskelrelaxantien

➤ *Pancuronium Organon® = Pancuronium*

Indikation:	Muskelrelaxation
Kontraindikation:	Myasthenia gravis, primäre Myopathien, Lambert-Eaton-Syndrom
Nebenwirkungen:	Tachykardie, Blutdruckanstieg
Dosierung:	*Präkurarisierung:* 0,01 – 0,02 mg/kg i. v. *Intubationsdosis:* 0,07 – 0,1 mg/kg i. v. *Initialdosis:* 0,01 mg/kg i. v.
Besonderes:	Bei Säuglingen und Kleinkindern reduzierte Dosierungen, Kühle Aufbewahrung wegen Thermolabilität. Halbwertzeit 2 Stunden
Antagonist:	Cholinesterasehemmer

➤ *Succinyl-Asta®, Lystenon® 5% = Suxamethonium*

Indikation:	Muskelrelaxation
Kontraindikation:	Hyperkaliämie, Verbrennungen, Polytrauma, Tetanus, neuromuskuläre Störungen, Sepsis, penetrierende Augenverletzungen, paroxysmale idiopathische Myoglobulinurie, signifikant verminderte Pseudocholinesteraseaktivität
Nebenwirkungen:	Hyperkaliämie, Muskelfaszikulationen, Histaminfreisetzung (Flush), Herzrhythmusstörungen, Hypersalivation, Myoglobulinämie, -urie
Dosierung:	*Intubationsdosis:* 1 – 1,5 mg/kg KG
Besonderes:	Bei Muskelrigidität nach Succinylcholin V. a. maligne Hyperthermie, Prolongierte Apnoe bei verminderter Cholinesteraseaktivität, Halbwertzeit 2 – 4 min
Antagonist:	Prostigmin®

➤ *Tracrium® = Ataciumbesilat*

Indikation:	Muskelrelaxation speziell bei Leberresektionen und Leberinsuffizienz
Kontraindikation:	Histaminüberempfindlichkeit, Myasthenia gravis, Asthma
Nebenwirkungen:	Hautrötung, Kreislaufschock, Bronchospasmus, Laryngospasmus
Dosierung:	*Zur Intubation:* 0,5 – 0,6 mg/kg KG i. v. *Zur Relaxation:* 0,3 – 0,6 mg/kg KG i. v. *Wiederholungsdosen:* 0,1 – 0,2 mg/kg KG

Besonderes: Keine Dosisanpassung bei Leber- oder Nierenschädigung erforderlich
Cave bei Pat. mit Myasthenia gravis, anderen neuromuskulären Erkrankungen oder Asthma bronchiale
Halbwertzeit 20–30 min

Psychopharmaka

➤ *Atosil® = Promethazin*

Indikation: Unruhezustände, Schlafstörungen

Kontraindikation: Alkoholintoxikation, Intoxikationen mit zentralwirksamen Pharmaka

Nebenwirkungen: Hautreaktionen, Parkinsonoid, Dyskinesien, Auslösung epileptischer Anfälle, Cholestase, Obstipation, Engwinkelglaukom, Miktionsstörungen, Herzrhythmusstörungen

Dosierung: *Initial:* 25–50 mg i. m. oder langsam i. v.
orale Dosis: 1–3 × tgl. 25–50 mg
Halbwertzeit 8–15 Stunden
Hämodialysierbar

➤ *Catapresan® = Clonidin*

Indikation: Hypertonie, agitierte Durchgangssyndrome

Kontraindikation: Bradykardie, Schwangerschaft

Nebenwirkungen: Bradykardie, Hypotonie, initiale Hypertonie, Absinken des HZV, überschießende Sedierung möglich

Dosierung: 0,15 mg in 10 ml NaCl 0,9 % langsam i. v. [Antihypertensiv]
Dauertherapie agitiertes Durchgangssyndrom mit 0,3–1,8 mg/ d

Besonderheiten: Bradykardie speziell bei digitalisierten Patienten möglich, Ausschleichen der Dosierung, sonst bei abruptem Absetzen hypertensive Krisen nach Langzeittherapie möglich [→ Kap. II-36, S. 464]
Halbwertzeit 9–15 Stunden
Bedingt hämodialysierbar

➤ *Haldol Janssen® = Haloperidol*

Indikation: Psychomotorische Erregungszustände, Entzugssyndrom bei Rausch und Suchtmitteln

Kontraindikation: Alkoholintoxikation, Intoxikationen mit zentral wirksamen Pharmaka

Nebenwirkungen: Hautreaktionen, Parkinsonoid, Dyskinesien, Auslösung epileptischer Anfälle, Cholestase, Obstipation, Engwinkelglaukom, Miktionsstörungen, Herzrhythmusstörungen

Dosierung:	*Initial:* 5–10 mg i. v. oder i. m. – je nach therapeutischem Effekt Gabe wiederholen, *Maximaltagesdosis*: 100 mg nach Abklingen der akuten Symptomatik Umstellung auf individuell angepaßte orale Medikation
Besonderes:	Halbwertzeit 13–30 Stunden Bedingt hämodialysierbar

➤ *Neurocil® = Levomepromazin*

Indikation:	Manische Erregungszustände, agitierte Depressionen, reaktive Psychosen mit Unruhe und Angstzuständen
Kontraindikation:	Akute Alkoholintoxikation, Intoxikation mit zentral wirksamen Pharmaka
Nebenwirkungen:	Hautreaktionen, Parkinsonoid, Dyskinesien, Auslösung epileptischer Anfälle, Cholestase, Obstipation, Engwinkelglaukom, Miktionsstörungen, Herzrhythmusstörungen
Dosierung:	*Parenteral:* (i. m. oder langsam i. v.) intial 30–60 mg/d, langsame Steigerung bis 300 mg/d möglich *oral:* initial 30 mg/d, langsame Steigerung bis 600 mg/d möglich
Besonderes:	Halbwertzeit ca. 17 Stunden

➤ *Psyquil® = Triflupromazin*

Indikation:	Tranquillans bei Unruhezuständen, Antiemetikum
Kontraindikation:	Alkoholintoxikation, Intoxikation mit zentralwirksamen Pharmaka
Nebenwirkungen:	Paradoxe Reaktionen, Dyskinesien, Parkinsonoid, Akathisie, Blutbildungsstörungen, Cholestase, epileptische Anfälle, Kornea- und Linseneinlagerungen
Dosierung:	5–10 mg i. v., 10 mg i. m. 3 × tgl. 10 mg oral
Besonderes:	Halbwertzeit ca. 6 Stunden Nicht hämodialysierbar

Antikonvulsiva

➤ *Phenhydan® = Phenytoin*

Indikation:	Grand-mal Epilepsien, Schlafepilepsien, psychomotorische und Jackson-Anfälle, Trigeminusneuralgien
Kontraindikation:	Leukopenie, AV-Block II. und III. Grades
Nebenwirkungen:	Gingivahyperplasie, Hirsutismus, Störungen der Hämatopoese, Ataxie, Nystagmus, Schwindel
Dosierung:	2–3 × /d 1–2 Tbl. (100 mg), in der Schwangerschaft neue Dosisanpassung mit möglichst niedriger Dosierung

Besonderes:	Halbwertzeit 10–60 Stunden Bedingt hämodialysierbar

➤ ***Rivotril® = Clonazepam***

Indikation:	Status epilepticus, generalisierte tonisch-klonische Krämpfe
Kontraindikation:	Myasthenia gravis, akute Alkoholintoxikation, akute Intoxikationen mit zentral wirkenden Pharmaka
Nebenwirkungen:	Sedierung, Muskelrelaxation, paradoxe Reaktionen, Abhängigkeit bei Langzeiteinnahme, Libidoabschwächung
Dosierung:	*Initial:* 1/2–1 Amp. langsam i. v. – ansonsten s. "Waschzettel"
Besonderes:	Halbwertzeit 39–40 Stunden
Antidot:	Anexate®

Pufferlösungen

➤ ***Natriumbikarbonat-Lsg. 8,4% Salvia® = Natriumbikarbonat***

Indikation:	Metabolische Azidose
Kontraindikation:	Hypernatriämie, Alkalosen
Nebenwirkungen:	Bei respiratorischer Insuffizienz verstärkte Hyperkapnie, Hypernatriämie, Hyperosmolarität, hypokalzämische Tetanie bei Überdosierung, initiale Zunahme einer zerebralen Azidose
Dosierung:	Natriumbikarbonat in mmol = (-BE) × kg KG × 0,3 [1ml=1mmol] Applikation über ZVK, zunächst nur Gabe der halben berechneten Dosis
Besonderes:	*Cave:* Hypokaliämie → vor Puffern K^+ hochnormal einstellen!

➤ ***Salzsäure 0,1 normal***

Indikation:	Metabolische Alkalose
Kontraindikation:	Azidosen
Dosierung:	Salzsäure in mmol = BE × kg KG × 0,3 [1ml=1mmol] Applikation über ZVK, Infusionsgeschwindigkeit < 0,25 mmol/kg KG/h Maximaldosis 100 mmol/d – zunächst nur halbe errechnete Dosis infundieren *Cave:* Hyperkaliämie

➤ ***Tris 36,34% Braun® = Trometamol***

Indikation:	Metabolische Azidosen, besonders bei Hypernatriämie
Kontraindikation:	Alkalosen, Niereninsuffizienz, Hypokaliämie, Schwangerschaft, Stillzeit
Nebenwirkungen:	Hypokaliämie, Atemdepression, Hypoglykämie, osmotische Diurese

Dosierung: Tris in mmol = BE × kg KG × 0,3 [1ml=3mmol]
(*merke: Tris = 3 x*)
Applikation über ZVK Infusionsgeschwindigkeit < 1 mmol/kg KG/h
Tagesmaximaldosis 5 mmol Tromethanol/kg Kg
Cave: Hypokaliämie

Sonstige

➤ *Buscopan® = N-Butylscopolamin*

Indikation: Krämpfe und Motilitätsstörungen im Gastrointestinaltrakt

Kontraindikation: Tachyarrhythmie, Engwinkelglaukom, Prostatahypertrophie, Megacolon, mechanische Stenosen im Magen-Darmtrakt

Nebenwirkungen: Tachykardie, Akkomodationsstörung

Dosierung: Mehrfach tgl. 20 mg i. v. – Maximaldosis 100 mg/d i. v.

Besonderes: Halbwertzeit 5,1 Stunden
Hämodialysierbar

➤ *Heparin*

Indikation: Thrombembolieprophylaxe, hyperkoagulatorische Phase der Verbrauchskoagulopathie, Gerinnungshemmung beim Myokardinfarkt, bei thrombembolischen Erkrankungen, bei der Hämodialyse u.ä., zum perioperativen Ersatz einer Marcumartherapie

Kontraindikation: Heparinallergie, allergische Thrombozytopenie (HIT-Syndrom), rückenmarksnahe Anästhesien, Erkrankungen mit erhöhtem Blutungsrisiko

Nebenwirkungen: Passagere Thrombozytopenie, Blutungen, allerg. Reaktionen, allergisch bedingte Thrombozytopenie

Dosierung: Individuell angepaßte Dosierung unter engmaschiger Kontrolle der partiellen Thromboplastinzeit (PTT)
Thrombembolieprophylaxe:
10.000 – 15.000 IE/d i. v.
oder 2 – 3 × tgl.5000 IE s. c.
Therapeutische Heparinisierung: initial 5.000 IE Heparin als Bolus i. v.
anschließend 300 – 600 IE Heparin/kg KG/d über Perfusor
Therapiesteuerung mit Hilfe der PTT (Soll: 1,5 – 2,5faches der Norm)

Besonderes: Keine i. m. -Injektionen, da Gefahr ausgedehnter Hämatome
Halbwertzeit 2 – 3 Stunden

Antidot: Protaminsulfat

➤ *Paspertin® = Metoclopramid*

Indikation:	Motilitätsstörungen im Magen-Darmtrakt
Kontraindikation:	Mechanische Passagestörung im Magen-Darmtrakt,Epilepsie, extrapyramidal motorische Störungen, Kombination mit MAO-Hemmern
Nebenwirkungen:	Dyskinesien,Diarrhoen
Dosierung:	1–3 × 50 mg/d i. v. oder i. m.
Besonderes:	Halbwertzeit 2,8–8,3 Stunden Nicht hämodialysierbar

➤ *Prothromplex S-TIM 4/200/600® = PPSB*

Indikation:	Blutungsneigung und Blutung bei erworbenem oder angeborenem Mangel an Faktor II, VII, IX und/ oder Faktor X
Kontraindikation:	Heparin-Allergie, postoperative Leberinsuffizienz, Verbrauchskoagulopathie,Thrombosegefahr, Myokardinfarkt
Nebenwirkungen:	Allergische Reaktionen, Übertragung von Infektionserkrankungen, Thrombembolien, heparinbedingte allergische Thrombozytopenie
Dosierung:	Individuelle Dosierung in Intervallen von 6–24 h unter Kontrolle der Thromboplastinzeit (Quick) und der partiellen Thromboplastinzeit (PTT) *Faustregel*: 1 Einheit PPSB/kg KG führt zu einem Quick-Anstieg von 0,4–0,8 %
Besonderes:	Bei akuten Verbrauchskoagulopathien Gefahr der Verstärkung der Verbrauchskoagulopathie durch isolierte Faktorengabe wie PPSB, daher besser Therapie mit kontinuierlicher FFP-Gabe.

➤ *Takus® = Ceruletid [Cholinergikum]*

Indikation:	Postoperative Atonie, paralytischer Ileus
Kontraindikation:	Mechanischer Ileus, Cholestase, akute Pankreatitis, terminale Niereninsuffizienz, Schwangerschaft
Nebenwirkungen:	Hypotonie, Herzrhythmusstörungen
Dosierung:	1 Ampulle = 40 μg über 3 Stunden [1–2 mal pro Tag]
Besonderes:	Halbwertzeit 0,05–0,08 Stunden Nicht hämodialysierbar

Perfusoransätze und Standard-Einstellungen

Adalat® = Nifidepin

Lösung: unverdünnt – 1 Ampulle = 50 ml = 5 mg

Einstellung:
1 ml/h = 0,1 mg/h
2 ml/h = 0,2 mg/h
3 ml/h = 0,3 mg/h

Alupent® = Orciprenalin

Lösung: 40 ml NaCl + 1 Ampulle Alupent® = 5 mg = 5000 µg

Einstellung:
0,6 ml/h = 1 µg/min
1,2 ml/h = 2 µg/min
1,8 ml/h = 3 µg/min
2,4 ml/h = 4 µg/min

Arterenol® = Noradrenalin

Lösung: 45 ml Glucose 5 % + 5 Ampullen Arterenol® = 5 mg = 5000 µg

Einstellung:
0,6 ml/h = 1 µg/min
1,2 ml/h = 2 µg/min
1,8 ml/h = 3 µg/min
2,4 ml/h = 4 µg/min

Catapresan® = Clonidin [für agitiertes Durchgangssyndrom]

Lösung: 42 ml NaCl + 6 Ampullen Catapresan® = 48 ml

Einstellung:
1 ml/h = 0,45 mg/d (3 Ampullen/d)
2 ml/h = 0,9 mg/d (6 Ampullen/d)
3 ml/h = 1,35 mg/d (9 Ampullen/d)

Disoprivan® = Propofol

Lösung: unverdünnt: 1 Ampulle = 50 ml = 500 mg

Einstellung:
5 ml/h = 50 mg/h
10 ml/h = 100 mg/h
15 ml/h = 150 mg/h

Dobutrex® = Dobutamin

Lösung: 2 Ampullen Trockensubstamz in 50 ml Glucose 5 % lösen = 500 mg = 500.000 µg

Einstellung:
0,6 ml/h = 100 µg/min
1,2 ml/h = 200 µg/min
1,8 ml/h = 300 µg/min
2,4 ml/h = 400 µg/min

Dopacard® = Dopexamin

Lösung:	45 ml NaCl + 1 Ampulle a 50 mg = 50 000 μg [= γ]
Einstellung:	0,25 ml/h = 25 μg/min 0,5 ml/h = 50 μg/min 1,0 ml/h = 100 μg/min 2,0 ml/h = 200 μg/min

Dopamin® = Dopamin

Lösung:	unverdünnt 1 Ampulle mit 50 ml = 500 mg = 500.000 μg [= γ]
Einstellung:	0,6 ml/h = 100 μg/min 1,2 ml/h = 200 μg/min 1,8 ml/h = 300 μg/min 2,4 ml/h = 400 μg/min

Dormicum® = Midazolam

Lösung:	15 Ampullen unverdünnt aufziehen (1 Amp. = 3 ml)
Einstellung:	1 ml/h = 5 mg/h 2 ml/h = 10 mg/h 3 ml/h = 15 mg/h

Fentanyl® = Fentanyl

Lösung:	5 große Ampullen a 10 ml mit je 5 mg unverdünnt aufziehen
Einstellung:	2 ml/h = 0,1 mg/h 4 ml/h = 0,2 mg/h 6 ml/h = 0,3 mg/h

Isoptin® = Verapamil

Lösung:	8 ml Nacl + 2 große Amp. Isoptin® a 20 ml = 48 ml mit 100 mg
Einstellung:	1 ml/h = 50 mg/Tag 2 ml/h = 100 mg/Tag 3 ml/h = 150 mg/Tag 4 ml/h = 200 mg/Tag

Mexitil® = Mexiletin

Lösung:	10 ml NaCl + 4 Ampullen Mexitil® a 250 mg = 50 ml = 1 g	
Einstellungen:	Aufsättigung:	30 ml/h für 15 Minuten Dauer = 150 mg 7,5 ml/h für nächste 3 Stunden = 150 mg über 3 Std.
	Erhaltungsdosis:	1,5 ml/h = 30 mg/h 2,0 ml/h = 40 mg/h 2,5 ml/h = 50 mg/h 3,0 ml/h = 60 mg/h

Nitrolingual® = Gyceroltrinitrat

Lösung:	40 ml Nacl + 1 Amp. = 50 mg = 10 ml
Einstellung:	1 ml/h = 1 mg/h 2 ml/h = 2 mg/h 3 ml/h = 3 mg/h

Otriven® = Xylometazolin

Lösung:	250 ml NaCl 0,9% + 1 Fläschchen Otriven® [= 10 ml 0,1%ig]
Dosierung:	Instillationsspülung [Ösophagus, Magen, Blase u. a.], Volumen nach Applikationsort [meist 50ml]

Solosin® = Theophyllin

Lösung:	38 ml Nacl + 10 ml Solosin® (2 Ampullen)
Einstellung:	1 ml/h = 208 mg pro Tag 2 ml/h = 416 mg pro Tag 3 ml/h = 624 mg pro Tag

Suprarenin® = Adrenalin

Lösung:	45 ml Glucose 5% + 5 Ampullen Suprarenin® = 5 mg = 5000 μg
Einstellung:	0,6 ml/h = 1 μg/min 1,2 ml/h = 2 μg/min 1,8 ml/h = 3 μg/min 2,4 ml/h = 4 μg/min

Takus® = Ceruletid

Lösung:	28 ml NaCl + 1 Ampulle Takus® = 2 ml = 40 μg
Einstellung:	10 ml/h

Xylocain® = Lidocain

Lösung:	43 ml NaCl + 5 ml Xylocain 20% = 1 g
Einstellung:	1 ml/h = 0,5 g pro Tag 2 ml/h = 1,0 g pro Tag 3 ml/h = 1,5 g pro Tag 4 ml/h = 2,0 g pro Tag

Literatur

1 LARSEN: Anästhesie, Urban & Schwarzenberg, München
2 SEFRIN (Hrsg.): Notfalltherapie im Rettungsdienst, Urban & Schwarzenberg, München
3 SCHOU: Prehospital Emergency Medicine, Alix Publishing Group, Lörrach
4 KOZUSCHEK, H.B. REITH (Hrsg.): Das Polytrauma, Karger Freiburg
5 THOMASON, M.; MESSICK, J.; RUTLEDGE, R.; MEREDITH, W.; REEVES, T.R.; CUNNINGHAM, P.; OLLER, D.; MOYLAN, J.; CLANCY, T.; BAKER, CH. (1993): Head CT scanning versus urgent exploration in the hypotensive blunt trauma patient J. Trauma 34, 40–45
6 GRÜSSNER, R.; MENTGES, B.; DÜBER, CH; RÜCKERT, K.; ROTHMUND, M. (1989): Sonography versus peritoneal lavage in blunt abdominal trauma J. Trauma 29, 242–244
7 RUF, W.; FRIEDL, W.; WEBER, G.; TELLER, K. (1990): Stellt der sonographische Nachweis von Blut im Abdomen nach stumpfem Bauchtrauma in jedem Fall eine Operationsindikation dar? Unfallchirurg 93, 132–136
8 WAYDHAS, CH.; NAST-KOLB, D.; BLAHS, U.; PFEIFER, K.J.; SCHWEIBERER, L.; (1991): Abdominelle Sonographie versus Peritoneallavage in der Schockraumdiagnostik beim Polytrauma Chirurg 62, 789–793
9 HOFFMANN, R.; NERLICH, M.; MUGGIA-SULLAM, M.; POHLEMANN, T.; WIPPERMANN, B.; REGEL, G.; TSCHERNE, H.; (1992): Blunt abdominal trauma in cases of multiple trauma evaluated by ultrasonography: A prospective analysis of 291 patients J. Trauma 32, 452–458
10 RÖTHLIN, M.A.; NÄF, R.; AMGWERD, M.; CANDINAS, D.; FRICK, TH.; TRENTZ, O. (1993): Ultrasound in blunt abdominal and thoracic trauma J. Trauma 34, 488–495
11 ROZYCKI, G.S.; OCHSNER, G.; JAFFIN, J.H.; CHAMPION, H.R. (1993): Prospective evaluation of surgeons' use of ultrasound in the evaluation of trauma patients J. Trauma 34, 516–527
12 RIESENER, K.-P.; TRUONG, S.N; KLEVER, P.; ERBRICH, S.; SCHUMPELICK, V.: Experience with abdominal ultrasound in 1000 trauma patients. Int. J. Surg. Sci 2: 251–254, 1995
13 TSCHERNE, H.; REGEL, G.; STURM, J.A.; FRIEDL, H.P.: Schweregrad und Prioritäten bei Mehrfachverletzungen Chirurg 58: 631–640, 1987
14 FRALEY, P.A.: Missed injuries in the multiply traumatized Aust-N-Z-J-Surg 63: 935–939, 1993
15 EKKERNKAMP, A.; BRAND, J.; WERNET, E.; MUHR, G.; REHN, J.: Was beeinflußt das Resultat von Abdominaltraumen? Unfallchirurg 95: 380–386, 1992
16 MISINSKI, M.; THOMPSON, G.K.; TALLEY, J.A.; LUCICH, S.; JOHNSON, R.: Model for trauma outcomes management in patients with multiple Trauma Crit-Care-Nurs-Clin-North-Am. 5: 741–755, 1993
17 LAUTERJUNG, K.L.; HOFMAN, G.O.; MITTLMEIER, TH.; HUF, R.: Thorax- und Abdominalverletzungen beim Polytrauma Chirurg 58: 641–647, 1987
18 REYSZ, S.; ANDRE, J.L.: Postoperative care during the first few days: The main function Soins-Chir. 141: 24 -27, 1992
19 MILZMAN, D.P.; HINSON, D.; MAGNANT, C.M.: Overview and outcomes Crit-Care-Nurs-Clin-North-Am. 9: 633–656, 1993

20 TRUNKEY, D.D.: Trauma Spectr.Wissensch. 10: 96–99, 1983
21 COLUCCIELLO, S: Blunt abdominal trauma Emerg Med Clin North Am 1993, 11 : 107–123
22 FABIAN, T, M CROCE, R STEWART: A prospective analysis of diagnostic laparoscopy in trauma. Ann Surg 1993, 217 : 557–564
23 FELICIANO, D: Management of traumatic retroperitoneal hematoma. Ann Surg 1990, 211 : 109–123
24 HALLER, J., P. PAPA, G. DOUGAS, P. COLOMBANI: Nonoperative management of solid organ injuries in children. Is it safe? Am Surg 1994, 219 : 625–631
25 MILLER, F, H CRYER, S CHILILZURI: Negative findings on laparotomy for trauma South Med J 1989, 82 : 1231–1234
26 SCHIMPL, G, B SCHMIDT, H SAUER: Isolated bowel injury in blunt abdominal trauma in childhood Eur J Pediatr Surg 1992, 2 : 341–344
27 SUKUL, D, E KATS, E JOHANNES: Sixty-three cases of traumatic injury of the diaphragm. Injury 1991, 22 : 3 o3
28 WISNER, D, F BLAISDELL: Visceral injuries. Arch Surg, 1992, 127 : 687–693
29 BONE L B, JOHNSON K D, WEIGELT J, SCHEINBERG R (1989): Early versus Delayed Stabilisation of Femoral Fractures J Bone Joint Surg 71 A: 336–340
30 KALBE P, KANT C-J, (1988): Erstmaßnahmen am Unfallort aus der Sicht des Unfallchirurgen Orthopäde 17: 2–10
31 KINZL L, STRECKER W, GONSCHOREK O, (1992): Therapie des Polytraumatisierten – interdiszipinäre Organisation am spezialisierten Zentrum Unfallchirurgie 18: 111–113
32 MOORE F A, SAUAIA A, MOORE E E, HAENEL J B, BURCH J M, LEZOTTE D C, (1996): Postinjury Multiple Organ Failure: A Bimodal Phenomenon J Trauma 40,4: 501–510
33 NAST-KOLB D, WAYDHAS C, KANZ K-G, SCHWEIBERER L, (1994): Algorithmus für das Schockraummanagement beim Polytrauma Unfallchirurg 97: 292–302
34 NAST-KOLB D, WAYDHAS C, SCHWEIBERER L, (1996): Marknagelung beim Polytrauma Orthopäde 25: 266–273
35 OESTERN H-J, TSCHERNE H, STURM J, NERLICH M, (1985): Klassifizierung der Verletzungsschwere Unfallchirurg 88: 465–472
36 PAAR O, KASPERK R, (1992): Langzeitverlauf nach Polytrauma Unfallchirurg 95: 78–82
37 REGEL G, LOBENHOFER P, GROTZ M, (1995): Treatment results of patients with multiple trauma: An analysis of 3406 cases treated between 1972 and 1991 at a German level I trauma center J Trauma 38: 70–78
38 SCHWEIBERER L, NAST-KOLB D, DUSWALD K-H, WAYDHAS C, MÜLLER K, (1987): Das Polytrauma – Behandlung nach dem diagnostischen und therapeutischen Stufenplan Unfallchirurg 90: 529–538
39 SCOLA E, (1991): Pathophysiologie und Druckmessung beim Kompartementsyndrom Unfallchirurg 94: 220–224
40 STURM J A, REGEL G, TSCHERNE H, (1991): Der traumatisch-hämorrhagische Schock Chirurg 62: 775–782
41 TSCHERNE H, REGEL G, STURM J A, FRIEDL H P, (1987): Schweregrad und Prioritäten bei Mehrfachverletzungen Chirurg 58: 631–640
42 TSCHERNE H, (1990): Klassifizierung des Weichteilschadens Hefte zur Unfallheilkunde 211: 4–10
43 WAYDHAS C, NAST-KOLB D, TRUPKA A, ZETTL R, KICK M, WIESHOLLER J, SCHWEIBERER L, JOCHUM M (1996): Posttraumatic Inflammatory Response, Secondary Operations, and Late Multiple Organ Failur J. Trauma 40,4: 624–630
44. MCANICH, J.W. (ed): Urogenital trauma. The Urologic Clinics of North America, 1989; 15, N°2, 187–397
45 MCANICH, J.W.: Urogenital trauma. In: Trauma management. Blaisdell and Trunkey (eds.) Thieme-Stratton Inc., New York 1989. Vol II, S. 1–21

46 RASSWEILER, J.: Urologische Traumatologie. In: Urologie. Alken P. und Walz P.H (eds.). VCH Verlagsgesellschaft, Weinheim, 1992
47 LUTZEYER, W., HANNAPPEL J.: Urologische Traumatologie. In: Urologie in Klinik und Praxis. Hohenfellner R. und Zingg E.J. (eds.), Thieme Verlag, Stuttgart, 1983; Bd. 2, S. 800–828
48 TRUNKEY, D.: Initial treatment of patients with extensive trauma. The New England Journal of Medicine, 1991; 334 : 1259–1263
49 MCANDREW, J.D., CORRIEVE, J.N.: Radiographic evaluation of renal trauma: evaluation of 1103 consecutive patients. British Journal of Urology, 1994; 73 : 352–354
50 SMITH, E.M., ELDER, J.S., SPIRNAK, J.P.: Major blunt renal trauma in the pediatric population: Is a Nonoperative approach indicated? The Journal of Urology 1993; 149 : 546–548
51 BARROW DL (ed): *Complications and Sequelae of Head Injury.* AANS Park Ridge, Illinois, 1992
52 BULL H-G, GANZER U, GRÜNTZIG J, SCHIRMER M: *Der Schädelbruch.* Urban & Schwarzenberg, München, 1987
53 RENGACHARY SS, WILKINS RH (eds): *Principles of Neurosurgery.* M. Wolfe London, 1994
54 YOUMANS JR (ed): *Neurological Surgery.* Part VIII: Trauma. W.B. Saunders Company, Philadelphia, 1990, pp 1951–2230
55 BUCK GRAMCKO, D. und NIGST, H.: Der handchirurgische Notfall, Hippokrates Verlag, 1989
56 HAAS, E.: Plastische Gesichtschirurgie, Thieme Verlag, 1991
57 MC GRAW, J. und ARNOLD, P.G.: Atlas of Muscle and Musculocutaneous Flaps, Hampton Press Publishing Co., 1986
58 WEBER,U., GREULICH, M. und SPARMANN, M.: Orthopädische Mikrochirurgie, Thieme Verlag, 1993
59 ZELLWEGER, G.: Die Behandlung der Verbrennungen, Deutscher Ärzte Verlag, 1985
60 ADAR R, BASS A, WALDEN R: Iatrogenic complications in surgery Ann Surg 1982, 196 : 725
61 NIVATVONGS S, FANG DT: The use of thumbtacks to stop massive presacral hemorrhage. Dis Colon Rectum 1986, 29: 589–590
62 PAPA M., ANSTERDAM E. SHNEIDERMAN J, et al: Hemorrhagic complications encountered on a surgical service Am J Surg 1984, 147 : 378
63 ROSEN L., VEIDENHEIMER M., COLLER J., et al: Mortality, morbidity, and patterns of recurrence after abdominoperioneal resection for cancer of the rectum Dis. Colon Rectum, 1982, 25 : 202–208,
64 SKILLMAN J.J, CRITCHLOW J.F.: Postoperative Hemorrhage and Volume Depletion Mastery of Surgery, 2 nd Edition L.M. Nyhus / R.J. Baker
65 Little, Brown and Company, Boston / Toronto / London 1992
66 BEGER, H. G.; KERN, E.; OETTINGER, W.: Diagnostik und Vorgehen; Prozesse, die das Abdomen im Ganzen betreffen In: Beger, H. G.; Kern, E.:Akutes Abdomen Georg Thieme Verlag Stuttgart-New York
67 DURST, J.: Akutes Abdomen In: Durst, J.; Rohen, J. W.:Chirurgische Operationslehre Schattauer Stuttgart-New York 1991
68 LARSEN, R.: Anästhesie Urban & Schwarzenberg München-Wien-Baltimore 1990
69 SCHWEMMLE, K.: Systemische Antibiotikabehandlung bei Peritonitis In: Kern, E.: Die chirurgische Behandlung der Peritonitis Springer-Verlag, Berlin-Heidelberg-New York-Tokyo 1983
70 WINKELTAU, G.; SCHLOSSER, G.-A.; HRYNYSCHYN, K.: Akutes Abdomen In: Schumpelick, V.; Bleese, N. M.; Mommsen, U.: Chirurgie Ferdinand Enke Verlag Stuttgart 1994

71 WINKELTAU, G.J.: Die diffuse Peritonitis – Grundlagen für eine differenzierte Therapie. Wissenschaftliche Verlagsgesellschaft Stuttgart (1994)
72 WINKELTAU, G.J.; D. KUPCZYK-JOERIS; P. KLEVER et al.: Drainage bei intraabdominellen Abszessen – Wirkungsweise und Effizienz. In: H. Wacha (Hrsg.): Anaerobierinfektionen in derChirurgie III – Abszesse: Aktuelle Diagnostik und Therapie. SM Verlag, Gräfelfing, 1994 (Im Druck)
73 WINKELTAU, G., G.U. WINKELTAU, B. KLOSTERHALFEN, H. NIEMANN, K.-H. TREUTNER, V. SCHUMPELICK: Differenzierte chirurgische Therapie der diffusen Peritonitis.Chirurg 63 (1992) 1035–1040
74 WINKELTAU, G., G.U. WINKELTAU, G. ARLT, V. SCHUMPELICK: Chirurgische Intervention bei septischer Peritonitis. Intensiv- und Notfallbehandlung 17 (1992) 78–86
75 WINKELTAU, G.; G.U. WINKELTAU; B. KLOSTERHALFEN; H. NIEMANN; K.-H. TREUTNER; V. SCHUMPELICK: Selective surgical management of diffuse peritonitis. Br J Surg 80 (1993) 304–305
76 WINKELTAU, G.; H. NIEMANN; B. KLOSTERHALFEN; G.U. WINKELTAU; K.-H. TREUTNER; J. BRAUN: Schweregradorientierte Chirurgische Therapie der diffusen Peritonitis. Chir Gastroenterol 1994; im Druck
77 WINKELTAU, G.J.; G.U. WINKELTAU; B. KLOSTERHALFEN, H. NIEMANN, K.H. TREUTNER; V. SCHUMPELICK: Differenzierte, schweregradorientierte Therapie der diffusen Peritonitis. Akt. Chir. 28 (1993) 152
78 PLATELL, C.; HALL, J.; DOBB, G.: Impaired renal function due to raised intraabdominal pressure Intensive Care Med (1990) 16: 328
79 KASHTAN, J.; GREEN,J.; PARSONS,E.; HOLCROFT,J.: Hemodynamic effects of increased abdominal pressure J Surg Res (1981) 30:249–256
80 LEROITH, D.; BARK, H.; NYSKA, M.; GLICK, S.: The effect of abdominal pressure on plasma antidiuretic hormone levels in the dog J Surg Res (1982) 32:65–69
81 HARMANN, P.K.; KRON, I.L.; MCLACHLAN, H.D.; FREEDLENDER, A.E.; NOLAN, S.P.: Elevated intra-abdominal pressure and renal function Ann Surg (1982) 196: 594–597
82 WINKELTAU, G.J.; TREUTNER, K.H.: Das Kompartmentsyndrom der Abdominalhöhle in: Die diffuse Peritonitis Hrsg. G.J. Winkeltau Wiss. Verl.-Ges. Stuttgart 1994 pp 79–81
83 AMERICAN HEART ASSOCIATION: Standards and guidelines for cardiopulmonary resuscitation and emergency cardiac care. JAMA 255 (1986), 2841–3044
84 BARTSCH AC, SCHÜTTLER J, HÖRNCHEN U, STOECKEL H: Die Technik der endobronchialen Adrenalinapplikation bei der kardiopulmonalen Reanimation. Der Notarzt 5 (1989), 197–199
85 BERGMANN H: Die wissenschaftliche Basis der kardiopulmonalen und zerebralen Reanimation. Anästhesiol. Intensivmed. Notfallmed. Schmerzther. 27 (1992), 196–204
86 DIEHL PH, GERVAIS HW, DICK W: Frühdefibrillation. Der Notarzt 5 (1989), 203–209
87 MAURITZ W., W. HACKL: Mechanische Aspekte der kardiopulmonalen Reanimation. Der Notarzt 6 (1989), 200–202
88 ROSSI R, LINDNER KH, AHNEFELD FW.: Kardiopulmonale Reanimation – Aktuelle Richtlinien zur Basistherapie und zu den erweiterten Maßnahmen der Herz-Lungen-Wiederbelebung. Fortschr. Anaesth. 2 (1988), 53–58
89 TRENKWALDER P, LYDTIN H: Thrombolyse des akuten Myokardinfarktes im Notarztwagen. Der Notarzt 8 (1992), 4–7
90 DALHOFF K, BRAUN J, WIESSMANN KJ, HOLLANDT H, MARRE R: Bronchoskopische Pneumoniediagnostik mit quantitativer Keimzahlbestimmung. Dtsch med Wschr (1990) 115:1459–1465
91 ENTZIAN P, BARTH J: Bronchoalveoläre Lavage. Dtsch med Wschr (1990) 115:663–666
92 JOLLIET PH, CHEVROLET JC: Bronchoscopy in the intensive care unit. Intensive Care Med (1992) 18:160–169

93 Konrad F, Deller A, Diatzko J, Schmitz JE, Kilian J: PaO2-Abfall nach intratrachealer Applikation von Lokalanästhetika und 0,9 %iger Natriumchloridlösung. Anaesthesist (1989) 38 : 174 – 179

94 Larson R: Anästhesie, 4. Auflage (1994), Urban und Schwarzenberg, München, Wien, Baltimore, S. 981

95 Nielsen LH, Kristensen J, Knudsen F, Nielsen DT, Andersen PK: Fibre-optic bronchoscopic evaluation of tracheal tube position. European Journal of Anaesthesiology (1991) 8 : 277 – 279

96 Olopade CO, Prakash UBS: Bronchoscopy in the critical-care unit. Mayo Clin Proc (1989) 64 : 1255 – 1263

97 Stevens RP, Lillington GA, Parsons GH: Fiberoptic bronchoscopy in the intensive care unit. Heart Lung (1981) 10 : 1037 – 1045

98 Knöbber, D: Der tracheotomierte Patient. Springer Verlag, Berlin (1991)

99 Latto, I.P., Rosen, M.: Die endotracheale Intubation. Enke Verlag, Stuttgart (1992)

100 Rie, M., Pontoppian, H.: Komplikation der Ventilation: Vorbeugung und Behandlung.Chirurgische Intensivbehandlung hrsg. von Lick, R.F. Schattauer, Stuttgart (1979) 217

101 Rügheimer, E.: Intubation, Tracheotomie und bronchopulmonale Infektion. Springer Verlag, Berlin (1983)

102 Schmidt, U., Kant, C.-J., Tscherne, H.: Qualitätskontrolle im Rettungsdienst – die präklinische Intubation beim unfallchirurgischen Patienten. Der Notarzt 10 (1994) 65 – 66

103 Vinocur, B., Artz, J.E.: Monitoring of respiratory status in: Handbook of Critical Care. Little, Brown, Boston (1976) 57

104 Ciaglia, P.; Firshing, R.; Synniec, C.: Elective percutaneous dilational tracheostomy Chest (1986) 87: 715 – 719

105 Prause, A.; Bause, H.; Pothmann, W.: Indikation und Technik der perkutanen Tracheotomie. Intensivmedizin und Notfallmedizin (1993) 30: 451

106 Frutiger, A.; Cantieni, R.; Fischler, M.: Die perkutane Dilatationstracheotomie auf der Intensivstation liefert gute Spätresultate Intensivmedizin und Notfallmedizin (1993) 30: 425

107 Walz, M.K.; Thürauf, N.; Schuhmacher, I.; Gumbrecht, H.; Peitken, K.; Huser, U.; Schmidt, U.; Stöcker, L.; Eigler, F.-W.: Die Punktionstracheotomie beim Intensivpatienten – Ergebnisse einer prospektiven Studie. Intensivmedizin und Notfallmedizin (1993) 30: 467

108 Walz, M.K.: Abteilung für allgemeine Chirurgie Universitätsklinikum Essen: Persönliche Mitteilungen (1994)

109 Hoeft, A., Schorn, B., Weyland, A., Scholz, M., Buhre, W., Stepanek, E., Allen, S.J., Sonntag, H.: Beside Assessment of Intravascular Volume Status in Patients Undergoing Coronary Bypass Surgery Anaesthesiology (1994) 81: 76 – 86

110 Mitchell, J.P., Schuller, D., Calandrino, F.S., Schuster, D.P.: Improved Outcome Based on Fluid Management in Critically Ill Patients Requirering Pulmonary Artery Catheterization Am Rev Respir Dis (1992) 145 : 990 – 998

111 Schuster, D.P.: The Case For and Against Fluid Restriction and Occlusion Pressure Reduction in Adult Respiratory Distress Syndrome New Horizons (1993) 1 : 478 – 488

112 Sturm, JA.: Entwicklung und Bedeutung der Lungenwassermessung in Klinik und Experiment Maudrich Verlag, Beiträge zur Anaesthesiologie und Intensivmedizin (1988)6 : 15 – 39

113 Töns, Ch., Winkeltau, G., Schumpelick, V.: Risikofaktoren und Strategiewandel in der Chirurgischen Intensivmedizin der akuten Pankreatitis Akt. Chir. (1993) 28: 156

114 Töns, Ch., Schumpelick, V.: Verbesserte Qualitätssicherung in der chirurgischen Intensivmedizin durch halbinvasives computergestütztes Farbstoff- und Thermodilutionsmonitoring Intensivmedizin und Notfallmedizin (1993) 30: 406

115 Töns, Ch.: Intensivmedizinische Aspekte in der Therapie der diffusen Peritonitis in: Die diffuse Peritonitis Hrsg. G.J. Winkeltau Wiss. Verl.-Ges. Stuttgart 1994 pp 82–89
116 Töns, Ch.; Klosterhalfen, B.; Schumpelick, V: Überwachung kritisch kranker Intensivpatienten durch halbinvasives COLD-Monitoring anstelle Pulmonalis-Katheterisierung Langenbecks ArchChir (Kongreßbericht 1996)
117 Burns, A., Shelly, M., Park, G.: The use of sedative agents in critically ill patients. Drugs (1992) 43: 507–515
118 Hoffmann, P., Schockenhoff, B., Lierz, P.: Analgosedierung des beatmeten Intensivpatienten. Klin Wochenschr (1991) 69: S72-S79
119 Lierz, P., Hoffmann, P., Schockenhoff, B.: Aufwachverhalten bei verschiedenen Analgosedierungsschemata. Klin Wochenschr (1991) 69: S84-S88
120 Striebel, H., Koenigs, D., Heil, T.: Clonidin-Stellenwert in der Anästhesie. Anaesthesist (1993) 42: 131–141
121 Sun, X., Quinn, T., Weissman, C.: Patterns of sedation and analgesia in the postoperative ICU patient. Chest (1992) 101: 1625–1632
122 Blum, A.L.; Daschner, F.; Kappstein, I.; Schumpelick, V.; Tryba, M.: Erfährt die Indikation zur Streßulcusprophylaxe vor dem Hintergrund der Aspirationspneumonie eine Änderung? Langenbecks Arch Chir (1989) 374: 315–320
123 Castiglione, F.; Jehle, C.; Blum, A.L.: Kontroversen um die Streßblutungsprophylaxe. Dtsch.med.Wschr. (1990) 115: 1408–1410
124 Cook, D.J.; Fuller, H.D.; Guyatt, G.H. et al: Risk Factors For Gastrointestinal Bleeding In Critically Ill Patients. Engl.J.Med. (1994) 330: 377–381
125 Daschner, F.; Reuschenbach, K.; Pfisterer, J.; Kapstein, I.; Vogel, W.; Krieg, N.; Just, H.: Der Einfluß von Streßulcusprophylaxe auf die Häufigkeit einer Beatmungspneumonie. Anaesthesist (1987) 36: 9–18
126 Domschke, W.; Schumpelick, V.: Streßulcus: Mechanismen der Aggression und Protektion. Dtsch.med.Wschr (1983) 108: 510–515
127 Mauritz, W., Graninger, W.; Schindler, I.; Karner, S.;Zadrobilek, E.; Sporn, P.: Keimflora in Magensaft und Bronchialsekret bei langzeitbeatmeten Intensivpatienten. Anaesthesist (1985) 34: 203–207
128 Nachtkamp, J.; Bares, R.; Winkeltau, G.; Klinge, U.; Schumpelick, V.; Büll, U.; Lerch, M.M.: Keimbesiedlung des Magen unter medikamentöser Streßulcusprophylaxe – Ursache von broncho-pulmonalen Infektionen bei Beatmungspatienten? Z. Gastroenterol (1988) 26: 493
129 Nachtkamp, J.; Schumpelick, V.: Streßulkusprophylaxe heute.Leber Magen Darm (1991) 6: 248–259
130 Behrendt: Stoffwechsel und Ernährung bei Sepsis und Multiorganversagen. In: Schuster H.P. (Hrsg.). Intensivtherapie bei Sepsis und Multiorganversagen, pp. 290–308 (Springer, Berlin 1996)
131 Hartig W. (Hrsg.): Moderne Infusionstherapie – Künstliche Ernährung. W. Zuckschwerdt, München 1994
132 Heberer M., Günther B.: Praxis der parenteralen und enteralen Ernährung in der Chirurgie. Springer, Berlin 1988
133 Praxis der Intensivbehandlung, Hrsg. Peter Lawin, Thieme Verlag 1993
134 Differentialdiagnose der Komata, Hrsg. Heinz Zumkley u. Walter Zidek, Thieme Verlag 1986
135 Internistische Differentialdiagnostik, Hrsg. Rudolf Ferlinz, Thieme Verlag 1992
136 Notfalltherapie, Hrsg. Peter Sefrin, Urban & Schwarzenberg – Verlag 1991
137 Teasdale, G., Jennett, B.: Assessment of Coma and impaired consciousness, a practical scale. Lancet 1974/II, 81
138. Barrow DL (ed): Complications and Sequelae of Head Injury. AANS Park Ridge, Illinois, 1992

139 BULL H-G, GANZER U, GRÜNTZIG J, SCHIRMER M: *Der Schädelbruch.* Urban & Schwarzenberg, München, 1987

140 LAWIN P, SCHERER R, SCHOEPPNER H: Schädel-Hirn-Trauma. In: Lawin P (Hrsg) *Praxis der Intensivbehandlung.* Georg Thieme Verlag Stuttgart, 1989, pp 51.1–51.34

141 RENGACHARY SS, WILKINS RH (eds): *Principles of Neurosurgery.* M. Wolfe London, 1994

142 YOUMANS JR (ed): *Neurological Surgery.* Part VIII: Trauma. W.B. Saunders Company, Philadelphia, 1990, pp 1951–2230

143 BAY, V. (1988): Dringliche Operationsindikation beim Thoraxtrauma Zentr.bl. Chir. 113, 73–84

144 BERNARD, G.R.; ARTIGAS, A.; BRIGHAM, K.L. et al. (1994): Report of the American-European consensus conference on ARDS: definitions, mechanisms, relevant outcomes and clinical trial coordination Intensive Care Med. 20, 225–232

145 HARA, K.S.; PRAKASH, U.B.S. (1989): Fiberoptic bronchoscopy in the evaluation of acute chest and upper airway trauma. Chest 96, 627–630

146 OBERTACKE, U.; JOKA, TH.; JOCHUM, M.; KREUZFELDER, E. (1991): Posttraumatische alveoläre Veränderungen nach Lungenkontusion Unfallchirurg 94, 134–138

147 PUTENSEN, CH.; WAIBEL, U.; PUTENSEN-HIMMER, G.; BECK, E.; BENZER, H. (1990): Das akuten Lungenversagen nach Thoraxtrauma Anaesthesist 39, 530–534

148 REHM, K.E. (1983): Neue Implantate zur Thoraxwandstabilisierung Unfallchirurgie 9, 57–58

149 WALLNER, B., A. RESZT (1990): Differentialdiagnostik und Verlaufskontrolle pulmonaler Störungen in der Thoraxbettaufnahme bei Intensivpatienten Anästh. Intensivth. Notfallmed. 25, 228–234

150 WEILER, N.; HEINRICHS, W. (1993): Moderne Beatmungsformen Anaesthesist 42, 813–832

151 ZIEROTT, G.; SCHRÖDER, L. (1979): Klinische Schweregrade der Lungenkontusion Prax. Pneumol. 33, 436–438

152 ABRAHAM E, WUNDERINK R, SILVERMAN H, PERL TM, NASRAWAY ST, LEVY H, BONE R, WENZEL RP, BALK R, ALLRED R, PENNINGTON JE, WHERRY JC: Efficacy and safety of monoclonal antibody to human tumor necrosis factor α in patients with sepsis syndrome: a randomized, controlled, multicenter clinical trial. TNF-α MAb Sepsis Study Group. JAMA 273: 934–941, 1995

153 AMERICAN COLLEGE OF CHEST PHYSICIANS/SOCIETY OF CRITICAL CARE MEDICINE CONSENSUS CONFERENCE: Definitions for sepsis and organ failure and guidelines for the use of innovative therapies in sepsis. Crit Care Med 20: 864–874, 1992

154 KLOSTERHALFEN,B.; TÖNS, CH.; HAUPTMANN, S.; TIETZE, L.; OFFNER, FA.; KLEIN, CL.; KÜPPER, W.; KIRKPATRICK,CJ.: Induction of HSP70 and metallothionein by zinc-bis(DL-hydrogenaspartate) decreases the release of inflammatory mediators in a porcine model of recurrent endotoxemia. Biochem Pharmacol 1996 [in press]

155 FISHER CJ Jr., DHAINAUT J-FA, OPAL SM, PRIBBLE JP, BALK RA, SLOTMAN GJ, IBERTI TJ, RACKOW EC, SHAPIRO MJ, GREENMAN RL, REINES HD, SHELLY MP, THOMPSON BW, LABRECQUE JF, CATALANO MA, KNAUS WA, SADOFF JC: Recombinant human interleukin-1 receptor antagonist in the treatment of patients with sepsis syndrome: results from a randomized, double-blind, placebo-controlled trial. Phase III rhIL-1 RA Sepsis Syndrome Study Group. JAMA 271: 1836–1843, 1994

156 GREENMAN RL, SCHEIN RM, MARTIN MA, WENZEL RP, MACINTYRE NR, EMMANUEL G, CHMEL H, KOHLER RB, MCCARTHY M, PLOUFFE J and RUSSEL JA: A controlled clinical trial of E5 murine monoclonal IgM antibody to endotoxin in the treatment of gram-negative sepsis. The XOMA Sepsis Study Group. JAMA 266: 1097–1102, 1991

157 McCloskey RV, Straube RC, Sanders C, Smith SM and Smith CR: Treatment of septic shock with human monoclonal antibody HA-1 A: a randomized, double-blind, placebo-controlled trial. CHESS Trial Study Group. Ann Intern Med 121: 1–5, 1994
158 Mikuz G and Kreczy A: Epidemiologie der autoptisch verifizierten Sepsis. Wiener klin Wschr 101: 244–249, 1989
159 Rangel-Frausto MS, Pittet D, Costigan M, Hwang T, Davis CS and Wenzel RP: The natural history of the systemic inflammatory response syndrome (SIRS). JAMA 273: 117–123, 1995
160 Warren HS, Danner RL, Munford RS: Antiendotoxin monoclonal antibodies. N Engl J Med 326: 1153–1157, 1992
161 Wenzel RP, Pinsky MR, Ulevitch RJ, Young L: Current understanding of sepsis. Clin Infect Dis 22: 407–413, 1996
162 Ziegler EJ, Fisher CJ Jr., Sprung CI, Straube RC, Sadoff JC, Foulke GE, Wortel CH, Fink MP, Dellinger RP, Teng NN, Allen IE, Berger HJ, Knatterud GL, LoBuglio AF, Smith CR: Treatment of gram-negative bacteremia and septic shock with HA-1 A human monoclonal antibody against endotoxin: a randomized, double blind, placebo-controlled trial. The HA-1 A Sepsis Study Group. N Engl J Med 324: 429–436, 1991
163 Ziegler EJ, McCutchan JA, Fierer J, Glanser MP, Sadoff JC, Douglas H, Braude AI: Treatment of gram-negative bacteremia and shock with human antiserum to a mutant Escherichia coli. N Engl J Med 307: 1225–1230, 1982
164 Beal, AL., Cerra, FB.: Multiple organ failure syndrome in the 1990 s. JAMA 1994, 271: 226–233
165 Braquet, P. (ed.): Gingolides: chemistry, biology, pharmacology and clinical perspectives. Prous, Barcelona (Vol. 2)
166 Buchmann, TG.: Manipulation of stress gene expression: A novel therapy for the treatment of sepsis? Crit Care Med 1994; 22: 901–903
167 Burrell, R.: Human responses to bacterial endotoxin. Circ Shock 1994; 43: 137–153
168 Carrico, CJ., Meakins, JL., Marshal, JC., Fry, D., Maier, RV.: Multiple-organ-failure syndrome. Arch Surg 1986; 121: 196–208
169 Gallin, JI., Goldstein, IM., Snyderman, R. (eds.): Inflammation – basic principles and clinical correlates. Raven Press New York, 1988
170 Hardaway, RM. (Ed.): Shock – the reversible stage of dying. PSG Publishing Company Inc., 1988
171 Kirkpatrick, CJ., Bittinger, F., Klein, CL., Hauptmann, S., Klosterhalfen, B.: The role of the microcirculation in multiple organ dysfunction syndrome (MODS): a review and perspective. Virchows Arch 1996; 427: 461–476
172 Neugebauer, EA., Holaday, JW. (Eds.): Handbook of mediators in septic shock. CRC-Press Inc., 1993
173 Schlag, G., Redl, H. (eds.): Pathophysiology of shock, sepsis, and organ failure. Springer-Verlag Berlin-Heidelberg-New York, 1993
174 Schuster, HP.: Sepsis als Ursache des Multiorganversagens – Definition, Pathophysiologie und diagnostische Parameter. Anäst. Intensivther. Notfallmed. 1989; 24: 206–211
175 Goris,RI. et al.: Multiple organ failure. Arch. Surg. (1985) 120: 1109–1115
176 Wenzel, RP., Pinsky, MR., Ulevitch RJ., Young, L.: Current understanding of sepsis. Clin Infect Dis 1996; 22: 407–413
177 Yang, KL.; Tobin, MJ.: A prospective study of indexes predicting the outcome of trials of weaning from mechanical ventilation. N Engl J Med 324(21): 1445–1450, 1991
178 Lee, KH.; Hui, KP.; Chang, TB.; Tan, WC.; Lim, TK.: Rapid shallow breathing (frequently-tidal volume ratio) did not predict extubation outcome. Chest 105(2): 540–543, 1994
179 Dreyfuss, D.; Saumon, G.: Role of tidal volume in the development of pulmonary edema following mechanical ventilation. AmRevRespirDis 148(5) (1993) 1194–1203

Register

A

B

C

D

E

F

I

J

K

L

M

O

P

S

T

U

V

W